水处理科学与技术

# 水处理电化学原理与技术

曲久辉　刘会娟 等　著

科 学 出 版 社

北 京

## 内 容 简 介

本书综合论述了水处理电化学的基本原理和新技术进展，包括电化学氧化还原、电化学凝聚、电化学生物和光电组合四个大的方面。全书共8章，从原理、方法、过程、技术和应用等方面进行了系统介绍，力求形成相对完整、融会贯通的水处理电化学新原理和新方法体系，是对近10年来国内外水处理电化学研究与应用进展的系统总结。

本书可作为从事水质科学与技术工作的研究人员、高等学校师生、企业技术工作者及其他相关人员阅读和参考。

**图书在版编目(CIP)数据**

水处理电化学原理与技术/曲久辉，刘会娟等著.—北京：科学出版社，2007

ISBN 978-7-03-018724-6

Ⅰ. 水… Ⅱ. ①曲… ②刘… Ⅲ. 水处理-电化学-研究 Ⅳ. TU991.2

中国版本图书馆CIP数据核字(2007)第032756号

责任编辑：杨 震 / 责任校对：曾 茹
责任印制：吴兆东 / 封面设计：王 浩

科 学 出 版 社 出版
北京东黄城根北街16号
邮政编码：100717
http://www.sciencep.com

北京中石油彩色印刷有限责任公司 印刷
科学出版社发行 各地新华书店经销

*

2007年3月第 一 版 开本：B5(720×1000)
2024年1月第七次印刷 印张：29 3/4
字数：581 000

**定价：160.00元**

(如有印装质量问题，我社负责调换)

# 前　言

水质改善及其安全保障的实际需求，始终都是水处理科学和技术发展的根本动力。随着水质污染问题的复杂化，我们面临着日益严峻的挑战：在要求水处理技术及其工程应用具有高效性和经济可行性的同时，也要求必须从过程风险控制的全新理念，构建符合生态系统和人体健康安全要求的水处理新方法及其评价体系。在不断的科学探索和工程实践中，人们自觉或不自觉地在相关学科的基本原理和最新进展中，发现支持水处理新理论和新方法创建与应用的新途径。这种体现交叉与融合的对其他学科领域的渗透与借鉴，不断地将水处理的基础科学和应用技术推向新的高度。

正是基于这种解决实际问题的应用需求和学科发展的必然选择，近年来电化学水处理方法受到高度关注，成为环境科学与工程领域最重要的研究与发展方向之一。电化学水处理方法以电化学的基本原理为基础，利用电极反应及其相关过程，通过直接和间接的氧化还原、凝聚絮凝、吸附降解和协同转化等综合作用，对水中有机物、重金属、硝酸盐、胶体颗粒物、细菌、色度、嗅味等污染具有优良的去除效果。由于电化学方法具有不需要向水中投加药剂、水质净化效率较高、无二次污染、使用方便、易于控制等突出优点，在工业废水处理、生活污水处理与回用、饮用水净化等方面得到了越来越多的应用，表现出巨大的发展潜力。

电化学方法的引入，不仅丰富了水处理的理论和技术体系，而且为解决常规方法所不能解决的水质问题提供了重要途径。但是，在电化学水处理方法的发展中，还有许多原理性和技术性问题没有得到解决，其中人们最关心的是如何突破其能耗和成本较高的制约。为此，国内外在此方面研究工作的主要兴趣和目标一直是：力图从基础科学的角度解决原理性问题，从实际应用的角度解决技术性问题。与此相适应，近年来有关电化学水处理理论和方法的研究，正在从原来比较粗放的形式向更加微观的层次深入，同时也正在从一般性的实验研究向工程应用延伸。这些研究，主要集中在新型电极的开发、电化学降解水中持久性有机污染物的途径与机理、无机污染物的去除技术与机制、电絮凝与电气浮水处理工艺、基于新电极和新原理的电化学水处理反应器等方面。其中，针对水中有机污染物的氧化降解而开展的功能性电极及其电化学过程的研究成为热点。仔细观察不难发现，一些高水平的研究成果在国际本领域的重要学术期刊，如 *Environmental Science and Technology*，*Water Research* 等，不断发表并获得比较高的引用率。同时也显示，人们在寻求解决水处理难点技术问题的时候更愿意借助于电化学的原理和手段，以实现所期望的水处理效果。

在电化学水处理的基础研究和技术创新中，人们更加关注相关学科的进展，并注重对物理、化学、材料、生物等学科最新研究成果的综合运用。借助于纳米材料和催化技术的进展，进行水处理纳米电极材料的开发，研制出一系列具有纳米特征和催化氧化还原效果的功能电极；借助于化学科学及分析技术的发展，使对电极及其反应过程中的结构与形貌变化的表征更加明确，对污染物的电极/水微界面转移转化过程的认识更加深入，对反应动力学的精确表达成为可能；借助于生物学的研究进展，将电化学与生物过程有机结合，从电子、分子和细胞的层次构建生物电极，认识电化学与生物反应的协同作用机制，进而建立起电化学/生物水处理新原理和新方法；借助于光电化学技术的进展，不仅把电极反应过程机制研究引向深入，而且发展出多种光-电化学水处理新方法；借助于其自身对多学科综合利用的优势，建立了不同水处理用途的新型组合反应器和集成水处理工艺。与此同时，一些从事电化学研究的学者也深入到水处理领域，使电化学水处理技术的发展更加充满活力。这些交叉与渗透，无疑有力地促进了水处理电化学研究水平的提升和应用能力的加强。然而，从事本方面研究及应用的学者和工程师们，从来都没有忘记实验研究与工程应用依然存在着的巨大差距。但可以预见，随着现代科学技术的迅猛发展，电化学水处理方法也必将在理论和应用上发展到一个更高的水平。

十几年来，本书著者及所领导的研究小组在电化学水处理方面开展了系统的工作。以污染物在电极/水微界的转移转化过程为核心，以水中污染物的安全降解和高效去除为重点，以技术发展和实际应用为目标，在电化学氧化还原、电化学凝聚、电化学生物和光电组合等四个方面进行了研究和探索，提出了一系列水处理电化学新原理和新方法，在国内外发表了数十篇研究论文，取得二十多项发明专利，多项技术获得实际应用。本书是对这些研究工作的部分总结。

全书共 8 章，第 1 章“水处理的电化学基础”是在已有资料基础上，结合水处理电化学问题所作的一般性和基础性介绍，参考了物理化学等方面的教科书，目的是为本书的其他各章节介绍奠定知识基础。第 2～8 章，涉及了电化学氧化还原、光电组合、电化学凝聚、电化学/生物、电磁作用以及电动现象等水处理原理、方法和应用等方面的研究进展，除概述或文献综述以外，绝大部分是著者及其研究小组的工作结果。但由于水平有限，这些结果还只是初步的、不系统和不完善的，一些认识和结论会受到著者现阶段的研究结果和知识水平的限制，可能存在诸多偏颇与谬误之处，敬请读者批评指正。

参加本书编写的还有王爱民、李国亭、葛建团、王海燕、梁文艳和刘海宁博士等，兰华春、刘锐平、胡承志和赵旭等对本书的排版、图表编辑和校对做了大量的工作。本工作研究和本书写作过程中，参考了大量国内外有关文献并在书中引用，在此向这些文献的作者表示感谢。

本工作得到了国家杰出青年科学基金、国家自然科学基金等项目的大力支持，本书的出版得到了中国科学院科学出版基金的资助，在此一并深致谢意。

中国科学院生态环境研究中心，

2006 年 12 月于北京

# 目　录

# 第1章　水处理的电化学基础

水处理的电化学过程，涉及电氧化、电还原、电迁移、电凝聚和电磁作用等多种过程。这些过程，都以电化学的基本现象、理论和方法为基础，是在经典电化学思想指导下发展起来的新领域和新方向。为便于以后各部分内容的讨论，本章首先对一些基本的电化学概念和原理作一简要介绍。

## 1.1　水及其溶液的导电现象

### 1.1.1　水溶液的电导

水($H_2O$)是最基本的电解质，液态的水可以发生电离反应生成 $H^+$ 和 $OH^-$：

$$H_2O \rightleftharpoons H^+ + OH^- \tag{1-1}$$

但纯水的导电能力极弱，25℃时纯水的理论电导率仅为 $0.0548\mu S \cdot cm^{-1}$。当水中溶解了一定量的电解质以后，其导电能力会得到加强。水溶液的导电性与其中溶解的电解质性质、浓度直接相关，如25℃时 $10^{-3} mol \cdot L^{-1}$ 的 HCl 水溶液的摩尔电导率为 $421.36S \cdot cm^2 \cdot mol^{-1}$。

由于水溶液的电导能力在很大程度上取决于电解质的浓度，所以通常以摩尔电导率作为参数来表示溶液的导电性。摩尔电导率就是把含有1mol电解质的水溶液全部置于相距1cm的两个足够大的电极之间所表现出来的电导率，表示为

$$\Lambda = V\kappa = \frac{1000}{c}\kappa \tag{1-2}$$

式中，$\Lambda$ 为摩尔电导率($S \cdot cm^2 \cdot mol^{-1}$)；$V$ 为含1mol电解质的溶液体积；$c$ 为溶液浓度($mol \cdot L^{-1}$)；$\kappa$ 为电导率($S \cdot cm^{-1}$)

水溶液的摩尔电导率与电解质性质密切相关。强电解质的摩尔电导率大，而且随着溶液的缓慢稀释逐渐增加，当稀释到一定浓度后，摩尔电导率与溶液浓度呈现直线关系。但弱电解质则不同，在其高浓度时当电导率很小，随着浓度下降摩尔电导率迅速增加。

温度对水溶液的电导能力具有影响。一般情况下，温度升高电导率上升。这是由于温度升高时，溶液中离子间相互作用力减小、黏度下降，使离子运动速度增加。在极稀溶液条件下，离子间力已不起作用，所以摩尔电导率总是随着温度的上升而变大。所以，人们把极稀离子浓度的水溶液摩尔电导率称之为极限电导率。根据经验，前人将各种电解质的极限摩尔电导率归纳为式(1-3)的形式并称之为

离子独立移动定律：

$$\Lambda_0 = \lambda_0^+ + \lambda_0^- \tag{1-3}$$

式中，$\lambda_0^+$ 和 $\lambda_0^-$ 分别代表溶液中正离子和负离子单独的极限摩尔电导率(简称为离子电导率)。即每种离子在稀释情况下对溶液的极限摩尔电导率都有固定不变的贡献，且与共存离子的本性无关。

### 1.1.2　水溶液中离子的电迁移

在电解质溶液中通入电流以后，其中的正、负离子将分别向阴极和阳极迁移。因为两种离子的运动速度不同，阴、阳两极的离子浓度也会不同。所以，只要正负离子的迁移速度($v$)不一样，则所分担的导电任务也有差别。人们将溶液中给定离子承担导电任务的分数，即某种离子迁移的电量与通过溶液的总电量之比，称之为离子迁移数：

$$t_+ = \frac{Q_+}{Q_+ + Q_-},\ t_- = \frac{Q_-}{Q_+ + Q_-} \tag{1-4}$$

显然，$t_+ + t_- = 1$。结合$\frac{Q_+}{Q_-} = \frac{v_+}{v_-}$可得

$$t_+ = \frac{v_+}{v_+ + v_-},\ t_- = \frac{v_-}{v_+ + v_-} \tag{1-5}$$

式(1-5)表明，离子迁移数与溶液中正、负离子的运动速度有关。因此，凡是影响离子运动速度的因素就有可能对离子的迁移数产生影响。当溶液中电解质的浓度和温度变化时，离子迁移数也会随之改变。

离子迁移数的测定传统上采用希托夫法和界面移动法。后者是一种比较完美的方法，它是通过测定两种溶液间的界面移动来求解迁移数的。一些常见正离子的迁移数及其极限值如表1-1所示。

**表1-1　25℃时，一些正离子的迁移数及其极限值**

| 物质的量浓度/$mol \cdot L^{-1}$ | HCl | NaCl | KCl | $AgNO_3$ | $CaCl_2$ | $LaCl_3$ |
|---|---|---|---|---|---|---|
| 0 | 0.821 | 0.396 | 0.491 | | 0.438 | 0.477 |
| 0.01 | 0.825 | 0.392 | 0.490 | 0.4648 | 0.426 | 0.462 |
| 0.02 | 0.827 | 0.390 | 0.490 | | 0.422 | 0.458 |
| 0.05 | 0.829 | 0.388 | 0.490 | 0.4664 | 0.414 | 0.448 |
| 0.1 | 0.831 | 0.385 | 0.490 | 0.4682 | 0.406 | 0.438 |
| 0.2 | 0.834 | 0.382 | 0.490 | | 0.395 | 0.423 |

离子在电场中的运动速度，还与电位梯度$\frac{d\varphi}{dl}$($\varphi$为电位，$l$表示电场中两极的距离)有关。一定离子在指定溶剂中电位梯度为每1V时的速度称之为该离子的淌度，也称为离子的绝对淌度，单位是$m^2 \cdot s^{-1} \cdot V^{-1}$，一般用$U$表示。

由于在无限稀释情况下 $\Lambda_0 = \lambda_0^+ + \lambda_0^-$，所以可以推出

$$t_+ = \frac{U_+}{U_+ + U_-}, t_- = \frac{U_-}{U_+ + U_-} \tag{1-6}$$

表 1-2 是 25℃时无限稀释溶液中几种典型离子的淌度。可以看到，$H^+$ 和 $OH^-$ 的淌度特别大，这也是水电离产生的两种离子。$H^+$ 在溶液中都是以 $H_3O^+$ 的形式存在，在导电过程中它们可能按照图 1-1 那样的机理进行迁移。当将一个 $H^+$ 质子交给邻接的水分子时，后者就变成了 $H_3O^+$。新形成的 $H_3O^+$ 再把质子 $H^+$ 交给 $H_2O$，如此重复不断，使 $H^+$ 的迁移速度比其他离子直接传递要快得多。同样，$OH^-$ 的迁移也是通过 $H_2O$ 之间以相反方向传接质子来实现的。

**表 1-2 25℃时，无限稀释溶液中几种典型离子的淌度值**

| 离子 | $\lambda_0$/ $S \cdot cm^2 \cdot mol^{-1}$ | $U_0$/ $cm^2 \cdot s^{-1} \cdot V^{-1}$ | 离子 | $\lambda_0$/ $S \cdot cm^2 \cdot mol^{-1}$ | $U_0$/ $cm^2 \cdot s^{-1} \cdot V^{-1}$ |
|---|---|---|---|---|---|
| $H^+$ | 349.82 | 0.003 630 | $1/3La^+$ | 69.50 | 0.000 721 |
| $Li^+$ | 38.69 | 0.000 401 | $OH^-$ | 198.0 | 0.002 050 |
| $Na^+$ | 50.11 | 0.000 519 | $Cl^-$ | 76.34 | 0.000 791 |
| $K^+$ | 73.52 | 0.000 761 | $Br^-$ | 78.40 | 0.000 812 |
| $Ag^+$ | 61.92 | 0.000 641 | $I^-$ | 76.80 | 0.000 796 |
| $NH_4^+$ | 73.40 | 0.000 760 | $NO_3^-$ | 71.44 | 0.000 740 |
| $1/2Ca^{2+}$ | 59.50 | 0.000 616 | $CH_3/COO^-$ | 40.90 | 0.000 423 |
| $1/2Ba^{2+}$ | 63.64 | 0.000 659 | $1/2SO_4^{2-}$ | 79.80 | 0.000 827 |

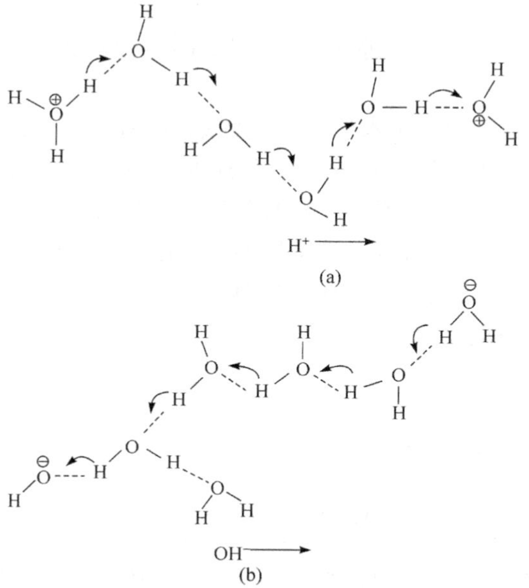

$H^+$ ⟶

(a)

$OH^-$ ⟶

(b)

图 1-1 $H^+$ 和 $OH^-$ 的迁移机理

### 1.1.3 溶剂的介电效应

在天然水体或污水与废水中，都含有大量无机物或有机物。而污水或废水的化学成分非常复杂，无机盐类和有机污染物的浓度有时会很高。如高浓度的染料废水中，往往含有一些可溶于水的硫酸盐、氯化物、阳离子染料或阴离子染料等化学物质。对溶液而言，这些物质都属于溶质。

一些无机盐是靠离子键将阳离子和阴离子结合在一起的，按照化学键理论，离子键的键能很高，即离子键的结合力是非常强的，因此无机盐如氯化钠的晶体非常稳定。但是，很多无机盐在水溶液中却非常容易溶解。出现这种现象的原因，是水作为极性溶剂发生的介电效应以及溶解过程的水合作用引起的。当盐类物质溶入水中时，极性很强的水分子马上就和溶质离子发生强烈的水合作用并释放出大量的热，从而促进了溶解反应的发生。但溶液的另一种作用——介电效应也不容忽视。根据库仑定律：

$$f = \frac{Z_+ Z_- e^2}{Dr^2} \tag{1-7}$$

若有相距为 $r$，价数各为 $Z_+$ 和 $Z_-$ 的一对离子，它们在真空（$D=1$）中和在水（$D=78.5$）中的吸引力相差可达 80 倍。可见，溶剂的介电效应使得离子间的作用大大削弱。而且，随着溶剂极性的增加，离子间力也会进一步减弱。由于水的介电常数非常之大，更有利于电解质在水中离解而不利于它们的重新缔合。

## 1.2 水及其溶液的电解现象

电解是将电化学方法用于水处理工艺的最重要过程。通过电解反应，可以将水中的有机和无机污染物通过电化学氧化还原反应进行降解、凝聚等方法去除。水中的某些有机污染物，可以通过电解氧化反应部分或彻底降解；而对于具有不饱和官能团的生色有机物，也可以通过阴极的电还原进行降解脱色。因此，针对不同的水质和水处理需要，研究和发展新的电解净水原理和电解净水方法是水处理理论研究和技术创新的重要内容。

### 1.2.1 电解池

水可以被电解生成 $H_2$ 和 $O_2$：

$$H_2O \rightleftharpoons H_2 + \frac{1}{2}O_2 \tag{1-8}$$

这是由于在通电以后，水电离产生的 $H^+$ 和 $OH^-$ 分别在电流的作用下向阴极和阳极迁移，$H^+$ 在阴极被还原成 $H_2$，而 $OH^-$ 在阳极被氧化为 $O_2$。这一过程是通过一种所谓的电解池来完成的。

在水溶液中，当外电源在两极上施加一定电压时，即有电流通过并在两极伴随着化学反应发生。这种过程即称之为电解，它是将电能转化为化学能的过程，而电解池是利用电能以发生化学反应的装置。常见的电解池原理如图1-2所示。

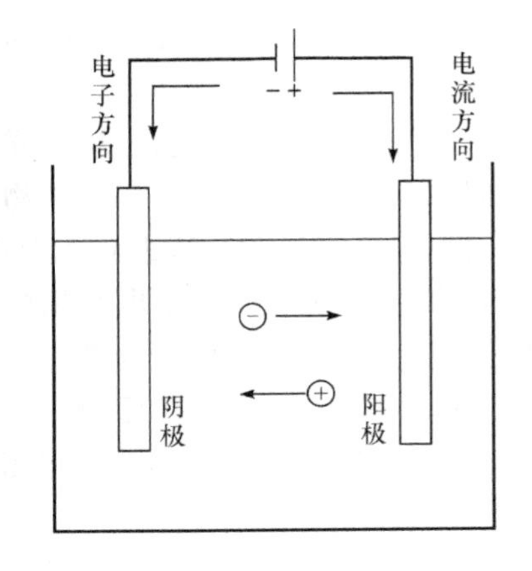


图1-2　常见的电解池原理图

在电解进行时，溶液中正离子因受电场作用而迁移至阴极，并在阴极界面释放电子被还原。同时，溶液中的负离子则迁向阳极，并在阳极界面获得电子被氧化。习惯上，人们把电解时供给电子使物质发生还原的电极称为阴极；把接受电子使物质发生氧化的另一极称为阳极。

电解过程中所发生的化学变化与电解液的化学组成、物质浓度、电极材料、溶剂性质等因素密切关，但两极上析出的物质数量则和通过电解池的电量成正比。在水处理中，针对具有不同化学组成的水质条件，通过改变不同的电极材料、电极布置方式、电极作用过程和催化电氧化还原措施等，可获得不同的电解净水效果。

### 1.2.2　法拉第(Faraday)电解定律

Faraday电解定律是阐明电和化学反应物质相互作用定量关系的定律，它是电解反应定量计算的基本依据，也是水处理电化学反应器设计、电化学参数确定和电解产物评价的基本依据。

(1) Faraday第一定律：电解时，在两相界面间发生化学变化物质的量与所通过的电量成正比。

如式(1-8)所示的水电解过程，由阴极的还原反应和阳极的氧化反应共同完成：

$$\text{阴极：}2H^+ + 2e \longrightarrow H_2 \tag{1-9}$$

$$\text{阳极：}4OH^- - 4e \longrightarrow O_2 + 2H_2O \tag{1-10}$$

对 $H^+$ 在阴极的反应，每2个 $H^+$ 需要得到2个电子，才能还原成 $H_2$。这说明电解液中的 $H^+$ 越多，所需要的电子数目也越多。通过的电量与电极上反应的物质的量之间成正比。若电极上反应的物质的量为 $W$(以g表示)，通过的电量为 $Q$(以库仑C表示)，则

$$W \propto Q$$

$$W = KQ \tag{1-11}$$

电量也可以电流强度 $I$(安=库·秒$^{-1}$)与时间 $t$ 的乘积来表示。所以

$$W = K \cdot It \tag{1-12}$$

(2) Faraday 第二定律:当相同的电量通过不同的电解质溶液(几个电解槽串联)时,在各个电极上所获得的产物量的比例等于它们的化学当量的比。

例如,分别盛有硝酸银和硫酸铜的两个电解槽串联在一起时,若线路上通过 0.2F 的电量,则在硝酸银电解槽的阴极沉积出来的银为 21.574g,在硫酸铜电解槽的阴极上沉积出来的铜为 6.354g,所以这两个电极产量的质量比为 3.39。

从 Faraday 第一定律可知,电极上沉积的物质量与通过的电量成正比。因此 Faraday 定律也可理解为:当在电解池中通过 1F 的电量时,电极反应的物质正好等于 1mol。

根据 Avogadro 常量 $L$($L$=6.022 05×$10^{23}$ mol$^{-1}$)和电子电荷 $e$($e$=1.602 19×$10^{-19}$ C),可以计算 1mol 电子所具有的电量,以符号 $F$ 表示,称为 Faraday 常量,$F=Le$=6.022 05×$10^{23}$ mol$^{-1}$×1.602 19×$10^{-19}$ C=9.648 46C·mol$^{-1}$。由此可知,要使电极上发生 1mol 任何物质的变化,所需通过的电量皆为9.648 46C,并将这个电量称之为 1F。

虽然 Faraday 定律是其研究电解作用时从实验中归纳出来的经验规律,但这一定律无论是对电解过程还是原电池过程都是适用的,对实际电化学水处理过程具有重要的量化意义。

## 1.3 原 电 池

在水处理过程中,经常利用原电池的原理设计电化学净水反应器,如所谓的铁炭内电解法,就利用了铁和炭分别作为正极和负极并以待处理水作为电解质溶液所构成的原电池原理设计的水处理工艺。

### 1.3.1 可逆电池

原电池又称化学电池,它是一种通过化学反应而直接产生电流的装置,从能量转化的角度,原电池实现了将化学能转化为电能的过程。任何电池,只要用引线把两极接上,就立刻产生电流。按物理学习惯,电流的方向被指定为从正极到负极。但实际电子的流动却是从负极经由导线而进入正极的。在电池内部,则正离子必通过溶液向正极迁移;负离子也以相反的方向向负极迁移。与此同时,负极上总是发生氧化反应;正极上总是发生还原反应,电池的整体反应即为两极的反应之和。

铜-锌电池是一个典型的原电池,其构造如图 1-3 所示。该电池是将锌片插入 1mol·L$^{-1}$ 硫酸锌溶液中,铜片插入 1mol·L$^{-1}$ 硫酸铜溶液中,两种溶液用多孔隔板分开,并允许离子通过,以防止两种溶液由于相互扩散而完全混合。当导线分

别接到电池的正极和负极时，将进行如下反应：

阳极：　$Zn \longrightarrow Zn^{2+} + 2e$　(1-13)

阴极：　$Cu^{2+} + 2e \longrightarrow Cu$　(1-14)

总反应：　$Zn + Cu^{2+} \longrightarrow Cu + Zn^{2+}$　(1-15)

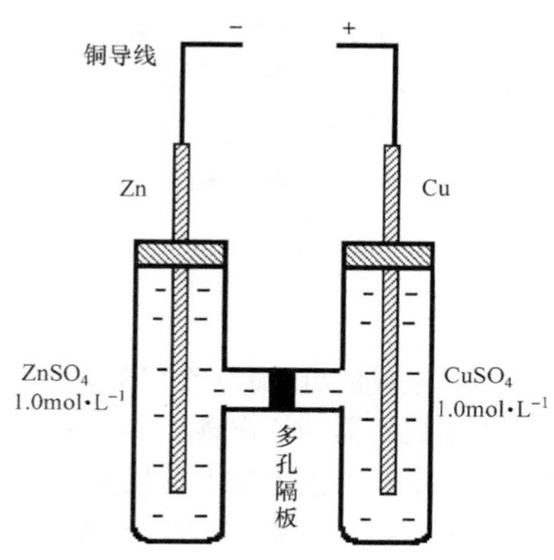


图1-3　铜-锌电池示意图

铜-锌原电池可以表示为

$$Zn|ZnSO_4(1mol \cdot L^{-1})|CuSO_4(1mol \cdot L^{-1})|Cu \quad (1-16)$$

### 1.3.2　电动势与能斯特(Nernst)方程

电极上所发生的化学反应都属于氧化还原反应。原则上，任何一个氧化还原反应也都能构成电池反应。电池的电动势 $E$ 是在通过电池的电流趋于零的情况下两极间的电位差，它等于构成电池的各相间的各界面上所产生的电位差的代数和。电池的电动势主要决定于参加电极反应的物质本性，也与电解质溶液的组成、浓度及温度等因素有关。假设某电池在放电过程中发生如下氧化还原反应：

负极(氧化)：　$aA \longrightarrow gG + ne$

正极(还原)：　$bB + ne \longrightarrow hH$

总反应式：　$aA + bB \longrightarrow gG + hH$

根据等温方程，此反应的自由能变化为

$$\Delta G = \Delta G^0 + RT\ln \frac{a_G^g \cdot a_G^h}{a_A^a \, a_B^b} \quad (1-17)$$

或表示为

$$\Delta G = \Delta G^0 + RT\ln Q_a \quad (1-18)$$

由于 $-\Delta G = nFE$，即可得电动势随组成变化的 Nernst 方程：

$$E = E^0 - \frac{RT}{nF}\ln Q_a \tag{1-19}$$

式中，$n$是参加电池反应物质的物质的量，也等于平衡反应方程式表示的氧化剂与还原剂之间的电子转移数。$E^0$ 代表在指定温度(一般为25℃)及1标准大气压下，上述A、B、G、H各物质的活度皆等于1时的电动势，即标准电动势。电动势主要由 $E^0$ 决定，而 $E^0$ 主要由该反应的 $\Delta G^0$ 决定。此外，温度和压力等也对电动势产生影响。但除了气体电极，压力的影响非常小，可忽略不计，而温度的影响一般也不十分显著。Nernst方程是原电池的基本方程，也是水处理氧化还原反应方法应用的重要判断依据。

### 1.3.3 电极电位

原电池是由两个"半电池"组成的，而每一个"半电池"有一个电极及其周围的溶液。由不同的半电池可以组成不同的原电池。如上所述，原电池的电动势 $E$ 是构成电池的各相间的各界面上所产生的电位差的代数和：

$$E = \Delta\varphi_1 + \Delta\varphi_2 + \Delta\varphi_3 + \Delta\varphi_4 \tag{1-20a}$$

以式(1-16)所示的铜-锌原电池为例，则式(1-20a)中，$\Delta\varphi_1$ 表示金属铜与硫酸铜溶液之间的电位差，简称阴极的电位差；$\Delta\varphi_2$ 表示硫酸铜溶液与硫酸锌溶液之间的电位差，称为液体接界电位或扩散电位；$\Delta\varphi_3$ 表示硫酸锌溶液与金属锌之间的电位差，简称为阳极的电位差；$\Delta\varphi_4$ 表示锌电极与铜导线之间的电位差，称之为接触电位。

如以 $\varphi_+$ 和 $\varphi_-$ 分别表示原电池中正极的电极电位和负极的电极电位，则原电池的电动势可以表示为

$$E = \varphi_+ - \varphi_- \tag{1-20b}$$

在铜-锌原电池中，$\varphi_+$ 表示Cu插在 $Cu^{2+}$ 溶液中所构成的"半电池"的电极的电位，$\varphi_-$ 表示Zn插在 $Zn^{2+}$ 溶液中所构成的"半电池"的电位。如果任一个"半电池"的电极电位能够测定，则任意两个"半电池"所组成的原电池的电动势就可以很方便地表示出来。但事实上，我们还不能测定"半电池"电位的(绝对的)数值，因为任何仪器的测量都需要连接另一种金属的导线，当这一金属插入溶液中测定溶液电位时，金属与溶液又构成了另一个半电池，因此只能测出电池的电动势。

为能够获得一个标准一致的电极电位，在电化学中采用把任何一电极与标准电极组成原电池的方法，并规定该电池的电动势为所求电极电位，以 $\varphi$ 表示。当给定电极中各组分均处于活度为1的标准态时，其电极电位称为给定电极的标准电极电位，以 $\varphi^0$ 表示。原则上，任意电极均可作为比较的基准，但目前按统一规定，一律采用标准氢电极为基准。标准氢电极是氢气的压力为1atm，溶液中氢离子活度为1时的氢电极，即 $Pt|H_2(1atm)|H^+(a_{H^+}=1)$。将标准电极作为发生氧化作

用的阳极，给定电极作为发生还原作用的阴极，组成下列电池：

标准氢电极 || 给定电极

或　$Pt|H_2(1atm)|H^+(a_{H^+}=1)||$给定电极

按此规定，任意温度下氢电极的标准电极电位为零，即 $\varphi^0_{H^+|H_2}=0$。在标准状况下，所测定的一些物质半反应的标准电极电位如表1-3所示。

**表1-3　25℃时在水溶液中一些标准电极电位①**

| 电极 | 电极反应 | $\varphi^0$/V |
|---|---|---|
| 第一类电极 | | |
| $Li^+|Li$ | $Li^++e \rightleftharpoons Li$ | −3.045 |
| $K^+|K$ | $K^++e \rightleftharpoons K$ | −2.923 |
| $Ba^{2+}|Ba$ | $Ba^{2+}+2e \rightleftharpoons Ba$ | −2.90 |
| $Ca^{2+}|Ca$ | $Ca^{2+}+2e \rightleftharpoons Ca$ | −2.76 |
| $Na^+|Na$ | $Na^++e \rightleftharpoons Na$ | −2.7109 |
| $Mg^{2+}|Mg$ | $Mg^{2+}+2e \rightleftharpoons Mg$ | −2.375 |
| $OH^-,H_2O|H_2$ | $2H_2O+2e \rightleftharpoons H_2+2OH^-$ | −0.8277 |
| $Zn^{2+}|Zn$ | $Zn^{2+}+2e \rightleftharpoons Zn$ | −0.7628 |
| $Cr^{3+}|Cr$ | $Cr^{3+}+3e \rightleftharpoons Cr$ | −0.74 |
| $Cd^{2+}|Cd$ | $Cd^{2+}+2e \rightleftharpoons Cd$ | −0.4026 |
| $Co^{2+}|Co$ | $Co^{2+}+2e \rightleftharpoons Co$ | −0.28 |
| $Ni^{2+}|Ni$ | $Ni^{2+}+2e \rightleftharpoons Ni$ | −0.23 |
| $Sn^{2+}|Sn$ | $Sn^{2+}+2e \rightleftharpoons Sn$ | −0.1364 |
| $Pb^{2+}|Pb$ | $Pb^{2+}+2e \rightleftharpoons Pb$ | −0.1263 |
| $Fe^{3+}|Fe$ | $Fe^{3+}+3e \rightleftharpoons Fe$ | −0.036 |
| $H^+|H_2$ | $2H^++2e \rightleftharpoons H_2$ | 0.0000 |
| $Cu^{2+}|Cu$ | $Cu^{2+}+2e \rightleftharpoons Cu$ | +0.3402 |
| $OH^-,H_2O|O_2$ | $O_2+2H_2O+4e \rightleftharpoons 4OH^-$ | +0.401 |
| $Cu^+|Cu$ | $Cu^++e \rightleftharpoons Cu$ | +0.522 |
| $I^-|I_2$ | $I_2(s)+2e \rightleftharpoons 2I^-$ | +0.535 |
| $Hg_2^{2+}|Hg$ | $Hg_2^{2+}+2e \rightleftharpoons 2Hg$ | +0.7961 |
| $Ag^+|Ag$ | $Ag^++e \rightleftharpoons Ag$ | +0.7996 |
| $Hg^{2+}|Hg$ | $Hg^{2+}+2e \rightleftharpoons Hg$ | +0.851 |
| $Br^-|Br_2$ | $Br_2(l)+2e \rightleftharpoons 2Br^-$ | +1.065 |
| $H^+,H_2O|O_2$ | $O_2+4H^++4e \rightleftharpoons 2H_2O$ | +1.229 |
| $Cl^-|Cl_2$ | $Cl_2(g)+2e \rightleftharpoons 2Cl^-$ | +1.3583 |
| $Au^+|Au$ | $Au^++e \rightleftharpoons Au$ | +1.68 |
| $F^-|F_2$ | $F_2(g)+2e \rightleftharpoons 2F^-$ | +2.87 |

续表

| 电极 | 电极反应 | $\varphi^0$/V |
|---|---|---|
| 第二类电极 | | |
| $SO_4^{2-}$ \| $PbSO_4(s)$ \| Pb | $PbSO_4(s)+2e \rightleftharpoons Pb+SO_4^{2-}$ | −0.356 |
| $I^-$ \| AgI(s) \| Ag | $AgI(s)+e \rightleftharpoons Ag+I^-$ | −0.1519 |
| $Br^-$ \| AgBr(s) \| Ag | $AgBr(s)+e \rightleftharpoons Ag+Br^-$ | +0.0713 |
| $Cl^-$ \| AgCl(s) \| Ag | $AgCl(s)+e \rightleftharpoons Ag+Cl^-$ | +0.2223 |
| $Cr^{3+}$, $Cr^{2+}$ \| Pt | $Cr^{3+}+e \rightleftharpoons Cr^{2+}$ | −0.41 |
| $Sn^{4+}$, $Sn^{2+}$ \| Pt | $Sn^{4+}+2e \rightleftharpoons Sn^{2+}$ | +0.15 |
| $Cu^{2+}$, $Cu^+$ \| Pt | $Cu^{2+}+e \rightleftharpoons Cu^+$ | +0.158 |
| $H^+$,醌,氢醌 \| Pt | $C_6H_4O_2+2H^++2e \rightleftharpoons C_6H_4(OH)_2$ | 0.6995 |
| $Fe^{3+}$, $Fe^{2+}$ \| Pt | $Fe^{3+}+e \rightleftharpoons Fe^{2+}$ | +0.770 |
| $Tl^{3+}$, $Tl^+$ \| Pt | $Tl^{3+}+2e \rightleftharpoons Tl^+$ | +1.247 |
| $Ce^{4+}$, $Ce^{3+}$ \| Pt | $Ce^{4+}+e \rightleftharpoons Ce^{3+}$ | +1.61 |
| $Co^{3+}$, $Co^{2+}$ \| Pt | $Co^{3+}+e \rightleftharpoons Co^{2+}$ | +1.808 |

① 引自天津大学物理化学教研室编.物理化学(下).第二版.天津:天津大学出版社,1990。

### 1.3.4 几种常见的电极

任何电极都含有氧化和还原两种形态。常见的电极大致分为6种:

1. 气体电极

如氢电极,其电极符号记为

$$H^+(a_{H^+}=1) \mid H_2(g,\ 1atm),Pt$$

2. 离子型氧化还原电极

如Pt片插在铁离子溶液中作电极,可发生电极反应 $Fe^{3+}+e \rightleftharpoons Fe^{2+}$,电极符号为

$$Fe^{3+}(a_1),Fe^{2+}(a_2) \mid Pt$$

虽然所有电极反应都涉及氧化还原反应,但为便于分类,经常将只是溶液内离子间得失电子的过程归入此类。

3. 金属、金属离子电极

如丹尼尔(Daniel)电池(铜-锌电极),电极符号为 $Zn^{2+}(a) \mid Zn$ 和 $Cu^{2+}(a) \mid Cu$。

4. 金属难溶盐电极

如氯化银电极,它是将Ag片用AgCl覆盖后插在含 $Cl^-$ 溶液中,电极反应是

$AgCl = Ag + Cl^-(a)$，它的电极符号是 $Cl^-(a) | AgCl | Ag$。

5. 汞齐电极

某些金属太活泼，在空气中不易以单质形态存在，故将它溶在 Hg 中做成汞齐，由它作一种成分构成的电极叫作汞齐电极，如钠汞齐电极 $Na^+(a) | Na$ 汞齐。

6. 膜电极

玻璃电极是一个选择性通透 $H^+$ 的膜电极，如果调整玻璃组成和制造工艺，可制出对 $Na^+$、$K^+$、$Ag^+$、$NH_4^+$ 等有特殊选择性的玻璃膜。有的膜提供的良好选择性可与生物膜所特有的高选择性媲美。

膜电极可按膜的类型分成单膜和复膜离子电极两种。

(1) 单膜离子电极。有固体型膜电极和液体型膜电极两种。

固体型膜电极主要包括：玻璃电极，如 $H^+$、$Na^+$、$K^+$、$Ag^+$ 等；难溶性无机盐膜电极，如 $Ag^+$、$Cu^{2+}$、$Pb^{2+}$、$Cd^{2+}$、卤素离子、$CN^-$、$S^{2-}$ 等；塑料支持型膜电极，如各种无机、有机离子电极等。

液体膜型电极主要包括：离子交换液膜型电极，如 $Ca^{2+}$ 等二价阳离子、$Cl^-$、$CO_4^-$、$NO_3^-$、$BF_4^-$ 等；含中性载体液膜电极，如 $K^+$、$NH_4^+$ 等。

(2) 复膜离子电极。主要包括：气敏电极，如 $NH_3$、$NO_2$、$SO_2$ 等；反应性膜电极(酶电极)，如尿素、氨基酸、其他(氧电极)测氧化还原酶反应的 $O_2$。

## 1.4　不可逆电极过程

电极过程有其自身的特殊性。实际上，发生电极反应的必要条件是电场作用，即只有在电场的作用下电极反应才能发生。但对整个电化学过程，每个电极也只完成了半反应。研究和实际经验都证明，电极反应的速度不但与电极附近反应物的浓度、产物浓度、电极材料、电极布设形式以及电极的表面特性等因素有关，而且在相当程度上还决定于电极所处的反应环境以及影响反应速度的各种因素。

### 1.4.1　极化现象

水电解生成氢气和氧气的过程如果是在符合可逆条件下发生的，则外加电压只要等于氢电极和氧电极的平衡电位之差就可使反应进行，即

$$E = \varphi_{O_2/H_2O} - \varphi_{H^+/H_2O} \tag{1-21}$$

但在实际电解水的过程中，仅满足式(1-21)的电位条件是可以的，只有在外加电压增加到一定数值以后，电解水的反应才能发生。能够使电解反应发生的外加电压(其测定如图1-4所示)，是与电极材料、溶液组成、传质条件等因素密切相

关的，一般或多或少超过了对应的平衡电动势值。如图 1－5 所示，当外加电压 $E$ 很小时，回路上几乎没有电流通过。但当外加电压 $E$ 达到一定数值时，电流突然急剧上升，同时在电解槽的阴极和阳极也能看到不断有气泡逸出，这说明在此外加电压下，电解水的反应已开始发生。图中的 $D$ 点是电解反应明显发生时的转折点，一般称此点电压为分解电压。$D$ 点以前的微小电流称为残余电流。实际上，分解电压就是使某电解质开始进行电解反应时所必须施加的最小电压。

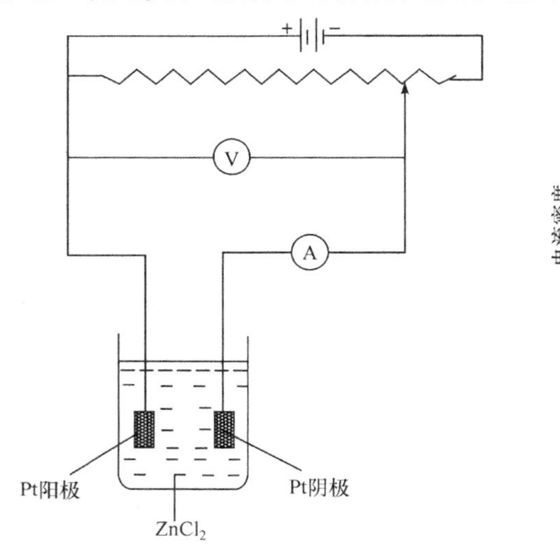


图 1－4　测定分解电压的线路图

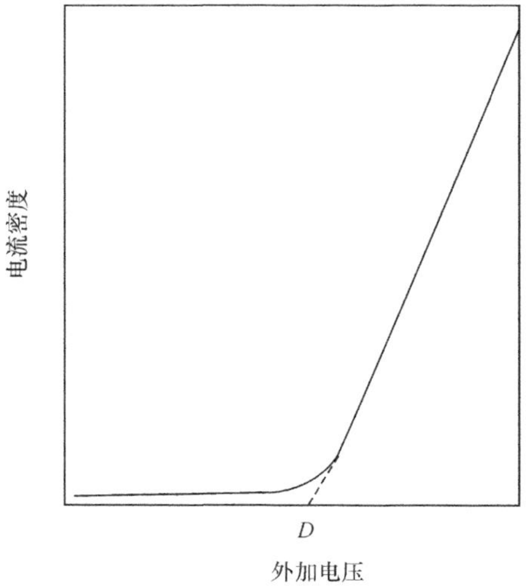

电流密度

D

外加电压

图 1－5　电解水时电流密度随外加电压变化曲线

电解水实际所需的外加电压要高于理论电压，是由于“极化”造成的，即两个电极都偏离其平衡电位所造成的。在电化学中，不论是电解反应或是放电反应，凡涉及电极电动势偏离热力学平衡值的有关现象，统称为极化。极化主要由于以下三个原因产生：

(1) 欧姆内阻极化。当电流趋动正、负离子向两极迁移时，离子会在溶液中遇到一定的阻力，这种阻力被称为欧姆内阻。为克服内阻，就必须额外加上一定的电压以推动离子前进。如电池两极间的内阻是 $R$，则对应的电压降是 $IR$，额外损耗并以热的方式转化给环境的电能是 $I^2R$。通常欧姆压降并不大，但当溶液较稀或电流密度增大时，也不可忽略。

(2) 电化学极化。当电流通过水溶液时，两极发生氢离子的还原反应和水的放电反应。这两个反应都是化学反应，自然受到化学动力学因素的约束。因为每一电极反应可能都是由几个连续的基元反应所组成，而控制这些基元反应的最慢的反应往往对反应的动力学过程起决定性作用。为使电化学反应能顺利进行，就必须额外施加电压去克服反应的活化能，这就是所谓的电化学极化，亦即活化极化。

(3) 浓差极化。当电化学体系处于平衡时,溶液中电解质的浓度分布是各处均匀的。但当通入电流以后,由于电极反应的发生,使电极表面及其附近的物质浓度趋于一直消耗和不断生成。同时,在电化学反应过程中,依靠电化学本身的动力因素,无法使物质迅速和有效地扩散以保持溶液浓度均匀。因此,随着反应的不断进行,使从电极表面到溶液本体形成了一个明显的浓度差值,所对应的分解电压当然要偏离浓度均匀分布时的平衡值,此种现象称为“浓差极化”。采用强烈搅拌等溶质扩散方法,可以一定程度地促进溶液均匀,减少浓差极化,但因电极表面总会有扩散层存在,所以浓差极化也不可能完全消除。

### 1.4.2 过电位

由于极化现象,使特定电解质的分解电压 $E$ 偏离其平衡值。综合考虑上述三种极化因素,则分解电压 $E$ 可以综合表达为

$$E - E_{平} = \Delta E_{电化} + \Delta E_{浓差} + IR \tag{1-22}$$

除欧姆电阻极化以外,电化学极化和浓差极化都是阴阳两极分别极化的结果,与每一电极特殊性有关。极化时,电极的实测电位与平衡电位偏离的现象称为电极的极化,而其对应的偏离值则称为过电位或超电势,并常以符号 $\eta$ 表示。当极化现象出现时,阳极的电位必定往正移,阴极的电位必定往负移。但习惯上,$\eta$ 又都取正值。所以,对于阳极过电位

$$\eta_{阳} = \varphi_{阳} - \varphi_{平} \tag{1-23a}$$

而阴极过电位

$$\eta_{阴} = \varphi_{平} - \varphi_{阴} \tag{1-23b}$$

过电位是由于极化所致,所以按极化现象产生的原因,过电位也可分为下列三种:

(1) 电阻过电位($\eta_{电阻}$)。由于电极表面在反应过程中生成一层氧化物的薄膜或其他物质所造成,也可能由多孔电极的孔隙内部的溶液电阻所造成。这部分电阻如以 $R_s$ 表示,则

$$\eta_{电阻} = IR_s \tag{1-24}$$

(2) 浓差过电位($\eta_{浓差}$)。在电解过程中,如果将电流密度增加,浓差电位也会随之增加,而电极表面的氧化型阳离子 $M^{n+}$ 会进一步降低。当电极表面的 $M^{n+}$ 低于零时,电流密度达到最大值。此电流密度称为极限电流密度($i_{极限}$)。通常浓差过电位与电流密度之间的关系可表示为

$$\eta_{浓差} = \frac{RT}{nF}\ln\left(\frac{i}{i_{极限}}\right) \tag{1-25}$$

(3) 活化过电位($\eta_{活化}$)。根据上述极化的三种类型,对大多数电极过程除了

电阻和浓差两种过电位以外，还有活化过电位，特别在电极有氢或氧形成时更为显著。

### 1.4.3　过电位的测定

过电位的测定就是测量当有电流通过电极时的电极电位。为分别测量单个电极在不同电流下的过电位，一般都采用三极法，实验装置如图 1－6 所示。

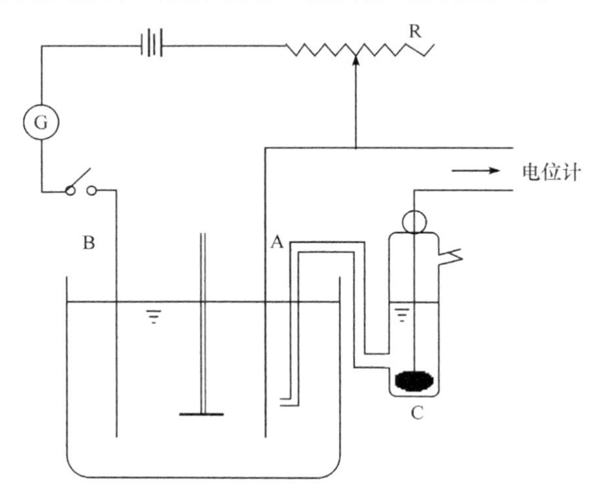


图 1－6　测定过电位实验装置示意图

待测电极 A 和辅助电极 B 组成电解池。当外电源于两极上施加一定电压使电流通过电解池时，待测电极即被极化。再将参比电极 C 与待测电极组合成电池，并依照补偿原理去测定这个电池的电动势。因参比电极的电位是确知不变的，由此即能算出待测电极极化时的电位 $\varphi$。其值和该电极未被极化时的平衡电位之差就是在给定电流密度下的过电位 $\eta$。以 $i$ 对 $\eta$ 作图，即得所谓极化曲线。原则上讲，所测出的过电位应该是浓差过电位、电化学过电位和欧姆过电位之和：

$$\eta = \eta_{浓差} + \eta_{电化} + \eta_{欧姆} \tag{1-26}$$

极化曲线测定在电极过程研究中具有非常重要的意义。过电位随电流密度的变化规律主要由电极过程化学反应的性质所决定。因此，极化曲线经常被用来推测、验证电极反应的机理。

## 1.5　金属的电沉积

金属的电沉积在电化学水处理技术发展中具有重要的应用意义。在制备金属涂覆的水处理用电极时，往往采用电沉积方法，可获得均匀牢固的电极表面及具有不同组合形式的复合电极。

电沉积是金属离子在阴极上还原为金属原子并形成沉积层的过程：

$$M^{n+}(H_2O)_x + ne \longrightarrow M_{晶格} + xH_2O \tag{1-27}$$

原则上，只要电极电位足够负，任何金属离子都可能在电极被还原。但对具体指定的离子，它能否在电极上沉积要取决于溶剂分子或者溶液中的其他组分是否在其之前已在电极上发生反应。比如，以铂作电极电解 $ZnSO_4$ 溶液，因氢的还原电位比锌正，所以未等阴极电位移到可使锌发生沉积时，氢气早就产生了。但改用铅电极，由于氢在铅上有很高的过电位（电流密度为 $0.01A \cdot cm^{-2}$ 时，$\eta$ 已经达到 1.09V），要比锌的沉积电位更负。因此，锌可以顺利地从铅电极上沉积出来，而且当铅电极镀上了锌层之后，氢在锌上的过电位仍然很高，这就决定了锌的沉积仍能继续下去。但当溶液中存在多个组分时，各离子间具有竞争电沉积的现象。

当溶液中有 $M_1^{n_1+}$ 和 $M_2^{n_2+}$ 两种离子，活度各为 $a_1$ 和 $a_2$。根据 Nernst 方程，与其对应的平衡电位依次为

$$\varphi_{1,平} = \varphi_1^0 + \frac{RT}{n_1 F}\ln a_1 \tag{1-28}$$

$$\varphi_{2,平} = \varphi_2^0 + \frac{RT}{n_2 F}\ln a_2 \tag{1-29}$$

显然，在可逆还原过程中，两种离子同时在电极上沉积的可能性是 $\varphi_{1,平} = \varphi_{2,平}$，但如 $\varphi_{1,平}$ 比 $\varphi_{2,平}$ 更正，则 $M_1$ 应当在 $M_2$ 之前析出，而且 $\varphi_{1,平}$ 和 $\varphi_{2,平}$ 之差越大，$M_2$ 的析出电位离 $M_1$ 的析出电位就越远。在实际电解过程中，离子的沉积电位必定偏离平衡值，但无论如何，两种离子同时析出的前提总是 $\varphi_1 = \varphi_2$。如果 $M_1$ 和 $M_2$ 的过电位分别为

$$\eta_1 = \varphi_{1,平} - \varphi_1 \tag{1-30}$$

及

$$\eta_2 = \varphi_{2,平} - \varphi_2 \tag{1-31}$$

则得

$$\varphi_{1,平} - \eta_1 = \varphi_{2,平} - \eta_2 \tag{1-32}$$

综合以上各式，可以进一步得到

$$\varphi_{1,平} + \frac{RT}{n_1 F}\ln a_1 - \eta_1 = \varphi_{2,平} + \frac{RT}{n_2 F}\ln a_2 - \eta_2 \tag{1-33}$$

一般情况下，金属沉积时的过电位都不大，所以共沉积或者先后析出的次序大体可参考氧化还原电位表进行估计。

金属电沉积受很多因素影响，尤其是溶液的组成影响较大，溶液中的负离子种类能明显改变电极反应的速度。其中，卤素离子几乎在所有情况下都可以加快电化学反应速度。但是，当溶液中的负离子可以和金属离子发生络合时，过电位反而

要上升。此外，许多有机表面活性物质对过电位也有很大影响，由于此类物质容易在电极表面上发生吸附，从而妨碍了电极反应的进行，导致金属沉积电位更高。

## 1.6 水中胶体粒子的电行为

天然水中的胶体一般都带有负电荷。在水处理中，正是利用了水中胶体颗粒的这种表面性质，通过加入具有正电荷的阳离子混凝剂，对胶体表面的负电荷进行电中和，使其脱稳凝聚并沉淀（或气浮）去除。因此，胶体粒子的带电行为与特性是水处理絮凝过程的重要影响因素，也是絮凝剂选择、应用与控制的根本依据。

### 1.6.1 溶胶的电泳

溶液中的胶体粒子带有正电荷或负电荷。在电场作用下，带有正电荷的溶胶粒子向阴极运动，而带有负电荷的溶胶粒子则向阳极运动。人们把带电质点在介质中的移动称为电泳。

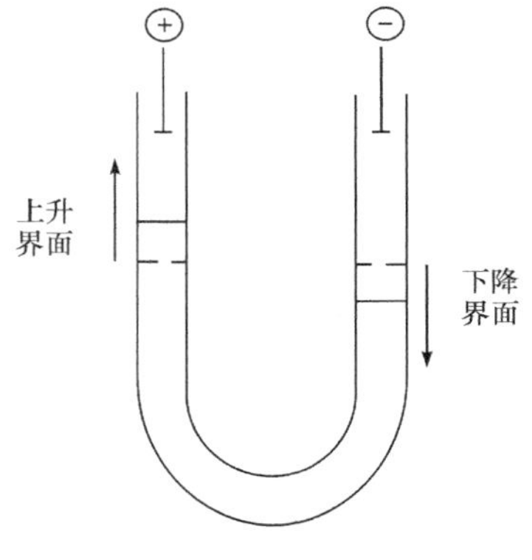

图 1-7 界面移动法

电泳现象是溶胶的一种重要性质，它用以研究溶胶或不同带电质点的表面特性。观察电泳现象最简单的方法是用界面移动法（如图 1-7 所示），在 U 形管中注入有色溶液，小心地从上面注入纯水，使溶液与纯水之间有清晰的界面。水中插入电极，通电一段时间后，可以观察到一臂中溶胶的界面上升，另一臂中溶胶的界面下降。

设胶粒带电荷为 $q$，在强度为 $E$ 的电场中，作用在粒子上的静电力为

$$f = qE \tag{1-34}$$

由于介质间的摩擦力，粒子很快达到以恒速 $v$ 运动的状态。根据 Stokes 定律

$$f' = 6\pi\eta r v \tag{1-35}$$

故 $qE=6\pi\eta r v$，所以

$$v = \frac{qE}{6\pi\eta r} \tag{1-36}$$

定义每单位电场强度下带电粒子的运动速度与电场强度的比值 $\frac{v}{E}$ 为电泳淌度（也叫电泳迁移率），并以 $U$ 表示，其单位为 $m^2 \cdot V^{-1} \cdot s^{-1}$，则

$$U = \frac{v}{E} = \frac{q}{6\pi\eta r} \tag{1-37}$$

由式(1－37)可见，带电粒子的淌度决定于粒子的电荷及其大小和介质的黏度。由于推导过程中用到Stokes定律，故式(1－37)仅适用于球形粒子。以ζ电位代表溶胶粒子的带电性质，则

$$\zeta = \frac{q}{\varepsilon r} \tag{1-38}$$

$$U = \frac{\varepsilon \zeta}{6\pi\eta} \tag{1-39}$$

通过测定电泳淌度，可以测得ζ电位。

### 1.6.2　双电层结构和ζ电位

溶胶的粒子是带有电荷的，而整个溶液为电中性。因此，在含有胶体粒子的溶液中，应有等当量的反号离子存在。表面上吸附的离子及溶液中的反离子构成双电层。

带有相反电荷的离子在溶液中受到两个方面的作用：一是表面上离子的吸引力，力图把它们拉向表面；二是离子本身的热运动，使它们离开表面扩散到溶液中去。这两个方面的作用结果使反离子在表面以外的溶液中成为平衡的分布：靠近表面的反离子浓度大些，随着与表面距离的增大，反离子由逐渐变少，形成扩散分布。如图1－8所示，图中以平面$MN$代表粒子表面。假设此表面吸附的是负离子，则等当量的正离子扩散地分布于粒子周围。到了表面负电荷的电力所影响不到之处，过剩的离子浓度等于零。带电表面及这些反离子构成的双电层称为扩散双电层。距离$d$称为双电层厚度，$d$随溶液中离子浓度和价数的不同而有差异。

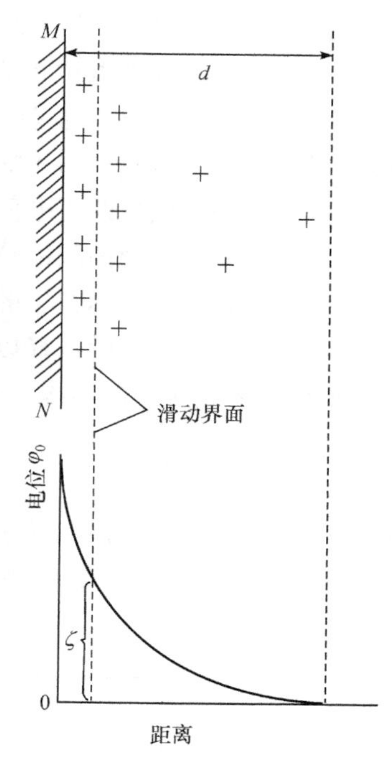

图1－8　扩散层中离子分布和电位随距离的变化

当溶胶在电场作用下与介质发生相对移动时，分界面不是在固液界面$MN$处，而是有一层液体牢固地附在固体表面，随表面运动。测定电泳速度按式(1－39)计算出的就是此滑动面上的电位，称为电动电位或ζ电位。

ζ电位不仅随电解质含量增大而减小，某些离子的加入还可以使粒子ζ电位

符号转化为反号，而 $\varphi_0$ 不变。为此，Stern 在 1924 年又进一步修正了双电层的模型。他认为反离子到表面的最近距离应受离子大小的限制，有厚度为 δ 的一层液体内无电荷。因此表面与最近一层反离子中心平面间形成分子电容器，此层中电位随距离线性下降。这层以外才是扩散分布。这样扩散层离子的分布就不再是由表面电位 $\varphi_0$ 决定，而是由 $\varphi_\delta$ 决定的。另一方面，表面附近离子与表面之间除静电引力外，还要考虑吸附力。所以，按 Stern 模型加入电解质不仅能引起扩散层的压缩，而且还可以有离子从扩散层进入 Stern 层，因而降低 $\varphi_\delta$。具有特异性吸附能力的离子加入后，可使 ζ 电位符号转变。

水处理混凝的电中和原理就是基于胶体粒子的双电层理论。在混凝水处理过程中，当具有正电荷的混凝剂投加到水中以后，由于反号离子的电中和作用，压缩负电胶体的扩散双电层使之变薄，即图 1-7 所示的 $d$ 值减小，进而导致 ζ 电位下降。随着水中与胶体具反号的正离子的增加，双电层不断被压缩，胶体的 ζ 电位也将不断下降。当双电层的扩散层被压缩至与固定层重合时，双电层厚度 $d$ 为零，并由图 1-7 可见此时的 ζ 电位也为零。在此情况下，水中胶体脱稳并形成聚集体。一般地，我们把胶体粒子的 ζ 电位为零的这一点称为等电点，对应着理论上的混凝剂最佳投加量。但是，当加入的具有正离子的混凝剂过量时，将使胶体粒子的表面带上正电荷，并形成以此正电荷为主要特征的扩散双电层结构，导致 ζ 电位值符号变正，此时将使已脱稳的胶体粒子重新变得稳定，使聚集体破坏，混凝效果变差。可见，深入了解水中胶体粒子的双电层结构特征和 ζ 电位的变化规律，对水处理混凝机理的认识、混凝剂的选择以及混凝效率的提高，都是十分重要的。为此，下面进一步介绍溶胶粒子的结构。

### 1.6.3 溶胶粒子的结构

如上所述，对一特定的溶胶粒子在一定的溶液条件下应该具有一个特定的双电层结构，并由胶核、吸附层和扩散层反离子构成胶团。以 $Fe(OH)_3$ 为例，其胶团构成如图 1-9 所示。

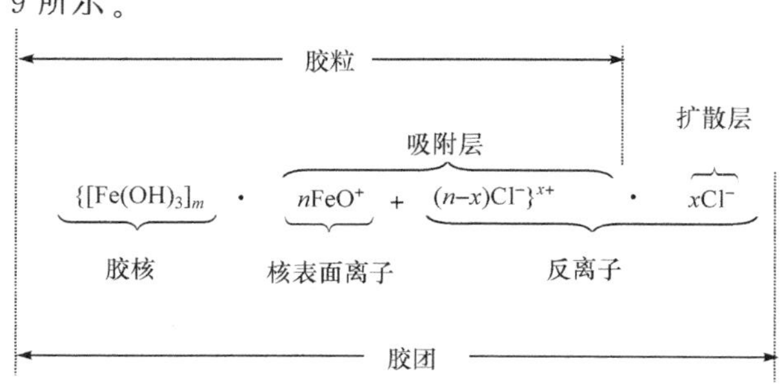


图 1-9 $Fe(OH)_3$ 胶团构成图

可见，$Fe(OH)_3$ 胶核选择吸附和其组成类似的 $FeO^+$ 离子，为此溶液中的 $FeO^+$ 离子就减少了一部分，致使 $Cl^-$ 相对多出，结果便带有负电。如上所述，这些反离子在受带电胶粒的吸引，力图靠近胶粒表面的同时，也由于本身的热运动而具有分布到整个溶液中的趋势。因此，越靠近胶粒表面反离子数就越多，反之则越少。在对胶团进行表达时，也需要对溶胶的这种双电层性质进行确切反映。一种简单的方式可能写为图 1－9 所示的化学表达形式，另外也可用图示来表示胶团的结构，图 1－10 所示为 $Fe(OH)_3$ 胶团结构示意。

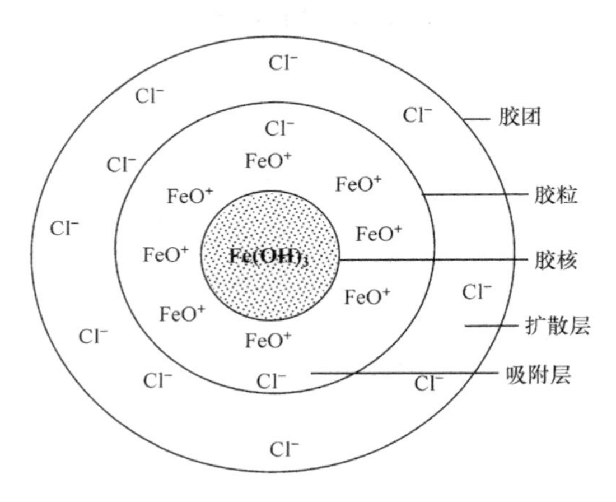


图 1－10　$Fe(OH)_3$ 胶团结构示意图

图中，胶核是溶于分散介质的分散相，具有结晶构造，由许多小晶粒组成。胶粒包括胶核和吸附层，胶团包括胶粒和扩散层反离子。溶胶就是指所有胶团和胶团间液体所构成的整体。可以一个通用的方式来表达

$$[\text{胶核/核表面离子}+\text{反离子}]^{nx\pm}\cdot nx\,\text{反离子}^{\mp}$$

根据这个通式，可以写出其他溶液的胶团表示式，例如在 KBr 溶液中加入 $AgNO_3$ 后所生成的带负电 AgBr 溶胶，其胶团公式为

$$\{[AgBr]_m\cdot nBr^-+(n-x)K^+\}^{x-}\cdot xK^+$$

当 $AgNO_3$ 加入过量时，AgBr 表面具有以 $Ag^+$ 为特征的正电结构，其胶团公式为

$$\{[AgBr]_m\cdot n\,Ag^+ +(n-x)\ NO_3^-\}^{x+}\cdot xNO_3^-$$

由于双电层的存在，水中胶体粒子除本节所述的电动特性以外，还具有“动电特性”。胶体粒子的电动现象和动电现象，都是以其双电层理论和特性为基础的。前者是在外加电场的作用下使带电胶体颗粒发生定向移动，而后者则是荷电胶团双电层发生相对位移产生电流或电位差。这两种现象在水处理过程中都有非常重要的应用意义。有关动电现象的一些基本特性及应用技术，将在本书

的第 8 章详述。

## 参考文献

[1] 物理化学与胶体化学.吉林大学,四川大学编.北京:高等教育出版社,1984
[2] 物理化学(下).天津大学物理化学教研室编.北京:人民教育出版社,1979
[3] 物理化学(下).吉林大学等校编.北京:人民教育出版社,1980
[4] 江琳才主编.物理化学.北京:人民教育出版社,1981

# 第2章 污染物电化学降解原理与方法

## 2.1 电化学降解水中污染物方法概述

电化学方法作为一种环境友好技术，近年来在环境污染治理方面越来越受到人们的重视[1]，特别是人们应用电化学方法对废水中生物难降解有机物的去除进行了大量研究，并对降解过程提出了多种机理。

### 2.1.1 阳极氧化过程与机理

电化学阳极催化氧化过程按大类可以分为直接过程和间接过程。

#### 2.1.1.1 直接氧化

阳极直接氧化是指污染物在阳极表面氧化而转化成毒性较低的物质或生物易降解物质，甚至无机化，从而达到削减污染物的目的[2]。Chiang 等[3]认为在阳极直接氧化过程中，污染物首先吸附在阳极表面，然后通过阳极电子转移过程实现污染物的氧化去除，如图 2-1 所示。Kirk 等[4]研究了苯胺在阳极的氧化过程，认为其降解主要是阳极直接氧化过程，即苯胺通过阳极表面电子转移反应而被氧化。Polcaro 等[5]认为有机污染物在高浓度时主要发生阳极直接氧化，而在低浓度时，才发生阳极间接氧化。

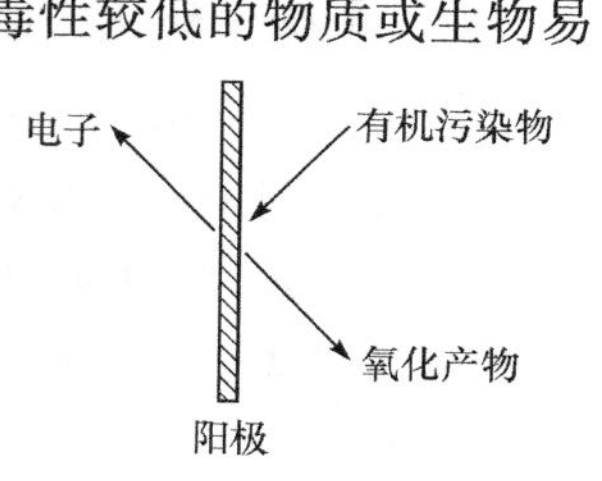

图 2-1 污染物电化学直接氧化去除过程示意图

#### 2.1.1.2 间接氧化

1. 可逆过程

(1) 媒介电化学氧化(mediated electrooxidation，MEO)。媒介电化学氧化是利用可逆氧化还原电对氧化降解有机物，指氧化还原物质如金属氧化物(如 $BaO_2$，$MnO_2$，CuO 和 NiO)悬浮在溶液中，在电化学过程被氧化成高价态，这些高价态物质氧化降解有机物[6,7]，此时高价态氧化物被还原成原来价态，这样周而复始达到氧化去除污染物的目的[8]。这类间接电化学氧化过程对于可逆氧化还原对(媒介，M)有四个基本要求：①M 的生成电位必须远离析氢或析氧电位，以保证媒介在循环再生中有较高的电流效率；②M 产生速率要足够快，以保证该方法对处理负荷的要求;③M 对目标污染物有较好的选择性,反应速率大;④污染物或其他物质在电极上的吸附小,以利于媒介的再生。媒介电化学氧化反应原理如图 2-2 所示。

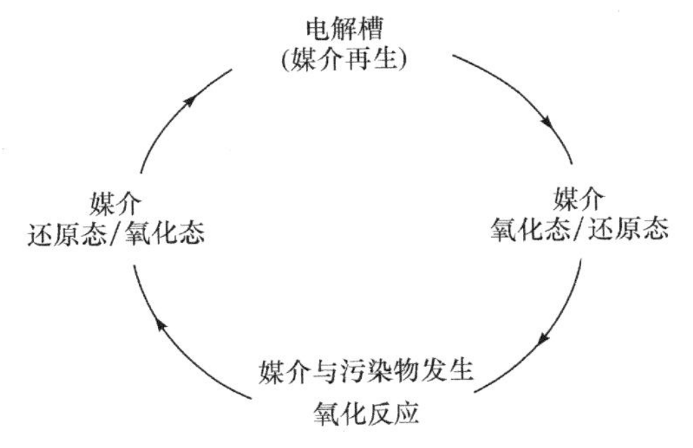


图 2-2　媒介电化学氧化反应原理示意图

常用的氧化还原对还有:Ce(Ⅳ)/Ce(Ⅲ),Ag(Ⅱ)/Ag(Ⅰ)和 Co(Ⅲ)/Co(Ⅱ)。

(2) 电化学转化。Comninellis 等[9]把在析氧条件下,发生在阳极表面的有机物氧化过程分为电化学转化(conversion)和电化学燃烧(combustion)。他们认为,在电解过程中金属氧化物电极形成非计量型高价氧化物时,有机物以电化学转化方式降解;如金属氧化物电极已达到最高价态,则形成$^{\cdot}OH$,此时降解过程以电化学燃烧的方式进行。相比较而言,电化学燃烧过程中间产物少,可以使有机物彻底矿化为 $CO_2$ 和 $H_2O$。

根据 Comninellis[9]的观点,有机物电化学降解过程按以下主要步骤进行。

首先,$H_2O$ 或 $OH^-$ 在阳极上放电产生物理吸附态的$^{\cdot}OH$,

$$MO_x + H_2O \longrightarrow MO_x(^{\cdot}OH) + H^+ + e \qquad (2-1)$$

吸附态的$^{\cdot}OH$ 与有机物发生电化学燃烧作用:

$$R + MO_x(^{\cdot}OH) \longrightarrow CO_2 + H^+ + e + MO_x \qquad (2-2)$$

同时,如果吸附态$^{\cdot}OH$ 能与氧化物阳极发生快速氧化反应,氧从$^{\cdot}OH$ 上迅速转移到氧化物阳极的晶格上形成高价氧化物 $MO_{x+1}$,而阳极表面$^{\cdot}OH$ 保持在很低的水平,则高价金属氧化物与有机物发生选择性氧化,如式(2-3)、(2-4)所示:

$$MO_x(^{\cdot}OH) \longrightarrow MO_{x+1} + H^+ + e \qquad (2-3)$$

$$R + MO_{x+1} \longrightarrow RO + MO_x \qquad (2-4)$$

式(2-4)即所谓电化学转化(conversion)过程,这是一个可逆过程。有机物在氧化物电极表面电化学转化/燃烧过程如图 2-3 所示。

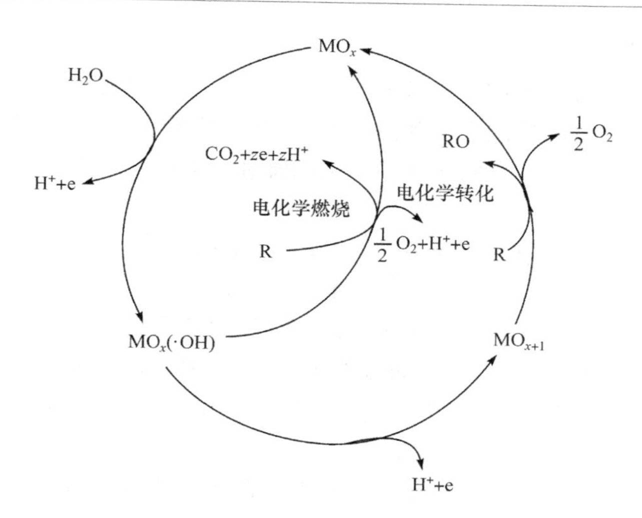


图 2-3　有机物在氧化物电极($MO_x$)表面电化学转化/燃烧过程示意图

2. 不可逆过程

在电化学反应过程中，电极表面可以产生一些活性中间产物，如˙OH、$OCl^-$、$H_2O_2$、$O_3$ 等，这些中间产物参与氧化污染物，使污染物降解去除。

(1) 产生羟基自由基(˙OH)。在可逆过程中已经介绍了 Comninellis 等[9]认为物理吸附态的“活泼氧”(˙OH)主要起电化学燃烧作用，使有机物完全氧化，这是一个不可逆过程。

Polcaro 等[10]认为在有机物浓度较高时发生的是直接电氧化，而在有机物浓度较低时，则发生的是与˙OH 的反应，如式(2-5)～(2-7)所示：

$$H_2O \longrightarrow \dot{}OH + H^+ + e \tag{2-5}$$

$$有机物 + \dot{}OH \longrightarrow 产物 \tag{2-6}$$

$$2\dot{}OH \longrightarrow H_2O + \frac{1}{2}O_2 \tag{2-7}$$

还有研究者认为电化学氧化可以发生类芬顿(Fenton)反应，产生˙OH 氧化有机污染物，如 Tomat 等[11]认为有机物的电化学氧化是由以下的步骤组成(以甲苯的电化学氧化为例)：

$$O_2 + 2H^+ + 2e \longrightarrow H_2O_2 \tag{2-8}$$

$$M^{ox} + e \longrightarrow M^{red} \tag{2-9}$$

$$M^{red} + H_2O_2 \longrightarrow M^{ox} + \dot{}OH + OH^- \tag{2-10}$$

$$甲苯 + OH\cdot \longrightarrow 苯甲醛,苯甲醇 \tag{2-11}$$

$$\dot{}OH + M^{red} \longrightarrow M^{ox} + OH^- \tag{2-12}$$

氧分子在阴极表面还原生成 $H_2O_2$，$H_2O_2$ 与还原态金属发生 Fenton 反应生成$\cdot OH$,降解有机物。

(2) 产生次氯酸根($OCl^-$)。Panizza 等[12]认为电化学处理含氯有机废水时有机物去除主要是通过间接过程实现的,即氯化物电化学氧化生成次氯酸盐,次氯酸根再氧化降解有机物。在含氯溶液中,$OCl^-$通过以下反应实现:

$$2Cl^- \longrightarrow Cl_2 + 2e \tag{2-13}$$

$$Cl_2 + H_2O \longrightarrow HOCl + HCl \tag{2-14}$$

$$HOCl \longrightarrow H^+ + OCl^- \tag{2-15}$$

Yang 等[13]也认为在电解处理含氯废水时起主要作用的是次氯酸盐。Chiang 等[3]用电解方法处理含氯废水,结果证明电解产生的氯气/次氯酸盐的间接氧化起主要作用。该方法已被有效应用于印染废水[14]、甲醛废水[15]、垃圾渗滤液[16]的处理。

Ribordy 等[17]认为在有氯离子存在情况下阳极发生以下三个反应:

$$OH^- \longrightarrow \cdot OH + e \tag{2-16}$$

$$Cl^- \longrightarrow \cdot Cl + e \tag{2-17}$$

$$2Cl^- \longrightarrow Cl_2 + 2e \tag{2-18}$$

同时还可能发生以下反应:

$$Cl_2 + \cdot OH \longrightarrow HOCl + Cl^- \tag{2-19}$$

$$Cl_2 + 2H_2O \longrightarrow HOCl + H_3O^+ + Cl^- \tag{2-20}$$

$$HOCl + H_2O \longrightarrow H_3O^+ + OCl^- \tag{2-21}$$

这些具有氧化作用的含氯物质($\cdot Cl$,$Cl_2$,$OCl^-$等)与羟基自由基($\cdot OH$)共同氧化降解有机污染物。

(3) 产生臭氧($O_3$)。还有研究者认为阳极可产生 $O_3$,从而氧化降解有机物,Thanos 等[18]发现在铅电极上有 $O_3$ 生成,痕量的强吸附离子存在时可以提高氧气的析出电位,增加了 $O_3$ 的产生。电化学方法可以在线产生 $O_3$,它比空气放电产生 $O_3$ 要方便得多。$O_3$ 是通过以下反应产生的:

$$3H_2O \longrightarrow O_3(g) + 6e + 6H^+ \tag{2-22}$$

$$O_2 + H_2O \longrightarrow O_3(aq) + 2e + 2H^+ \tag{2-23}$$

$O_3$ 具有很强的氧化能力,可以通过电化学过程在线产生 $O_3$,用于水中污染物的氧化降解、杀菌消毒等[19]。

(4) 产生过氧化氢($H_2O_2$)。在前面已经提到 $O_2$ 在阴极得电子,发生还原反应生成 $H_2O_2$。其形成过程可能是吸附在阴极催化剂表面的 $O_2$ 通过捕获电子,形成过氧基离子 $O_2^-$,然后通过一系列反应形成 $H_2O_2$[20],如式(2-24)~(2-28)。

$$O_2 + e \longrightarrow O_2^- \tag{2-24}$$

或

$$O_2^- + H^+ \longrightarrow HO_2^\cdot \tag{2-25}$$

$$O_2^- + HO_2^\cdot \longrightarrow O_2 + HO_2^- \tag{2-26}$$

$$2HO_2^{\cdot} \longrightarrow H_2O_2 + O_2 \tag{2-27}$$

$$HO_2^- + H^+ \longrightarrow H_2O_2 \tag{2-28}$$

(5) 同时产生 $OCl^-$ 和 $H_2O_2$[成对电氧化(paired-electrooxidation)技术]。成对电氧化[21]是指利用阴极和阳极的双重氧化作用，即利用阳极产生的 $OCl^-$ 和阴极产生的 $H_2O_2$ 氧化降解有机物的技术。阳极通常采用 DSA 阳极，阴极采用石墨板。其阴、阳极过程如下所示。

阴极：

$$O_2(g) \rightleftharpoons O_2(aq) \tag{2-29}$$

$$O_2(aq) \rightleftharpoons O_2(sol) \tag{2-30}$$

$$O_2(sol) + H_2O + 2e \rightleftharpoons HO_2^- + OH^- \tag{2-31}$$

阳极：

$$2Cl^- \rightleftharpoons Cl_2 + 2e \tag{2-32}$$

$$Cl_2 + H_2O \rightleftharpoons HOCl + H^+ + Cl^- \tag{2-33}$$

$$HOCl \rightleftharpoons H^+ + OCl^- \tag{2-34}$$

(6) 其他物质。也有研究表明电解过程中会产生 $e_{sol}$[22]，$ClO_2$[23]，$O_2^{\cdot}$[3]，$HO_2^{\cdot}$[18]和 $O^{\cdot}$[24]等，上述组分均可氧化降解有机污染物。

### 2.1.2 阴极还原过程与机理

阴极还原水处理方法是在适当电极和外加电压下，通过阴极的直接还原作用降解有机物(如还原脱卤)的过程；也可以利用阴极的还原作用，产生 $H_2O_2$，再通过外加试剂发生 Fenton 反应，从而产生 $^{\cdot}OH$ 降解有机物(电 Fenton 反应)。

#### 2.1.2.1 还原脱卤

卤代烃中的卤素可以在阴极被 H 取代而还原，其反应过程如下[25]：

$$2H_2O + 2e + M \longrightarrow 2(H)_{ads}M + 2OH^- \tag{2-35}$$

$$R—X + M \rightleftharpoons (R—X)_{ads}M \tag{2-36}$$

$$(R—X)_{ads}M + 2(H)_{ads}M \rightleftharpoons HX + (R—H)_{ads}M \tag{2-37}$$

$$(R—H)_{ads}M \rightleftharpoons R—H + M \tag{2-38}$$

水在阴极表面放电生成吸附态氢原子与吸附在阴极表面的卤代烃分子发生取代反应，使其脱卤。这种技术的意义在于可以减小有机物的毒性，提高可生化性，有利于进一步生化处理。Schmal 等[26]用石墨纤维电极，增大了反应表面积，提高了析氢过电位，成功地脱除了有机物中的氯，降低了有机物毒性。

### 2.1.2.2 电 Fenton 反应

1. 电 Fenton 反应原理[27]

利用阴极反应的另一种形式是电 Fenton 反应，在酸性溶液中，电极上通以直流电，氧分子在阴极表面通过两电子还原反应产生 $H_2O_2$，生成的 $H_2O_2$ 迅速与溶液中存在的 $Fe^{2+}$ 反应产生 $\cdot OH$ 和 $Fe^{3+}$，$\cdot OH$ 可以无选择地氧化有机物，使其降解。由于 $Fe^{3+}$ 的还原电位较 $O_2$ 的初始还原电位高，因此 $Fe^{3+}$ 可在还原 $O_2$ 的过程中还原再生为 $Fe^{2+}$。典型的电 Fenton 氧化有机物的机理模式如图 2-4 所示[28]。

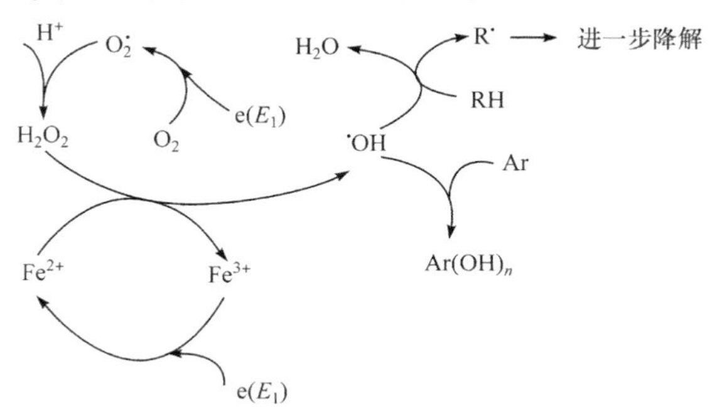


图 2-4 电 Fenton 反应原理示意图（$E_1$ 为阴极电极电势）[28]

2. 电 Fenton 反应的分类

Fenton 反应大致包括以下几种反应[29]，如图 2-5 所示，上述的阴极电

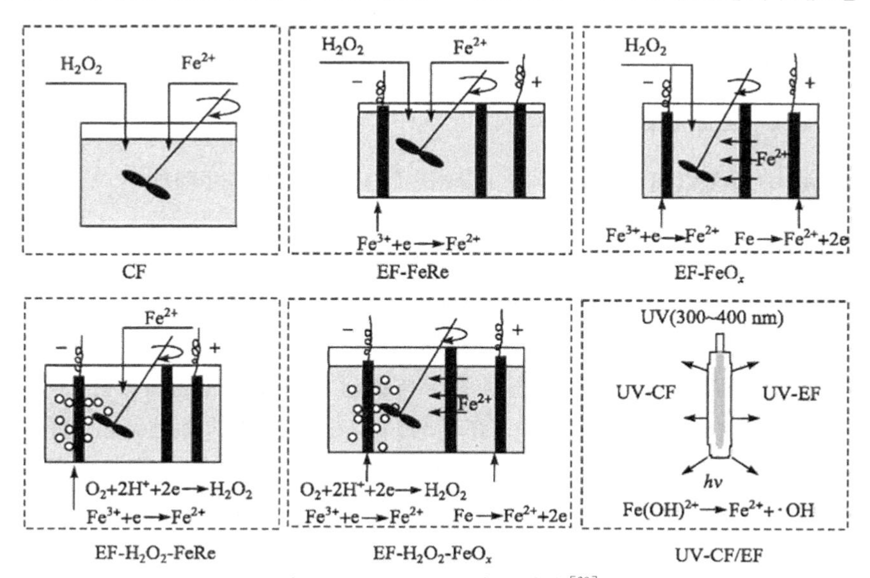


图 2-5 Fenton 反应的分类[29]

Fenton 反应只是其中一种。

(1) EF-FeRe 法。在该反应系统中，$H_2O_2$ 和 $Fe^{2+}$ 都由外部加入，但 $Fe^{2+}$ 一旦加入后即可在阴极得以连续再生，无需再投加[30]。这种方法在一定程度上克服了传统 Fenton 法中铁离子无法再生、处理系统中会淤积大量含铁污泥的缺陷。

(2) EF-$FeO_x$ 法。该反应在一个用盐桥分隔的双极室反应器中进行，阳极室中 $Fe^{2+}$ 通过牺牲阳极氧化溶解产生，$H_2O_2$ 经外部投加提供，溶液可以保持一个较低的 pH，从而可以避免氢氧化铁沉淀的生成，阴极室中不含有机污染物的水溶液[31~34]。

(3) EF-$H_2O_2$-FeRe 法。属阴极电 Fenton 法。把氧气喷到电解池的阴极表面上，氧分子发生两电子还原反应生成 $H_2O_2$，$H_2O_2$ 与加入的 $Fe^{2+}$ 发生 Fenton 反应。该法不用投加 $H_2O_2$，有机物降解彻底，不易产生有毒中间产物，$H_2O_2$ 和 $Fe^{2+}$ 同时都由阴极还原产生，但提供的条件主要有利于 $H_2O_2$ 的生成。这种自动生成 $H_2O_2$ 的缺陷在于电流效率低，反应速率慢[35~39]。

(4) EF-$H_2O_2$-$FeO_x$(peroxi-coagulation)法。又称牺牲阳极法。$H_2O_2$ 在阴极表面还原生成，$Fe^{2+}$ 从铁阳极表面氧化生成，$Fe^{2+}$ 与 $H_2O_2$ 发生 Fenton 反应。在体系中导致有机物去除的因素除 $\cdot OH$ 氧化作用外，还有 $Fe(OH)_2$、$Fe(OH)_3$ 的絮凝作用，即阳极溶解出的活性 $Fe^{2+}$、$Fe^{3+}$ 可水解成对有机物有强络合吸附作用的 $Fe(OH)_2$、$Fe(OH)_3$。这种方法对 TOC 去除主要是通过生成的 $Fe(OH)_3$ 絮体产生的混凝沉淀作用，而 $\cdot OH$ 的氧化作用体现不明显[40,41]。

(5) UV-CF/EF 法。在 UV-CF(化学 Fenton)/EF 中，在紫外线(300～400 nm 波长)照射下可以同时促进 $H_2O_2$ 分解产生 $\cdot OH$ 和 $Fe^{2+}$ 的循环再生，因而有机物去除效率大大提高[42,43]。

### 3. 电 Fenton 方法的特点与发展

电 Fenton 方法相对于传统 Fenton 方法有如下优点[44]：① $H_2O_2$ 可以电解方法现场生成，省去了添加 $H_2O_2$ 的麻烦，同时避免了 $H_2O_2$ 储存与输送中潜在的危险性；②喷射到阴极表面的氧气或空气可提高反应溶液的混合作用；③ $Fe^{2+}$ 可由阴极再生，铁盐加入量少，故污泥产量少；④多种作用协同去除有机物，除电化学产物 $\cdot OH$ 的氧化作用外，还有阳极氧化、电絮凝和电气浮作用。

电 Fenton 反应也存在两个缺点[45,46]：一是电流效率低，$H_2O_2$ 产率不高；二是不能充分矿化有机物，初始物质部分转化为中间产物。这些中间产物或与 $Fe^{2+}$ 形成络合物，或与 $\cdot OH$ 的生成发生竞争反应，并可能对环境造成更大的危害。

针对电 Fenton 反应的缺点，人们着重从两个方面入手提高电 Fenton 反应的效率：一是采用氧气接触面积大且对 $H_2O_2$ 生成有催化作用的新型阴极材料[47]；二是将紫外线引入电 Fenton 反应。其中将紫外线化学氧化和电化学氧化方法结合起来，达到协同去除有机物的技术最近成为电催化技术研究的热点。该技术在前面所述“电 Fenton”工艺的基础上，再辅以紫外线辐射，从而形成“光电 Fenton”工艺(photo-electro-Fenton)。将紫外线引入电 Fenton 反应具有很多好处[48]：如，紫外线和 $Fe^{2+}$ 对 $H_2O_2$ 催化分解生成 $\cdot OH$ 存在协同效应，即 $H_2O_2$ 的分解速率远大于 $Fe^{2+}$ 或紫外线单独催化 $H_2O_2$ 分解速率的简单加和。这主要是由于铁的某些羟基络合物可发生光敏化反应生成 $\cdot OH$ 所致，即在光照条件下铁的羟基络合体[pH 为 3～5 左右，$Fe^{3+}$ 主要以 $Fe(OH)^{2+}$ 形式存在]有较好的吸光性能，并可以吸光分解，产生更多 $\cdot OH$，与此同时能加强 $Fe^{3+}$ 的还原，再生 $Fe^{2+}$ (如式 2－39 所示)。其优点是能有助于维持 $Fe^{2+}$ 浓度而保证 Fenton 反应的不断进行，从而降低 $Fe^{2+}$ 的用量，保持 $H_2O_2$ 较高的利用率[49]。

$$Fe(OH)^{2+} \xrightarrow{h\nu} Fe^{2+} + \cdot OH \tag{2-39}$$

此反应与紫外线波长有关，随波长增加，$\cdot OH$ 的量子产率降低，例如在 313 nm 处 $\cdot OH$ 的量子产率为 0.14，在 360 nm 处为 0.017。此系统可使有机物矿化程度更充分，是因为 $Fe^{3+}$ 与有机物降解过程中产生的中间产物形成络合物是光活性物质，可在紫外线照射下继续降解。

### 2.1.3　常用的催化阳极

常用的催化阳极包括 DSA(dimensionally stable anode)电极，传统的石墨、铂、铅基合金、二氧化铅等电极以及新近出现的 BDD(金刚石薄膜电极)电极等。电极基体可以采用任何导电材料，如铁、镍、铅、铜等金属及其合金，也有采用含铬、镁的高硅铁。但最好采用阀型金属，如钛、铝等，在盐水电解用作阴极时是导电的，作为阳极时不导电，具有单向载流的性质。在各种电极基体中，尤以 Ti 基体研究得最为广泛。下面介绍常用电极的性质及应用。

#### 2.1.3.1　DSA 电极

DSA 电极，又称 DSE(dimensionally stable electrode) 电极，涂层钛电极，形稳阳极，是 20 世纪 60 年代末发展起来的一种新型电极材料。1965 年，Beer 在南非获得氧化钌涂层专利并于 1967 年在比利时公布了钛基涂层电极专利。DSA 的出现，克服了传统的石墨、铂、铅基合金、二氧化铅等电极存在的缺点，解决了日常生活和生产实践遇到的许多问题，使一些电解工业部门生产面貌大为改观，曾被誉为氯碱工业一大技术革命，从而进入了钛电极时代。

经典的 RuTi 涂层 DSA 电极的研究和开发完全是在工业实验室中秘密进行的，有趣的是，氯碱工业氯析出反应的工艺研究领先于基础研究。起关键作用的因素并不是氯析出反应活化能和超电势的降低，而是电极的电化学稳定性大幅提高。采用 RuTi 涂层 DSA 电极后，可使食盐电解槽的工作电压显著降低，工作电流密度显著增大，工作寿命大大延长，同时达到节约能量、增大产量和降低成本几方面的效果。

DSA电极的应用非常广泛，除了在氯碱工业、电解有机合成等领域广泛应用外，在水处理领域也应用颇广。可以用于核废水中的 $NO_3^-$ 的电解脱氮，用于电解氧化处理垃圾填埋厂渗滤液，用于医院污水处理，电镀工厂含氰废水的处理，在工业冷却水循环系统、空调系统、制冷系统、自来水系统等用水系统中用于阻垢、除垢、杀菌、灭藻，以及处理染料废水等。

#### 2.1.3.2 $SnO_2$ 电极

1991年，Stucki等人研制开发了涂覆二氧化锡-五氧化二锑的钛基电极($SnO_2$-$Sb_2O_5$/Ti)，该电极比Pt电极和 $PbO_2$ 电极有更高的析氧过电位，利用此电极作阳极进行了各种有机物的电催化氧化降解实验，发现其电流效率比Pt电极高得多[50,51]。此电极不仅对有机物降解具有较高的效率，而且还具备良好的导电性和十分稳定的化学和电化学性能。Comninellis等[52]对典型的有机污染物苯酚在 $SnO_2$-$Sb_2O_5$/Ti电极上的氧化产物及中间产物进行了研究。认为这种电极相对于各种金属氧化物电极以及铂电极，具有更高的电催化活性。分析结果表明，与在其他阳极材料上发生的苯酚电化学氧化不同，苯酚在 $SnO_2$/Ti阳极的表面氧化时没有苯醌、马来酸等中间产物的富集，苯酚在电解过程中被迅速氧化为 $CO_2$ 和 $H_2O$，是实现电化学燃烧达到水污染控制绿色过程的理想材料。Comninellis的研究还表明，溶液中添加NaCl对 $SnO_2$/Ti阳极的氧化作用没有明显影响[53]。这表明，$SnO_2$/Ti阳极电解过程中析氯很少。与金属铂电极相比，对众多有机物电化学氧化的研究表明，$SnO_2$/Ti阳极对水中有机物的去除效果是金属铂电极的5倍，电流效率是铂电极的5～7倍[51]。$SnO_2$/Ti与金属铂电极对有机物氧化性能对比如表2-1所示。

**表2-1 $SnO_2$/Ti与Pt电极对有机物的电催化氧化性能比较[51]**

| 有机物种类 | 初始电化学氧化指数(EOI) | |
|---|---|---|
| | Pt | $SnO_2$/Ti |
| 乙醇 | 0.02 | 0.49 |
| 丙酮 | 0.02 | 0.21 |
| 乙酸 | 0.00 | 0.09 |
| 蚁酸 | 0.01 | 0.05 |
| 酒石酸 | 0.27 | 0.34 |
| 草酸 | 0.01 | 0.05 |
| 丙二酸 | 0.01 | 0.21 |
| 顺丁烯二酸 | 0.00 | 0.15 |

续表

| 有机物种类 | 初始电化学氧化指数(EOI) | |
|---|---|---|
| | Pt | $SnO_2$/Ti |
| 苯甲酸 | 0.10 | 0.79 |
| 萘-2-磺酸 | 0.04 | 0.51 |
| 萘-1-磺酸 | — | 0.41 |
| 苯酚 | 0.15 | 0.60 |
| 苯胺 | — | 0.43 |
| 苯胺 | 0.16 | 0.25 |
| 苯胺 | 0.10 | 0.50 |
| 苯磺酸 | — | 0.28 |
| 5-甲基-3-氨基异唑 | — | 0.25 |
| 橙Ⅱ | — | 0.58 |
| Antrachinon sulphonic acid | — | 0.18 |
| 硝基苯 | — | 0.80 |
| 硝基苯磺酸 | — | 0.46 |
| 三氨基三嗪 | — | 0.02 |
| EDTA | 0.30 | 0.30 |
| p-NDMA | | 0.37 |
| 4-氯酚 | — | 0.35 |
| | 平均 0.05 | 平均 0.34 |

Polcaro 等[54]研究发现,在 2-氯酚的电化学氧化降解过程中,$PbO_2$/Ti 阳极与 $SnO_2$/Ti 阳极的电流效率相近,但 $SnO_2$/Ti 阳极对水中有毒有机物的催化氧化能力明显好于 $PbO_2$/Ti 阳极,经 $SnO_2$/Ti 阳极电解处理后的废水中只存在少量易生物降解的草酸。

Kötz 与 Stucki 等[50]的研究结果也表明,$SnO_2$/Ti 阳极较 $PbO_2$/Ti 阳极有显著的优越性。对苯酚的电化学氧化结果进行分析可以认为,由于析氧副反应影响较大,铂电极及二氧化铅电极对溶液 TOC 的去除效率均远低于 $SnO_2$ 电极。进一步的研究工作表明,应用所制备的 $SnO_2$/Ti 阳极去除废水中 COD 的能耗为 30～50 kW·h/kg COD。用 $SnO_2$/Ti 阳极电化学氧化技术有可能取代化学氧化(臭氧或过氧化氢)或湿式氧化(氧气、高温、高压)技术。

### 2.1.3.3 金刚石电极

金刚石电极是一种新的电极材料,近些年已经成为环境电化学与环境工程领域的研究热点。这种材料具有如下优点:①超强的硬度;②抗腐蚀性;③透光性;④耐热和抗辐射性;⑤高热传导性。这些优点使它成为一种很好的电极材料。通常原始的金刚石的绝缘特性($>10^{12}\ \Omega\cdot cm$)使得它不适合作为电化学材料,但化学气相沉积(CVD)法制得的金刚石薄膜使得其电绝缘性只有 $0.01\Omega\cdot cm$。金刚石电极在强酸性或强碱性电解质中性质稳定,在析氢和析氧过程时有氟和氯离子存在时也是惰性和微结构稳定的[2]。1995 年,Carey 等将金刚石薄膜电极引入废水处理过程,从而为电化学处理有机废水的研究开辟了新的方向。金刚石电极拥有许多优良性质,包括:①其宽电势窗可用于产生过氧化物、$O_3$ 等强氧化性物质;分解水中的有机污染物,使其分解成无毒的 $CO_2$,达到不产生二次污染的水处理理想状态;②由于金刚石电极本身的化学稳定性,表面不易污染,并具有自清洁效果,可以长期使用不需要更换;③没有溶出,不会造成污染。Comninellis 等[55]通过 ESR、HPLC 等多种手段证明在金刚石电极电解过程中会产生大量的˙OH,并且会生成 $H_2O_2$,可以有效降解有机污染物。

### 2.1.4 常用的催化阴极

电 Fenton 反应使用的阴极有许多种,大多为石墨(graphite)、网状多孔炭(reticulated vitreous carbon, RVC)、汞池(mercury pool)、炭毡(carbon-felt)、碳-聚四氟乙烯充氧阴极[carbon-polytetrafluoroethylene (PTFE) $O_2$-fed cathode]等。其中利用充氧阴极的电 Fenton 反应降解有机物的研究最多,这是由于这种电极具有较高的电催化产生 $H_2O_2$ 的活性。作者采用高比表面积的活性炭纤维作为阴极,发现也可以产生高浓度的 $H_2O_2$ 和˙OH,可以有效降解有机污染物,这些将在下节详细介绍。各种电极的使用情况如表 2-2 所示。

**表 2-2　电 Fenton 反应常用电极及处理对象**

| 阴极材料 | 研究对象 | 文献 |
| --- | --- | --- |
| 石墨 | 甲醛 | [56] |
| | 甲醛 | [57] |
| 石墨毡(graphite felt) | 工业废水 | [58] |
| 网状多孔炭 | 甲醛 | [59] |
| | — | [61] |
| | 氯苯,苯酚 | [62] |
| 汞池 | 苯,苯酚,苯醌,氟(代)苯 | [63] |
| | 氯代苯氧酸 | [64] |
| | 阻燃剂 | [65] |
| 炭毡 | 五氯苯酚 | [66] |
| | Riluzole 代谢物 | [35] |
| | 2,4-D | [36] |
| | 双酚 A | [37] |

续表

| 阴极材料 | 研究对象 | 文献 |
|---|---|---|
| 碳-聚四氟乙烯充氧阴极 | 2,4-D | [38] |
| | 苯胺 | [39] |
| | 苯胺 | [40] |
| | 苯胺 | [67] |
| | 氯代苯氧型除草剂，氯代苯甲酸除草剂 | [41] |
| | 4-氯酚 | [42] |
| | 3,6-二氯-2-甲基苯甲酸 | [43] |
| | 苯酚，苯胺，乙酸，偶氮染料 | [68] |

## 2.1.5 电化学方法几个基本概念[52,69]

### 2.1.5.1 瞬时电流效率(ICE)

电流效率是衡量一个电化学工艺最主要的指标,常用的电流效率确定方法有两类:一是氧气流速法,二是 COD 方法。

氧气流速方法中的 ICE 定义为

$$ICE=\frac{V_0-(V_t)_{org}}{V_0} \tag{2-40}$$

式中,$V_0$ 是在不存在有机物时电催化产生的氧气流速($mL \cdot min^{-1}$),$(V_t)_{org}$是在有机物存在条件下电催化处理 $t$ 时刻 $O_2$ 的产生流速($mL \cdot min^{-1}$)。

COD 方法:

$$ICE(\%)=\frac{COD_t-COD_{t+\Delta t}}{8I\Delta t}FV\times 100 \tag{2-41}$$

式中,$COD_t$,$COD_{t+\Delta t}$分别表示降解时刻 $t$,$t+\Delta t$ 时的化学需氧量 COD($g \cdot L^{-1}$);$F$ 为 Faraday 常量(96 487 $C \cdot mol^{-1}$);$V$ 为溶液体积(L);$I$ 为电流(A)。

### 2.1.5.2 电化学氧化指数(EOI)

EOI 反映了有机物降解的平均电流效率,用于衡量有机物电化学氧化的难易程度。

$$EOI=\frac{\int_0^t ICE\mathrm{d}t}{\tau} \tag{2-42}$$

式中,$\tau$是 ICE 接近 0 时所需的电解时间(min)。

### 2.1.5.3 电化学需氧量(EOD)

EOD 定义如下:

$$EOD=\frac{8(EOI)It}{F} \tag{2-43}$$

EOD 表示用于有机污染物氧化所应该由电化学产生的氧气的量($g \cdot L^{-1}$)。

#### 2.1.5.4　氧化度(χ)

$$\chi=\frac{EOD}{(COD)_0}\times 100 \tag{2-44}$$

式中，$(COD)_0$ 是溶液初始 COD 值($g \cdot L^{-1}$)

#### 2.1.5.5　平均电流效率(ACE)

另一种用 TOC 来计算电化学反应的平均电流效率[70]：

$$ACE=\frac{\Delta(TOC)_{exper}}{\Delta(TOC)_{theor}} \tag{2-45}$$

式中，$\Delta(TOC)_{exper}$ 为在 $t$ 时刻溶液中 TOC 去除量；$\Delta(TOC)_{theor}$ 是在 $t$ 时刻理论 TOC 去除量，它通过 $t$ 时刻的电量与矿化 1 个分子有机物所需电子数之间的关系计算得出。

### 2.1.6　电化学氧化还原过程在污染物去除方面的应用研究

#### 2.1.6.1　去除水中有机物

Mohammed 等[71]研究了电流密度($6.51\sim21.58\ mA \cdot cm^{-2}$)、溶液 pH(2.0～12.6)以及有机物初始浓度($25\sim100\ mg \cdot L^{-1}$)对 4-氯酚在钛钌形稳阳极上电化学氧化去除的影响。研究结果表明，电解 2 h 后水体中的 4-氯酚可以完全去除；在溶液 pH 为 12.6 时，电化学氧化对 4-氯酚的去除速率最快，在电流密度为 $11.39\ mA \cdot cm^{-2}$的状态下，电流效率最高可达 89%。

Yang 等[72]用热分解法制备了 Ru-Sn 二元复合氧化物电极，并研究了其对染料废水的处理效果。Yang 等的研究结果表明，在较低的电流密度与较高的氯离子浓度条件下，电解过程的电流效率高。在最佳状态下，通电量为 792 A · min时，废水 COD 的去除率可达到 88%。

Chiang 等[3]的研究结果表明，采用 Sn-Pd-Ru 三元复合金属氧化物阳极，废水中添加 $7500\ mg \cdot L^{-1}$ NaCl，$15\ A \cdot cm^{-2}$恒电流电解 2 h，渗滤液 COD 的去除率为 92%，同时对废水中氨氮的去除率可达 100%。

Pulgarin 等[73]对比研究了钛基二氧化铱与钛基二氧化锡($Ti/IrO_2$ 和 $Ti/SnO_2$)阳极对 1,4-苯醌的电化学催化降解性能，分析了在不同电极条件下电解过程苯醌浓度、反应中间产物、溶液 DOC、COD 以及毒性的变化情况。研究结果表明,在使用 $Ti/IrO_2$ 阳极的情况下,芳香族有机物在电极表面主要发生开环反应,阳极表面有大量羧酸类中间产物富集,电解反应可有效降低溶液的毒性。与 $Ti/IrO_2$ 阳极的情况不同,生成的羧酸等中间产物可以在 $Ti/SnO_2$ 阳极表面迅速氧化为 $CO_2$ 和 $H_2O$。

Chiang 等[74]研究了电化学氧化对木质素(lignin)、单宁酸(tannic acid)、金霉素(chlortetracycline)以及 EDTA 等多种难生物降解有机物的去除效果。实验用 $PbO_2/Ti$ 为阳极材料,研究了支持电解质种类,电流密度以及支持电解质浓度等因素对有机物去除效果的影响。结果表明,在含氯离子的溶液中电解效果最好,提高电流密度与溶液中氯离子浓度,可以提高对溶液 COD 的去除率。电化学氧化可以很容易把溶液中的大分子有机物降解为小分子的有机物,在电解过程的初期溶液中总有机卤代物(total organic halogen, TOX)有所增加,随电解过程的进行,TOX 浓度下降,表明电化学氧化是一种有效的废水前处理手段。Chiang 等[75]还采用钛基二氧化铅电极($PbO_2/Ti$)对炼焦废水进行了电化学氧化处理。原水 COD 2143 $mg \cdot L^{-1}$、氨氮($NH_4^+$-N)760 $mg \cdot L^{-1}$,电化学方法对废水 COD 的去除率可达 89.5%,对氨氮的去除率 100%。研究表明,废水中的氯离子浓度、电解电流密度以及 pH 均对有机物去除效率和电流效率有重要影响。梁镇海等研究发现,在钛基体与表层 $PbO_2$ 之间引入过渡层($SnO_2+Sb_2O_3+MnO_2$)可以有效提高 $PbO_2$ 电极的使用寿命,同时所制备的 $Ti/SnO_2+Sb_2O_3+MnO_2/PbO_2$ 阳极对废水中苯酚的电解转化率可高达 95%,具有很好的电化学催化性能。

Cossu 等[76]采用 $PbO_2/Ti$ 与 $SnO_2/Ti$ 两种阳极材料,对垃圾渗滤液进行电化学氧化处理。研究结果表明,电解电流密度、pH 与氯离子浓度对废水 COD 与氨氮的去除效果均有影响。使用上述两种电极进行电解操作,平均电流效率约 30%,电解使渗滤液完全脱色,COD 降至 100 $mg \cdot L^{-1}$,氨氮完全去除。电化学氧化机理是阳极析氯以及生成的次氯酸对有机物与氨氮的氧化作用。张清松的研究结果表明,在酸性溶液中恒电流电解处理含酚废水,在相同耗电量的情况下,使用 $SnO_2/Ti$ 阳极对废水 COD 的去除率明显高,电流效率较铂电极提高了 3 倍。

Kirk 等[4]所进行的实验表明,直接电氧化方法可使苯胺染料的转化率达 97%,其中 72.5%氧化为 $CO_2$,电解效率为 15%~40%。而利用电化学产生的短寿命中间体,如 $\cdot OH$ 来破坏有机物,它所面临的主要竞争副反应就是阳极氧气的析出。因此,这种电极必须具有较高的析氧过电位。

在新型催化电极开发方面,贾金平等[77]利用活性炭纤维电极与铁的复合电极进行了研究,并对该电极降解多种模拟印染废水进行了处理试验,取得了较好的结果。色度去除效果可与 Fenton 试剂法相媲美,对于水溶性较好的酸性、活性染料的处理效果电化学方法普遍优于絮凝法。赵长陵等[78]还用其对 18 种水溶性和水不溶性染料液以及数种实际印染残液进行了处理,脱色率可达 95%~100%,

$COD_{Cr}$去除率达到40%～70%。

杨柳燕等[79]采用复合催化电解法对染料废水的治理进行了研究，采用石墨棒为阳极，铁棒为阴极，加入氢氧化铁和活性炭组成的复合催化剂，在电压10 V、电流0.1 A、电解1.5 h的条件下，能使废水$COD_{Cr}$去除率达到87.5%～90.0%，脱色率达99%～100%。

此外，刘怡等[80]还采用氧化絮凝复合床技术处理高色度印染废水，该技术是采用三维电极的原理，并巧妙地配以催化氧化技术的一种新技术，利用处理装置中产生的氧化能力极强的·OH和新生态的混凝剂，将染料氧化分解，并发生吸附、混凝等物理化学作用，使染料迅速去除，其脱色率大于99%，$COD_{Cr}$去除率高于75%。

申哲民等[81]对印染废水分别用三维和平板式活性炭纤维电极进行对比电解，结果发现，三维电极比平板电极节能70%以上，且对电解效果越好的染料，采用三维电极法电解节能越明显。除三维电极外，还可以采用网状电极，填充式流化床[58]等结构形式，同样可以达到扩大电极表面积、节能的目的。

#### 2.1.6.2　在除菌、灭藻与消毒的应用

目前仍广泛使用的氯消毒法所导致的饮用水安全问题已引起了人们的极大关注。检测分析结果发现，氯消毒过程中可以生成六氯联苯、三氯甲烷、1,2-氯乙烯、四氯化碳等多种对人体健康有严重危害的有毒有机物。用电化学方法生成$H_2O_2$，$O_3$等强氧化性活性氧对水体进行除菌、灭藻与消毒处理是一种理想的处理方法。吴星五等[82]研究了上述方法的可能性。他们用钛基复合铱金属氧化物电极为阳极，不锈钢为阴极，用$CaSO_4+MgSO_4+NaHCO_3$混合电解质为支持电介质溶液，在水流10 s单程通过电解水处理器的条件下，杀菌率达99.99%以上，耗电量约为0.1 $kW\cdot h\cdot m^{-3}$。研究结果还表明，提高电解电流密度、延长停留时间、适当提高极水比可以提高电解杀菌能力。Foller等[83]研究了$O_3$在β-$PbO_2$、α-$PbO_2$、$SnO_2$、Pt、Pd、Au以及其他形稳阳极(DSA)的析出行为。研究结果表明，在低温下、六氟代磷酸电解质溶液中，电解过程中$O_3$生成的电流效率可以达到50%以上。对于电化学方法除藻本章第7节将详细介绍。

#### 2.1.6.3　在环境污染控制中的其他应用研究

电化学传感器制作成本低廉、操作简便、免维护、低能耗、与电子技术结合便于自动化作业、且对低浓度物质具有很高的灵敏度和选择性，广泛应用于环境监测之中。清洁生产技术与新电化学能源技术作为行之有效的污染源头控制措施近年来备受关注。用电化学方法进行有机合成，反应过程的选择性好，产物容易提纯，生成过程废物生成量少。清洁的电化学车载能源则有望成为未来的机动车主要动力

之一,对减少大气污染可能起到重要作用。

## 2.2 新型催化阳极的制备及氧化降解有机污染物

电极是电化学反应的核心,由于电极/溶液界面的特殊性质,使得很多在其他条件下不能进行或者能进行但所需条件十分苛刻的反应得以在常温、常压下顺利进行。近年来对于难降解有机废水的电化学处理逐渐成为环境领域的研究和应用热点,而有机物的氧化降解又多在阳极发生,因此,具有高的电催化特性的阳极材料则成为电化学处理技术的研究开发重点。

### 2.2.1 热处理对 $SnO_2$/Ti 电极理化及电催化性能的影响

#### 2.2.1.1 $SnO_2$ 电极的制备

钛基二氧化锡电极制备按以下方法进行:成膜前驱液为 $SnCl_4 \cdot 5H_2O$ 与 $SbCl_3$ 物质的量比 10∶1 的异丙醇盐酸溶液。外形尺寸 30mm×20mm×2 mm 的纯钛板在 10% NaOH 溶液中除油除垢,在 80℃、20%的草酸溶液中煮 3h 去除表面氧化膜。电极制备采用刷涂方法成膜。挂膜基片在 90℃保温 10 min,在 450℃下退火 20 min。涂覆过程重复 5 次,最后在 450℃下保温退火 1h。退火处理分别在空气/氧气气氛中进行。

#### 2.2.1.2 不同热处理气氛下的电极表征

1. 形貌观察

泥裂形貌是热分解方法制备的复合金属氧化物的典型形貌,锑掺杂 $SnO_2$/Ti 电极表面形貌也是如此。如图 2-6 所示,在空气/氧气不同气氛条件下退火处理

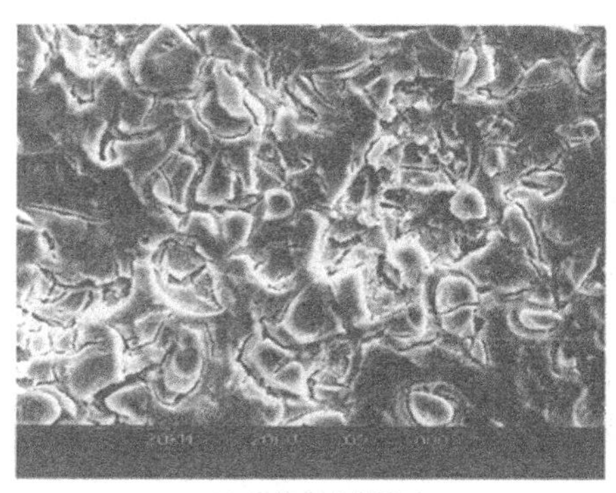

(a) 在空气中煅烧

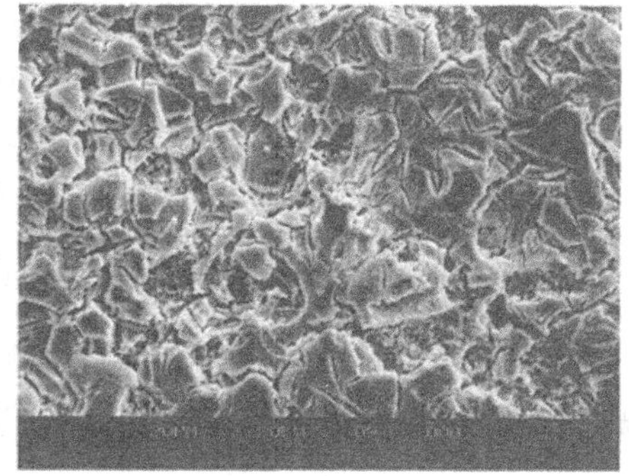

(b) 在氧气中煅烧

图 2-6 锑掺杂的 $SnO_2$/Ti 电极在空气和氧气中退火处理后的表面显微照片

后的 $SnO_2$/Ti 电极表面均为泥裂以及多次涂覆的形貌，但相互间有明显区别。在氧气气氛中退火处理的电极表面泥裂更加彻底，形成的氧化物颗粒更细；与在空气中退火处理相比，经氧气气氛中退火处理的电极有更大的活性表面积。

2. 成膜元素化学状态 XPS 测试

不同的热处理条件同时也造成了电极表面主要成膜元素化学状态之间的差别，图 2-7、图 2-8 是对两种电极的 XPS 测试结果。图 2-7 结果表明，在空气/氧气气氛中退火处理的电极表面 $Sn3d_{5/2}$ 电子的结合能为 486.9/486.75 eV；在空气/氧气气氛中退火处理的电极表面 $Sb3d_{5/2}$ 电子结合能为 530.95/530.8 eV。对比发现，在氧气气氛中退火处理的电极表面元素外层电子结合能较之在空气气氛中处理的小 0.15 eV。这一现象在其他电极特性中也同样存在。外层电子结合能代表了元素对价电子束缚能力的大小，电子结合能的改变将显著影响电极在应用过程中的催化性能。

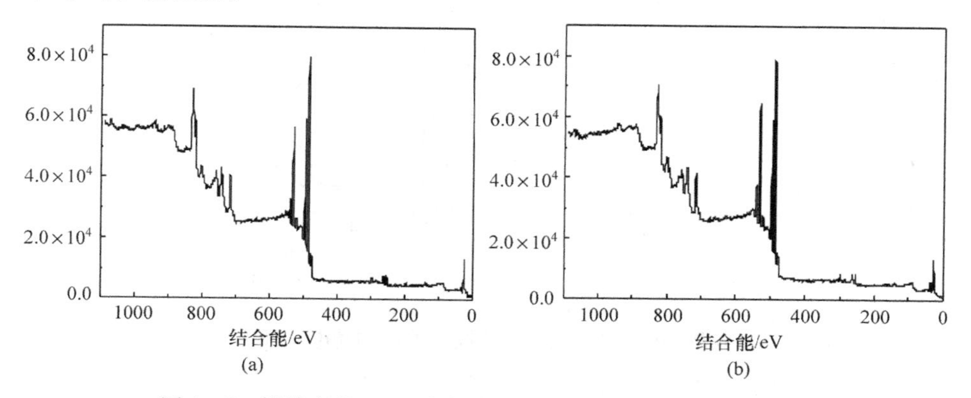


图 2-7　锑掺杂的 $SnO_2$ 电极在不同气氛中煅烧后的 XPS 谱图

(a)在空气中煅烧；(b)在氧气中煅烧

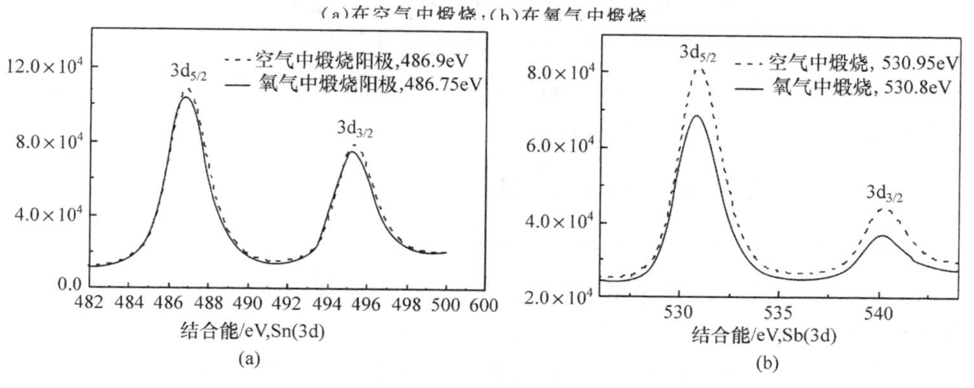


图 2-8　Sn(3d)和 Sb(3d)的结合能

(a)Sn(3d)的 XPS 光谱；(b)Sb(3d)的 XPS 光谱

3．动电位极化测试

图 2－9 为两种电极在支持电解质溶液及 1,4-苯醌溶液中的动电位极化测试结果。图 2－9(a)结果表明,在支持电解质溶液中,氧气气氛中退火处理的 $SnO_2$/Ti 电极在显著析氧反应发生前的动电位极化行为较稳定,动电位极化电流稍大。但从整体分析,在支持电解质溶液中,不同气氛退火处理对电极的电化学性质影响不大。

在 1,4-苯醌溶液中,两种电极的电化学性质显示出显著的区别。由图 2－9(b)所示,不同热处理条件对电极电化学性质的影响主要体现在显著析氧反应发生之前。从极化电流密度大小可以看出,在氧气气氛中退火处理后的 $SnO_2$/Ti 电极对水中有机物有更强的电化学催化活性。

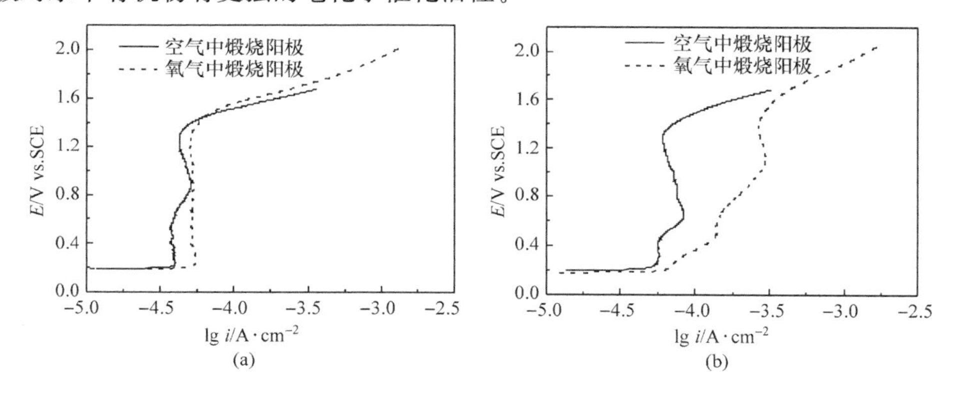


图 2－9　锑掺杂的 $SnO_2$ 电极在不同溶液中的动电位极化测试结果

(a)在 0.02mol·$L^{-1}$ $Na_2SO_4$ 溶液中;(b)在 200mg·$L^{-1}$对苯醌溶液中

从理论上讲,在析氧反应发生之前,有机物即有可能在电极表面发生电化学氧化(电化学转化/燃烧),图 2－9 所示的动电位极化测试结果表明了这一点。在发生显著析氧反应后,从动电位极化测试结果看不出热处理气氛对电极性能的影响,两电极在不同溶液中的析氧电位也相近。

#### 2.2.1.3　电极降解有机物效能表征

两种电极在恒电流状态下对溶液中 1,4-苯醌的电化学催化去除性能的研究发现,就对水中 TOC 的去除率而言,使用在 $O_2$ 中煅烧的电极与在空气中煅烧的电极有明显差异。图 2－10 所示为溶液 TOC 随时间的变化情况。

通过对实验结果进行回归分析,在不同电极条件下,溶液 TOC 随时间变化规律分别为

在氧气气氛中退火处理:

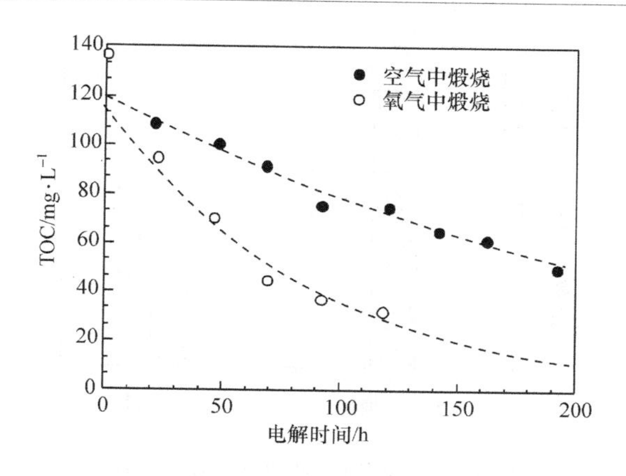


图 2-10　两种电极电解时溶液中 TOC 的变化

$$[TOC]=115.39\exp(-0.0117t)\qquad (R^2=0.9498)\tag{2-46}$$

在空气气氛中退火处理：

$$[TOC]=119.56\exp(-0.0042t)\qquad (R^2=0.9321)\tag{2-47}$$

由上述分析结果可知，在不同电极条件下，溶液 TOC 随电解时间的变化规律是相似的，均符合指数变化关系。结合电解实验条件，用 $SnO_2$/Ti 阳极在 5 mA · $cm^{-2}$ 恒电流条件下电化学催化降解 1,4-苯醌时，溶液 TOC 随时间变化可以用式(2-48)统一表达：

$$[TOC]=[TOC]_0\exp(\kappa t)\tag{2-48}$$

式中，[TOC] 为溶液中 TOC 浓度(mg · $L^{-1}$)；$[TOC]_0$ 为电解实验前溶液 TOC 初始浓度(mg · $L^{-1}$)；$t$ 为电解持续时间(h)；$\kappa$ 为常数($h^{-1}$)。

结果表明，电极催化性能之间的差别主要体现在 $\kappa$ 值大小的不同。由于溶液 TOC 随电解持续时间而降低，$\kappa$ 本身是负数，$\kappa$ 值越小，则溶液 TOC 随电解进行降低的速度越快，电极的电化学催化活性也越强。由式(2-46)、(2-47)可知，两电极 $\kappa$ 值相比近似为 $\kappa_{O_2}/\kappa_{空气}\approx 1/3$，在氧气气氛中退火处理的电极活性显著增强。在电解进行至溶液完全脱色时，使用在氧气气氛中退火处理的电极，溶液 TOC 去除率达 76.3%；而使用在空气气氛中退火处理的电极，溶液 TOC 去除率为 63.3%，溶液完全脱色所需要的时间也显著增长。

电解过程中去除单位质量 TOC 所消耗的电能是考察电极实用性的一个重要指标。用电解效能(electrolysis effectiveness)表示去除单位质量 TOC 所消耗的电量，根据实验测试结果对比了两种电极的电解效能。

如图 2-11 所示，使用在氧气气氛中退火处理的电极进行电解，电解去除单位毫克 TOC 所需要的电量为 27.2 mA · h；而相同情况下，使用在空气气氛中退火处理的电极则需要 69.32 mA · h。

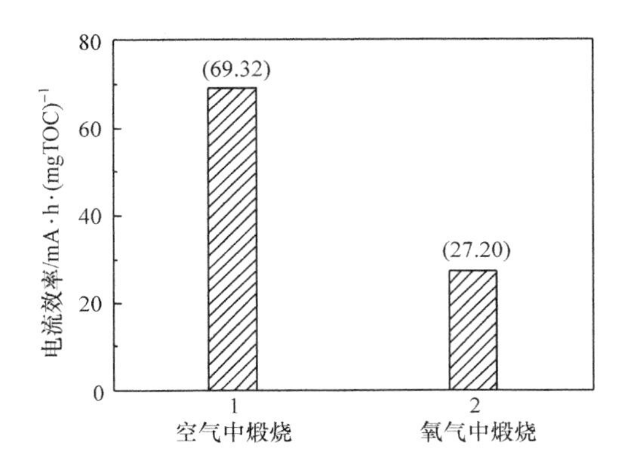


图 2-11 两种电极的电解效率对比

图 2-12 反映了溶液紫外吸收在电解不同时间(不同通电量)的变化情况。可以看出,使用在不同气氛中退火处理的电极材料对 1,4-苯醌进行电解处理,溶液中有机物随电解时间(电解通电量)的变化速率不同。比较而言,使用经氧气气氛中处理的 $SnO_2/Ti$ 阳极,溶液中有机物随电解时间(电解通电量)下降速率明显加快,这与前文 TOC 变化的测试结果是一致的,但有机物在不同阳极材料下的降解历程并没有显著区别。

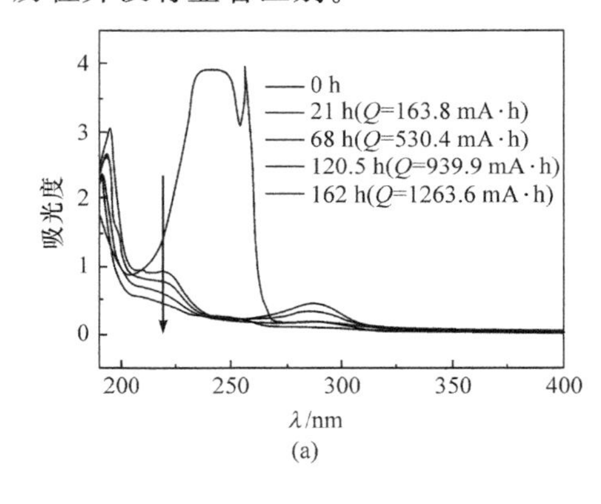


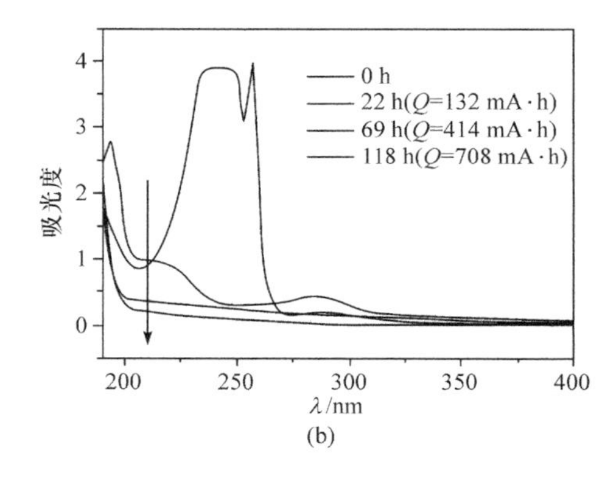


图 2-12 两种电极电解时溶液紫外光谱的变化

(a)在空气中煅烧;(b)在氧气中煅烧

紫外光谱扫描结果表明,1,4-苯醌在电解过程中降解速率非常之快。苯环等基团的紫外吸收峰出现在 200~300 nm 波长范围,从电解过程紫外吸收变化可以看出,在电解进行的初期均有降解中间产物的明显生成,这些中间产物以芳香族化合物为主。当电解进行至溶液完全脱色时,溶液在 200~300 nm 波长范围不再有明显的吸收,溶液中的芳香族化合物基本降解完全。

电极表面氧吸附状态由物理吸附向化学吸附的转化取决于氧原子向金属氧化

物晶格内扩散能力的大小，这显然与电极表面元素化学状态有密切关系。前述XPS测试结果表明，在氧气气氛中退火处理的电极表面$Sn3d_{5/2}$、$Sb3d_{5/2}$电子结合能较低，相比较而言，这显然不利于表面吸附氧向晶格内部的扩散。因而，与在空气中退火处理相比，在氧气中退火处理的电极在电解过程中电极表面$^{\cdot}OH$的活性更强，而生成金属过氧化物的能力则相对较弱。

在动电位极化过程中，随电位正向扫描，电极表面首先生成$MO_x(^{\cdot}OH)$。显然，在这一过程中，氧气气氛中退火处理的电极活性显著强，因而在显著析氧前即表现出显著的催化性能。在发生显著析氧反应后，$MO_x(^{\cdot}OH)$、$MO_{x+1}$均可与水中有机物反应，或放出分子态的氧，因而，两者的动电位极化行为没有明显的差别。进一步地，电极在氧气中退火处理表面泥裂更彻底，活性表面面积更大，也是其电催化性能较好的原因之一。

### 2.2.2　几种电极电催化性能的比较

$RuO_2/SnO_2/Ti$，Pt，$SnO_2/Ti$电极的电催化性能进行对比发现，各种电极在表面形貌特征、催化性能及污染物降解等方面均存在差异。

#### 2.2.2.1　$RuO_2/SnO_2/Ti$电极表面形貌

图2-13所示，与所有热分解法制备的(复合)金属氧化物相同，$RuO_2/SnO_2/Ti$也是典型的泥裂形貌。对比上节所示$SnO_2/Ti$电极形貌可知，电极成膜组分不同，电极表面形貌间有明显区别，其中最显著的区别是，相同方法与操作条件下制备的$SnO_2/Ti$电极表面氧化物晶粒明显小于$RuO_2/SnO_2/Ti$电极，即$SnO_2/Ti$电极的活性表面积明显增大。

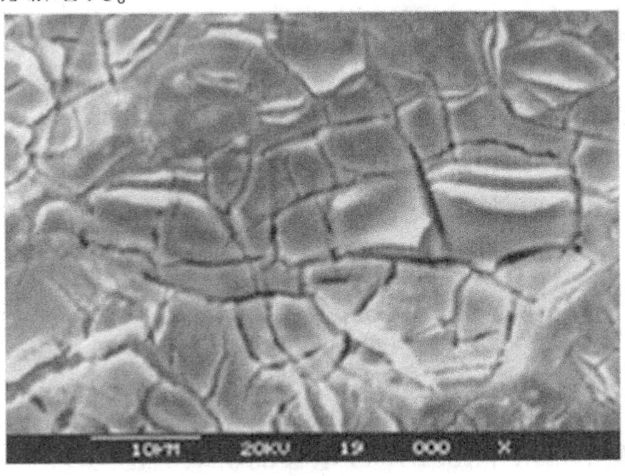


图2-13　空气中煅烧的$RuO_2/SnO_2/Ti$膜的显微图

#### 2.2.2.2 $RuO_2/SnO_2/Ti$、Pt、$SnO_2/Ti$ 电极动电位极化测试

图 2－14 与图 2－15 分别给出 $RuO_2/SnO_2/Ti$ 电极与 Pt 电极在支持电解质溶液(0.02 mol・$L^{-1}$ $Na_2SO_4$)以及 200 mg・$L^{-1}$ 1,4-苯醌溶液中的动电位极化测试结果。

图 2－14 所示动电位极化测试结果表明,溶液中有机物对 $RuO_2/SnO_2/Ti$ 电极动电位极化行为的影响与前文所述对掺杂 $SnO_2/Ti$ 的影响是相似的。在支持电解质溶液中加入 1,4-苯醌主要引起 $RuO_2/SnO_2/Ti$ 电极在双电层电位区极化电流的明显增大,在显著析氧电位区间 1,4-苯醌只引起 $RuO_2/SnO_2/Ti$ 极化电流的微弱增长。与金属氧化物电极有明显区别,在双电层及显著析氧电位区,1,4-苯醌均对 Pt 电极动电位极化行为产生显著的影响,引起 Pt 电极动电位极化电流的显著增长。

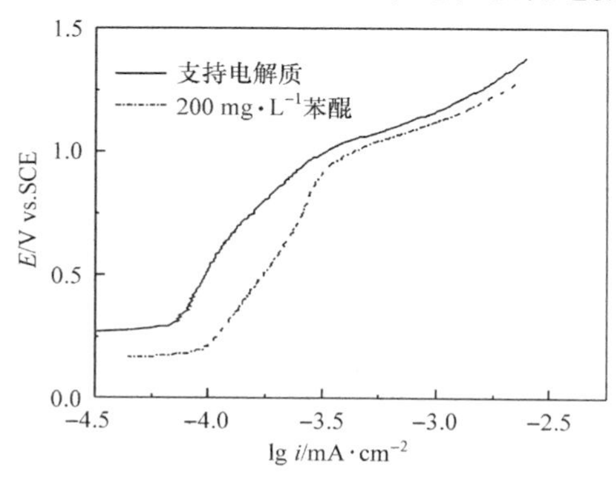


图 2－14　不同溶液中 $RuO_2/SnO_2/Ti$ 阳极动电位极化测试结果

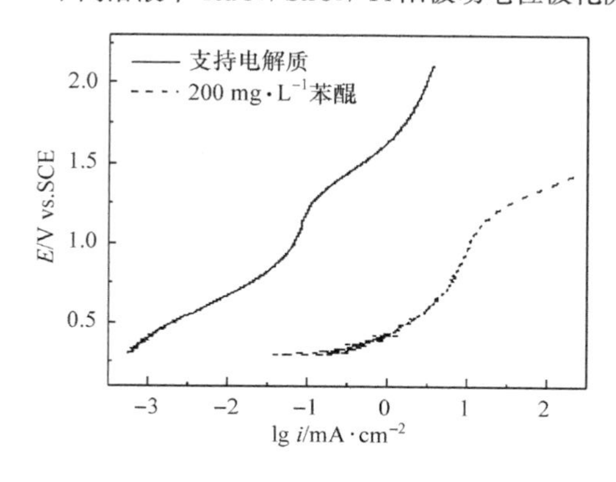


图 2－15　不同溶液中 Pt 阳极动电位极化测试结果

在含 1,4-苯醌的溶液中,$SnO_2/Ti$ 电极的析氧电位约 1.5 V vs.SCE,$RuO_2/SnO_2/Ti$ 电极的析氧电位约 1.0 V vs.SCE,Pt 电极的析氧电位约 1.2 V vs.SCE。

电极对水中有机物的氧化能力与其析氧电位有密切关系，一般情况下，析氧电位高的电极对有机物也有较强的氧化能力，这对同为金属氧化物的 $SnO_2$/Ti 电极与 $RuO_2$/$SnO_2$/Ti 电极而言影响更为显著。

#### 2.2.2.3　$RuO_2$/$SnO_2$/Ti、Pt、$SnO_2$/Ti 电极电解去除 TOC 对比

图 2－16 与图 2－17 分别表示的是使用 $RuO_2$/$SnO_2$/Ti 与 Pt 阳极电解 1,4-苯醌溶液过程中，TOC 随电解时间的变化。使用 $RuO_2$/$SnO_2$/Ti 为阳极的电解过程持续 118.5h，溶液 TOC 去除率为 19.34%；使用 Pt 为阳极的电解过程持续 99.5 h，溶液 TOC 去除率为 10.74%。在这两种阳极条件下，溶液脱色均不明显。

图 2－16 所示，在使用 $RuO_2$/$SnO_2$/Ti 为阳极的电解过程中溶液 TOC 随电解时间的变化较好地符合指数变化规律。与上节中 $SnO_2$/Ti 阳极电解实验结果相同，$RuO_2$/$SnO_2$/Ti 为阳极时，溶液 TOC 随时间的变化也可以用式(2－48)进行表示。

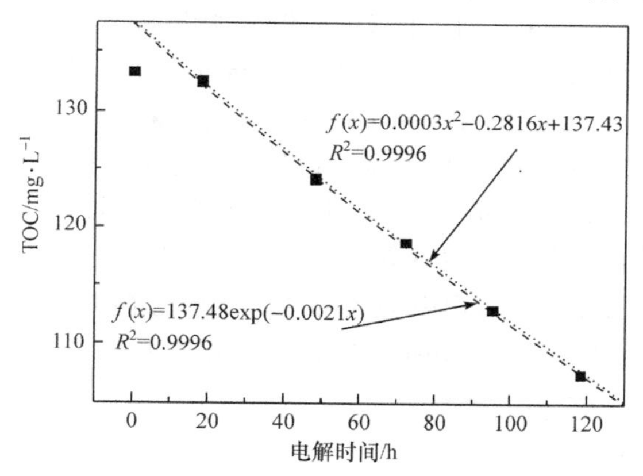


图 2－16　$RuO_2$/$SnO_2$/Ti 阳极电解 1,4-苯醌溶液时 TOC 变化

对比不同电极条件下式(2－48)中 $\kappa$ 值的大小，相同制备条件下，$SnO_2$/Ti 电极 $\kappa$ 值为 $-0.0117h^{-1}$，$RuO_2$/$SnO_2$/Ti 电极 $\kappa$ 值为 $-0.0021h^{-1}$。前面的分析结果已表明，$\kappa$ 值的大小可以反映金属氧化物电极对有机物催化性能的高低，$\kappa$ 值越小(负)，溶液 TOC 随电解时间去除的速率越大。同时考虑电解过程阳极的面积效应，$SnO_2$/Ti 电极的有效面积为 1.2 $cm^2$、$RuO_2$/$SnO_2$/Ti 电极有效面积 2.94 $cm^2$，则根据 $\kappa$ 值的大小衡量电极催化性能的结果为：$SnO_2$/Ti 电极对水中有机物的催化能力是 $RuO_2$/$SnO_2$/Ti 电极的 13.65 倍。

如图 2－17 所示，在使用 Pt 电极为阳极的条件下，电解过程中溶液 TOC 随电解时间的变化规律较好地符合多项式的变化规律。为便于比较，对实验结果做了指数规律的拟合。电解过程中 Pt 阳极的有效工作面积为 3.4 $cm^2$，沿用上节的分析方法，则 $SnO_2$/Ti 电极对水中有机物的催化能力是 Pt 电极催化能力的 25.5 倍。

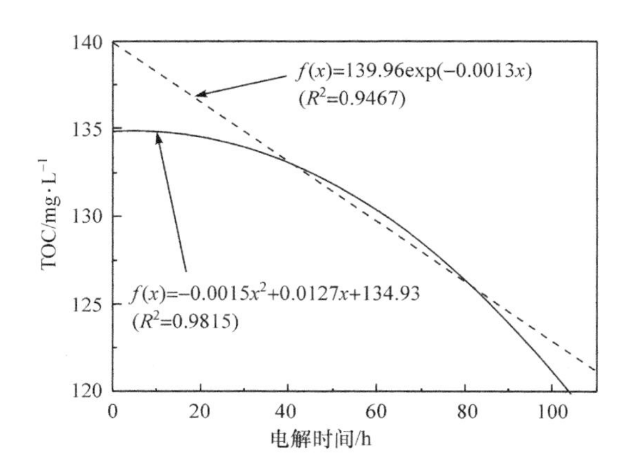


图 2-17 Pt 阳极电解 1,4-苯醌溶液过程时溶液 TOC 随电解时间的变化

对 $RuO_2/SnO_2/Ti$ 电极与 Pt 电极的电解效能也进行了分析。为便于比较，同时引用 $SnO_2/Ti$ 的实验结果，三种电极电解效能对比如图 2-18 所示。从图中可以看出，使用 Pt、$RuO_2/SnO_2/Ti$、$SnO_2/Ti$ 三种电极对 1,4-苯醌溶液进行电化学氧化处理，降解去除单位毫克 TOC 所需的电量分别为 458.9、270.3、27.2 mA · h。

用 κ 值大小及电解效能两种方法对电极性能进行比较，两种方法对电极电催化性能的评价结果在量上有一定的差异。κ 值的大小反映过程动力学指标，电解效能反映各电极材料在使用过程中的经济性。电极材料不同，电解过程中对有机物的降解机制不同，这应是造成各指标间存在差异的主要因素。

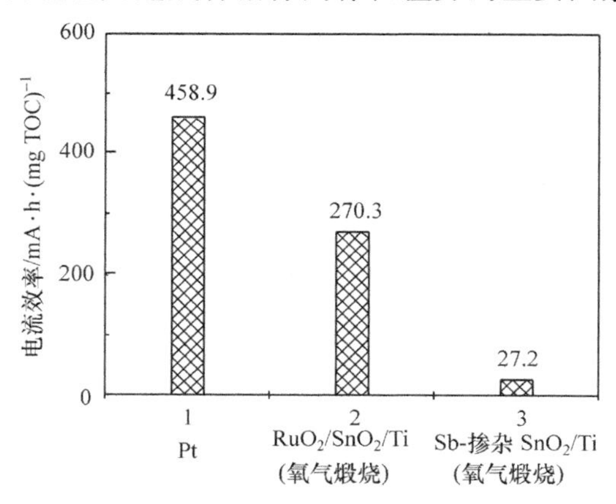


图 2-18 三种电极的电解效率对比

#### 2.2.2.4 溶液紫外吸收测试结果

图 2-19、图 2-20 分别表示的是使用 $RuO_2/SnO_2/Ti$ 与 Pt 阳极电解 1,4-苯

醌溶液过程中紫外吸收光谱随电解时间(通电量)的变化情况。紫外光谱测试结果显示,$RuO_2/SnO_2/Ti$ 与 Pt 阳极对水中有机物的催化氧化能力有限,电解结束时溶液中都残留有大量的中间产物。在使用 $RuO_2/SnO_2/Ti$ 为阳极时,1,4-苯醌的降解中间产物在 200～300 nm 波长范围内出现 3 个特征吸收峰。在使用 Pt 阳极时,在相同的波长范围内有 2 个特征吸收峰,同时特征峰所在波长也有所区别。上述结果表明,$RuO_2/SnO_2/Ti$ 与 Pt 阳极对 1,4-苯醌电催化降解机制有本质的不同。

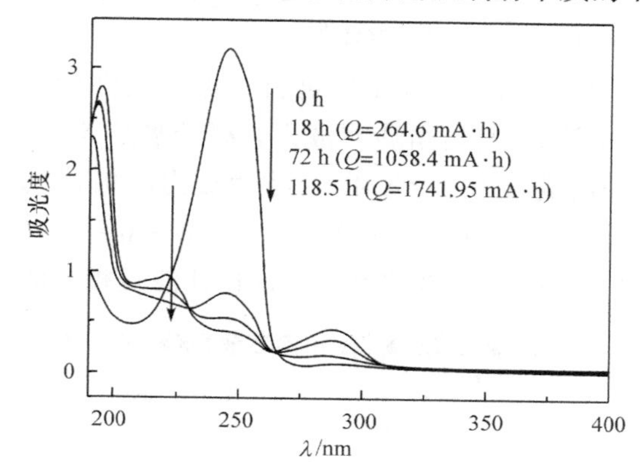


图 2-19　$RuO_2/SnO_2/Ti$ 阳极电解时溶液紫外光谱的变化

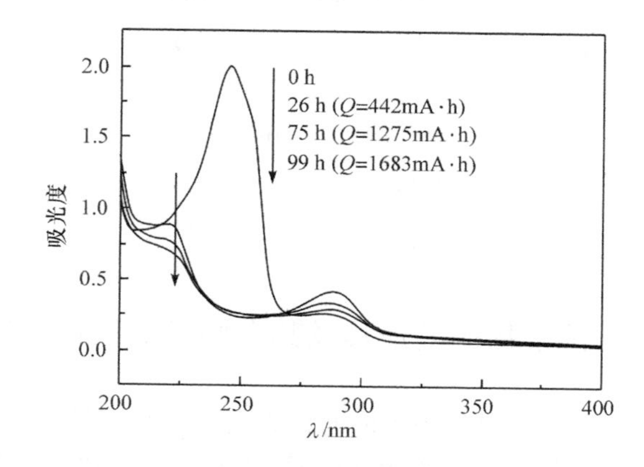


图 2-20　Pt 阳极电解时溶液紫外光谱的变化

结合 $SnO_2/Ti$ 电极电解 1,4-苯醌溶液过程紫外吸收的测试结果进行推测,在有机物的降解历程方面 $SnO_2/Ti$ 电极与 Pt 电极有更多的相似性。而从 1,4-苯醌对电极动电位极化行为的影响方面,以及电解过程溶液 TOC 随电解时间的变化规律方面分析,$RuO_2/SnO_2/Ti$ 与 $SnO_2/Ti$ 电极间存在较多的相似性。

有机物在电极表面的电化学氧化是一个非常复杂的过程,还有待进一步的深入研究。

#### 2.2.2.5　电极性能参数比较

Kötz 等对比研究了 $SnO_2$/Ti 阳极与 Pt 电极对多种有机物的电催化性能。表 2-3 列举的数据表明，根据电化学氧化指数（EOI）$SnO_2$/Ti 阳极对有机物的电催化能力是 Pt 阳极的 5～7 倍。Kötz 等的电解实验条件是：$SnO_2$/Ti 阳极，铂阴极，支持电解质溶液 0.5 mol · $L^{-1}$ $Na_2SO_4$。电解效能用去除单位千克 COD 所消耗的电能表示为 30～50 kW · h · $(kgCOD)^{-1}$。

吴星五等利用研制的 $SnO_2$/Ti 阳极进行了电催化性能研究。电解实验条件是：20 mA · $cm^{-2}$ 恒电流，支持电解质溶液为去离子水配制的 $Na_2SO_4$（10 g · $L^{-1}$）（0.07 mol · $L^{-1}$）溶液、槽压 4.5～5.4 V，纯钛板为阴极，目标污染物为苯胺、甲醇、甲基橙。电解能耗分别为 42.8、68.8、100.1 kW · h · $(kgCOD)^{-1}$。

可见，上述两种 $SnO_2$/Ti 阳极的电化学催化性能是相当的。

**表 2-3　Pt, $RuO_2$/$SnO_2$/Ti 和锑掺杂 $SnO_2$/Ti 阳极的对比**

| | Pt | $RuO_2$/$SnO_2$/Ti | 锑掺杂 $SnO_2$/Ti |
|---|---|---|---|
| ORE 电压/V vs.SCE | 1.2 | 1.0 | 1.5 |
| 电解条件 | 5 mA · $cm^{-2}$，极间距 4 cm，0.02 mol · $L^{-1}$ $Na_2SO_4$ + 200 mg · $L^{-1}$ 1,4-苯醌 | | |
| 电极面积/$cm^2$ | 3.4 | 2.94 | 1.2 |
| 平均电压/V | 5.1 | 3.3 | 3.1 |
| | $[TOC]=[TOC]_0\exp(\kappa t)$ | | |
| $\kappa/h^{-1}$ | −0.0013 | −0.0021 | −0.0117 |
| 电解效能/mA · h · $(mgTOC)^{-1}$ | 458.9 | 270.3 | 27.20 |

## 2.3　污染物的电迁移及其在两极的氧化还原

电化学氧化法主要是通过阳极反应时污染物进行直接氧化，或者是通过阴、阳极反应产生具有较强氧化性的化学活性物质，再对污染物进行间接氧化。虽然在废水处理领域电化学技术比一般化学方法更加环境友好，但电化学方法的一个缺点是它的副反应较多，如水的电解通常会与降解有机物发生竞争反应，造成电化学方法效率低下，因此亟需提高电化学技术的效率。

针对提高电化学效率问题，近年研究主要集中在研制具有更好催化活性的电极以及开发具有更大有效反应面积的反应器[84]。近来报道的提高电化学反应效率的方法主要侧重于具有高析氧过电位电极的开发，如 $SnO_2$/Ti 电极[50, 51, 85]和 $PbO_2$/Ti 电极[86]，或者侧重于电极结构的优化，如三维电极（three-dimensional electrode）[87]。

这些方法通常是强调高效产生并且高效利用˙OH以降解有机物。很少有人利用电化学处理过程中电场的作用，而有机物在电场下的电迁移特性几乎未被关注。

大多研究使用的有隔膜电化学反应器均采用阳离子或阴离子隔膜，带电荷有机物由于分子太大而不能很好透过隔膜，导致阴极室中有机物不能去除；阳极室中有机物浓度随反应时间的延长而逐渐降低，造成反应效率降低。而无隔膜电化学反应器中离子性有机物的电迁移特性则会被反应时的水力流动所打断，不利于这种作用的发挥。并且在大多数情况下有机物以低浓度形式存在，电化学反应多受传质反应所控制。

有机污染物的初始浓度影响电化学降解有机物的速率。有机物浓度越高，平均电流效率也越高。由于˙OH的寿命非常短暂(通常 $10^{-9}$ s范围)，所以它们只能在其生成的地方发生反应[69]。提高单位体积内有机污染物的量可以增加有机物与强氧化性物质碰撞的可能性，从而提高反应效率[88]。因此提高有机物浓度是提高处理效率的可行途径。这可以通过利用电动技术(electrokinetic techniques)来实现。这种技术近来逐渐在土壤修复中使用被人们所重视[89~92]。电动过程中污染物通常是通过电迁移、电渗析和电泳过程来实现的[93]。

最近的研究将电动技术引入到电化学废水处理过程中。通过在阴、阳电极之间放置超滤膜而使电动作用与阳极电化学氧化作用结合起来。超滤膜可以防止溶液在阴阳极室中自由移动，离子性有机物可以自由通过。在阳极室有机物可以通过直接或间接阳极氧化所降解。

### 2.3.1　反应器特征

图 2-21 是一类典型的电迁移-电氧化(EK-EO)处理装置。阳极室与阴极室

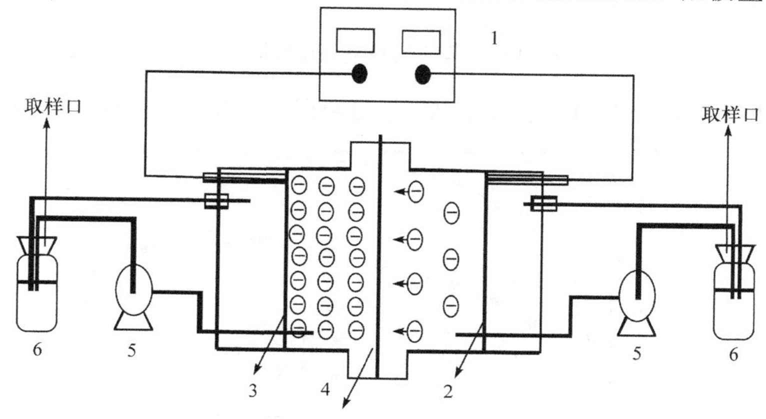


图 2-21　利用 EK-EO 过程处理 ARB 装置示意图

1—直流电源；2—Ni 板阴极；3—$SnO_2$/Ti 阳极；4—超滤膜；5—恒流泵；6—溶液储存器

由超滤膜分隔。反应装置有两套循环系统，包括一个储存器和一个用来循环搅拌溶液的恒流泵。阳极采用 $SnO_2$-$Sb_2O_5$/Ti，阴极为镍板。

### 2.3.2 EK-EO 方法对染料的脱色和降解机理

在 EK-EO 方法中，利用超滤膜将阴、阳两极室分隔，由于反应器系统中的离子可以发生定向移动，因而带负电的污染物可以迁移至阳极，使阳极室污染物浓度升高，提高了电氧化降解效率。

#### 2.3.2.1 ARB 在阴极室中脱色

在 EK-EO 过程中，阴极室中酸性红 B(ARB)溶液在 190～650 nm 波长范围内的紫外-可见光(UV-Vis)光谱随反应时间变化情况如图 2-22 所示。从图中可以看出，随着电解时间延长，ARB 的特征吸收峰显著降低。其中在 $\lambda_{max}$ = 514 nm 处吸收峰的降低表明偶氮染料浓度下降。

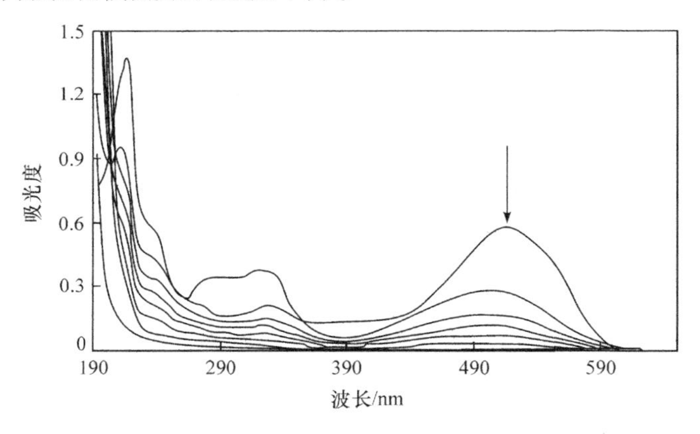


图 2-22 在 EK-EO 过程中阴极室 ARB 的 UV-Vis 光谱变化

在阴极室中两个原因导致 ARB 脱色，这可以从图 2-23 中所示的色度和 TOC

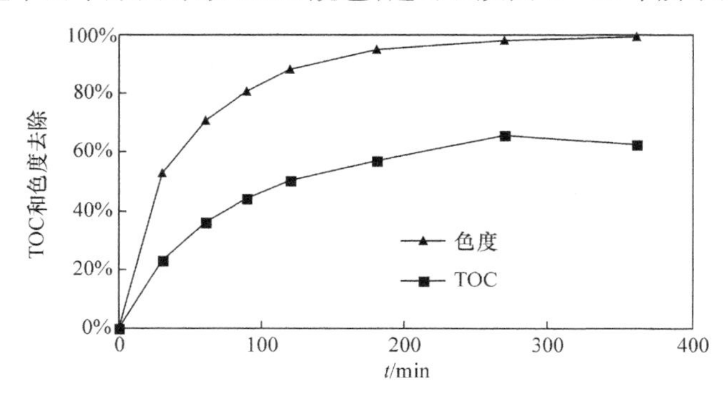


图 2-23 EK-EO 过程中阴极室 TOC 和色度去除情况

去除情况所证实。可以看出，在阴极室中溶液色度的去除速率远高于TOC的去除速率。电解360 min溶液已经完全脱色，而TOC去除率只有大约60%。这表明大部分ARB分子在电场作用下电迁移进入阳极室（TOC去除），一部分ARB分子也会在阴极表面还原而脱色[94]：

$$—N{=}N— + 2e + 2H^+ \rightleftharpoons —NH—HN— \quad (2-49)$$

$$—NH—HN— + 2e + 2H^+ \rightleftharpoons —NH_2 + H_2N— \quad (2-50)$$

因此在阴极室中电迁移和电化学还原共同作用导致ARB溶液的脱色。

#### 2.3.2.2　阳极室中ARB的降解

通过对比阳极室中ARB降解过程中UV-Vis光谱和降解产物的HPLC色谱变化情况，可以了解ARB在阳极室中的降解过程。首先分析一下ARB降解过程中的UV-Vis变化情况，如图2-24所示。从图中可以看出ARB包括三个吸收峰段，分别是514 nm、322 nm和220 nm。最低能量的吸收峰(514nm)是偶氮键n-π* 跃迁造成的[95]。220 nm和322 nm处吸收峰是染料分子中与偶氮键相连的萘环π-π* 跃迁造成的[87, 96]。由此可知，随着处理时间的延长，ARB的整个吸收峰均迅速下降，在UV-Vis区没有新的吸收峰形成。

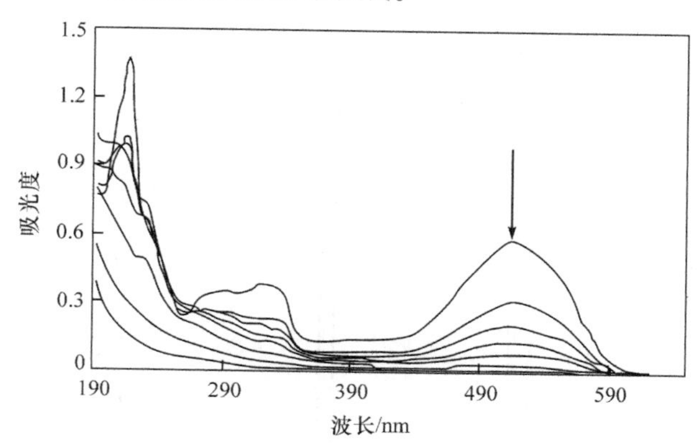


图2-24　在EK-EO过程中阳极室ARB在处理过程中UV-Vis光谱变化情况

图2-25为电解过程中阳极室中TOC和色度的变化情况。结果显示，阳极室中溶液TOC在开始时逐渐升高，180 min时达到最大值39 mg · $L^{-1}$，然后TOC逐渐下降，360 min时降低到25 mg · $L^{-1}$。这种现象是由于在EK-EO过程中电迁移和电氧化是同时发生的，在开始的180 min内从阴极室电迁移进入阳极室的有机物多于在阳极表面矿化的有机物，因此TOC逐渐上升；在反应一定时间后，矿化的有机物多于电迁移的有机物，TOC逐渐下降。处理360 min后ARB溶液完全脱色但仍有25 mg · $L^{-1}$ TOC未去除，这说明ARB的降解过程中产生的有机

中间体的矿化是相当缓慢的。

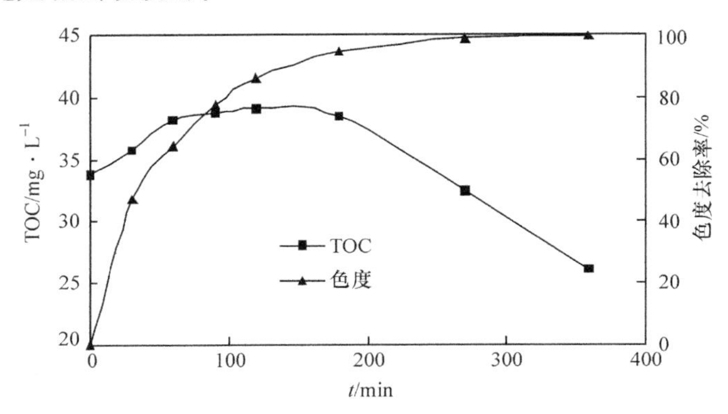


图 2-25 EK-EO 过程中阳极室 TOC 和色度去除情况

由于 ARB 主要是在阳极室中被矿化，因此一般可利用 HPLC 分析有机物降解过程中，中间产物的生成情况。图 2-26 所示为 ARB 在不同降解时间阳极室

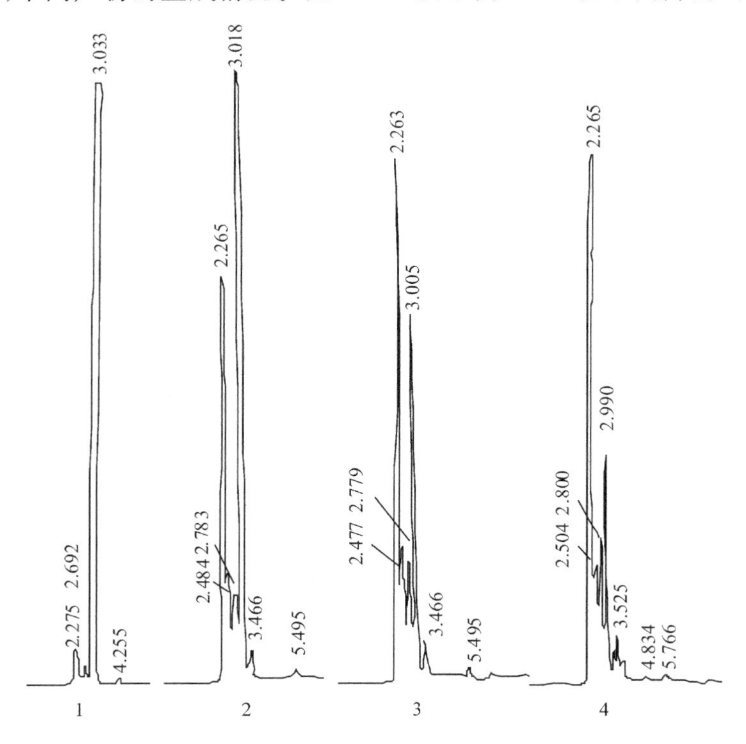


图 2-26 EK-EO 过程中 ARB 在阳极室中降解的 HPLC 谱图变化

取样时间：1—0 min；2—60 min；3—120 min；4—360 min

中水样的 HPLC 谱图。初始溶液有一个很高的 ARB 的特征吸收峰，保留时间($t_R$)是 $t_R$ = 3.03 min。处理 60 min 后谱图中 ARB 吸收峰逐渐降低，同时出现了一些新峰，$t_R$ 在 3.27～5.76 min 之间，是 ARB 降解中间产物的吸收峰。处理 120 min 和 360 min 后，ARB 的吸收峰持续降低，而中间降解产物的吸收峰则有所升高($t_R$ = 3.26 min，3.46 min 等)。这是由于 ARB 不断从阴极室电迁移进入阳极室后，迅速被阳极氧化降解生成中间产物。尽管这些中间产物可以继续被·OH 氧化，但在 360 min 的处理过程中，中间产物的生成速度要快于中间产物的降解速度，致使中间产物吸收峰逐渐升高。从图 2－26 还可以看出，EK-EO 处理 360 min 后阳极室溶液中依然存在着大量的降解中间产物。

根据以上的讨论，我们可以归纳出 EK-EO 电迁移电氧化酸性红 B 的过程机理：它包括酸性红 B 在阴阳两极之间的电迁移过程、阳极表面的电氧化过程以及阴极的电化学还原过程。图 2－27 所示为 ARB 在水中的 EK-EO 降解原理示意图。

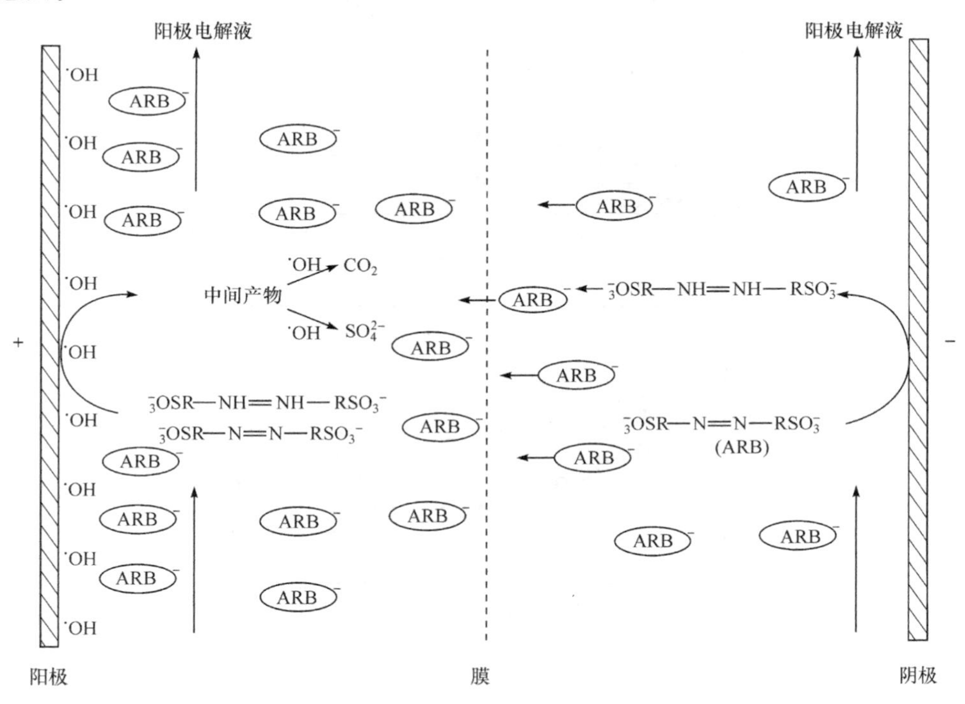


图 2－27　EK-EO 过程降解 ARB 的原理示意图

### 2.3.3　EK-EO 过程中电流密度对有机物降解的影响

电流密度对 EK-EO 过程有着非常大的影响。电流密度在 1.5～6.25 mA · cm$^{-2}$

之间变化时，EK-EO 过程中阳极室和阴极室中 TOC 变化情况如图 2－28(a)、(b)所示。从图中可以看出，随着电流密度的提高，阴极室中水的 TOC 可以更迅速去除，这表明更多的 ARB 被电迁移进入阳极室。

在高电流密度下，阳极室中有更多的有机物被阳极矿化。EK-EO 过程处理 360 min 后，在电流密度为 4.5 $mA\cdot cm^{-2}$ 时 25 $mg\cdot L^{-1}$ TOC 被氧化去除，而在电流密度为 1.5 $mA\cdot cm^{-2}$ 时，只有 7 $mg\cdot L^{-1}$ TOC 被去除。电流密度的提高可以促进 ·OH 的产生[97]，并且可以提高电迁移的效率，使更多的有机物迁移进入阳极室与 ·OH 碰撞，从而使降解效率提高[88]。但当电流密度超过 6.25 $mA\cdot cm^{-2}$ 时，进一步提高电流密度，TOC 去除并没有进一步的提高，主要是因为电极电势过高造成电解水副反应的发生，与有机物降解竞争，从而造成电流效率的下降。

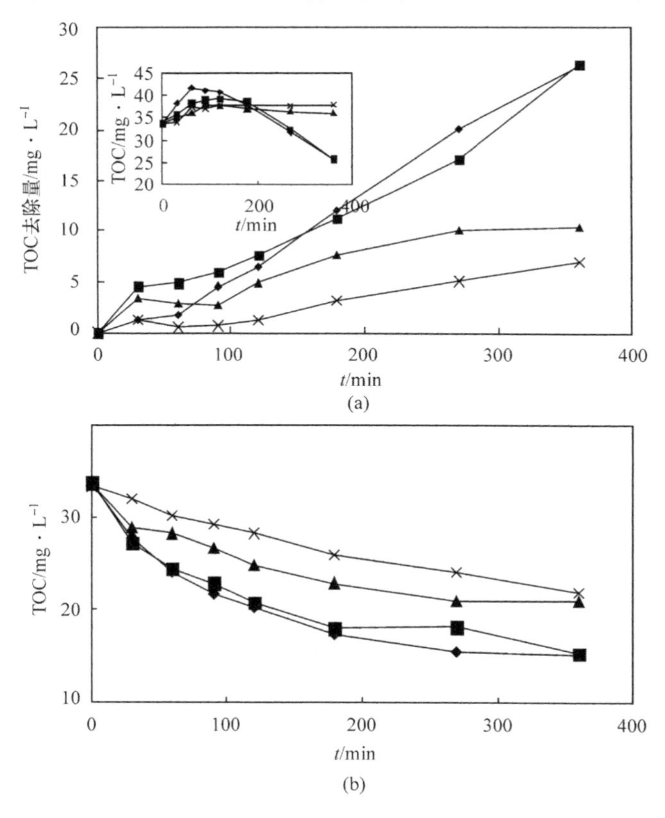


图 2－28 EK-EO 过程中，电流密度对阳极室(a)和阴极室(b)中 TOC 去除的影响

(—◆—)6.25 $mA\cdot cm^{-2}$；(—■—)4.5 $mA\cdot cm^{-2}$；(—▲—)2.5 $mA\cdot cm^{-2}$和(—×—)1.5 $mA\cdot cm^{-2}$

### 2.3.4 传质条件与反应时间对 EK-EO 的影响

为了验证传质条件对 TOC 去除的影响，采用不同的循环流量从 10 mL·

$min^{-1}$到 185 mL · $min^{-1}$的情况进行了研究。反应条件如下：100 mg · $L^{-1}$ ARB，电流密度保持在 4.5 mA · $cm^{-2}$，反应时间为 360 min。如图 2－29(b)所示，传质情况对阴极室中 ARB 的电迁移影响很微小。如在循环流量分别为 10、75 和 125 mL · $min^{-1}$时，阴极室中 TOC 去除率均大约为 50%。而当循环流量过大达到 185 mL · $min^{-1}$时，TOC 去除率仅约为 40%，这主要是由于过高的循环流量会破坏 ARB 的电迁移过程。

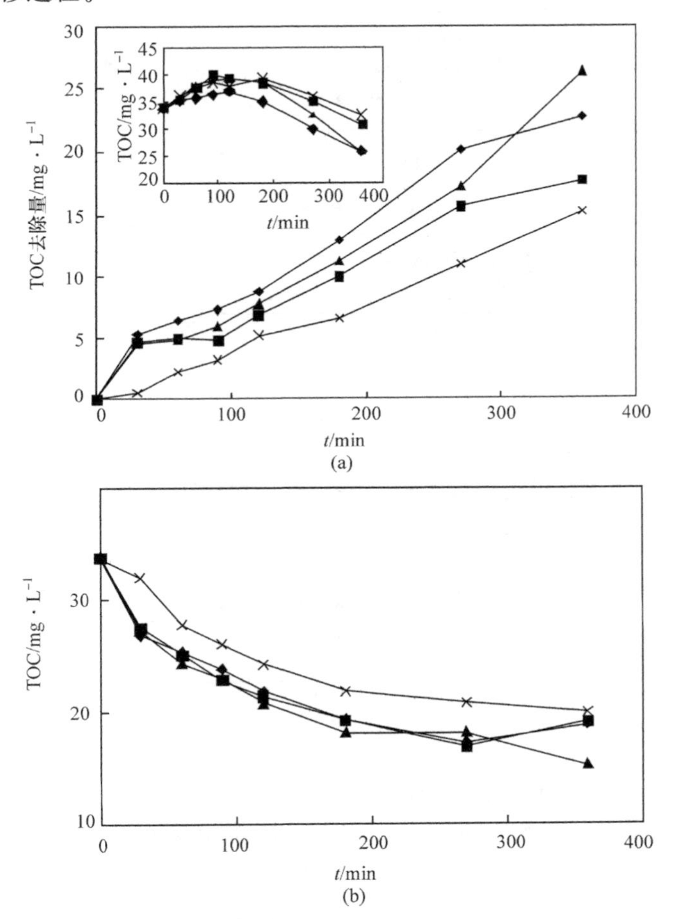


图 2－29　在 EK-EO 过程中，循环流量分别对阳极室(a)和阴极室(b)中 TOC 去除的影响

电流密度：4.5 mA · $cm^{-2}$；循环流量分别为：(—◆—)10 mL · $min^{-1}$；(—■—)75 mL · $min^{-1}$；(—▲—)125 mL · $min^{-1}$和(—×—)185mL · $min^{-1}$

结合图 2－29(a)和(b)进行分析可以发现，过分剧烈的循环搅拌不利于阴极室的电迁移和阳极室的电氧化过程。虽然高循环流量有利于提高传质减小扩散层，但也会减少污染物与阳极表面生成的吸附态˙OH 的反应时间[47]。

### 2.3.5 电解质浓度对 EK-EO 的影响

电解质浓度是影响电化学过程的关键要素，也是影响电迁移电氧化处理效率的一个重要因素。图 2－30 所示为不同 $Na_2SO_4$ 电解质浓度对 ARB 在 EK-EO 过程中的影响。

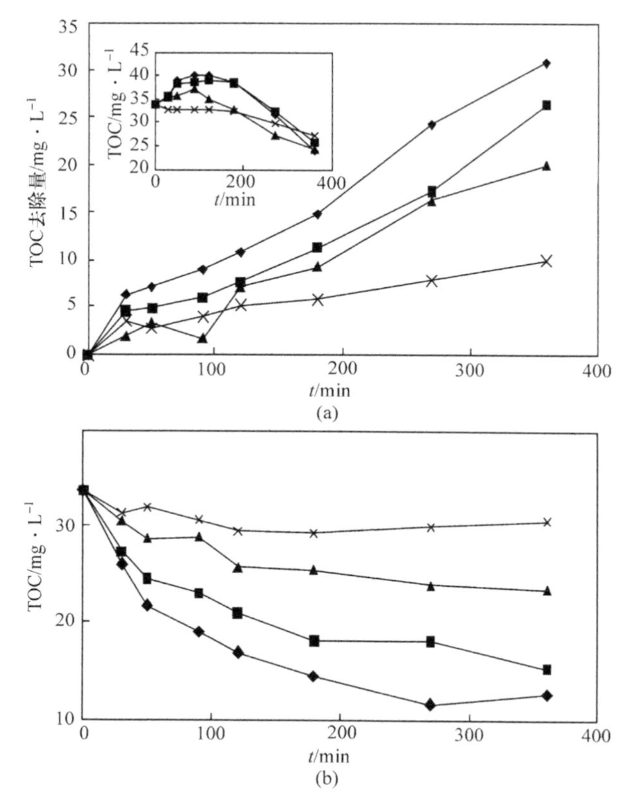


图 2－30 EK-EO 过程中电解质浓度对阴极室(a)和阳极室(b)中 TOC 去除的影响

电流密度 4.5 $mA \cdot cm^{-2}$；循环流量 125 $mL \cdot min^{-1}$；$Na_2SO_4$ 浓度分别为(—◆—)0.01 $mol \cdot L^{-1}$；(—■—)0.02 $mol \cdot L^{-1}$；(—▲—)0.04 $mol \cdot L^{-1}$和(—×—)0.08 $mol \cdot L^{-1}$

初始电解质浓度对阴极室中 ARB 的电迁移有着较大的影响。如图 2－30(b)所示，当初始 $Na_2SO_4$ 浓度为 0.08 $mol \cdot L^{-1}$时，电解处理 360 min，阴极室 TOC 去除率只有大约 10%。而当 $Na_2SO_4$ 浓度为 0.01 $mol \cdot L^{-1}$时，被电迁移进入阳极室的 ARB 达到大约 60%。这种现象可以由式(2－51)解释。单个离子的迁移数(transference number)由溶液中它的离子淌度(ionic mobility)、浓度(concentration)和总电解质(或离子强度)所决定。总电流 $I$ 通过 Faraday 定律计算每种物质的迁移质量流量(migrational mass flux)与总质量流量(mass flux)和电荷流量(charge flux)的比值计算得出。

$$I=\sum_j t_j I=\frac{Z_j u_j^* c_j}{\sum_1^n z_i u_i c_i} I \qquad (2-51)$$

式中,$Z_j$、$u_j$、$c_j$ 和 $t_j$ 分别为离子 $j$ 的价态(valence)、有效离子淌度(effective ionic mobility)、物质的量浓度(molar concentration)和迁移数(transport or transference number)。式(2-51)表明当一种物质浓度相对于总电解质浓度下降时,在一定电流强度下它的电迁移效率会降低。因此,当被迁移物质相对于溶液中其他物质的量降低时,去除效率将会下降。图 2-30(a)的内插图表明在高电解质浓度下,只有少量 ARB 被电迁移到阳极室。

同时,随着电解质浓度的提高在一定电流强度下的电极电势会降低,不利于有机物在阳极表面的降解。如图 2-30(a)所示,电解质浓度越高,阳极室氧化去除的有机物越少。因此,高电解质浓度下 TOC 去除率降低是由低电极电势和低电迁移率共同造成的。

## 2.4　活性炭纤维(ACF)阴极电 Fenton 方法对有机物的氧化降解

近年来,人们对于利用电化学方法处理水中的溶解性或悬浮态难生化降解有机物的研究与应用表现出更多的兴趣[98]。这主要集中在阳极氧化和阴极还原对去除污染物的原理方法和工艺技术等方面。利用阳极氧化降解有机物通常两极室电解槽并使用高析氧电位电极,如 $PbO_2$ 和 $SnO_2$ 电极。水分子在这类电极表面氧化生成 $\cdot OH$。但在较长时间里,多数研究都侧重于高催化性能阳极的开发以提高污染物的处理效率,而阴极电催化降解作用则未引起足够的重视[99]。

近些年有人利用阴极间接电化学技术降解有机物,它主要是通过电化学产生的强氧化性中间物质氧化污染物。通常是在阴极室通过溶解氧分子在石墨或网状玻璃碳阴极表面发生两电子还原反应生成 $H_2O_2$,在弱酸性(pH～3)条件下与 $Fe^{2+}$ 发生 Fenton 反应,生成强氧化性的 $\cdot OH$,无选择地迅速与芳香族有机化合物发生三种形式反应:脱氢反应、破坏 C═C 不饱和键的加成反应和电子转移反应[100],使其发生化学降解。反应中 $Fe^{3+}$ 会在阴极还原成 $Fe^{2+}$,继续与 $H_2O_2$ 发生 Fenton 反应,因此 $Fe^{2+}$ 在反应中起到催化剂的作用。电 Fenton 反应历程如下所示[36]:

$$O_2(g)+2H^++2e \longrightarrow H_2O_2 \qquad (2-52)$$

$$Fe^{2+}+H_2O_2+H^+ \longrightarrow Fe^{3+}+H_2O+\cdot OH \qquad (2-53)$$

$$\cdot OH+RH \longrightarrow \cdot R+H_2O \qquad (2-54)$$

$$Fe^{3+}+e \rightleftharpoons Fe^{2+} \qquad (2-55)$$

电 Fenton 法的实质是将电化学反应过程中产生的 $Fe^{2+}$ 和 $H_2O_2$ 作为 Fenton 试剂的持续来源。电 Fenton 法与光 Fenton 法相比，具有自动产生 $H_2O_2$ 的机制较完善、$H_2O_2$ 利用率高、有机物降解因素较多(除$\cdot OH$ 的氧化作用外，还有阳极氧化、电吸附)等优点。因此，电 Fenton 法是 Fenton 法发展的重要方向之一[45]。

活性炭纤维(ACF)，外观呈毡状和丝状、黑色。它是一种以有机化学纤维为原料，经过碳化、活化等步骤加工而成的。其特征是具有巨大的比表面积、特有的微孔结构及多种官能团，因此它能通过物理吸附、化学吸附和物理-化学协同吸附等方式更有效地去除废水中的多种有机物[101]。它是在活性炭的基础上开发的具有高表面积、孔径分布均匀的新型炭材料，可以广泛地应用于水处理、除臭等日常生活以及液相脱色、触媒、气体分离等工业方面。

ACF 具有以下特点[102]：

(1) 孔结构中纤维间的空隙有吸附扩散作用，其微孔位于表面，孔径小，可产生毛细管凝聚作用，增强了吸附效果。

(2) 吸附容量大，吸附过程主要为纤维表面微孔吸附，吸附层很薄，因而吸附速度较快。

(3) 表面含有大量的含氧官能团，如—OH，$\rangle C{=}O$，—COOH，$-OC_nH_{2n+1}$，还有 C—N 键，N—N 键等，易与极性吸附质分子形成氢键；同时它还能对苯环中的 $\pi$ 电子产生诱导力，所以对含氧、氯、芳环等水溶性有机物具有很好的吸附能力。

在电化学应用方面，ACF 具有吸附、导电和催化性能，是一种具有良好应用前景的炭电极材料[103]，也被作为一种准三维结构电极用于电吸附去除水中的有机物[104]，而炭纤维毡电极也已经被用来作为阴极还原生成 $H_2O_2$[105]。

本节所介绍的是研究采用具有吸附催化性能的 ACF 作为电极，利用阴极电 Fenton 反应实现有机物的高效降解的有关内容。由于电化学降解有机物的反应发生在电极表面，即通过直接电极表面的反应或者被电极表面生成的活性中间产物所氧化，因此电化学反应的反应区域集中在电极表面及其附近区域。采用 ACF 作为电极，希望可以从两方面强化电 Fenton 反应：①ACF 具有巨大的比表面积，氧分子可以更加有效在阴极表面还原，从而增加了生成 $H_2O_2$ 的浓度；②ACF 在电解过程中可以吸附溶液中的有机物，将其浓缩到电极表面，从而提高了$\cdot OH$ 的氧化效率。下面介绍以偶氮染料酸性红 B(ARB)作为模型污染物，采用 ACF 为吸附催化电极，构建电 Fenton 氧化反应体系并降解水中 ARB 的历程和效能。为了更加有效地研究这种阴极电 Fenton 反应，采用催化性能较弱的 $RuO_2/Ti$ 作为阳极。

### 2.4.1　以ACF为阴极的电Fenton反应器

#### 2.4.1.1　反应器特征

图2-31是一种用以研究阴极电Fenton水处理方法的反应器。阳极采用$RuO_2$/Ti网状电极，阴极为缚在钛网表面的活性炭纤维毡，反应过程中加入一定量的$FeSO_4 \cdot 7H_2O$作为催化剂。其中ACF电极在使用前多次用ARB吸附达到饱和，以消除ACF吸附对实验结果的影响。在阴极表面均通入氧气以保持溶液中氧气饱和。电极的工作电流由AMRFL型：LPS302A 35V/10A直流稳压电源提供。溶液pH用$0.2\ mol \cdot L^{-1}$ $H_2SO_4$调节，并由奥立龙720APLUS Benchtop型pH计(Thermo Orion Co. USA)测定。

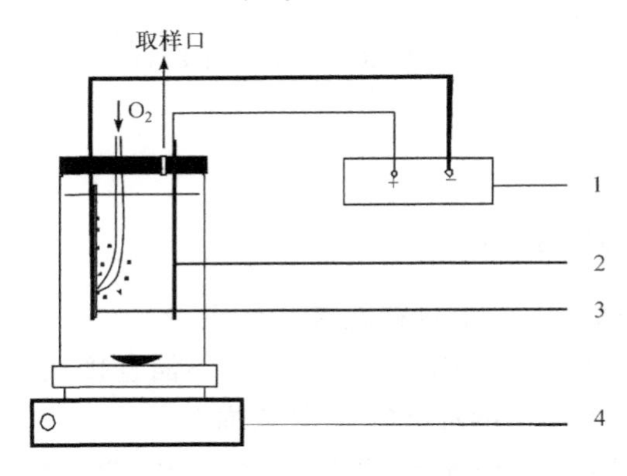


图2-31　电Fenton反应装置示意图

1—直流电源；2—$RuO_2$/Ti阳极；3—ACF阴极；4—磁力搅拌器

#### 2.4.1.2　主要参数测定

电Fenton反应过程中将产生一定量的活性中间体，可通过DMPO自旋捕捉方法获得产生自由基的电子顺磁共振ESR信号。ESR仪器设置为：中心场=3486.70 G；扫宽=100.0 G；微波频率=9.80 GHz；调制频率=100 kHz；功率=20 mW。DMPO浓度为$0.1\ mol \cdot L^{-1}$，反应在常温下进行(298 K)。为了减少测量误差，可在整个ESR测量过程中使用同一石英毛细管。产生的$H_2O_2$可采用分光光度法[106]进行分析。由氮吸附等温线表征中孔型ACF的孔结构。ACF比表面积、孔容、孔径通过ASAP2000型比表面测定仪(Micromeritics Co. USA)在77 K吸附脱附氮气(99.999%)进行测定。

#### 2.4.1.3　平均电流效率计算

阳极氧化和电Fenton反应过程中的平均电流效率按式(2-56)计算得出：

$$ACE=\frac{\Delta(TOC)_{exper}}{\Delta(TOC)_{theor}} \quad (2-56)$$

式中，$\Delta(TOC)_{exper}$为反应进行到 $t$ 时刻溶液中 TOC 去除量（$[TOC]_0-[TOC]_t$），$\Delta(TOC)_{theor}$是在 $t$ 时刻 TOC 理论去除量，它通过 $t$ 时刻的电量（$Q=It$）与矿化 1 个有机物分子所需电子数之间的关系计算得出。

溶液 TOC 变化与 ARB 的矿化相关，它被电化学产生的·OH 所完全矿化生成 $CO_2$、$H_2O$、$NO_3^-$ 和 $SO_4^{2-}$，所以 ARB 矿化过程如式(2-57)所示[66]。

$$C_{20}H_{12}N_2S_2O_7Na_2+102\cdot OH \longrightarrow 20CO_2+2Na^++2SO_4^{2-}+2NO_3^-+55H_2O+4H^+ \quad (2-57)$$

式(2-57)电化学氧化反应方程式可以转换为式(2-58)，由此可计算出矿化 1 mol ARB 需要消耗 102 F 的电量[107]。

$$C_{20}H_{12}N_2S_2O_7Na_2+47H_2O \longrightarrow 20CO_2+2Na^++2SO_4^{2-}+2NO_3^-+106H^++102e \quad (2-58)$$

## 2.4.2 ACF 的性质

### 2.4.2.1 ACF 表面形貌

用扫描电镜(SEM)对 ACF 进行观察表明(图 2-32)：ACF 表面比较平滑，具有明显的轴向裂纹。但由于 ACF 的孔径较小，不能直接观察到其表面上孔的情况。因此可利用气体吸附法测定 ACF 的比表面性质。

图 2-32 ACF 的 SEM 形貌

### 2.4.2.2 ACF 的孔结构

采用气体吸附法研究 ACF 的微孔结构，即测定在一定温度下气体压力和吸附量的等温吸附曲线，等温吸附曲线的形状因孔径而不同。根据 IUPAC 的分类，孔径大于 50 nm 的细孔为大孔，在 50 nm～2 nm 之间的为中孔，小于 2 nm 的为微孔；微孔中，小于 0.7 nm 的又称超微孔。大孔主要是起输送被吸附分子的作用，中孔与大孔一样既起输送被吸附分子的作用，同时又作为不能进入微孔的较大分子的吸附点。在较高相对分压下由毛细凝聚形成中孔的容积充填，微孔是由纤细的毛细管壁形成，因而使表面积增大，相应的也使吸附量提高，显示出较强的吸附作用[108]。

吸附等温线是获得吸附剂结构、吸附热效应以及其他一些物理化学性能的信息源。Brunauer 等将吸附等温线分为五类，IUPAC 则在此基础上增加了第六种，如图 2-33 所示，Ⅰ型等温线限于单层或准单层吸附，大多数化学吸附和在完全的微孔物质（如活性炭或分子筛）上的吸附属于此类。Ⅱ型吸附等温线是最常见的，在无孔、粉末颗粒或在大孔中的吸附常常是该类等温线。吸附等温线拐点通常发生于单层吸附附近，随相对压力的增加，第二层、第三层吸附逐步完成，最后达饱和蒸气压时，吸附层变成无穷多层。Ⅲ型等温线的特征是吸附热小于吸附质的液化热，因此随吸附的进行反而促进了吸附。这是由于吸附分子间的相互作用（如氢键）大于吸附质分子与吸附剂表面的相互作用，Ⅳ和Ⅴ型吸附等温线是Ⅱ型和Ⅲ型吸附等温线的变形，在较高的相对压力下，过渡孔中由于毛细凝缩而充填，因此在等温线上出现上部近似水平的线段，Ⅵ型为分阶状等温线通常很少见到，但有一定的理论研究意义。

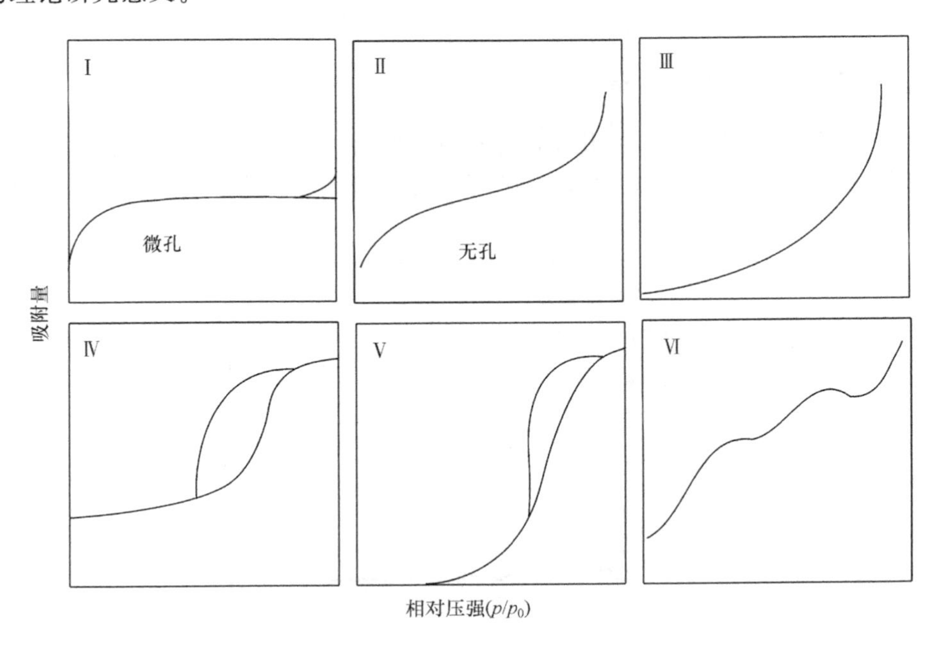


图 2-33　IUPAC 的吸附等温线分类

ACF 在 77 K 下对 $N_2$ 的吸附等温线如图 2-34 所示，曲线属于Ⅰ、Ⅳ混合型吸附等温线，在低相对压力时吸附曲线上升很快，当相对压力到达某值（拐点）后吸附曲线出现一平台，即吸附量变化很小，接近饱和。在高相对压力时，脱附分支与吸附分支基本不重合，曲线出现滞后洄线。这说明在低相对压力时主要发生微孔充填，相对压力增大发生多层吸附，在较高相对压力时发生了毛细凝聚，样品中既有微孔又有中孔。等温线的初始部分代表 ACF 的微孔充填。在较高相对压力下平台的斜率是由非微孔表面（如中孔或大孔及外表面）上多层吸附所致[108, 109]。

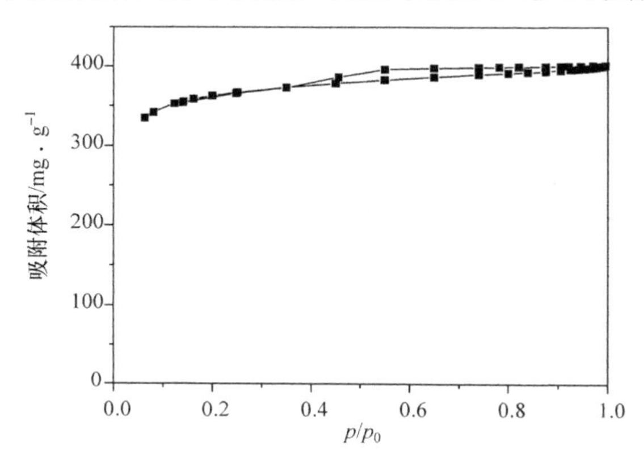


图 2-34　77 K 时 $N_2$ 在 ACF 样品上的吸附等温线

#### 2.4.2.3　ACF 孔径分布

ACF 是多孔性吸附材料，其孔径分布曲线如图 2-35 所示。从图中可见 ACF 存在大量孔径 2 nm 以上的中孔，98%以上是起吸附作用的微孔和中孔，孔径分布较窄[110]。

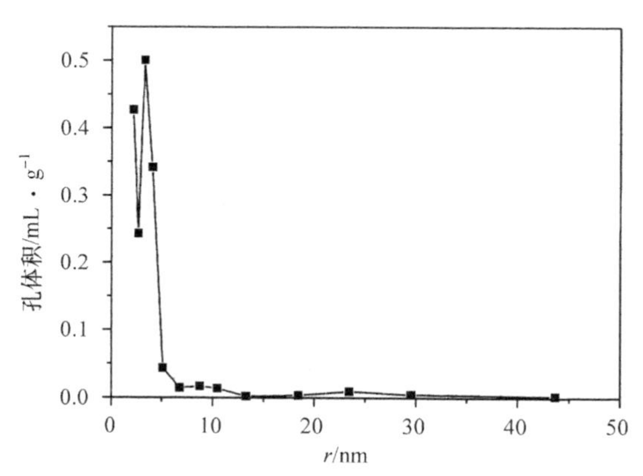


图 2-35　BJH 法计算的 ACF 样品孔分布

### 2.4.2.4　ACF比表面性质

通过计算得出ACF的BET比表面积、孔容和孔径列于表2-4。从表中可以看出，ACF的比表面积非常高，达到1237 $m^2 \cdot g^{-1}$，它的平均孔径是3.19 nm，属于中孔ACF。

**表2-4　ACF的比表面性质**

| 样品 | BET比表面积/$m^2 \cdot g^{-1}$ | 总孔容/$cm^3 \cdot g^{-1}$ | 孔径/nm |
| --- | --- | --- | --- |
| ACF | 1237 | 0.1357 | 3.19 |

### 2.4.3　ACF电极对有机物的吸附

在不同电流的情况下，重复利用ACF吸附去除500 mL 200 $mg \cdot L^{-1}$ ARB溶液，其TOC去除情况如图2-36所示。从图中可以看出，ACF第一次吸附基本可以达到平衡，其TOC去除率达到53%，而第二次吸附TOC去除率只有16%，第三次只有9%，第四次7.6%，这说明在电化学反应开始前用高浓度的ARB染料溶液浸泡，可以使ACF基本吸附饱和，从而在电解过程中可以忽略ACF吸附的影响。

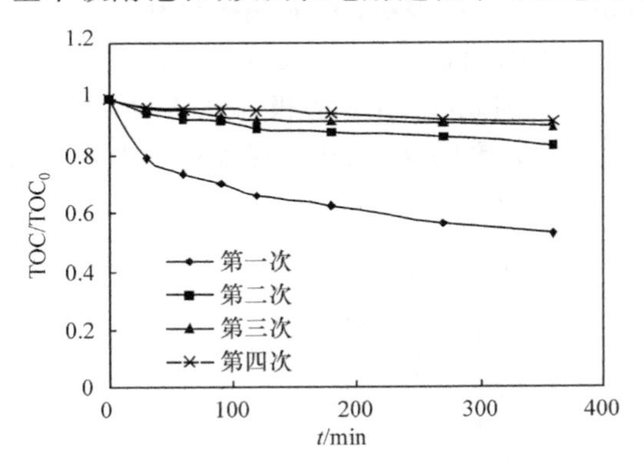


图2-36　利用ACF阴极重复吸附500 mL 200 $mg \cdot L^{-1}$ ARB情况

### 2.4.4　ACF阴极和其他阴极材料的比较

分别以相同面积ACF和石墨板作为阴极，通过电Fenton处理水中的ARB，其TOC和色度去除情况如图2-37所示。从图中可以看出，ACF阴极电Fenton反应和石墨板阴极电Fenton反应均可以将ARB染料溶液的色度完全去除，去除规律相类似。但ACF阴极电Fenton反应有比石墨板阴极更高的TOC去除率，处理360 min时TOC去除率可以达到70%，远高于石墨板阴极电Fenton反应的40% TOC去除率。两种方法的矿化能力相差如此大主要是因为不同电化学还原

产生 $H_2O_2$ 能力的不同。

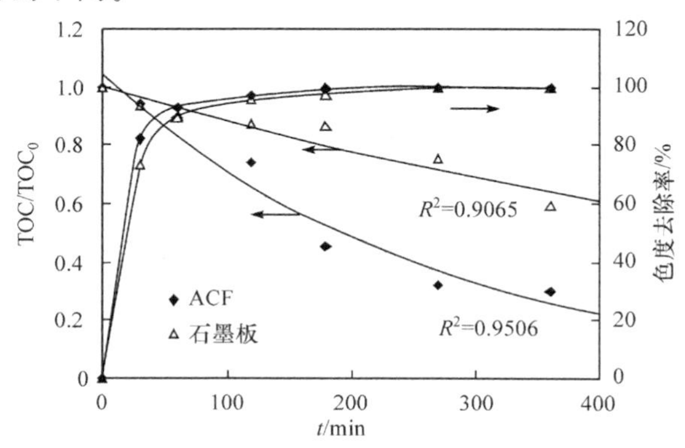


图 2-37　分别以 ACF 和石墨板为阴极时 TOC 与色度去除率

图 2-38 所示为两种阴极材料在外界通入 $O_2$ 和电流强度为 0.36 A 条件下，在 pH 为 3 和 $Na_2SO_4$ 0.05 mol · $L^{-1}$的高纯水中电解 180 min 生成 $H_2O_2$ 的情况。可以看出，在以 ACF 为阴极时，$H_2O_2$ 浓度可以达到 600 μmol · $L^{-1}$，而石墨板阴极 $H_2O_2$ 只有 52 μmol · $L^{-1}$。这表明，ACF 阴极更利于 $H_2O_2$ 的产生。其原因主要是 ACF 具有较大的比表面积，并且存在大量的中孔，$O_2$ 更容易在阴极表面电化学还原过程中产生 $H_2O_2$。因此在 ACF 阴极体系中可以产生更高浓度的 $H_2O_2$，通过 Fenton 反应产生更高浓度的·OH，从而提高对水中有机物的降解效能。

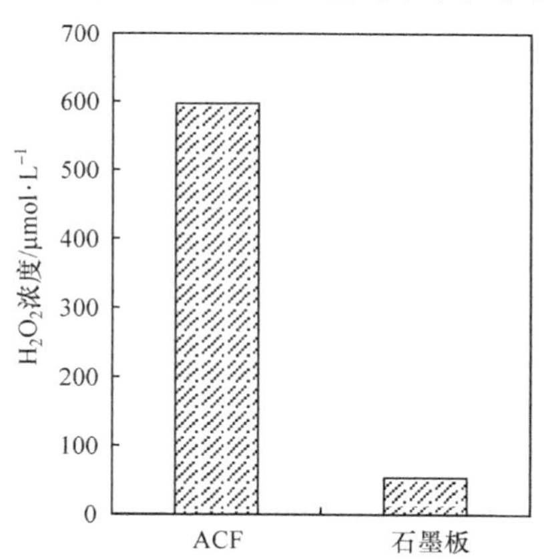


图 2-38　分别以 ACF 和石墨板为阴极时 $H_2O_2$ 电化学生成量对比

为了研究在电解过程中不同方法对与 ARB 的去除效果，分别对 ACF 吸附（未通电流）、$RuO_2$/Ti 阳极氧化（无 ACF）、电化学产生 $H_2O_2$ 氧化（无 $Fe^{2+}$ 存在）和电 Fenton 体系处理 200 mg · $L^{-1}$ ARB 溶液进行了研究。各个过程中 TOC 去除情况如图 2-39 所示。由图可见，预先吸附的 ACF 几乎没有吸附能力，经 360

min处理后水中TOC去除率只有6%。而在没有ACF作为阴极时，$RuO_2$/Ti阳极氧化360 min TOC去除率也只有19%，这主要是在$RuO_2$/Ti析氧过电位很低，阳极表面电化学产生的·OH浓度也很低所致。当以ACF作为阴极且无$Fe^{2+}$作为催化剂时，处理360 min后TOC去除率可以达到55%。这表明，电化学反应所产生的$H_2O_2$可以有效降解有机污染物。当溶液中存在$Fe^{2+}$(1.0 mmol·$L^{-1}$)时，TOC去除率则可以达到70%，这是由于$Fe^{2+}$可以与电化学产生的$H_2O_2$发生均相催化反应生成具有高活性·OH的缘故。

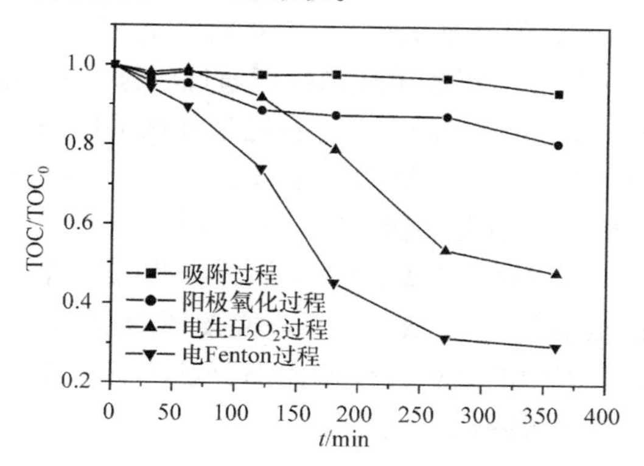


图2-39 多种过程处理ARB时处理效果对比

通过比较电Fenton反应、阳极氧化和电生$H_2O_2$氧化三种过程的平均电流效率(ACE)(如图2-40所示)，可以看出，电Fenton反应的ACE最高值达到16%，远远高于阳极氧化的7.5%和电生$H_2O_2$氧化过程的7.8%，这也表明电Fenton反应具有非常强的氧化能力。电Fenton反应的ACE先上升后下降，可能由于ARB在反应初期生成了更难氧化的降解中间产物，而对这些物质通过电Fenton或一般的化学氧化过程不能使其矿化。

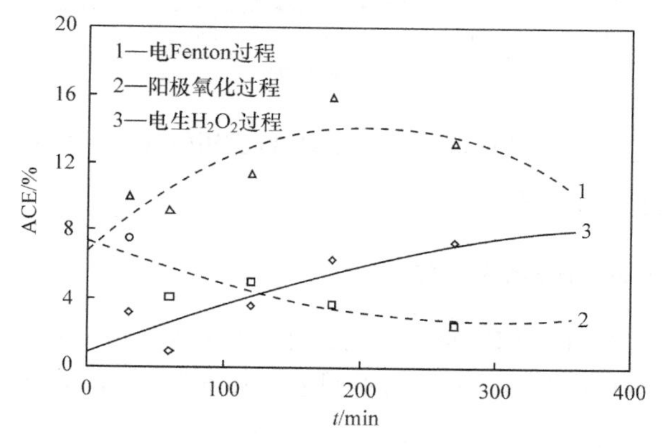


图2-40 电Fenton、阳极氧化和电生$H_2O_2$氧化ARB过程时ACE的对比

### 2.4.5 电 Fenton 降解 ARB 过程中的 UV-Vis 光谱变化

水中有机物氧化降解后，将导致其分子结构发生变化。在电 Fenton 处理水中 ARB 时，其分子结构的变化也是它降解或矿化的的重要过程与特征。水中有机物分子结构的变化，可以利用 UV-Vis 光谱的变化得到证实。图2－41所示的结果是经电 Fenton 处理不同时间后，ARB 的 UV-Vis 光谱变化的结果。可以看出，原水在 400～600 nm 之间有一明显的吸收峰，这是偶氮键与萘环共轭体系的吸收峰[111]。偶氮染料没有典型的特征吸收峰，它在可见光区的吸收带涉及整个共轭系统，由苯环和苯环、苯环和萘环或苯环和杂环通过偶氮基所构成的整个共轭系统的电子跃迁（即 $\pi \rightarrow \pi^*$ 跃迁）所引起[112]。在近紫外区的吸收带是由苯环、萘环或杂环不饱和体系所引起[87, 113, 114]。可以看出，经过电 Fenton 处理后，溶液中的染料在可见光区的吸收峰迅速消失，说明染料分子结构中的共轭发色体系即偶氮键更容易被氧化而破坏[96]。同时，近紫外的大部分吸收峰均几乎完全消失，只有很低的边际峰（200 nm）或肩峰，说明苯环、萘环或杂环不饱和共轭体系也已基本被破坏，由此可以推测，溶液中的染料大分子大部分已降解为小分子，而且出水中的共轭不饱和有机物含量显著降低[115]。

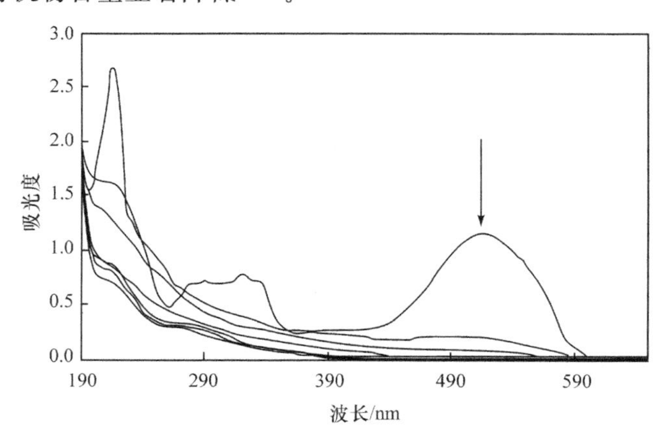


图 2－41 电 Fenton 反应处理 ARB 过程中 UV-Vis 光谱变化

### 2.4.6 电 Fenton 反应机理

#### 2.4.6.1 $H_2O_2$ 的电化学产生

向电化学反应器加入 pH 为 3 的高纯水，体积为 500 mL，在氧气流量为 100 mL · $min^{-1}$，$Na_2SO_4$ 0.05 mol · $L^{-1}$，不同电流强度下 ACF 阴极电解过程中 $H_2O_2$ 电化学生成动力学过程如图 2－42。

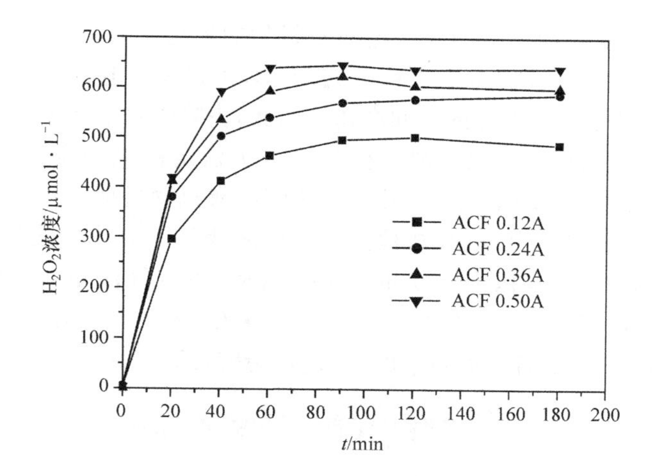


图 2-42 不同电流强度下 $H_2O_2$ 的电化学生成动力学过程

结果表明随着电流强度由 0.12 A 提高到 0.50 A，电化学产生 $H_2O_2$ 速率逐渐提高。证明 ACF 阴极电 Fenton 反应过程中有高含量 $H_2O_2$ 生成，这是因为提高电极的比表面积可以提高反应的极限电流密度，这是提高 $H_2O_2$ 电化学产率的一个有效途径[48]。但是 $H_2O_2$ 的浓度不是随时间延长线性增加的。各个电流强度下均大约在电解 60 min 时出现一个稳态浓度平台，随后 $H_2O_2$ 浓度基本保持恒定；这主要是因为在电解过程中 $H_2O_2$ 会分解的缘故[116]。$H_2O_2$ 会在阳极表面(异相反应)和在溶液中(均相反应)发生化学分解生成 $O_2$[见式(2-59)][117,118]。在电化学反应过程中，$H_2O_2$ 也会被阳极氧化生成中间体 $HO_2^{\cdot}$ [见式(2-60)，(2-61)][119]。在稳态浓度时 $H_2O_2$ 电化学产生和分解的速率一致，其浓度保持恒定。

$$H_2O_2 \longrightarrow H_2O + \frac{1}{2}O_2 \tag{2-59}$$

$$H_2O_2 \longrightarrow HO_2^{\cdot} + H^+ + e \tag{2-60}$$

$$HO_2^{\cdot} \longrightarrow O_2 + H^+ + e \tag{2-61}$$

#### 2.4.6.2 羟基自由基的产生

电化学反应过程中会产生活性中间体氧化有机物，如含氧自由基。在这些自由基中，˙OH 是最活泼的，它是一种非常强的单电子氧化剂。但由于˙OH 的寿命很短，不能直接测出其 ESR 信号，需采用自旋捕集 ESR 法[120]。DMPO 是常用的˙OH 捕获剂，它与˙OH 作用生成自旋加合物氮氧自由基 DMPO-OH。DMPO-OH 的 ESR 谱图在 3460、3475、3490 和 3505G 处出现四重峰，中间两重峰高，边上两重峰低，其强度比为 1∶2∶2∶1，$g$ 为 2.001。˙OH 是很强的氧化剂，可以将很多有机物完全矿化为 $CO_2$ 和 $H_2O$。它对有机物的氧化作用具有广谱性，与有机物的反应速率常数在 $10^8 \sim 10^9 mol^{-1} \cdot s^{-1}$之间。˙OH 容易攻击高电子云密度的有机分子部位，形成易进一步氧化的中间产物。因此，去除废水中各种不同类型的有机污染物，˙OH 显然是最佳的氧化剂。利用 ESR 方法定性、定量测定电化学反应过程中的活性中间产物有助于探明电化学方法降解有机物机理。

电 Fenton 反应中采用 ESR 法检测活性中间物质的具体方法是：向电化学反应器中加入 pH 为 3、体积为 500 mL 的高纯水，在氧气流量 100 mL · $min^{-1}$，$Na_2SO_4$ 0.05 mol · $L^{-1}$，$Fe^{2+}$ 浓度为 1.0 mmol · $L^{-1}$ 和电流强度为 0.36 A 时，对 ACF 阴极电解过程中˙OH 的生成动力学进行考察，结果如图 2-43 所示。

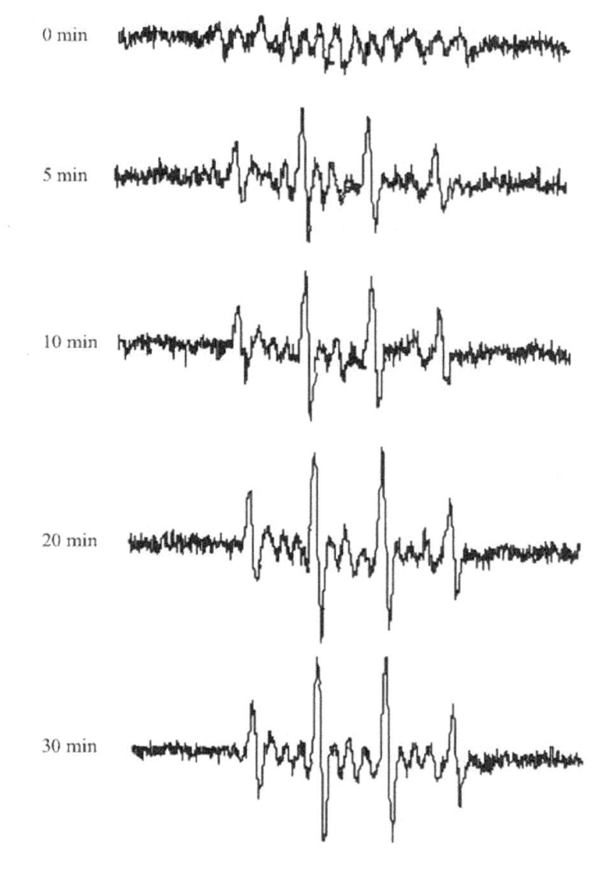


图 2-43　电 Fenton 反应过程˙OH 生成

电流强度 0.36A，DMPO 浓度=0.1 mol · $L^{-1}$，$Fe^{2+}$浓度=1mmol · $L^{-1}$

从图中可以看出，当没有电流通入时，ESR 信号中无˙OH 特征信号峰的生成。当有电流通入时，图谱则出现了明显的˙OH 的 1∶2∶2∶1 特征信号峰。这表明，在电 Fenton 体系中已有 $\cdot OH$ 生成。随着电解反应时间的延长，$\cdot OH$ 的信号强度逐渐提高，表明体系中 $\cdot OH$ 浓度不断提高。这可以通过式(2-62)来解释：随着电化学反应的进行，在 ACF 表面电化学还原产生的 $H_2O_2$ 浓度逐渐提高，与溶液中的 $Fe^{2+}$ 发生 Fenton 反应生成了大量的 $\cdot OH$，$\cdot OH$ 的浓度与溶液中的 $Fe^{2+}$ 浓度和 $H_2O_2$ 浓度成正比[121]。

$$[\cdot OH]=\lambda\left(\frac{d[\cdot OH]}{dt}\right)_g=\lambda k_1[Fe^{2+}][H_2O_2] \tag{2-62}$$

式中，$k_1$ 为二级反应速率常数[$(\mu mol \cdot L^{-1})^{-1} \cdot min^{-1}$]；$\lambda$ 为 $\cdot OH$ 平均寿命(min)；$[Fe^{2+}]$ 和 $[H_2O_2]$ 分别为 $Fe^{2+}$ 浓度和 $H_2O_2$ 浓度($\mu mol \cdot L^{-1}$)。

在 $Fe^{2+}$ 浓度为 1.0 $mmol \cdot L^{-1}$、反应时间 10 min 时，不同电流强度下 $\cdot OH$ 的

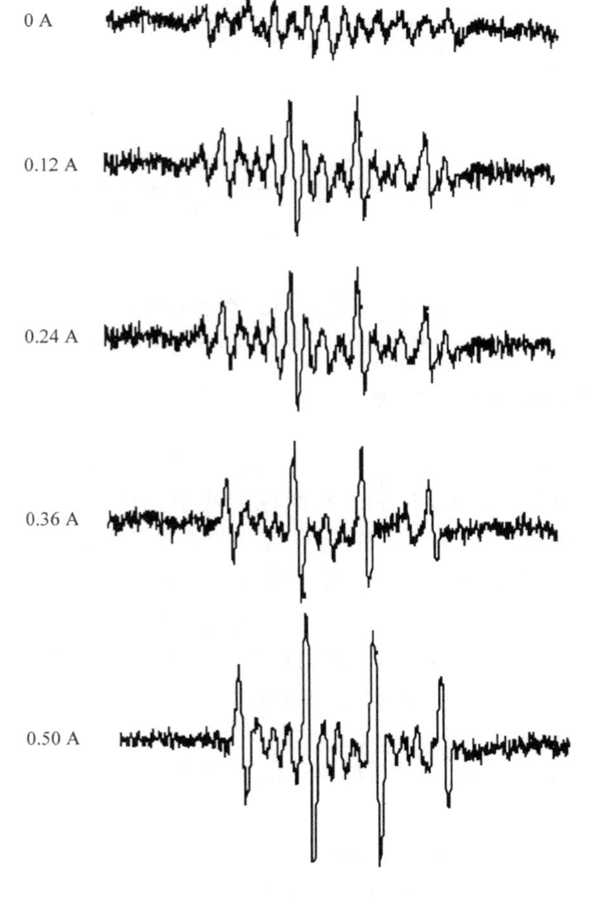


图 2-44　不同电流强度下，电 Fenton 反应过程 $\cdot OH$ 生成情况

反应时间 10 min，$Fe^{2+}$ 浓度 $=1\ mmol \cdot L^{-1}$

生成情况如图 2－44 所示。可以看出，随着电流强度的提高，·OH 的信号值随之升高，表明电 Fenton 反应中产生了更多的·OH。不同电流强度下电 Fenton 反应产生的 DMPO-·OH 的信号如图 2－45 所示。可见，反应过程中产生的 DMPO-·OH信号随电流强度的升高而逐渐增强。这同样可以由式(2－62)得到解释：随着电流强度的增加，产生 $H_2O_2$ 的浓度随之增加，因而生成的·OH 的量也相应增加。这表明，提高电流强度可以增加产生·OH 的浓度，进而提高对水中有机污染物的降解率。

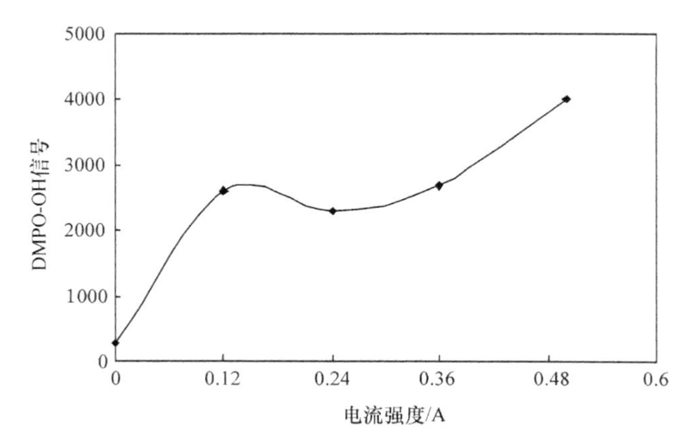


图 2－45　不同电流强度下电 Fenton 产生 DMPO-·OH 信号强度

反应 10 min，DMPO 浓度：100 mmol·$L^{-1}$，$Fe^{2+}$浓度 1.0 mmol·$L^{-1}$

#### 2.4.6.3　电 Fenton 反应机理

当 ACF 阴极上的电势达到－0.695 V (vs. NHE)时，水中的溶解氧分子可以在阴极表面发生两电子的还原反应。在酸性溶液中，氧分子还原生成 $H_2O_2$：

$$O_2 + 2H^+ + 2e \longrightarrow H_2O_2 \quad E^0 = -0.695\ \text{V vs. NHE} \tag{2-63}$$

$H_2O_2$ 实际上是经过一系列化学反应过程产生的[28]：氧分子电化学还原生成超氧自由基 $O_2^{\cdot -}$[式(2－64)]，这种自由基在惰性介质[如乙腈(ACN)，二甲基甲酰胺(DMF)，二甲亚砜(DMSO)]和强碱性水溶液中性质稳定。而在质子溶液中，$O_2^{\cdot -}$ 则会迅速与 $H^+$ 反应生成不稳定的 $HO_2^{\cdot -}$[式(2－65)]，通过歧化反应生成 $H_2O_2$[式(2－66)]：

$$O_2 + e \rightleftharpoons O_2^{\cdot -} \quad E^0 = -0.33\ \text{V vs. NHE} = -0.572\ \text{V vs. SCE} \tag{2-64}$$

$$O_2^{\cdot -} + H^+ \rightleftharpoons HO_2^{\cdot} \quad pK_a = 4.69 \tag{2-65}$$

$$HO_2^{\cdot} + HO_2^{\cdot} \longrightarrow O_2 + H_2O_2 \quad k = 8.3 \times 10^5 (\text{mol} \cdot L^{-1}) s^{-1} \tag{2-66}$$

$$HO_2^{\cdot} + O_2^{\cdot -} + H_2O \longrightarrow O_2 + H_2O_2 + OH^- \quad k = 9.7 \times 10^7 (\text{mol} \cdot L^{-1})^{-1} \cdot s^{-1} \tag{2-67}$$

上述系列反应可以归纳为一个生成 $H_2O_2$ 的总反应：

$$2HO_2^{\cdot}+2O_2^{\cdot -}+H^{+}+H_2O \longrightarrow 2O_2+2H_2O_2+OH^{-}$$

$$k=6\times 10^{12}[H^{+}],pH>6 \tag{2-68}$$

在强酸性体系中(pH=0)，式(2-65)向右进行，促进了氧分子的还原：

$$O_2+H^{+}+e \longrightarrow HO_2^{\cdot} \quad E^0=-0.046\ V\ vs.NHE=-0.287\ V\ vs.SCE \tag{2-69}$$

电化学产生的 $H_2O_2$ 扩散到溶液中会与其中的 $Fe^{2+}$ 发生 Fenton 反应：

$$H_2O_2+Fe^{2+}+H^{+} \longrightarrow Fe^{3+}+H_2O+{}^{\cdot}OH \quad k=63\ L\cdot mol^{-1}\cdot s^{-1} \tag{2-70}$$

由于 $Fe^{3+}/Fe^{2+}$ 的氧化还原电势是+0.77 V vs.NHE (+0.53 V vs.SCE)，在氧化还原的电极电势下，上述反应生成的铁离子也可以在阴极表面还原生成 $Fe^{2+}$：

$$Fe^{3+}+e \rightleftharpoons Fe^{2+} \quad E^0=0.77\ V\ vs.NHE \tag{2-71}$$

从而，Fenton 反应中 $Fe^{2+}$ 可以通过电化学还原循环再生，同时阴极表面还原

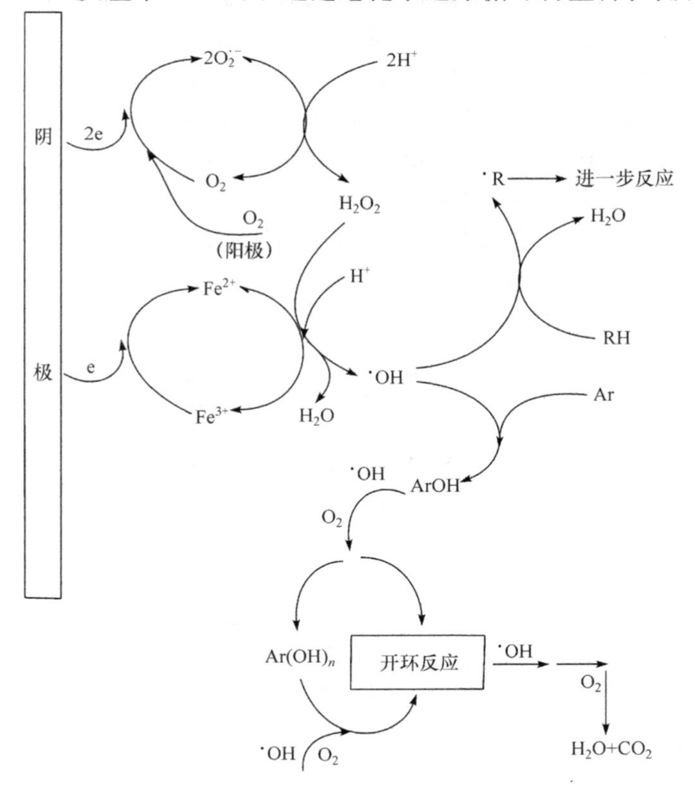


图 2-46　电 Fenton 反应产生˙OH 及降解溶液中有机物机理示意图

生成 $H_2O_2$ 所需要的氧分子可以通过在阳极表面的直接水氧化反应产生：

$$H_2O \longrightarrow \frac{1}{2}O_2 + 2H^+ + 2e \qquad E^0 = 1.23\ V\ vs.NHE \tag{2-72}$$

结合上述的阴阳电极反应，得出式(2-73)总反应式。可以看出，电 Fenton 反应具有催化反应特性[122]。

$$\frac{1}{2}O_2 + H_2O \longrightarrow 2\cdot OH \tag{2-73}$$

通过分析电 Fenton 反应过程中的 $H_2O_2$ 和 $\cdot OH$ 生成情况，验证了 Outran 等归纳出的电 Fenton 反应降解水中有机物的简单的反应机理[36]，如图 2-46 所示。从图中可以看出，氧气可以由外界提供，也可以通过阳极析出氧气提供。

## 2.4.7 电 Fenton 反应条件

### 2.4.7.1 电流强度的影响

电流强度对电 Fenton 反应降解 ARB 的影响如图 2-47 所示。可以看出，随着电流强度的提高，电 Fenton 反应去除 TOC 能力相应提高。如上节所述，随着电流强度的增加，电生 $H_2O_2$ 的浓度也会相应增加，Fenton 反应产生的 $\cdot OH$ 的量提高，从而使氧化能力增强。但是，在实际应用中，电流强度的增加也将受到多种因素的限制，如电极材料、反应器、被处理水的对象等，都会成为确定电流强度大小的考虑因素。同时，当水中存在较多盐，特别是一些可被氧化的阴离子(如 $Cl^-$)时，电流强度的增加就不仅是简单的增加反应中的 $\cdot OH$，也有可能产生一些其他副产物，甚至会对 $\cdot OH$ 的生成起到拮抗作用。

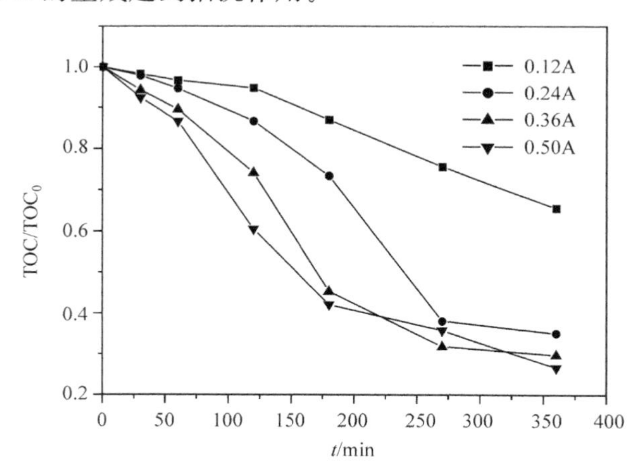


图 2-47 不同电流强度对电 Fenton 反应 TOC 去除的影响

### 2.4.7.2　溶液初始 pH 的影响

如图 2－48 所示，pH 对电 Fenton 反应去除 ARB 有重要影响。在 pH 为 1.5～5.0 范围内，电 Fenton 降解 ARB 的最佳 pH 在 3 左右，pH 低于或高于这个值时 TOC 去除率均有所降低。pH 为 3.05 时，电解处理 360 min 后水中 TOC 去除率为 73%，高于 pH 为 1.49 时的 63%，pH 为 2.07 时的 64%，pH 为 3.99 时的 59%和 pH 为 4.98 时的 62%。这与已经报道的关于 Fenton 反应最佳 pH 在 2.8～3.5 之间、而以 pH 为 3 附近为最佳的结果相一致[123]。由式(2－53)也可以看出，Fenton 反应过程中有 $H^+$ 参与反应，电 Fenton 反应需要在酸性条件下进行利于产生˙OH[124]。当 pH 高于 4 时，反应效率明显下降。这可能由两种原因造成：一是由于生成亚铁络合物从而阻止了 $Fe^{2+}$ 与 $H_2O_2$ 的 Fenton 反应进行；二是由于形成氢氧化铁而妨碍 $Fe^{3+}$ 还原成 $Fe^{2+}$，降低了反应效率[125]。

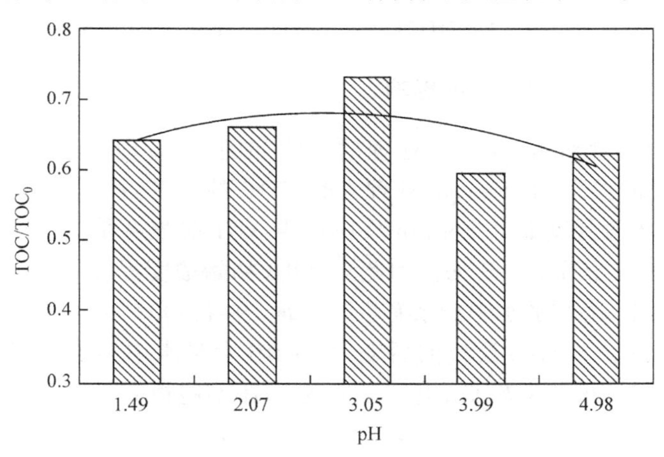


图 2－48　初始 pH 对电 Fenton 处理效果的影响

### 2.4.7.3　亚铁离子的影响

$Fe^{2+}$ 投加量对电 Fenton 处理效果影响如图 2－49 所示。可以看出，随着 $Fe^{2+}$ 浓度的提高，TOC 去除率升高。当溶液中无 $Fe^{2+}$ 存在时，TOC 去除率为 52%；当 $Fe^{2+}$ 浓度为 0.5 $mmol \cdot L^{-1}$ 时，TOC 去除率提高到 67%，1.0 $mmol \cdot L^{-1}$ 时去除率则增长到 70%。对式(2－62)的反应进行分析可以认为，$Fe^{2+}$ 浓度增加，Fenton 反应产生的˙OH 浓度提高。但当 $Fe^{2+}$ 浓度增加到 2.0 $mmol \cdot L^{-1}$ 时，TOC 去除速率明显降低，处理 360 min 后 TOC 去除率只有 61%，尤其在电解开始的 180 min 内，TOC 去除率低于无 $Fe^{2+}$ 存在时的情况。高 $Fe^{2+}$ 浓度条件下的抑制作用主要是因为在反应开始初期，$Fe^{2+}$ 浓度高于电生 $H_2O_2$ 的浓度，过多的

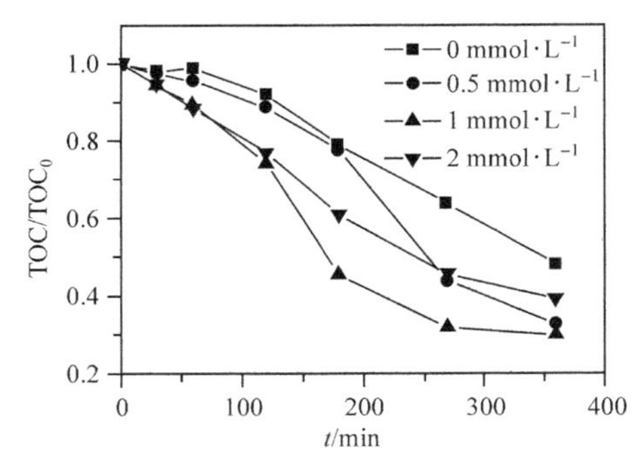


图 2-49　$Fe^{2+}$浓度对电 Fenton 处理效果的影响

$Fe^{2+}$会捕获 Fenton 反应产生的·OH 并生成 $Fe^{3+}$或其氧化物[式(2-74)][126]，从而抑制了·OH 氧化降解有机物的能力，并且生成的 $Fe^{3+}$也会与 $H_2O_2$ 反应生成低氧化能力的 $HO_2^·$，从而使 TOC 去除率下降[式(2-75)，式(2-76)]。因此在电 Fenton 反应过程中选择合适的 $Fe^{2+}$浓度对于反应有效进行非常必要。

$$Fe^{2+} + ·OH \longrightarrow Fe^{3+} + OH^- \quad (2-74)$$

$$Fe^{3+} + H_2O_2 \rightleftharpoons Fe\text{-}OOH^{2+} + H^+ \quad (2-75)$$

$$Fe\text{-}OOH^{2+} \longrightarrow HO_2^· + Fe^{2+} \quad (2-76)$$

### 2.4.7.4　ARB 初始浓度的影响

ARB 初始浓度对电 Fenton 处理的影响如图 2-50 所示。可以看出，随着 ARB 初始浓度的提高，电 Fenton 处理去除 TOC 的速率减慢，处理效果降低。这是由于在一定电流强度下电 Fenton 反应产生·OH 的浓度是一定的，单位时间内氧化降解 ARB 分子数是一定的。因此当 ARB 初始浓度提高时，在一定时间和有限的·OH 浓度下，将增加水中剩余有机物的量，并导致单位时间内 TOC 去除率会相应降低。但在电 Fenton 反应的后期，低 ARB 含量水中溶液中残留的 ARB 及其降解中间产物浓度相对较低，电解生成的·OH 不能被有效利用，从而会发生多

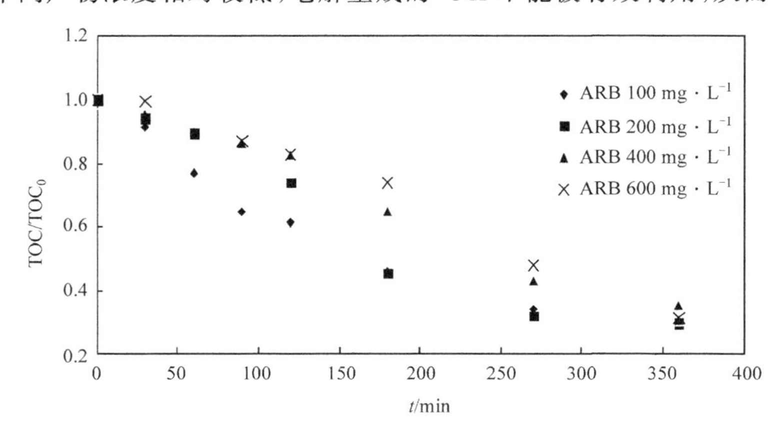


图 2-50　ARB 初始浓度对电 Fenton 处理效果的影响

种副反应，如˙OH 相互碰撞生成氧气，也将造成电解效率降低。而当 ARB 初始浓度增加时，溶液中有机物浓度一直保持较高，这有利于电解产生的˙OH 的有效利用，降解效率相对较高。因此，在电解过程中保持一个相对˙OH 浓度合适的有机物浓度有利于发挥电 Fenton 反应的效能。

### 2.4.8　电 Fenton 处理过程中可生化性变化

采用电化学水处理方法，经常是将其用作生物处理的预处理手段，目的是消减水中的化学需氧量(COD)从而改善生物处理条件，或者需要把有机物完全矿化为 $CO_2$ 和水，或者需要降低毒性，或者去除色度，这些目标可以通过部分氧化实现。完全氧化有机物通常需要消耗大量的电子(例如，矿化一个苯酚分子需要 28 个电子)。由于处理过程的耗能与消耗电子数成比例关系，去除重污染废水的 COD 需要非常大的能耗。电化学方法也可以实现部分氧化，即电化学处理既可以将有机物完全矿化，又可以将有机物部分降解，提高废水的可生化性。后者在经济上更加具有竞争力，将电化学方法作为难降解有机物废水的预处理工艺，获得了广泛的研究和应用。

图 2－51 所示为电 Fenton 处理不同时间后溶液可生化性的变化。由图可见，经过电 Fenton 处理后，$BOD_5$ 均会明显提高。电解处理前，ARB 溶液是完全不能生物降解的。电解处理 90 min 后，$BOD_5$ 已经增加到 6 mg·L$^{-1}$，电解处理 360 min 后 $BOD_5$ 增加到 17 mg·L$^{-1}$，这表明溶液中产生了可生化降解的中间产物。

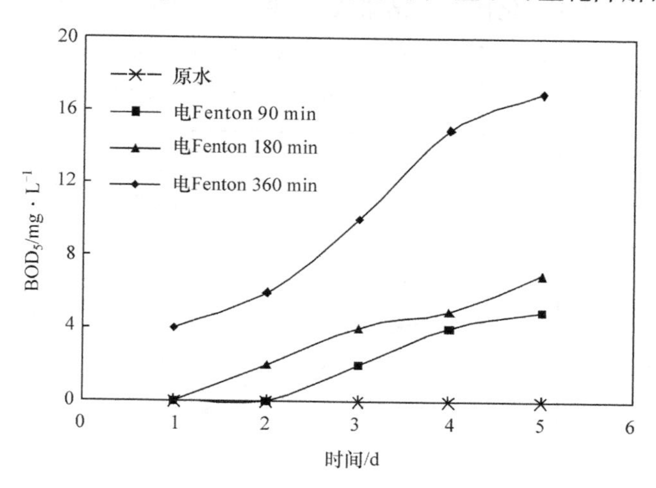


图 2－51　电 Fenton 处理后 ARB 的 $BOD_5$ 变化

图 2－52 所示为电解处理不同时间后，$BOD_5$/COD 变化情况，随着反应时间的增长，$BOD_5$/COD 比值也显著提高。电 Fenton 处理 360 min 后，$BOD_5$/COD 增

加到 0.4,这个值是实际废水处理过程中认为可以生化处理的基准值。这表明电 Fenton 处理可作为生化工艺的预处理方法,具有提高处理的效率、降低处理成本的效果[127]。

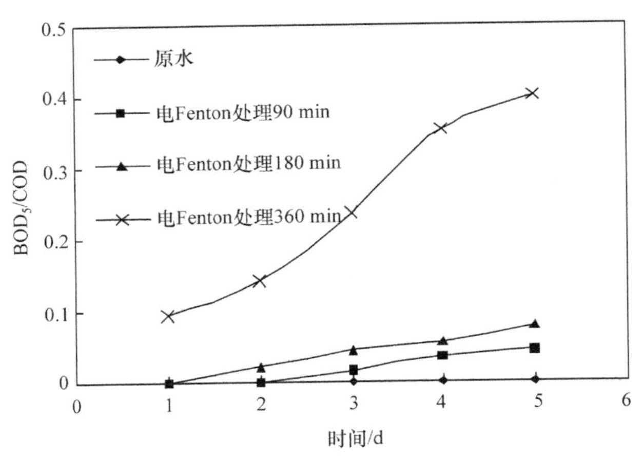


图 2-52 电 Fenton 处理 ARB 后 $BOD_5$/COD 变化

### 2.4.9 电 Fenton 反应与 Fenton 试剂氧化比较

图 2-53 是分别利用电 Fenton 反应和 Fenton 试剂反应处理含 ARB 模拟水时 TOC 去除随时间的变化情况。结果表明,相对于 Fenton 试剂,电 Fenton 反应过程中有机物的矿化更加平缓,随着反应时间的增长而逐渐增加,而 Fenton 试剂反应去除 TOC 更加迅速。当处理 60 min TOC 去除率达到 40%,此后 TOC 去除

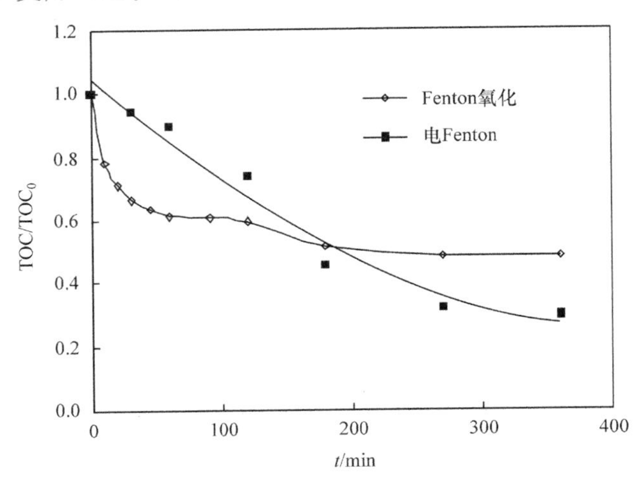


图 2-53 电 Fenton 与 Fenton 试剂处理效果比较

率增加很少，反应 180 min 时 TOC 去除率达到 50%后基本不再增加。而电 Fenton 反应则不断增加，反应 360 min 后 TOC 去除率可以达到 70%。这主要是由于电 Fenton 反应所用的 $H_2O_2$ 是通过 $O_2$ 还原不断产生加入到体系中的，并且在反应中 $Fe^{2+}$ 不断还原再生，继续参与反应。而 Fenton 试剂反应则是 $H_2O_2$ 和 $Fe^{2+}$ 一次加入，随反应进行将不断消耗减少，氧化能力也将随之减弱。

## 2.5　感应电 Fenton 对有机物的氧化降解

上节论述的阴极电 Fenton 反应，是利用氧气在阴极表面还原产生 $H_2O_2$ 与溶液中 $Fe^{2+}$ 发生 Fenton 反应从而对有机物进行降解的方法。由于可以在不投加任何氧化剂的条件下氧化降解难降解有机物，从而使这种方法备受关注[128]。但进行电 Fenton 反应需预先向溶液体系中加入 $Fe^{2+}$，给实际操作带来许多问题，方法的应用受到一定限制。为了克服这一缺点，Brillas 等提出了一种氧化絮凝过程(peroxi-coagulation process)，在这个电化学系统包括一个无隔膜电解槽，以碳-聚四氟乙烯充氧电极为阴极，以铁牺牲电极作为阳极，在充氧阴极上氧分子通过电化学还原反应生成 $H_2O_2$，铁牺牲阳极则通过阳极氧化反应产生溶解态的 $Fe^{2+}$ 离子[39, 98]：

$$Fe \longrightarrow Fe^{2+} + 2e \tag{2-77}$$

产生的 $Fe^{2+}$ 会迅速与电化学生成的 $H_2O_2$ 发生 Fenton 反应，氧化成 $Fe^{3+}$ 从而产生 $Fe^{3+}$ 饱和溶液，过量的 $Fe^{3+}$ 会与 $OH^-$ 反应生成 $Fe(OH)_3$ 絮体。这样，污染物就可以通过电化学产生的 $^{\cdot}OH$ 和 $Fe(OH)_3$ 的共同作用去除。但在这个过程中，牺牲阳极产生的 $Fe^{2+}$ 会捕获 Fenton 反应产生的 $^{\cdot}OH$[式(2-78)]，从而会弱化电化学过程的氧化作用。同时由于阳极上有 $Fe^{2+}$ 溶出，阴极上有氢气析出的副反应发生[式(2-79)]，造成溶液的 pH 不断升高，并有可能使溶液 pH 过高而不利于 Fenton 反应的进行(最佳 pH 范围在 2.8～3.5 之间)。并且在电 Fenton 反应初期 $H_2O_2$ 生成浓度较低，预先加入的 $Fe^{2+}$ 相对于 $H_2O_2$ 是过量的，也会捕获生成的 $^{\cdot}OH$，造成处理效率下降。

$$Fe^{2+} + {^{\cdot}OH} \longrightarrow Fe^{3+} + OH^- \qquad k = 4.3 \times 10^8 (mol \cdot L^{-1})^{-1} \cdot s^{-1} \tag{2-78}$$

$$2H_2O + 2e \longrightarrow H_2 + 2OH^- \tag{2-79}$$

为此，最近的研究提出了一种优化的感应电 Fenton 反应过程。这种方法是在电 Fenton 反应器中引入一个牺牲铁棒阳极，此阳极上可以溶出适量的 $Fe^{2+}$ 参与 Fenton 反应。牺牲阳极与电源不接通，$Fe^{2+}$ 的溶出主要是通过感应阳极氧化过程铁与氢离子发生的氧化还原反应两种方式获得，逐渐加入的 $Fe^{2+}$ 可以更加有效地与电生 $H_2O_2$ 发生反应产生 $^{\cdot}OH$ 降解有机污染物。基于此，这是一种能够在线同时产生 Fenton 反应所需的两种试剂($Fe^{2+}/H_2O_2$)的新型电 Fenton 反应装置。本节以模拟的 ARB 废水为处理对象,介绍感应电 Fenton 的方法和影响要素等研究结果。

### 2.5.1 ACF 阴极感应电 Fenton 反应器

感应电 Fenton 反应器与电 Fenton 反应器整体构造基本相同,只是在电 Fenton 反应器中阴、阳两极板之间固定一根一定几何尺寸的感应铁电极(见图 2-54),作为在电化学反应中提供 $Fe^{2+}$ 的来源。

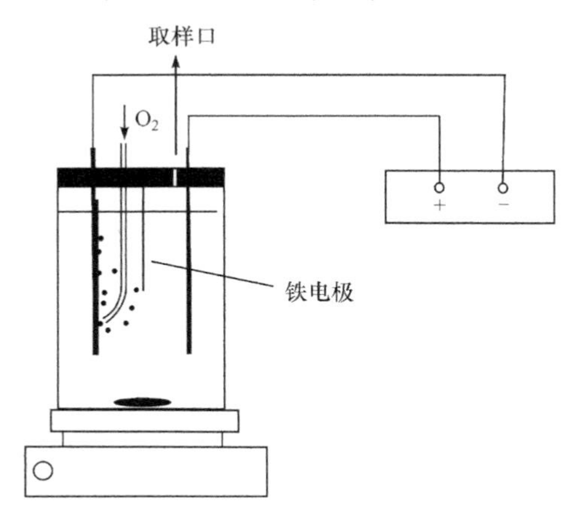


图 2-54 感应电 Fenton 实验装置示意图

### 2.5.2 两种电 Fenton 反应器降解 ARB 效能比较

首先对比感应电 Fenton 与电 Fenton 反应器对 ARB 的降解效能。图 2-55 所示为用感应电 Fenton 与电 Fenton 降解 ARB 时 TOC、色度去除的对比情况。可以看出,感应电 Fenton 反应器可以达到与电 Fenton 反应器相当的 TOC 和色度

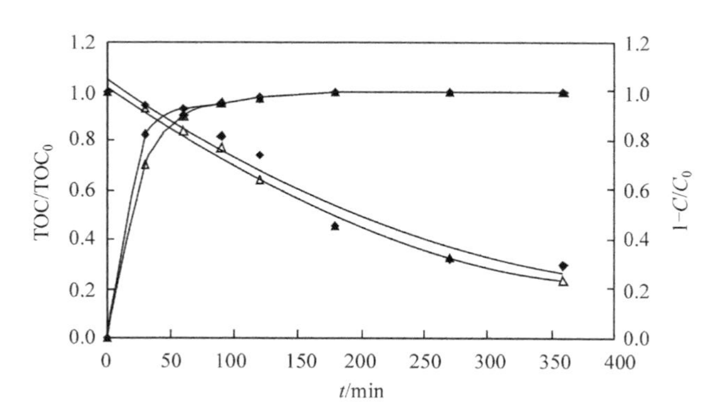


图 2-55 感应电 Fenton 和电 Fenton 反应对 TOC 和色度去除情况

(◆)感应电 Fenton;(△)电 Fenton 反应;电流强度 0.36 A

的去除效果。利用两种方法对溶液进行处理,90 min 内均可以达到完全脱色,360 min 处理后感应电 Fenton 反应的 TOC 去除达到 77%,略高于电 Fenton 反应的 70%的去除率。

图 2-56 所示为两种处理过程的平均电流效率(ACE)随时间变化情况。结果表明,感应电 Fenton 反应的平均电流效率略高于电 Fenton。两种方法的 ACE 在电解 180 min 时分别达到最大值 17%和 16%,然后随时间延长而逐渐降低,电解 360 min 时感应电 Fenton 的 ACE 降低到 12%,而电 Fenton 反应只有 10%。这表明随着电解反应的进行溶液中生成了更加难以氧化的物质。从图 2-56 中还可以看出,在开始的 180 min 内,感应电 Fenton 反应的 ACE 要远远高于电 Fenton,即感应电 Fenton 反应在这个时间内氧化能力要远远强于电 Fenton。这主要是因为在电 Fenton 反应初期,预先加入的 $Fe^{2+}$ 浓度远远高于电化学生成的 $H_2O_2$ 的浓度,过多的 $Fe^{2+}$ 会捕获电 Fenton 反应产生的˙OH,从而降低电 Fenton 反应的氧化能力;而感应电 Fenton 反应过程中,$Fe^{2+}$ 是从感应铁电极表面逐渐溶出进入到溶液中的,不会或者很少捕获生成的˙OH,因此这个阶段的 ACE 值远远高于电 Fenton 反应的 ACE 值。

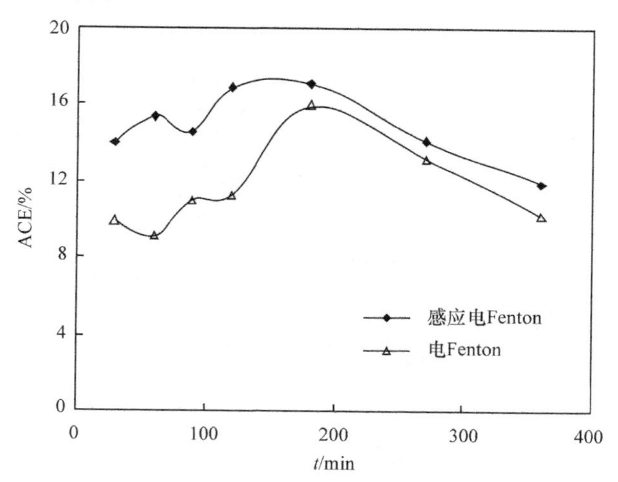


图 2-56 在时感应电 Fenton 和电 Fenton 处理方法 ACE 对比

(◆)感应电 Fenton;(Δ)电 Fenton 反应;电流强度 0.36 A

### 2.5.3 感应电 Fenton 与电 Fenton 反应 TOC 去除动力学比较

假设溶液体系处于稳态,两种反应器的 TOC 去除过程可以用式(2-80)的 $m$ 级动力学方程表示[129]:

$$-d[TOC]/dt = K_{obs}[TOC]^m \tag{2-80}$$

式中,$m$ 是反应级数;$K_{obs}$ 是表观反应速率常数,它反映多个反应过程对 TOC 去除的贡献,包括直接氧化和间接氧化过程;$t$ 为反应时间。

对于一级反应,式(2-80)可变为

$$-d[TOC]/dt = K[TOC]\cdot[\dot{O}H] \qquad (2-81)$$

在两种电 Fenton 反应过程中,由于溶液中连续通入 $O_2$ 而使氧分子处于饱和状态,因而 $H_2O_2$ 的产生速率与浓度保持不变;并且鉴于˙OH 具有很高的反应活性,并且寿命非常短,因此其浓度处于假稳态,则有

$$d[\dot{O}H]/dt = 0 \qquad [\dot{O}H] = 常数$$

上式可以表示为

$$-d[TOC]/dt = K_{obs}\cdot[TOC] \qquad (2-82)$$

$$\ln([TOC]/[TOC_0]) = -K_{obs}t \qquad (2-83)$$

如图 2-57 所示,在 360 min 反应过程中,以 $\ln([TOC]/[TOC_0])$ 对反应时间作图,得到 ARB 电 Fenton 反应动力学分析图。可以看出,在电流强度为 0.36 A 时两种方法的 TOC 去除较好地符合准一级反应动力学,它们的相关系数分别是 0.94和 0.99。感应电 Fenton 反应的表观反应速率常数($K_{obs}$)为 0.0042 $min^{-1}$,略高于电 Fenton 反应。

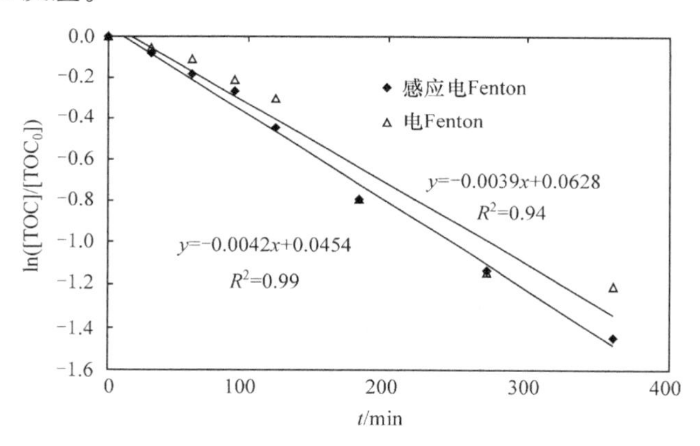


图 2-57　感应电 Fenton 反应和电 Fenton 反应 TOC 去除的动力学分析

### 2.5.4　两种电 Fenton 反应过程中的 $Fe^{2+}$ 和总铁离子变化

图 2-58 所示为使用前后感应铁电极表面 SEM 变化照片。对比使用前后的微观表面可以看出,经过感应电 Fenton 反应后,铁棒变得粗糙、表面凹凸不平,这说明反应过程中已有大量铁离子从铁棒表面溶出参与电 Fenton 反应。

感应电 Fenton 和电 Fenton 反应中的 $Fe^{2+}$ 和总铁浓度随时间变化如图 2-59 所示。在电 Fenton 反应过程中,$Fe^{2+}$ 浓度在反应开始时为约 56 mg·$L^{-1}$(约 1.0 mmol·$L^{-1}$),随着反应的进行,$Fe^{2+}$ 浓度逐渐降低。在 90 min 时,$Fe^{2+}$ 的浓度只有大约 6 mg·$L^{-1}$,这时 TOC 去除率只有 19%。而在感应电 Fenton 过程中,90

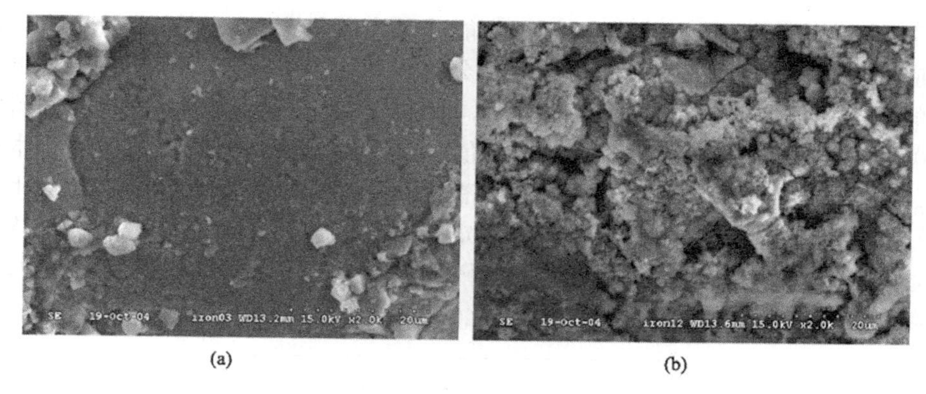


图 2 - 58　使用前(a)、后(b)感应电极表面形貌变化 SEM 图像

[illegible]时 $Fe^{2+}$ 的浓度只有大约 1.6 mg · $L^{-1}$，总铁浓度也只有大约 7 mg · $L^{-1}$，但这时的 TOC 去除率可以达到 23%。在 360 min 的电解过程中感应电 Fenton 反应的 $Fe^{2+}$ 浓度一直保持在大约 1 mg · $L^{-1}$，总铁浓度大约为 10 mg · $L^{-1}$，远远低于电 Fenton 过程中的 $Fe^{2+}$ 和总铁的浓度，但其 TOC 去除率要高于电 Fenton 反应。

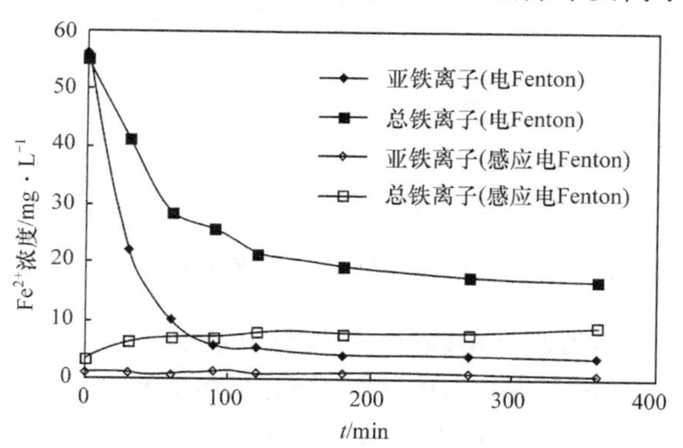


图 2 - 59　两种电 Fenton 反应过程中 $Fe^{2+}$ 和总铁离子浓度的变化

### 2.5.5　两种电 Fenton 反应降解 ARB 过程中的 pH 变化

在 Fenton 反应中，溶液的 pH 对水中有机物的降解效率有很大的影响。众多研究表明，Fenton 反应的最佳反应 pH 在 3 左右，溶液 pH 过高或过低均会降低 Fenton 反应的降解效率。电 Fenton 反应和感应电 Fenton 反应降解水中 ARB 过程中溶液的 pH 变化如图 2 - 60 所示。可以看出，在电 Fenton 反应过程中，溶液的 pH 变化非常明显，pH 从开始时的 3.06 下降到 360 min 时的 2.70，降低了 0.36 个单位。在电 Fenton 反应过程中的 pH 变化，主要是因为阳极的析氧反应和电 Fenton 反应降解 ARB 生成了短链小分子有机酸的缘故[130]。而在感应电 Fenton 反应过程中，溶液的 pH 保持相对稳定，pH 从开始时的 3.03 变化到 2.98，

只下降了 0.05 个单位。感应电 Fenton 能够保持稳定的 pH，主要是由于 $Fe^{2+}$ 从感应铁电极表面溶出过程中会消耗一部分的 $H^+$，电解生成的 $H^+$ 与 $Fe^{2+}$ 溶出消耗的 $H^+$ 相接近。研究结果进一步证明，在感应电 Fenton 过程中，在反应开始的 180 min 内溶液 pH 逐渐升高，达到最高值 3.10 后逐渐下降到 2.99 便保持基本稳定。这可能是由于在反应初期亚铁溶出消耗的 $H^+$ 大于同时生成的 $H^+$，然后生成 $H^+$ 和消耗 $H^+$ 速率相近，使 pH 保持稳定。因此感应电 Fenton 反应可以维持一个适合的反应溶液 pH 条件，从而更有利于通过电化学反应降解水中的有机物，是一种比较容易控制的、有效的水处理电化学方法。

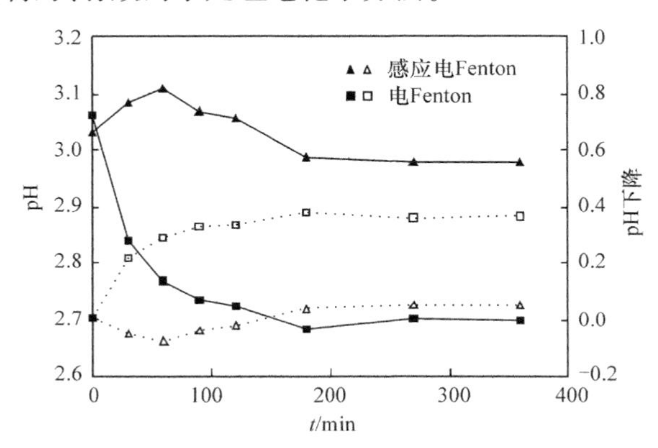


图 2-60 两种电 Fenton 方法处理 ARB 过程中溶液 pH 变化

### 2.5.6 感应电 Fenton 降解 ARB 的 UV-Vis 光谱变化

利用 UV-Vis 光谱检测 ARB 在降解过程中发生的结构变化和中间产物的生成情况。感应电 Fenton 降解 ARB 过程不同处理时间的 UV-Vis 光谱谱图如图 2-61 所示。前面已经介绍过，处理前 ARB 的吸收光谱包含以 514 nm 为最大吸收

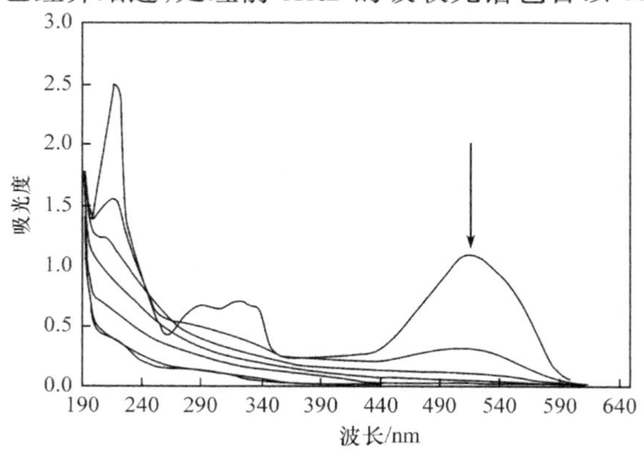


图 2-61 感应电 Fenton 降解 ARB 过程中 UV-Vis 光谱变化

峰的可见光波段和以包括 220 nm 和 322 nm 两个吸收峰的紫外线波段。从图 2－61 可以进一步看出，在感应电 Fenton 反应过程中 514 nm 的吸收峰迅速降低，60 min 已经基本完全消失，并且对于萘环的破坏（λ＝220 nm 与 λ＝322 nm）也比较彻底；处理 360 min 后近紫外的大部分吸收峰均几乎消失，只有很低的边际峰（200 nm）或肩峰，表明感应电 Fenton 反应可以非常彻底地破坏 ARB 分子。514 nm 处吸收峰降低速度要快于 220 nm 和 322 nm 处吸收峰的降低速度，说明在感应电 Fenton 反应中 514 nm 对应的偶氮染料的—N＝N—键更易被破坏。

### 2.5.7　感应电 Fenton 反应原理

在 2.1 与 2.4 节中已经论述了电 Fenton 反应的机理，它包括 $H_2O_2$ 的电化学还原产生、$Fe^{2+}$ 的阴极还原再生和 $Fe^{2+}$ 与 $H_2O_2$ 发生 Fenton 反应产生 $\cdot OH$ 的过程。在感应电 Fenton 反应中，与电 Fenton 反应的基本区别是在电化学过程中 $Fe^{2+}$ 的产生方式不同。结合前面论述的有关电 Fenton 原理，提出感应电 Fenton 反应的原理示意图如图 2－62 所示。

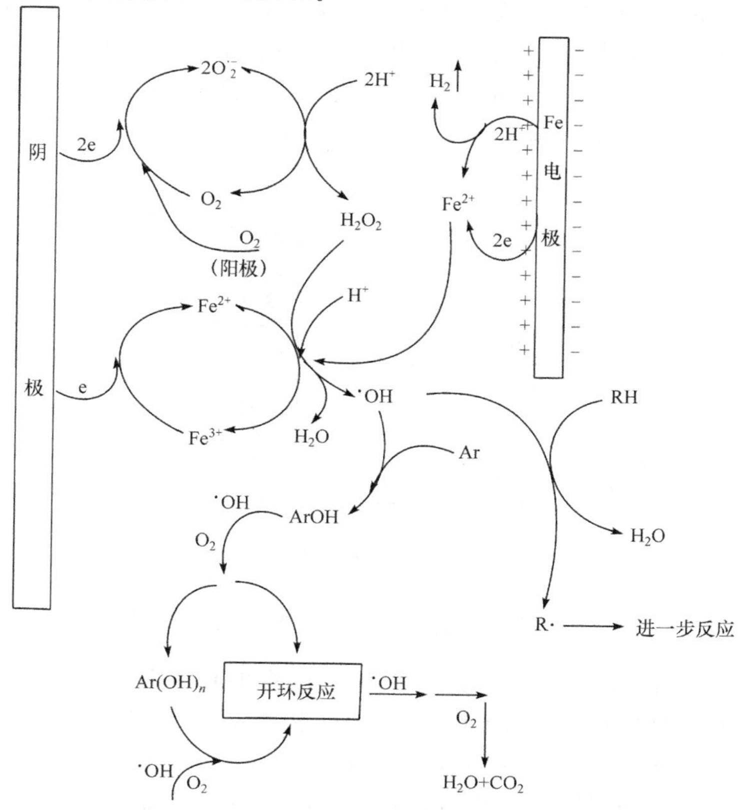


图 2－62　感应电 Fenton 降解有机物原理示意图

从图 2－62 可以看出，在感应电 Fenton 反应中 $Fe^{2+}$ 不是由外部投加，而是从感应电极上产生，主要通过两种方式：一是由感应电化学反应产生，即在电场作用下，感应铁电极表面会产生感应电流，其对着阴极的一面带有正电，表现出阳极的作用，这时，感应铁电极的这面就会发生 $Fe^{2+}$ 的阳极溶出反应[式(2－77)]；二是由于电解液的 pH 为 3.0 左右时，铁电极也会与溶液中的 $H^+$ 发生氧化还原反应生成 $Fe^{2+}$[式(2－84)]。

$$Fe + 2H^+ \longrightarrow Fe^{2+} + H_2\uparrow \qquad (2-84)$$

感应电 Fenton 过程消耗了一定量的 $H^+$，从而抑制了反应中由于产生小分子酸而造成的 pH 下降。并且 $Fe^{2+}$ 是通过感应反应逐渐投加到溶液中的，这样可以减少由于 $Fe^{2+}$ 离子过多而捕获·OH 反应的发生。

### 2.5.8 感应电极有效面积及其影响

在感应电 Fenton 反应过程中，$Fe^{2+}$ 不断地从感应铁表面溶出参与电 Fenton 反应，致使铁电极的有效面积成为产生 $Fe^{2+}$ 的重要影响因素，因而也会影响 ARB 的降解。在初始 pH 为 3.0、电流强度为 0.36 A 时，采用感应铁棒面积分别为 0、0.25 $cm^2$、0.45 $cm^2$ 和 0.76 $cm^2$ 时对 TOC 去除率的影响，如图 2－63 所示。

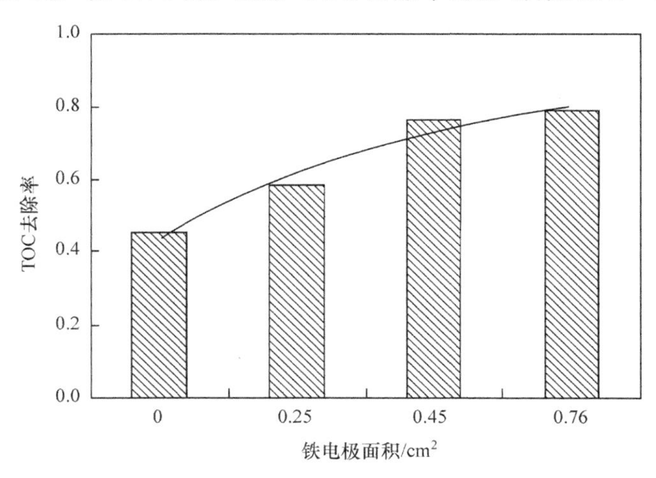


图 2－63　感应铁电极有效面积对 TOC 去除率的影响

当没有感应铁电极存在时，处理 360 min 后的 TOC 去除率只有 45%，随着有效铁电极面积的增加，感应电 Fenton 过程对水中 ARB 的 TOC 去除率也逐渐增加。当有效铁电极面积从 0.25 $cm^2$ 增加到 0.76 $cm^2$ 时，水中 TOC 的去除率从 57%增加到 78%。这是因为在酸性体系中(pH＝3.0)，随着有效铁电极面积的增加，更多的 $Fe^{2+}$ 会通过溶液的氧化还原反应和电化学反应从铁电极表面溶出并参与 Fenton 过程。Fenton 反应的最佳 $Fe^{2+}$ 投加量虽然会随着水质的不同而发生变化，但典型的投加量是1份的 $Fe^{2+}$ 对应5～25份 $H_2O_2$（质量比）[131]。从上面论述可以看出，在感应电 Fenton 反应中，$Fe^{2+}$ 的溶出量很少（只有大约 1 mg·$L^{-1}$），而在电流强度为 0.36 A 时阴极产生的 $H_2O_2$ 的稳态浓度为大约 600 μmol·$L^{-1}$，即 17 mg·$L^{-1}$。因此 $Fe^{2+}$ 浓度提高可以增加 ·OH 的产生，从而促进有机物的降解[132]。从 2.4.6 节式(2-62)可以看出，·OH 的产生量正比于 $H_2O_2$ 和 $Fe^{2+}$ 的浓度。

### 2.5.9　电流强度的影响

图 2-64 所示为电流强度对感应电 Fenton 去除溶液 TOC 的影响。结果表明，随着电流强度的提高，TOC 去除率也逐渐增加。当电流强度从 0.12 A 增加到 0.50 A 时，TOC 去除率从 41%提高到 83%。对式(2-62)进行简单分析即可以看出，随着电流强度的提高，电化学还原产生的 $H_2O_2$ 的浓度和从铁电极表面溶解产生的 $Fe^{2+}$ 均会相应提高，从而产生更多的 ·OH，而更高浓度的 ·OH 可以更加有效地矿化溶液中的 ARB 分子。

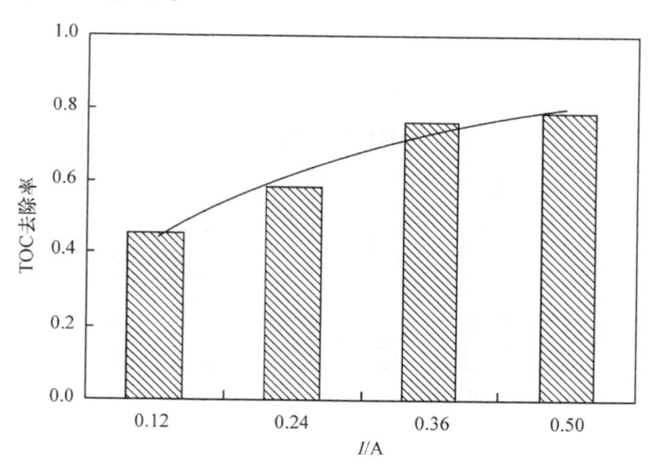


图 2-64　电流强度对感应电 Fenton 去除 TOC 的影响

ARB 500 mL 200 mg·$L^{-1}$；$Na_2SO_4$ 0.05 mol·$L^{-1}$；pH 3.0

### 2.5.10　溶液初始 pH 的影响

溶液初始 pH 对于 Fenton 反应有着非常重要的影响。当溶液的初始 pH 分别为 1.48、2.00、3.02、4.10、4.97、6.03 和 7.43 时，pH 对感应电 Fenton 降解水中 ARB 的效果（以 TOC 表示）如图 2-65 所示。结果表明，pH 对于感应电 Fenton 反应的 TOC 去除率具有显著影响，其最佳 pH 范围在 2～4 之间，并以 pH 为 3 时最佳,许多研究也得出相类似的结果[125,126,133]。pH 对于感应电 Fenton 反应的影响可以从三个方面进行解释。

首先,溶液的 pH 会影响 Fenton 反应中非主流反应的发生。当 pH 高于 4 时,由于自由态的 $Fe^{2+}$ 减少而使反应速率明显下降,主要是因为在较高 pH 条件下,$Fe^{2+}$ 会发生氧化反应,从而有氢氧化铁沉淀生成,这些氢氧化物很难与 $H_2O_2$ 反应再生成 $Fe^{2+}$。而当溶液 pH 低于 2 时,降解效率的降低主要是由于形成了亚铁的络合离子 $[Fe(II)(H_2O)_6]^{2+}$,它与 $H_2O_2$ 的反应速率远远低于 $[Fe(II)(OH)(H_2O)_5]^{+}$,从而产生˙OH 量减少[134]。另外当 pH 过低时,$H^+$ 捕获˙OH 作用非常明显[135],$Fe^{3+}$ 与 $H_2O_2$ 的反应也会被抑制[136]。其次,正如 Buxton 等所指出,˙OH的氧化电位随着 pH 的升高而降低,在 pH 为 3 时˙OH 的氧化电位在 2.65～2.80 V 之间,而当 pH 升高到 7.0 时氧化电位则只有 1.90 V[137]。pH 为 7.0 时˙OH 的氧化能力要远远弱于 pH 为 3.0 时的氧化能力,因此在 pH 中性范围内˙OH 的降解能力很弱。最后,溶液 pH 也会影响 $Fe^{2+}$ 从铁电极表面溶出,在中性或碱性溶液中 $Fe^{2+}$ 溶出很少,不利于 Fenton 反应的进行。

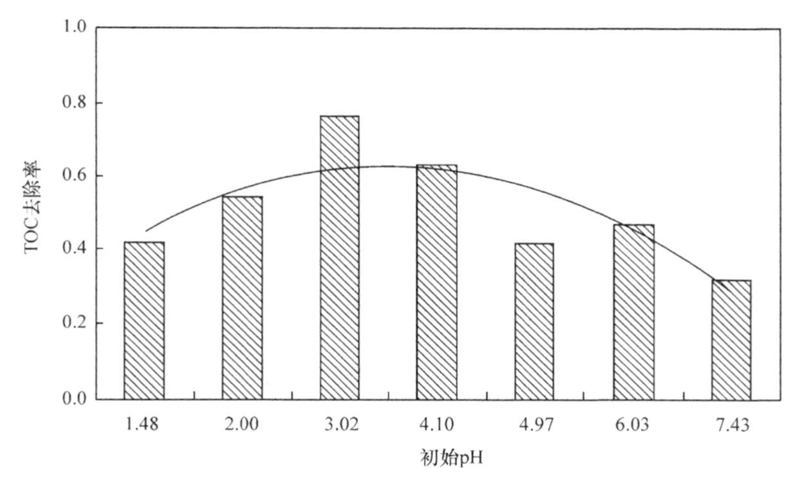


图 2-65 初始 pH 对感应电 Fenton 去除 TOC 的影响

ARB 500 mL 200 mg · $L^{-1}$;$Na_2SO_4$ 0.05 mol · $L^{-1}$;电流强度 0.36 A

## 2.6 光电 Fenton 水处理新方法

前面已经介绍了电 Fenton 反应和感应电 Fenton 水处理原理和方法,并以偶氮染料 ARB 为模型化合物,证明两种电 Fenton 方法对水的脱色和有机物降解有较好的效果,但是研究也显示,两种电 Fenton 过程仍不能将水中 ARB 完全矿化,因此处理效果仍需进一步改善。本节将在电 Fenton 反应的基础上,介绍一种光电

Fenton新方法。这种方法引入紫外线，并通过光对电 Fenton 反应的强化及其协同作用，提高对水中污染物的降解能力。

将光化学氧化和电化学氧化方法结合起来，达到光电协同成为最近电催化研究的一个热点[138]。一类光电一体化工艺是基于 $TiO_2$ 非均相光催化原理，构建的电助光水处理技术。该技术主要是在阳极上施加一个偏压，使光生电子更容易离开催化剂表面，从而减少了光生电子与空穴复合的概率，达到了提高光催化效率的目的。但由于受膜电极单位活性面积的限制或催化剂的电场敏感特性不完善，使得在实际应用中受到限制。目前，有关光电催化氧化的研究，主要集中在证明偏电压能通过减少光生电子与空穴的复合来提高光催化反应的效率，以及光电联用技术的原理和可行性。但是在绝大多数的电助光催化方法中，所施加的阳极偏压都低于所处理的有机污染物的氧化电势。值得指出的是，高电压下的电助光催化也是一项很重要的水处理技术，它既可以通过降低光生电子与空穴的复合来增强污染物的降解，还可以通过施加比污染物本身氧化电位更高的偏电压来对有机污染物进行电化学氧化(可能会对有机污染物的去除产生新的协同效应)。另一类是在前面所述的“电 Fenton”工艺的基础上辅以紫外线辐射的方法，进而形成了“光电 Fenton”技术(photo-electro-Fenton)。在紫外线照射下，铁离子也会发生光还原生成 $Fe^{2+}$。研究表明波长小于 380 nm 的紫外线辐射可以使 $H_2O_2$ 光解，在水溶液条件下生成˙OH。因此，在电 Fenton 反应中引入紫外线照射可以提高对有机物的降解能力。西班牙 Brillas 领导的研究小组对该工艺进行了深入研究。他们以 Pt 为阳极，以碳-聚四氟乙烯充氧电极为阴极，并且在溶液中加入 $Fe^{2+}$ 使其与阴极还原产生的 $H_2O_2$ 发生 Fenton 反应，证明可以有效地降解水中有机物。有关光和电的组合技术原理和方法等，将在第 3 章中加以详细介绍，本节只对光电 Fenton 的原理、方法和一些重要过程作一些介绍。

采用高比表面积的 ACF 作为阴极，氧分子可以在其表面高效地进行电化学还原反应生成 $H_2O_2$，在电 Fenton 反应器中引入低压汞灯，利用紫外线促进铁离子的还原和 $H_2O_2$ 的光辐射分解。在紫外线的作用下电 Fenton 反应中铁离子的光还原与 $H_2O_2$ 光辐射分解的协同作用使其对水中有机物的降解能力得到提高。

### 2.6.1　ACF 阴极光电 Fenton 反应器

光电 Fenton 反应器与电 Fenton 反应装置结构相同，只是在电 Fenton 反应装置中阴、阳两极板之间引入低压汞灯。图 2-66 所示的光电 Fenton 系统中，低压汞灯固定于直径 3 cm 石英管内，其他处理过程与电 Fenton 反应相同。整个反应装置固定在一个暗箱中，紫外灯由电路控制，控制开关固定于反应暗箱上。

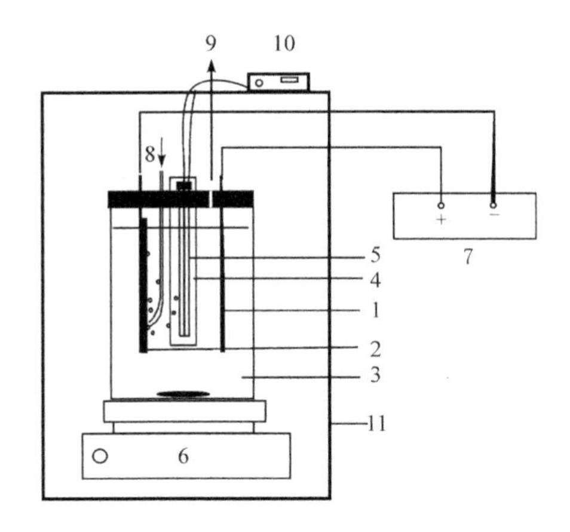


图 2-66　光电 Fenton 反应装置示意图

1—$RuO_2$/Ti 阳极；2—ACF 阴极；3—待处理的溶液；4—石英管；5—低压汞灯；6—磁力搅拌器；7—直流电源；8—$O_2$ 通入；9—取样口；10—紫外灯控制器；11—暗箱

### 2.6.2　紫外线对电 Fenton 反应的影响

图 2-67 为不同时间开启紫外灯进行光电 Fenton 降解 ARB 的研究结果。可以看出，当始终不开紫外灯时，电解处理 360 min 后 TOC 去除率只有约 60%。而在反应进行到 270 min 时开启紫外灯，即先电 Fenton 处理 270 min 后启动光电 Fenton 再处理 90 min，则 TOC 去除率可以达到 99%。自始至终开启紫外灯，即采用光电 Fenton 法处理 360 min 后水中的 TOC 几乎完全去除。可以看出，

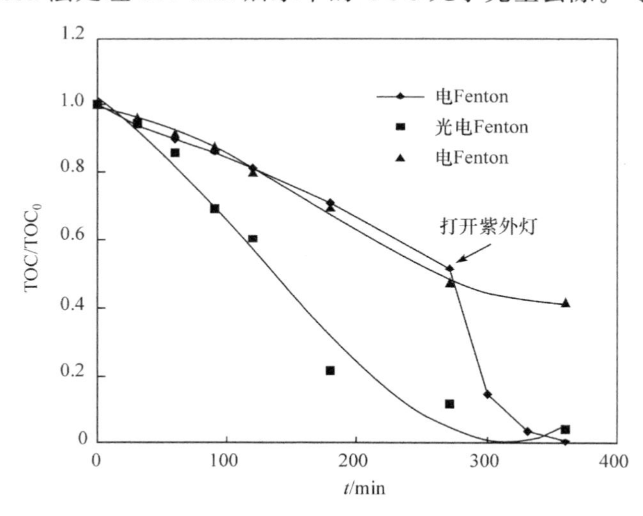


图 2-67　紫外线对电 Fenton 反应的影响

紫外线对电 Fenton 反应具有明显的促进作用。由于电 Fenton 反应降解有机物过程中产生了一些如草酸等稳定的中间产物，当有紫外线通入时，电 Fenton 与 $H_2O_2$/紫外线等反应的共同作用使有机物矿化更加迅速和完全[139]。这表明，紫外线的引入不仅发挥了它对水中有机物分子的多种氧化作用，而更重要的是对电 Fenton 反应各过程的强化。虽然这里所举的例子仅是对水中 ARB 的去除，但目前的研究也证明，光电 Fenton 法对其他难降解有机物也有很好的降解作用。

### 2.6.3 不同处理过程降解有机物比较

图 2-68 显示了阳极氧化、ACF 吸附、紫外线降解、电 Fenton 和光电 Fenton 等几种方法对水中 ARB 的降解情况。可以看出，阳极氧化、紫外线光解氧化和 ACF 吸附对有机物的去除作用均比较小，经这些方法处理后，水中 TOC 去除率均小于 10%。而当以 ACF 为阴极，电解过程中有 $H_2O_2$ 生成时，TOC 去除率明显提高。电 Fenton 反应的 TOC 去除率达到 60%，而光电 Fenton 对 TOC 去除率达到 96%，几乎可以实现有机物的完全矿化。电 Fenton 反应可以快速去除水中有机物，主要是由于溶液中发生了均相 Fenton 反应产生大量 ·OH 的缘故。在光电 Fenton 反应中 $H_2O_2$/紫外线辐射分解、电 Fenton 反应、紫外线光解作用等多种作用的有机结合，能发挥各自的优点，某种程度上产生协同效应，可以应用于废水的深度处理技术。

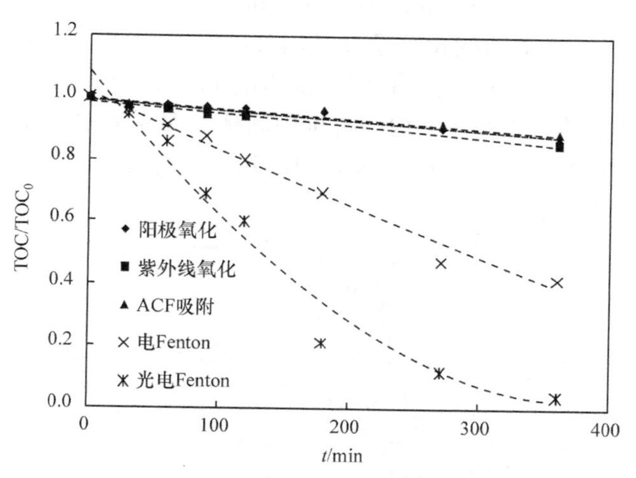


图 2-68　不同处理方法对水中 TOC 去除对比(初始 pH=3.0)

### 2.6.4 光电 Fenton 降解 ARB 的 UV-Vis 光谱

光电 Fenton 降解 ARB 过程的 UV-Vis 光谱变化，如图 2-69 所示，它显示了光反应过程中 ARB 染料分子的降解程度。可以看出，光电 Fenton 可以彻底降解有机物，在 514 nm（—N═N—），322 nm 和 220 nm 处的 ARB 的特征吸收峰均迅速下降，几乎完全消失，表明 ARB 的分子结构被破坏并彻底降解。在 190 nm 附近的肩峰也基本消失，表明体系中存在共轭结构的有机中间体很少[图 2-70(a)]。

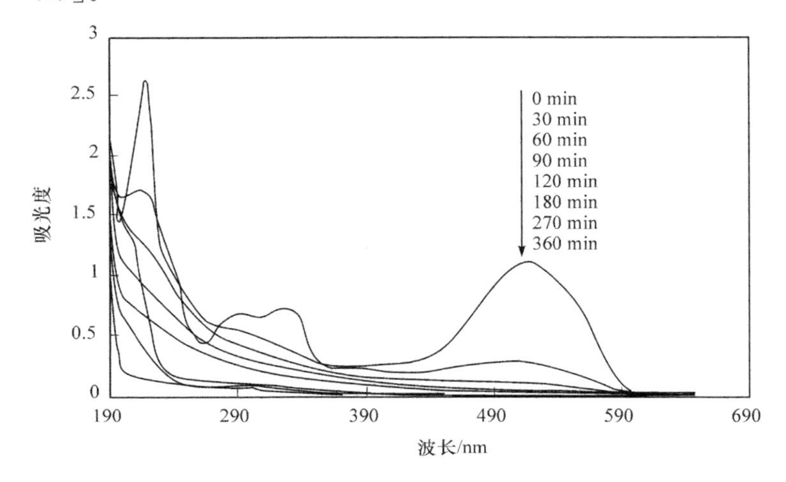


图 2-69　光电 Fenton 处理 ARB 过程中 UV-Vis 光谱变化

图 2-70 对比了光电 Fenton 和电 Fenton 反应降解 ARB 过程中 190～265 nm 范围内紫外吸收光谱的变化。通过对比可以看出，在电 Fenton 处理后，ARB 在这个波长范围内仍有相对较强的吸收，说明电 Fenton 降解 ARB 过程中产生了一些难以继续降解的存在共轭结构的有机中间体。而光电 Fenton 反应则在这个波长范围吸收峰逐渐降低，经 360 min 处理后几乎完全消失，表明有机中间产物很少，ARB 矿化更加彻底。

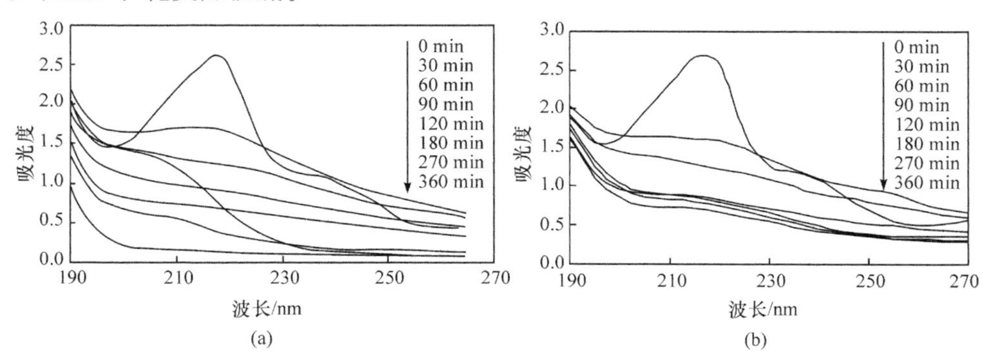


图 2-70　190～265 nm 波长范围，光电 Fenton 和电 Fenton 处理 ARB 时 UV-Vis 光谱变化

(a)光电 Fenton；(b)电 Fenton

### 2.6.5 光电 Fenton 反应原理

前面已经简要论述了光电 Fenton 的反应机理，一般认为光电 Fenton 反应是 $H_2O_2$/紫外线反应和电 Fenton 反应多种反应的总和。

紫外线/$H_2O_2$ 的反应：1 分子的 $H_2O_2$ 首先在紫外线的照射下产生 2 分子的 $\cdot OH$，然后 $\cdot OH$ 与有机物作用并使其分解。其反应如下[140]：

$$H_2O_2 \xrightarrow{h\nu} 2\cdot OH \tag{2-85}$$

$$H_2O_2 \longrightarrow HO_2^- + H^+ \tag{2-86}$$

$$\cdot OH + H_2O_2 \longrightarrow HO_2^{\cdot} + H_2O \tag{2-87}$$

$$\cdot OH + HO_2^- \longrightarrow HO_2^{\cdot} + OH^- \tag{2-88}$$

$$2HO_2^{\cdot} \longrightarrow H_2O_2 + O_2 \tag{2-89}$$

$$2\cdot OH \longrightarrow H_2O_2 \tag{2-90}$$

$$HO_2^{\cdot} + \cdot OH \longrightarrow H_2O + O_2 \tag{2-91}$$

$$RH + \cdot OH \longrightarrow H_2O + \cdot R \longrightarrow \text{进一步反应} \tag{2-92}$$

紫外线的引入可以进一步光解铁离子和有机物的络合产物，从而促进有机物降解，并且有助于维持 $Fe^{2+}$ 浓度而保证 Fenton 反应的不断进行，主要反应如下[141]：

$$Fe(OH)^{2+} \xrightarrow{h\nu} Fe^{2+} + \cdot OH \tag{2-93}$$

当溶液中引入 $O_2$ 时，还有 $H_2O_2 + Fe^{2+} + O_2$，$H_2O_2 + UV + O_2$ 及 $H_2O_2 + Fe^{2+} + UV + O_2$ 等反应发生。氧气参与反应的主要过程是：氧气吸收紫外线后可生成臭氧等次生氧化剂氧化有机物；并且氧气通过诱导自氧化加入到反应链中[142,143]。

$$\cdot R + O_2 \longrightarrow RO_2^{\cdot} \xrightarrow{Fe^{2+} + H^+} R{=}O + \cdot OH + Fe^{3+} \tag{2-94}$$

上述反应和过程，特别是各反应间的联合作用是高效降解水中有机物的主要原理。因此，如何提高各物质、各反应间的协同效应是光电 Fenton 技术的研究重点。

综上所述，将紫外线辐射引入电 Fenton 反应所构成的光电 Fenton 系统，$Fe^{2+}$ 的用量较低，可保持 $H_2O_2$ 较高的利用率；紫外线和 $Fe^{2+}$ 对 $H_2O_2$ 的催化分解具有协同效应，是 $H_2O_2$ 的分解速率远大于 $Fe^{2+}$ 或紫外线催化 $H_2O_2$ 分解速率的简单加和。其中铁的某些羟基配合物可发生光敏反应生成 $\cdot OH$ 等自由基发挥重要作用。光电 Fenton 反应原理如图 2-71 所示。

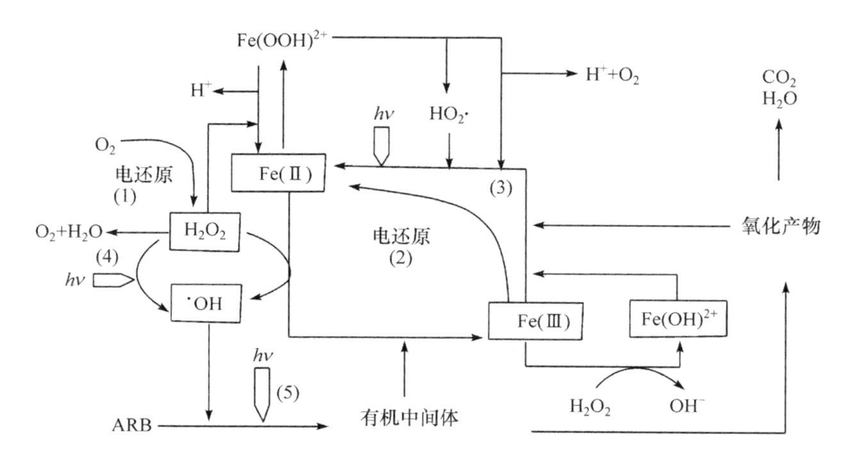


图 2-71　光电 Fenton 降解有机物原理示意图

(1)电生 $H_2O_2$ 过程;(2)Fe(Ⅲ)电化学还原过程;(3)紫外线还原 Fe(Ⅲ)过程;

(4)紫外线促进 $H_2O_2$ 分解过程;(5)紫外线光解过程

## 2.6.6　不同价态铁离子的影响

铁离子的存在形式对 Fenton 反应具有影响。图 2-72 是 $Fe^{2+}$ 和 $Fe^{3+}$ 对于电 Fenton 反应和光电 Fenton 反应影响的研究结果。结果显示,$Fe^{2+}$ 有利于电 Fenton 和光电 Fenton 反应的进行,在相同浓度条件下,以 $Fe^{2+}$ 作为催化离子时 TOC 的去除效果要略高于 $Fe^{3+}$,这是由于 Fenton 反应是通过 $Fe^{2+}$ 参与的反应,而 $Fe^{3+}$ 则需要转化成 $Fe^{2+}$ 后才能参与反应。如在电 Fenton 反应中 $Fe^{3+}$ 可以在阴极发生还原反应生成 $Fe^{2+}$ 后,才能与阴极产生的 $H_2O_2$ 构成电 Fenton 过程。而对光电 Fenton 反应,$Fe^{2+}$ 的生成既来自于阴极还原,也来自于紫外线还原 $Fe^{3+}$ 的反应过程。由于两种体系中均有 $Fe^{2+}$ 的生成反应发生,因此,铁离子的存在价态对两种电 Fenton 反应的影响相对较小,但 $Fe^{2+}$ 更加有利于两种反应的发生。

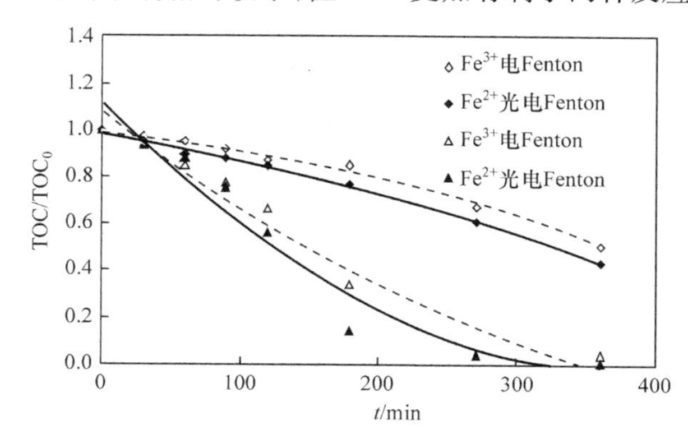


图 2-72　不同价态铁离子对电 Fenton 和光电 Fenton 的影响

### 2.6.7　电流强度对光电 Fenton 的影响

图 2－73 所示为电流强度对光电 Fenton 反应的影响。从图中可以看出，当没有电流通入时，紫外线直接光解 TOC 去除率只有 14%。而当溶液中有电流通入时，TOC 去除速率显著增加。在电流强度为 0.12 A 时，光电 Fenton 处理 360 min 后 TOC 去除率可以达到 91%。电流强度 0.24 A 时 TOC 去除率 93%，0.36 A 时 96%，0.50 A 时 97%。这表明，电流强度对光电 Fenton 反应具有非常重要影响。在不同电流强度下，$O_2$ 通过电化学还原产生 $H_2O_2$ 的浓度不同，电流强度越大，产生的 $H_2O_2$ 浓度越高。紫外线/$H_2O_2$ 产生的˙OH 越多，体系的氧化能力越强。

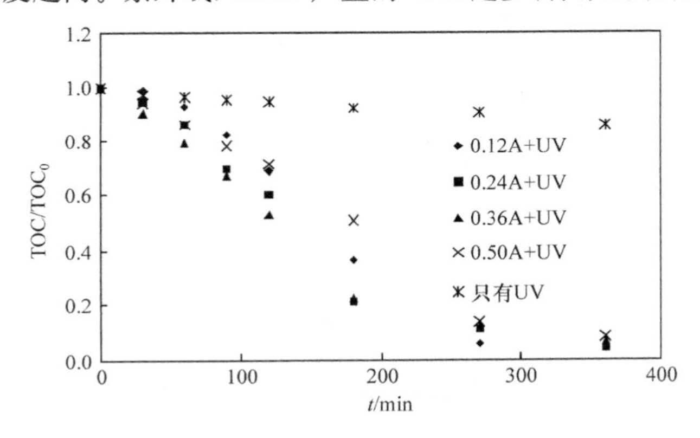


图 2－73　电流强度对光电 Fenton 反应的影响

### 2.6.8　光电 Fenton 降解有机物过程中 COD 变化

采用光电 Fenton 方法处理 ARB 溶液时，在不同反应时间水中 COD 变化如图 2－74 所示。如光电 Fenton 体系 TOC 去除情况相似，COD 去除也相当迅速，光电 Fenton 处理 360 min 后，COD 几乎完全被去除。

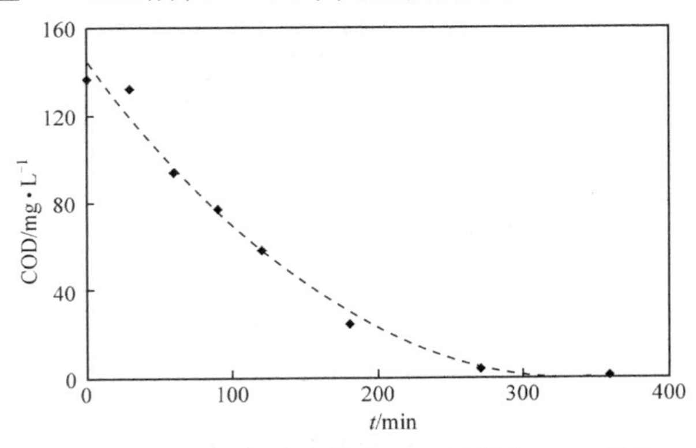


图 2－74　光电 Fenton 处理 ARB 过程中 COD 变化

### 2.6.9 光电 Fenton 降解有机物过程中 ICE 和 ACE 变化

通过光电 Fenton 反应过程中 COD 变化可以计算 ICE，如图 2－75 所示。可见，随着反应时间的延长，ICE 先增加，并在 60 min 时达到最大值 0.32，此后迅速下降。因为在起始阶段 ARB 被迅速氧化降解，生成较难被继续氧化的中间产物，造成 ICE 逐渐下降。随着反应的进行，体系中有机物浓度逐渐降低，相对难降解有机中间体增多，ICE 也会逐渐降低。

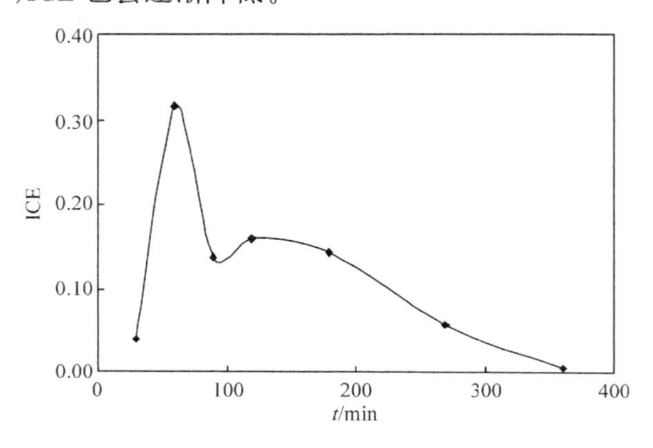


图 2－75　光电 Fenton 处理 ARB 过程中 ICE 变化

从光电 Fenton 反应过程中的 ACE 变化也可以看出(图 2－76)，ACE 在反应过程中先增加后降低，在 180 min 达到最大值后逐渐下降，表明体系的氧化能力逐渐降低。将光电 Fenton 与电 Fenton 反应的 ACE 进行对比发现，光电 Fenton 反应的 ACE 远远高于电 Fenton 反应的 ACE，这进一步说明光电 Fenton 反应体系具有更高的氧化降解有机物的能力。

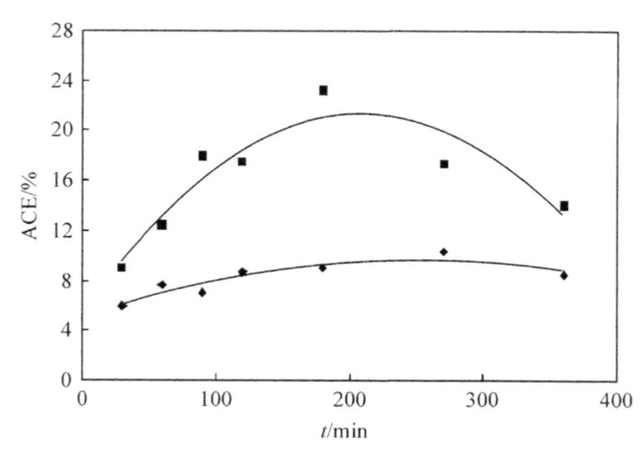


图 2－76　光电 Fenton 与电 Fenton 反应的 ACE 对比

### 2.6.10　溶液初始 pH 的影响

pH 对光电 Fenton 反应的影响如图 2－77 所示。光电 Fenton 反应的最佳初始 pH 在 3～4，这与 Fenton 反应 pH 影响相一致。这主要是在不同的 pH 范围内 $Fe^{2+}$ 的存在形式不同，与 $H_2O_2$ 发生反应产生 $\cdot OH$ 的难易程度不同所致。光电 Fenton 反应过程中，在 pH 2.5～5 范围内 $Fe^{3+}$ 主要以 $Fe(OH)^{2+}$ 形式存在，易于吸收紫外线而还原生成 Fenton 反应所需要的 $Fe^{2+}$。而 pH 低于 2.5 时，$Fe^{3+}$ 主要以 $Fe(OH)_6^{3-}$ 形态存在，它对紫外线没有吸收，不能光还原并产生 $\cdot OH$[126]。而当 pH 大于 6 时，$Fe^{2+}$ 和 $Fe^{3+}$ 会形成不溶性絮体，不利于 Fenton 反应发生。图 2－77 显示，pH 在 1.5～6.72 范围内，光电 Fenton 反应处理 360 min 后 TOC 去除率均超过 80%。光电 Fenton 反应具有一个较宽的 pH 适用范围。

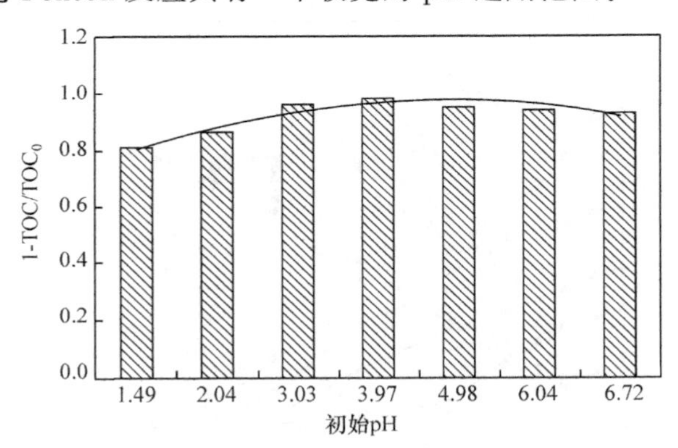


图 2－77　溶液初始 pH 对光电 Fenton 反应的影响

### 2.6.11　光电 Fenton 反应的稳定性

图 2－78 是利用同一阴极进行了一系列连续实验的结果。连续四次实验 TOC

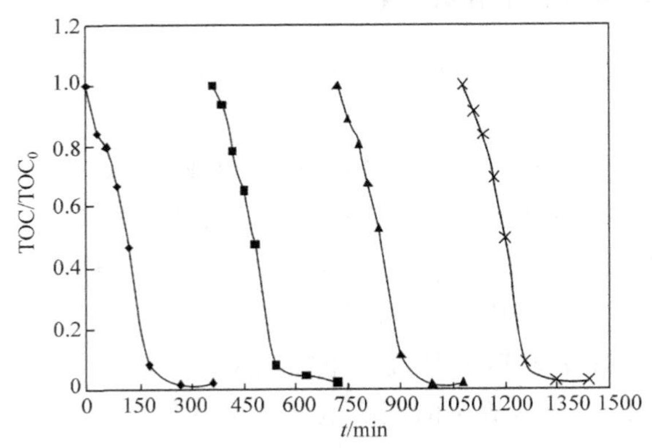


图 2－78　光电 Fenton 反应去除有机物的稳定性验证

(◆)第一次实验；(■)第二次实验；(▲)第三次实验；(×)第四次实验

均得到较好去除,采用光电 Fenton 方法处理 360 min,TOC 去除率依次为:第一次 98%,第二次 98%,第三次 97%,第四次为 97%,均几乎实现有机物的完全矿化。表明这种以 ACF 作为阴极的光电 Fenton 反应具有良好的可重复性和对有机物的矿化能力,具有良好的实用性。

### 2.6.12 初始浓度的影响

初始有机物浓度对光电 Fenton 反应也有一定影响。图 2－79 所示为不同 ARB 初始浓度时,光电 Fenton 处理效果的对比。从结果可以看出,随着初始 ARB 浓度从 100 mg · L$^{-1}$ 提高到 200 mg · L$^{-1}$、300 mg · L$^{-1}$、400 mg · L$^{-1}$ 和 600 mg · L$^{-1}$,光电 Fenton 反应对水中有机污染物的降解速率逐渐降低。

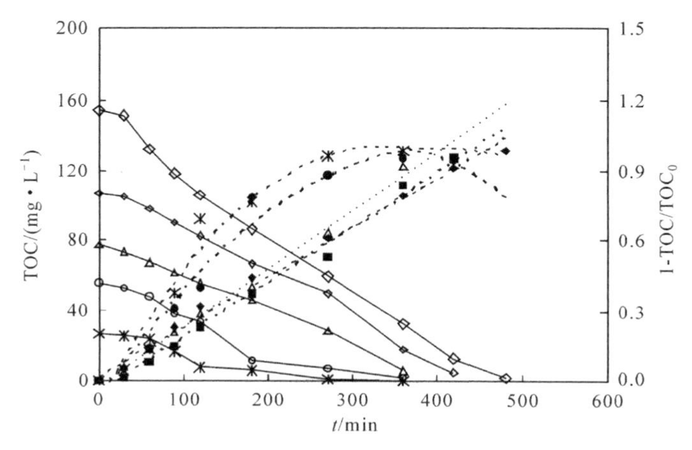


图 2－79　初始 ARB 浓度对光电 Fenton 反应的影响

### 2.6.13 光电 Fenton 反应的能效分析

光电 Fenton 反应过程在给定时间 $t$ 时刻的能耗可以通过式(2－95)计算得出[39, 139]:

$$\text{能耗}\ [\mathrm{kW\cdot h\cdot (gTOC)^{-1}}]=(V\times I+P)\times t\times V(\mathrm{l})/\Delta(\mathrm{TOC})_{\mathrm{exper}} \qquad (2-95)$$

式中,$V$ 为平均电极电势(V);$I$ 为反应电流(A);$t$ 为反应时间(h);$P$ 为紫外灯功率(kW),$V(\mathrm{l})$为溶液体积(L);$\Delta(\mathrm{TOC})_{\mathrm{exper}}=\mathrm{TOC_{in}}-\mathrm{TOC_{exper}}$。

光电 Fenton 反应过程中耗能如图 2－80 所示。可以看出,当 ARB 浓度为 200 mg · L$^{-1}$时,去除每克 TOC 所需的电能从反应 30 min 时的 3.75 kW · h 逐渐下降到 180 min 时的 1.46 kW · h,表明电流效率逐渐升高。180 min 后耗能增加,360 min 时升高到 2.4 kW · h。这是由于体系中有机物含量降低,电解效率下降的缘故。当 ARB 浓度为 100 mg · L$^{-1}$时,每克 TOC 所需的电能从 30 min 的

8.55 kW · h逐渐下降到 120 min 时的 3.32 kW · h 后逐渐升高。对比两种浓度下的能耗情况可以看出,有机物浓度降低时能耗升高。从图 2－80 还可以看出,当 ARB 浓度升高到 300 mg · $L^{-1}$ 、400 mg · $L^{-1}$ 和 600 mg · $L^{-1}$ 时,360 min 内每克 TOC 所需的电能分别只有 2.40 kW · h、1.43 kW · h 和 1.05 kW · h。因为在较高有机物浓度条件下,电 Fenton 和紫外线/$H_2O_2$ 等反应产生的·OH 利用更充分,能量利用率也相应会更高。

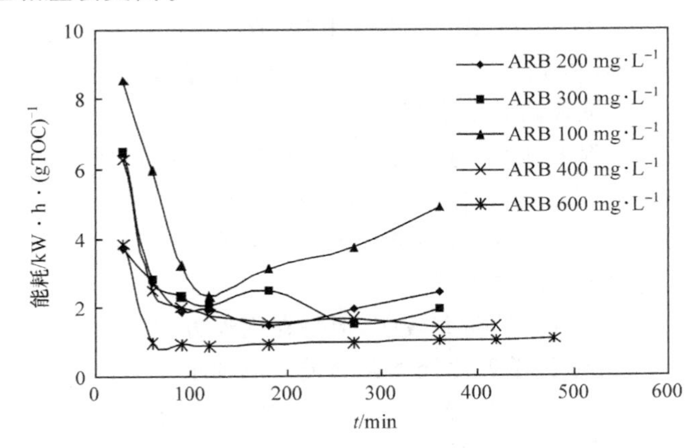


图 2－80　光电 Fenton 处理过程中的耗能情况

## 2.7　电化学氧化杀菌灭藻

对于饮用水而言,梭菌孢子和似隐孢菌对氯和其他饮用水杀菌剂具有很强的耐受性,Venczel[144]使用能产生混合氧化剂的电解装置进行杀菌,发现投加 5 mg · $L^{-1}$ 的混合杀菌剂,4h 后 99.9%的细菌被灭活,而同样条件下的氯杀菌率却非常低,这种混合杀菌剂是由电解过程产生的一系列氧化性物质,如氯、二氧化氯、双氧水、臭氧和其他的活性自由基组成,表现出比氯更好的杀菌性能。Matsunage 等[145,146]用活性炭纤维和石墨作电极进行了大量的电化学杀菌研究,当电压大于 0.7～0.8V 时,大肠杆菌的杀灭率可以达到 95%以上。同样,Bergmann 的研究也表明,用铂和三维钛涂层电极作为电极,即使在低氯的情况下,电化学氧化杀菌的效果仍然很好,对大肠杆菌的杀灭率可以达到 100%[147]。

国内对电化学用于饮用水杀菌也进行了大量研究,结果显示电解反应过程对天然水有很好的杀菌作用,而且电解后的溶液由于其含有杀菌性的氧化剂,从而表现出持续杀菌效能。在这方面,电化学杀菌表现了比臭氧和紫外线更强的杀菌能力,杀菌过程中电流密度、pH、反应时间和电极材料等对杀菌效果影响很大[148,149]。

近年来，电化学杀菌方法在其他方面的研究和应用也得到重视。利用海水中含有的高浓度氯离子，在不投加任何其他化学试剂的情况，电化学对海水也表现出很好杀菌的效果。研究显示，对于海水中的致病霍乱细菌，在低电流电解下，杀灭率达到98%以上[150]。当电流为0.33A时，经直流电化学过程处理1h后，生物反应器上生长的大肠杆菌等不同种类的细菌数可以降到1%以下[151]。军团菌是一种易生长在空调系统和冷却系统中的细菌，对人体具有很强的感染性，严重时可能致死。Feng等[152]用Ti和Ti/$RuO_2$作为电极，在1 kV高压下电解处理，军团菌可以从$3.4\times10^2$ CFU降到1.7 CFU，在1.5 kV下，杀菌率达到100%，而且证明脉冲系统比直流电系统杀菌效率更高。

在电化学杀菌过程中，除了电流强度等电化学的性能指标外，不同的微生物对处理效率影响非常大[151]。用铂作电极，在5 mA的电流下作用20 min后，大肠杆菌数能降到检测限以下，其杀菌效率是杀灭病毒效果的2.1～4.3倍，要杀灭病毒则需要更长的时间和更高的电流[153]。

虽然电化学在杀菌方面的研究较多，但是在灭藻方面的研究却很少。Feng等用铁电极作阳极，通过电化学氧化处理含藻类的池塘水，叶绿素a从270 $\mu g\cdot L^{-1}$降到0.6 $\mu g\cdot L^{-1}$，去除率达到99%以上。藻类的去除除了电化学氧化作用外，主要依靠的是电解产生的金属化合物的絮凝作用[154]。吴星五等[155,156]对微电解杀藻进行了一系列研究，使用含铱和铂等贵金属氧化物涂层的钛板作为阳极，对天然水体中的藻细胞进行灭活，处理后藻溶液颜色变化不大，电解处理5 min的水样5天后，水中的藻细胞又开始生长，而处理15 min的水样保持清澈无沉淀状况，从溶解氧的变化趋势也可以看出，水中溶解氧没有变化，说明藻细胞已被彻底灭活。与臭氧处理相比，由于臭氧不具有延续灭活效果，水样放置一段时间后其中的藻细胞又开始生长，而电解水所具有对藻的延续灭活性，可以在较长的时间内抑制藻的生长。

电化学杀菌的机理非常复杂，包括物理、化学和生物等多种作用机制与反应历程，目前对电化学杀菌的机理并不十分清楚，主要涉及以下几个方面：

(1) 氯气、次氯酸和次氯酸盐的作用。当对含氯化物的溶液进行电解时，氯离子在阳极表面被氧化，生成氯气($Cl_2$)，氯与水反应生成次氯酸盐，它们都具有杀菌作用。通常电解氯消毒需要使用较大量的氯化物，即使稀溶液的氯化物浓度也有15 $mg\cdot mL^{-1}$[157]。不过对海水进行消毒的研究发现，在低氯浓度下电化学处理也具有很好的杀菌效果，$Cl^-$的浓度为0.39～2.13 $mg\cdot L^{-1}$时，杀菌率也可以达到99.4%[150]。由此可见与常规的氯消毒相比，电化学处理不用投加大量的氯，避免了操作过程中的危险性，操作也简单易行，这是电化学消毒的优势所在。

(2) 活性自由基的作用。水溶液在电解过程中，产生了一系列的活性自由基，如$\cdot OH$、$O^{\cdot}$、$H_2O_2$、$O_2^{\cdot}$和$Cl^{\cdot}$等等，其中$\cdot OH$是研究比较多的自由基。Diao

等[158]对氯、臭氧、Fenton和电化学杀菌效果进行了对比研究，从处理后大肠肝菌的SEM图像可以看出，用氯处理后的细菌细胞保持完整，外形稍变萎缩；用臭氧处理后的细胞外形变化较大，细胞表面非常粗糙，有少量胞内物质渗漏；而用Fenton试剂处理后的细胞表面严重损坏，大量胞内物质渗漏出来；经电化学处理后的细胞最为接近Fenton试剂处理的状况，大量胞内物质渗漏，由此Diao等认为电化学处理和Fenton试剂一样，是˙OH发挥了主要杀菌作用。谷胱甘肽（GSH）是一种还原性物质，它能保护细胞免受烷烃化剂、自由基和氧化剂的攻击。当水样中加入GSH后，电化学灭活细菌的能力大大下降，说明电解过程产生的大量氧化性物质，尤其是在无氯情况下产生的自由基是灭菌的关键[153]。但是电极材料对自由基的产生影响很大，用*p*-亚硝基二乙基苯胺（RNO）测定不同电极材料羟基自由基生成的研究显示，在Ti/$RuO_2$-$TiO_2$电极上产生的自由基的量比铂电极大，而在纯Ti电极上却没有自由基的生成[154]。

（3）电极表面吸附的作用。Matsunage等[145,146]多年来对电化学杀菌技术进行了大量和深入的研究，涉及海水、淡水和饮用水杀菌方面，对石墨、ACF、TiN和各种导电漆涂制的电极进行研制。为了解杀菌机理，他们将细菌液直接滴加到石墨电极表面，10 min后细胞数下降了45%，如果在电极表面覆上透析膜后，再将细菌液滴加在电极表面，10 min后活细胞数没有明显减少。由此Matsunage认为电化学杀菌是由于细菌吸附在电极表面，与电极之间进行了直接的电子交换，导致细胞内胞内酶CoA的氧化，破坏了细菌的呼吸能力，而致使细胞死亡。死亡后的细胞从电极上脱落下来，保持了电极杀菌的持续性。由于覆上透析膜的电极仍然能产生$H_2O_2$和自由基这样的氧化性物质，所以认为这些氧化剂不是杀菌的主要因素。

（4）$H_2O_2$的氧化作用。使用Ti/$RuO_2$作为阳极进行水的电解，发现水在阳极表面被氧化，生成氧气，氧气的还原生成了$H_2O_2$，在不加入任何化学物质下，随着电解时间的延长，$H_2O_2$产生的量逐渐增大，而且电流强度越大，产生的量越大，利用电解产生的$H_2O_2$也获得了很好的杀菌效果[159]。

总之，电化学杀菌的机理是复杂的，电解过程产生的氧化性物质（$Cl_2$，$H_2O_2$，$O_3$，自由基等）对细胞的杀伤作用，电场对细胞膜的电击穿作用，对细胞代谢功能的电渗和电泳作用[160,161]，电极对细胞的吸附氧化性能以及电流对细胞的作用可能是相互的，共同达到杀菌的目的。

在饮用水处理过程中，由于部分藻细胞易穿透絮凝体而破坏絮凝过程，导致出水出现藻污染；由于藻细胞在滤床中生长而导致滤床堵塞，从而干扰过滤过程，缩短过滤运行周期。藻类在代谢过程中产生的一些物质是三卤甲烷的前驱物质，所分泌的嗅味物质会导致水质出现异味。部分藻类在代谢过程或死亡后释放出藻毒素，对各种生物体具有危害。由于存在这些问题，藻类物质的去除与控制越来越引起关注。

对于藻细胞的灭活，通常采用氯或氯的化合物，它们都能有效地杀灭藻细胞，但氯在消毒过程中易产生具有致癌性的消毒副产物，包括三卤甲烷和卤乙酸等。如果原水中藻细胞密度增大，氯的使用量增大，生成副产物的量也相应增多[162]。臭氧是另一种常用的消毒剂，对杀灭藻细胞具有很好的效率，尤其对游动性藻类的去除非常有利，因为它们被灭活，使鞭毛受损，比较容易用混凝的方法去除[163]，而且臭氧还有利于后续的混凝处理。除此之外，人们对高铁酸盐、高锰酸钾和 $H_2O_2$ 的杀藻研究显示，高铁酸盐不仅可以提高除藻效率，而且分解产生的氢氧根离子和分子氧，对水质无副作用[166]。高锰酸钾也具有很好的杀藻效果，不仅可以杀死藻细胞，还可以氧化水中的部分有机物，但是当它投加过多后，出水的色度、浊度和锰含量会增大，影响出水水质[165]。

本节所介绍是电化学杀藻的初步结果。

## 2.7.1 电化学氧化杀菌灭藻反应器

### 2.7.1.1 反应器特征

图 2-81 为电化学氧化杀藻装置。其中电解池与常用电解池不同，阴极为普通镀锌水管，水管外壁敷有绝缘材料，阳极为市售钌钛棒，电源为直流电源，通过电流表，可以准确调节电流大小。含藻水样的处理为一个开放循环系统，水样通过泵从水管一端进入电解池中，从另一端流出。在电解池中，阴极区和阳极区没有隔开，而是处于一个槽内。

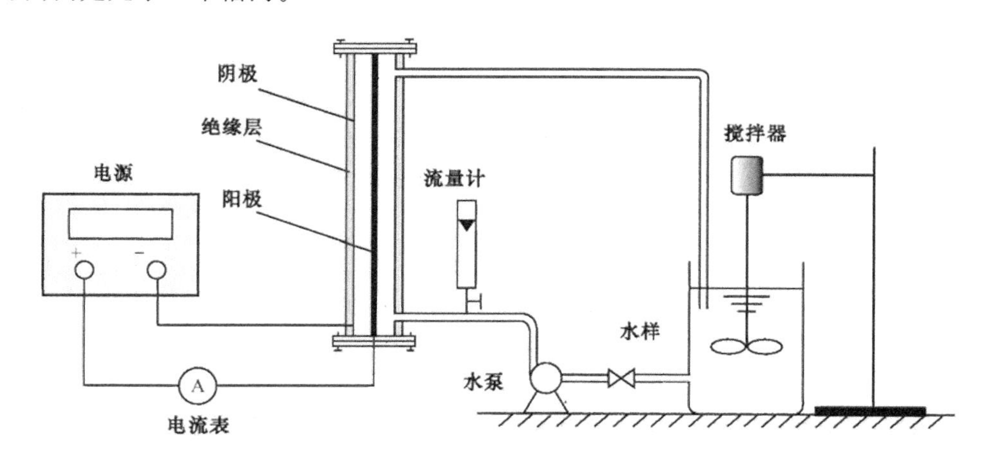


图 2-81　电化学氧化杀藻装置

### 2.7.1.2 主要参数

藻细胞计数即细胞密度的测定采用 0.1 mL 浮游植物计数板进行，计算公

式为

$$N=\frac{A}{BC}\cdot\frac{D}{E}\cdot F \tag{2-96}$$

式中，$N$ 为每升水样中藻细胞的个数；$A$ 为计数框面积（$mm^2$）；$B$ 为一个视野的面积（$mm^2$）；$C$ 为计数时的视野数（个）；$D$ 为 1L 水浓缩后体积（mL）；$E$ 为计数框的容积（mL）；$F$ 为每片所测藻类数。

叶绿素 a 浓度可用式(2-97)计算：

$$\text{叶绿素 a}(mg\cdot L^{-1})=(11.64A_1-2.16A_2+0.10A_3)v/v_g \tag{2-97}$$

式中，$A_1$、$A_2$ 和 $A_3$ 是 663、645 和 630 nm 处吸光度值与 750 nm 处吸光度值之差；$v$ 是提取液体积（mL）；$v_g$ 是水样体积（mL）。

藻液光密度值（OD）可用紫外分光光度计对含藻溶液进行波长扫描，在 650～690 nm 之间的最大吸收波长作为光密度测定的吸收波长。另外，溶解性有机碳（DOC）、$UV_{254}$ 和 $UV_{387}$ 也经常用来研究水中藻的降解情况。

## 2.7.2 电化学氧化杀藻效能及影响因素

### 2.7.2.1 电化学氧化杀藻效能

1. 细胞密度的变化

从图 2-82 可以看出，当电流密度为 1 mA · $cm^{-2}$ 时，铜绿微囊藻（MA）细胞密度随时间的变化是很缓慢的，此时的极间电压在 2.5～3.9 V 之间，溶液颜色始终保持着绿色，没有太大变化。当电流密度上升到 2.5 mA · $cm^{-2}$ 时，细胞密度的变化开始明显，此时极间电压在 4.5～5.7 V 之间，细胞密度在前 8min 没有太大的变化，停留时间为 8min 后急剧下降，$\lg(N/N_0)$ 几乎呈线性变化，溶液的颜色也

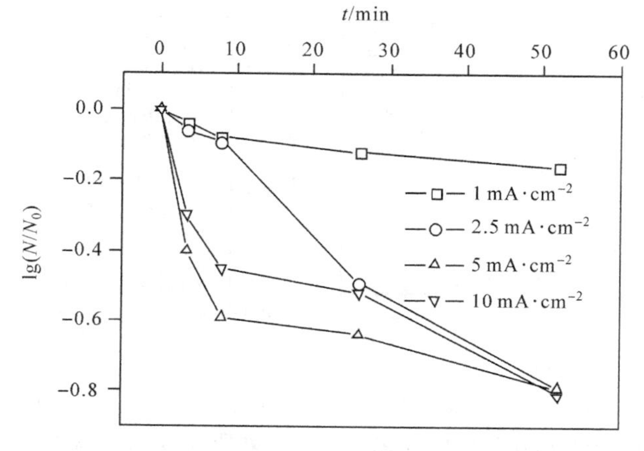


图 2-82 电化学氧化过程中 MA 藻细胞密度变化

从绿色到浅绿色，到最后的黄绿色。电流密度为 5 mA · $cm^{-2}$和 10 mA · $cm^{-2}$时，细胞密度的变化趋势非常相近，停留时间为 3.5 min 后细胞密度就已开始下降，溶液颜色变化也很明显，从绿色到浅绿色，到黄绿色，最后变为几近无色状态。但此时溶液中并没有出现所有细胞都破裂的现象，而是部分细胞破裂溶解。从显微镜下可以看出，细胞内的物质，尤其是色素粒消失了。电流密度升高，极间电压也相应增加，对应 5 mA · $cm^{-2}$和 10 mA · $cm^{-2}$时的极间电压在 6.5～7.5 V 和 8.4～9.1 V 之间变化。电化学氧化处理 MA 细胞密度的变化规律与 Guillou 所研究的杀菌过程相似，随停留时间的增加而下降[166]。

2. 电化学氧化后藻细胞活性变化

从电化学氧化杀藻过程中细胞密度的变化可以看出，处理后的水中还存在大量的藻细胞个体。这些个体是否还具有活性，是否还能继续繁殖生长，是电化学杀藻研究很重要的一个方面。因此，研究者将处理后的藻样放入培养箱进行培养，观察细胞密度随培养时间的变化，以及藻细胞是否返回绿色。

图 2-83～图 2-86 是在 1～10 mA · $cm^{-2}$的电流密度处理后的藻样生长情况。当电流密度为 1 mA · $cm^{-2}$时，处理 3.5 min 和 8 min 后水样中的藻细胞在 6 天的时间里生长正常，生长趋势与对照样基本一致，而且细胞分裂生长速度与对照样也相近，只是 OD 值低于对照样，表明藻细胞在处理过程中有部分死亡，但留下的细胞都能正常繁殖。对于反应时间为 26 min 和 52 min 的水样，虽然刚处理后的藻样颜色还是绿色，但在培养过程中，藻样逐渐从绿色变到黄绿色，OD 值呈现下降趋势，表明生物量在逐渐减少。虽然电流密度很小，但在 1 mA · $cm^{-2}$的电流密度的电化学氧化下，细胞会受到损伤，处理后的细胞没有能力继续繁殖生长。

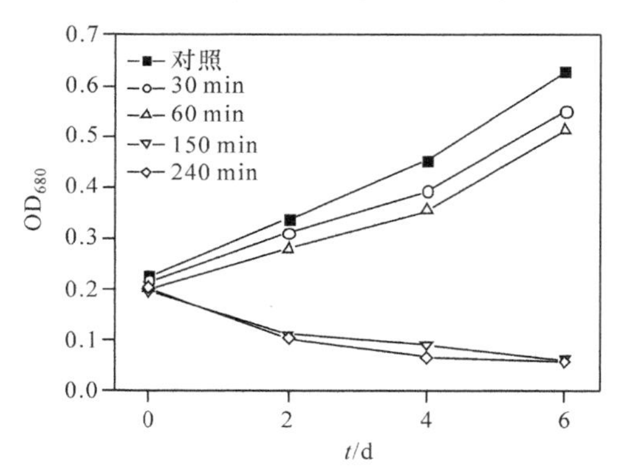


图 2-83　电流密度为 1 mA · $cm^{-2}$时，处理后 MA 藻细胞培养过程中 OD 变化

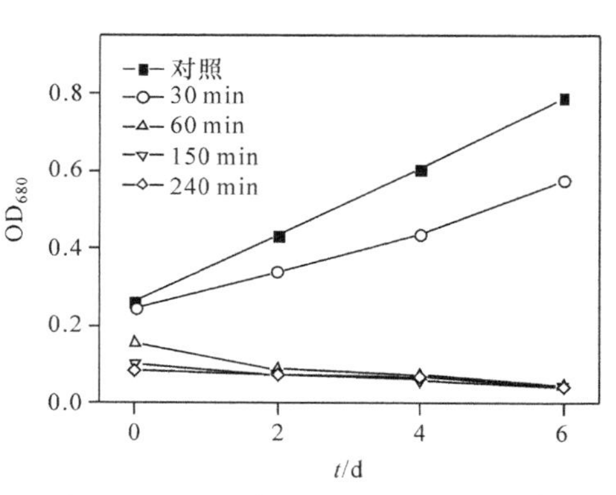


图 2-84　电流密度为 2.5 mA · $cm^{-2}$时，处理后 MA 藻细胞培养过程中 OD 变化

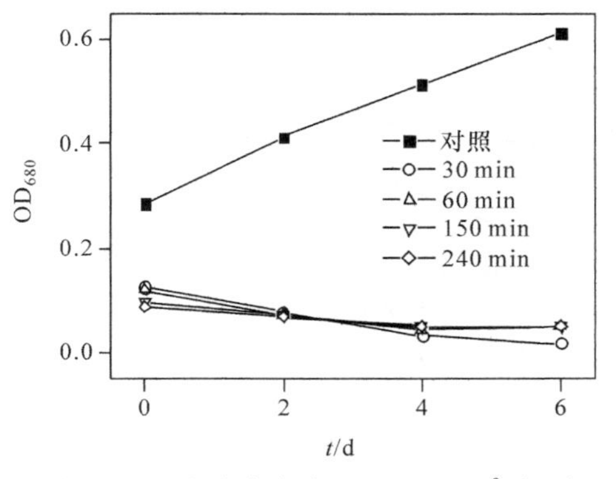


图 2-85 电流密度为 5 mA · $cm^{-2}$时,处理后 MA 藻细胞培养过程中 OD 变化

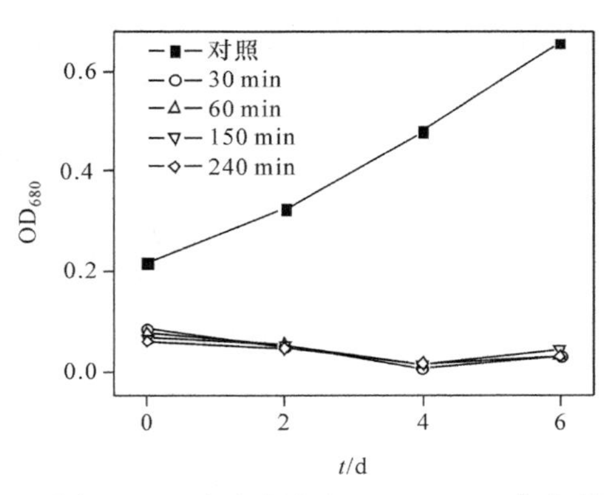


图 2-86 电流密度为 10 mA · $cm^{-2}$时,处理后 MA 藻细胞培养过程中 OD 变化

当电流密度为 2.5 mA · $cm^{-2}$时,处理 3.5 min 的藻样能继续生长繁殖,但 OD 值明显低于对照样,说明有相当一部分藻细胞已经失去了生长能力;处理 8 min 的藻样,OD 值呈现下降趋势,表明细胞在死亡;而对于处理 26 min 和 52 min 的藻样,OD 值没有太大的变化,溶液保持无色状态,藻细胞没有返回绿色,说明处理后剩下的藻细胞个体已完全失去了活性,不能生长。当电流密度为 5 mA · $cm^{-2}$和 10 mA · $cm^{-2}$时,处理效果更为明显,处理 3.5 min 后的样品,藻细胞已失去活性,在 6 天的时间内都没有发生细胞的增长,溶液颜色也从黄绿色变为无色,原有无色的样品仍保持无色状态。

对上述处理后藻样培养结果进行分析可以看出,低电流、短时间处理后的藻细胞还能继续生长繁殖,但即使是低电流经过长时间的处理,藻细胞也可能失去活性,不能再生长。当电流密度增加到 5 mA · $cm^{-2}$时,停留时间为 3.5 min 以上的藻样,细胞已完全失去了活性,在培养过程中不能再生长繁殖。

3. 叶绿素 a 的去除

蓝藻细胞只含有一种叶绿素,就是叶绿素 a,另外还含有藻胆蓝素,它是光合作用的辅助色素。叶绿素具有绿色,藻胆蓝素具有蓝色,它们共同构成了蓝藻细胞的蓝绿色[169]。对处理过程中细胞密度变化的研究发现,处理后期细胞密度下降缓慢,甚至由于细胞从电极上脱落下来而上升,用细胞密度描述生物量的变化过程不太准确,叶绿素 a 也常用来指示藻细胞生物量的多少。为了解处理过程中生物量的变化,最近针对 MA 在不同电流密度、不同时间下的叶绿素 a 变化状况进行了实验研究,主要研究结果如图 2-87 所示。结果表明,电流密度为 1 mA · $cm^{-2}$时,叶绿素 a 的去除率非常低,只有 9%。电流密度为 2.5 mA · $cm^{-2}$时,叶绿素 a 的去除率开始大大上升,其去除率与水力停留时间呈现线性相关;处理 26 min 后的去除率达到 55%,52 min 后达到了 80%。

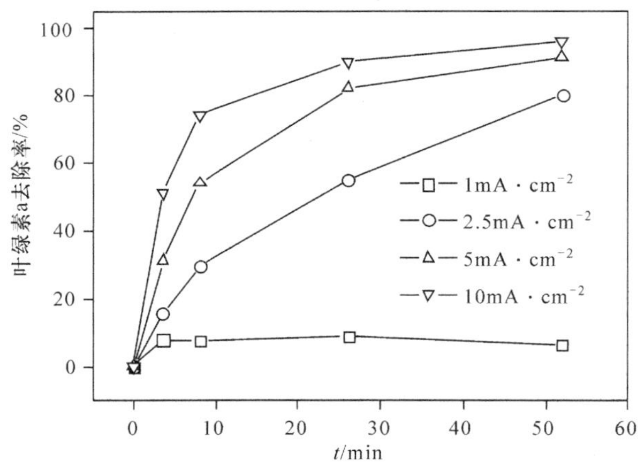


图 2-87 电化学氧化处理 MA 时叶绿素 a 的去除率

叶绿素 a 的去除与电流密度正相关,电流密度增加,叶绿素 a 的去除率提高。当电流密度为 10 $mA \cdot cm^{-2}$ 时,电化学处理时间为 52 min 的藻样去除率达到 95%,但电流密度继续增大和停留时间的延长,并没有使叶绿素 a 的去除效果明显改善。当电流密度分别为 5 $mA \cdot cm^{-2}$ 和 10 $mA \cdot cm^{-2}$ 时,处理 52 min 后对水中叶绿素 a 的去除率相近。这些结果说明,当电流密度增加到 2.5 $mA \cdot cm^{-2}$ 时,杀藻效果开始显现,而且在较低的电流密度下,处理足够长的时间也可以达到很好的效果,生物量的去除率可以达到 95%以上。

4. 电化学氧化杀藻过程中主要水质指标的变化

水的电解会产生 $H^+$ 和 $OH^-$,使溶液的 pH 发生变化。在阴极区,由于氢的析出,产生 $OH^-$,使水的 pH 升高;另一方面,在阳极区,由于析氧反应、析氯反应和有机物氧化反应的发生,产生了 $H^+$,使水的 pH 降低。但是两边的反应速度并不一致,即阴极区 pH 升高值与阳极区 pH 降低值并不一定相等,导致水经过电化学氧化还原处理后 pH 升高或降低[168]。

图 2-88 和图 2-89 是电化学氧化处理铜绿微囊藻(MA)和水华鱼腥藻(AF)过程中的 pH 变化,从变化结果可以看出,对两种藻的电氧化处理的过程 pH 变化趋势并不一致。从整个处理过程看,对 MA 的电氧化对溶液 pH 的改变不大,因此可以认为 pH 的变化并不是导致杀藻的主要原因。在处理 AF 的过程中,pH 基本呈现下降趋势,尤其在电流密度为 1 $mA \cdot cm^{-2}$ 和 2.5 $mA \cdot cm^{-2}$ 时表现明显。但当电流密度上升到 5 $mA \cdot cm^{-2}$ 和 10 $mA \cdot cm^{-2}$ 时,前 3.5 min 的 pH 下降很快,随后保持一定的平衡,但在 52 min 时又略有上升。原因可能由于细胞内有机物在电氧化过程中释放,并导致 pH 上升。

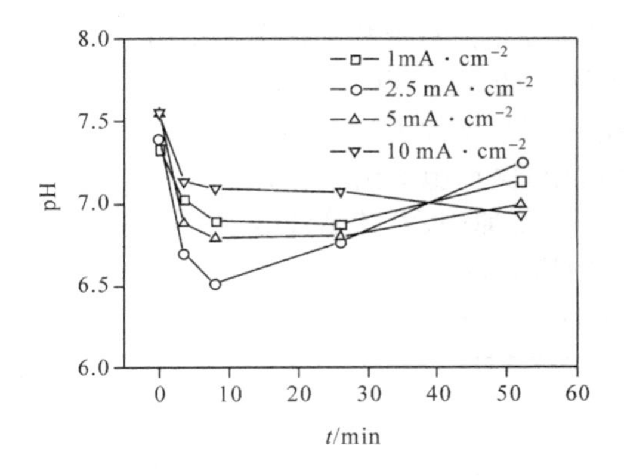


图 2-88　电化学氧化处理 MA 过程中 pH 的变化

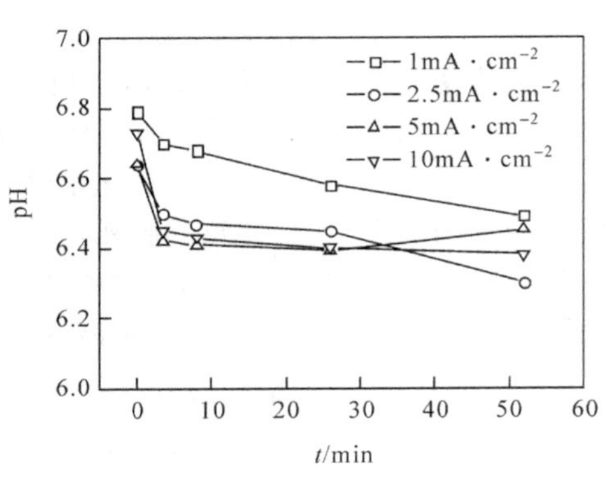


图 2-89　电化学氧化处理 AF 过程中 pH 的变化

电导率是表示水溶液导电性能的一个指标,在电化学处理过程中常用于表示水溶液的导电状况。图 2-90 和图 2-91 是 MA 和 AF 在处理过程中电导率的变化,从变化趋势可以看出,电导率变化与 pH 变化非常相似。电解开始以后,电导率有所下降,但在处理 8 min 后,电导率有所上升,尤其是电流密度为 1 $mA \cdot cm^{-2}$时,上升的趋势非常明显,处理 52 min 后电导率上升了 21 $\mu S \cdot cm^{-1}$。AF 处理过程中电导率的变化与 MA 处理过程又有所不同,电导率在处理后期没有上升的趋势。而且随着电流密度的增大,电导率下降的速度也加快,当电流密度增大到 2.5～10 $mA \cdot cm^{-2}$时,电导率下降速度基本维持稳定,电流密度的成倍增大,并没有导致电导率成倍下降。在电化学氧化杀藻过程中,电解质溶液的组成对电导率变化存在比较大的影响。

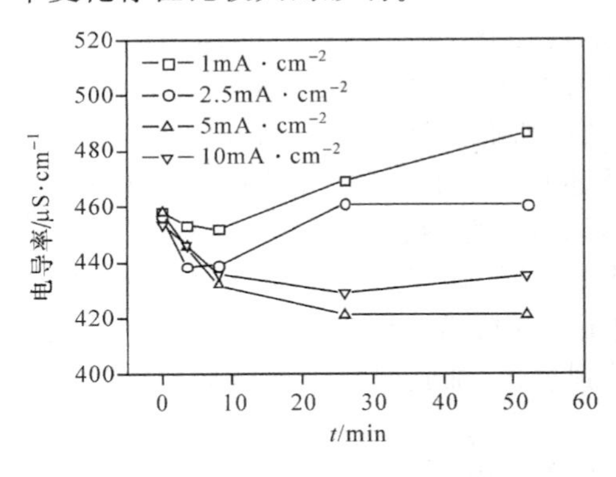


图 2-90　电氧化处理 MA 过程中电导率变化

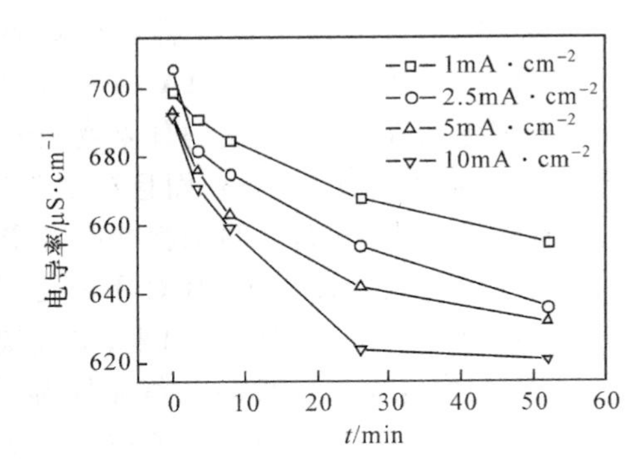


图 2-91　电氧化处理 AF 过程中电导率变化

电化学氧化杀藻过程中,水中可溶性有机物(DOC)浓度发生了变化。从图 2-92可以看到,当电流密度为 1 $mA \cdot cm^{-2}$时,溶液的 DOC 略有上升,电流密度增加到 2.5 $mA \cdot cm^{-2}$时,溶液的 DOC 随时间急剧增加,从 2.85 $mg \cdot L^{-1}$升高到

7.89mg · $L^{-1}$,增加了 5.04 mg · $L^{-1}$,说明大量的胞内有机物渗漏出细胞,进入溶液。电流密度的增大,导致胞内有机物渗漏量的增加,电流密度为10 mA · $cm^{-2}$时,DOC 从 2.25 mg · $L^{-1}$增加到 9.37 mg · $L^{-1}$,增加了 7.12 mg · $L^{-1}$。从 DOC 的变化趋势可以看出,电化学氧化杀藻过程中,藻细胞受到破坏,细胞内的大量有机物质渗漏出来,这是导致细胞死亡的一个重要原因,尤其是叶绿素的损失,使细胞失去光合作用的能力。同时溶液 DOC 的增大也说明在杀藻过程中,细胞死亡带来的溶解性有机物是水处理中需要关注的一个问题。

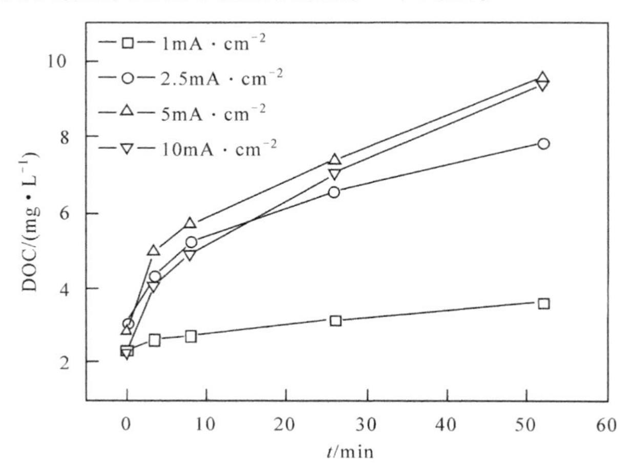


图 2－92　电氧化处理 AF 过程中 DOC 变化

5. 藻细胞的形貌变化

为了解电化学氧化处理后藻细胞的形貌变化,对处理前后的藻细胞进行了 SEM 分析。从图 2－93 中 MA 的 SEM 结果可见,处理前的细胞是相对完整的,而且由于细胞活性较好,大量的分泌物质胶结在细胞表面;但处理后细胞表面明显受到损伤,表面不再光滑平整,而且在细胞外还有大量的物质,可以看出这些物质是从细胞内渗漏出来的,说明细胞壁已经受损,导致胞内物质流出。这一现象证实,在电化学氧化处理过程中 DOC 不断上升的原因,确实是因为胞内物质流出所导致。叶绿素 a 从细胞内渗漏出来,也很快被氧化降解。图 2－94 所示水华鱼腥藻的 SEM 图像也显示处理后的细胞明显受到损伤,细胞壁整个被破坏,出现裂口。由于它的细胞比 MA 细胞大,所以受损更为严重,更不完整,电化学氧化处理后剩下的只是细胞残骸。图 2－95 为处理后两种藻细胞放置 3 天后的 SEM 图像,可以看出,MA 细胞外的物质量减少了,可能是这些胞内物质溶解到了水溶液中,细胞更加萎缩、干瘪,几乎所有细胞都可以看到表面受损的痕迹。AF 细胞变化不大,仍没有完整的细胞,细胞内的物质几乎全部流失,只剩下细胞壁的残骸。因此对于处理时间较长的藻细胞,由于受到不可恢复的损伤而使细胞失去生长繁殖的能力,藻细胞彻底失活。

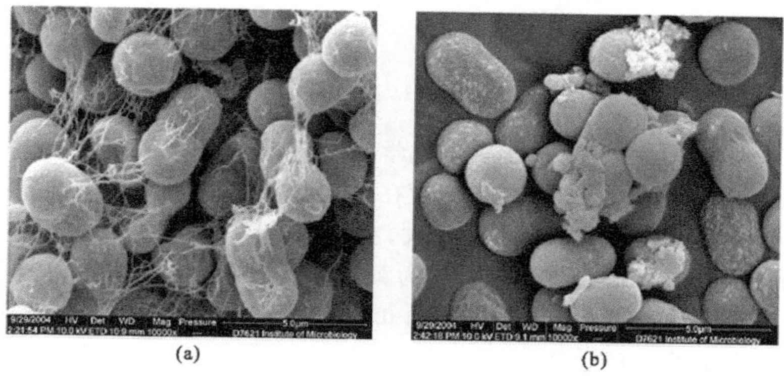

图2-93 MA处理前后的SEM图像

(a)为处理前;(b)为处理后

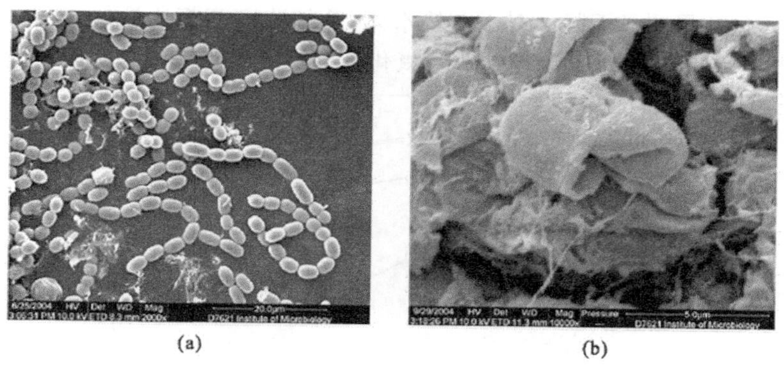

图2-94 AF处理前后的SEM图像

(a)为处理前;(b)为处理后

图2-95 处理样品放置3天后的SEM图像

(a)MA;(b)AF

#### 2.7.2.2　杀藻影响因素分析

1. 藻细胞密度的影响

细胞密度对杀藻效果的影响如图 2-96 所示。图中 OD 为处理后 MA 的光密度值，$OD_0$ 为处理前的光密度值。电化学氧化前，藻液 A 至 D 样的 $OD_0$ 分别为 0.087、0.160、0.290 和 0.739，细胞密度在 $6\times10^8$～$6\times10^9$ 个 · $L^{-1}$ 之间。实验结果显示，细胞密度对杀藻效果影响很大，在 5 mA · $cm^{-2}$ 的电流密度下，$OD_0$ 为 0.087 的低密度藻液很快就从绿色变为黄色，直至最后为无色，处理 60 min 后，OD 值下降了 1 个数量级。对于 $OD_0$ 为 0.739 的藻样，其下降非常缓慢，溶液的颜色也只是从绿色变为黄绿色。

由此可见，由于细胞密度的提高，电化学氧化所需要处理的负荷增加，导致杀灭细胞所需的活性物质增加。由于电解过程中产生的活性物质的量是相对稳定的，因此氧化效果明显下降。对于自然水体，藻细胞密度都比较低，出现水华时可能达到 $10^8$～$10^9$ 个 · $L^{-1}$，因此电化学氧化处理含藻水能完全杀灭其中的藻细胞。

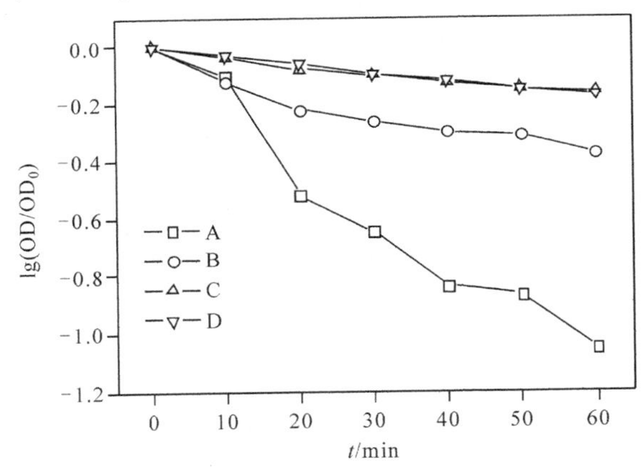


图2-96　细胞密度对电化学氧化处理藻细胞 OD 的影响

2. 藻细胞活性的影响

作为生命个体，处于不同生长期的藻细胞的活性状态和生理状态是不同的。为了解不同生长期，不同活性状态的藻细胞对杀藻效果的影响，将处于对数增长期和衰减期的藻细胞进行了对比实验研究，结果如图 2-97 所示。从图中可以看出，当电流密度为 5 mA · $cm^{-2}$ 时，处于对数增长期的细胞由于活性较好，其 OD 值下降缓慢，而处于衰减期的水样，OD 值下降非常快，尽管具有较高的初始浓度，但处理 30 min 后的 OD 值就已比对数增长期的水样低。

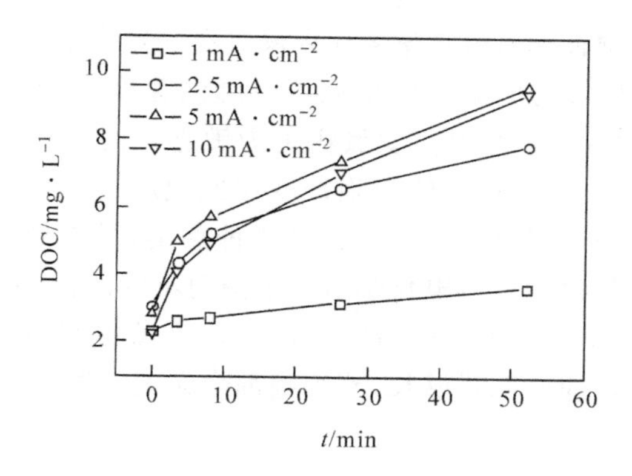


图 2-97　电化学氧化处理不同生长期藻细胞 DOC 变化

将处理后的藻样放入培养箱中进行培养观察，OD 值的变化结果如图2-98所示。结果表明，对数增长期的藻样处理 30 min 和 60 min 后，仍能正常生长繁殖，OD 值呈现上升的趋势。但是对于衰减期的藻样，处理 30 min 和 60 min 后，虽然在第 2 天 OD 值略有上升，但两天后又急剧下降，说明细胞受到了损伤，虽然表现出了短暂的生长趋势，但仍然无法修复正常，所以 2 天后细胞开始死亡。

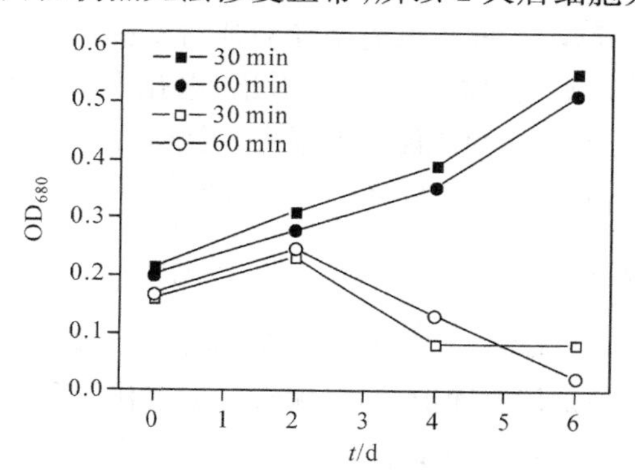


图 2-98　不同生长期藻细胞处理后的培养状况

实心符号为对数增长期藻样，空心符号为衰减期藻样

由此可以认为，细胞本身的活性状态和生理状态对杀藻也存在很大的影响，对于活性强的藻细胞难以灭活，而对于活性弱的藻细胞较易灭活。如果水样中的藻细胞处于“水华”状态，意味着藻的活性非常好，细胞难以灭活，这也是在“水华”期用氯或臭氧灭藻效果降低的原因。

3. 藻细胞种类的影响

对两种不同形状的蓝藻，即单细胞球形的 MA 和多细胞丝状群体的 AF 进行研究,发现不同藻细胞种类对电化学氧化杀藻具有一定影响。实验结果表明,细胞密度都随电氧化时间的增加而下降,但两者下降的速度不同,MA 更快,而 AF 更慢一些。MA 表现得比 AF 对电化学氧化更为敏感。由于藻细胞表面荷负电,能吸附在电极上,死亡后脱落下来,使细胞密度在处理后期反而有所上升,由于鱼腥藻体是群体,表现得非常明显。但是不管是哪种藻类,只要处理时间足够长,都会失去活性,不能生长繁殖。所以电化学氧化杀藻对不同的藻类都是有效的,尽管处理过程中藻类种类不同,处理效率有所不同,实验现象也有所不同,但对于一定的电流密度,只要氧化反应时间足够长,藻细胞都会失去活性。

4. 电流密度的影响

电流密度是电化学处理过程中非常重要的一个指标,其大小对杀藻影响非常显著。当电流密度较小为 1 $mA \cdot cm^{-2}$时,在处理 MA 和 AF 的过程中,细胞密度都没有太大的变化,溶液的颜色也始终为绿色。低电流的杀藻效果比较弱,只有作用较长时间,细胞活性才会受到影响。而当电流密度上升至 2.5 $mA \cdot cm^{-2}$时,杀藻效果开始明显,反应时间为 3.5 min 的藻样开始变成黄绿色,反应时间 52 min 的藻样变成浅黄色或无色。但是当电流密度为 5 $mA \cdot cm^{-2}$和 10 $mA \cdot cm^{-2}$时,两组结果之间存在差异较小,即当电流密度上升到 5 $mA \cdot cm^{-2}$后,电流密度的继续上升对处理效果没有明显的提高。由此看出,电化学氧化杀藻的电流密度并不是越大越好,过高的电流可能导致能量的损失。从研究结果看,采用管流式反应器杀藻,电流密度为 5 $mA \cdot cm^{-2}$就可以达到应有的效果。

5. 电极材料的影响

电极材料对电化学反应有重要影响,但阴、阳两极材料的影响程度经常表现出较大差异。图 2-99 是采用普通镀锌管、铜管和钛管作为阴极时,藻细胞的 OD 随电氧化时间的变化情况。在 5 $mA \cdot cm^{-2}$的电流密度下,三种阴极材料对杀藻效果影响不大,在处理过程中,OD 都有相同的下降趋势,但铜管下降稍比镀锌管和钛管大,钛管的下降趋势稍小。三者之间没有明显的差异,说明阴极材料只是起到电解池导电的作用,而其自身没有因为发生阴极反应产生特定的阴极产物而影响杀藻效果。

然而阳极的影响不容忽视。采用钌钛棒和钛棒进行对比,发现阳极材料对电氧化杀藻的影响非常之大。在使用钛棒时,钛电极非常容易钝化,导致电解池导电性下降,当电流密度为 5 $mA \cdot cm^{-2}$时,极间电压达到了 17.8~19.5 V,而使用钌钛电极,电压在 7.5~8.6 V 之间。随着电压升高,钛电极的溶出趋势加大,使藻液呈现乳白色,光密度没有下降,反而从 0.17 上升到 0.63(见图 2-100)。细胞密度略有下降,从 $2.2\times10^9$ 个 $\cdot L^{-1}$降至 $1.7\times10^9$ 个 $\cdot L^{-1}$,处理效果不明显。对于钌钛电极，由于在钛表面敷有一层氧化钌化合物，不仅起到了很好的导电作用，而且在它的催化作用下所产生的活性物质对杀藻也起了关键作用。

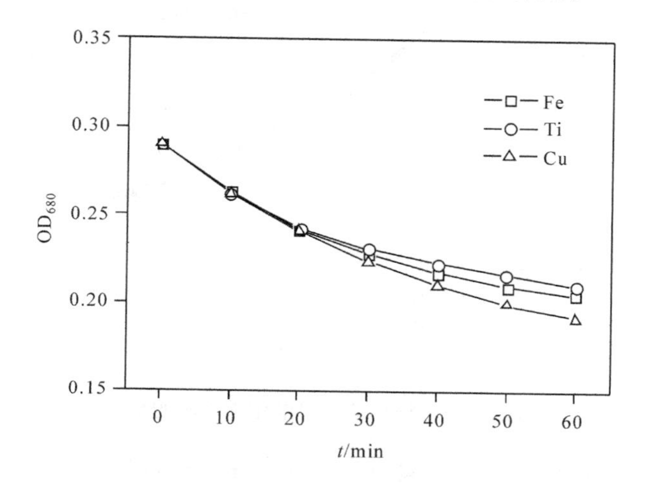


图 2－99　阴极材料对电化学杀藻的影响

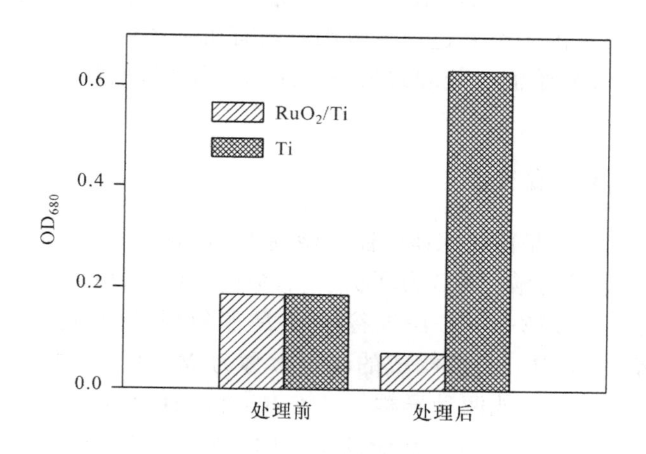


图 2－100　阳极材料对电化学杀藻的影响

6．循环流量的影响

在电化学反应器中，当水以一定循环流量通过本节所描述的反应器时，那么循环流量是否会对电化学氧化产生影响呢？结果(见图 2－101)表明，在一定范围内(25～240 $mL \cdot min^{-1}$)，循环流量对杀藻效果影响不大。当水样以循环方式通过反应器时，如果处理时间一定，水样在反应器中的水力停留时间与循环流量无关，因此循环流量对杀藻效果也不应该产生影响。

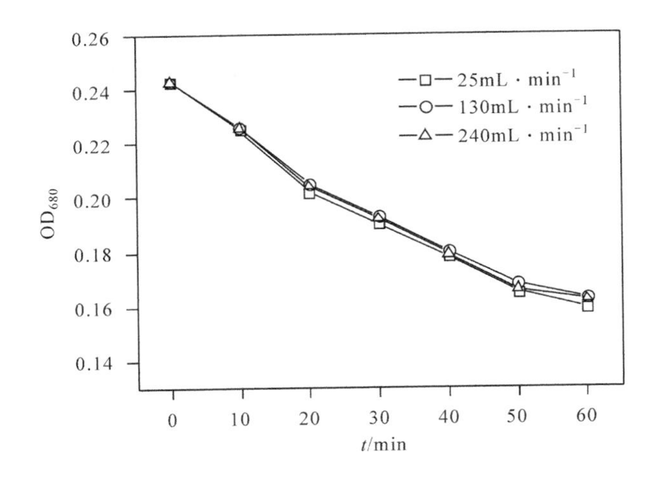


图 2-101 循环流量对电化学杀藻的影响

除了培养的藻样，对于以微囊藻为主的水库水样，电化学氧化也表现了很好的杀藻效果，叶绿素 a 的去除率达到 98%，处理后的水样已看不到绿色的藻细胞团。处理过程中由于电化学氧化能降解水中部分的有机物，使 $UV_{254}$ 呈现明显的下降趋势，而后由于杀藻过程导致细胞内有机物的释放，使水中有机物浓度又出现回升并超过初始值。处理过程中 pH 略有下降，但从 8.4 下降至 7.5 后基本维持稳定。

### 2.7.3 电化学氧化去除藻毒素

微囊藻毒素(MC)是由淡水蓝绿藻如微囊藻、为颤藻、丝状鱼腥藻和囊丝藻等产生的一类肝毒素缩氨酸。MC 为环状七肽，结构为环-(*D*-丙氨酸-*X*-*D*-赤藓糖醇-β-甲基-*D*-异冬氨酸-*L*-*Z*-Adda-*D*-异谷氨酸-*N*-脱氢甲基丙氨酸)。当 *X* 和 *Z* 为亮氨酸(L)和精氨酸(R)时，所构成的藻毒素称为 MC-LR。根据生物组织实验，MC-LR 的毒性比它的其他两种异构体 MC-RR 和 MC-YR 强[171]，是目前研究较多的一种藻毒素。MC 大部分存在于藻细胞内，当细胞破裂或衰老时藻毒素释放入水中，引起动物或家畜中毒。MC 能抑制肝细胞浆中蛋白磷酸酯酶 2A 或 1 的作用，对肝细胞存在毒性。饮用含 MC 的水，可能导致肝细胞基因突变、肝细胞损伤或肝癌。我国根据 WHO 的标准，推荐水中 MC-LR 的安全浓度为 1 $\mu g \cdot L^{-1}$，北京已将 MC-LR 列入饮用水的检测项目中。

常规的水处理絮凝-过滤-消毒工艺只能去除很少的藻毒素，对于含 MC 的蓝藻，基本不能脱除原水中的毒性[170]。如果将常规工艺与活性炭吸附相结合，能去除原水中 80%以上的藻毒素，但不管是颗粒状活性炭还是粉末状活性炭，处理后的水中都会残留 0.1～0.5 $\mu g \cdot L^{-1}$ 的 MC-LR[171]。活性炭类型、使用量、水中藻毒素的浓度和其他物质的存在对处理结果产生较大影响[171~173]。在生物降解中，微生物可以将藻毒素作为碳源，达到降解藻毒素的目的。对于慢滤池，藻毒素的去除率可以达到95%以上，但当温度下降至4℃时，去除率只有60%。除了温度的影响，水中的碱度对生物处理影响也很大[174]。由于微生物作用缓慢，生物完全降解藻毒素通常需要一到几个星期[175,176]。对于使用臭氧和氯的化学氧化降解藻毒素过程，在保持一定的残余浓度下，都能达到100%的去除率[177,178]。对于由 $H_2O_2$ 和 $Fe^{2+}$ 组成的Fenton系统和光-Fenton（紫外线、可见光）系统，作用一定时间后，藻毒素也获得了很好的降解[179,180]，但水中的颗粒物对光线的有效利用产生很大的影响。

在许多其他藻毒素降解研究中，研究对象是提取后的藻毒素溶液，与此不同，本节侧重于探讨细胞内藻毒素和细胞外藻毒素在电氧化灭藻过程中的变化和降解，并对电流密度、细胞密度和电解质对细胞内外藻毒素降解的影响和藻毒素去除率的影响进行了介绍。

#### 2.7.3.1　电化学氧化去除藻毒素MC-LR

1. 细胞内外藻毒素MC-LR的变化

细胞外藻毒素是指藻细胞外水溶液中的藻毒素含量，即离心分离藻细胞后的上清液中的藻毒素，它反映了藻细胞生长过程或处理过程中细胞释放进入水溶液中藻毒素的状况。电氧化灭活藻细胞过程中细胞外藻毒素MC-LR的变化结果如图2-102所示。在电氧化处理前细胞外藻毒素的含量为0，表明MA生长到对数增长期后期的细胞活性仍很好，没有出现细胞内藻毒素向溶液中释放的状况。但在电氧化处理过程中，2 h后细胞外藻毒素的含量上升至11 $\mu g \cdot L^{-1}$，达到了整个电氧化处理过程中的最高值，此结果进一步说明电氧化致使藻细胞受到损伤，细胞表面被破坏，细胞内的物质流出，藻毒素也由于细胞的破坏而进入溶液中。处理5 h后，细胞外藻毒素的含量有所下降，至10.5 $\mu g \cdot L^{-1}$，表明在电氧化处理过程中，虽然细胞中的毒素释放，但水溶液中的藻毒素又被电氧化降解，这类似于电氧化降解许多其他有机物的过程。当处理至8 h，细胞外藻毒素的含量已显著下降，只有2.9 $\mu g \cdot L^{-1}$，大部分释放到水中的藻毒素都得到了氧化；氧化处理至13 h时，细胞外藻毒素的含量已低于HPLC的检测限，近似为0。从这个结果可以看出，电氧化能很好地降解藻毒素。总体而言，电氧化灭活藻细胞的过程中，一方面是由于细胞受损而不断地释放藻毒素进入溶液中；另一方面是进入溶液中的藻毒素很快得到了降解，在水力停留时间为5.4 min时，水中的藻毒素含量可达到最高值，随后由于氧化作用大于藻毒素的释放，而使藻毒素含量开始下降，直到为0。

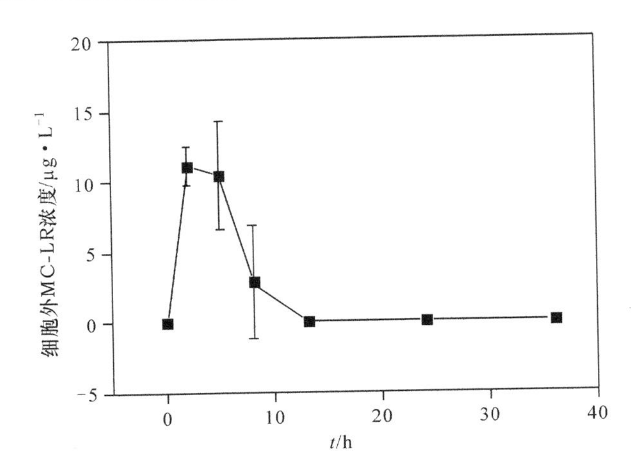


图 2－102　电氧化过程中细胞外 MC-LR 浓度变化

从细胞外藻毒素 MC-LR 的液相色谱分析谱图(图略)可见,分离藻细胞后的上清液在处理前不含有 MC-LR,而且水溶液中的其他化学组分也比较少,在谱图上没有出现很多的杂峰。但氧化处理 2 h 后,色谱图中出现了 MC-LR 的特征峰,表明藻毒素进入了上清液中,而且也开始出现一些杂峰。当处理到 5～8 h 时,MC-LR 的峰面积开始不断缩小;反应进行到 13 h 时,已没有 MC-LR 特征峰出现,从这个谱图的变化可以清楚地看到 MC-LR 从无到有再到无的过程,进一步证明电氧化处理使细胞内的藻毒素进入水溶液中,但又被电氧化所降解。另一方面,从谱图中杂质峰的变化也可以看出,随着电氧化灭活藻细胞的进行,上清液中的杂质开始出现并增多,在 5～13 h 内杂质峰不仅多而且峰面积大,但随着电氧化的进行,一部分杂质峰消失,还有一部分杂质的峰面积减少。这个变化说明,在电氧化灭活藻细胞的过程中,不仅有藻毒素向水中释放,而且细胞内的其他有机物质也进入水溶液中,这些包括藻毒素在内的有机物在电氧化的作用下可能分解成其他的物质。因此,谱图中的杂质峰可能来源于细胞内的有机物,或者是包括藻毒素在内的有机物的降解产物。随着电氧化反应的进行,这些降解产物又被继续氧化而使得一些杂质峰消失,一些杂质峰面积减小,表现出与藻毒素降解相似的规律。

液相色谱图中 MC-LR 和其他杂质峰的变化,表明利用 $Ti/RuO_2$ 作为阳极的电氧化对有机物具有很强的氧化降解活性,不仅能氧化去除藻毒素,而且对细胞内其他的有机物及其这些有机物的氧化产物都具有很好的降解作用。与许多有机物的电氧化过程一样,其产物可能是一些小分子的有机物,它们有可能更好地利用生物进行降解。

细胞内藻毒素 MC-LR 在电氧化过程中的变化如图 2－103 所示。处理前,细胞内的藻毒素浓度为 38 $\mu g \cdot L^{-1}$,具有较高的藻毒素含量。而且根据细胞外藻毒素的变化可以看出，处理前藻毒素都在细胞内。随着电氧化处理过程的进行，细胞中的藻毒素逐步释放进入水溶液中，此时细胞内藻毒素的含量在下降。处理 2 h 后，细胞内的藻毒素下降为 12 $\mu g \cdot L^{-1}$，与此时细胞外藻毒素浓度 11 $\mu g \cdot L^{-1}$ 相近，两者之和为23 $\mu g \cdot L^{-1}$。与处理前相比，总藻毒素的浓度下降，说明释放到水溶液中的 15$\mu g \cdot L^{-1}$ 藻毒素被电氧化所降解。处理 5 h 后，细胞内藻毒素降为 9.3 $\mu g \cdot L^{-1}$，已低于细胞外藻毒素浓度 10.45 $\mu g \cdot L^{-1}$。当处理 13 h 后，细胞外藻毒素已为 0，但细胞内藻毒素还有残留，为 2 $\mu g \cdot L^{-1}$。直到处理 24 h 后，细胞内所有藻毒素均释放进入水溶液，并全部被降解。由此可以看出，在处理的前部分，由于细胞受损，藻毒素释放进入水溶液中的速度大于藻毒素被降解的速度；处理后期，藻毒素释放进入水体的速度小于藻毒素的降解速度，释放进入水溶液中的藻毒素可以很快被电氧化降解，使溶液中的藻毒素维持在检测限以下。

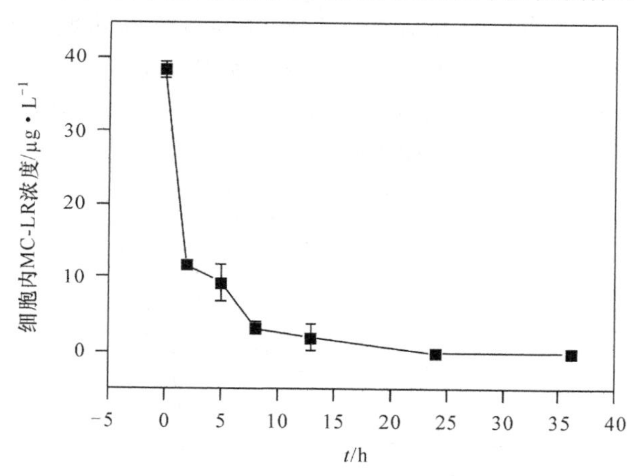


图 2-103　电氧化处理中细胞内 MC-LR 浓度变化

从细胞内藻毒素 MC-LR 的液相色谱图(图略)中可以看出，处理前藻细胞内毒素特征峰面积很大，MC-LR 的含量非常高。但随着电氧化反应的进行，细胞内毒素开始释放进入水溶液中，细胞内的毒素含量下降，其峰面积也开始减少，至处理到 24 h 时，谱图中 MC-LR 的特征峰已经消失。与此同时，从处理前藻细胞内的谱图可以看出，除了 MC-LR 外，细胞内还有其他在 238 nm 处能产生吸收的有机物质，其中有些有机物的含量也非常大，具有很明显的特征峰。但随着电氧化的进行，这些物质也表现出与 MC-LR 相似的规律，其峰面积在逐步下降。

细胞内藻毒素 MC-LR 的液相色谱分析表明，在电氧化处理过程中，细胞内的 MC-LR 不断地释放进入水溶液中成为细胞外毒素，细胞外毒素在电氧化作用下被逐步降解。与此同时，细胞内其他物质也从细胞内进入水溶液中，细胞内的有机物量不断下降，有的物质特征峰从谱图上消失，有的峰面积大大减少。这些结果从另一个方面证明，在电氧化处理过程中，细胞表面受到损伤，细胞内物质能够进入水中。进一步分析表明，处理前细胞内 MC-LR 谱图中杂质峰并不多，但电氧化处理后，出现了少量的杂质峰，说明一些氧化性物质可能进入到细胞内，与胞内有机物发生反应，生成其他物质，细胞内物质的损失与氧化是导致细胞失去活性的一个重要原因。

2. 电氧化对藻毒素的去除率

总毒素 MC-LR 是指处理过程中细胞内和细胞外毒素之和，电氧化过程中总毒素的变化如图 2－104 所示。处理前，细胞毒素 MC-LR 总浓度为 38 $\mu g \cdot L^{-1}$，随着处理过程的进行，总的毒素浓度在不断下降，2 h 后的总毒素为 23 $\mu g \cdot L^{-1}$，5 h 后下降为 20 $\mu g \cdot L^{-1}$，13 h 后为 2 $\mu g \cdot L^{-1}$，24 h 后毒素浓度低于检测限 0.2 $\mu g \cdot L^{-1}$，基本上全部被氧化降解。总毒素的去除率随处理时间的增加而增加，5 h 后的去除率达到 48%，处理 13 h 后的去除率已达到 95%，去除率与时间近似呈线性关系(见图 2－105)。24 h 后去除率达到 100%，表明电氧化灭藻过程中，细胞所释放的毒素能够完全被氧化降解。

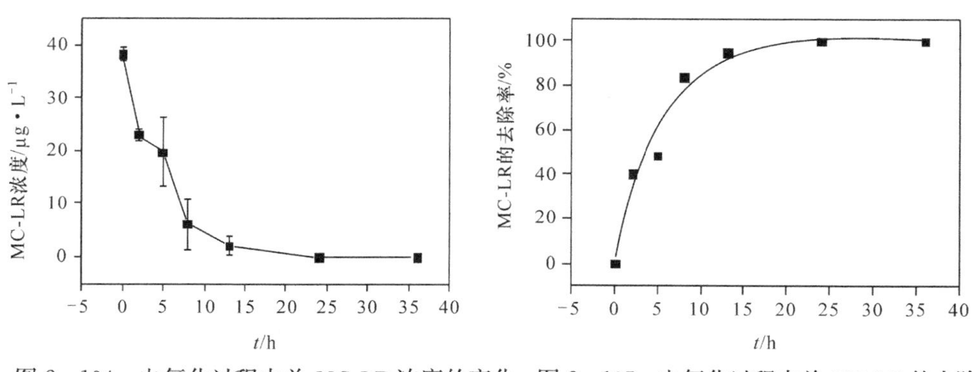


图 2－104 电氧化过程中总 MC-LR 浓度的变化　图 2－105 电氧化过程中总 MC-LR 的去除

3. 电氧化处理后藻毒素的释放

前面章节已经介绍，电氧化降解有机物的机理认为，氧化降解存在两个方面：直接氧化与间接氧化，即有机物在电极表面的直接氧化，与电解生成的氧化剂，如氯、臭氧、$H_2O_2$、次氯酸和自由基对有机物的间接氧化，其中自由基存在时间非常短暂，主要来自水在阳极表面的电解所生成的 $\cdot OH$，以及 $H_2O_2$ 和臭氧等反应过程中产生的自由基[181～183]。为了解所生成的氯、臭氧等长效氧化剂对毒素的降解作用，以及电氧化灭活藻细胞后细胞毒素的释放状况，下面对电氧化处理后藻毒素的变化作一简要分析。

图 2－106 所显示的是一组电氧化处理藻样时藻毒素释放的试验结果。将

1.2 L细胞密度为 $5\times10^9$ $L^{-1}$ 的藻细胞溶液，在 5 mA・$cm^{-2}$ 下处理 2 h，即水力停留时间 6 min，处理后取样 200 mL，测定水样中细胞内和细胞外藻毒素，并在处理后第 1、3、5 和 7 天取样 200 mL 测定细胞内和细胞外藻毒素的变化。结果表明，处理前水样藻细胞内藻毒素 MC-LR 的浓度为 45 μg・$L^{-1}$，细胞外藻毒素仍为 0。处理 2 h 后，部分细胞内藻毒素释放进入水溶液中，胞内藻毒素为 29 μg・$L^{-1}$，细胞外藻毒素为11 μg・$L^{-1}$，低于细胞内藻毒素的含量。但水样放置 1 天后，细胞内毒素的含量急剧下降为 2 μg・$L^{-1}$，而细胞外藻毒素的含量上升为 40 μg・$L^{-1}$，大大高于细胞内藻毒素的含量，达到总 MC-LR 含量的 95%。这说明，电氧化处理时间为 6 min 时，已使细胞受到很大的损伤，细胞中的藻毒素能大量地释放进入水溶液中。放置到第 3 天，细胞外藻毒素的含量基本维持平衡，为 42 μg・$L^{-1}$，而细胞内藻毒素的含量继续下降，达到 1.3μg・$L^{-1}$。放置到第 5 天和第 7 天，细胞内藻毒素大约为 1 μg・$L^{-1}$，而细胞外毒素由于自然降解的作用，含量有所下降，为 30 μg・$L^{-1}$。

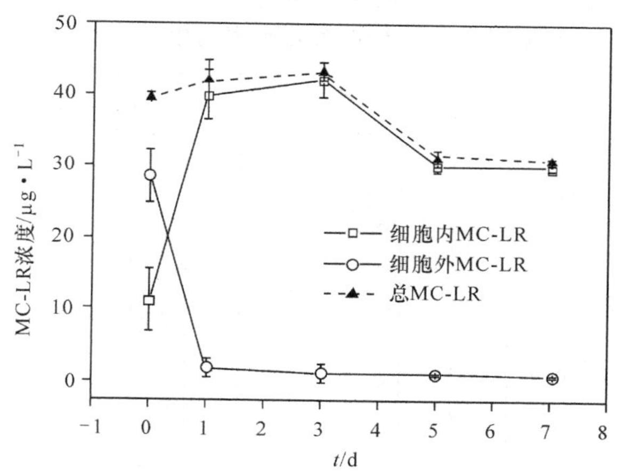


图 2-106　电氧化处理后藻毒素浓度随时间的变化

从以上实验结果可以看出，电氧化过程可能产生的长效氧化剂如氯、臭氧等，在电氧化处理停止后，其含量不足以氧化降解细胞所释放的藻毒素。虽然氯以及次氯酸对藻毒素表现了很好的氧化性能[184~186]，但是当水中存在其他的有机物，或是细胞内释放出其他有机物时，氯等氧化剂的氧化效率比氧化纯藻毒素的效率大大下降[184]。由此表明电氧化过程中藻毒素的降解除了氯、次氯酸等氧化剂的作用外，阳极表面的直接氧化和(或)新生自由基的氧化也起了很大的作用。同时，电氧化处理后的藻细胞存在释放藻毒素的可能，应用时需增长处理时间，以彻底氧化降解藻毒素。

### 2.7.3.2　降解藻毒素的主要影响因素

1. 电流密度对藻毒素去除的影响

电流密度对电化学处理过程的影响至关重要。从图 2-107 中可以看出，电流密度对藻细胞的损伤和对藻毒素的降解影响非常大。处理前藻毒素 MC-LR 都在细胞内，为 38 $\mu g \cdot L^{-1}$。在低电流密度 1 $mA \cdot cm^{-2}$ 下，由于细胞受损较小，藻毒素主要集中在细胞内，为 36 $\mu g \cdot L^{-1}$，细胞外藻毒素 MC-LR 的浓度非常低，只有 0.5 $\mu g \cdot L^{-1}$，占处理后 MC-LR 总量的 1.4%。但当电流密度上升为 2.5 $mA \cdot cm^{-2}$ 时，细胞受损状况表现明显，细胞内藻毒素含量为 22 $\mu g \cdot L^{-1}$，细胞外藻毒素的浓度达到了 12 $\mu g \cdot L^{-1}$，占 35%。当电流密度上升为 5 $mA \cdot cm^{-2}$ 时，细胞外藻毒素含量仍较大，表明细胞受损使大量细胞内的藻毒素释放进入水溶液中。当电流密度达到10 $mA \cdot cm^{-2}$ 时，细胞外藻毒素的浓度却降为 0，原因在于释放进入水溶液中的藻毒素都被氧化降解，说明细胞外藻毒素的降解速率大于细胞内藻毒素释放速率。由此可以认为，藻毒素的降解速率与电流密度呈正相关关系[187]。

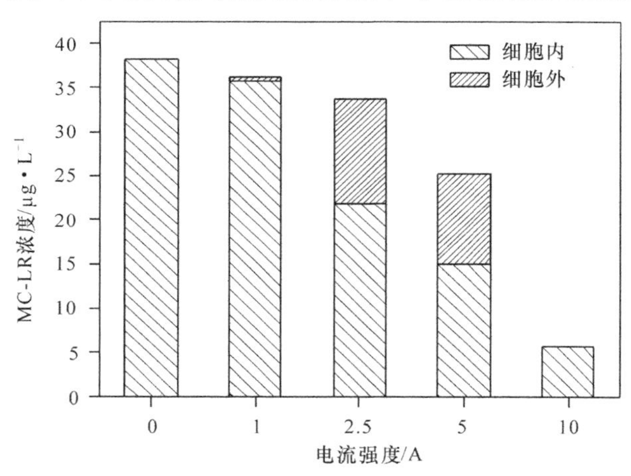


图 2-107　电流密度对细胞内和细胞外藻毒素的影响

图 2-108 是不同的电流密度下总 MC-LR 量的变化状况和总 MC-LR 的去除率。随着电流密度的增大，藻溶液中的总 MC-LR 量呈现急剧下降趋势，从 1 $mA \cdot cm^{-2}$ 下的 37 $\mu g \cdot L^{-1}$ 下降至 10 $mA \cdot cm^{-2}$ 下的 6 $\mu g \cdot L^{-1}$。总 MC-LR 的去除率随电流密度的增大而增加，从 1 $mA \cdot cm^{-2}$ 下的 5.4% 增加到 10 $mA \cdot cm^{-2}$ 下的 85%。这些结果显示电流密度的增大，不仅有利于细胞的灭活，而且也有利于藻毒素的降解，尤其是降解速率大于藻毒素的释放速度，保证了水溶液中藻毒素的彻底降解。

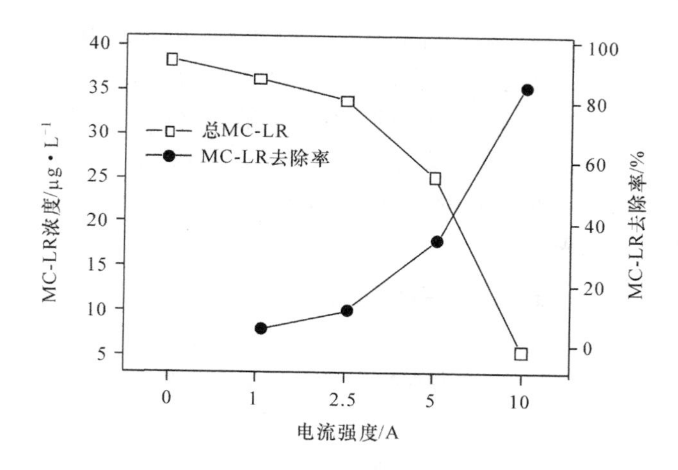


图2-108　不同电流密度下总MC-LR量的变化和MC-LR的去除率

藻毒素的降解与电流密度密切相关，与Fernandes用Cu/BDD电极降解AO7和Panizza用Ti-Ru-Sn电极降解2-萘酚规律不同[188,191]，他们在降解这些有机物的过程中，电流密度与降解率没有太大的关系。Boye认为在阳极氧化中，如果电流密度增大则有机物降解率提高，说明有机物的氧化降解与阳极表面产生的˙OH有关，当电流密度增大，阳极表面生成的自由基量加大，使有机物的降解效率提高[189]。使用三维电极（Ti/Pt，Ti/$PbO_2$，Ti/$IrO_2$）的电极氧化通常可以分为两步，一是在电极产生自由基；二是自由基对有机物的氧化，因此直接氧化与电极的催化性能、有机物扩散到电极活性点位的速度以及电流密度有关[38,190]。由此可以说明，在藻毒素的氧化降解过程中，电极的直接氧化起了很大的作用。

2. 细胞密度对藻毒素降解的影响

原水水样中藻细胞密度的不同，藻毒素的含量也不同。表2-5是表示藻毒素浓度对电氧化处理影响的一组试验数据。实验水溶液中细胞密度在$8.2\times10^8$～$5.3\times10^9\ L^{-1}$之间，电流密度为5 $mA\cdot cm^{-2}$，处理时间为1 h。表2-5的数据表明，处理前藻毒素仍主要存在于细胞内，细胞外藻毒素都为0。处理后，细胞内和细胞外藻毒素的分布与降解状况与细胞密度存在很大的关系。对于细胞密度较低（如$8.2\times10^8\ L^{-1}$）的情况，处理后细胞外藻毒素的含量为0，细胞内藻毒素从处理前的8.42 $\mu g\cdot L^{-1}$降到了0.14 $\mu g\cdot L^{-1}$，总MC-LR的去除率达到98.3%。对于细胞密度较高（如$5.3\times10^9\ L^{-1}$）的情况，处理1 h后，细胞外藻毒素的含量为8.23 $\mu g\cdot L^{-1}$，细胞内藻毒素含量为12 $\mu g\cdot L^{-1}$，大量的藻毒素还存在于细胞内，而且释放进入水溶液中的藻毒素也没有全部被降氧化降解，总MC-LR的去除率只有49.4%。由此说明，细胞密度的增大，加大了电氧化降解的负荷，在氧化降解能力没有改变的状态下，降解率下降，从细胞内释放进入水溶液中的藻毒素不能得到完全降解，总 MC-LR 的去除率明显下降。另一个方面，由于细胞密度的增大，细胞灭活的负荷也增加，电氧化产生的氧化剂消耗在灭活方面的量增加，也导致藻毒素的去除率下降。正常水体中藻细胞密度在 $10^7 \sim 10^8$ 之间，因此用电氧化方法能达到很好的藻毒素降解效率，而当出现“水华”时，如上节所述，则需要增加处理时间以达到更好的效果。

**表 2-5　细胞密度对藻毒素降解的影响**

| 细胞密度 | 处理前 MC-LR 浓度/μg·L$^{-1}$ | | | 处理后 MC-LR 浓度/μg·L$^{-1}$ | | | 总 MC-LR |
|---|---|---|---|---|---|---|---|
| /个·L$^{-1}$ | 胞外藻毒素 | 胞内藻毒素 | 总藻毒素 | 胞外藻毒素 | 胞内藻毒素 | 总藻毒素 | 去除率/% |
| $8.2\times10^8$ | 0±0 | 8.42±0.35 | 8.42±0.35 | 0±0 | 0.14±0.20 | 0.14±0.20 | 98.3±2.3 |
| $2.4\times10^9$ | 0±0 | 21.3±0.09 | 21.3±0.09 | 2.10±0.11 | 2.53±1.68 | 4.63±1.79 | 78.2±8.5 |
| $5.3\times10^9$ | 0±0 | 40.0±1.25 | 40.0±1.25 | 8.23±0.60 | 12.0±4.34 | 20.2±4.94 | 49.4±10.8 |

3. 电解质类型对藻毒素去除的影响

电解质的性质和浓度将影响到电氧化处理过程的电流大小及电解效率。在电氧化研究中，使用较多的电解质是氯化物、硫酸盐和硝酸盐[168,191,192]。对藻毒素的光降解研究发现，将提取后的藻毒素溶于自然水体溶液中与藻毒素溶于蒸馏水中进行对比，其降解率不同，在自然水体中的降解效率明显低于蒸馏水中的降解率[193]。为了不影响细胞活性的观察，在电氧化处理过程中使用的都是培养基作为电解质。铜绿微囊藻的培养基经常是根据自然环境的条件而模拟出来的适合藻细胞生长的溶液。为了了解电解质的类型对藻细胞灭活过程中藻毒素降解的影响，本节将介绍不同类型的 3 种电解质的影响，它们是培养基、水库水和自来水，都是藻细胞可能存在的电解质，水库水代表了实际藻细胞生长的环境，自来水代表了饮用水处理过程中藻细胞可能生长的环境，培养基是实验培养状态下藻细胞生长的环境。

将藻细胞浓缩后，接种于培养基中、过滤后的水库水中和放置 2 天后的自来水中。在 5 mA·cm$^{-2}$ 下处理 1 h，测定细胞内和细胞外藻毒素的含量，结果见表 2-6。从实验结果可以看出，3 种电解质对藻毒素降解的影响并不大，所处理的对象是低细胞密度的藻液（$8\times10^8 \sim 9\times10^8$ 个·L$^{-1}$），藻毒素的含量不高，处理前的藻毒素主要在细胞内，处理后从细胞内释放出的藻毒素都得到降解，细胞外藻毒素含量为 0μg·L$^{-1}$，只有少量的毒素还残留在细胞内。由此认为，当藻细胞存在于这 3 种环境中时，电氧化都可以很好地对其降解，藻毒素的去除率可以达到 96% 以上，其中培养基和水库水的去除率稍高，达到 98%。

根据电氧化的机理，水在阳极的电解产生了 ·OH，它将对有机物进行较强烈的氧化降解；从电流密度对藻毒素的降解情况可以看出，电流密度影响了 ·OH 的产生量，从而也影响了藻毒素的降解率。培养基是具有较好导电性的溶液，电导率为 460 μS · $cm^{-1}$；水库水由于所含电解质较多，电导率达到了 870 μS · $cm^{-1}$；自来水的导电性要稍差，电导率只有约 120 μS · $cm^{-1}$。尽管没有向这 3 种溶液中再添加其他任何化学物质，但电解过程产生的各种氧化剂，包括 ·OH 都使藻毒素得到了很好的降解。由此可以认为，当自然水体中含有藻细胞时，在不投加其他化学物质的情况下，利用阳极表面氧化和间接氧化能达到藻毒素的完全降解。

**表 2-6　电解质类型对藻毒素去除的影响**

| 电解质 | 处理前 MC-LR 浓度/μg · $L^{-1}$ | | | 处理后 MC-LR 浓度/μg · $L^{-1}$ | | | 总 MC-LR 去除率/% |
|---|---|---|---|---|---|---|---|
| | 胞外藻毒素 | 胞内藻毒素 | 总藻毒素 | 胞外藻毒素 | 胞内藻毒素 | 总藻毒素 | |
| 培养基 | 0±0 | 8.42±0.35 | 8.42±0.35 | 0±0 | 0.14±0.20 | 0.14±0.20 | 98.3±2.3 |
| 水库水 | 0±0 | 9.26±0.29 | 9.26±0.29 | 0±0 | 0.21±0.18 | 0.21±0.18 | 97.7±2.8 |
| 自来水 | 0±0 | 8.95±0.32 | 8.95±0.32 | 0±0 | 0.32±0.25 | 0.32±0.25 | 96.4±3.2 |

## 参考文献


[1] Pletcher D, Weinberg N L. The green potential of electrochemistry. Part 1: The Fundamentals. Chemical Engineering, 1992, 98～103

[2] Rajeshwar K, Ibañez J G, Swain G M. Electrochemistry and environment. J. Appl. Electrochem., 1994, 24: 1077～1091

[3] Chiang L C, Chang J E, Wen T C. Indirect oxidation effect in electrochemical oxidation treatment of landfill leachate. Water Res., 1995, 29: 671～678

[4] Kirk D W, Sharifian H, Foulkes F R. Anodic oxidation of aniline for wastewater treatment. J. Appl. Electrochem., 1994, 39: 1857～1862

[5] Polcaro A M, Mascia M, Palmas S et al. Electrochemical oxidation of phenolic and other organic compounds at boron doped diamond electrodes for wastewater treatment: effect of mass transfer. Ann Chim., 2003, 93(12): 967～976

[6] Franklin T C, Darlington P J, Solouki T et al. The use of the oxidation barium peroxide in aqueous surfactant systems the electrolytic destruction of organic compounds. J. Electrochem. Soc., 1991, 138: 2285～2288

[7] Franklin T C, Oliver G, Nnodimele R et al. Destruction of halogenated hydrocarbons accompanied by generation of electricity. J. Electrochem. Soc., 1992, 139: 2192～2195

[8] Juttner K, Galla U, Schmieder H. Electrochemical approaches to environmental problems in the process industry, Electrochimica Acta, 2000, 45: 2575～2594

[9] Comninellis C. Electrocatalysis in the electrochemical conversion/combustion of organic pollutants for waste water treatment. Electrochimica Acta, 1994, 39(11/12): 1857～1862

[10] Polcaro A M, Palmas S, Renoldi F et al. On the performance of Ti/$SnO_2$ and Ti/

$PbO_2$ anodes in electrochemical degradation of 2-chlorophenol for wastewater treatment. J. Appl. Electrochem., 1999, 29: 147～151

[11] Tomat R, Rigo A. Electrochemical oxidation of toluene promoted by OH radicals. J. Appl. Electrochem., 1984, 14: 1～8

[12] Panizza M, Bocca C, Cerisola G. Electrochemical treatment of wastewater containing polyaromatic organic pollutants. Water Res., 2000, 34(9): 2601～2605

[13] Yang C H, Lee C C, Wen T C. Hypochlorite generation on Ru-Pt binary oxide for treatment of dye wastewater. J. Appl. Electrochem., 2000, 30: 1043～1051

[14] Naumczyk J, Szpyrkowic Z L, De faveri M D et al. Electrochemical treatment of tannery wastewater containing high strength pollutants. Trans. Ichem., 1996, 74: 59～68

[15] Do J S, Yeh W C. In situ degradation of formaldehyde with electrogenerated hypochlorite ion. J. Appl Electrochem., 1995, 25: 483～489

[16] Wang P, Lau I W C. Fang H H P. Electrochemical oxidation of leachate pretreated in an upflow anaerobic sludge blanket reactor. Environ. Technol., 2001, 22: 373～381

[17] Ribordy P, Pulgarin C, Kiwi J et al. Electrochemical versus photochemical pretreatment of industrial wastewaters. Wat. Sci. Tech., 1997, 35(4): 293～302.

[18] Thanos J C G, Fritz H P, Wabner D. The influences of the electrolyte and the physical conditions on ozone production by the electrolysis of water. J. Appl. Electrochem., 1984, 14: 389～399

[19] Samdani G, Gilges K. Electrosynthesis: positively charged. Chemical Engineering, 1991, 98(5): 37～51

[20] 朱锡海，陈卫国．氧化絮凝复合床水处理新技术的研究．中山大学学报（自然科学版），1998, 37(4): 80～84

[21] Do J S, Yeh W C. Paired electrooxidative degradation of phenol with in situ electrogenerated hydrogen peroxide and hypochlorite. J. Appl. Electrochem., 1996, 26: 673～678

[22] Weinberg N L. Proceedings of sixth international forum on electrolysis, ‘environmental applications of electrochemical technology’. New York: Electrosynthesis Co., 1992

[23] Kurath D E, Bray L A, Ryan J L. Proceedings of sixth international forum on electrolysis, ‘environmental applications of electrochemical technology’, Electrosynthesis Co., East Amherst, New York, 1992

[24] Murphy O J, Hitchens G D, Kaba L et al. Direct electrochemical oxidation of organics for wastewater treatment. Water Res., 1992, 26(4): 443～451

[25] Dabo P, Cyr A, Laplante F et al. Electrocatalytic dehydrochlorination of pentachlorophenol to phenol or cyclohexanol. Environ. Sci. Technol., 2000, 34(7): 1265～1268

[26] Schmal D, Erkel J V, Dejong A M C P et al. Environmental technology. Proc. 2nd Eur. Conf. Environ. Tech., Amsterdam, 1987

[27] 肖华，周荣丰．电芬顿法的研究现状与发展．上海环境科学，2004, 23(6): 253～256

[28] Outran M A, Pinson J. Hydroxylation by electrochemically generated ·OH radicals. Mono-

and polyhydroxylation of Benzoic Acid: products and isomers' distribution. J. Phys. Chem., 1995, 99: 13948～13954

[29] Qiang Z M, Chang J H, Huang C P. Electrochemical regeneration of $Fe^{2+}$ in Fenton oxidation processes. Water Res., 2003, 37: 1308～1319

[30] Chou S S, Huang Y H, Lee S N et al. Treatment of high strength hexamine-containing wastewater by electro-Fenton method. Water Res., 1999, 33(3): 751～759.

[31] Wang Q Q, Lemley A T. Kinetic model and optimization of 2,4-D degradation by anodic Fenton treatment. Environ. Sci. Technol., 2001, 35: 4509～4514

[32] Wang Q Q, Scherer E M, Lemley A T. Metribuzin degradation by membrane anodic Fenton treatment and its interaction with ferric ion. Environ. Sci. Technol., 2004, 38: 1221～1227

[33] Wang Q Q, Lemley A T. Oxidation of carbaryl in aqueous solution by membrane anodic Fenton treatment. J. Agric. Food Chem., 2002, 50: 2331～2337

[34] Saltmiras D A, Lemley A T. Atrazine degradation by anodic Fenton treatment. Water Res., 2002, 36: 5113～5119

[35] Oturan M A, Pinson J, Oturan N et al. Hydroxylation of aromatic drugs by the electro-Fenton method. Formation and identification of the metabolites of Riluzole. New J. Chem., 1999, 23 (8): 793～794

[36] Oturan M A. An ecologically effective water treatment technique using electrochemically generated hydroxyl radicals for in situ destruction of organic pollutants: Application to herbicide 2,4-D. J. Appl. Electrochem., 2000, 30(4): 475～482

[37] Gozmen B, Oturan M A, Oturan N et al. Indirect electrochemical treatment of bisphenol A in water via electrochemically generated Fenton's reagent. Environ. Sci. Technol., 2003, 37: 3716～3723

[38] Brillas E, Calpe J C, Casado J. Mineralization of 2,4-D by advanced electrochemical oxidation processes. Water Res., 2000, 34(8): 2253～2262

[39] Brillas E, Casado J. Aniline degradation by Electro-Fenton and peroxi-coagulation processes using a flow reactor for wastewater treatment. Chemosphere, 2002, 47(3): 241～248

[40] Brillas E, Sauleda R, Casado J. Peroxi-coagulation of aniline in acidic medium using an oxygen diffusion cathode. J. Electrochem. Soc., 1997, 144: 2374～2379

[41] Brillas E, Boye B, Banos M A et al. Electrochemial degradation of chlorophenoxy and chlorobenzoic herbicides in acidic aqueous medium by the peroxi-coagulation method. Chemophere, 2003, 51: 227～235

[42] Brillas E, Sauleda R, Casado J. Degradation of 4-chlorophenol by anodic oxidation, electro-Fenton, photoelectro-Fenton and peroxi-coagulation processes. J. Electrochem. Soc., 1998, 145 (3): 759～765

[43] Brillas E, Banos M A, Calpe J C et al. Mineralization of herbicide 3,6-dichloro-2-methoxybenzoic acid in aqueous medium by anodic oxidation, electro-Fenton and photoelectron-

Fenton. Electrochimica Acta, 2003, 48: 1697～1705

[44] 张芳,李光明,赵修华等. 电-Fenton 法废水处理技术的研究现状与进展. 工业水处理, 2004, 24(12): 9～13

[45] 张乃东,郑威,彭永臻. 电 Fenton 法处理难降解有机物的研究进展. 上海环境科学, 2002, 21(4): 440～441

[46] 张乃东,郑威. Fenton 法在水处理中的发展趋势. 化工进展, 2001, 23(12): 1～3

[47] Qiang Z M, Chang J H, Huang C P. Electrochemical generation of hydrogen peroxide from dissolved oxygen in acidic solutions. Water Res., 2002, 36: 85～94

[48] Brillas E, Boye B, Sires I. Electrochemical destruction of chlorphenoxyl herbicides by anodic oxidation and electro-Fenton using a boron-doped diamond electrode. Electrochimica Acta, 2004, 49: 4487～4496

[49] Engwall M A, Pignatello J J. Degradation and detoxification of wood peservatives creosote and pentachlorophenol in water by the photo-Fenton reaction. Water Res., 1999, 33(5): 1751～1758

[50] Kötz R, Stucki S, Carcer B. Electrochemical waste water treatment using high overvoltage anodes. Part Ⅰ: Physical and electrochemical properties of $SnO_2$ anodes. J. Appl. Electrochem., 1991, 21: 14～20

[51] Stucki S, Kötz R, Carcer B et al. Electrochemical waste water treatment using high overvoltage anodes. Part Ⅱ: Anode performance and applications. J. Appl. Electrochem., 1991, 21: 99～104

[52] Comninellis C, Pulgarin C. Electrochemical oxidation of phenol for wastewater treatment using $SnO_2$ anodes. J. Appl. Electrochem., 1993, 23: 108～112

[53] Comninellis C, Nerini A. Anodic oxidation of phenol in the presence of NaCl for wastewater treatment. J. Appl. Electrochem., 1995, 25: 23～28

[54] Polcaro A M, Palmas S. Electrochemical oxidation of chloro-phenols. Industrial and Engineering Chemistry Reserch., 1997, 36: 1791～1798

[55] Marselli B, Garcia-Gomez J, Michaud P A et al. Electrogeneration of Hydroxyl radicals on boron-doped diamond electrodes. J. Electrochem. Soc., 2003, 150: D79～D83

[56] Do J S, Chen C P. Kinetics of in situ degradation of formaldehyde with electrogenerated hydrogen peroxide. Ind. Eng. Chem. Res., 1994, 33: 387～394

[57] Do J S, Yeh W C. In situ paired electrooxidative degradation of formaldehyde with electrogenerated hydrogen peroxide and hypolorite ion. J. Appl. Electrochem., 1998, 28: 703～710

[58] Panizza M, Cerisola G. Removal of organic pollutants from industrial wastewater by electrogenerated Fenton's reagent. Water Res., 2001, 35: 3987～3992

[59] Ponce de Leon, Pletcher C D. Removal of formaldehyde from aqueous solutions via oxygen reduction using a reticulated vitreous carbon cathode cell. J. Appl. Electrochem., 1995, 25 (4): 307～314

[60] Alvarez-Gallegos A, Pletcher D. The removal of low level organics via hydrogen peroxide formed in a reticulated vitreous cathode cell. Part 1: The electrosynthesis of hydrogen peroxide in aqueous acidic solutions. Electrochimica Acta, 1998, 44: 853～861

[61] Alvarez-Gallegos A, Pletcher D. The removal of low level organics via hydrogen peroxide formed in a reticulated vitreous cathode cell. Part 2: The removal of phenols and related compounds from aqueous effluents. Electrochimica Acta, 1999, 44(14): 2483～2492

[62] Hsiao Y L, Nobe K. Hydroxylation of chlorobenzene and phenol in a packed bed flow reactor with electrogenerated Fenton's reagent. J. Appl. Electrochem., 1993, 23: 943～946

[63] Tzedakis T, Savall A, Clifton M J. The electrochemical regeneration of Fenton's reagent in the hydroxylation of aromatic substrates: batch and continuous processes. J. Appl. Electrochem., 1989, 19: 911～921

[64] Oturan M A, Aaron J J, Oturan N et al. Degradation of chlorophenoxyacid herbicides in aqueous media, using a novel electrochemical method. Pestic. Sci., 1999, 55(5): 558～562

[65] Oturan M A, Pinson J. Reaction of inflammation inhibitors with chemically and electrochemically generated hydroxyl radicals. J. Electroanal. Chem., 1992, 334: 103～109

[66] Oturan M A, Oturan N, Lahitte C et al. Production of hydroxyl radicals by electrochemically assisted Fenton's reagent: application to the mineralization of an organic micropollutant, pentachlorophenol. J. Electroanal. Chem., 2001, 507 (1～2): 96～102

[67] Brillas E, Mur E, Sauleda R et al. Aniline mineralization by AOP's: anodic oxidation, photocatalysis, electro-Fenton and photoelectron-Fenton processes. Appl. Catal. B: Environ., 1998, 16 (1): 31～42

[68] Harrington T, Pletcher D. The removal of low levels of organics from aqueous solutions using Fe(II) and hydrogen peroxide formed in situ at gas diffusion electrodes. J. Electrochem. Soc., 1999, 146: 2983～2989

[69] Comninellis C, Pulgarin C. Anodic oxidation of phenol for wastewater treatment. J. Appl. Electrochem., 1991, 21: 703～708

[70] Brillas E, Sires I, Arias C et al. Mineralization of paracetamol in aqueous medium by anodic oxidation with a boron-doped diamond electrode. Chemophere, 2005, 58: 399～466

[71] Azzam M O, Mousa A T, Tahboub Y. Anodic destruction of 4-chlorophenol solution. Journal of Hazardous Materials, 2000, B75: 99～113

[72] Yang C H. Hypochlorite production on Ru-Sn binary oxide electrode and its application in treatment of dye wastewater. The Canadian Journal of Chemical Engineering, 1999, 77: 1161～1168

[73] Pulgarin C, Adler N, Peringer P et al. Electrochemical detoxification of a 1,4-benzoquinone solution in wastewater treatment. Wat. Res., 1994, 28(4): 887～893

[74] Chiang L C, Chang J E, Tseng S C. Electrochemical oxidation pretreatment of refractory organic pollutants. Wat. Sci. Tech., 1997, 36(2～3): 123～130

[75] Chiang L C, Chang J E, Wen T C. Electrochemical oxidation process for the treatment of

coke-plant wastewater. J. Envrion. Sci. Health, 1995, A30(4): 753～771
[76] Cossu R, Polcaro A M, Mascia M et al. Electrochemical treatment of landfill leachate: oxidation at Ti/$PbO_2$ and Ti/$SnO_2$ anodes. Environ. Sci. Technol., 1998, 32: 3570～3573
[77] 贾金平，杨骥，廖军. 活性炭纤维(ACF)电极法处理染料废水的探讨. 上海环境科学，1997，16(4): 19～22
[78] 赵少陵，贾金平. 活性炭纤维电极法处理印染废水的应用研究. 上海环境科学，1997，16(5): 24～27
[79] 杨柳燕，许翔，朱永元等. 复合催化电解法处理染料工业废水. 中国环境科学，1998，18(6): 557～560
[80] 刘怡，张建辉，梁龙武等. 高色度印染废水脱色研究. 工业水处理，1998，18(5): 15～16
[81] 申哲民，王文华，贾金平等. 不同形式电极与染料溶液的反应及能耗. 环境污染治理技术与设备，2000，1(2): 21～25
[82] 吴星五，高廷耀，李建国. 电化学法水处理新技术—杀菌灭藻，环境科学学报，2000，20(增刊): 75～79
[83] Foller P C, Tobias C W. The anodic evolution of ozone. J. Electrochem. Soc., 1982, 129(3): 506～515
[84] Rodger J D, Bunce N J. Electrochemical treatment of 2,4,6-Trinitrotoluene and related compounds. Environ. Sci. Technol., 2001, 35: 406～410
[85] Pulgarin C, Alder N, Peringer N et al. Electrochemical detoxification of a 1,4-benzoquinone solution in wastewater treatment. Water Res., 1994, 28: 887～893
[86] Schümann U, Gründler P. Electrochemical degradation of organic substances at $PbO_2$ anodes: monitoring by continuous $CO_2$ mesurements. Water Res., 1998, 32: 2835～2842
[87] Xiong Y, Strunk P J, Xia H Y et al. Treatment of dye wastewater containing acid orange II using a cell with three-phase three-dimensional electrode. Water Res., 2001, 35: 4226～4230
[88] Galindo C, Jacques P, Kalt A. Photochemical and photocatalytic degradation of an indigoid dye: a case study of acid blue 74 (AB74). J. Photochem. Photobiol. A: Chem., 2001, 141: 47～56
[89] Acar Y B, Alshawabkeh A N. Principles of electrokinetic remediation. Environ. Sci. Technol., 1993, 27(13): 2638～2647
[90] Acar Y B, Gale R J, Alshawabkeh A N et al. Electrokinetic remediation: basics and technology status. J. Hazard. Mater., 1995, 40: 117～137
[91] Acar Y B, Li H, Gale R J. Phenol removal from kaolin by electrokinetics. J. Geotech. Engin., 1992, 118(11): 1837～1852
[92] Burke L D, Murphy O J. The electrochemical behaviour of $RuO_2$-based mixed-oxide anodes in base. Journal of Electroanalytical Chemistry, 1980, 109(1-3): 199～212
[93] Saichek R E, Reddy K R. Effect of pH at the anode for the electrokinetic removal of phe-

nanthrene from kaolin soil. Chemosphere, 2003, 51: 273～287

[94] Bechtold T, Mader C, Mader J. Cathodic decolourization of textile dyebaths: Tests with full plant. J. Appl. Electrochem., 2002, 32: 943～950

[95] Solozhenko E G, Soboleva N M, Goncharuk V V. Decolourization of azodye solutions by Fenton's oxidation. Water Res., 1995, 29: 2206～2210

[96] Daneshvar N, Salari D, Khataee A R. Photocatalytic degradation of azo dye acid red 14 in water: investigation of the effect of operational parameters. J. Photochem. Photobiol. A., 2003, 157: 111～116

[97] Murphy O J, Hitchens G D, Kaba L et al. Direct electrochemical oxidation of organics for wastewater treatment. Water Res., 1992, 26: 443～451

[98] Boye B, Dieng M M, Brillas E, Electrochemical degradation of 2, 4, 5-trichlorophenoxyacetic acid in aqueous medium by peroxi-coagulation. Effect of pH and UV light. Electrochimica Acta, 2003, 48: 781～790

[99] Pletcher D, Walsh F C. Industrial Electrochemistry. London: 2nd edn, Chapman and Hall, 1990

[100] Hanna K, Chiron S, Oturan M A. Coupling enhanced water solubilization with cyclodextrin to indirect electrochemical treatment for pentachlorophenol contaminated soil remediation. Water Research, 2005, 39(12): 2763～2773

[101] 路光杰，袁斌，曲久辉．活性炭纤维处理有机化工废水的研究．工业水处理，1996，15(6)：25～26

[102] 张林生，蒋岚岚，肖路宁．活性炭纤维处理染料废水脱色性能的研究．东南大学学报(自然科学版)，2001，31(1)：100～103

[103] Jia J P, Yang J, Liao J. Treatment of dyeing wastewater with ACF electrodes. Water Res., 1999, 33: 881～884

[104] Niu J J, Conway B E. Adsorptive and electrosorptive removal of aniline and bipyridyls from waste-waters. J. of Electroanalytical Chemistry, 2002, 536: 83～92

[105] Drogui P, Elmaleh S, Rumeau M, et al. Hydrogen peroxide production by water electrolysis: Application to disinfection. J. Appl. Electrochem., 2001, 31: 877～882

[106] Ge J T, Qu J H. Ultrasonic irradiation enhanced degradation of azo dye on $MnO_2$. Appl. Catal. B: Environ., 2004, 47(2): 133～140

[107] Boye B, Dieng M M, Brillas E. Anodic oxidation, electro-Fenton and photoelectron-Fenton treatments of 2, 4, 5-trichlorophenoxyacetic acid. J. Electroanalytical Chemistry, 2003, 557: 135～146

[108] 曹雅秀，刘振宇，郑经堂．活性炭纤维及其吸附特性．炭素，1999，20～23

[109] 张引枝，汤忠，贺福，王茂章，张碧江．由氮吸附等温线表征中孔型活性炭纤维的孔结构．离子交换与吸附，1997，13(2)：113～119

[110] 李国希，刘洪波，黄桂芳．活性炭纤维的微孔结构分析方法．炭素，1997，23～27

[111] 张宗恩，徐传宁．废铁屑净化偶氮染料废水及其机理的研究．上海环境科学，1995，14

(10):25～27,30

[112] Stylidi M, Kondarides D I, Verykios X E. Pathways of solar light-induced photocatalytic degradation of azo dyes in aqueous $TiO_2$ suspensions. Appl. Catal. B: Environ., 2003, 40: 271～286

[113] 侯毓汾,朱正华,王任之.染料化学.北京:化学工业出版社,1994

[114] Wu F, Deng N S, Hua H L. Degradation mechanism of azo dye C.I. Reactive red 2 by iron powder reduction and photooxidation in aqueous solutions. Chemosphere, 2000, 41: 1233～1238

[115] 许海梁,杨卫身.偶氮染料废水的电解处理.化工环保,1999,19(1):32～36

[116] Harrington T, Plecher D. The removal of low levels of organics from aqueous solutions using Fe(II) and hydrogen peroxide formed in situ at gas diffusion electrodes. J. Electrochem. Soc., 1999, 146: 2983～2989

[117] Brillas E, Bastida R M, Liosa E et al. Electrochemical destruction of Aniline and 4-chloroaniline for wastewater treatment using a carbon-PTFE-fed cathode. J. Electrochem. Soc., 1995, 142: 1733～1741

[118] Brillas E, Mur E, Casado J. Iron(II) catalysis of the mineralization of aniline using a carbon-PTFE $O_2$-fed cathode. J. Electrochem. Soc., 1996, 143: L49～L53

[119] Boye B, Brillas E, Buso A et al. Electrochemical removal of gallic acid from aqueous solutions. Electrochimica Acta, 2006, 52(1): 256～262

[120] 陈卫国,朱锡海. 电催化产生 $H_2O_2$ 和˙OH 及去除废水中有机污染物的应用中国环境科学,1998,18(2):148～150

[121] Wang Q, Lemley A T. Kinetic model and optimization of 2,4-D degradation by anodic Fenton treatment. Environ. Sci. Technol., 2001, 35: 4509～4514

[122] Oturan M A, Peiroten J, Chartrin P et al. Complete destruction of p-Nitrophenol in aqueous medium by electro-Fenton method. Environ. Sci. Technol., 2000, 34: 3474～3479

[123] Rivas F J, Navarrete V, Beltrán F J et al. Simazine Fenton's oxidation in a continuous reactor. Applied Catalysis B: Environ., 2004, 48: 249～258

[124] Neyens E, Baeyens J. A review of classic Fenton's peroxidation as an advanced oxidation technique. Journal of Hazardous Materials B., 2003, 98: 33～50

[125] Xu X R, Zhao Z Y, Li X Y et al. Chemical oxidative degradation of methyl tert-butyl ether in aqueous solution by Fenton's reagent. Chemophere, 2004, 55: 73～79

[126] Benitez F J, Acero J L, Real F J et al. The role of hydroxyl radicals for the decomposition of p-hydroxy phenylacetic acid in aqueous solutions. Water Res., 2001, 35: 1338～1343

[127] Lopez A, Kiwi J. Modeling the performance of an innovative membrane-based reactor. Abatement of azo dye (Orange II) up to biocompatibility. Ind. Eng. Chem. Res., 2001, 40: 1852～1858

[128] 袁松虎,王琳玲,陆晓华.阴极电 Fenton 法处理硝基苯酚模拟废水研究.工业水处理,2004,24(4):33～36

[129] Lin S H, Lo C C. Fenton process for treatment of desizing wastewater. Water Res., 1997,31:2050～2056

[130] Parra S, Nadtotechenko V, Albers P et al. Discoloration of Azo-Dyes at biocompatible pH-values through an Fe-histidine complex immobilized on Nifion via Fenton-like process. J. Phys. Chem. B., 2004,108:4439～4448

[131] Pera-Titus M, Garcia-Molina V, Banos M A et al. Degradation of chlorophenols by means of advanced oxidation processes: a general review. Appl. Cataly. B. Environ., 2004,47: 219～256

[132] Wang A M, Qu J H, Ru J et al. Mineralization of an azo dye Acid Red 14 by electro-Fenton's reagent using an activated carbon fiber cathode. Dyes and Pigments, 2005,65: 227～233

[133] Arturo A B, Dionysios D D, Makram T S et al. Oxidation kinetics and effect of pH on the degradation of MTBE with Fenton reagent. Water Res., 2004,39:107～118

[134] Gallard H, De Laat J, Legube B. Influence du pH sur la vitesse d'oxydation de composes organiques par FeII/$H_2O_2$. Mecanismes reactionnels et modelisetion. New J. Chem., 1998,263～268

[135] Tang W Z, Huang C P. 2,4-Dichlorophenol oxidation kinetics by Fenton's reagent. Envion. Technol., 1996,17:1371～1378

[136] Plgnatello J J. Dark and photoassisted $Fe^{3+}$-catalyzed degradation of chlorophenoxy herbicides by hydrogen peroxide. Environ. Sci. Technol., 1992,26:944～951

[137] Buxton G V, Greenstock C L, Helman W P, et al. Critical review of rate constants for reactions of hydrated electrons, hydrogen atoms and hydroxyl radicals ($^{\cdot}OH/^{\cdot}O^-$) in aqueous solution. J. Phys. Chem. Ref. Data, 1988,17(2):513～886

[138] Marc P T, Veronica G M, Miguel A B et al. Degradation of chlorophenols by means of advanced oxidation processes: a general review. Appl. Catal. B: Environ., 2004,47:219～256

[139] Casada J, Fornaguera J, Galan M I. Mineralization of aromatics in water by sunlight-assisted electro-Fenton technology in a pilot reactor. Environ. Sci. Technol., 2005,39(6): 1843～1847

[140] 韩志红,李树斌,郭艳等. UV/$H_2O_2$ 技术在环境保护中的研究进展.油气田环境保护, 2004,11(1):36～38

[141] 孙德智主编,于秀娟,冯玉杰副主编.环境工程中的高级氧化技术[M].第一版,北京:化学工业出版社,2002

[142] 陈琳,杜瑛珣,雷乐成. UV/$H_2O_2$ 光化学氧化降解对氯苯酚废水的反应动力学.环境科学,2003,24(5):106～109

[143] 陈琳,雷乐成,杜瑛珣. UV/Fenton 光催化氧化降解对氯苯酚废水反应.环境科学学报, 2004,24(2):225～230

[144] Venczel L V, Arrowood M, Hurd M et al. Inactivation of Cryptosporidium parvumoo-

cysts and Clostridiu perfringens spores by a mixed-oxidant disinfectant and by free chlorine. Appl. Environ. Microbio., 1997, 63(4): 1598～16011

[145] Matsunage T, Nakasono S, Kitajima Y et al. Electrochemical disinfection of bacteria in drinking eater using activated carbon fibers. Biotechnology and Bioengineering, 1993, 43 (5): 429～433

[146] Matsunage T, Nakasono S, Takamuku T et al. Disinfection of drinking water by using a novel electrochemical reactor employing carbon-cloth electrodes. Appl. Environ. Microbiol., 1992, 58(2): 686～689

[147] Bergmann H, Iourtchouk T, Schöps K et al. New UV irradiation and direct electrolysis-promising methods for water disinfection. Chem. Eng. J., 2002, 85: 111～117

[148] 曾抗美，史建福，齐桂华. 电化学进行饮用水消毒研究. 中国给水排水，1999，15(8)：16～18

[149] 梁好，韦朝海，盛造军等. 饮用净水的直流电解消毒应用研究. 工业水处理，2002，22(11)：13～15

[150] Jorquera M A, Valencia G, Eguchi M et al. Disinfection of seawater for hatchery aquaculture systems using electrolytic water treatment. Aquaculture, 2002, 207: 213～224

[151] Tokuda H, Nakanishi K. Application of direct current to protect bioreactor against contamination. Biosci. Biotech. Biochem., 1995, 59(4): 753～755

[152] Feng C, Suzuki K, Zhao S et al. Water disinfection by electrochemical treatment. Bioresource Technol., 2004, 94(1), 21～25

[153] Drees K P, Abbsszadegan M, Maier R M. Comparative electrochemical inactivation of bacteria and bacteriophage. Water Res., 2003, 37: 2291～2300

[154] Feng C, Sugiura N, Shimada S et al. Development of a high performance electrochemical wastewater treatment system. J. Hazar. Mater., 2003, B103: 65～78

[155] 吴星五，高廷耀. 水箱中水的电化学法处理. 工业用水与废水，2001，32(1)：6～9

[156] 吴星五，唐秀华，朱爱莲等. 电化学杀藻水处理实验. 工业水处理，2002，22(8)：16～18

[157] Kraft A, Stadelmann M, Blaschke M et al. Electrochemical water disinfection part I: hypochlorite production from very dilute chloride solutions. J. Appl. Electrochem., 1999, 29: 861～868.

[158] Diao H F, Li X Y, Gu J D et al. Electron microscopic investigation of the bactericidal action of electrochemical disinfection in comparison with chlorination, ozonation and Fenton reaction. Process Biochemistry, 2004, 39(11): 1～6

[159] Drogui P, Elmaleh S, Rumeau M et al. Oxidising and disinfection by hydrogen peroxide producted in a two-electrode cell. Water Res., 2001, 35(13): 3235～3241

[160] Vernhes M C, Benichou A, Pernin P et al. Elimination of free-living amoebae in fresh water with pulsed electric fields. Water Res., 2002, 36: 3429～3438

[161] Ohshima T, Okuyama K, Sato M. Effect of culture temperature on high-voltage pulse sterilization of Escherichia Coli. Journal of Electrostatics, 2002, 55: 227～235

[162] Jeanine D P, Edzwald J K. Effect of ozone on algae as precursors for trihalomethane and haloacetic acid production. Environ. Sci. Technol., 2001, 35, 3661～3668

[163] Daldorph P W G. Management and treatment of algae in lowland reservoirs in eastern England. Water Sci. Technol., 1998, 37(2): 57～63

[164] 苑宝玲, 曲久辉, 张金松等. 高铁酸盐对2种水源水中藻类的去除效果. 环境科学, 2001, 22(2): 78～81

[165] 李思敏, 王龙, 李清雪等. 高锰酸钾预氧化的除藻效果. 环境科学学报, 2002, 18(3): 48～50

[166] Guillou S, Murr N E. Inactivation of Saccharomyces cerevisisiae in solution by low-amperage electric treatment. J. Appl. Microbiol., 2002, 92: 860～865

[167] Chow C W K, House J, Velzeboer M A et al. The effect of ferric chloride flocculation on cyanobacterial cells. Water Res., 1998, 32(3): 808～814

[168] Motheoa A J, Pinhedo L. Electrochemical degradation of humic acid. Sci. Total Environ., 2000, 256: 67～76

[169] Gupta N, Pant S C, Vijayaraghavan R et al. Comparative toxicity evaluation of cyanobacterial cyclic peptide toxin microcystin variants (LR, RR, YR) in mice. Toxicology, 2003, 188: 285～296

[170] Himberg K M, Kejola A, Hiisvirta L. The effect of water threatment processes on the removal of hepatotoxins form microcystis and oscillataria cyanobactria: a laboratory study. Water Res., 1989, 23(8): 884～979

[171] Lambert T W, Holmes C F B, Hrudey S E. Adsorption of microcystin-LR by activated carbon and removal in full scale water treatment. Water Res., 1996, 30(6): 1411～1422

[172] Pendleton P, Schumann R, Wong S H. Microcystin-LR adsorption by activated carbon. J. Coll. Inter. Sci., 2001, 240: 1～8

[173] Warhurst A M, Raggett S L, McConnachie G L et al. Adsorption of the cyanobacterial hepatotoxin microcystin-LR by a low-cost activated carbon from the seed husks of the pan-tropical tree, Moringa oleifera. The Science of the Total Environment, 1997, 207: 207～211

[174] Saitou T, Sugiura N, Itayame T et al. Degradation characteristics of microcystins by isolated bacteria from Lake Kasumigaura. AQUA, 2003, 52(1): 13～18

[175] Sugiura T S, Itayama T, Inamori Y et al. Biodegradation of microdyxtis and microcystins by indigenous nanoflagellates on biofilm in a practical treatment facility. Environ. Technol., 2003, 24: 143～151

[176] Holst T S, Jorgensen N O G, Jorgensen C et al. Degradation of microcystin in sediments at oxic and anoxic, denitrifying conditions. Water Res., 2003, 37: 4748～4760

[177] Rositano J, Newcombe G, Nicholson B et al. Ozonation of NOM and algal toxins in four treated waters. Water Res., 2001, 35(1): 23～32

[178] Tsuji K, Nalto S, Kondo F. Stability of microcystins form cyanobactiria effect of light on

decomposition and isomerizatin. Water Res., 1989, 23(8): 979～984

[179] Gajdek P, Lechowski Z, Bochnia T et al. Decomposition of microcystin-LR by fenton oxidation. Toxicon, 2001, 39: 1575～1578

[180] Bandala E R, Marí nez D, Marí nez E et al. Degradation of microcystin-LR toxin by Fenton and Photo-Fenton processes. Toxicon, 2004, 43: 829～832.

[181] Szkatula A, Balanda M, Kopec M. Magnetic treatment of industrial water. Silica activation. Eur. Phys. J. AP., 2002, 18: 41～49

[182] Grimm J, Bessarabov D, Sanderson R. Review of Electro-assisted methods for water purification. Desalination, 1998, 115: 285～294

[183] Becker D, Jüttner K. The impedance of fast charge transfer reactions on boron doped diamond electrodes. Electrochimica Acta, 2003, 49(1): 29～39

[184] Newcombe G, Nicholson B. Water treatment options for dissolved cyanotoxins. J. WSRT-AQUA, 2004, 53(4): 227～239

[185] Sheng H L, Shyu C T, Sun M C. Saline wastewater treatment by electrochemical method. Water Res., 1998, 32(4): 1059～1066

[186] Öğütveren Ü B., Törü E, Koparal S. Removal of cyanide by anodic oxidation for wastewater treatment. Water Res., 1999, 33(8): 1851～1856

[187] Lima Leite R H, Cognet P, Wilhelm A M et al. Anodic oxidation of 2,4-dihydroxybenzoic acid for wastewater treatment: study of ultrasound activation. Chem. Eng. Sci., 2002, 57: 767～778

[188] Panizza M, Cerisola G. Electrochemical oxidation of 2-naphthol with in situ electrogenerated active chlorine. Electrochimica Acta, 2003, 48: 1515～1519

[189] Boye B, Brillas E, Dieng M M. Electrochemical degradation of the herbicide 4-chloro-2-methylphenoxyacetic acid in aqueous medium by peroxi-coagulation and photoperoxi- coagulation. J. Electroana. Chem., 2003, 540: 25～34

[190] Israilides C J, Vlyssides A G, Mourafeti V N et al. Olive oil wastewater treatment with the use of an electrolysis system. Bioresource Technol. 1997, 61: 163～170

[191] Fernandes A, Morão A, Magrinho M et al. Electrochemical degradation of C. I. Acid Orange 7. Dyes and Pigments, 2004, 61: 287～296

[192] Torres R A, Sarria V, Torres W et al. Electrochemical treatment of industrial wastewater containing 5-amino-6-methyl-2-benzimidazolone: toward an electrochemical-biological coupling. Water Res., 2003, 37: 3118～3124

[193] Shephard G S, Stockenström S, Villiers D et al. Degradation of microcystin toxins in a falling film photocatalytic reactor with immobilized titanium dioxide catalyst. Water Res., 2002, 36: 140～146

# 第3章 水处理光电组合原理与方法

## 3.1 光电组合方法概述

### 3.1.1 光电催化氧化基本原理

#### 3.1.1.1 光催化氧化原理

自从1972年Fujishima发表了关于$TiO_2$电极能够光电分解水的研究结果以来,对于光能量的利用技术日益引起了人们的注意。1976年Frank将其用于降解水中的污染物,并取得突破性进展。到目前为止研究的催化剂多为过渡金属半导体化合物,如$TiO_2$、ZnO、CdS、$WO_3$等。

半导体材料的吸收特性主要由吸收波长(带边波长$\lambda_g$和峰值波长$\lambda_{max}$)和吸收系数给出。带边波长$\lambda_g$决定于带隙能量即禁带宽度$E_g$,关系式为

$$\lambda_g(nm)=1240/E_g(eV) \tag{3-1}$$

各半导体材料的禁带宽度$E_g$(eV)和等价带边波长$\lambda_g$的对应关系如表3-1所示。

**表3-1 半导体的带宽和对应的波长[1]**

| 半导体 | 带宽/eV | 等价波长/nm | 半导体 | 带宽/eV | 等价波长/nm |
|---|---|---|---|---|---|
| $SnO_2$ | 3.5 | 354 | ZnO | 3.35 | 370 |
| $TiO_2$ | 3.0~3.3 | 376~413 | $V_2O_5$ | 2.8 | 443 |
| PbO | 2.76 | 449 | CdS | 2.4 | 516 |
| $PbO_2$ | 1.7 | 729 | $\alpha$-$Fe_2O_3$ | 2.34 | 530 |
| GaP | 2.3 | 539 | CdO | 2.2 | 563 |
| CuO | 1.7 | 729 | GaAs | 1.4 | 885 |

半导体粒子有两类能级带,包括价带(valence band, VB)和导带(conduction band, CB),在能带间有能级禁区。当用能量等于或大于禁带宽度的光照射时,半导体价带上的电子可被激发跃迁到导带,形成导带电子(e),同时在价带上产生相应的空穴($h^+$)[如图3-1和式(3-2)所示,以$TiO_2$为例]。当可氧化的底物被吸附(迁移)到空穴上时,就发生电子转移,发生氧化反应。溶液中的氧和水或$OH^-$能分别与活性电子和空穴作用而组成共轭反应并最终形成具有高度活性的羟基自由基$^\cdot OH$。由于$^\cdot OH$是一种无选择性的强氧化剂,能降解或矿化各种有机物,通

常认为是光催化反应体系中主要的活性氧化物种。此外，空穴也能直接氧化溶液中的有机物。$^{\cdot}OH$和其他氧化性物种的产生如式(3-2)～式(3-5)所示[2,3]。

$$TiO_2 + h\nu \longrightarrow TiO_2(h^+ + e) \tag{3-2}$$

$$h^+ + H_2O\ (OH^-) \longrightarrow {}^{\cdot}OH + H^+ \tag{3-3}$$

$$e + O_2 \longrightarrow O_2^{\cdot -} \tag{3-4}$$

$$O_2^{\cdot -} + H^+ \longrightarrow HO_2^{\cdot} \tag{3-5}$$

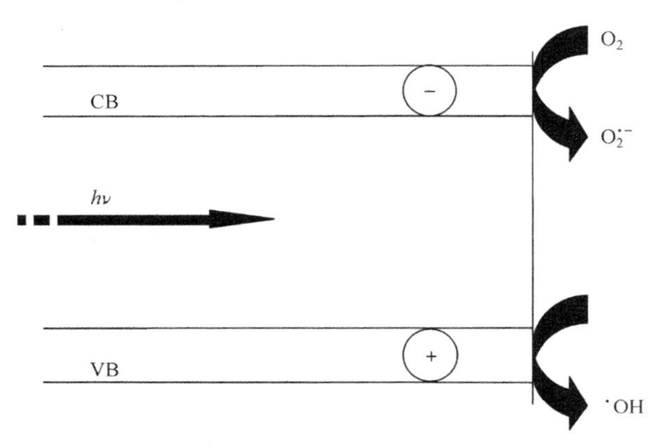


图 3-1　$TiO_2$ 半导体光生电子和空穴产生机理示意图

$TiO_2$ 悬浆光催化技术存在着催化剂微粒回收困难与量子效率较低的问题，大大限制了其实际应用。为此人们用溶胶-凝胶或悬浮颗粒旋涂煅烧的方法将 $TiO_2$ 固定在玻璃、沸石等各种惰性材料上，但这种 $TiO_2$ 固定化技术存在着有效利用面积减少和光催化剂活性降低的问题，而且有限的降解能力不能够满足应对较大污染物负荷的要求[4,5]。另外，由于光催化反应的量子效率无法得到提高，光生载流子的快速复合浪费了大量的能量，降低了光催化反应效率。

#### 3.1.1.2　电催化氧化原理

电催化氧化原理已在第 2 章详细介绍，在此不再赘述。

#### 3.1.1.3　光电催化降解原理

有研究表明，外加电场可以在光电极内部产生一个电位梯度，光生电子在电场的作用下迁移到对电极，使载流子得以分离，有利于充分发挥光生空穴的氧化作用，提高光催化反应的效率，因此可将光催化剂负载在电极表面，借助于外加电场提高光催化反应效率，发挥光电协同作用[6～9]。目前的研究多集中在电化学辅助的光催化方面，在绝大多数的电助光催化研究中，所施加的阳极偏压都低于所处理的有机污染物的氧化电势。

电场提高光催化效率的机理如图3－2所示。阳极为固定了光催化剂(如$TiO_2$)的光电极,在紫外线的照射下,由于缺乏光生电子和空穴的分离,量子效率很低。如果在阴阳两极间施加一电场,在阳极产生一定强度的阳极偏压,那么光生电子通过外电路流到反向电极上,有效阻止了载流子在半导体上的复合。由此,延长了空穴的寿命,其强氧化作用得以保持,进一步产生羟基自由基,光催化的效率得到明显的提高,实现了能量的高效利用[6,10]。

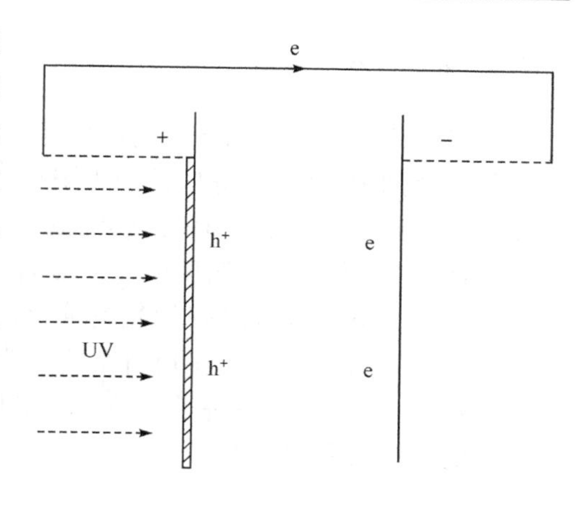


图3－2　半导体电助光催化作用机理示意图

然而,对于以电化学作用为主导的光助电催化氧化过程,外加的光辐射或光催化氧化的作用居于次要地位,但能够在一定程度上提高光电催化氧化的效率。光助电催化降解技术应该具有重要的研究意义和广泛的应用前景,因为它具有更高的降解效率,不仅可以有效抑制光生电子与空穴的复合,还可以通过施加比污染物本身氧化电位更高的电位来对有机污染物进行电化学氧化。Pelegrini 等研究了 DSA 电极的光电催化效能,认为所产生的协同作用归因于在活性位上产生了更多物理吸附的·OH[11],但是缺乏直接的实验证据。

因此,无论是电助光催化氧化过程还是光助电催化氧化过程,光电极在高效降解有机污染物方面仍然是关键要素,用于光电催化降解过程的光电极和电催化 DSA 电极的制备方法成为光电水处理技术研究的核心。

### 3.1.2　用于光电催化的电极制备

#### 3.1.2.1　用于光电催化的常用电极

用于光电催化降解过程的电极多为以 $TiO_2$ 为主导的氧化物固定膜光电极,主要包括复合氧化物电极和其他金属改性的复合电极。其中 DSA(dimensionally stable anode)涂层钛电极因其特殊的光电催化性质受到了更多关注。

#### 3.1.2.2　光电极的制备

目前制备光电极的方法很多,但主要的制备方法有阳极氧化法、化学气相沉积法、溶胶-凝胶涂层法、热胶黏合法以及直接氧化法等。

1. 阳极电化学氧化法

阳极电化学氧化是制备光电极最为简便的一种方法，但其实用性却未得到有效评价。李湘中、刘惠玲等以钛网为阳极，以等尺寸的铜板为阴极，采用先恒流再恒压的方法制备了网状 $TiO_2$ 薄膜电极，主要以锐钛矿晶型为主，发现具有良好的光催化活性，较小的外部偏压就可以显著提高光催化氧化的速率；其中，在 160 V 电压下制备的电极具有最好的光电催化活性[12,13]。一系列阀型金属如 Ti、Zr 和 W 等具有在电化学条件下生成自组装多孔氧化物纳米管的性质，全燮等利用阳极氧化法在 20 V 电压下制备了 $TiO_2$ 纳米管电极，在光电催化降解 5-氯酚时表现出了明显的光电协同特性[14]。

2. 化学气相沉积法

Hitchman 等以 TTB(titanium tetra-tea butoxide)为前驱体，用低压化学气相沉积(CVD)法制备了光电催化电极，比较了光催化与光电催化降解 4-氯酚(4-CP)的效果，考察了不同薄膜厚度对降解效果的影响。证明在 370℃条件下制得的 $TiO_2$ 膜为多晶的锐钛矿型 $TiO_2$，而在 400℃条件下制得的是锐钛矿和金红石型 $TiO_2$ 的混晶。这种方法制备出来的纳米 $TiO_2$ 比表面积大，在高温下制备的复合中心少，并存在混晶效应，因此具有较高的光催化活性[15]。

3. 溶胶-凝胶涂层法

溶胶-凝胶法(sol-gel)是 20 世纪 80 年代以来新兴的一种制备材料的湿化学方法，是制备光催化剂常用的一种方法，也是目前研究最多的二氧化钛膜的制备方法。一般是以钛醇盐 $Ti(OR)_4$ 及无水乙醇为原料，加入少量水及不同的酸或有机聚合添加剂经搅拌、陈化制成稳定的涂膜溶胶，再将 $TiO_2$ 涂渍附着在载体上。相对于化学气相沉积等，溶胶-凝胶法操作温度低，设备简单，工艺可控可调，过程重复性好，膜厚可控制[16,17]。具体工艺流程如图 3-3 所示。

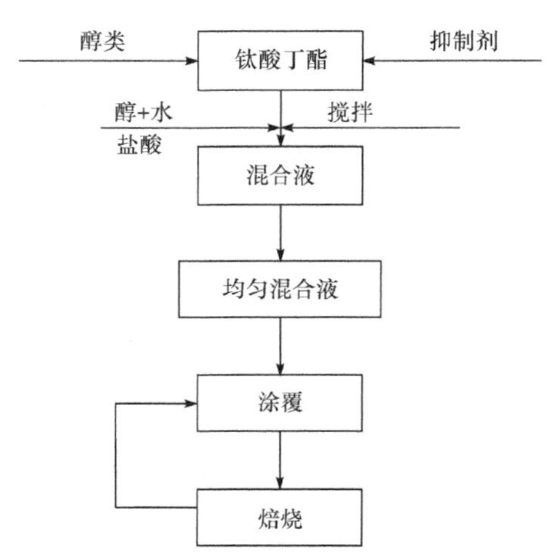

图 3-3 溶胶-凝胶法制备光电极流程图

4. 热胶黏合法

冷文华等以聚乙烯醇 124 为黏结剂，单面泡沫镍网为载体，刮浆工艺制得光电极。在整个制备过程中，未发现粉末

$TiO_2$ 脱落。同时由于 $TiO_2$ 的阻挡保护,镍的腐蚀大大降低。$TiO_2/Ni$ 的物理化学性质较稳定,使用碳酸钠浸泡可完全恢复催化活性,连续使用 80 h 未发现催化活性明显降低[18]。

5. 直接热氧化法

直接氧化法和阳极氧化法都是以钛基体为研究对象,经预处理后再直接进行氧化的方法。Waldner 等先将钛板在酸溶液 [2 mL $HNO_3$(65%水溶液)+0.5 mL HF(50%水溶液)+10 mL $H_2O$]中蚀刻处理后,在氧气环境中于 550℃下加热 2 h 制得 $TiO_2$ 薄膜[19]。冷文华等将钛片经 $HNO_3$ : HF 刻蚀后置于马弗炉中,在空气条件下于 600℃下加热 1 h,得二氧化钛薄膜[4]。Siripala 等在高真空下将 $TiO_2$ 电子溅射到沉积的 $Cu_2O$ 薄膜上,制得 p-n 结合的 $Cu_2O/TiO_2$ 光电极,发现 $TiO_2$ 防止了 $Cu_2O$ 的光腐蚀,并且 $Cu_2O$ 的存在扩大了 $TiO_2$ 的吸收波长范围,光电流也大大增强[20]。梅燕等研究发现,锐钛矿型在向金红石型转化过程中形成的混晶 $TiO_2$ 薄膜电极光电流值最大[21]。

#### 3.1.2.3 DSA 电极的制备方法

DSA 电极的制备方法主要有以下两种。

1. 热分解法

热分解法是将被修饰的电极表面涂覆一层一定浓度的金属盐溶液,然后在特定条件下加热,使金属盐溶液分解为金属氧化物或金属硫化物等附着于电极表面并作为催化活性物质修饰电极。该方法具有电极材料容易控制、工艺简单的优点,但表面修饰层牢固度欠佳,作用于所分解产生的金属化合物的种类和浓度均有限[22]。

2. 电沉积

电沉积是较为传统的电极制备方法,主要有以下 3 种:①循环伏安法,扫描范围 1100~1500 mV,扫描速度 50 $mV \cdot s^{-1}$;②恒电流法,电流恒定在一特定值;③恒电位法,电位亦恒定在一特定值。这些方法中以恒电流法沉积速度最快,以恒电位法沉积速度最慢,而且在相同实验条件下,以恒电流法和恒电位法得到的沉积层表面更为均匀平整[23]。

### 3.1.3 光电催化降解水中有机污染物的研究进展

自从 Fujishima 首次发现 n-型半导体 $TiO_2$ 电极(Pt 阴极)具有光电催化分解水的功能以来,从 20 世纪 70 年代末期到 80 年代初期,光电催化的研究范围又扩展到了环保领域，主要研究多集中在去除水中的有机污染物的有关原理、方法和反应器等。

#### 3.1.3.1　常用光电极及所针对的污染物

光电催化降解过程涉及到了光电阳极、紫外光源和外加电场三个要素。光电阳极要求具有一定的光催化效能，紫外光源协助光催化剂产生空穴和电子，外加电场进一步协助光催化体系提高量子效率。三者之中，尤以光电阳极为重，因为它关乎光催化作用的发挥，维系着电场的效能，是整个光电催化联合作用得以实现的要点。

用于光电催化过程的电极很多，但基本上都是以光催化剂为主体制备的光电极，近年人们所研究的光(电)催化阳极及所研究的主要模型污染物列于表3－2中。

**表3－2　光电催化常用电极及所针对的模型污染物**

| 光电阳极 | 制备方法 | 应对的污染物 | 文献 |
| --- | --- | --- | --- |
| 自制 DSA($Ti/Ru_{0.3}Ti_{0.7}O_2$) | 热分解 | 活性蓝 19 | [11] |
| 自制 DSA($Ti/Ru_{0.3}Ti_{0.7}O_2$) | 热分解 | 纸厂废水 | [24] |
| 自制 DSA($Ti/Ru_{0.3}Ti_{0.7}O_2$) | 热分解 | 腐殖酸 | [25] |
| 商业 DSA($Ti/Ru_{0.3}Ti_{0.7}O_2$) | 热分解 | 活性红 198 | [26] |
| $TiO_2$/OTE | $TiO_2$ 悬浆涂覆/煅烧 | 4-氯酚 | [6] |
| $TiO_2/SnO_2$/玻璃 | $TiO_2$ 溶胶/煅烧 | 甲酸 | [7] |
| $WO_3$ | 电沉积 | 萘酚蓝黑 | [27] |
| $TiO_2$/OTE | 溶胶-凝胶/煅烧 | 表面活性剂 | [28] |
| $Fe_2O_3$ | 喷涂/煅烧 | 分解水 | [29] |
| CdSe 和 $TiO_2$/CdSe | 沉积 | 电化学表征 | [30] |
| $Pt/TiO_2/Ti$ | 煅烧/化学沉积 | 2,4-二氯苯氧乙酸 | [31] |

以上研究者所用电极有单一的光催化材料，但更多的是以光催化材料为主的复合材料。早期的研究集中在以光催化作用为主导的电助光催化技术，一般所施加的外加偏压较低，电场的作用仅仅是提供一个有效分离光生载流子的电势梯度，并未考虑到电催化氧化作用的发挥，导致所涉及的光电催化效率较低。另外，$TiO_2$ 等光催化半导体材料导电性差，从电化学角度分析不适宜单独作为电催化材料而应用。鉴于电助光催化过程具有较低的效率，最近几年来一些研究者又探讨了电催化电极在紫外线作用下对水中有机污染物的降解行为，目的是为了达到更为有效快速的水处理效果。最近 Pelegrini 等研究了 DSA($Ti/Ru_{0.3}Ti_{0.7}O_2$)电极的光助电催化降解行为，分析了电催化电极的光电催化性质[24]。相比而言，以电

化学作用为主导的光电催化技术研究较晚，但有可能成为光电催化技术新的发展方向。

光电催化技术是将光催化与电催化氧化过程有机结合，发挥其协同作用，以提高对水中有机污染物的去除效率。因此研究的对象多为天然和人工水体所常见的有机污染物，所涉及的降解体系有模拟废水也有实际废水。所选择的模型污染物主要有染料、酚类物质、表面活性剂以及腐殖酸、低相对分子质量有机酸等，而研究的出发点一是为了提高废水的可生化性，适合与传统的生物法等水处理工艺过程相匹配，另外一点是集中在微量有机污染物的快速去除甚至矿化上，探索可行的水质深度净化方法。

#### 3.1.3.2　光电反应机理研究现状

如图3-4所示，Vinodgopal等认为产生光电流的电极反应归因于以下的反应：

在 $TiO_2$ 光阳极上：

$$TiO_2 + h\nu \longrightarrow TiO_2(h^+ + e) \tag{3-6}$$

$$TiO_2(h) + OH^-_{surf}(OH^-) \longrightarrow {}^{\cdot}OH \tag{3-7}$$

或者

$$TiO_2(h) + OH^- \longrightarrow 1/4\ O_2 + 1/2\ H_2O \tag{3-8}$$

位于暗区的Pt阴极上：

$$e + O_2 \longrightarrow O_2^- \tag{3-9}$$

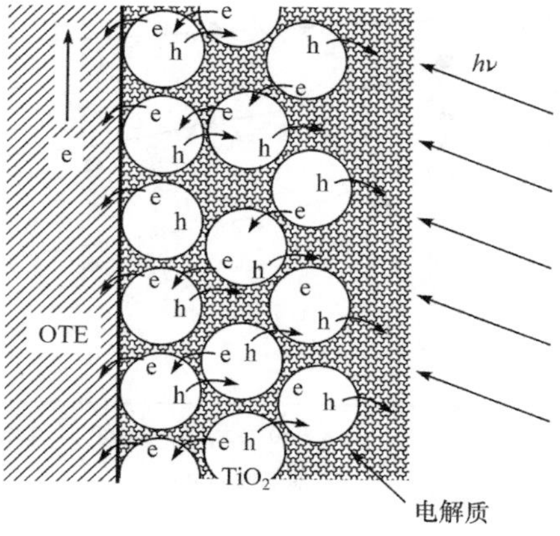

图3-4　半导体膜表面的光诱导电荷分离机理图[6]

尽管式(3-8) $O_2$ 析出反应是一个主要反应，但却没有观察到阳极有氧气析出。可能是由于所使用的 $TiO_2$ 主要为锐钛矿晶型，具有较高的析氧过电位的原因。因此式(3－7)控制着阳极过程,表面的 $OH^-$ 扮演了空穴捕获剂的角色,成为产生羟基自由基的主要途径。

因此,羟基自由基的产生与利用是光电催化研究的关键。在电助光催化氧化过程中,电场辅助光催化氧化过程产生更多的羟基自由基。而在光助电催化氧化过程中,基于光催化氧化过程产生的羟基自由基协助电催化氧化反应以更高的效率降解水中有机污染物。

#### 3.1.3.3 影响光电降解过程的主要因素

1. 外加偏压的影响

Vinodgopal 等[6]研究发现 $TiO_2$ 薄膜上的电荷分离程度极易通过调节外加偏压而加以控制,进而实现对降解速率的控制。如图 3－5 所示,外加电压维持在0 V时的降解速率接近于氧气存在下无外偏压时的反应速率,当外加偏压维持在＋0.6 V时,4-氯酚以较快的反应速率降解,而当外加电压维持在－0.6 V 时,4-氯酚的降解速率很慢。李湘中、刘惠玲等[12,13]用阳极氧化法制备了网状 $TiO_2$/Ti 电极,用于光电催化降解染料的试验,证明较小的外部偏压就可以有效提高光催化氧化的速率。冷文华等采用直接热氧化法制备了 $TiO_2$ 薄膜电极,发现当外加阳极偏压从 0 V 增加到＋1.0 V 时,苯胺的降解速率常数迅速增大;而当外加阳极偏压继续从＋1.0 V 增加到＋2.0 V 时,降解速率常数增长趋于缓慢,苯胺降解的光电流效率反而下降[18]。

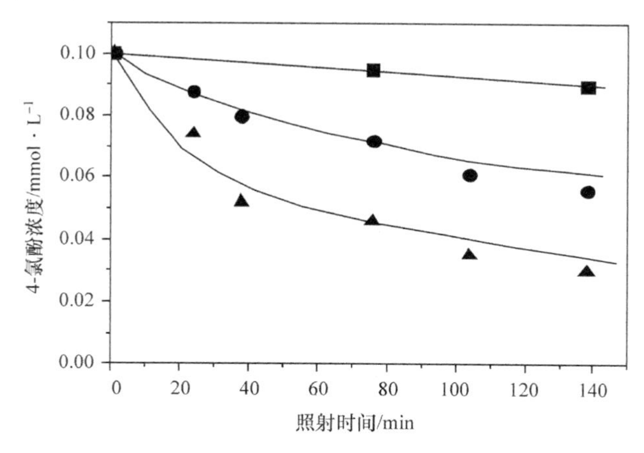


图 3－5 外加偏压对 4-氯酚(4-CP)去除速率的影响[6]

(■)－0.6V;(●)0.0V;(▲)＋0.6V

2. 溶解性盐类的影响

Hepel 的研究表明,当阴离子支持电解质能够转化成强氧化性物种时可提高对染料的降解效率。相同条件下，染料在0.5 mol·L$^{-1}$ NaCl溶液中的降解速率要高于在0.5 mol·L$^{-1}$ $Na_2SO_4$溶液中的降解速率[27]。全燮等选用Pt掺杂的$TiO_2$/Ti电极，研究了对2,4-D（2,4-dichlorophenoxyacetic acid）的光电协同降解，认为由于NaCl电解生成氯气从而导致高毒性氯代产物的生成，$Na_2SO_4$转化为过二硫酸盐并参与2,4-D的氧化，有效促进了2,4-D的降解[31]。张文兵等研究了阴离子对负载$TiO_2$的石英砂构成的三维光电催化反应降解效果的影响，证明$Cl^-$、$ClO_4^-$、$SO_4^{2-}$等离子都或多或少地表现出对染料亮橙K-R降解的抑制作用，而$HCO_3^-$对光催化和光电催化过程有强烈的抑制作用[32]。安太成等则发现$Cl^-$对光电催化降解喹啉有明显的促进而不是猝灭作用，并且产生了动力学上的协同效应[33]。

3. *溶液初始pH的影响*

无论是单独的光催化过程、电催化过程还是光电催化过程，溶液的初始pH都会对水中有机物降解效果产生影响。这是因为金属氧化物表面的羟基（OH）可以通过路易斯酸碱反应建立以下平衡关系（以$TiO_2$为例）：

$$pH<pH_{PZC}: TiOH+H^+ \rightleftharpoons TiOH_2^+ \quad (3-10)$$

$$pH>pH_{PZC}: TiOH+OH^- \rightleftharpoons TiO^- +H_2O \quad (3-11)$$

从而直接影响了金属氧化物的表面电性。在用$WO_3$电极光电催化降解染料NBB时，Hepel认为降解速率对pH的依赖性是解释反应机制的一个关键因素。溶液pH从三个方面来影响反应：①半导体的平带电势，半导体的平带电势$E_{fb}$是溶液pH的函数：$E_{fb}=E_{fb}^0-0.0595pH$；②电活性物种的吸附（包括与已吸附$OH^-$的竞争吸附）；③辐射条件下$H_2O(OH^-)$的光电氧化与其他可形成氧化性物种的反应物的竞争反应。羟基自由基的形成也依赖于溶液的pH条件：

$$E_{eq}=2.72-0.059\lg[\cdot OH]-0.059pH \quad (3-12)$$

研究发现，在氯化物溶液中，酸性条件下NBB的降解速率快于碱性条件[27]。实际上溶液pH也影响着反应物的存在形式，例如2,4-D在酸性条件下以分子形式存在，表现出较强的憎水性质，在碱性条件下2,4-D带负电荷，水溶性增强。因此，在Pt掺杂的$TiO_2$/Ti电极上，2,4-D在酸性条件下的降解速率高于碱性条件。笔者考察了商品化DSA电极在不同pH条件附近光电协同降解2-氯酚的行为，发现较高pH利于2-氯酚的去除和矿化[34]。可以认为，溶液pH一方面影响了酚类等物质的存在形态；另一方面也影响了电极溶液界面的电荷分布，但各种机制是一种平衡关系。

4. *曝气的影响*

Fendler在《纳米粒子与纳米结构薄膜》一书中指出，利用阳极偏压来分离载流子，排除了氧作为电子“净化剂”的必要性，从而可以在厌氧条件实现光催化反应[35]。Vinodgopal 等考察了 $N_2$、空气和 $O_2$ 曝气条件下 $TiO_2$ 薄膜电极上光生电流和电压的变化，发现在 $N_2$ 饱和的条件下开路电压迅速增加，达到 880 mV，发生如下反应：

$$TiO_2(e) \longrightarrow TiO_2(e_t) \tag{3-13}$$

而在 $O_2$ 饱和的条件下开路电压仅为 60 mV，证明吸附在 $TiO_2$ 颗粒上的 $O_2$ 是一种良好的光生电子捕获剂，发生如下反应：

$$TiO_2(e_t) + O_2 \longrightarrow TiO_2 + O_2^- \tag{3-14}$$

张文兵等也考察了 $N_2$ 和 $O_2$ 曝气条件对光电催化过程的影响，发现充入 $N_2$ 条件下的降解效率要远低于充入 $O_2$ 条件下的降解效率[36]。

尽管在客观上否定了电子捕获剂 $O_2$ 存在的必要，但是电子在阴极的作用也不可忽略。不过，还没有太多的文献给予阴极电子的还原作用以充分的重视。通过一系列的反应可以在阴极生成 $H_2O_2$，如式(3-15)～(3-19)所示。也可能发生 $H_2$ 的析出，或者直接的电子还原过程。

$$e + O_2 \longrightarrow O_2^- \tag{3-15}$$

$$O_2^- + H^+ \longrightarrow HO_2^{\cdot} \tag{3-16}$$

$$O_2^- + HO_2^{\cdot} \longrightarrow O_2 + HO_2^- \tag{3-17}$$

$$2HO_2^{\cdot} \longrightarrow H_2O_2 + O_2 \tag{3-18}$$

$$HO_2^- + H^+ \longrightarrow H_2O_2 \tag{3-19}$$

#### 3.1.3.4 光电催化水处理技术的发展趋势

光电催化氧化水处理技术是较单独的光催化和电催化更具优越性的一项高级氧化技术，具有更高的效率和更广泛的实用性。但任何一项技术都有其特有的优势和劣势，都需要得到不断的发展。总的说来，光电催化降解技术需要从以下几点深入研究。

1. 光电极的优化

光电极的制备是光电催化研究的核心，它是构成光电催化反应器的关键所在。对于光电极的研究主要集中在光催化剂的改性和电极材料的筛选上，以期获得高效实用的电极。

2. 光电作用机理的深入研究

很多研究者对单独的光催化和电催化机理都进行了深入的研究，而且他们的催化作用机理已比较清晰地解释了其反应机理，但对光电催化作用机理尤其是光电协同作用的机理的研究并不是很充分。对有机物的降解动力学研究尚缺乏可能存在的活性物质的鉴定，反应途径还停留在设想推测阶段，对某类特殊污染物的一般降解过程没有得到系统的归纳，反应动力学模型的建立还比较少[37]。

3. 可见光的利用

利用人工紫外光源成本较高，而紫外线在太阳光总能量中的比例不到 5%，如果能将催化剂活性改善，和电场的作用相结合，使它在较长的波长(可见光范围)里得到激发，那么我们就可以利用太阳能来处理各种难以净化的水质。利用此技术将水中的有机物矿化，对于净化水质、保护环境等方面是其他传统方法所不可比拟的，具有十分巨大的市场前景和社会经济效益[38]。

4. 光电反应器的改进

光电催化反应器是施加外电场并进行光催化反应的场所[39]，涉及电场、光源、电催化剂、光催化剂、污染水体的特性、传质条件及反应氛围等可变与不变因素，它们决定着光电催化反应的效率。

此外，很难有一项具有普遍适用性的技术，既能够经济高效地去除水中的各种污染物却又不需要与其他处理手段相匹配。光电催化降解技术作为一种备受瞩目的去除水中低含量有机污染物的手段，更需要在不断发展的水处理原理和方法研究中得到准确定位，与生物法、吸附法等成熟的技术相融合，达到高效处理高浓度废水与微污染水的目的。

## 3.2　基于改性 β-$PbO_2$ 电极的光电水处理方法

### 3.2.1　改性 β-$PbO_2$ 电极的制备

#### 3.2.1.1　电沉积制备方法

提高电催化特性是电极研究的重要目标，是功能电极材料中最具特征和最重要的功能特性，也是强化电流效率与提高生产能力的主要途径。自从 Beer 发明了涂层 DSA 电极以来，近代的电催化反应尤其集中到了半导体电极过程的研究上[22]。$TiO_2$、$MnO_2$、炭黑、碳纳米管等具有良好的吸附性质和耐腐蚀性质，选择它们作为改性材料，借以提高电极的降解效能，是一种可行的方法。一些研究中(如对甲醛的吸附)，如果 $TiO_2$ 的吸附性质不比活性炭好，那么至少 $TiO_2$ 的吸附性质和活性炭相近[40]。另外，在光催化研究中有很多金属氧化物与 $TiO_2$ 以一定的方式掺杂后能够扩大对可见光的吸收，如果将这些改性材料与 $TiO_2$ 固定在同一电极上，就可以实现可见光或太阳光照射条件下光电催化降解。因此，如果着眼点不同，就有相应的改性材料可以用于改性，借以提高电极在不同方面的性能。下面就以 β-$PbO_2$

电极的电沉积制备改性为例来分析(光)电极改性的方法和结果。

1. 电沉积制备方法之一

在电沉积 β-$PbO_2$ 层时,其晶体结构决定了 β-$PbO_2$ 镀层内固有的内应力,可通过 β-$PbO_2$ 层添加防腐蚀且电化学性能不活泼的颗粒物料和纤维物料来消除这种内应力。采用将颗粒物料和纤维物料加到 β-$PbO_2$ 层的方法,可以避免镀层中 β-$PbO_2$的连续结合,有利于把 β-$PbO_2$ 层中由于电沉积产生的内应力分散开[22]。为了增加电极的耐蚀性,参照 $TiO_2$ 对 DSA 电极性质的巨大优化作用,选择颗粒状 $TiO_2$ 作为共沉积材料,使 $TiO_2$ 颗粒进入 β-$PbO_2$ 镀层内。同时,在电极上固定的 $TiO_2$ 颗粒也能发挥光催化作用,在紫外线的照射下有利于电极表面的自清洁。

下面介绍一种最新研究的 β-$PbO_2$ 沉积方法。先将 4cm×6cm 的钛网在热的 40% NaOH 溶液中除去油污,然后在沸腾的 15%草酸溶液中腐蚀直至 $TiO_2$ 完全溶解,处理后的钛网呈灰白色。电沉积液总体积为 200 mL,各组分为 0.1 mol·$L^{-1}$ $HNO_3$,0.5 mol·$L^{-1}$ $Pb(NO_3)_2$,0.04 mol·$L^{-1}$ KF 和一定量的 $TiO_2$、$MnO_2$、碳纳米管和碳黑等微粒。电沉积液超声分散 5 min,以预处理过的钛网为阳极,同样面积的钛板为阴极,极间距为 30 mm,垂直插入电沉积液中,如图 3-6。对阳极施加 4 mA·$cm^{-2}$ 的电流,维持磁力搅拌使电沉积液保持均匀,电沉积 60 min即可得到 $TiO_2$ 改性 β-$PbO_2$ 电极。β-$PbO_2$ 电极的电沉积制备与 $TiO_2$ 等改性 β-$PbO_2$ 电极制备的不同之处在于电沉积液中没有加入 $TiO_2$ 等微粒,电沉积时低速搅拌。制备好的电极用水冲洗干净,晾干备用。

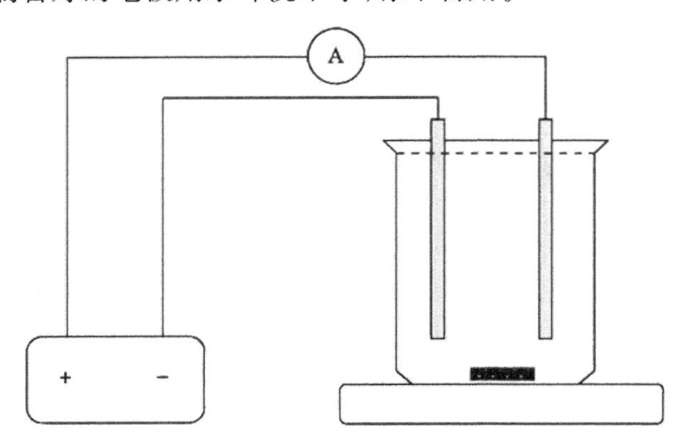


图 3-6　β-$PbO_2$ 电极电沉积制备装置示意图

采用该方法进行电共沉积时主要发生的反应如下。

阳极:

$$Pb^{2+} + 2H_2O \longrightarrow PbO_2 + 4H^+ + 2e \qquad \varphi_0 = 1.46V \qquad (3-20)$$

$$2H_2O \longrightarrow O_2\uparrow + 4H^+ + 4e \qquad \varphi_0 = 1.23V \tag{3-21}$$

阴极：

$$Pb^{2+} + 2e \longrightarrow Pb \qquad \varphi_0 = 1.26V \tag{3-22}$$

$$2H^+ + 2e \longrightarrow H_2\uparrow \qquad \varphi_0 = 0.00V \tag{3-23}$$

总的电共沉积反应为

$$Pb^{2+} + 2H_2O + TiO_2 \longrightarrow PbO_2\text{-}TiO_2 + 4H^+ + 2e \tag{3-24}$$

电共沉积过程的 $PbO_2$ 与 $Pb^{2+}$ 之间的平衡电位为

$$\varphi_0 = 1.46 + 2.3\frac{2RT}{F}\lg[H^+] - 2.3\frac{RT}{2F}\lg[Pb^{2+}] \tag{3-25}$$

当电位值高于平衡电位时，$PbO_2$ 就在阳极上沉积，沉积的速度与通过的电流密度和电沉积液的组成有关。

Guglielmi 模型是一个较为成熟的描述电沉积原理的模型，如图 3－7 所示，$TiO_2$ 和 β-$PbO_2$ 共沉积的步骤可描述为：首先金属离子 $Pb^{2+}$ 和其他离子包括溶剂分子吸附在 $TiO_2$ 微粒上，这种吸附是一种弱吸附。在电场的作用下，$TiO_2$ 微粒进入电极的致密层，$Pb^{2+}$ 的氧化导致强的不可逆吸附，产生 β-$PbO_2$ 晶体，同时 $TiO_2$ 微粒和 β-$PbO_2$ 晶体共同沉积在电极基体上。

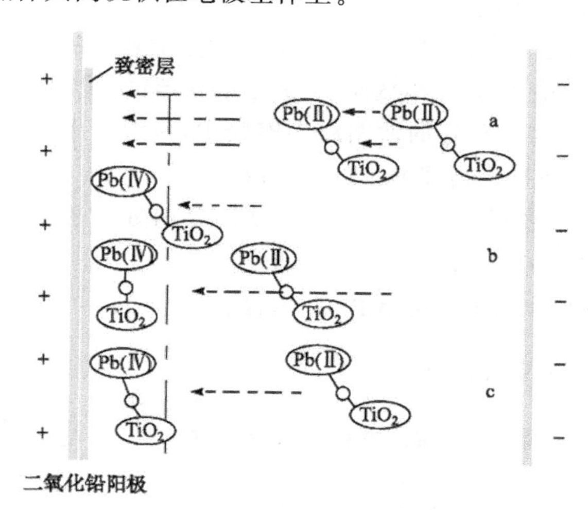


图 3－7　$TiO_2$ 和 β-$PbO_2$ 晶体共沉积的 Guglielmi 模型图示

2. 电沉积制备方法之二

另外一种常用的 $PbO_2$ 电极的制备方法是选用氧化铅粉末作为电沉积材料，具体步骤主要包括：①钛基体预处理；②镀液配制与预处理；③先将氧化铅粉末置于容器中，根据需要倒入一定量的镀液，控制电流密度镀制一定时间就得到 $PbO_2$

电极。该种制备方法也是为了消除镀层的内应力,提高电极的性能[41]。

#### 3.2.1.2 溶胶-凝胶/煅烧法

电极的预处理方法同前。

具体制备方法分两步:①涂覆溶液或溶胶的制备。将钛酸正四丁酯(钛酸酯类)、二乙醇胺、水与部分无水乙醇混合,搅拌一定时间,得到 $TiO_2$ 溶胶。将蒸馏水与一定量的乙醇混匀,于剧烈搅拌下缓慢滴加到 $TiO_2$ 溶胶中,滴加完毕后,将其他组分加入到混合液中,混合均匀。涂覆溶液或溶胶也可采用其他能够有效分散 $TiO_2$ 微粒与其他组分的制备方案。②将制备好的溶液或溶胶涂覆在预处理过的导电基体材料如钛材等上,在一定温度下晾干或烘干后重复以上操作,然后在一定温度下煅烧就得到光电极,也可反复涂覆煅烧[42]。

溶胶-凝胶/煅烧法是另外一种可以有效改性 $PbO_2$ 电极的方法,所制备出的(光)电极上各组分的分布较电沉积法制备出的电极均匀,可能导致更高的光电催化活性,但 $TiO_2$ 含量过高会影响电极的电催化性能。

同时,为了检验所制备的 $TiO_2$ 改性 β-$PbO_2$ 电极的电助光催化活性高低,也制备了以下光电极进行对比。

(1) 溶胶-凝胶法制备的 $TiO_2$/Ti 电极。溶胶-凝胶法制备 $TiO_2$/Ti 电极的主要过程是:首先将钛酸丁酯、乙酰丙酮、去离子水和异丙醇以 1∶0.3∶0.4∶7 的比例混合均匀,然后将前处理好的钛网浸入溶胶中,室温下干燥后在 550℃下焙烧 2 h,反复浸渍-煅烧数次即得 $TiO_2$/Ti 膜电极。

(2) 热氧化法制备的 $TiO_2$/Ti 电极。钛网经前处理后直接在 550℃下焙烧 2 h,得到金黄色的 $TiO_2$ 膜电极。

(3) 炭黑和碳纳米管改性的 β-$PbO_2$ 电极。

### 3.2.2 改性 β-$PbO_2$ 电极的表征

#### 3.2.2.1 $TiO_2$ 改性 β-$PbO_2$ 电极的表面形貌

1. $TiO_2$ 改性 β-$PbO_2$ 电极的表面形貌

改性 β-$PbO_2$ 电极的表面形貌在 AMRAY 1820 扫描电子显微镜或在 S-3000N(HITACHI Co.)上观察,加速电压 20 kV,同时提供 EDS 分析结果。图 3-8表明,经 $TiO_2$ 改性的 β-$PbO_2$ 电极的形貌与未经改性的 β-$PbO_2$ 电极不同。由图3-8(b)和(f)SEM 照片显示,与未经改性的 β-$PbO_2$ 电极相比,经 2.0 g $TiO_2$(在 200 mL 电沉积液中加入 2.0 g $TiO_2$)改性后的 β-$PbO_2$ 电极表面上 β-$PbO_2$ 晶体结合得要致密均匀得多,β-$PbO_2$ 晶粒更加精细,表面更加平整。从图 3-8(a)和

(e)可以更加清晰地看到2.0 g $TiO_2$ 改性 β-$PbO_2$ 电极表面精细的 β-$PbO_2$ 晶体微粒，而且 $TiO_2$ 微粒较为均匀地分散在 β-$PbO_2$ 晶粒间。图 3－8(a) 和(c)显示，经 0.5 g $TiO_2$ 改性的 β-$PbO_2$ 电极表面也较为致密，但 β-$PbO_2$ 晶体颗粒大小几乎没

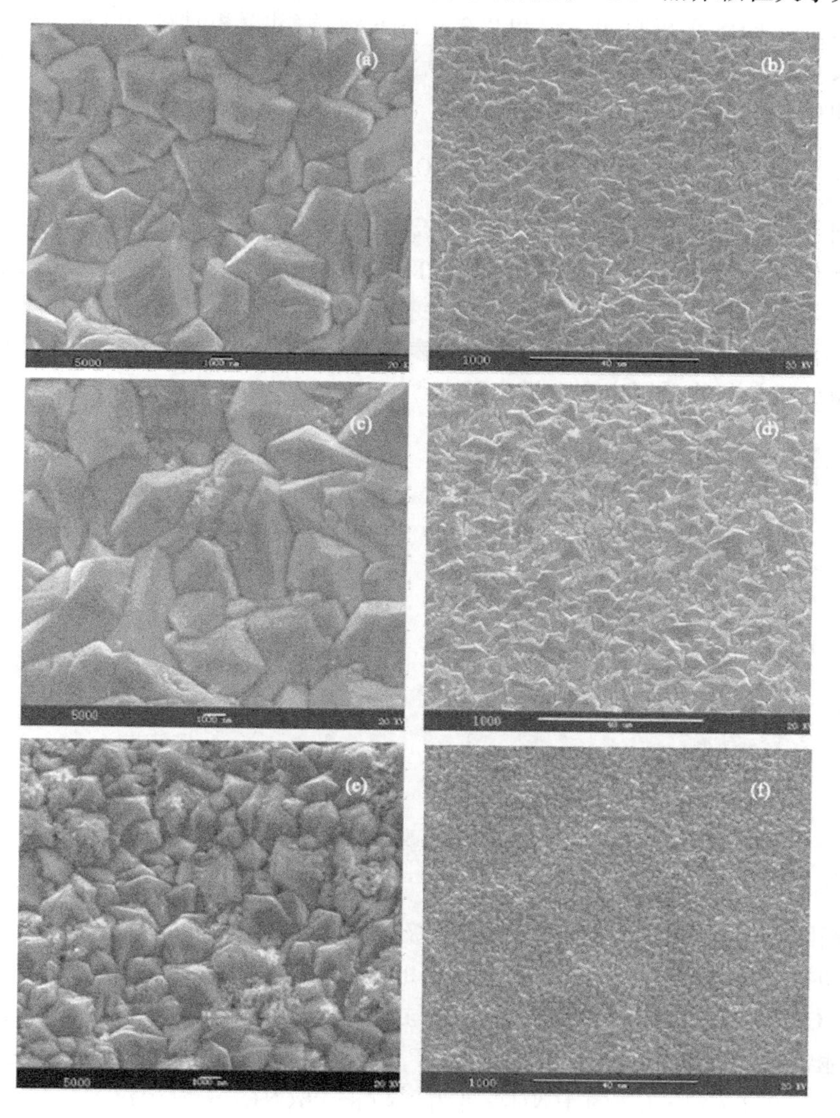


图 3－8 不同量 $TiO_2$ 参与共沉积时各电极的 SEM 图

(a)和(b)为 β-$PbO_2$ 电极；(c)和(d)为 0.5g $TiO_2$ 参与共沉积制备的改性 β-$PbO_2$ 电极；

(e)和(f)为 2.0g$TiO_2$ 参与共沉积制备的改性 β-$PbO_2$ 电极

(a)、(c)、(e)放大 5000 倍，(b)、(d)、(f)放大 1000 倍

有发生变化，$TiO_2$ 微粒分散在 $PbO_2$ 晶粒间，但由于电沉积液中参与共沉积的 $TiO_2$ 较少，β-$PbO_2$ 电极形貌并未发生大的变化。可见，随着参与共沉积的 $TiO_2$ 量的增加，越来越多的 $TiO_2$ 固定在改性 β-$PbO_2$ 电极上，同时 β-$PbO_2$ 晶粒变得更加精细。由 EDS 分析知，0.5 g 和 2.0 g $TiO_2$ 改性（共沉积时在 200 mL 电沉积液中加入 0.5 g 或 2.0 g $TiO_2$）的 β-$PbO_2$ 电极上 $TiO_2$ 和 $PbO_2$ 的摩尔比分别为 6.4∶93.6 和 19.4∶80.6。

2. $TiO_2$ 与 $MnO_2$ 共同改性的 β-$PbO_2$ 电极的表面形貌

当 $MnO_2$ 参与共同改性 β-$PbO_2$ 电极时，与单独 $TiO_2$ 改性的 β-$PbO_2$ 电极的形貌十分不同。由图 3-9(a)可以看出，$TiO_2$ 与 $MnO_2$ 按 1∶1 质量比共同改性的 β-$PbO_2$ 电极表面也较为均匀致密，但没有典型的菱型 β-$PbO_2$ 晶体出现。由图 3-9(b)可观察到更为精细的表面形貌，表层沉积层呈球形堆积状，而且可观察到有大量的微粒状物质固定在电极表面。

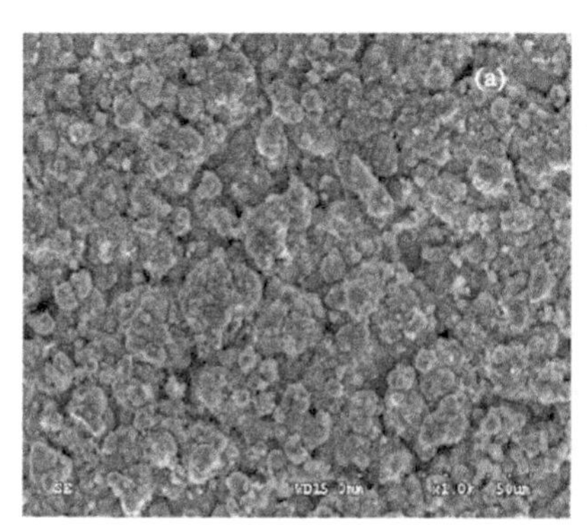

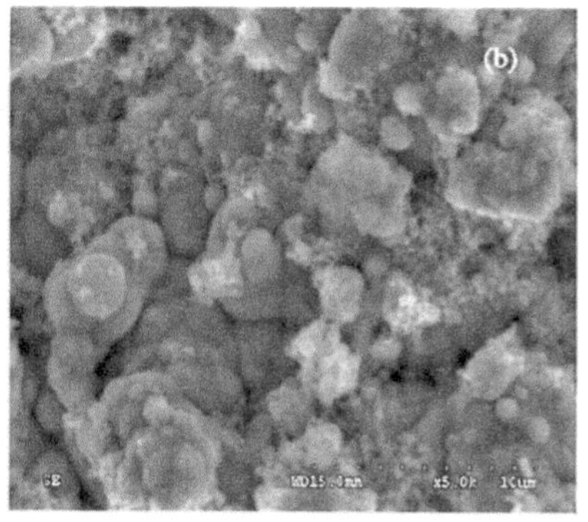


图 3-9 $TiO_2$ 与 $MnO_2$ 共同改性的 β-$PbO_2$ 电极的 SEM 图

(a) 放大 1000 倍；(b)放大 5000 倍

经图 3-10 的 EDS 能谱分析知，电极表面的 Ti∶Mn∶Pb 的摩尔比为 3.4∶1.8∶94.8 (%)，质量比为 0.8∶0.5∶98.7 (%)。可见，与参与共沉积的 $TiO_2$ 与 $MnO_2$ 的比例并不一致，这极有可能与锰的化学性质有关。在酸性溶液中，锰的其他各氧化态都可以自发地形成 $Mn^{2+}$ 离子，它是锰的最稳定形态。在电沉积液中含有 0.1 $mol \cdot L^{-1}$ 的 $HNO_3$，是为了防止 $Pb(NO_3)_2$ 发生沉淀反应，但也促进了 $Mn^{2+}$ 离子的生成。$MnO_2$ 电极也可以通过电沉积的方法制备，电沉积液的主要成分是 $MnSO_4$。据此可以推断，之所以 $MnO_2$ 参与共同改性时 β-$PbO_2$ 电极的形貌发生了很大的变化，在很大程度上源于电沉积液中大量的 $Mn^{2+}$ 参与了电沉积。

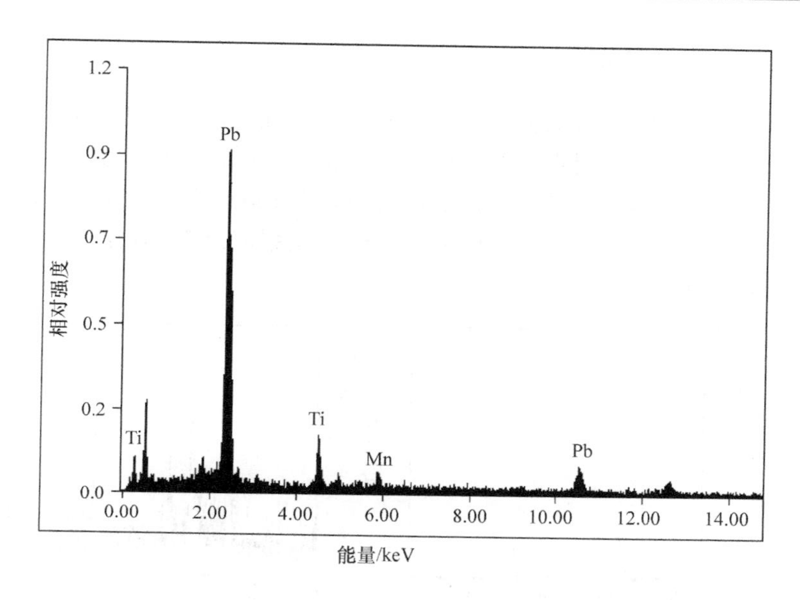


图3-10 $TiO_2$ 与 $MnO_2$ 共同改性的 β-$PbO_2$ 电极的EDS能谱

3. 炭黑或碳纳米管改性 β-$PbO_2$ 电极的表面形貌

炭黑和碳纳米管都具有良好的吸附和耐腐蚀的性质，我们也尝试性地采用这两种物质改性电极，所制备出的电极与未改性的电极在形貌上也大为不同。对本节所介绍的例子，所用炭黑和碳纳米管分别具有694.8 $m^2 \cdot g^{-1}$ 和134.0 $m^2 \cdot g^{-1}$ 的BET面积。如图3-11所示，炭黑改性的电极表面 $PbO_2$ 晶体颗粒变得更加精细，而碳纳米管改性的电极表面则变得更加平整，由于碳纳米管的强吸附性质，电极表面吸附了大量的碳纳米管颗粒，但 $PbO_2$ 晶体颗粒却未发生很大的变化。

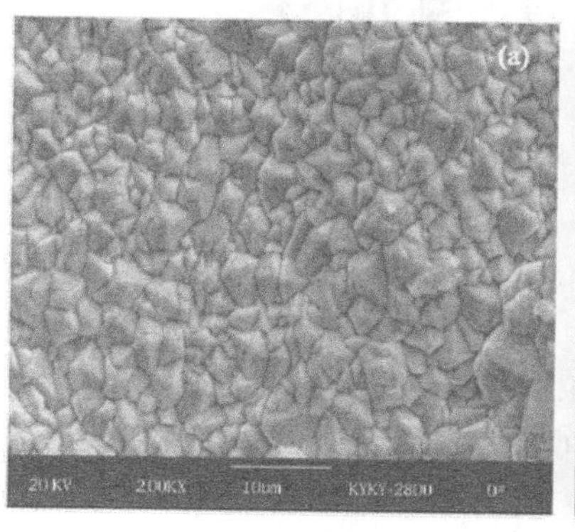


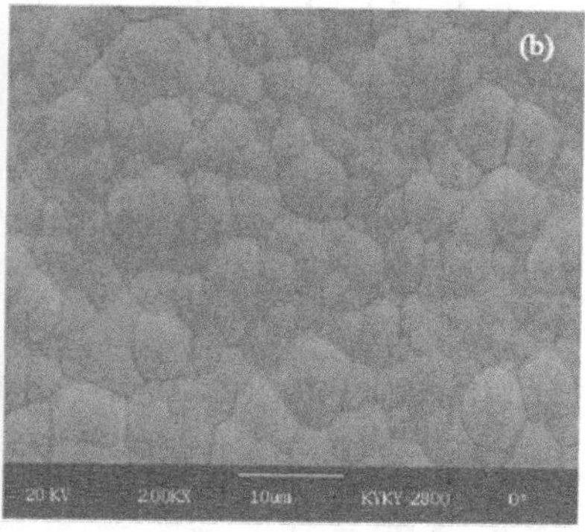


图3-11 炭黑(a)和碳纳米管(b)改性的 β-$PbO_2$ 电极的SEM图(放大2000倍)

#### 3.2.2.2 XRD 表征

$TiO_2$ 及所有电极的晶体结构在 Bruker D8 Advance X-diffractometer（Cu Kα, λ=0.15418 nm)上测定，如图 3-12 所示，试验用 $TiO_2$ 为纯的锐钛矿晶型 ($2\theta$=25.3, 37.8, 48.1, 53.95)，$TiO_2$ 改性的 $PbO_2$ 电极上的 $PbO_2$ 主要为 β-$PbO_2$($2\theta$=25.4, 32.0,49.0)，无明显 α-$PbO_2$ 衍射峰出现，但有较强的锐钛矿型 $TiO_2$ 衍射峰存在。

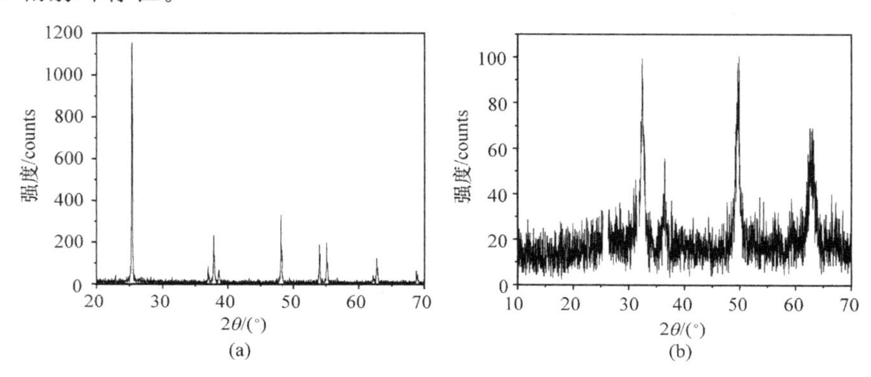


图 3-12 粉末 $TiO_2$(a)与 2.0 g $TiO_2$ 改性的 $PbO_2$ 电极(b)的 XRD 谱图

图 3-13 显示，所用 $MnO_2$ 主要为 γ-$MnO_2$($2\theta$=22.3, 36.6, 41.7,55.6)，$TiO_2$ 与 $MnO_2$ 共同改性的 $PbO_2$ 电极上的 $PbO_2$ 主要为 β-$PbO_2$($2\theta$=25.4, 32.0, 49.0)，同时有 $TiO_2$ 与 $MnO_2$ 的衍射峰出现。

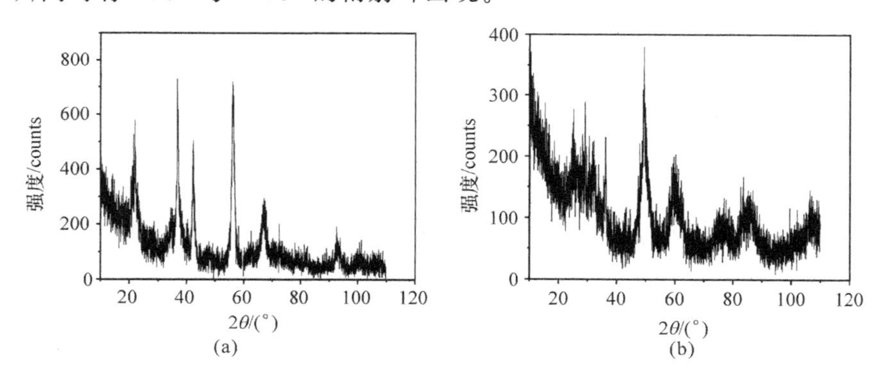


图 3-13 粉末 $MnO_2$(a)和与 1.0g $TiO_2$ 和 1.0g $MnO_2$(b)共同改性的 $PbO_2$ 电极的 XRD 谱图

#### 3.2.2.3 XPS 表征

所制备的未改性的 β-$PbO_2$ 电极(a)和 2.0 g $TiO_2$ 改性的 β-$PbO_2$ 电极(b)的

XPS全谱图如图3-14所示。从谱图中可以看出，电极的主要成分为Pb和O元素，而且Pb为四价。文献报导在此电沉积条件下所制备的电极表面氧化物为β-$PbO_2$，本节所述结果和文献一致，而且证明电极表面固定的Ti为四价，与所用材料一致。

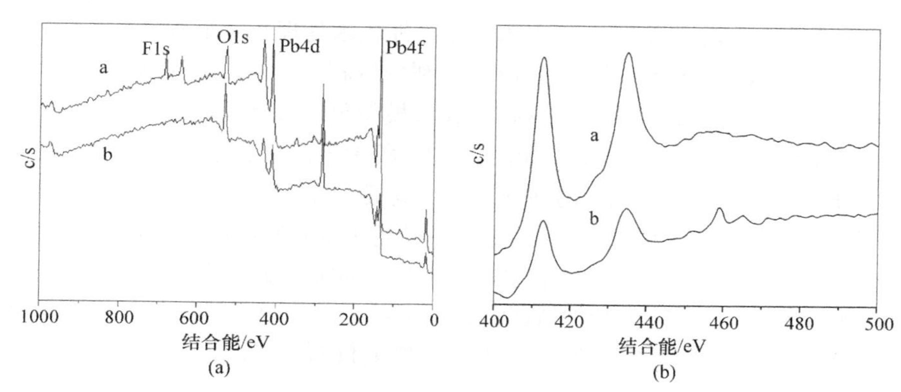


图3-14 未改性的β-$PbO_2$电极(a)和2.0 g $TiO_2$改性的β-$PbO_2$电极(b)的XPS谱图

### 3.2.2.4 LSV表征

所制备电极的电化学表征在Basic Electrochemical System (EG&G，263 potentiostat，M270 electrochemical analysis software)上进行。电势越高越易将有毒有机物氧化，故要求阳极材料必须对放氧反应有高析氧电位。如图3-15，Pt电极(a)，β-$PbO_2$电极(b)和2.0 g $TiO_2$改性的β-$PbO_2$电极(c)的线性扫描伏安曲线

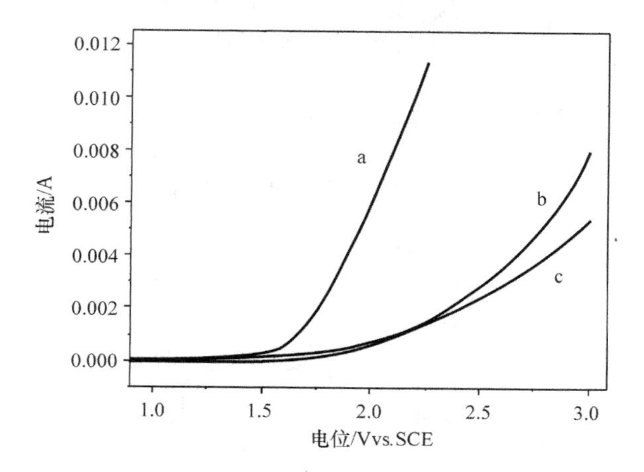


图3-15 Pt电极(a)，β-$PbO_2$电极(b)和2.0g $TiO_2$改性的β-$PbO_2$电极(c)的线性扫描伏安曲线(LSV)

支持电解质为0.1 mol·$L^{-1}$ $Na_2SO_4$，缓冲溶液pH 7.0

(LSV)表明,2.0 g $TiO_2$ 改性的 β-$PbO_2$ 电极的析氧电位高于 Pt 电极和 β-$PbO_2$ 电极,有利于电极电催化活性的提高。

### 3.2.3 电助光催化水处理装置

以酸性橙Ⅱ为模拟污染物,所采用的光电催化水处理装置如图 3-16 所示。反应在一个半圆柱形的石英反应器中进行,可利用容积 150 mL,反应时注入 125 mL 50 mg·$L^{-1}$的酸性橙Ⅱ溶液(未特殊注明时,模拟染料废水均为 50 mg·$L^{-1}$的酸性橙Ⅱ溶液)。酸性橙Ⅱ分子结构如图 3-17 所示。阳极为所制备的 2.0 g $TiO_2$ 改性 β-$PbO_2$ 网状电极(共沉积时在 200 mL 电沉积液中加入 2.0 g $TiO_2$),电极有效工作面积为 20 $cm^2$。阴极为 10 cm 长、直径约 1 mm 的钛棒,使用时没入液面下 5 cm。15 W 的低压紫外灯(主波长 254 nm)竖直放置于距石英反应器 25 mm 处,紫外线垂直照射于石英反应器的竖直平面一侧。阴阳两极间的恒定电压由 DH1715A-3 双路稳压稳流电源(北京大华无线电仪器厂)提供。

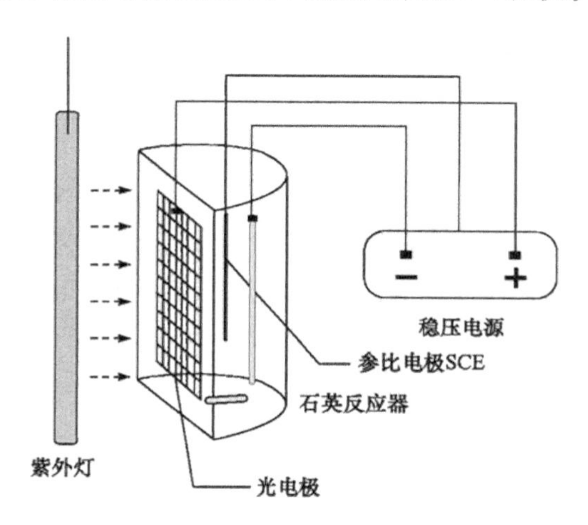


图 3-16　光电催化水处理装置示意图

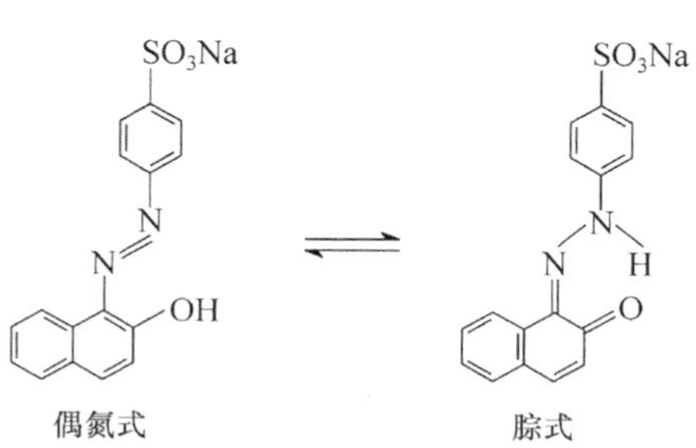

偶氮式　　　　腙式

图 3-17　酸性橙Ⅱ的分子结构

### 3.2.4　电助光催化氧化过程研究

#### 3.2.4.1　各 $TiO_2$ 改性 β-$PbO_2$ 电极的电助光催化活性

经过前述的 EDS 分析，随着共沉积制备电极时在沉积液中加入的 $TiO_2$ 量的增加(0～2.0 g)，固定在电极上的 $TiO_2$ 的量也呈增加趋势。在电助光催化降解酸性橙Ⅱ时，发现随着参与共沉积的 $TiO_2$ 量的增加，电极的光电催化降解效率也呈增加的趋势，如图 3－18 所示。与未改性的β-$PbO_2$电极相比，0.1 g $TiO_2$ 改性的β-$PbO_2$电极的降解效率明显提高，但是与 1.0 g $TiO_2$ 改性的 β-$PbO_2$ 电极相比，2.0 g $TiO_2$ 改性的 β-$PbO_2$ 电极的电助光催化降解效率却没有较大提高，表明进一步增加 $TiO_2$ 的共沉积量并不能显著提高电助光催化降解效率。本节主要介绍用 2.0 g $TiO_2$ 改性的 β-$PbO_2$ 电极，对水中酸性橙Ⅱ处理的实验结果。通过 $TiO_2$ 的共沉积，改变了电极的致密性，又固定了微粒 $TiO_2$。电化学作用在电助光催化降解过程中比重较小，$TiO_2$ 改性的 β-$PbO_2$ 电极的光电催化降解效率基本正比于所固定的微粒 $TiO_2$ 的量。

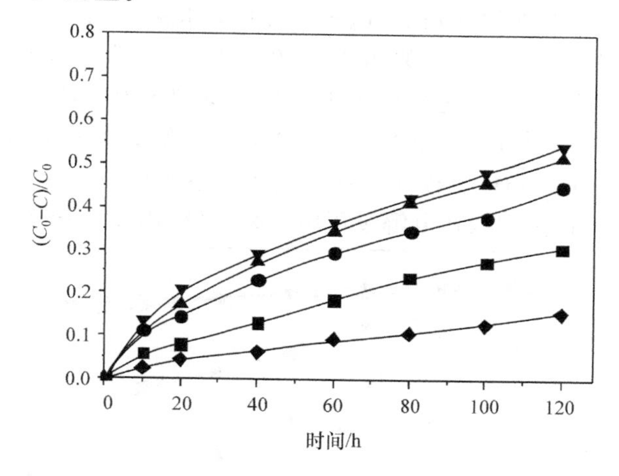


图 3－18　$TiO_2$ 改性的一系列 β-$PbO_2$ 电极电助光催化降解酸性橙Ⅱ的效率对比

反应条件：pH 中性，反应时间 2 h，外加电压 1.5V (下同)

—■—未改性电极；—●—0.1g $TiO_2$ 改性电极；—▲—1.0g $TiO_2$ 改性电极；

—▼—2.0g $TiO_2$ 改性电极；—◆—单独 UV 照射

为了进一步提高电极的光电催化活性，选择了增加共沉积物种的方法来试图改变电极的结构。有文献报道，$TiO_2$-$MnO_2$ 的复合材料兼有 $TiO_2$ 和 $MnO_2$ 的优点，对紫外线和可见光有很强的吸收，可在太阳光照射下降解染料。这主要是由于掺杂的作用，如图 3－19 所示，掺杂可以形成掺杂能级，使能量较小的光子激发掺杂能级上的电子和空穴，提高光量子效率，或者导致载流子扩散长度的增大，延长电子和空穴的寿命，提高太阳光的利用率[43]。梅燕等研究发现锐钛矿型在向金红石型转化过程中形成的混晶 $TiO_2$ 薄膜电极光电流值最大[21]，这也说明掺杂对于提高光催化效率是十分有效的。

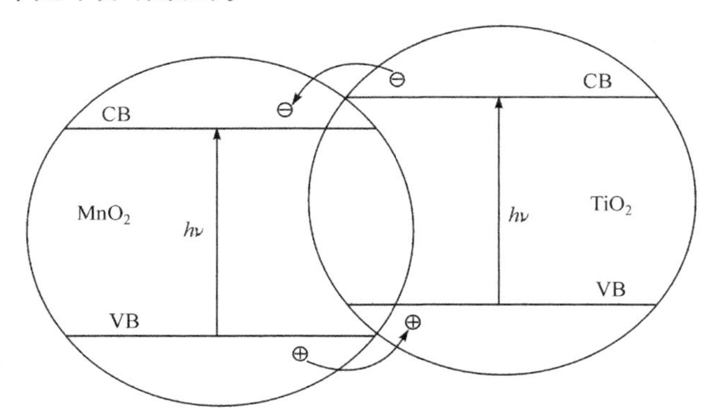


图 3-19　$TiO_2/MnO_2$ 掺杂提高降解效率机理示意图

对 $TiO_2/MnO_2$ 改性的 β-$PbO_2$ 电极的光电催化效率进行一下简单评价。对图 3-20 数据进行分析可以发现，单独 2.0 g $TiO_2$ 改性的 β-$PbO_2$ 电极和单独 2.0 g $MnO_2$ 改性的 β-$PbO_2$ 电极的电助光催化降解效率都明显低于 1.0 g $TiO_2$ 和 1.0 g $MnO_2$ 共同改性的 β-$PbO_2$ 电极。$MnO_2$ 是缺氧型的 n 型半导体材料，导电率高，耐腐蚀性强，$MnO_2$ 电极在工业上用于电解提取有色金属，其中一个重要的原因就是因为 $MnO_2$ 阳极在电解过程中不易溶解，因此微粒 $MnO_2$ 导入电极有

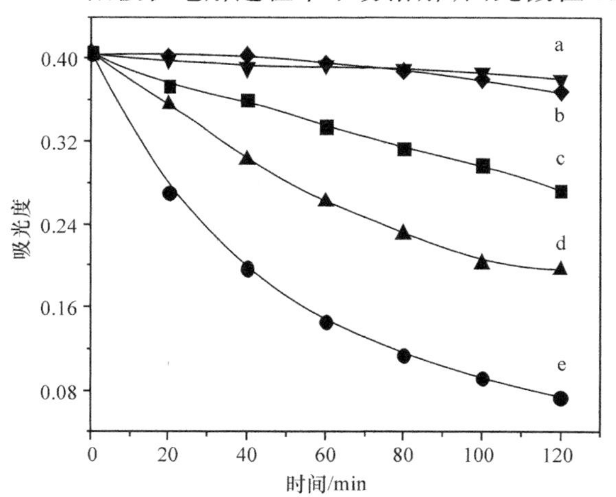


图 3-20　几种电极电助光催化降解酸性橙Ⅱ的效率对比

a—单独 UV 光解；b—单独电解；c—2.0g $MnO_2$ 改性的 β-$PbO_2$ 电极；
d—2.0g $TiO_2$ 改性的 β-$PbO_2$ 电极；e— 1.0g $MnO_2$ 和 1.0g$TiO_2$ 共同改性的 β-$PbO_2$ 电极

利于电极电化学性质和光催化性质的优化。

文献上报道的用于光电催化的电极种类较多，主要包括直接热氧化法制备的 $TiO_2$/ Ti电极和溶胶-凝胶/煅烧法制备的 $TiO_2$/Ti 电极。在此对比了文献上常见的 $TiO_2$/ Ti电极和自制的 2.0 g $TiO_2$ 改性的 β-$PbO_2$ 电极的电助光催化降解酸性橙Ⅱ的效率，如图 3-21 所示。可见，对于直接热氧化法制备的 $TiO_2$/Ti 电极和溶胶-凝胶/煅烧法制备的 $TiO_2$/ Ti电极，其降解效率均明显低于2.0 g $TiO_2$ 改性的 β-$PbO_2$ 电极。理论上，这两类 $TiO_2$/Ti 电极表面负载的 $TiO_2$ 的量要大大高于2.0 g $TiO_2$ 改性的 β-$PbO_2$ 电极，但电助光催化活性明显低于 2.0 g $TiO_2$ 改性的 β-$PbO_2$ 电极，这与 2.0 g $TiO_2$ 改性的 β-$PbO_2$ 电极较高的导电性有关。单独 $TiO_2$ 构成的电极的导电性明显低于改性 β-$PbO_2$ 电极，因为二氧化铅的电阻率为 $(4\sim5)\times10^{-5}\,\Omega\cdot cm^{-1}$，二氧化钛的电阻率高达 $10^{8}\,\Omega\cdot cm^{-1}$。正是由于 $TiO_2$/Ti 电极的导电性较低，从而使电势梯度较弱，造成光生电子和空穴的分离效率较低，直接导致 $TiO_2$/Ti 电极偏低的降解效率。

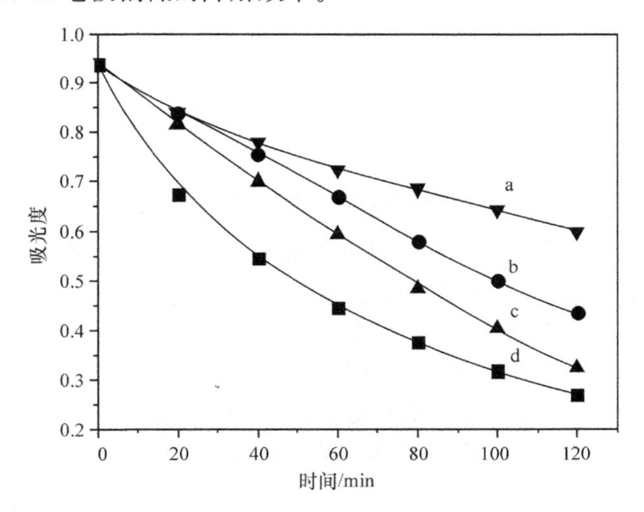


图 3-21　几种光电极的电助光催化降解酸性橙Ⅱ的效率对比

a—2.0g 碳纳米管改性的 β-$PbO_2$ 电极；b—溶胶-凝胶/煅烧法制备的 $TiO_2$/Ti 电极；c—单独煅烧制备的 $TiO_2$/Ti；d—2.0g$TiO_2$ 改性 β-$PbO_2$ 电极

### 3.2.4.2　电助光催化的协同作用

选用 2.0 g $TiO_2$ 改性的 β-$PbO_2$ 电极，在阴阳两极间施加 1.5 V 外加电压，考察不同处理方法对 50 $mg\cdot L^{-1}$ 酸性橙Ⅱ溶液的脱色效率，以证明 $TiO_2$ 改性 β-$PbO_2$电极的光电协同效应。

一般说来，大多数有机污染物光催化氧化降解的反应都可以用 Langmuir-

Hinshelwood 动力学模型来描述[44]：

$$r = \mathrm{d}C/\mathrm{d}t = kKC/(1+KC) \tag{3-26}$$

当底物浓度较低时，式(3－26)可简写为

$$\ln(C_0/C) = kKt = K_{obs}t \tag{3-27}$$

式中，$K_{obs}$ 为表观一级动力学速率常数($min^{-1}$)；$r$ 为反应物的氧化速率[$mg \cdot L^{-1} \cdot min^{-1}$]；$C_0$ 是反应物的初始浓度($mg \cdot L^{-1}$)；$C$ 是反应物在时间 $t$ 时的浓度($mg \cdot L^{-1}$)。对各种方法降解酸性橙Ⅱ的反应进行模拟，结果如表 3－3 所示，由各相关系数知，几种处理方法的降解历程基本符合一级动力学。

**表 3－3　不同降解方法对酸性橙Ⅱ的降解效果**

| | $K_{obs}/min^{-1}$ | $r$ | 脱色率/% |
|---|---|---|---|
| 单独电解 | 0.000 652 | 0.945 | 8.6 |
| 单独紫外光解 | 0.001 31 | 0.991 | 15.5 |
| 紫外光解，不加电场，电极存在 | 0.001 77 | 0.997 | 19.3 |
| 新制改性电极，电助光催化 | 0.003 84 | 0.929 | 41.2 |
| 新制 $Ru_{0.3}Ti_{0.7}O_2$ 电助光催化 | 0.001 06 | 0.952 | 13.6 |
| β-$PbO_2$ 电极，电助光催化 | 0.002 85 | 0.987 | 31.1 |

注：2.0g $TiO_2$ 改性 β-$PbO_2$ 电极，中性 pH 条件，2h 反应时间，外加电压 1.5V。

单独电解的脱色率约为单独紫外光解脱色率的一半，证明在没有电解质存在时，阴阳两极间仅有微弱的电流通过，电解对脱色率的贡献较小。电极存在但不加电场时的紫外光解脱色率为 19.3%，高于单独紫外光解时的脱色率，证明共沉积在电极上的 $TiO_2$ 在紫外线的照射下发挥了催化降解作用。对于新制的 2.0 g $TiO_2$ 改性 β-$PbO_2$ 电极，其电助光催化降解的一级动力学速率常数是单独紫外光解与单独电解之和的 1.96 倍，脱色率是它们的 1.71 倍，表明外加电场与光催化表现出了明显的协同作用。有文献报道 Ti/$Ru_{0.3}Ti_{0.7}O_2$(DSA)电极也具有良好的光电协同催化性质[24]，但商品化 DSA 电极在实验中却未表现出任何协同作用，脱色率甚至低于单独紫外光解，可能是由于在 Ti/$Ru_{0.3}Ti_{0.7}O_2$ 电极上 $TiO_2$ 和 $RuO_2$ 形成了固溶体，从而影响了 $TiO_2$ 的光催化性能。同时，$PbO_2$ 也是一种金属氧化物半导体材料，具有较窄的带宽(1.7eV)[1]，在紫外线的照射下也会激发产生电子和空穴。在本节所介绍的研究结果中，未改性的 β-$PbO_2$ 电极的电助光催化降解速率是单独电解(以 2.0 g $TiO_2$ 改性 β-$PbO_2$ 电极的电解效率估算)和单独紫外光解之和的 1.45 倍，表现出了明显的协同作用。

#### 3.2.4.3　有机物初始浓度的影响

水中污染物的初始浓度对电化学水处理过程及污染物的去除效果具有重要影

响，图 3－22 所示为水中酸性橙Ⅱ初始浓度为 5～50 mg · $L^{-1}$ 范围内，电助光催化氧化对酸性橙Ⅱ降解的试验结果。

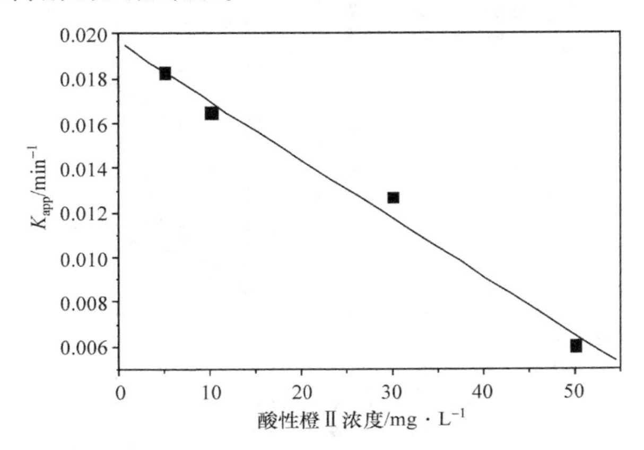


图 3－22　酸性橙Ⅱ初始浓度与电助光催化降解效率的关系

由图 3－22 可见，随着水中酸性橙Ⅱ初始浓度的增加，反应的一级动力学常数呈线性降低，主要是由于参与反应的是固定化的 $TiO_2$，其光催化氧化能力有限，这不同于 $TiO_2$ 悬浆体系。如果是悬浆体系，由于 $TiO_2$ 对染料的强吸附作用和对紫外线屏蔽作用的存在，随着染料初始浓度的提高，降解速率会出现先增大再降低的趋势，可以得到一个对处理最为有利的有机物初始浓度[44]。

#### 3.2.4.4　初始 pH 的影响

1. 不同外加电压条件下初始 pH 对降解效率的影响

初始 pH 条件和外加电压是影响电助光催化降解酸性橙Ⅱ效率的重要因素。如图 3－23(a)、(b)、(c)所示，不同的外加电压改变了染料的降解效率，但在特定外加电压条件下初始 pH 对于染料的降解效率次序并未发生较大变化。随着外加电压的增加，各 pH 条件下的降解效率均有所提高，是由于外加电压的提高促进了光生电子和空穴的分离进而提高了降解效率。

如图 3－23 所示，溶液初始 pH 对酸性橙Ⅱ的降解有着显著影响。酸性条件下降解效率较高，而中性条件下最低。酸性橙Ⅱ分子结构中含有带负电的磺酸基团，在酸性溶液中 $TiO_2$ 表面带正电荷，有利于染料分子在光催化剂上的吸附，在一定程度上促进了污染物的降解。在中性条件下，$TiO_2$ 表面正电荷减少，对于带负电的酸性橙Ⅱ分子吸附较弱，电助光催化反应降解效率较低。在高 pH 条件下，$TiO_2$ 表面电性发生逆转，带负电的 $TiO_2$ 排斥酸性橙Ⅱ分子，染料分子的吸附量较小，在很大程度上抑制了染料的降解。之所以高 pH 条件下仍然具有相对较高的

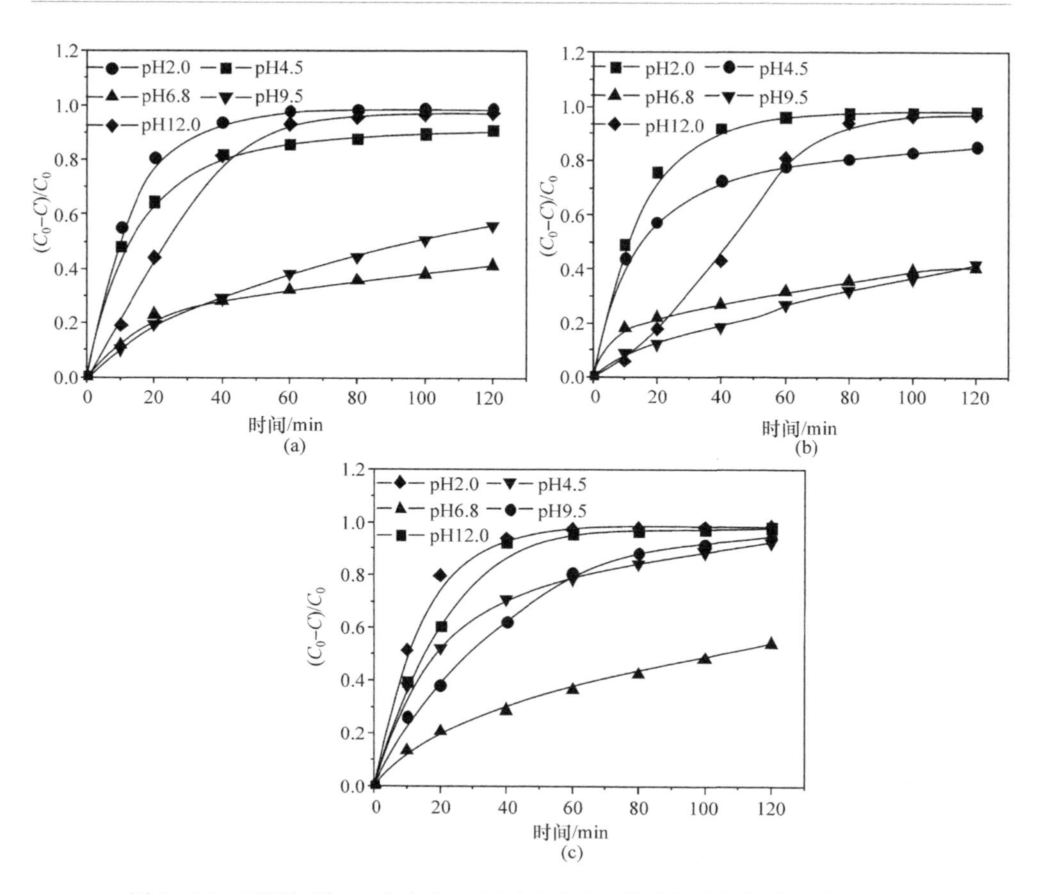


图 3-23　不同初始 pH 和外加电压对电助光催化降解酸性橙Ⅱ效率的影响

(a) 外加电压 0.5 V；(b) 外加电压 1.5 V；(c) 外加电压 2.5 V

降解效率，是由于高 pH 条件不仅改变了染料的结构而且影响了 $TiO_2$ 的反应特性的结果[46]。如表 3-4 所示，对 50 mg · $L^{-1}$ 酸性橙Ⅱ进行光电协同处理时，随着初始 pH 的升高，最终 TOC 去除率呈下降趋势，证明酸性条件有利于酸性橙Ⅱ的矿化。尽管初始 pH 为 12.0 时亦可实现较高的降解效率，但其 TOC 去除率却最低，这与酸性橙Ⅱ的降解历程有关。

**表 3-4　不同初始 pH 条件下的 TOC 去除率①**

| pH | 2.0 | 4.5 | 6.8 | 9.5 | 12.0 |
|---|---|---|---|---|---|
| TOC 去除率/% | 30.8 | 24.4 | 21.7 | 13.9 | 4.5 |

① 2.0g $TiO_2$ 改性的 β-$PbO_2$ 电极，外加电压 1.5V。

2. 不同 pH 条件下生色基团的破坏

为了解光电协同降解过程中酸性橙Ⅱ的结构变化，在不同初始 pH 条件下，扫描了不同反应时间时溶液的 UV-Vis 吸收光谱图。图 3-24 是初始 pH=6.8 (a) 和 pH=12.0 (b)时降解过程中酸性橙Ⅱ UV-Vis 吸收光谱变化图。由于 pH 为 12.0 时酸性橙Ⅱ的降解太快，不能反映染料降解的详细过程，而 pH 为 6.8 时染料降解的 UV-Vis 吸收光谱图与 pH 为 12.0 时相同，能够反映染料降解的过程，因此选择 pH 为 6.8 和 12.0 两种条件进行对比，结果如图 3-24 所示。对比(a)、(b)两图可见，尽管在不同 pH 条件下紫外光区吸收变化有所不同，但在可见光区吸收都大大降低，说明酸性橙Ⅱ的生色基团已被破坏。

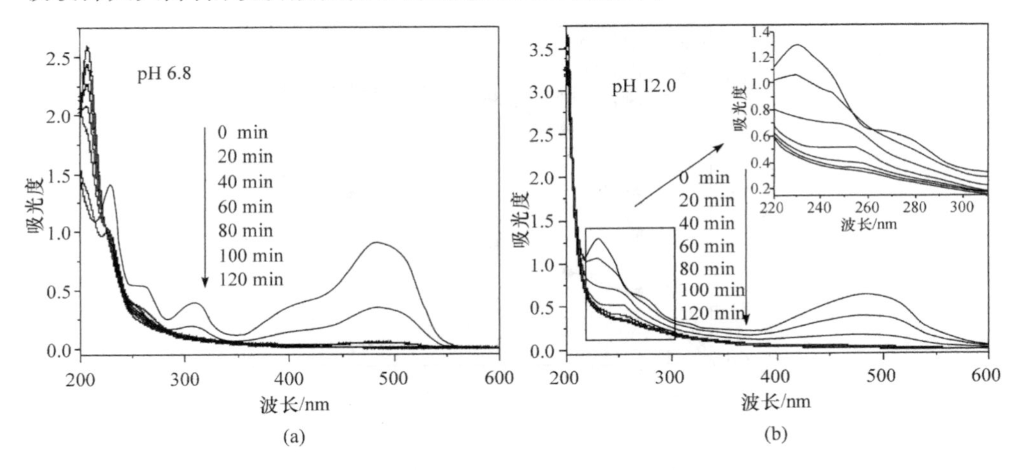


图 3-24 不同 pH 条件下电助光催化降解酸性橙Ⅱ时 UV-Vis 光谱随时间的变化

(a) pH=6.8;(b) pH=12.0 (2.0 g $TiO_2$ 改性的 β-$PbO_2$ 电极，外加电压 2.5 V)

染料分子中不同的结构会产生不同的吸收峰，水溶液中酸性橙Ⅱ在紫外和可见光区的吸收光谱有四个特征吸收带。其中两个在可见光区，分别是主吸收峰 484 nm 和肩部吸收带 430 nm，对应于酸性橙Ⅱ氢化偶氮和偶氮结构的吸收。另外两个特征吸收带位于紫外光区，分别是 230 nm 和 310 nm，对应于酸性橙Ⅱ(图 3-24)结构中苯环和萘环结构的吸收[46,47]。实验发现，初始 pH 为 6.8 和 12.0 时，随着光电协同催化反应的进行，四个特征吸收带均同步减弱，证明四个特征吸收带所对应的结构都同步得到破坏，并未发生某种结构的累积现象。而初始 pH 为 12.0 时，随着可见光区吸收的快速削弱，位于紫外光区的特征吸收带尤其是 230 nm(包括 310 nm)的吸收带先是不断增强，而后缓慢减弱。这证明染料分子中首先快速破坏了(氢化)偶氮共轭结构，由于此时体系的氧化能力不足且芳环结构的开环反应不易进行(决速步骤)，出现了苯环和萘环结构的累积现象，然后体系的降解能力主要集中于开环反应，芳环结构的含量逐步降低。这与不同初始 pH 条件下最终 TOC 去除结果一致。

氧化还原对˙OH /$OH^-$ 与˙OH、$H^+$/$H_2O$ 的氧化还原电势分别为 +1.9 V 和 +2.7 V，由于试验中所用外加电压为 1.5 V，因此˙OH 没有生成并参与反应。而且，由于酸性橙Ⅱ模拟废水中没有添加电解质，光电极的电解作用十分有限，在电助光催化降解时溶液的色度去除主要归于电极的光催化作用。由图 3-25 可见，pH 为 2.29 和 11.52 时都实现了染料废水色度的快速去除，明显高于 pH 为 6.88 时的色度去除，而中性条件下的色度去除仅达到 66.5%。对比 TOC 去除情况，发现 pH 为 2.29 时的去除率比 pH 为 11.52 时要高出 20.0%，尽管降解 2 h 时都达到了几乎 100%脱色率。

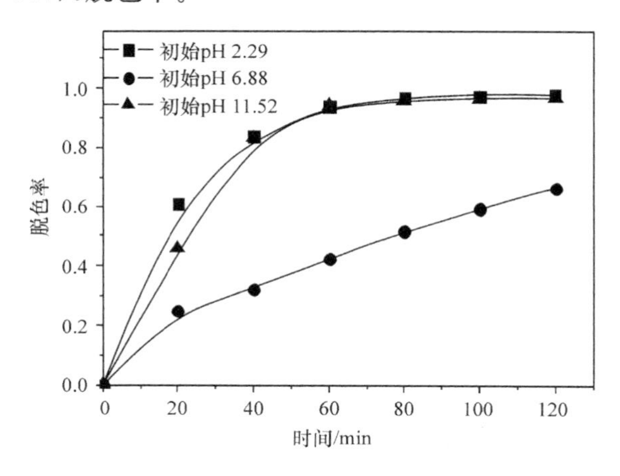


图 3-25　pH=2.29，6.88 和 11.52 时酸性橙Ⅱ溶液的脱色率

2.0 g $TiO_2$ 改性的 β-$PbO_2$ 电极，外加电压 1.5 V

3. 不同 pH 条件下 KI 的影响

$I^-$ 常用作价带空穴和羟基自由基的捕获剂，作为空穴过程存在的指示性方法[48]。由于在 KI (0.002 mol · $L^{-1}$)存在的条件下，有可能因为电流的增加导致电助光催化降解过程更高的降解效率。为了排除这种影响，对比了 KCl (0.002 mol · $L^{-1}$) 存在下酸性橙Ⅱ的降解效率。如图 3-26 所示，在 pH 为 2.29 的条件下，脱色率从无 KI 存在时的 89.0%降到 KI 存在时的 44.3%，证明价带空穴和吸附羟基自由基的作用得到了有效抑制，也就是说˙OH 产生并参与了降解反应。而在 pH 为 11.52 时，KI 存在时的脱色率较无 KI 存在的条件下增加了 21.5%，表明价带空穴和吸附羟基自由基的作用并不占主导，可能有另外一种反应机制存在于体系中。KI 具有比 KCl 更强的还原能力，如果排除 KI 的还原作用，KI 和 KCl 的作用应该

是相近的。在两种 pH 条件下,KCl 的存在对色度去除的影响趋势和 KI 相近,证明电解质的存在对降解的影响是十分有限的。KCl 也可以通过如下反应而影响酸性橙Ⅱ的降解效率[49,50]:

$$Cl^- + h^+ \longrightarrow {}^{\cdot}Cl \tag{3-28}$$

$$Cl^- + {}^{\cdot}OH \longrightarrow ClOH \tag{3-29}$$

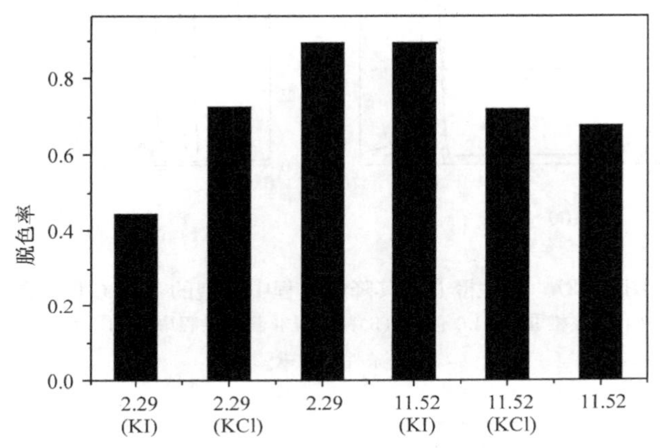


图 3-26　不同 pH 下 KI 对脱色率的影响

0.002 mol · $L^{-1}$ KI,在初始 pH=2.29 和 11.52,处理时间 40min,

2.0 g $TiO_2$ 改性的 $\beta$-$PbO_2$ 电极,外加电压 1.5 V

自由基˙Cl 和 ClOH 具有较弱的氧化能力,$Cl^-$ 也起到了羟基自由基捕获剂的作用。因此,在摒弃了类似 KCl 的所有效应之后,价带空穴和吸附羟基自由基为 KI 捕获,猝灭作用十分明显,也间接证明了 pH 为 2.29 和 11.52 的条件下反应机制的差异。

4. 不同 pH 条件下降解产物分析

如图 3-27(a)所示,由于原料酸性橙Ⅱ在使用前未经纯化,而且染料本身易自分解生成胺类物质,在色谱图上有杂质峰出现。经 UV-Vis 光谱对比,对应于保留时间 $t_R$ 8.2 min 的物质为酸性橙Ⅱ本身,该色谱峰强度也最大。电助光催化氧化降解过程中典型的色谱峰如图 3-27(b)所示,出现明显的 $t_R$=1.9,2.0,2.7,4.3 min 的色谱峰,为氧化过程产生的反应产物。

由于中性条件下各降解产物的变化较为缓慢,在此仅列出了在初始 pH 为 2.29 和 11.52 时 HPLC 检测出的降解产物的含量随时间的变化。如图 3-28 所示,$t$=$n$ min 代表保留时间在 $n$ min 的物种,保留时间在 $t$=8.2 min 的物种为染料酸性橙Ⅱ本身产生的色谱峰,保留时间在 $t$=1.9,2.0,2.7 和4.3 min处的物种为降解产物。无论在初始 pH 为 2.29 还是 11.52 的条件下,酸性橙Ⅱ本身的含量都

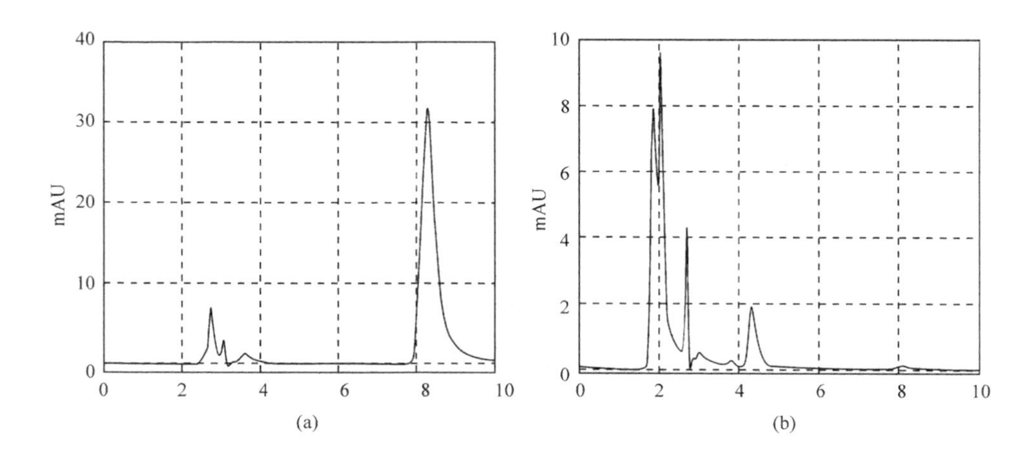


图 3-27　酸性橙Ⅱ及其降解过程中典型的 HPLC 色谱图
(a)酸性橙Ⅱ HPLC 色谱;(b)酸性橙Ⅱ降解过程中 HPLC 色谱图
分析条件见文献[52]

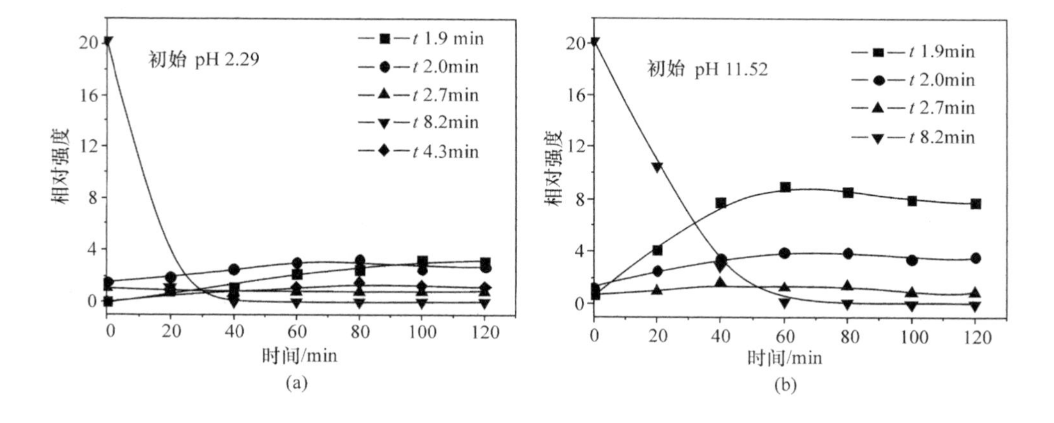


图 3-28　酸性橙Ⅱ电助光催化降解过程中各降解产物的 HPLC 含量变化
(a)初始 pH=2.29;(b)初始 pH=11.52。2.0g $TiO_2$ 改性的 β-$PbO_2$ 电极,
外加电压 1.5 V,2 h 反应时间

快速降低,而且产生的物种数量和相应的保留时间一致。所不同的是两种 pH 条件下降解产物的含量,尤其是对应于保留时间在 1.9 min 的降解产物,在 pH 为 11.52 的条件下该产物先是迅速累积到最高含量,之后逐渐降低,其生成速率和最高含量都明显高于 pH 为 2.29 的条件,而剩余两种降解产物的含量变化差别不大。由此看来,在 pH 为 11.52 的条件下明显产生了氧化降解产物的累积。同时,对应于保留时间为 4.3 min 的降解产物只在 pH 为 2.29 的条件下才检测到,而在 pH 为 11.52 时却未检测到,这说明在 pH 为 2.29 的条件下产生的降解产物多于

碱性条件。与前述的分析一致,初始 pH 为 2.29 和 11.52 的条件下染料酸性橙Ⅱ的降解可能存在反应机制的差异,导致了不同的降解行为。

由于各降解产物含量不同,可能使各官能团在 FTIR 光谱上的表现不同,图 3-29为不同 pH(2.29,6.88,11.52)条件下各降解产物的 FTIR 谱图。位于 1600～1450 $cm^{-1}$[(芳香 C ═C 伸缩振动), 1623 $cm^{-1}$(C ═N 伸缩振动), 1508 $cm^{-1}$(N—H 弯曲振动), 1452 $cm^{-1}$(N—N 伸缩振动), 1000～1250 $cm^{-1}$(S—O 伸缩振动和芳香═C—H 弯曲振动)]处的吸收是染料酸性橙Ⅱ的特征吸收带[52]。很明显,三种 pH 条件下的降解产物中都产生十分明显的 1640 $cm^{-1}$处的吸收,该吸收归于 C ═O 键的振动吸收。但在 1382 $cm^{-1}$处都产生了清晰但很微弱的吸收,此处的吸收是—$NO_2$ 的伸缩振动产生的。经过降解之后,各样品中的酸性橙Ⅱ的特征吸收带变得十分微弱甚至消失,但其中 1623 $cm^{-1}$处的吸收依然存在。以上研究表明,无论是在酸性、中性还是碱性(pH＝2.29, 6.88, 11.52)条件下,反应体系中都发生了强烈的光催化氧化反应。在对应于 pH＝2.29 的样品的 FTIR 谱图中,产生了新的 1400 $cm^{-1}$和 2300～2400 $cm^{-1}$处的吸收带,可能对应于 $CO_x$ 物种像 $CO_3^{2-}$ 和 $HCO_3^-$ 的吸收,这些物种极有可能是对应于保留时间为 4.3 min的降解产物所产生的[54,55]。在其他两样品所对应 FTIR 谱图中却未发现类似的吸收。在对应于 pH＝2.29 的样品的 FTIR 谱图中,有特有的 1154$cm^{-1}$、1270$cm^{-1}$、1457 $cm^{-1}$和 1727 $cm^{-1}$处的吸收产生,其中最强的 1457 $cm^{-1}$处的吸收表明芳环得到了很大程度的保留。

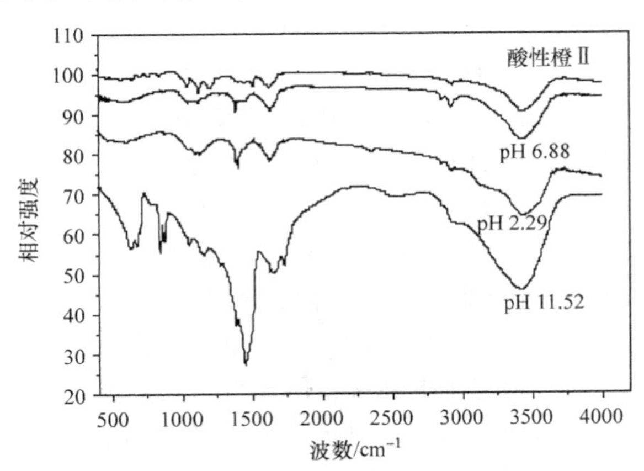


图 3-29 酸性橙Ⅱ及其在不同 pH 条件下降解产物的 FTIR 谱图

5. 电助光催化降解可能的反应途径

初始 pH 对电助光催化降解的影响比较复杂,反应过程涉及负载在光电极上

的 $TiO_2$ 微粒和酸性橙Ⅱ分子，初始 pH 条件应从这两方面深入影响反应进程，在不同 pH 条件下负载在电极上的 $TiO_2$ 微粒的物理化学性质及酸性橙Ⅱ的性质都会发生变化。

首先，在不同的 pH 条件下，$TiO_2$ 上的 OH 基团存在着如下所示的 Lewis 酸碱平衡反应：

$$pH < pH_{PZC}: \quad TiOH + H^+ \rightleftharpoons TiOH_2^+ \tag{3-30}$$

$$pH > pH_{PZC}: \quad TiOH + OH^- \rightleftharpoons TiO^- + H_2O \tag{3-31}$$

其中，PZC(point of zero charge)代表 $TiO_2$ 的等电点，在 pH＝6.8 左右。商品化 Degussa P-25 中的锐钛矿晶型的含量为 80%[55]，本节所用的 $TiO_2$ 为纯粹锐钛矿晶型，可以推测其 PZC 也应在 6.8 左右。因此，酸性条件下 $TiO_2$ 带正电荷，碱性条件下带负电荷。对于染料酸性橙Ⅱ本身，萘酚结构去质子化的 $pK_{a_1}$ 值为 11.4，磺酸结构 $SO_3H$ 去质子化的 $pK_{a_2}$ 值约为 1[56]，酸性橙Ⅱ分子在几乎所有的 pH 范围内都带负电。因此，溶液的 pH 越低，由于静电力作用，酸性橙Ⅱ分子在 $TiO_2$ 表面的吸附越强烈，已有很多文献就此加以阐述[44]。

对于水中染料的降解，一般认为色度的去除是由于光催化氧化造成的，光催化氧化可以导致色度和 TOC 的去除。一系列氧化性物种可以通过如下反应而产生[44]：

$$TiO_2 + h\nu \longrightarrow TiO_2(h^+ + e) \tag{3-32}$$

$$h^+ + H_2O\ (OH^-) \longrightarrow {}^{\cdot}OH + H^+ \tag{3-33}$$

$$e + O_2 \longrightarrow O_2^{\cdot -} \tag{3-34}$$

$$O_2^{\cdot -} + H^+ \longrightarrow HO_2^{\cdot} \tag{3-35}$$

事实上，光生电子的作用也应得到重视，导带电子的寿命明显长于价带空穴和羟基自由基，可以由它们的界面电子转移的特征时间而看出：

$$\{Ti^{IV} \cdot OH\}^+ + Red \longrightarrow Ti^{IV}OH + Red^{\cdot +} \quad \textbf{慢}\ (100\ ns) \tag{3-36}$$

$$e_{tr} + Ox \longrightarrow Ti^{IV}OH + Ox^{\cdot -} \quad \textbf{非常慢}\ (ms) \tag{3-37}$$

而空穴($h_{vb}^+$)的特征时间是 10 ns。因此，理论上讲，导带电子能够在溶液中迁移最远的距离，也最易与溶液本体中的酸性橙Ⅱ分子反应。而且在电助光催化降解体系中没有通氧，氧气对电子的捕获作用较小。文献表明，电场促进了光电极上电子和空穴的分离[6,57]，而且固定在电极表面的 $TiO_2$ 微粒不会发生团聚，较悬浆体系而言更利于电子还原作用的发挥。

与其他结构相比，酸性橙Ⅱ分子中的偶氮键易于被活性电子和氢原子还原而打开，从而破坏染料的共轭结构，实现染料的脱色，却不能达到染料的矿化。如图 3-30 所示，磺胺和 1-氨基-2-萘酚是酸性橙Ⅱ还原降解的主要产物，文献已对降解机理进行了深入研究[58,59]。文献报道邻氨基羟基萘是对氧敏感的物种，在空气中易被氧化为含羰基的化合物[60]。1-氨基-2-萘酚和邻氨基羟基萘都产生于偶氮染料的还原性降解，都含有像苯酚羟基一样的基团。Kuramitz 等研究了双酚 A 在玻碳电极上的线性扫描伏安行为，发现随着溶液 pH 的升高，双酚 A 的氧化电位逐渐降低，尤其在 pH 9.4 处，因为双酚 A 的 p$K_a$ 在 9.8，酚盐比中性的双酚 A 分子更易于氧化[61]。相应地，酸性橙Ⅱ萘酚结构去质子化的 p$K_{a_1}$ 值为 11.4，因此在 pH＝11.52 的条件下酸性橙Ⅱ更易于发生氧化反应。在电助光催化降解体系中，迁移到阴极的光生电子还原酸性橙Ⅱ分子为磺胺和 1-氨基-2-萘酚，1-氨基-2-萘酚在体系中氧化性物种的作用下快速氧化为醌类物质并累积起来，随着反应的进行醌类物质逐渐被氧化开环而降解。醌类物质具有典型的 255 nm 左右的特征吸收[62]，UV-Vis 光谱中 255 nm 的吸收峰和 HPLC 分析中保留时间在 1.9 min 的物种应该都对应于 1-氨基-2-萘酚氧化产生的醌类物质。

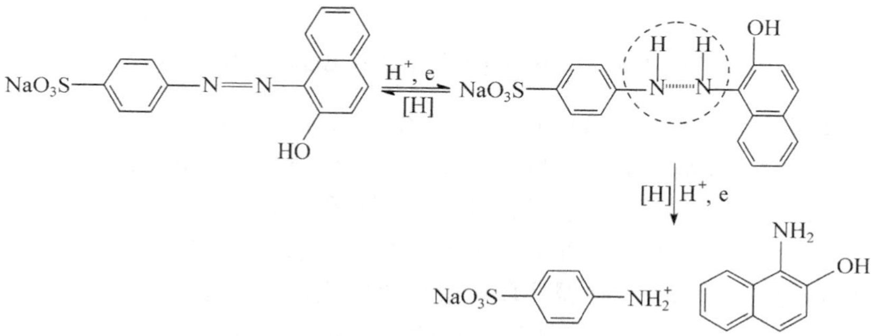

图 3－30　酸性橙Ⅱ还原降解过程示意图

为了进一步验证上述推测，选择单一的 1-氨基-2-萘酚(纯度 98%)进行反应实验来考察其自氧化行为。将一定浓度新配制的 1-氨基-2-萘酚溶液加入 1 cm 的石英比色皿中，在一定的时间间隔内用紫外-可见分光光度计监测其吸收光谱，如图 3－31 所示。在无振荡的情况下，发现 1-氨基-2-萘酚的 UV-Vis 吸收光谱发生了此消彼长的变化，原来 1-氨基-2-萘酚在 230 nm 左右的特征吸收逐渐消失，在 255 nm处的吸收则剧烈增长，并在空气中暴露 40 min 后成为最强峰后稳定下来，255 nm 处的吸光度变化见图 3－31 内插图。单独染料酸性橙Ⅱ溶液本身在空气中没有观察到发生自氧化现象，而磺胺在溶液中也是相对稳定的[63]。由此可知，在电助光催化降解过程中，255 nm 处的吸收可推断是由 1-氨基-2-萘酚氧化产物的产生的。

在酸性环境中(pH＝2.29)，大量的酸性橙Ⅱ分子被吸附到阳极表面，主要通过氧化作用而实现脱色，尽管还原性物种如活性电子和氢原子等也发挥了还原作用，但与氧化作用相比还是不能逾越的。pH＝2.29 时较高的色度和 TOC 去除率就证明了强的电助光催化氧化作用，KI 存在下强的抑制作用也从侧面证明了该结

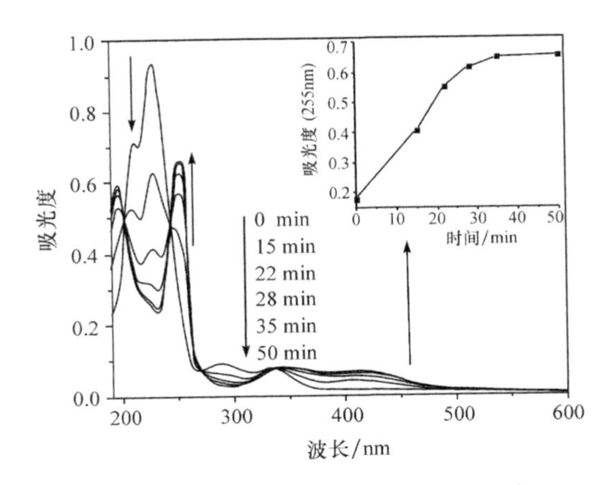


图 3-31　1-氨基-2-萘酚在空气中自氧化过程的 UV-Vis 光谱

论。而在碱性环境中(pH=11.52)，酸性橙Ⅱ分子只在阳极表面发生了弱的吸附，光阳极产生的羟基自由基相当一部分未和染料分子反应就猝灭了，在阴极附近由于光生电子长的寿命而形成了强的还原氛围，酸性橙Ⅱ分子首先被还原为磺胺和1-氨基-2-萘酚，1-氨基-2-萘酚再被氧化为醌类物质，已为UV-Vis光谱和HPLC分析所检测到。尽管如此，在碱性环境中氧化作用还是居于主导地位，所以KI存在下色度去除率提高应该源于氧化作用被进一步抑制而使还原脱色作用得到了强化。

此外，$SO_4^{2-}$ 的生成也反映了反应体系对于酸性橙Ⅱ的破坏程度，图3-32表明了在不同初始pH条件下电助光催化降解酸性橙Ⅱ时 $SO_4^{2-}$ 的生成情况。随着反应的进行，$SO_4^{2-}$ 的生成量几乎呈线性增加，表明酸性橙Ⅱ得到了不断的破坏。

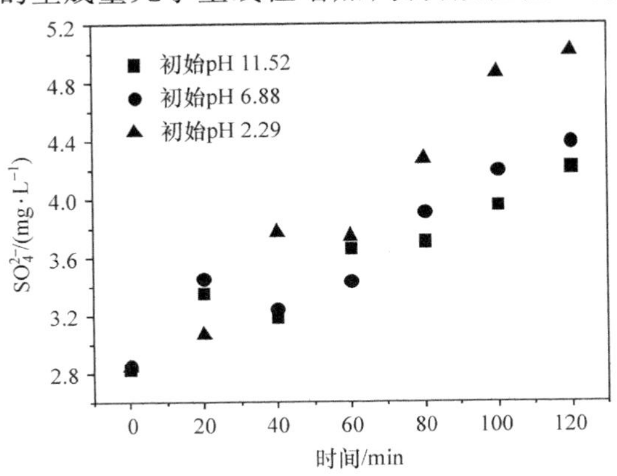


图 3-32　不同初始pH条件(2.29,6.88,11.52)下电助光催化降解酸性橙Ⅱ时 $SO_4^{2-}$ 生成随时间的变化

从 $SO_4^{2-}$ 的生成趋势和最终生成量来看，三种不同初始 pH 条件下 $SO_4^{2-}$ 的生成量按从大到小的顺序为：pH＝2.29＞pH＝6.88＞pH＝11.52，说明初始 pH＝2.29 时酸性橙Ⅱ的破坏程度最大，而初始 pH＝11.52 时最小。

总的说来，溶液初始 pH 条件影响了酸性橙Ⅱ的性质和 $TiO_2$ 微粒的反应特性，从而影响了整个降解过程，但氧化作用仍然占主导地位。就脱色作用而言，可以通过两种途径实现：一是反应体系的阳极氧化作用，彻底破坏酸性橙Ⅱ的分子结构甚至将其矿化；二是反应体系的阴极还原作用，只能破坏偶氮键联结的大的共轭结构，而染料所固有的苯环和萘环结构保留了下来，无法实现矿化有机物的作用。整个体系的脱色和矿化机理如图 3－33 所示。

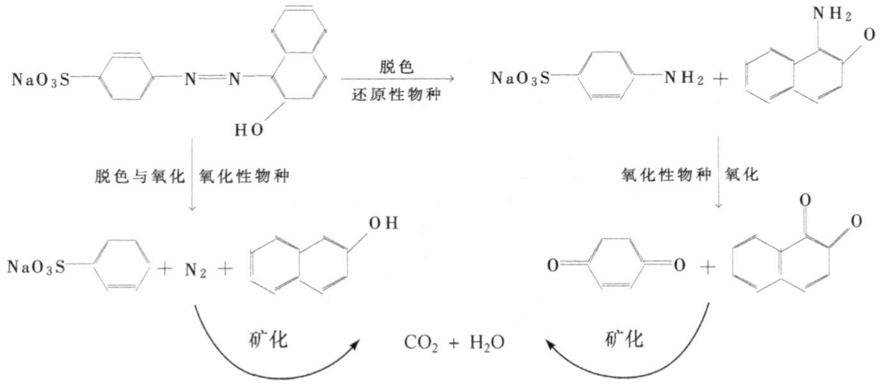

图 3－33　酸性橙Ⅱ在电助光催化降解体系中的脱色和矿化机理

## 3.2.5　光助电催化氧化过程

### 3.2.5.1　几种电极及降解过程对染料废水色度去除效率的对比

在电助光催化降解过程中，随着共沉积制备电极时在沉积液中加入的 $TiO_2$ 量的增加（0～2.0 g），降解效率呈增加的趋势。如图 3－34 所示，在光助电催化降解过程中，也呈现出相似的趋势。以下介绍的水处理结果均采用 2.0 g $TiO_2$ 改性的 β-$PbO_2$ 电极。

在光助电催化氧化过程中引入了 0.01 mol·$L^{-1}$ 的 $Na_2SO_4$ 作为支持电解质，采用了较高的电压，电催化氧化的作用势必增强。为此考察了 2.5 V 外加电压下四种降解过程（单独紫外光解过程，光催化降解过程，电催化降解过程和光助电催化降解过程）的降解效率，如图 3－35 所示。单独电催化过程对酸性橙Ⅱ的降解效率仅仅略低于光助电催化降解过程，而且电催化降解过程和光催化降解过程的降解效率之和要大于光助电催化的效率。因此，单从色度去除效果来看，以电化学作用为主导的光助电催化降解过程并未表现出明显的协同作用，但在电助光催化反

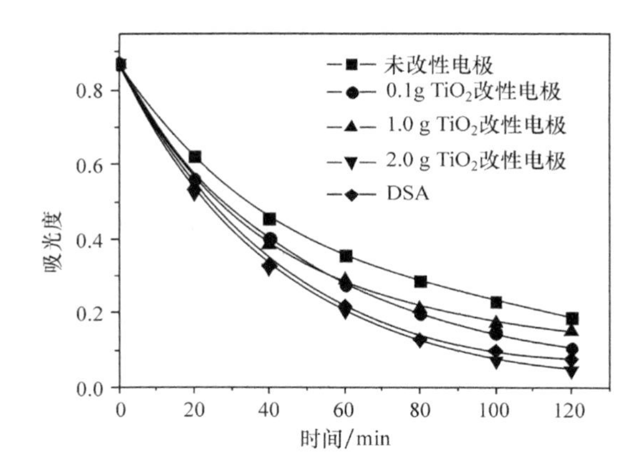


图 3-34 不同量 $TiO_2$参与改性的 $\beta$-$PbO_2$ 电极光助电催化降解酸性橙Ⅱ时 484 nm处吸光度变化

酸性橙Ⅱ初始浓度 200 mg · $L^{-1}$,0.01 mol · $L^{-1}$ $Na_2SO_4$,2.5 V 外加电压

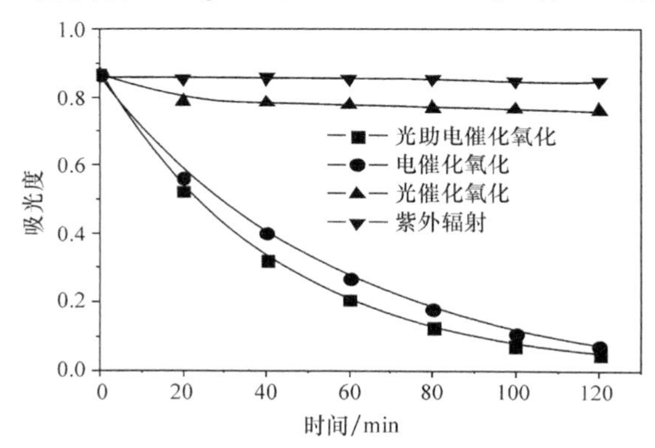


图 3-35 不同降解方式酸性橙Ⅱ在 484 nm 处吸光度随时间的变化

酸性橙Ⅱ初始浓度 200 mg · $L^{-1}$,0.01mol · $L^{-1}$ $Na_2SO_4$,2.5 V 外加电压,

2.0 g $TiO_2$ 改性的 $\beta$-$PbO_2$ 电极

应中却产生了明显的协同效应。然而,光助电催化降解过程以电化学氧化作用为主导,可通过调节电流密度等参数实现灵活多变的降解效率,具有明显的技术优势。

#### 3.2.5.2 支持电解质的影响

支持电解质一直被证明是影响电化学氧化反应和电解过程的一个重要因素,随着电解质浓度的增加,电解电压会随之降低,有助于降低能量消耗[64]。尤其是 NaCl 和 $Na_2SO_4$ 作为常用的支持电解质得到了广泛的关注,一般认为它们能发生如下反应:

$$H_2O \longrightarrow \cdot OH + H^+ + e \tag{3-38}$$

$$2Cl^- \longrightarrow Cl_2 + 2e \tag{3-39}$$

$$Cl_2 + H_2O \longrightarrow ClO^- + 2H^+ + Cl^- \tag{3-40}$$

$$2Na_2SO_4 + 2\cdot OH \longrightarrow Na_2S_2O_8 + 2NaOH \tag{3-41}$$

NaCl 和 $Na_2SO_4$ 的影响是复杂的。在电催化氧化过程中，$Cl^-$ 在阳极上放电析出 $Cl_2$ 并转化为 $ClO^-$ 参与氧化反应[65]，而 $SO_4^{2-}$ 的间接电化学氧化作用却不明显。研究者认为在光电协同降解 2,4-D 的过程中，由于 NaCl 会通过电氧化被转化为氯气从而可能导致高毒性氯代产物的生成，而 $Na_2SO_4$ 转化为过二硫酸盐并参与 2,4-D 的氧化降解，$Na_2SO_4$ 是首选的支持电解质[31]。Hepel 的研究表明，在光电催化氧化过程中，在相同电解质浓度下，$Na_2SO_4$ 作为支持电解质对水中有机物的降解效率要低于 NaCl 存在条件下的降解效率[27]。

前人的研究较少考虑离子强度对电解过程的影响，为此，本节将通过一组有代表性的实验结果，对离子强度的影响给出一些证明。选择 0.01 mol · $L^{-1}$ 和 0.03 mol · $L^{-1}$ 的 NaCl 与 0.01 mol · $L^{-1}$ 的 $Na_2SO_4$ 的作为电解质进行对比。如图 3 - 36 所示，0.01 mol · $L^{-1}$ 和 0.03 mol · $L^{-1}$ 的 NaCl 作为支持电解质时表现出了对酸性橙Ⅱ几乎相同的降解效率，明显高于 0.01 mol · $L^{-1}$ $Na_2SO_4$ 作为电解质时的情况，说明在光助电催化降解有机物的过程中间接氧化起到了主要的作用，NaCl 向 NaClO[式(3 - 40)]的转化效率要明显高于 $Na_2SO_4$ 向 $Na_2S_2O_8$[式(3 - 41)]的转化效率。

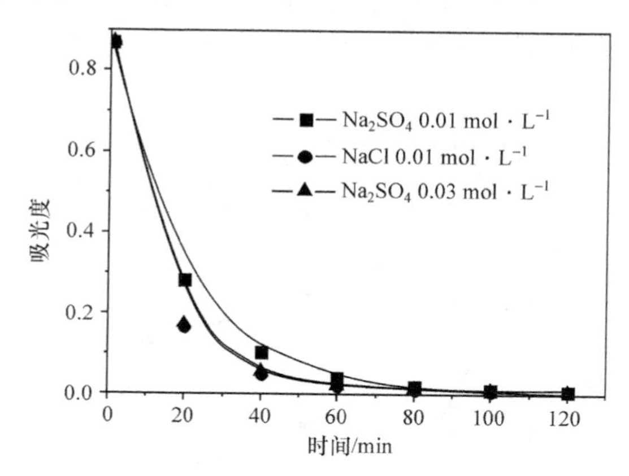


图 3 - 36　NaCl 和 $Na_2SO_4$ 作为电解质时光助电催化降解酸性橙Ⅱ过程中 484nm 处吸光度的变化
酸性橙Ⅱ初始浓度 200 mg · $L^{-1}$，4.5 V 外加电压

不仅支持电解质种类会对降解过程产生很大影响，而且电解质浓度也会影响对有机物的降解效率。如图 3 - 37 所示，在光助电催化氧化过程中，无 $Na_2SO_4$ 存在时对有机物的降解效率要明显低于 $Na_2SO_4$ 存在时的情况，而且随着 $Na_2SO_4$

浓度的增加降解效率也逐步提高，说明支持电解质的存在促进了氧化性物种的生成。

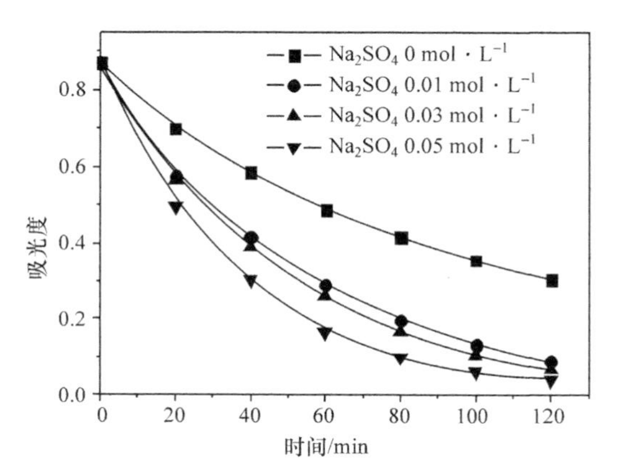


图 3－37　不同 $Na_2SO_4$ 浓度条件下光助电催化降解酸性橙Ⅱ时 484 nm 处吸光度的变化

酸性橙Ⅱ初始浓度 200 mg · $L^{-1}$，0.01 mol · $L^{-1}$ $Na_2SO_4$，2.5 V 外加电压

### 3.2.5.3　外加电压的影响

在特定电化学氧化反应条件下，外加电压的增加可以提高电化学反应的电流密度，能够促进氧化性物种的生成，进而改善对有机物的降解效果。如图 3－38 所示，在光助电催化降解过程中，外加电压的增加可以显著提高降解效率，不仅仅与电流密度的增加有关，也源于外加电场显著提高了光电极光生电子和空穴分离效率的缘故。

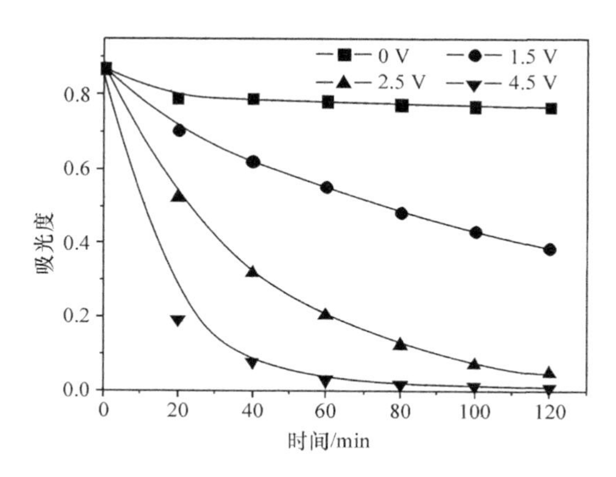


图 3－38　不同电压下光助电催化降解酸性橙Ⅱ时 484nm 处吸光度变化

酸性橙Ⅱ初始浓度 200 mg · $L^{-1}$，0.01 mol · $L^{-1}$ $Na_2SO_4$

### 3.2.5.4 生色基团的破坏

如图3－39所示，光助电催化氧化、电化学氧化和光催化氧化均可破坏酸性橙Ⅱ的生色基团，光助电催化和电化学反应效率较高。光助电催化和光催化降解染料时，酸性橙Ⅱ的四个特征吸收带都同步削弱，没有新的吸收峰出现，而且溶液由橙色变为无色。电化学降解染料时，随着酸性橙Ⅱ生色基团的破坏，该水的橙色快速消失，但溶液继而变为亮黄色，之后亮黄色逐渐变淡。由 UV-Vis 光谱可见，电化学降解酸性橙Ⅱ时在255 nm处出现了新的吸收峰，该吸收峰在约40min时达到最大值，然后随着反应的进行而逐步削弱。

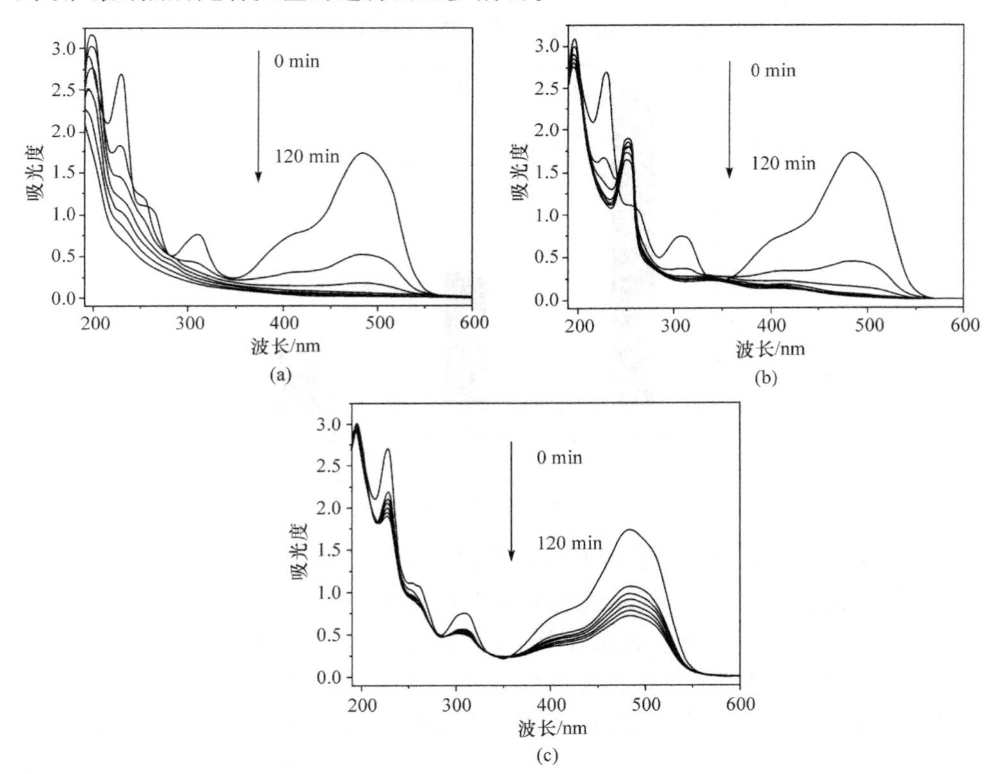


图3－39 几种氧化过程中酸性橙Ⅱ光谱的变化

(a)光助电催化氧化过程；(b)电催化氧化过程；(c)光催化氧化过程

酸性橙Ⅱ 50 mg·$L^{-1}$，支持电解质0.01 mol·$L^{-1}$ $Na_2SO_4$，外加电压4.0 V

注：如无特别说明，以下试验中所选择的试验条件同本试验

$TiO_2$ 改性的 β-$PbO_2$ 电极做为一种特殊的光电极，在用于降解酸性橙Ⅱ时表现出了明显的光催化性质。同时，β-$PbO_2$ 电极也是一种极具应用潜力的电催化电

极,近年来得到了广泛的研究[66~68]。一般认为,电化学氧化难降解有机污染物时,有机污染物被氧化为醌类化合物(环状化合物)是反应的第一步,它具有典型的255 nm附近的吸收峰[62],这与UV-Vis光谱结果一致。

#### 3.2.5.5 光助电催化氧化过程的协同作用

如图3-40所示,在2 h的处理时间以内,光助电催化氧化、单独电催化氧化和单独光催化氧化,对于50 mg·$L^{-1}$酸性橙Ⅱ溶液的矿化率分别为47.3%,20.3%和9.6%。光助电催化降解是其他两过程矿化率之和的1.56倍,电化学过程和光催化过程的耦合产生了明显的协同作用。研究也发现,经过2 h的光助电催化氧化处理,可以将浓度25 mg·$L^{-1}$酸性橙Ⅱ完全矿化。

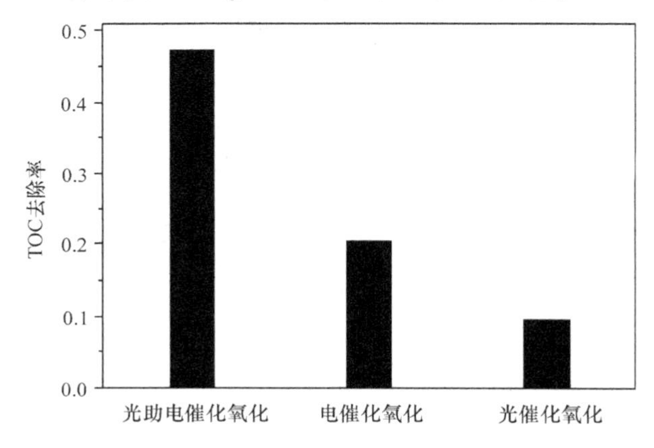


图3-40 几种氧化在2h内的TOC去除率

Pinhedo等使用DSA电极降解腐殖酸,Treimer等将Fe-$PbO_2$/Pt电极用于电化学氧化有机物,也观察到紫外线能够促进有机物的矿化的现象[25,69]。但是,单独电化学氧化时产生了大量的深红色沉淀,TOC的去除不能完全归结于矿化作用。光助电催化氧化具有明显的协同优势,易于将偶氮染料完全矿化[71]。单独电化学降解酸性橙Ⅱ时会累积大量的醌类物质,而且醌类物质的开环去除十分缓慢,是整个降解历程的决速步骤[71]。如表3-5所示,对苯二酚和对苯醌的毒性是苯酚的2~3个数量级[72],因此醌类物质的毒性引起了人们的广泛关注。当苯醌浓度达到3 mg·$L^{-1}$时,活性污泥的呼吸率就会降低50%[73]。然而,对于电化学过程降解芳香污染物而言,产生高毒性的醌类物质是必经的步骤,这是由电催化氧化的根本过程所决定的。而且醌类物质是有机物氧化过程的产物,许多研究都进行了报道[74~78]。尽管电催化氧化过程具备很多优势,如可以实现自动化等,但醌类物质的大量累积仍然是其明显的弊端。电催化氧化过程和光催化氧化过程的耦合不仅能够实现有机污染物的高效去除和矿化,而且光催化技术还能够有效协助电催化技术实现有机污染物的毒性脱除而避免累积高毒性的醌类物质，实现两种高级氧化技术集成和优势互补。

表 3－5　苯酚及其降解产物的 $EC_{50}$ 值[72]

| 化学物质 | $EC_{50}/mg \cdot L^{-1}$ | 化学物质 | $EC_{50}/mg \cdot L^{-1}$ |
|---|---|---|---|
| 苯酚 | 16.7±4.2 | 草酸 | >450 |
| 儿茶酚 | 8.32±2.7 | 甲酸 | 162±43 |
| 对苯二酚 | 0.041 | 丙尿酸 | >450 |
| 1,4-苯醌 | 0.1 | 乙酸 | 130±16 |
| 马来酸 | 247±50 | | |

### 3.2.5.6　降解产物的 HPLC 分析

1. 采用改性 β-$PbO_2$ 电极时的降解产物分析

如图 3－41 所示，对几种情况下的 HPLC 谱图进行对比可见，对应于保留时间 $t_R$ 8.0 min 的物质为酸性橙Ⅱ本身，该色谱峰强度也最大。电催化氧化降解 20 min时，出现明显的 $t_R$ =2.6、2.9、3.5 和 5.6 min 的色谱峰，为电催化氧化产生的初级氧化产物，降解 120 min 后各色谱峰强度有所提高。在光助电催化氧化过程中，对酸性橙Ⅱ的降解最为彻底，酸性橙Ⅱ和其他新生成的色谱峰强度削弱最大，最为明显的 $t_R$ 2.6 min 的色谱峰强度也最低。光催化氧化过程对酸性橙Ⅱ的破坏最弱，染料本身的色谱峰还明显存在。

采用 HPLC 对不同降解过程中各有机产物的变化所进行的分析如图 3－42 所示。三种氧化方式对酸性橙Ⅱ的降解行为差异较大。首先，光助电催化过程和电化学过程都实现了对酸性橙Ⅱ模拟废水的快速脱色，而光催化氧化效率相对较低，这与 UV-Vis 光谱的测定结果一致。其次，三种降解过程中生成了相同种类的降解产物，但各自变化规律却殊为不同。在光助电催化降解过程中，对应于 $t_R$ 2.6 min 的降解产物先是在约 60 min 时达到最大生成量，然后呈逐步减少的趋势。同时，其他降解产物维持在极低的含量范围内变化。在电化学氧化过程中，对应于 $t_R$ 2.6 min 的降解产物也在约 60 min 时达到最大生成量，之后其含量波动较小，但其他降解产物的相对含量较高，而且在 255 nm 附近都产生了明显的吸收峰，和 UV-Vis 光谱结果相一致，这也印证了电化学降解时产生了大量的醌类物质的结论。在光催化氧化过程中，各降解产物的含量都呈现出几乎线性变化的趋势，对应于 $t_R$ 2.6 min 的降解产物的含量线性增加，其他降解产物也维持在极低的浓度范围内变化，证明光催化降解的效率相对较低，几乎正比于光能量的输入。

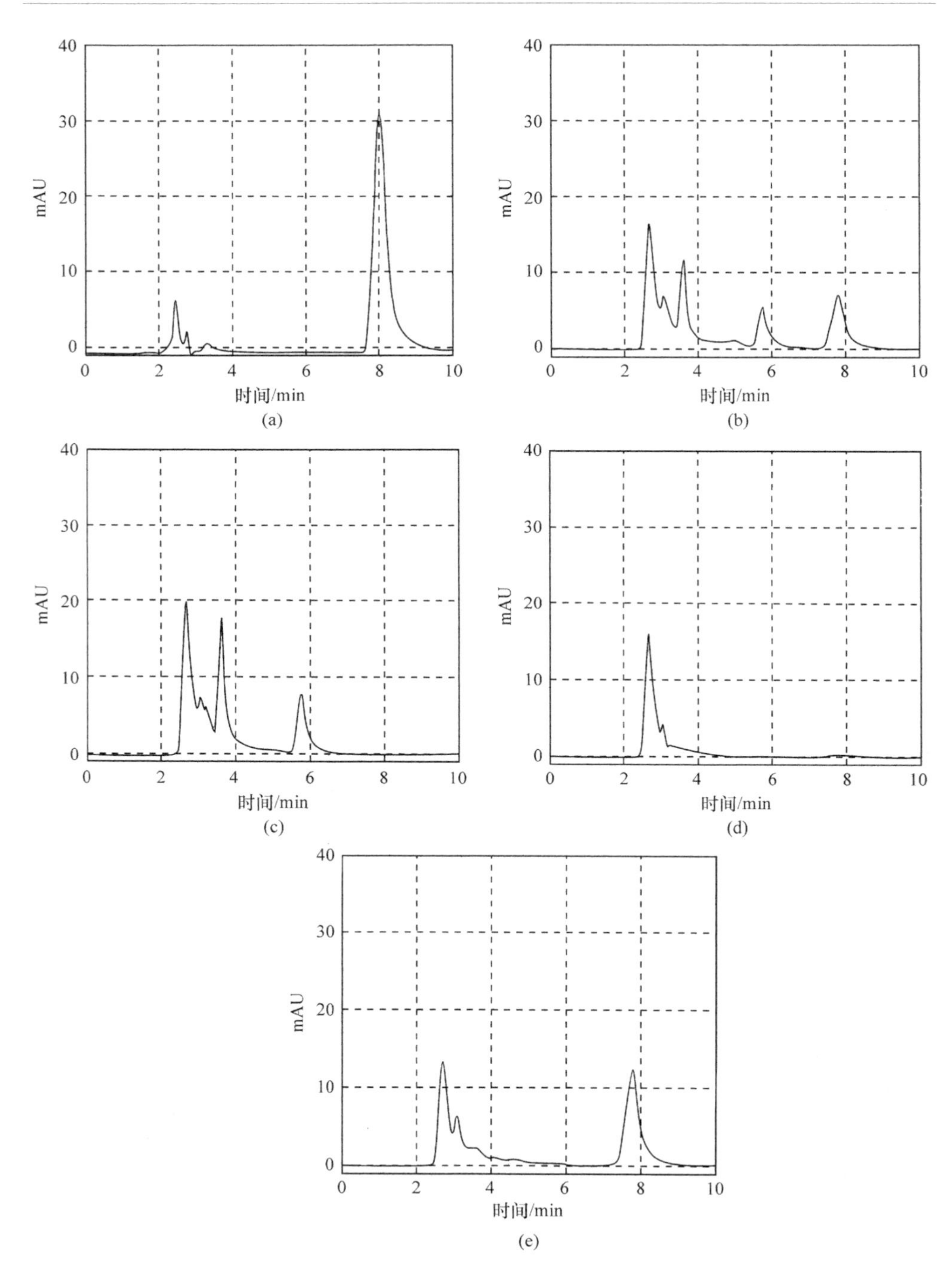


图 3-41　改性 β-$PbO_2$ 作电极时电氧化降解酸性橙Ⅱ的 HPLC 谱图

(a)为酸性橙Ⅱ及其降解过程中典型的 HPLC 峰；(b)为电催化氧化 20 min 时的色谱峰；(c)、(d)、(e) 分别为电催化氧化、光助电催化氧化和光催化氧化降解 120 min 后的色谱峰

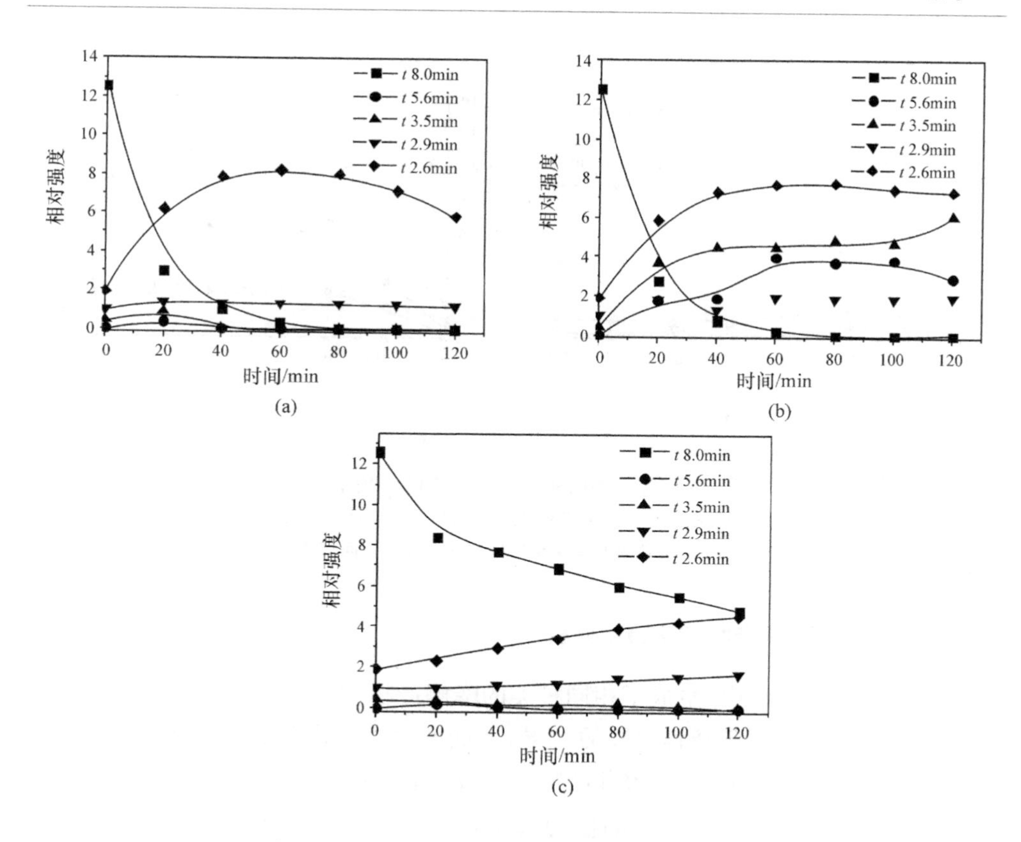


图 3-42　两种电氧化过程中各反应产物的变化

(a)光助电催化氧化过程;(b)电催化氧化过程;(c)光催化氧化过程

*t n* min 代表具有保留时间为 *n* min 的中间产物

2. 采用 DSA 电极时降解产物分析

Pelegrini 等研究了通过热分解自制的 DSA($Ti/Ru_{0.3}Ti_{0.7}O_2$)电极的光电催化性质,在 23 mA 的电流与紫外线照射下对含染料的废水进行了处理试验,发现了这一过程产生了明显的光电协同作用[11]。作者也考察了商品化 DSA 电极在类似条件下的光电催化性质,如图 3-43 所示。单独电催化氧化条件下,商品化 DSA 电极的表现和 $TiO_2$ 改性 β-$PbO_2$ 电极的降解行为相近,也产生了大量醌类物质的累积现象,而且在特定反应时间内 DSA 电极的使用造成了更大量的醌类物质累积。紫外线导入后,明显抑制了醌类物质累积现象,提高了 DSA 电极的降解效率,但仍然低于 $TiO_2$ 改性的 β-$PbO_2$ 电极。

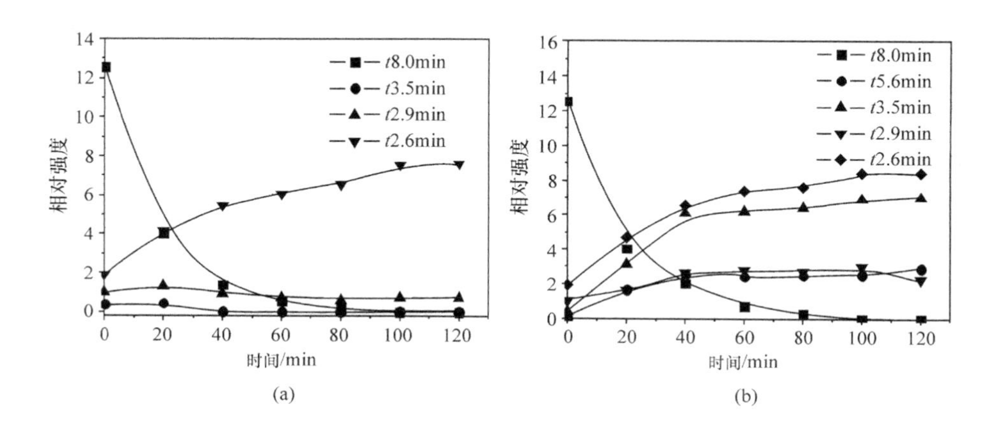


图 3-43 采用 DSA 电极时几种氧化过程中酸性橙Ⅱ的降解产物的变化

(a)DSA 电极用于光助电催化氧化过程;(b)电催化氧化过程

$t\ n$ min 代表具有保留时间为 $n$ min 的中间产物

#### 3.2.5.7 降解产物的 FTIR 分析

在三种氧化过程中,生成了相同种类的降解产物,但其含量变化明显不同。

为了进一步分析各降解过程的差异,下面考察 2 h 内降解产物的 FTIR 光谱变化。如图 3-44 所示,酸性橙Ⅱ的特征吸收为:1600～1450 $cm^{-1}$(芳香 C═C 伸缩振动),1623 $cm^{-1}$(C═N 伸缩振动),1508 $cm^{-1}$(N—H 弯曲振动),1452 $cm^{-1}$(N—N 伸缩振动),1000～1250 $cm^{-1}$(S—O 伸缩振动)。酸性橙Ⅱ经过电催化降

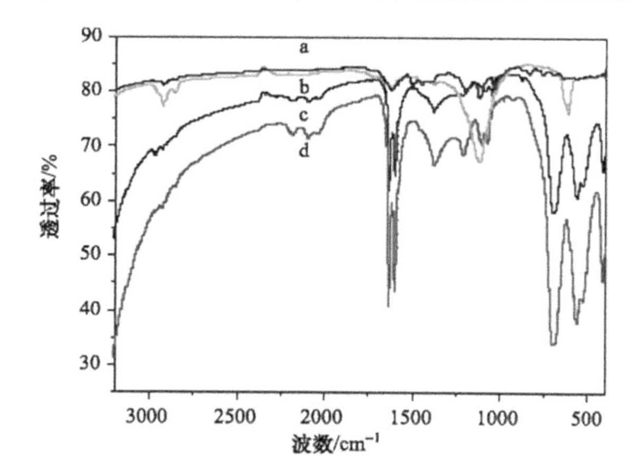


图 3-44 三种电氧化过程中酸性橙Ⅱ降解产物的 FTIR 分析

(a)酸性橙Ⅱ;(b)单独电催化氧化过程;(c)经光助电催化氧化过程;(d)光催化氧化过程

解后，还保存有 1623 $cm^{-1}$和 1452 $cm^{-1}$的特征吸收，证明还有大量芳香结构存在。经过光助电催化氧化降解和光催化氧化降解后，最终产物的 FTIR 谱图相似，酸性橙Ⅱ的特征吸收消失，在 1640 $cm^{-1}$和 1382 $cm^{-1}$处出现了强的吸收，分别归属于 C═O 和—$NO_2$ 的吸收。以上结果证明在一定的反应时间内，光助电催化氧化和光催化氧化过程对该有机物的降解更为彻底，而且没有选择性，不同于电催化氧化过程。这与 HPLC 和 UV-Vis 光谱分析结果一致。

### 3.2.5.8　羟基自由基捕获剂的猝灭效果

在高级氧化过程中，常用醇类进行羟基自由基的定性或定量分析，一般也根据醇类对氧化过程的抑制效应来估测氧化机制[79~81]。羟基自由基（$\dot{}$OH）和异丙醇之间的反应速率常数为 $1.9\times10^{9}$ $(mol\cdot L^{-1})^{-1}\cdot s^{-1}$，几乎近于扩散控制的速率[81]。参考常用的醇类的浓度，选用 0.1 $mol\cdot L^{-1}$的异丙醇作为羟基自由基猝灭剂来证明大量羟基自由基的存在。如图 3－45 所示，在异丙醇存在的条件下，光催化氧化 40min 时，色度去除率从无异丙醇条件下的 59.8%下降到 13.6%，说明该过程中异丙醇的抑制作用明显，也间接证明$\dot{}$OH 的重要作用。然而，在光助电催化氧化和电催化氧化过程中，异丙醇的抑制作用却非常微弱，尽管这两个过程对酸性橙Ⅱ的降解效率要明显高于光催化氧化过程。同时，从图 3－46 可见，即使在异丙醇存在时，在电催化氧化过程中醌类物质 255 nm 处的特征吸收也没有发生十分显著的变化。这表明在光助电催化氧化和电催化氧化过程的初始脱色阶段，羟基自由基并不起主导作用，还存在其他的酸性橙Ⅱ氧化脱色降解机制，明显不同于光催化氧化反应。

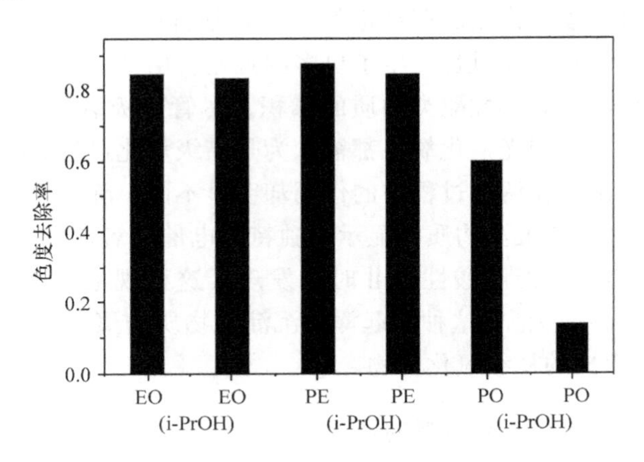


图 3－45　0.1$mol\cdot L^{-1}$异丙醇对三种氧化过程脱色率的影响

PE 为光助电催化氧化过程；EO 为电催化氧化过程；PO 为光催化氧化过程

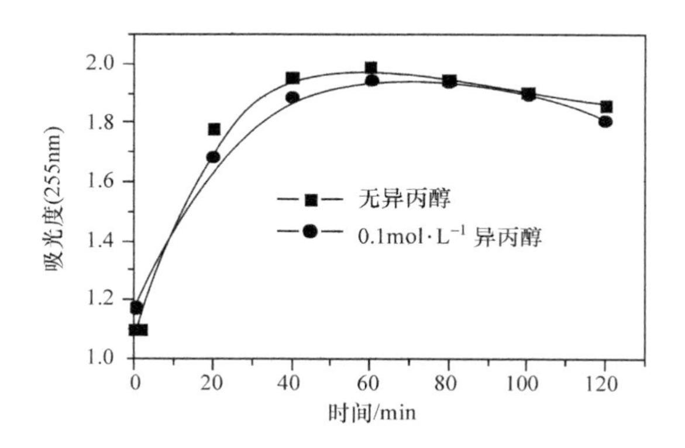


图 3-46 0.1 mol·$L^{-1}$异丙醇对电催化氧化过程中 255 nm 处吸光度变化的影响

有机物电催化氧化降解过程是多电子过程,分为直接氧化和间接氧化过程。直接氧化过程指有机污染物在电极上通过直接电子转移发生降解反应的过程,其他的过程如可逆的媒介电化学氧化过程和电化学转化过程、不可逆的·OH 氧化过程和 $ClO^-$ 氧化过程都属于间接氧化。Comninellis 等根据各电极材料的表现将电化学处理(氧化)分为电化学转化和电化学燃烧过程,并指出在析氧反应之前,理论上说电化学氧化有机物是可能的,但这个氧化反应非常慢,源于动力学而非热力学限制[82]。考虑到本试验的条件,电催化氧化降解酸性橙Ⅱ时,在反应的初始阶段染料色度的去除可能主要归于直接电子转移过程,虽然羟基自由基也起到重要作用。因此,可以推测在光催化氧化过程中产生了大量的羟基自由基并主导着反应的进行。在光助电催化氧化过程中,由于紫外线的导入,光电极不仅发挥着电催化氧化的作用,而且光催化作用的存在也促进了羟基自由基的产生。因此相对于电催化氧化,光助电催化氧化过程产生了更多的羟基自由基,使醌类物质的削减速率大大提高,从而抑制了高毒性醌类物质的累积。尽管高级氧化以羟基自由基的产生为标志,电催化氧化和光催化氧化都被认为是高级氧化过程,能够有效矿化有机污染物,但羟基自由基在两种过程中的作用却明显不同。除此之外,只在电催化氧化过程中产生的深红色沉淀物质也显示了独特的电催化氧化特点。其他研究者在用 Ti/BDD 电极电化学降解酸性橙Ⅱ时也发现了这种现象,用 SIMS (secondary ion mass spectrometry)证明这种引起浑浊沉淀的物质为聚合物中间体,来源于快速电子转移过程形成的初级氧化产物[64]。

#### 3.2.5.9 羟基自由基生成量对比

光助电催化氧化、光催化氧化和电催化氧化过程都被认为是高级氧化过程,都以羟基自由基的产生和利用为特点,但三种降解过程具有不同的降解效率,必定源于羟基自由基不同的产生特点。为此,将同一个 $TiO_2$ 改性的 β-$PbO_2$ 电极用于三种氧化反应，考察有机物氧化降解过程中羟基自由基的生成量，如图3－47所示。从羟基自由基的生成量来看，与电催化氧化过程相比，光催化氧化反应明显产生了更多的羟基自由基，而且由于电场的辅助作用，在光助电催化氧化过程中产生了更大量的羟基自由基。尽管本节所介绍的研究结果是采用了低电流进行电催化氧化，但是电催化氧化和光助电催化氧化过程对染料的脱色速率仍然快于单独光催化氧化。因此从本质上说，电催化氧化不同于光催化氧化，直接电子转移过程对于有机物的氧化成为贯穿反应电催化氧化始终的一个重要过程。同时，紫外线的导入促进了羟基自由基的生成，有效提高了电催化氧化效率。

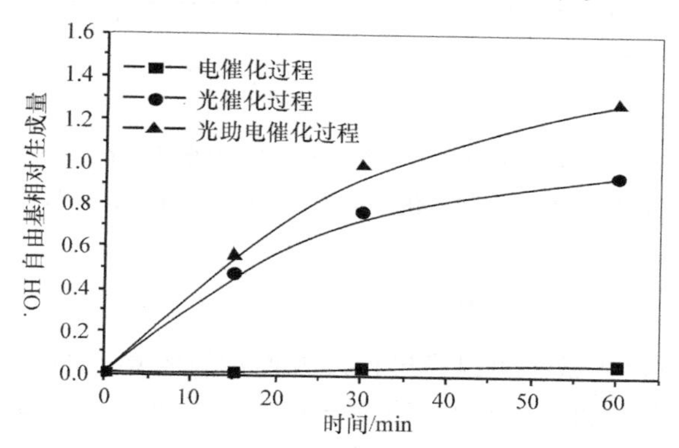


图3－47　三种氧化过程中羟基自由基相对生成量的变化

#### 3.2.5.10　DSA和 $TiO_2$ 改性 β-$PbO_2$ 电极对醌类物质的去除行为对比

图3－48(a)显示了在电催化氧化过程中，商品化DSA电极和 $TiO_2$ 改性β-$PbO_2$ 电极电催化氧化酸性橙Ⅱ时代表醌类物质的255 nm特征吸收的吸光度变化。可以看出，使用 $TiO_2$ 改性的β-$PbO_2$ 电极时醌类物质在40 min时达到最大生成量，而使用DSA电极时醌类物质是在60 min时达到最大生成量。由图3－48(b)可见，在光助电催化氧化降解酸性橙Ⅱ的过程中，醌类物质的生成量明显低于电催化降解过程，也从另一方面证明了紫外线的导入提高了光电极的降解效率。同样在2 h内，使用DSA电极时TOC去除率达到18.1%，而使用 $TiO_2$ 改性的β-$PbO_2$ 电极时TOC去除率则达到了47.3%。由此可见，$TiO_2$ 改性的β-$PbO_2$ 电极对醌类物质的生成和破坏都明显快于使用DSA电极的情况。以上结果表明，光电催化降解有机物过程中 $TiO_2$ 改性β-$PbO_2$ 电极优于商品化DSA电极，具有良好光电催化活性的光电极的研制和应用是提高光电氧化水中有机污染物的关键要素。

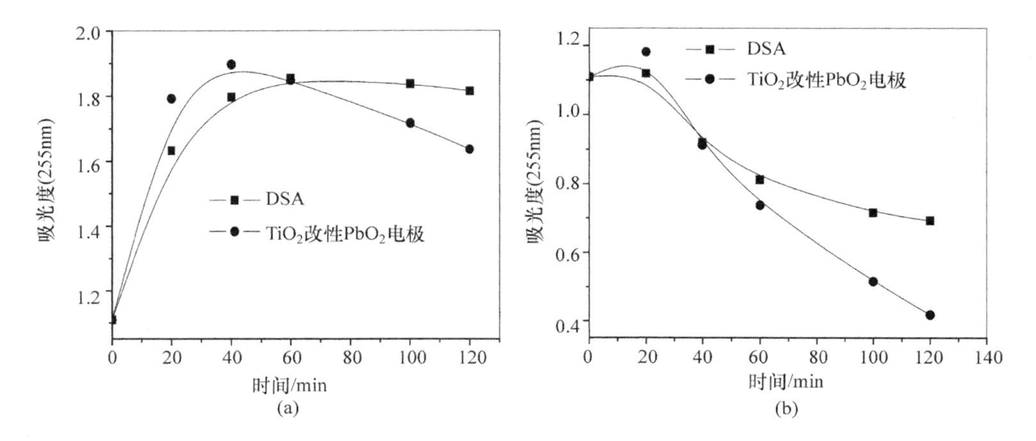


图 3-48 DSA 电极和 $TiO_2$ 改性 β-$PbO_2$ 电极用于(a)电催化氧化和(b)光助电催化氧化时醌类物质的 255 nm 特征吸收

#### 3.2.5.11 降解动力学分析

有机污染物的降解效率可以通过许多方面加以考察,如初始有机污染物的去除,反应过程中污染物毒性的变化,降解产物的生成以及反应动力学等。$TiO_2$ 改性的 β-$PbO_2$ 电极作为一种特殊的光电极,用于光催化氧化过程、电催化氧化过程和光电催化氧化过程,各过程本质上都是非均相反应历程,由于各过程中氧化性物种的产生有所差异,反应又受到不同传质条件的影响,使对各氧化反应动力学的研究受到很大限制。由于各氧化过程又被广泛认为是羟基自由基作用原理,对于同一个反应器内所发生的反应,尽管要做出相关的假设,但动力学研究所得出的结论在某种程度上可以区分各氧化反应对水中有机污染物的降解效率。

1. 光催化反应动力学

光催化反应动力学一般用 Langmuir-Hinshelwood 动力学模型来描述:

$$r=\frac{\mathrm{d}[\mathrm{C}]}{\mathrm{d}t}=\frac{kKC}{1+KC} \tag{3-42}$$

当污染物浓度较低时,简写为

$$\ln\left(\frac{C_0}{C}\right)=kKt=K_{\mathrm{obs}}\,t \tag{3-43}$$

从另一方面来说,光催化反应广泛认为是羟基自由基作用机制。特定的体系产生羟基自由基的能力是一定的。有文献报道,辐射降解酸性橙Ⅱ过程中观察到的一级反应动力学表明,体系中的羟基自由基($\cdot$OH)浓度是近于或达到稳态浓度(steady state concentration)[85]的,那么光催化降解反应可简写为

$$R + {}^{\cdot}OH \xrightarrow{k_P} P \tag{3-44}$$

反应速率方程可表示为

$$-\frac{d[R]}{dt} = k_P[R][{}^{\cdot}OH]_1 \tag{3-45}$$

假定 $k_0 = k_P[{}^{\cdot}OH]$

$$-\frac{d[R]}{dt} = \frac{d[P]}{dt} = k_0[R] \tag{3-46}$$

光催化反应可以用一级反应动力学模型来模拟。

2. 电催化反应动力学

Polcaro 和 Cañizares 等对电化学降解有机物的动力学进行了深入的研究，得出了有意义的结论[86,87]。Polcaro 在使用 $Ti/SnO_2$ 电极和 $Ti/PbO_2$ 电极电氧化处理水中 2-氯酚时，为了更好地定量描述 2-氯酚初始浓度对电化学过程的影响，建立了一个简化的数学模型：

(1) 氯酚($R_1$)氧化为醌类物质($R_2$)；

(2) 醌类物质开环形成脂肪酸[认为草酸($R_3$)是主要的物种]；

(3) 脂肪酸进一步矿化为 $CO_2$。

总的氧化过程表示为

$$R_1 \xrightarrow{{}^{\cdot}OH} R_2 \xrightarrow{{}^{\cdot}OH} R_3 \xrightarrow{{}^{\cdot}OH} CO_2 \tag{3-47}$$

Cañizares 等研究了活性炭电极和钢电极电化学氧化苯酚的降解动力学，将降解过程简化为以下三步：

(1) 在反应的第一个阶段，苯酚吸附到阳极表面，主要是为活性炭层所吸附；

(2) 吸附的苯酚转化为四碳酸、二碳酸或聚合物；同时，苯酚在阳极上也可直接氧化为 $CO_2$；

(3) 吸附的羧酸氧化为 $CO_2$。

并将苯酚的氧化过程总括于图 3-49 的形式。

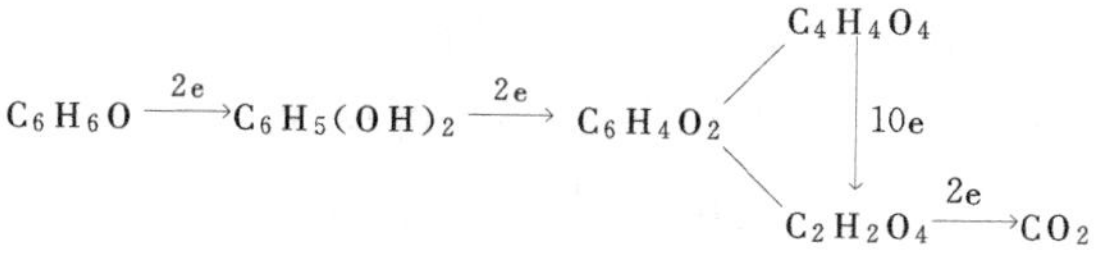

$$C_6H_6O \xrightarrow{2e} C_6H_5(OH)_2 \xrightarrow{2e} C_6H_4O_2 \rightarrow C_4H_4O_4 \xrightarrow{10e} C_2H_2O_4$$
$$C_6H_4O_2 \rightarrow C_2H_2O_4 \xrightarrow{2e} CO_2$$

图 3-49　Cañizares 等提出的苯酚电化学氧化降解示意图[87]

总的说来，以上电氧化降解有机物的动力学和降解历程的研究是建立在以下主要假设基础上的[88]：

(1) 有机物降解主要依靠羟基自由基的作用；

(2) 每一步反应均为一级反应；

(3) 电催化过程为反应控制，忽略传质及在电极表面的吸附过程。

周明华等研究电催化氧化降解苯酚时，认为可以做如下两点假设[68]：

(1) 电催化氧化反应主要发生在电极表面，而且主要归于阳极表面产生的羟基自由基；

(2) 由于羟基自由基的强氧化性，溶液中不会发生羟基自由基的累积。

当使用 $PbO_2$ 作阳极时主要的氧化性物种 $\cdot OH$ 通过如下过程产生：

$$PbO_2(h^+)+H_2O_{ads}(OH^-)\longrightarrow PbO_2(\cdot OH)+H^+ \tag{3-48}$$

电生羟基自由基攻击有机物分子(R)，发生亲电反应，氧化为产物(P)：

$$R+\cdot OH \xrightarrow{k_1} P_1 \tag{3-49}$$

如果有机物分子在间接电化学氧化反应中主要由羟基自由基来完成，那么间接电化学氧化的反应速率方程可表示为

$$-\frac{d[R]}{dt}=k_1[R][\cdot OH]_2 \tag{3-50}$$

由于电极上的直接电子转移反应是快速反应，是受传质控制的，那么该过程可表示为

$$R \xrightarrow{k_2} P_2 \tag{3-51}$$

直接电化学氧化的反应速率方程可表示为

$$-\frac{d[R]}{dt}=k_2[R] \tag{3-52}$$

产物 $P_1$ 和 $P_2$ 都能够在 255 nm 处产生紫外吸收，255 nm 处吸光度的变化代表($P_1+P_2$)总浓度的变化。由 HPLC 分析知，产物 $P_1$ 和 $P_2$ 的 HPLC 表现并无不同，因而可认为 $P_1$ 和 $P_2$ 为同一类产物，统一表示为 P。由此，产物 P 的产生反应速率方程可表示为

$$-\frac{d[R]}{dt}=\frac{d[P]}{dt}=k_1[R][\cdot OH]_2+k_2[R]=[R](k_1[\cdot OH]_2+k_2) \tag{3-53}$$

由于在一定的电化学体系中羟基自由基达到了稳态浓度(steady state concentration)，可以认为[$\cdot OH$]浓度为一常数。

假定 $k_3=k_1[\cdot OH]_2+k_2$，那么式(3-54)可写为

$$-\frac{d[R]}{dt}=\frac{d[P]}{dt}=k_3[R] \tag{3-54}$$

对应于酸性橙Ⅱ氧化去除为准一级反应，其降解动力学常数见表 3-6。

3. 光电催化反应动力学

如果将光催化反应和电催化反应二者加和则可得

$$-\frac{d[R]}{dt}=\frac{d[P]}{dt}=k_0[R]+k_3[R]=(k_0+k_3)[R] \tag{3-55}$$

$$=(k_P[\cdot OH]_1+k_1[\cdot OH]_2+k_2)[R] \tag{3-56}$$

也可认为是准一级反应。

根据 UV-Vis 测定数据，各降解过程降解动力学的计算结果列于表3-6中。

**表3-6　各降解方式对酸性橙Ⅱ降解的准一级表观速率常数(UV-Vis光谱数据)**

| 降解方式 | $k_{obs}$(229 nm)/min$^{-1}$ | $k_{obs}$(484 nm)/ min$^{-1}$ |
| --- | --- | --- |
| 单独光催化氧化 | 0.00245 ($R$=0.88) | 0.00610 ($R$=0.90) |
| 单独电催化氧化 | 0.00619 ($R$=0.86) | 0.0314 ($R$=0.93) |
| 光电催化氧化 | 0.01035 ($R$=0.99) | 0.0374 ($R$=0.97) |

由于反应后期其他产物在可见光区尤其是484 nm处也可能有一定的吸收，UV-Vis光谱中484 nm处的吸光度变化不能完全真实地反映酸性橙Ⅱ浓度的变化，因此该模拟有一定的误差。为了更加真实地反映酸性橙Ⅱ的降解动力学，也对比了由HPLC测定酸性橙Ⅱ浓度的变化得到的动力学数据，计算结果列于表3-7中。就染料色度去除而言，无论是UV-Vis光谱分析还是HPLC，光电催化氧化的动力学常数并未明显高于其他两种氧化过程之和，没有表现出明显的协同作用，不同于前述的TOC分析结果。但在电助光催化降解酸性橙Ⅱ时却表现出了明显的协同作用，这是由于电助光催化氧化是以光催化作用为主导，反应速率较低，光助电催化降解过程是以电催化氧化作用为主导，降解效能较高。

**表3-7　由HPLC数据计算出的酸性橙Ⅱ降解准一级表观速率常数**

| 降解方式 | 单独光催化氧化 | 单独电催化氧化 | 光电催化氧化 |
| --- | --- | --- | --- |
| $k_{obs}$/min$^{-1}$ | 0.007 06 ($R$=0.96) | 0.0659 ($R$=0.998) | 0.0626 ($R$=0.999) |

酸性橙Ⅱ的降解要经历初步氧化到深度氧化的过程，最终染料被彻底矿化为$CO_2$和$H_2O$，整个降解历程是一个连续进行的反应，任何产物的生成与去除都是一个不断变化的动态过程。假设催化氧化过程中遵循如下的连续降解步骤，A代表原始的有机污染物酸性橙Ⅱ，B代表醌类降解中间产物，C代表有机酸，D代表最终产物，则

$$\begin{array}{lcccc} & A \xrightarrow{k_4} & B \xrightarrow{k_5} & C \xrightarrow{k_6} & D \\ t=0 & a & 0 & 0 & \\ t=t & x & y & z & \end{array}$$

反应开始时，A的浓度为$a$，B与C的浓度为0，经时间$t$后，A、B、C浓度分别为$x$、$y$、$z$。生成B的净速率等于其生成速率与消耗速率之差。

$$-\frac{dx}{dt}=k_4 x \tag{3-57}$$

$$\frac{dy}{dt}=k_4 x - k_5 y \tag{3-58}$$

式(3－57)是一个典型的一级反应，积分式为

$$-\int_0^x \frac{dx}{x}=\int_0^t k_4 dt$$

$$x = a e^{-k_4 t}$$

$$\frac{dy}{dt} = k_4 a e^{-k_4 t} - k_5 y \tag{3-59}$$

式(3－59)的解为

$$y=\frac{k_4 a}{k_5 - k_4}(e^{-k_4 t}-e^{-k_5 t}) \tag{3-60}$$

当 $y$ 有极大值时，$\frac{dy}{dt}=0$，相应的反应时间为 $t_m=\frac{\ln k_5 - \ln k_4}{k_5 - k_4}$。

由前述 HPLC 与 UV-Vis 光谱分析(尤其是代表醌类物质特征吸收的255 nm处吸光度的变化)可知，在光电催化氧化反应中，$t_m=20$ min，而在电催化氧化反应中，$t_m=40$ min。设 $k_5/k_4=\lambda$，$k_4$、$k_5$ 及 λ 的计算结果列于表 3－8 中。

**表 3－8　酸性橙Ⅱ降解的准一级表观速率常数**

| | | 单独电催化氧化 | 光电催化氧化 |
|---|---|---|---|
| HPLC 分析 | $k_4/\mathrm{min}^{-1}$ | 0.0659 ($R$=0.998) | 0.062 59 ($R$=0.999) |
| | $k_5/\mathrm{min}^{-1}$ | 0.006 00 | 0.0392 |
| | λ | 0.0911 | 0.627 |
| UV-Vis 光谱分析 | $k_4/\mathrm{min}^{-1}$ | 0.0314 ($R$=0.93) | 0.0374 ($R$=0.97) |
| | $k_5/\mathrm{min}^{-1}$ | 0.0196 | 0.0652 |
| | λ | 0.624 | 1.75 |

尽管单独从酸性橙Ⅱ的去除而言光电催化氧化过程并未表现出明显的协同作用，但对酸性橙Ⅱ降解的反应动力学计算却有助于我们理解紫外线的导入对电催化氧化过程的影响。$k_4$ 代表酸性橙Ⅱ的去除速率常数，$k_5$ 代表醌类中间产物的去除速率常数，对于电催化氧化过程和光助电催化氧化过程，$k_5$ 更能反应二者的差异。

由前述分析知，醌类中间产物的快速生成是电催化氧化过程的特点。在电催化氧化过程中，UV-Vis 光谱和 HPLC 分析证明 $k_5$ 小于 $k_4$，醌类中间产物的生成速率要快于去除速率，因此出现了醌类中间产物的累积现象。但是在光电催化氧化过程中，并未观察到明显的醌类中间产物的累积现象，其 UV-Vis 光谱上255 nm处

的吸光度没有明显的波动，尽管在降解20 min时该吸收达到了最大值。对应于HPLC分析，醌类中间产物被抑制到了极低的含量范围，完全不同于电催化氧化过程，却具有光催化氧化特征。从UV-Vis光谱和HPLC数据得到的结果可以看出，$k_4$ 和 $k_5$ 值已经相当，而且光电催化氧化的 $k_5$ 值是电催化氧化的三倍以上。这表明紫外光的导入大大促进了醌类中间产物的去除，整个体系的氧化能力得到了提升。光电催化氧化的降解行为更接近于典型意义上的高级氧化过程，如光催化氧化。因此，紫外线的导入矫正了电催化氧化过程，使之更快速地去除醌类中间产物，降低了电催化氧化对水质转化产生的风险。

#### 3.2.5.12　酸性橙Ⅱ氧化降解机理及降解历程

本质上说，有机物的电催化氧化机理是十分复杂的，不仅存在直接的阳极电子转移过程，而且通过间接电化学作用可以产生一系列氧化性物种如 $O_3$、$H_2O_2$ 和羟基自由基等。然而电催化氧化之所以被称为高级氧化，还是因为电催化电极能够持续不断地产生羟基自由基的缘故。但是据已有的研究结果，最基本的电化学反应步骤也应得到足够重视，它在反应过程中所发挥的作用应该得到充分认识。

与常规的化学催化反应相比，电催化反应有本质的区别，它们在各自的反应界面上电子的传递过程是根本不同的。在常规的化学催化反应中，反应物和催化剂之间的电子传递在限定区域内进行。而在电催化反应中，电极同时具有催化化学反应和使电子迁移的双重功能，通过改变电极电位就可以控制氧化反应和还原反应进行的方向。常规的化学催化反应主要以反应的焓变为特点，而电催化反应则以自由能的变化为特点[89]。从理论上说，任何热力学上允许的失电子反应都可以在合适的阳极电极电势下发生。阳极的电极电势对应于反应的吉布斯自由能(Gibbs free energy)，如式(3-61)所示：

$$\Delta G = -ZEF \qquad (3-61)$$

式中，$E$ 代表可逆电池的电动势/标准电极电势(V)；$Z$ 为氧化还原系统的得失电子数；$F$ 是Faraday常量。因此，无论电极电势在析氧反应前还是反应后，有机物都能够在电极上发生氧化反应。尽管电极在析氧电势前可以氧化有机物，但在实际应用中是不可行的，因为电极被初级氧化产物所覆盖，无法将反应不断进行下去。只有当电极电势达到了析氧电势以上，电极不断通过氧化性物种的氧化作用和析氧反应实现自净化，从而使氧化反应不断进行下去[82]。图3-50显示了析氧反应前后有机物的氧化降解机制，人们在研究中主要关注的是电生羟基自由基的降解效果和作用机理。

电化学氧化过程具有独特的行为，电极由于吸附了大量的有机污染物而出现钝化现象，氧化效率因此会大大降低。尽管电化学氧化认为是高级氧化技术，以羟基自由基的高效产生和利用为特点，但发生在电极上的直接电子转移过程是不同

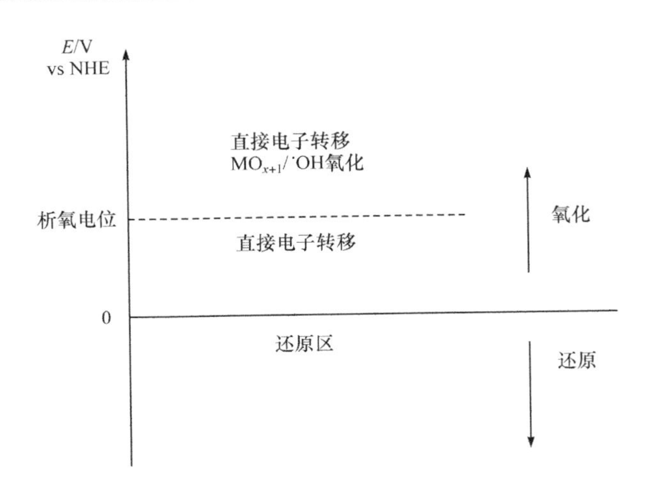


图 3-50　有机物电催化氧化降解机理图

于羟基自由基作用的。研究发现，即使在异丙醇(0.1 mol·$L^{-1}$)存在的条件下，电化学氧化过程中代表醌类物质的 255 nm 的吸光度变化和无异丙醇的条件下几乎相同。因此，在电化学氧化过程中，有机物在电极上的直接电子转移过程是一个平行于羟基自由基反应的降解反应，不受羟基自由基反应的制约，较低反应速率下醌类物质的生成与累积似乎是一个确定的历程。而且，在酸性橙Ⅱ未完全去除的条件下，醌类物质已经出现了累积的现象，证明直接电子转移是一个快速反应过程，和其他研究者的结论一致。Comninellis 等发现在用 BDD 电极氧化苯酚时苯醌大量生成，认为是由于羟基自由基的浓度相对于苯酚的浓度太低的缘故[90]。在其他的高级氧化反应中，单独羟基自由基氧化作用下芳香有机物也会被氧化产生醌类物质，但并未出现大量累积的现象，文献中已有阐述[74]。光催化氧化过程是典型的高级氧化过程，在本研究中光催化氧化过程并未快速出现醌类物质大量累积的现象，和其他研究者的研究结果相似。所以，电化学氧化过程中醌类物质的大量生成是电极上的直接电子转移过程与羟基自由基/$MO_{x+1}$间接氧化作用相叠加的结果。

根据以上异丙醇的猝灭试验和羟基自由基生成量测定结果，在电化学氧化的初级阶段，只有相对很少的一部分色度去除率是由羟基自由基/$MO_{x+1}$完成的，单独直接电子转移过程仍然大大破坏了酸性橙Ⅱ对应于 484 nm 的共轭结构。在 DSA 等活性电极($MO_x$)上，除了直接电子转移氧化过程外，电极上所生成的高级氧化态 $MO_{x+1}$对有机物的彻底氧化起到了关键作用。但是，$MO_{x+1}$与羟基自由基相比具有较弱的氧化性，对于有机物的芳环开环反应具有较高的活性，却对脂肪酸等有机物的完全矿化具有很低的活性。相反，在非活性的 $TiO_2$ 改性 β-$PbO_2$ 电极上，除了直接电子转移氧化过程外，羟基自由基的氧化作用明显，不仅可以破坏有机物的芳香环结构，而且可以彻底矿化有机物。从代表醌类物质的 255 nm 的吸光度变化可以看出，$TiO_2$ 改性 β-$PbO_2$ 电极对醌类物质的去除要比 DSA 电极快得多。尽管在研究中用两种电极电化学氧化时都产生了醌类物质的累积现象，但 2 h 的反应时间内还是不同程度地矿化了有机物。从这种意义上说，DSA 电极和 $TiO_2$ 改性 β-$PbO_2$ 电极对有机物的矿化都是有效的。

Polcaro 等认为无论使用 Ti/$SnO_2$ 电极还是 Ti/$PbO_2$ 电极，对于苯酚的氧化降解机制主要依赖于反应条件。他认为，在有机物浓度较高的条件下，利于有机物在电极上的直接氧化，首先产生以醌类物质为主的中间产物。而在含低浓度有机物的溶液中，羟基自由基的氧化作用占主导地位，由于其强氧化作用，氧化产物不会在体系中累积[91]。事实上，尽管表面上看有机物的电化学氧化过程依赖于反应条件，但羟基自由基的氧化作用与直接电子转移氧化过程是同时存在的，不以反应底物浓度的变化而变化。从有机物到电极的直接电子转移是一个快速过程，由于羟基自由基的产生量是相对稳定的，当有机物浓度较高时必然产生初级氧化产物(醌类物质)的累积现象。但当有机物浓度偏低时，初级氧化产物被足够浓度的羟基自由基快速氧化，抑制了初级氧化产物(醌类物质)的累积，只观察到极低含量的初级氧化产物(醌类物质)。

当紫外线导入反应体系时，电催化氧化过程和光催化氧化过程产生了明显的协同作用，整个反应体系的降解效果和降解机制发生了明显的变化。这也是我们所希望发生的，因为如果在单一的电催化电极上产生光催化效能，其意义不仅仅是增进了整个体系的降解效果，更重要的是在电极/水溶液界面上产生了更多的羟基自由基，能够强化电极的自净化作用，不断提高电极的电催化氧化的核心功能。Pelegrini 在研究 DSA 电极的光电催化效能时，将所产生的协同作用归因于光催化协助电极产生了更多的活性位，在活性位上产生了更多物理吸附的 $^{\cdot}OH$[11]。

在电催化过程中，如式(3－62)所示，通过水的分解产生羟基自由基：

$$H_2O \longrightarrow {}^{\cdot}OH + H^+ + e \qquad (3-62)$$

一旦电化学反应的条件如电流密度等参数确定下来，电催化体系所产生的羟基自由基的数量和浓度就成为一个相对稳定的值，或者说羟基自由基达到了一个稳态浓度。随着有机物初始浓度的提高，尽管反应的速率增加了，但是在单位时间内每一个有机物分子所受到的破坏程度却明显降低了。对于同时进行的直接电子转移反应，由于是一个快速反应过程，只要在热力学上允许，就成为一个动力学限制的步骤，但是得到的主要是初级氧化产物。

当紫外线(254 nm)导入电催化反应体系时，可以从以下几方面影响并促进对有机物降解效率的提高。首先，由于 $TiO_2$ 和 $PbO_2$ 尤其 $TiO_2$ 是典型的光催化材料，通过光催化反应产生羟基自由基等氧化性物种。耐腐蚀的 $TiO_2$ 作为电极基体材料可以提高电极的耐蚀性和稳定性，特殊的共沉积制备方式又使 $PbO_2$ 晶体在电极上的分布具有连续性，不致使电极导电性剧烈下降。其次，施加于 $TiO_2$ 改性 β-$PbO_2$ 电极和 Ti 阴极之间的外加电场又促进了光生电子和空穴的分离，光电极的光催化效率又得到了进一步提高。这种协同作用已在第 3 章电极的电助光催化性质研究方面得到证明。DSA 电极则不具备明显的光催化性质，即使是在电场存在的条件下也是如此。从这一方面来说，$TiO_2$ 改性 β-$PbO_2$ 电极的光催化特性促进了光电极降解效率的提高。

另外，在电催化过程和光催化过程中会产生 $H_2O_2$，尤其是在电催化过程还会通过 $H_2O_2$ 而放出 $O_2$，如式(3－63)、(3－64)所示：

$$2\ {}^{\cdot}OH \longrightarrow H_2O_2 \tag{3-63}$$

$$H_2O_2 \longrightarrow O_2 + 2H^+ + 2e \tag{3-64}$$

在紫外线(254 nm)的照射下，体系中产生的 $H_2O_2$ 能够通过式(3－65)而光分解为 ${}^{\cdot}OH$[93]。$H_2O_2$ 的氧化性要弱于 ${}^{\cdot}OH$，而且 $H_2O_2$ 也会猝灭 ${}^{\cdot}OH$，因此紫外线利于充分利用 ${}^{\cdot}OH$ 的氧化性。

$$H_2O_2 + h\nu \longrightarrow 2\ {}^{\cdot}OH \tag{3-65}$$

同时，已有研究者提出 $O_2$ 的存在促进光催化反应效率的提高，新生态 $O_2$ 的产生能够提高反应溶液的含氧量，可能也提高了光电降解体系的效率，有机污染物可通过以下反应促进降解[25,93～96]：

$${}^{\cdot}OH + RH \longrightarrow {}^{\cdot}R + H_2O \tag{3-66}$$

$${}^{\cdot}R + O_2 \longrightarrow RO_2^{\cdot} \tag{3-67}$$

$$RO_2^{\cdot} + RH \longrightarrow ROOH + {}^{\cdot}R \tag{3-68}$$

总的说来，正是由于以 $TiO_2$ 改性 β-$PbO_2$ 电极为核心的光电催化体系对于羟基自由基的高效产生和利用，才使紫外线有效辅助光电极产生了明显的协同作用。以电化学作用为主导的光助电催化降解过程具备电催化过程的特点，可以发挥电催化氧化方法易于实现自动化和效率可调的优点。紫外线不仅明显提高了电催化过程的降解效率，而且有效抑制了电催化氧化降解有机物时高毒性中间产物的产生，使电催化氧化的降解行为更加近于羟基自由基氧化行为为主导的其他高级氧化过程。

尽管三种降解过程对于酸性橙Ⅱ的降解行为有所不同，各降解产物尤其是芳香产物的含量变化差异较大，但它们可能遵循相同的降解历程。这是由于在三种氧化反应过程中，有机物的去除和矿化都主要依赖于不断产生的羟基自由基。GC-MS 分析结果如图 3－51 所示，在经过三种氧化方法处理过的水溶液中，检测到了相同种类的芳香产物和低相对分子质量的有机酸。由 HPLC 分析知，这些降解产物同时也是反应的中间产物。因此，这三种降解过程有着共同的降解历程，如图 3－51 所示。

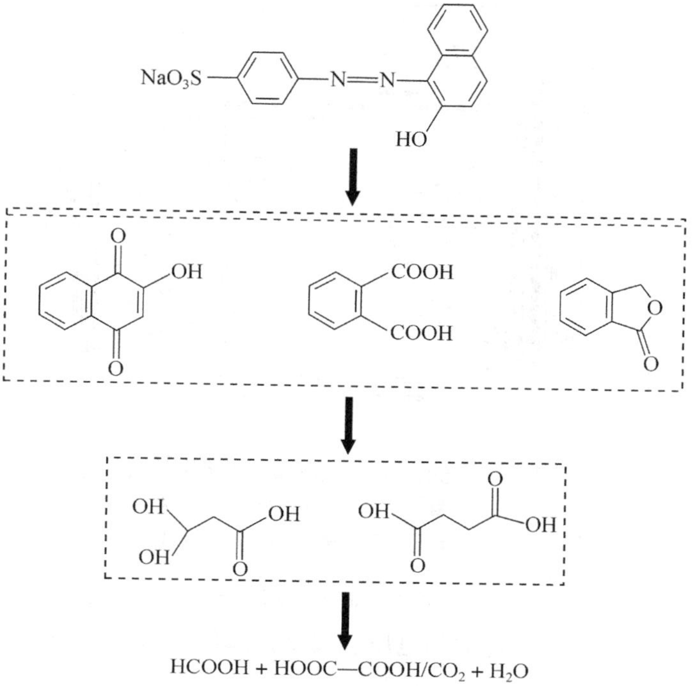

$NaO_3S$　N═N　HO

O　OH　O　COOH　COOH　O　O

OH　OH　OH　O　OH　O　OH　O　OH

$HCOOH + HOOC—COOH/CO_2 + H_2O$

图 3－51　三种方法氧化降解酸性橙Ⅱ时可能的降解途径和检测到的主要中间产物(虚线内)

## 3.3　光电一体化水处理方法

光电催化氧化效率高、无二次污染,不仅能够快速降解水中的有机污染物,可以净化微污染饮用水,而且也是一种杀菌消毒的有效方法。为了进一步考察光电催化过程对微污染水的净化能力,选用低含量的 2-氯酚(2-CP)模拟水溶液进行光电催化处理,形成了在线臭氧-UV 联用技术,将超滤-UV/在线臭氧组合工艺进行实际工程应用,取得了良好的水质净化效果。

### 3.3.1　反应器的设计

所设计的试验反应装置如图 3－52 所示。在同心圆筒反应器的中央放置紫外灯,OCr18Ni9Ti 卫生级不锈钢制成的反应器外筒体为阴极,二氧化钛/二氧化钌/钛基的网孔板卷制而成的圆筒形的内筒体(购自北京黄埔钛电极材料厂)为阳极,布水垫层用绝缘材料聚四氟乙烯制成。反应器的设计符合对电解(paired electrolysis)要求,使得阳极和阴极反应都产生氧化剂。

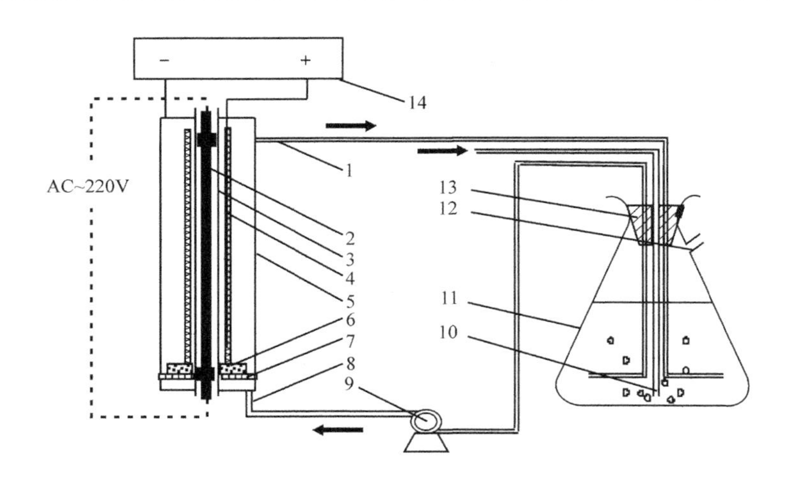


图 3-52　光电一体化反应器试验系统示意图

1—出水管；2—紫外灯；3—石英衬管；4—阳极；5—阴极；6—聚四氟乙烯垫层；7—布水装置；8—进水管；9—计量泵；10—通气管；11—溶液储槽；12—取样口；13—多孔塞；14—直流电源

光源为主波长为 253.7 nm 的 30 W 紫外灯(P30T8, ATLANTIC ULTRA-VIOLET Co. ,USA),直流电源的电压、电流均可调。模拟水样含一定浓度的2-氯酚的水溶液。

该反应器是一个组合式一体化电解池和光解池,以同轴筒形电极和紫外灯在轴向排列,其中以网孔式的内筒作为阳极可以保证紫外光的穿透,外筒作为阴极可以最大限度地利用反应器容积。此外,在装置的进水口有布水装置以保证反应器内水流均匀。

## 3.3.2　光电一体化反应器对 2-CP 的降解

### 3.3.2.1　三种降解过程的比较

1. 降解动力学

UV 光解、DC 电解以及光电协同(UV＋DC)的降解反应,分别以 2-CP 和 TOC 在不同反应时间后的浓度比的负对数值对时间做图并线性拟合,得到的三种条件下的动力学方程如表 3-9 所示,显然都符合拟一级动力学关系。

由表 3-9 可知,以 2-CP 浓度为降解指标得到的表观反应速率常数从大到小依次为:0.0226$min^{-1}$(UV＋DC)＞0.0198 $min^{-1}$(UV)＞0.0021 $min^{-1}$(DC),可知 UV＋DC 对 2-CP 的降解速率最大,而 DC 对 2-CP 的降解速率最小。而且 UV＋DC 对 2-CP 的表观反应速率常数大于 UV 光解和 DC 电解两种单因素作用之和。

**表3-9　三种方法对2-CP和TOC降解的表观动力学方程**

| 处理条件 | 2-CP | TOC |
| --- | --- | --- |
| UV+DC | $y=0.0226x-0.0171$, $R^2=0.9914$ | $y=0.014x+0.1922$, $R^2=0.9159$ |
| UV | $y=0.0198x-0.1198$, $R^2=0.9856$ | $y=0.0023x+0.0599$, $R^2=0.8336$ |
| DC | $y=0.0021x+0.0518$, $R^2=0.8434$ | $y=0.0072x+0.0949$, $R^2=0.9524$ |

注:实验条件:pH=8,通 $O_2$ 450 mL·$min^{-1}$,直流电压5 V,UV主波长253.8 nm,2-CP为5 mg·$L^{-1}$,循环流量350 mL·$min^{-1}$,时间单位为min。

对TOC的去除具有更加明显的规律。UV+DC组合作用条件对TOC的降解速率更远远超过UV光解和DC电解这两种单因素的降解速率之和(0.014 $min^{-1}$>0.0072 $min^{-1}$+0.0023 $min^{-1}$=0.0095 $min^{-1}$)达50%。这表明在动力学上具有UV光解和DC电解的协同效应。UV光解对邻氯酚的去除及脱氯反应作用明显,而直流电解的脱氯反应速率较慢。DC电解成为去除TOC的主要途径,而光解对有机物的无机化作用很小。UV+DC组合反应器能够大幅度提高2-CP的无机化速率,表现出显著的协同效应。

与文献中得到的其他光、电、声的高级氧化技术降解水中单氯酚类污染物的表观一级反应速率常数的比较列于表3-10,可以看出光电一体化组合方法具有很好的应用价值和发展前景。

**表3-10　几种高级氧化组合条件下单氯酚的表观降解速率常数**

| 污染物 | 起始浓度/mg·$L^{-1}$ | 降解条件 | 表观速率常数/$min^{-1}$ | 来源文献 |
| --- | --- | --- | --- | --- |
| 2-CP | 11.06 | 超声,pH5.7 | 0.0048 | 98 |
| | 5 | UV/$TiO_2$ | 0.000 033 91 | 99① |
| | 20 | UV/$TiO_2$ | 0.000 448 | 100 |
| | 400 | 电解,Ti/$PbO_2$ | 0.0075 | 86 |
| | 600 | 电解,Ti/$SnO_2$ | 0.009 | 86 |
| 3-CP | 10 | 超声,pH5.4 | 0.0044 | 98 |
| | 20 | UV/$TiO_2$ | 0.000 437 3 | 100 |
| 4-CP | 10 | 超声,pH5.1 | 0.0033 | 98 |
| | 20 | UV/$TiO_2$ | 0.000 458 6 | 100 |
| | 153 | 电化学脱氯 | 0.0053 | 101 |

① 根据Tseng等得出一个光催化降解2-氯酚的反应速率常数的经验公式:$r=3.98\times C^{1.15}$计算得到,式中 $C$ 是2-CP的浓度(mol·$L^{-1}$)。

2. 2-CP 的 GC/MS 谱图分析

采用几种方式处理水中 2-CP 时，降解 30 min 后中间产物 GC-MS 分析谱图对比如图 3-53 所示。

单独进行紫外光解时，有机物分子的化学键吸收能量而断开，2-CP 降解中间产物较多，主要是醌类或脱氯后的芳族化合物，包括苯醌、氢醌、邻苯二酚等，2-CP (16.47 min)降解较快。

单独进行直流电解时，2-CP 的氧化阳极降解反应可以通过阳极的直接电子转移和氧化水产生电生羟基自由基(˙OH)两种途径进行。阳极得电子反应的产物可能发生聚合而导致电极中毒会抑制电解去除 2-CP 的速率。由于传质的限制，电生˙OH 的作用范围有限，仅能氧化电极表面以及表面附近的有机物分子，并直接将产生的有机中间产物氧化到 $CO_2$，反应较为彻底但速率有限。由于是微电流反应，所以 2-CP 的去除较慢，但可以测到的中间产物较少，除芳香族产物(量较少)外，也包括马来酸、草酸等脂肪族羧酸类物质等。

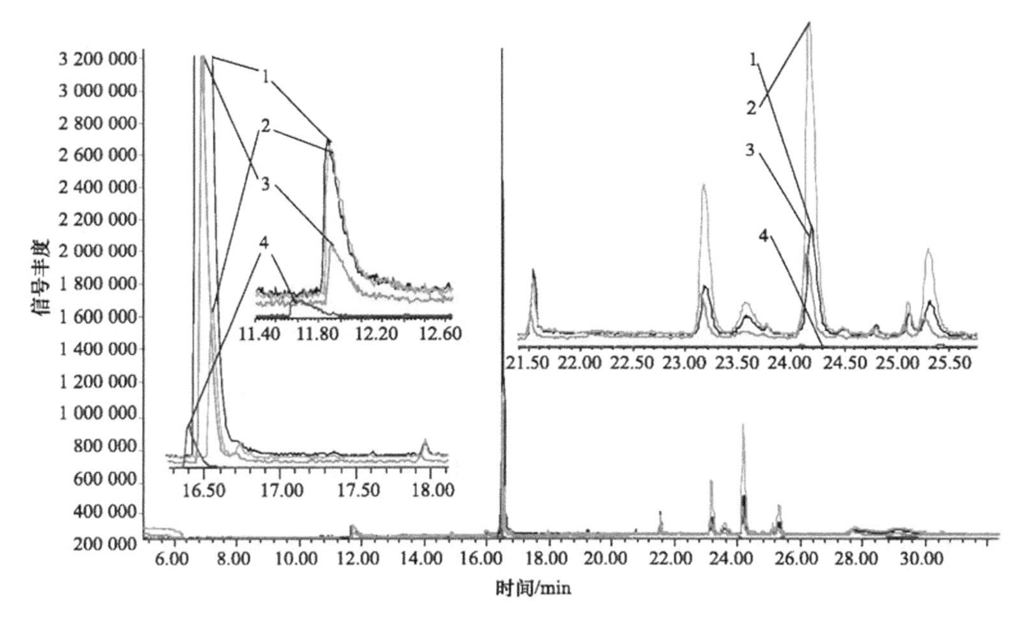


图 3-53　降解 30min 后的中间产物 GC-MS 谱图对比

1—处理前；2—UV 处理；3—DC 处理；4—UV+DC 处理

光电复合作用下降解 2-CP 的中间产物(图 3-54)在溶液中的量级很低，有时几乎测不到。因为光电复合作用能够直接将有机污染物氧化为 $CO_2$，而不会像单独光解、电解或光催化过程产生大分子芳香族化合物作为中间产物在溶液中的累积。由于短波长的紫外辐射对溶液中的有机物分子有激发作用，因而也会促进有机物分子更容易发生分解反应[102]。

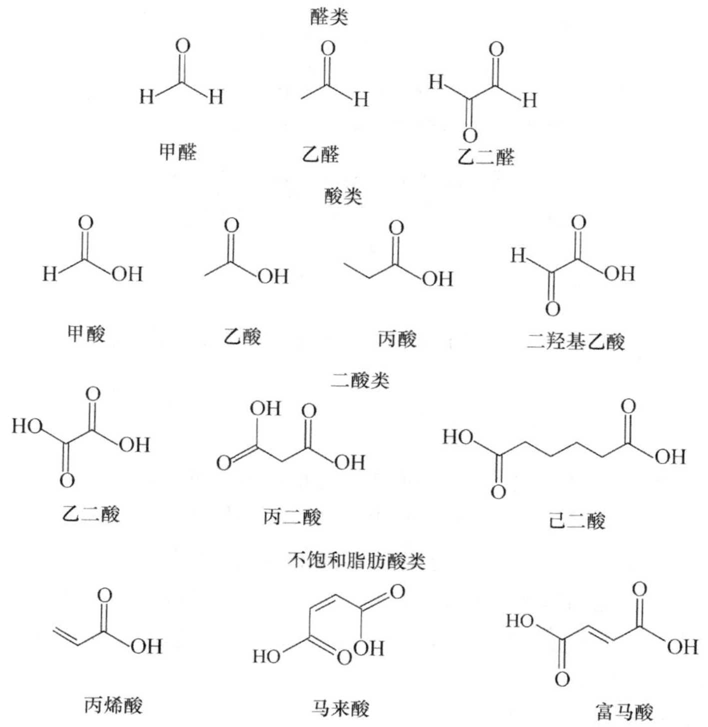

醛类

甲醛 乙醛 乙二醛

酸类

甲酸 乙酸 丙酸 二羟基乙酸

二酸类

乙二酸 丙二酸 己二酸

不饱和脂肪酸类

丙烯酸 马来酸 富马酸

图 3－54 光电协同降解水中 2-CP 的部分中间产物

#### 3.3.2.2 $HCO_3^-$ 对光电协同降解速率的影响

水中的 $HCO_3^-$ 是一种羟基自由基的捕获剂，因此当有一定量的 $HCO_3^-$ 存在时，可能对光电降解有机物产生影响。由于 $HCO_3^-$ 是地表水和地下水中最常见的无机阴离子之一，这种影响对在光电水处理过程中可能发挥一定的影响。

下面结合一组试验结果，进行介绍。在优选的反应条件下，在待处理溶液中添加碳酸氢钠达到 3 $mmol \cdot L^{-1}$ 时，得到降解时间与三种指标的浓度关系如图3－55所示。

由图 3－55 可见，加入碳酸氢根后 2-CP 的降解速率略有减小，而且氯离子的生成速率也与 2-CP 的消失速率相一致。表明以脱氯为特征的 2-CP 的光解作用受到的影响并不显著。但 TOC 的去除率则大大下降，比不加碳酸氢根时要小得多，去除效果极不明显。这表明，TOC 去除主要是通过自由基反应进行。

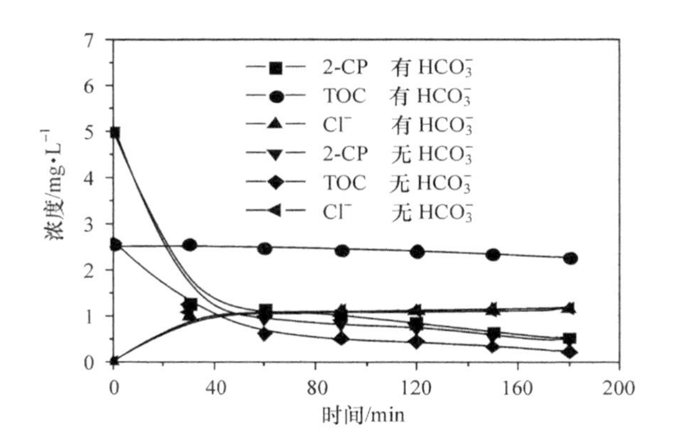


图 3-55 外加 $HCO_3^-$ 对光电降解 2-CP 的影响

#### 3.3.2.3 光电反应的电流效率

对水中酚类化合物氧化过程的问题主要是电极表面形成酚的多聚物而导致电极失活。通过降低酚类化合物的浓度，提高反应介质温度，或使用高的析氧过电位电极均能减小电极钝化。紫外光对电极表面的辐射，也能抑制聚合反应的发生，从而提高电极效率。使用这种电极，它可能增加电极表面羟基自由基的浓度，从而按照羟基化或脱水的机理去氧化酚类污染物。按照这一机理，光电降解 2-CP 的产物应该是 $CO_2$ 和 $H_2O$。

假定理想的降解总反应为

$$ClC_6H_4OH + 27\,{}^{\cdot}OH \longrightarrow 6CO_2 + 16H_2O + Cl^- + 26e \qquad (3-69)$$

并假设发生反应的电荷量＝电流×时间，则给定时间内的表观电流效率(apparent current efficiency, ACE)为[103]

$$ACE = \frac{\Delta(TOC)_{实验值}}{\Delta(TOC)_{理论值}} \times 100\% \qquad (3-70)$$

式中，$\Delta(TOC)_{实验值}$ 和 $\Delta(TOC)_{理论值}$ 分别是在给定时间内实测得到的 TOC 的去除量(差值)和理论上假定相同电量完全用于降解 TOC 的可去除量。由式(3-71)可看出，光电复合的电流效率明显大于单独直流微电解时的电流效率：

$$ACE(UV+DC) = 72.21\% > ACE(DC) = 49.6\% \qquad (3-71)$$

总之，光电氧化降解 TOC 的反应速率常数比单一光解和单一电解的降解速率常数之和高 50%以上，呈现出显著的协同增效作用。光电协同技术的电流效率比同等条件下单一电解的电流效率高出近 30%，显然也证明光电组合作用能够增大电解的效率。

### 3.3.3 用于饮用水净化的组合技术简介

#### 3.3.3.1 在线发生 $O_3$-UV 反应器

利用一级或二级特定的紫外线，通过对在线输入的空气进行照射，连续产生臭氧，使 $O_3$ 与紫外线同时作用。同时，在反应器中加入催化材料，形成 $O_3$-UV 光催化氧化协同作用，并产生羟基自由基，达到高效快速杀菌除微污染的效果。根据这一原理设计的在线发生 $O_3$-UV 水处理反应器如图 3－56 所示。该反应器在使用中应具有如下优点：

(1) 连续补入空气，不需外加气泵，方便简捷；

(2) 在线产生臭氧，并与紫外线协同作用；

(3) 通过催化氧化过程，可将水中的有机污染物完全无机化，不产生任何二次污染，而且提高了水中溶解氧的含量，保留了微量元素；

(4) 设备系统简单，易于操作；

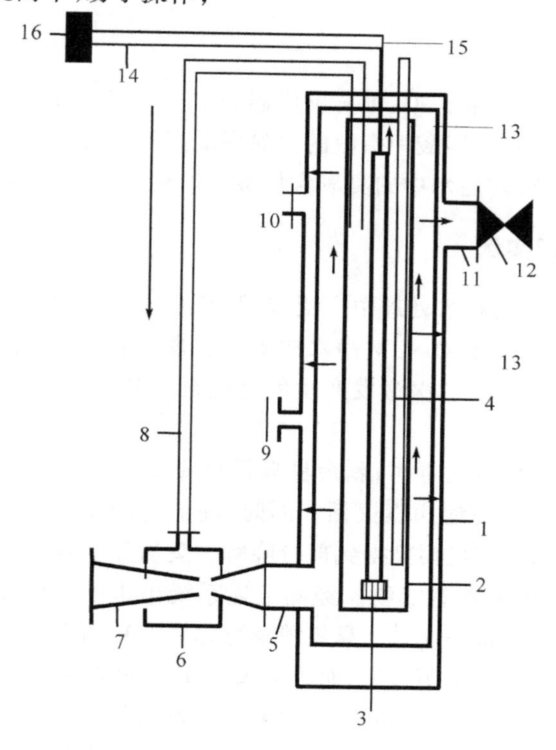


图 3－56 在线发生 $O_3$-UV 水处理反应器示意图

1—容器外壳；2—石英套管；3—级紫外灯；4—充气管；5—进水口；6—水射器箱；7—水射器；8—水循环管；9—阀门；10—阀门；11——级出水口；12—阀门；13—二氧化钛催化滤膜；14—正极线；15—负极线；16—电源

(5) 可实现运行管理的自动化。

#### 3.3.3.2 在线发生 $O_3$-UV 组合装置的净水效果

以一组水处理实验数据为例,配制含有一定量细菌的水样,用在线发生臭氧-UV 单元装置进行杀菌处理。被处理水以 300 $L \cdot h^{-1}$ 的流量一次性通过反应器,紫外灯的功率为 30 W,主波长 253.7 nm。杀菌结果如表 3-11 所示。

表 3-11 在线发生臭氧—光氧化协同技术去除污染物与灭活微生物效能

| 原水 \ 指标 | | 细菌总数 /万个·$mL^{-1}$ | 大肠杆菌数 /万个·$mL^{-1}$ | 高锰酸钾指数 /$mg \cdot L^{-1}$ | TOC /$mg \cdot L^{-1}$ | 臭氧浓度 /$mg \cdot L^{-1}$ |
|---|---|---|---|---|---|---|
| 生活污水:自来水=1:50 | 处理前 | 1.48 | 2.41 | 2.74 | 2 | 0 |
| | 处理后 | 0 | 0 | 1.55 | 1.51 | 0.3 |
| 生活污水:自来水=1:100 | 处理前 | 2.62 | 2.7 | 3.44 | 2.16 | 0 |
| | 处理后 | 0 | 0 | 2 | 1.79 | 0.2 |

可见在一定处理条件下,$O_3$-UV 反应器对水中细菌总数和大肠杆菌的去除率达到 99.999%以上,对高锰酸钾指数的去除率最高可达 41.85%,对总有机碳的去除率可达 22.54%,处理后水中的臭氧含量最高达到 0.398 $mg \cdot L^{-1}$。

#### 3.3.3.3 应用实例

超滤技术近年来已在水处理中广泛应用,它对去除水中颗粒物和细菌等污染物效果优异。将在线发生 $O_3$-UV 净水技术与超滤技术组合,利用超滤、UV 光解、臭氧氧化、UV 消毒、UV 二次激发产生氧化性自由基等过程去除水中污染物,取得优异效果。

研究表明,采用臭氧消毒时,剩余臭氧量只要 0.045~0.45 $mg \cdot L^{-1}$,接触时间 2min 即可使小儿麻痹症病毒灭活。同时,高能量的短波长紫外线对有机物具有一定的光解作用,使有机污染得到部分降解。臭氧分子具有较高的氧化电位,能够氧化分解溶液中的多种有机物。经测上述系统出水中溶解臭氧 30min 内的平均含量可达 0.3~0.5 $mg \cdot L^{-1}$。臭氧消毒可弥补 UV 消毒的不足之处,能够保证一定的消毒持续性,防止细菌再生,而且臭氧与 UV 的消毒发生协同作用,能有效地提高杀菌消毒效率。253.7 nm 波长的紫外灯发出的 C 波段紫外线辐照通过的水流,在进行紫外灭菌消毒的同时,二次激发水中的溶解氧和臭氧,生成具有强氧化性的多种自由基,如羟基自由基等,具有协同净水作用,直接降解包括死亡微生物残体在内的水中微污染物。羟基自由基对微生物组织,如隐孢子虫(cryptosporidium)和细菌也有很强的失活作用。

一种用于优质饮用水深度净化的集成工艺如图3-57所示。该系统主要由超滤装置和253.7 nm中心波长的宽波段紫外灯组成，在此组合系统中有$O_3$产生和UV发射，形成了$O_3$-UV协同氧化和膜过滤联合水处理工艺。

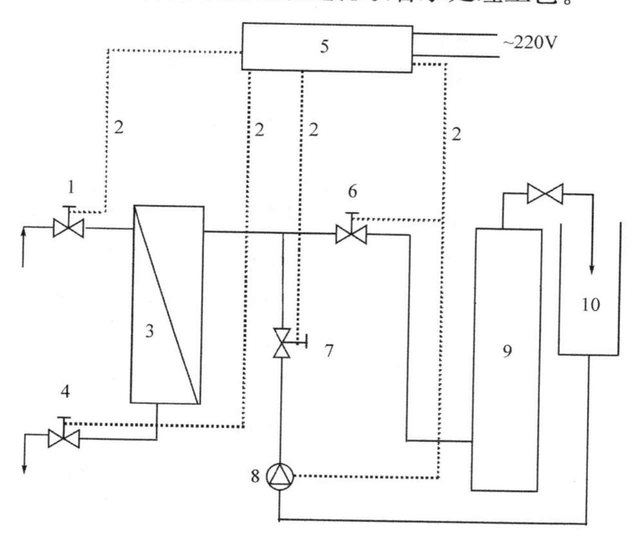


图3-57 超滤-UV/在线臭氧联合工艺系统图

1—进水阀；2—电子阀的控制线路；3—超滤装置；4—浓水排出阀；5—逻辑控制器；6—消毒器进水阀；7—反冲洗水进水阀；8—单向阀；9—UV/在线臭氧消毒器；10—净水储水箱

该系统的主要特点有：

(1) 系统的净水、灭菌效果可靠，出水可达零浊度，细菌全部去除；如以自来水为水源，处理后可获得更好的水质。

(2) 系统不需额外添加药剂和机械鼓入空气，高效低耗，生产成本低，性价比高。

(3) 整个装置操作简单，设备易于实现自动化，运行期间不需专人管理，安装调试后，系统按预先设置好的参数自动完成制水、反洗等流程。

(4) 因出水含有一定的臭氧，而且水中的有机物已经被有效去除，所以可以保证净化后的水放置、停留一段时间后仍质量稳定。

该设备系统适用于各种中小型饮用水优质净化，尤其在末端饮用水的净化方面具有应用价值。

将该组合系统应用于处理某电厂生活饮用水的深度净化，结果如表3-12所示。可见，采用膜技术与$O_3$-UV技术组合，可取得优异的净水效果。

**表 3-12 某电厂加菌的生活饮用源水处理前后水质**

| 检测指标 | 处理前 | 处理后 | 国家标准 | 去除率/% |
| --- | --- | --- | --- | --- |
| 细菌总数/个 · $mL^{-1}$ | 25 700 | 0 | 100 | 100 |
| 大肠杆菌数/个 · $mL^{-1}$ | 23000 | 0 | 3 | 100 |
| 色度 | 5 | <5 | 15 | |
| 浑浊度/NTU | 2 | 0 | 3 | |
| 臭和味 | 0 | 0 | 不得含有 | |
| 肉眼可见物 | 不含有 | 不含有 | 不得含有 | |
| pH | 6.8 | 6.8 | 6.5～8.5 | |
| 总硬度/mg · $L^{-1}$ | 110 | 113 | 450 | |
| 铁/mg · $L^{-1}$ | <0.05 | <0.05 | 0.3 | |
| 锰/mg · $L^{-1}$ | <0.05 | <0.05 | 0.1 | |
| 铜/mg · $L^{-1}$ | <0.02 | <0.02 | 1.0 | |
| 硫酸盐/mg · $L^{-1}$ | 42 | 48 | 250 | |
| 氯化物/mg · $L^{-1}$ | 27 | 28 | 250 | |
| 溶解性总固体/mg · $L^{-1}$ | 326 | 450 | 1000 | |
| 氟化物/mg · $L^{-1}$ | 0.2 | 0.2 | 1.0 | |
| 氰化物/mg · $L^{-1}$ | <0.002 | 0 | 0.05 | |
| 砷/mg · $L^{-1}$ | <0.01 | <0.01 | 0.05 | |
| 汞/mg · $L^{-1}$ | <0.001 | <0.001 | 0.001 | |
| 镉/mg · $L^{-1}$ | <0.001 | <0.001 | 0.01 | |
| 铬(六价)/mg · $L^{-1}$ | <0.004 | <0.004 | 0.05 | |
| 铅/mg · $L^{-1}$ | <0.01 | <0.01 | 0.05 | |
| 硝酸盐/mg · $L^{-1}$ | 1.34 | 1.37 | 20 | |
| (水中)臭氧含量/mg · $L^{-1}$ | 0 | 0.48 | | |
| 高锰酸钾指数/mg · $L^{-1}$ | 3.68 | 2.26 | 3 | 38.6 |

## 3.4 展 望

光电化学过程是光作用下的电化学过程，本质上是研究在电化学反应存在的条件下，分子、离子及固体等因吸收光使电子处于激发态而产生的电荷传递过程。目前，光电化学研究较为活跃的领域有：光合成中的光电化学过程，半导体超微粒的光电化学反应，光催化过程的光电化学，太阳能的光电化学转换等。在水处理领域，光电催化氧化过程被视为一种组合了光催化氧化过程和电催化氧化过程的更加高效的高级氧化技术。通常认为，光电催化过程是利用光照半导体产生的电子和空穴较强的还原和氧化能力，氧化水中还原性无机物质，降解大部分有机物，达到净化水质的目的。另一方面，在特定的情况下，光电催化过程可以作为一个与电化学氧化并行不悖的过程，藉以提高电化学氧化对污染物的降解效率。

尽管光电催化氧化技术的研究涉及不同的领域，但它在水处理中的研究与应用才刚刚起步，需要不断丰富和完善。除了不断提高光电催化氧化的效率及扩展其实际应用外，人们更加关注新型光电极的制备以及光电催化降解机理的深入研究，这两点也构成了有机污染物光电催化降解研究的重点。综合考虑高级氧化技术的特点以及光电催化技术的发展趋势，以下几方面的研究可能会成为光电催化降解技术的研究方向：

(1) 光电极的优化。光电极的研制是光电催化研究的核心，其中，光催化剂的改性和电极材料筛选是获得高效实用电极的关键。

(2) 光电催化氧化机理与过程研究。很多研究者对单独的光催化和电催化氧化机理都进行了深入的探讨，但对光电协同作用的机理缺乏了解。对有机物的光电催化降解研究尚缺乏可能存在的活性物质的鉴定，反应动力学模型研究还不够充分，对某类有机污染物降解过程中体系毒性的变化知之不多。

(3) 可见光的利用。可见光的利用一直是光催化氧化技术研究的重要内容。利用人工紫外光源成本较高，但紫外线占太阳光总能量的比例不到5%，如果能将催化剂活性改善并和电场的作用相结合，将会提高对可见光利用的可能性，解决光源对光电催化氧化技术应用的制约。

(4) 光电反应器的改进。光电反应器的设计应根据水处理用途进行。但是，不论是何种形式的光电氧化反应器，都必须将光作用、电作用和催化作用有机结合，其中电极可能是光电反应器的核心部分。因此，新型催化电极的利用和净水效率的提高，将是反应器设计的重要依据。

(5) 新型导电基体材料的应用。由于催化剂固定在载体上，固液接触面积大大减少，光电极的光电催化降解效率大大降低。同时，催化剂容易从载体上脱落，也会造成电极催化活性的降低。另外，电极的导电性也会影响光生电子和空穴的分离，进而影响降解效率。因此，开发和利用优良的导电基材，对光电催化氧化技术的发展有重要意义。

(6) 光电催化降解技术适用性的探索。目前，光电催化氧化水处理技术很少得到实际应用。其主要原因是光源、电氧化效率和反应器的限制，缺乏针对实际应用的技术参数优化和设备放大设计，工程应用中的诸多技术尚未解决。因此，该技术的实用化研究十分必要。

## 参考文献


[1] Stumm W. Chemistry of solid-water interface: processes at the mineral-water and particle-water interface in natural systems. New York: John Wily&Sons, Inc., 1992, 347

[2] 刘守新,刘鸿.光催化及光电催化基础与应用.北京:化学工业出版社,2006,

[3] 唐玉朝,胡春,王怡中. $TiO_2$ 光催化反应机理及动力学进展.化学进展,2002,14(3):192～199

[4] 冷文华,张昭,成少安等.光电催化降解苯胺的研究-外加电压的影响.环境科学学报,2001,21(6):710～714

[5] Rao K V S, Subrahmanyam M, Boule P. Immobilized $TiO_2$ photocatalyst during long-term use: decrease of its activity. Appl. Cata. B: Environ., 2004, 49: 239～249

[6] Vinodgopal K, Hotchandani S, Kamat P V. Electrochemically assisted photocatalysis: titania particulate film electrodes for photocatalytic degradation of 4-chlorophenol. J. Phys. Chem., 1993(97): 9040～9044

[7] Kim D H, Anderson M A. Photoelectrocatalytic degradation of formic acid using a porous $TiO_2$ thin-film electrode. Environ. Sci. Technol., 1994, 28: 479～483

[8] Hidaka H, Asai Y, Zhao J C, et al.. Photoelectrochemical decomposition of surfactants on a $TiO_2$/TCO particulate film electrode assembly. J. Phys Chem., 1995, 99(20): 8244～8248

[9] Waldner G, Bruger A, Gaikwad N S, Neumann-Spallart M. $WO_3$ thin films for photoelectrochemical purification of water. Chemosphere, 2001, 67: 779～784

[10] 张艳君.辐照技术在环境保护中的应用.太原科技,2002,3:30～31

[11] Pelegrini R, Peralta Zamora P, Andrade A R et al. Electrochemically assisted photocatalytic degradation of reactive dyes. Appl. Cata. B: Environmental, 1999, 22: 83～90

[12] Li X Z, Liu H L, Yue P T, Sun Y P. Photoelectrocatalytic oxidation of Rose Bengal in aqueous solution using a Ti/$TiO_2$ electrode. Environ. Sci. Technol., 2000, 34: 4401～4406

[13] 刘惠玲,周定,李湘中,余秉涛.网状 $TiO_2$/Ti 电极的制备及染料的光电催化降解.哈尔滨工业大学学报,2002,34(6):789～793

[14] Quan X, Yang S G, Ruan X L, Zhao H M. Preparation of titania nanotubes and their environmental applications as electrode. Environ. Sci. Technol., 2005, 39: 3770～3775

[15] Michael L H, Tian F. Studies of $TiO_2$ thin films prepared by chemical vapour deposition for photocatalytic and photoelectrocatalytic degradation of 4-chlorophenol. Journal of Electroanalytical Chemistry, 2002, 538-539: 165～172

[16] 高廉,张青红.纳米二氧化钛催化材料及应用.北京:化学工业出版社,2002

[17] Zhang P Y, Liang F Y, Yu G, Chen Q, Zhu W P. A comparative study on decomposition of gaseous toluene by $O_3$/UV, $TiO_2$/UV and $O_3$/$TiO_2$/UV. Journal of Photochemistry and Photobiology A: Chemistry, 2003, 156: 189～194

[18] 冷文华,童少平,成少安,张鉴清,曹楚南.附载型 $TiO_2$ 光电催化降解苯胺机理.环境科学

学报,2000,20(6):781～784

[19] Waldner G, Pourmodjib M, Bauer R M, Neumann S. Photo-electrocatalytic degradation of 4-chlorophenol and oxalic acid on titanium dioxide electrodes. Chemosphere, 2003, 50: 989～998

[20] Siripala W, Anna I. $Cu_2O/TiO_2$ heterojunction thin film cathode for photoelectrocatalysis. Solar Energy Materials & Solar Cells, 2003, 77: 229～237

[21] 梅燕,贾振斌,邱丽,曹江林,张艳峰,魏雨.负载型 $TiO_2$ 纳米薄膜电极光电催化氧化甲醇的研究.稀有金属材料与工程,2003,32(8):662～664

[22] 张招贤.钛电极工学(第二版).北京:冶金工业出版社,2003

[23] 韦国林,张利,顾海军,冯建星.电沉积 $PbO_2$ 的析氧行为.电池,1998,28(4):160～163

[24] Pelegrini R T, Freire R S, Duran N, Bertazzoli R. Photoassisted electrochemical degradation of organic pollutants on a DSA type oxide electrode: process test for a phenol synthetic solution and its application for the E1 bleach kraft mill effluent. Environ. Sci. Techol., 2001, 35(13): 2849～2853

[25] Pinhedo L, Pelegrini R, Bertazzoli R A, Motheo J. Photoelectrochemical degradation of umic acid on a $(TiO_2)_{0.7}(RuO_2)_{0.3}$ dimensionally stable anode. Applied Catalysis B: Environmental, 2004, 57: 75～81

[26] Catanho M, Geoffroy R P M, Artur J M. Photoelectrochemical treatment of the dye reactive red 198 using DSA electrodes. Applied Catalysis B: Environmental, 2005, 62: 193～200

[27] Hepel M, Luo J. Photoelectrochemical mineralization of textile diazo dye pollutantsusing nanocrystalline $WO_3$ electrodes. Electrochimica Acta, 2001, 47: 729～740

[28] Hidaka H, Ajisaka K, Horikoshi S et al. Comparative assessment of the efficiency of $TiO_2$/OTE thin film electrodes fabricated by three deposition methods. Photoelectrochemical degradation of the DBS anionic surfactant. Journal of Photochemistry and Photobiology A: Chemistry, 2001, 138: 185～192

[29] Sartoretti C J, Ulmann M, Alexander B D, Augustynski J, Weidenkaff, A. Photoelectrochemical oxidation of water at transparent ferric oxide film electrodes. Chemical Physics Letters, 2003, 376: 194～200

[30] Liu D, Prashant V K. Photoelectrochemical Behavior of Thin CdSe and Coupled $TiO_2$/CdSe Semiconductor Films. J. Phys. Chem., 1993, 97: 10769～10773

[31] Quan X, Chen S, Su J, Chen J W, Chen G H. Synergetic degradation of 2,4-D by integrated photoand electrochemical catalysis on a Pt doped $TiO_2$/Ti electrode. Separation and Purification Technology, 2004, 34: 73～79

[32] Zhang W B, An T C, Cui M C et al. Effects of anions on the photocatalytic and photoelectrocatalytic degradation of reactive dye in a packed-bed reactor. J. Chem. Technol. Biotechnol., 2005, 80: 223～229

[33] An T C, Zhang W B, Li G Y et al. Increase the degradation efficiency of organic pollutants with a radical scavenger ($Cl^-$) in a novel photoelectrocatalytic reactor. Chinese Chemical

Letters,2004,15(4):455～458

[34] 宋强,曲久辉.光电协同新技术降解饮用水中微量邻氯酚.科学通报,2003,48(3):233～238

[35] Fendler J H;项金钟,吴兴惠译.纳米粒子与纳米结构薄膜.北京:化学工业出版社,2003

[36] Zhang W B,An T C,Xiao X M et al. Photoelectrocatalytic degradation of reactive brilliant orange K-R in a new continuous flow photoelectrocatalytic reactor. Applied Catalysis A: General,2003,255:221～229

[37] 于书平,古国榜,王润玲,杨志刚,李新军.光电技术在污水处理中的应用研究.水利发电,2004,30(2):14～16

[38] 冯艳文,梁金生,梁广川等.纳米 $TiO_2$ 光电催化降解工业废水技术研究进展.工业水处理,2003,23(10):5～8

[39] 王海燕,蒋展鹏,杨宏伟.电助光催化氧化反应器的类型和设计要点.环境污染治理技术与设备,2005,6(10):84～87

[40] Akira F,Tata N R,Donald A T. Titanium Dioxide Photocatalysis. Journal of Photochemistry and Photobiology C: Photochemistry Reviews,2000,1:1～21

[41] 邵志刚,衣宝廉,张新革等.钛基二氧化铅平板电极的镀制.电化学,1997,3(3):319～324

[42] 于书平,古国榜,李新军.溶胶-凝胶法制备非均匀铅掺杂 $TiO_2$ 薄膜.华南理工大学学报,2004,32(6):36～40

[43] 丁士文,王利勇.纳米 $TiO_2$-$MnO_2$ 的复合材料的合成、结构与光催化性能.中国科学(B辑),2003,33(4):306～311

[44] Konstantinou I K, Albanis T A. $TiO_2$-assisted photocatalytic degradation of azo dyes in aqueous solution: kinetic and mechanistic investigations A review. Appl. Cata. B: Environ.,2004,49 (1):1～14

[45] Zhang H Q, Chen K C, He T. Photocatalytic degradation of acid azo dyes in aqueous $TiO_2$ suspension II. The effect of pH values. Dyes and Pigments,1998,37(3):241～247

[46] Wu F,Deng N S,Hua H L. Degradation mechanism of azo dye C.I. reactive red 2 by iron powder reduction and photooxidation in aqueous solutions. Chemosphere,2000,41:1233～1238

[47] Stylidi M,Kondarides D I,Verykios X E. Pathways of solar-light induced photocatalytic degradation of azo dyes in aqueous $TiO_2$ suspensions. Appl. Cata. B: Environ.,2003,40:271～286

[48] Rabani J,Yamashita K,Ushida K,Stark J,Kira A. Fundamental Reactions in Illuminated Titanium Dioxide Nanocrystallite Layers Studied by Pulsed Laser. J. Phys. Chem. B,1998,102:1689

[49] Abdullah M,Low G K C,Matthews R W. Effects of common inorganic anions on rates of photocatalytic oxidation of organic carbon over illuminated titanium dioxide. J. Phys. Chem.,1990,94,6820～6825

[50] Chen H Y,Zahraa O,Bouchy M. Inhibition of the adsorption and photocatalytic degrada-

tion of an organic contaminant in an aqueous suspension of $TiO_2$ by inorganic ions. J Photochem Photobiol A: Chem, 1997, 108: 37～44

[51] 李国亭，曲久辉，张西旺等. 光助电催化降解偶氮染料酸性橙Ⅱ的降解过程研究. 环境科学学报，2006，26(10)：1618～1623

[52] Lucarelli L, Nadtochenko V, Kiwi J. Environmental photochemistry: Quantitative adsorption and FTIR studies during the $TiO_2$-photocatalyzed degradation of Orange II. Langmuir, 2000, 16: 1102～1108

[53] Stylidi M, Dimitris I K, Xenophon E V. Visible light-induced photocatalytic degradation of Acid Orange 7 in aqueous $TiO_2$ suspensions. Applied Catalysis B: Environmental, 2004, 47: 189～201

[54] Wu R C, Qu J H, He H, Yu Y B. Removal of azo-dye Acid Red B (ARB) by adsorption and catalytic combustion using magnetic $CuFe_2O_4$ powder. Applied Catalysis B: Environmental, 2004, 48: 49～56

[55] Poulios I, Tsachpinis I. Photodegradation of the textile dye Reactive Black 5 in the presence of semiconducting oxides. J. Chem. Technol. Biotechnol., 1999, 74: 349

[56] Bandara J, Mielczarski J A, Kiwi J. Molecular mechanism of surface recognition. Azo dyes degradation on Fe, Ti, and Al oxides through metal sulfonate complexes. Langmuir, 1999, 15(22): 7670～7679

[57] Ward M D, Bard A J. Photocurrent enhancement via trapping of photogenerated electrons of $TiO_2$ particles. J. Phys. Chem., 1982(86): 3599～3605

[58] Peng X J, Yang J Z, Wang J T. Electrochemical behaviour of azo dyes in acid/ethanol media. Dyes and pigments, 1992, 20(2): 73～81

[59] Mandic Z, Nigovic B, Simunic B. The mechanism and kinetics of the electrochemical cleavage of azo bond of 2-hydroxy-5-sulfophenyl-azo-benzoic acids. Electrochimica Acta, 2004, 49: 607～615

[60] Kudlich M, Hetheridge M J, Knackmuss H J, et al. Autoxidation reactions of di.erent aromatic o-aminohydroxynaphthalenes that are formed during the anaerobic reduction of sulfonated azo dyes. Environ. Sci. Technol., 1999, 33(6), 896～901

[61] Kuramitz H, Nakata Y, Kawasaki M, Tanaka S. Electrochemical oxidation of bisphenol A. Application to the removal of bisphenol A using a carbon fiber electrode. Chemosphere, 2001, 45: 37～43

[62] 黄量，於德泉. 紫外光谱在有机化学中的应用. 北京：科学出版社，1988

[63] Jerzy A M, Atenas G M, Mielczarski E. Role of iron surface oxidation layers in decomposition of azo-dye water pollutants in weak acidic solutions. Applied Catalysis B: Environmental, 2004, 56: 291～305

[64] Chen X M, Chen G H. Anodic oxidation of Orange II on Ti/BDD electrode: Variable effects. Separation and Purification Technology, 2006, 48: 45～49

[65] Chiang L C, Chang J E and Wen T C. Indirect oxidation effect in electrochemical oxidation

treatment of landfill leachate. Water Res., 1995, 29(2): 671～678

[66] Wu Z C and Zhou M H. Partial degradation of phenol by advanced electrochemical oxidation. Environ. Sci. Technol., 2001, 35: 698～2703

[67] Panizza M, Cerisola G. Electrohcemical oxidation as a final treatment of synthetic tannery wastewater. Environ. Sci. Technol., 2004, 38: 5470～5475

[68] 周明华. 电化学技术削减有毒难降解有机污染物的应用基础研究. 浙江大学博士学位论文, 2003

[69] Treimer S E, Feng J R, Johnson D C. Photoassisted electrochemical incineration of selected organic compounds. J. Electrochem. Soc., 2001, 148(7): 321～325

[70] Feng J Y, Hu X J, Yue P L. Discoloration and mineralization of Orange II using different heterogeneous catalysts containing Fe: a comparative study. Environ. Sci. Technol., 2004, 38(21): 5773～5778

[71] Tahar N B, Andre S. Mechanistic Aspects of Phenol Electrochemical Degradation by Oxidation on a Ta/$PbO_2$ Anode. J. Electrochem. Soc., 1998, 145(10): 3427～3434

[72] Santos A, Yustos P, Quintanilla A et al. Evolution of toxicity upon wet catalytic oxidation of phenol. Environ. Sci. Technol., 2004, 38(1): 133～138

[73] Pulgarin C, Adler N, Peringer P, Comninellis C. Electrochemical detoxification of a 1,4-benzoquinone solution in wastewater treatment. Water Res., 1994, 28(4): 887～893

[74] Brillas E, Mur E, Sauleda R et al. Aniline mineralization by AOPs: anodic oxidation, photocatalysis, electro-Fenton and photoelectron-Fenton processes. Appl. Cata. B: Environmental, 1998, 16: 31～42

[75] Comninellis C, Plattner E. Eletrochemical waste water treatment. Chimica, 1988, 42: 250～252

[76] Gattrell M, de Kirk D W. The electrochemical oxidation of aqueous phenol at a glassy carbon electrode. Can. J. Chem. Engng., 1990, 68: 997～1003

[77] Sedlak D L, Andren A W. Oxidation of chlorobenzene with Fenton's reagent. Environ. Sci. Technol., 1991, 25: 777～782

[78] Hislop K A, Bolton J R. The photochemical generation of hydroxyl radicals in the UV-vis/Ferrioxalate/$H_2O_2$ system. Environ. Sci. Technol., 1999, 33: 3119～3126

[79] Sun Y F, Joseph J P. Evidence for a Surface Dual Hole～Radical Mechanism in the $TiO_2$ Photocatalytic Oxidation of 2,4-Dichlorophenoxyacetic Acid. Environ. Sci. Technol., 1995, 29: 2065～2072

[80] Daneshvar N, Salari D, Khataee A R. Photocatalytic degradation of azo dye acid red 14 in water on ZnO as an alternative catalyst to $TiO_2$. J. Photochem. Photobiol. A: Chemistry, 2004, 162: 317～322

[81] Chen Y X, Yang S Y, Wang K. Role of primary active species and $TiO_2$ surface characteristic UV-illuminated photodegradation of Acid Orange 7. J. Photochem. Photobiol. A: Chemistry., 2005, 172: 47～54

[82] Comninellis C. Electrocatalysis in the electrochemical conversion/combustion of organic pollutants for waste water treatment. Electrochim. Acta. 1994, 39: 1857～1862

[83] Steiner M G, Babbs C F. Quantitation of the hydroxyl Radical By reaction with dimethyl sulfoixde. Archives of Biochemistry and Biophysics, 1990, 278(2): 478～481

[84] Babbs C F, Gale M J. Colorimetric assay for methanesulfinic acid in biological samples. Analytical Biochemistry, 1987, 163: 67～76

[85] Zhang S J, Yu H Q, Zhao Y. Kinetic modeling of the radiolytic degradation of Acid Orange 7 in aqueous solutions. Water Res., 2005, 39: 839～846

[86] Polcaro A M, Palmas S, Renoldi F, Mascia M. On the performance of Ti/$SnO_2$ and Ti/$PbO_2$ anodes in electrochemical degradation of 2-chlorophenol for wastewater treatment. J. App. Electrochem., 1999, 29: 147～151

[87] Cañizares P, Dominguez J A, Rodrigo M A, et al.. Effect of the Current Intensity in the Electrochemical Oxidation of Aqueous Phenol Wastes at an Activated Carbon and Steel Anode. Ind. Eng. Chem. Res. 1999, 38: 3779～3785

[88] 于书平，光电催化降解有机染料的研究. 华南理工大学博士学位论文，2004

[89] 孙锦宜，林西平. 环保催化材料与应用. 北京：化学工业出版社，2002

[90] Iniesta J, Michaud P A, Panizza M, Cerisola G, Aldaz A, Comninellis C. Electrochemical oxidation of phenol at boron-doped diamond electrode. Electrochimica Acta, 2001, 46, 3573～3578

[91] Polearo A M, Ricci PC, Palmas S, Ferrara F, Anedda A. characterization of horon doped diamond electrode, during oxidation processes. Thin solid Films, 2006 515 (4): 2073～2078

[92] Ruppert G, Bauer R. UV-$O_3$, UV-$H_2O_2$, UV-$TiO_2$, and the photo-fenton reaction-Comparison of advanced oxidation processes for wastewater treatment. Chemosphere, 1994, 28(8): 1447～1454

[93] Mills A, Davies R H, Worsley D. Water purification by semiconductor photocatalysis. Chem. Soc. Rev., 1993, 22: 417～425

[94] Kim S M, Volgelpohl A. Degradation of organic pollutants by the photo～Fenton process. Chem. Eng. Technol., 1998, 21(2): 187～191

[95] Sun Y F, Joseph J P. Photochemical reactions involved in the total mineralization of 2,4-D by $Fe^{3+}$/$H_2O_2$/UV. Environ. Sci. Technol., 1993, 27: 304～310

[96] Legrini O, Oliveros E, Braun A M. Photochemical process for water treatment. Chem. Rev., 1993, 93: 671～698

[97] Yatmaz H C, Wallis C, Howarth C R. The spinning disc reactor～studies on a novel $TiO_2$ photocatalytic reactor. Chemosphere, 42(2001), 397～403

[98] Serpone N, Terzian R, Hidaka H, Pelizzetti Ezio. Ultrasonic induced dehalogenation and oxidation of 2-, 3-and 4-chlorophenol in air-equilibrated aqueous media. Similarities with irradiated semiconductor particulates. J. Phys. Chem. 1991, 98: 2634～2641

[99] Tseng J M, Huang C P. Removal of chlorophenols from water by photocatalytic oxidation. Wat. Sci. Tech., 1991, 23: 377~387

[100] Jean-Christophe D O, Ghassan A S, Pichat P. Photodegradation of 2-and 3-chlorophenol in $TiO_2$ aqueous suspensions. Environ Sci Technol. 1990, 24: 990~996

[101] Cheng I F, Quintus F, Nic K. Electrochemical dechlorination of 4~chlorophenol to phenol. Environ. Sci. Technol., 1997, 31: 1074~1078

[102] Androulaki E, Hiskia A, Dimotikali D, Minero C, Calza P, Pelizzetti E, Papaconstantinou E. Light induced elimination of mono-and polychlorinated phenols from aqueous solutions by $PW_{12}O_{40}^{3-}$ the case of 2,4,6-trichlorophenol. Environ. Sci. Technol., 2000, 34: 2024~2028

[103] Brillas E, Sauleda R, Casado J. Degradation of 4-chlorophenol by anodic oxidation, electro-fenton, photoelectro-fenton, and peroxy-coagulation processes. J. Electrochem. Soc., 1998, 145: 759~765

# 第 4 章　水处理电化学凝聚原理与方法

## 4.1　电凝聚的基本原理

### 4.1.1　电絮凝的基本原理

电絮凝，又称电混凝，其处理原理是：将金属电极（铝或铁）置于被处理的水中，然后通以直流电，此时金属阳极发生电化学反应，溶出 $Al^{3+}$ 或 $Fe^{2+}$ 等离子并在水中水解而发生混凝或絮凝作用，其过程和机理与化学混凝基本相同。

采用 Al 作为阳极时电絮凝的基本原理如图 4－1 所示，其中发生的主要反应分析如下。

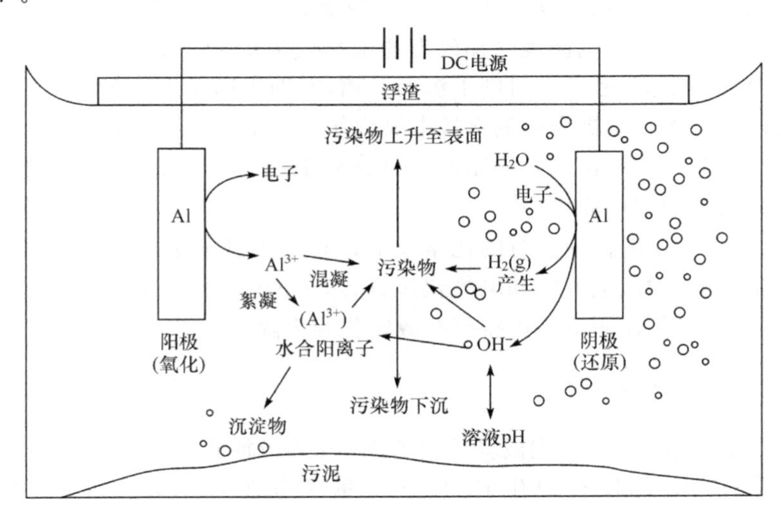


图 4－1　电絮凝的基本原理示意图

阳极主要是 Al 电解生成 $Al^{3+}$ 反应：

$$Al \longrightarrow Al^{3+} + 3e \tag{4-1}$$

在碱性条件下：

$$Al^{3+} + 3OH^- \longrightarrow Al(OH)_3 \tag{4-2}$$

在酸性条件下：

$$Al^{3+} + 3H_2O \longrightarrow Al(OH)_3 + 3H^+ \tag{4-3}$$

当采用 Fe 作为阳极时，阳极上发生与 Al 相似的金属溶解的电化学反应，其反应如下：

$$Fe \longrightarrow Fe^{2+} + 2e \tag{4-4}$$

在碱性条件下：

$$Fe^{2+} + 2OH^- \longrightarrow Fe(OH)_2 \tag{4-5}$$

在酸性条件下：

$$4Fe^{2+} + O_2 + 2H_2O \longrightarrow 4Fe^{3+} + 4OH^- \tag{4-6}$$

同时阳极发生 $H_2O$ 电解析出 $O_2$ 的反应：

$$2H_2O \longrightarrow O_2 + 4H^+ + 4e \tag{4-7}$$

当处理的水中含有 $Cl^-$ 时，阳极会发生 $Cl^-$ 的电解及 $Cl_2$ 的水解反应：

$$2Cl^- \longrightarrow Cl_2 + 2e \tag{4-8}$$

$$Cl_2 + H_2O \longrightarrow HClO + H^+ + Cl^- \tag{4-9}$$

$$HClO \longrightarrow H^+ + ClO^- \tag{4-10}$$

阴极主要是 $H_2O$ 的电解释放出 $H_2$ 的反应：

$$2H_2O + 2e \longrightarrow H_2 + 2OH^- \tag{4-11}$$

在不同的 pH 条件下，金属离子及其水解聚合产物可发挥压缩双电层、吸附电中和及沉淀网捕作用。电极表面释放出的微小气泡加速了颗粒的碰撞过程，密度小时就会上浮而分离，密度大时则下沉而分离，有助于迅速去除废水中的溶解态和悬浮态胶体化合物。阳极表面的直接电氧化作用和 $Cl^-$ 转化成活性氯的间接电氧化作用对水中溶解性有机物和还原性无机物有很强的氧化能力，阴极释放出的新生态氢则具有较强的还原作用。

通常，电化学反应器内进行的化学反应过程是极其复杂的。在电絮凝反应器中同时发生了电絮凝、电气浮和电氧化过程，水中的溶解性、胶体和悬浮态污染物在混凝、气浮和氧化作用下均可得到有效转化和去除。

### 4.1.2 电气浮的基本原理

电气浮是指利用电解时阴极释放出的 $H_2$ 和阳极释放出的 $O_2$ 微小气泡使污染物上浮去除的电化学过程。产生 $H_2$ 和 $O_2$ 的量，可按照 Faraday 电解定律进行计算。

阳极反应：

$$2H_2O \longrightarrow O_2 + 4H^+ + 4e \tag{4-12}$$

阴极反应：

$$2H_2O + 2e \longrightarrow H_2 + 2OH^- \tag{4-13}$$

决定电气浮水力负荷的因素是微气泡的大小和数量。微气泡平均直径越小，同样产气量时单位体积水中微气泡个数越多，此时微气泡的比表面积越大，对水中悬浮颗粒具有较好的黏附性能与分离效率。

### 4.1.3 电凝聚-电气浮的基本原理

电凝聚-电气浮法（简称电聚浮）其理论基础是应用电子学、流体力学、电化学等相关技术所结合而成的一种组合的水处理新技术。该法主要机制是利用电场的诱导,使粒子产生偶极化,借助流道的设计而自动凝聚成絮体,在不外加空气情况下,利用电解所产生的气泡与絮体充分结合,适当添加助凝剂后自动上浮除去[①]。

粒子偶极化:极板通过直流电即可产生电场,通过隔板的设置及流道的设计,使水溶液中的粒子在一密闭的电场下被诱导,在适当的电场强度下,粒子本身内部电荷重新分配,正电荷偏向负极板,负电荷偏向正极板,重新分布的电荷大小决定于粒子本身的性质,此过程称为粒子偶极化,如图 4-2 所示。而水分子也会受到电场的影响,产生偶极化效应,同时使包围杂质的水合力减弱,粒子便拥有较高的自由度,有利于后续作用的发生。当粒子进入电场后,偶极化立即产生,电场消失,偶极化粒子慢慢恢复原状,电场使粒子同时带有正、负电子,这与传统粒子仅带一种电荷不同。

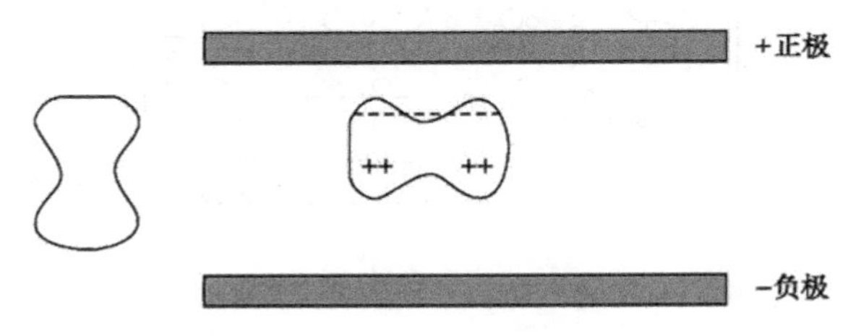


图 4-2　粒子偶极化示意图

粒子聚合:粒子经偶极化带上了正负电荷,在流动过程中,由于正负电荷互相吸引,使两杂粒子互相接近结合成新的粒子,此新的粒子在电场中再重新被偶极化,成为一个更大的带有正负电荷的粒子,如图 4-3 所示。

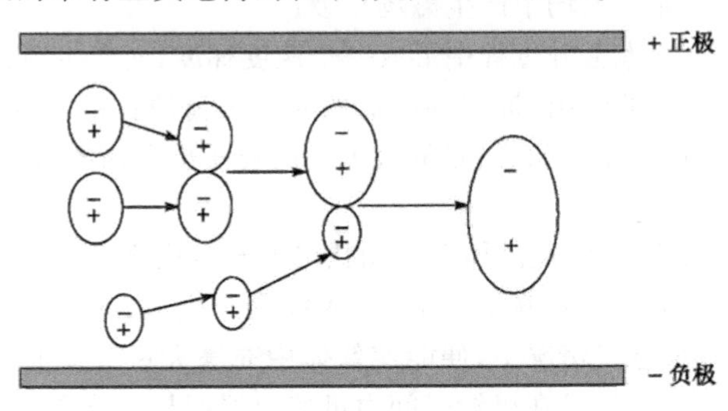


图 4-3　偶极化粒子的聚合

① 廖盛焜. 电聚浮除法对酸性染料染色废水之研究. 海峡两岸 EPN 电聚浮除技术研讨会论文集,北京,1999,27。

絮体形成:当粒子与周围的粒子碰撞结合后,由于水流处于稳定状态,不易再与其他粒子碰撞形成更大的絮体,粒子去除效果将大受影响。因此,改变传统电解法中水流方向与极板成平行状的做法,借助流道的特殊设计,使流体产生扰流状态,以增加粒子的碰撞机会。经过反复碰撞结合后,许多粒子可以成长至原来的$10^3$～$10^4$倍,如图4-4所示。粒径可由100～1000 Å增大至0.1～1mm。

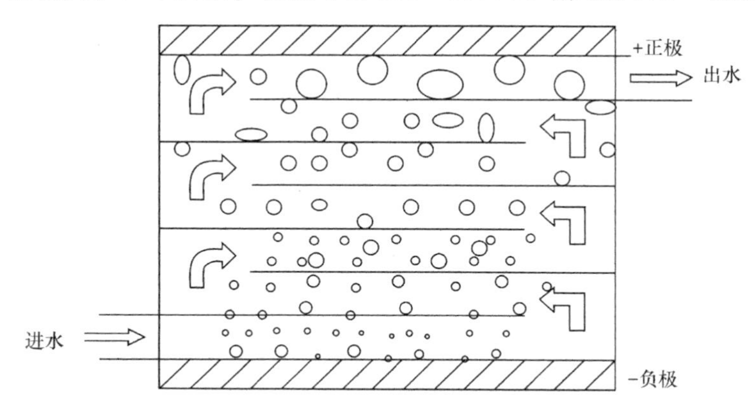


图4-4 絮体形成示意图

除由于粒子偶极化聚合而形成絮体外,如果电凝聚-电气浮反应器阳极或金属隔板为铁或铝,则溶解出铁、铝离子的混凝作用也可促进絮体的生成。胶体粒子脱稳后才能形成絮体。脱稳主要是通过降低粒子间静电斥力使其凝聚。在电凝聚-电气浮反应器中主要通过以下几种方式聚集:

(1) 粒子运动而在电场中产生磁场相吸;

(2) 电解产生气泡上升过程中形成一个速度梯度,而产生搅拌作用;

(3) 电场中电泳的作用,带同种电荷的粒子因荷质比的差异造成不同的电泳速度,进而增加碰撞凝聚的机会;带异性电荷的粒子也会因电泳方向不同而互相碰撞凝聚;

(4) 改进流道的设计,使流体在流动状况下产生扰流状态。

絮体上浮:水分子在电解作用下,在两极会产生$H_2$和$O_2$,而产生大量的气泡。因此,在无外加空气情况下,便能使絮体中充满大量气体而成为海绵状,使得絮体的密度远小于水,故可在极短时间内迅速上浮而与水分离。

### 4.1.4 复极式电凝聚-电气浮反应器的原理[1]

近年来,作者所在的研究小组开发出一种复极式电凝聚-电气浮反应器,在复极式电聚浮电化学反应器中,不溶性电极和直流电源连接,采用Al作为隔板。在电场中感应电流作用下,隔板两面分别发生阳极反应和阴极反应。

阳极反应：

$$2H_2O \longrightarrow O_2 + 4H^+ + 4e \tag{4-14}$$

$$Al \longrightarrow Al^{3+} + 3e \tag{4-15}$$

当溶液中含有 $Cl^-$ 时，阳极同时发生如下电化学与化学反应：

$$2Cl^- \longrightarrow Cl_2 + 2e \tag{4-16}$$

$$Cl_2 + H_2O \longrightarrow HClO + H^+ + Cl^- \tag{4-17}$$

$$HClO \longrightarrow H^+ + ClO^- \tag{4-18}$$

阳极表面的直接电氧化作用和 $Cl^-$ 电解产物的间接氧化作用，可有效降解废水中溶解性有机物和还原性无机物。在适当的 pH 条件下，$Al^{3+}$ 的水解聚合产物，包括单核和多核配位化合物等，发挥吸附电中和以及网捕作用，电极表面释放出的气泡的混合作用则加速了颗粒的碰撞过程，迅速去除废水中的胶体化合物。采用自制网状催化氧化电极，电极表面析出的 $O_2$ 气泡较小，另外电极结构和电化学反应器的结构也减小了气泡的滑移和聚并，具有较好的气浮分离效果。

实际上，在电化学反应器中，电絮凝、电气浮、电解氧化往往是同时发生的，电化学水处理是各种过程综合作用的结果。

## 4.2　电絮凝水处理方法与应用

### 4.2.1　电絮凝过程的溶液物理化学要素

影响电絮凝过程的溶液物理化学性质主要包括：pH、电导率、阴离子种类和数量、阳离子种类和数量、水温等。

#### 4.2.1.1　pH 的影响

在水和废水处理中，pH 对于许多物理化学过程均有着重要的影响，尤其是对于电化学反应和化学絮凝过程。在一定条件下，电化学溶解出来的 $Al^{3+}$ 经过水解、聚合或配合反应可形成多种形态的配合物或聚合物以及 $Al(OH)_3$。

$Al^{3+}$ 的单核配位化合物的形成机理如下：

$$Al^{3+} + H_2O \longrightarrow Al(OH)^{2+} + H^+ \tag{4-19}$$

$$Al(OH)^{2+} + H_2O \longrightarrow Al(OH)_2^+ + H^+ \tag{4-20}$$

$$Al(OH)_2^+ + H_2O \longrightarrow Al(OH)_3 + H^+ \tag{4-21}$$

$$Al(OH)_3 + H_2O \longrightarrow Al(OH)_4^- + H^+ \tag{4-22}$$

当 $Al^{3+}$ 浓度较高或随着水解时间的延长溶液发生陈化时，可形成多核配位化合物和 $Al(OH)_3$ 沉淀。

$$Al^{3+} \longrightarrow Al(OH)_n^{3-n} \longrightarrow Al_2(OH)_2^{4+} \longrightarrow Al_{13}\text{聚合体} \longrightarrow Al(OH)_3 \tag{4-23}$$

在 pH＝4～9 的范围内，电化学产生的 $Al^{3+}$ 及其水解聚合产物包括 $Al(OH)^{2+}$、$Al(OH)_2^+$、$Al_2(OH)_2^{4+}$、$Al(OH)_3$ 和多核配位化合物[如 $Al_{13}(OH)_{32}^{7+}$]等[2]，表面带有不同数量正电荷，可发挥吸附电中和及网捕作用。

当 pH＞10 时，水中铝盐主要以 $Al(OH)_4^-$ 的形态存在，絮凝效果急剧下降。而在极低的 pH 条件下，电解产物以 $Al^{3+}$ 存在，几乎没有任何吸附作用，主要发挥压缩双电层作用。

在化学混凝过程中，一般需加入碱调节出水的 pH，这是因为加入混凝剂后通常导致溶液 pH 降低。在电絮凝过程中，当进水 pH 在 4～9 的范围内时处理后水 pH 通常会有所升高，这是由于阴极析出 $H_2$ 导致了 $OH^-$ 浓度的升高(在电絮凝过程中生成的 $Al^{3+}$ 和 $OH^-$ 之间比例为 1∶3，而在 pH＝5～6 范围内 Al 发生水解时这一比值通常在 2～2.5 之间，因此出现 $OH^-$ 积累)；但当进水 pH＞9 时，电絮凝出水的 pH 通常会下降。由此可见，与化学混凝不同，电絮凝对于处理废水的 pH 具有一定的中和作用。

下面对此现象进行简要分析。电絮凝对 pH 的调节作用可通过以下几个反应说明：

$$2Al + 6H^+ \longrightarrow 2Al^{3+} + 3H_2\uparrow \tag{4-24}$$

$$Al^{3+} + 3H_2O \longrightarrow Al(OH)_3 + 3H^+ \tag{4-25}$$

$$Al(OH)_3 + OH^- \longrightarrow Al(OH)_4^- \tag{4-26}$$

在酸性条件下，过饱和 $CO_2$ 由于 $H_2$ 和 $O_2$ 的"吹脱"作用而析出；在酸性较强的条件下，Al 发生如式(4-24)所示的化学溶解。生成的 $Al(OH)_3$ 发生溶解，式(4-25)向左进行，这几种因素均可引起溶液 pH 上升。

当 pH 较高时，有利于式(4-25)向右顺利进行，$Ca^{2+}$、$Mg^{2+}$ 可以和 $Al(OH)_3$ 发生共沉淀。在更高的 pH 条件下会发生式(4-26)，这些过程均可导致溶液 pH 下降。

#### 4.2.1.2 溶液电导率的影响

当溶液电导率较低时，需要加入电解质来提高其导电性，否则电流效率低而能耗高，还会引起所需外加电压过高而导致极板迅速发生极化和钝化，这些都会影响电絮凝的处理效果和处理成本。通常采用加入 NaCl 来提高溶液的电导率，也有采用将处理水与一定比例海水混合后进行电解处理的办法。加入 NaCl 不仅可以提高水和废水的电导率，降低能耗，同时 $Cl^-$ 的加入可消除 $CO_3^{2-}$、$SO_4^{2-}$ 对电絮凝过程的不利影响。$CO_3^{2-}$ 和 $SO_4^{2-}$ 的存在会导致处理水中的 $Ca^{2+}$ 和 $Mg^{2+}$ 在阴极表面沉积，形成一层不导电的化合物，使得电流效率急剧下降。因此一般在电絮凝处理过程中 $Cl^-$ 的含量应控制在总阴离子含量的 20%左右[3]。

#### 4.2.1.3　水中阴离子和阳离子对电絮凝过程的影响

影响电絮凝过程的阴离子主要有 $Cl^-$、$SO_4^{2-}$ 和 $CO_3^{2-}$ 等，$NO_3^-$ 对电絮凝过程基本没有什么影响。水中存在 $Cl^-$ 时铝阳极处于活化状态，电流效率大于 100%，并且其大小与 $Cl^-$ 含量有关。此外，在电絮凝过程中存在 $Cl^-$ 时，电解过程中会生成活性氯，可杀灭水中的病毒和细菌等，消毒效果明显。$SO_4^{2-}$ 和 $HCO_3^-$ 使铝的阳极溶解过程减慢，$SO_4^{2-}$ 抑制 $Cl^-$ 的活化作用，并且当 $[SO_4^{2-}]/[Cl^-]>5$ 时，铝的电流效率开始逐步降低。当在总的阴离子含量中加入约 20% $Cl^-$ 时，铝阳极的溶解进行得很有效，并且铝的电流效率达到对于氯介质所特有的值。

在 $HCO_3^-$、$HCO_3^-$-$SO_4^{2-}$ 和 $SO_4^{2-}$ 介质中，铝的电流效率降低过程与电极上电压的上升过程同时发生。例如，在含有 152.5 mg · $L^{-1}$ $HCO_3^-$ 的水中铝的电流效率电解 30 min 时仅为 24%，而电极上的电压却从 15 V 上升到电解结束时的 62 V。

#### 4.2.1.4　水温的影响

前苏联学者研究了在 2～90℃范围内水温对铝阳极溶解过程的影响[3]。当温度从 2℃变化到 30℃时铝的电流效率增长特别迅速。当温度为 60℃和更高时铝的电流效率开始出现下降。铝的电流效率的增加是由于水温升高时铝与水在氧化膜破坏的地方化学作用速度增加，这种作用也发生于电解初期和电流密度增大时(由于氧化膜破坏过程的强化)。

当进一步提高水温时，铝的电流效率降低与大气孔铝阳极中由于水化和膨胀作用而引起的胶体氢氧化铝的容积紧密性有关，此时胶态离子间的空间发生收缩并且大气孔产生部分封闭现象。

在相同电流密度下进行电凝聚时，提高水温可以使处理单位体积水的能耗大大降低。例如，前苏联学者的研究结果(表 4-1)表明，在电流密度为 20 A · $m^{-2}$ 的条件下，2℃时的电耗为 4 W · h · $m^{-3}$，而在 80℃时电耗仅为 1.3 W · h · $m^{-3}$，降低了大约 2/3[3]。

表 4-1　电凝聚过程中电耗与水温的关系

| 水温/℃ | 2 | 10 | 20 | 30 | 40 | 50 | 60 | 70 | 80 |
|---|---|---|---|---|---|---|---|---|---|
| 电压/V | 4.5 | 4.3 | 4.0 | 2.9 | 2.65 | 2.5 | 2.1 | 1.8 | 1.5 |
| 电耗/W · h · $m^{-3}$ | 4.0 | 3.8 | 3.6 | 2.6 | 2.4 | 2.3 | 1.9 | 1.6 | 1.3 |

当电解槽长期工作时铝的电流效率变化与水温及电流密度关系的研究表明，在较低的电流密度下(如 10～40 A · $m^{-2}$)发生铝阳极的活化溶解，当电解槽工作 200 h 铝的电流效率几乎保持不变，阳极表面均匀溶解并形成许多点蚀。继续提

高电流密度(如 50 $A \cdot m^{-2}$或更高),当温度升高时铝的电流效率经过一定时间迅速降低。

在铝的电流效率降低的同时电极上的外加电压却急剧上升,这样就会引起溶液发热和电能的过量消耗。由于电压增加产生了铝离子和氧的相互扩散形成了 $Al_2O_3$,也有学者认为铝在电极附近转入溶液中时形成了 $Al(OH)_3$ 带电凝胶层。

#### 4.2.1.5 水的流动状态的影响

通常,在电絮凝反应器中采用各极板间水流并联,这样结构上较为简单,但并联后水流速度仅为 3~10 $mm \cdot s^{-1}$,这样低的流速不利于电解时金属离子的迅速扩散和絮体良好形成与充分吸附。此外,若不能以较高流速的水流及时将电解的铝离子迁移出电极表面的滞流层,还会造成极板钝化、过电位升高、电耗增加等不良后果。反之,当水流速度过高时会使已经形成的絮体破碎,也会影响处理效果。因此建议电凝聚反应器内流体流动时 $Re > 4400$,为此可采用流水道部分并联然后串联的方式来保证水流速度。

### 4.2.2 电絮凝方法的主要电化学参数

影响电絮凝作用效能的电化学参数主要有电极、电流密度、极间距、外加电压以及电极的联结方式等。以下主要介绍电极和电流密度,极间距、外加电压以及电极的联结方式等将在电絮凝反应器的设计一节中详细论述。

#### 4.2.2.1 电极

电絮凝通常采用的电极材料有两种:铝和铁。对于饮用水处理,通常采用铝作为阳极。这主要是由于采用 Fe 阳极时,Fe 的消耗量要比使用 Al 时的消耗量大3~10倍,并且经常出现极化和钝化现象。此外,使用 Fe 阳极时要求水在电极之间停留的时间更长。虽然铝离子要比铁离子的凝聚效果好,但从实用和经济角度看,在废水处理中还是使用铁比铝更方便和合适些。对于重金属离子的去除,采用铁作为阳极时费用较低,同时可以获得更好的处理效果。目前在废水处理中普遍使用 $A_3$ 钢板做为电极。当水中 $Ca^{2+}$、$Mg^{2+}$ 含量较高时,宜选取不锈钢作为阴极。

#### 4.2.2.2 电流密度

电絮凝过程中的电流密度决定了金属电极(Al、Fe)上金属离子($Al^{3+}$、$Fe^{2+}$)的溶出量。对于铝而言,其电化学当量为 335.6 $mg \cdot A^{-1} \cdot h^{-1}$,铁的电化学当量则为 1041 $mg \cdot A^{-1} \cdot h^{-1}$。

采用电絮凝净化水和废水时,最佳电流密度的选择具有重要意义。当电流密度很高时电解槽的工作最为有利,因为这时电解槽的容积和电极的工作表面得到了充分的利用。

然而随着电流密度的提高，电极的极化现象和钝化也增长，这就导致了所需电压的增加和次要过程电能的损耗，电流效率急剧下降。通常电凝聚过程中电流密度宜控制在 20～25 $A \cdot m^{-2}$。同时，电流密度的选取应综合考虑 pH、温度和流速，保证电凝聚反应器在较高的电流效率下运行。

金属的电化学溶解主要包括金属的阳极溶解和与周围介质相互作用而产生的化学溶解。Al 阳极的电流效率通常可以达到 120%～140%，Fe 溶解的电流效率接近 100%。但在外加低频声场的作用下，Fe 电极电流效率亦可超过 100%。据报道，在 50 Hz 声场中 Fe 溶解电流效率可达到 160%[4]。

电絮凝出水水质与反应过程中释放出来的金属离子（$Al^{3+}$、$Fe^{2+}$）的数量有关。按照 Faraday 定律，金属离子的溶出与电量，即电解时间与电流的乘积成正比。通常污染物的去除对应一个临界电量（表 4－2），超过临界值后继续提高电流密度时出水水质不会有明显的提高和改善。

**表 4－2　电絮凝净化污染物的临界电量**

| 污染物 | 去除量 | 初级净化 | | 深度净化 | |
|---|---|---|---|---|---|
| | | $Al^{3+}$/mg | $E$/$W \cdot h \cdot m^{-3}$ | $Al^{3+}$/mg | $E$/$W \cdot h \cdot m^{-3}$ |
| 浊度 | 1mg | 0.04～0.06 | 5～10 | 0.15～0.2 | 20～40 |
| 色度 | 1° | 0.04～0.1 | 10～40 | 0.1～0.2 | 40～80 |
| 硅 | 1mg$SiO_2$ | 0.2～0.3 | 20～60 | 1～2 | 100～200 |
| 铁 | 1mgFe | 0.3～0.4 | 30～80 | 1～1.5 | 100～200 |
| 氧 | 1mg $O_2$ | 0.5～1 | 40～200 | 2～5 | 80～800 |
| 藻类 | 1000 个 | 0.006～0.025 | 5～10 | 0.02～0.03 | 10～20 |
| 细菌 | 1000 个 | 0.01～0.04 | 5～20 | 0.15～0.2 | 40～80 |

研究表明，当电流密度为 10～40 $mA \cdot cm^{-2}$时，电絮凝过程中生成的 $H_2$ 气泡大小为 15～30 μm，$O_2$ 气泡平均直径为 45～60 μm。

### 4.2.3　电极的钝化及消除

电极在电解过程中的钝化是一个十分重要的问题。按照钝化的膜理论，钝化是因为在金属表面上形成了金属氧化物或者是氢氧化物膜所致。钝化的吸附-电化学理论认为，钝化是由于金属表面上出现单层甚至是部分单层的吸附氧所引起的。吸附的氧能改变表面原子的能量状态，封闭金属溶解的活性中心以及改变双电层结构。有时，还必须同时考虑钝化是由于既形成了成相层，又形成了二维的氧化物或者氢氧化物层。因此，不应认为膜理论和吸附-电化学理论是相互对立的。

对于电凝聚处理过程，由于水中通常含有 $Ca^{2+}$ 和 $Mg^{2+}$，因此会发生如下副反应导致电极发生极化和钝化。

$$HCO_3^- + OH^- \longrightarrow CO_3^{2-} + H_2O \quad (4-27)$$

$$Ca^{2+} + CO_3^{2-} \longrightarrow CaCO_3(s) \quad (4-28)$$

$$Mg^{2+} + CO_3^{2-} \longrightarrow MgCO_3(s) \quad (4-29)$$

在电凝聚过程中，Al 电极在电解过程中表面上形成氧化物薄膜（$Al_2O_3$）及阴极附近 pH 的升高引起碳酸盐析出和沉积均可导致电极表面发生钝化。采用投加一定量的 $Cl^-$ 或定时倒换电流极性的方法可消除或缓解电极的钝化。当向溶液中添加不同的阴离子时，在一定条件下，会使钝化的 Al 阳极活化。阴离子的作用能力按 $Cl^- > Br^- > I^- > F^- > ClO_4^- > OH^-$ 和 $SO_4^{2-}$ 的顺序降低[3]。

$Cl^-$ 活化作用的机理与它的几何尺寸不大和渗透性有关，结果钝化膜被破坏。倒换电流极性后，在倒换前作为阳极表面的 $Al_2O_3$ 氧化物薄膜被还原，阴极表面的碳酸盐被阳极表面和附近的 $H^+$ 溶解。研究和实践表明，倒极周期以 15 min 为宜。

### 4.2.4 电絮凝反应器的设计

对于电絮凝反应器的设计，通常需从以下几个方面进行考虑：电极材料和形式、电路连接、液路连接、电流密度的选择、极间距和外加电压等。

电絮凝反应器的运行方式有间歇式和连续式两种，通常大多采用后者。就污染物的去除方式而言，当电流密度较低时，污染物主要通过沉淀的方式去除。而当电流密度较高时，电极表面释放出的大量气泡可以使污染物上浮分离。因此，在设计电絮凝反应器时，应该根据污染物的种类和数量来确定合适的反应器构型、操作参数和分离方式。

#### 4.2.4.1 电极材料

如前所述，电絮凝通常采用的电极材料有两种：铝和铁。对于饮用水处理，通常采用铝作为阳极。而对于废水处理而言通常采用铁电极。当水中 $Ca^{2+}$、$Mg^{2+}$ 含量较高时，宜选取不锈钢作为阴极。

#### 4.2.4.2 电极联结方式

按照反应器内电极联结的方式，电絮凝反应器可分为单极式和复极式，电路连接方式如图 4-5 所示。有时也称为单极式电絮凝反应器和双极式电絮凝反应器。

在单极式电絮凝反应器中，每一个电极均与电源的一端连接，电极的两个表面均为同一极性，或作为阳极，或作为阴极。在复极式电絮凝反应器中则有所不同，仅有两端的电极与电源的两端连接，每一电极的两面均具有不同的极性，即一面是阳极，另一面是阴极。两种电化学反应器的特点如表 4-3 所示。

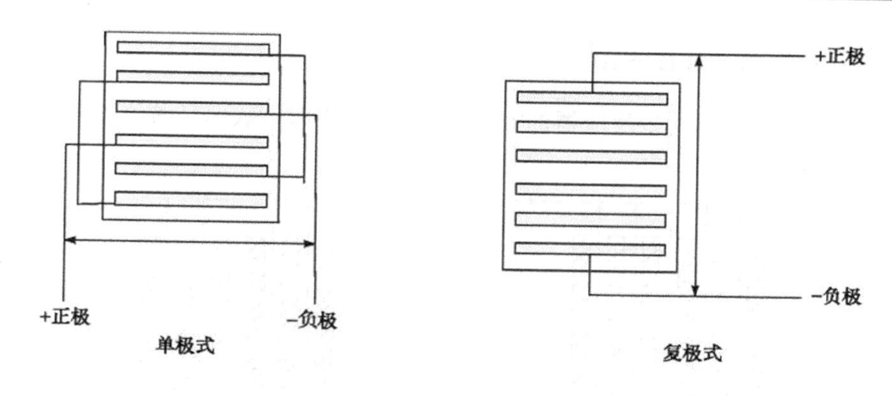


图 4-5　单极式和复极式电路连接方式

**表 4-3　单极式和复极式电化学反应器的比较**

| 特点 | 单极式电化学反应器 | 复极式电化学反应器 |
|---|---|---|
| 电极两面的极性 | 相同 | 不同 |
| 电极过程 | 电极上只发生一类电极过程 | 一面阳极过程,一面阴极过程 |
| 槽内电极 | 并联 | 串联 |
| 电流 | 大($I=\sum I_i$) | 小($I=I_i$) |
| 槽压 | 低($V=V_i$) | 高($V=\sum V_i$) |
| 对直流电源的要求 | 低压,大电流,较贵 | 高压,小电流,较经济 |
| 单元反应器欧姆压降 | 较大 | 极小 |
| 占地 | 大 | 小,设备紧凑 |
| 电极的电流分布 | 不均匀 | 较均匀 |
| 设计制造 | 较简单 | 较复杂 |

采用单极式电絮凝时,电解槽内电极并联,槽电压较低而总电流较大,因此电极上电流分布不大均匀。对直流电源要求较高,需要提供较大的电流,费用高,另外其占地面积较大,但设计制造比较简单。

采用复极式电絮凝时,电解槽内电极串联,槽电压较高而总电流较小,电极上电流分布比较均匀,所需直流电源要求电流较小,比较经济,设备紧凑、占地面积小,但其设计制造比较复杂。

采用复极式电化学反应器时应该防止旁路和漏电的发生。由于相邻两个单元反应器之间有液路连接,这时电流在相邻的两个反应器中的两个电极之间流过,不仅可使电流效率降低,而且可能导致中间的电极发生腐蚀。

#### 4.2.4.3 液路连接方式

根据原水通过电凝聚反应器的方式，可分为并联和串联两种液路连接方式，如图 4-6 所示。

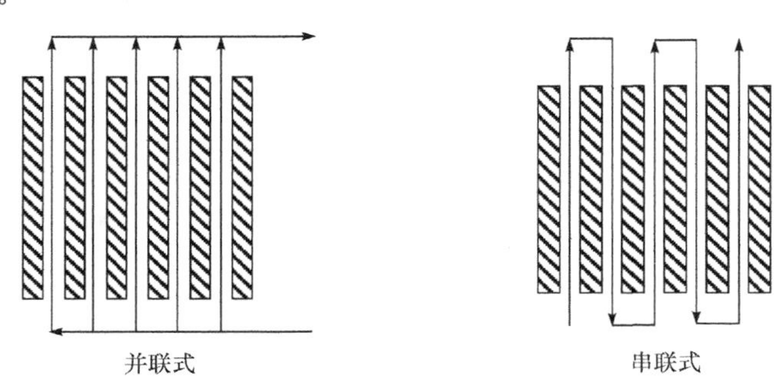


图 4-6 电凝聚液路连接方式

国内大部分电凝聚采用各极板间水流并联，这样结构上较为简单，但并联后水流速度仅为 3～10 mm · $s^{-1}$，这样低的流速不利于电解铝离子的迅速扩散及羟基铝絮体的良好形成和充分吸附。此外，若不能以较高流速的水流及时将电解的铝离子迁移出电极表面的滞流层，还会造成极板钝化、过电位升高、电耗增加等不良后果。由于以上原因，采用极板间水流串联，提高水流速度可以提高电凝聚反应器的处理效果，性能较水流并联为好。但应注意不应使水流速度过高，否则会使已经形成的絮体破碎，也会影响处理效果。因此，可采用流水道部分并联然后串联的方式来保证水流速度。此外，水流串联流动时在电凝聚反应器内将产生更大的温升，也是应该考虑的。

#### 4.2.4.4 外加电压

为了使电化学反应得以顺利进行，外加电压（$U_0$）必须综合考虑。电凝聚单元电化学反应器的电压由以下几个部分组成：

$$U_0 = \varphi_a - \varphi_c + |\eta_a| + |\eta_c| + (d/\kappa)I \tag{4-30}$$

式中，

$$E_0 = \varphi_a - \varphi_c \tag{4-31}$$

$E_0$ 为理论分解电压（V）；$|\eta_a|$ 为阳极过电位（V）；$|\eta_c|$ 为阴极过电位（V）；$\eta_a$ 和 $\eta_c$ 可采用 Tafel 公式进行计算：

$$\eta = a + b\lg i \tag{4-32}$$

$a$、$b$ 是与反应机理、电极性质、反应条件有关的常数；$d$ 为相邻两电极净间距（m）；$\kappa$ 为处理水电导率（$\Omega^{-1}$ · $m^{-1}$）；$i$ 为电流密度（A · $m^{-2}$）。

对于新的电极，式(4-32)可简化为

$$U_0 = E_0 + (d/\kappa) I + k_1 \ln i \quad (4-33)$$

对于长期使用的电极，则有

$$U_0 = E_0 + (d/\kappa) I + k_1 \ln i + k_2 i^n / k^m \quad (4-34)$$

对于新的铝电极，$E_0 = -0.76\ \mathrm{V}$，$k_1 = 0.20$；对于极化的铝电极，$E_0 = -0.43\mathrm{V}$，$k_1 = 0.20$，$k_2 = 0.016$，$m = 0.47$，$n = 0.75$。

以上为单元极板间电位差，对于单极式电凝聚，总电压与单元电极间电压相同，即

$$U = U_0 \quad (4-35)$$

对于复极式电凝聚，总电压可以采用式(4-36)进行计算：

$$U = (N-1) U_0 \quad (4-36)$$

式中，$N$ 为总的极板数，通常 $N<8$，以保证较高的电流效率。

在进行电絮凝反应器的设计时，必须考虑以下因素：

(1) 尽量降低欧姆压降 $IR$；

(2) 减少电极表面 $H_2$ 和 $O_2$ 气泡的聚集；

(3) 降低传质阻力。

其中 $IR$ 取决于溶液电导率、极间距和电极几何形状。因此应尽量提高溶液电导率，采用比较小的极间距，必要时对 $IR$ 进行补偿。提高水在电凝聚反应器内的流速可减少电极表面 $H_2$ 和 $O_2$ 气泡的聚集和降低传质阻力。

在外加低频声场的作用下，可以提高电凝聚反应器内的传质速率；减小扩散双电层厚度；产生晶格缺陷以活化电极表面；提高电极表面温度。但应注意声场强度不宜过高，避免破坏已经生成的絮体。

电凝聚反应器可以设计成竖状，水流由反应器下部进入，上部流出。此外，也可水平放置，亦有圆筒状和多孔管式电凝聚反应器。

### 4.2.5 电絮凝与化学絮凝的比较

电絮凝和化学混凝的本质均是利用金属离子铝或铁及其水解聚合产物的混凝作用去除水中胶体和悬浮物。金属离子的水解不仅与其总浓度和溶液 pH 有关，同时也与溶液中存在的其他离子的种类和数量有关。图 4-7 给出了 $Al(OH)_3$ 的溶解度曲线[5]，可以看出，铝离子的最小溶解度约为 $1\mu\mathrm{mol \cdot L^{-1}}$，此时对应的 pH 为 6.3，高于或低于此值时铝的溶解度增加。

由于药剂投加方式的不同及物理化学条件的差异，电絮凝和化学混凝之间还是有一定区别的。

在化学混凝过程中，加入金属离子后，由于金属离子的水解，通常导致溶液 pH 降低，因此有必要对原水 pH 和碱度进行调节。化学混凝的最佳 pH 作用范围

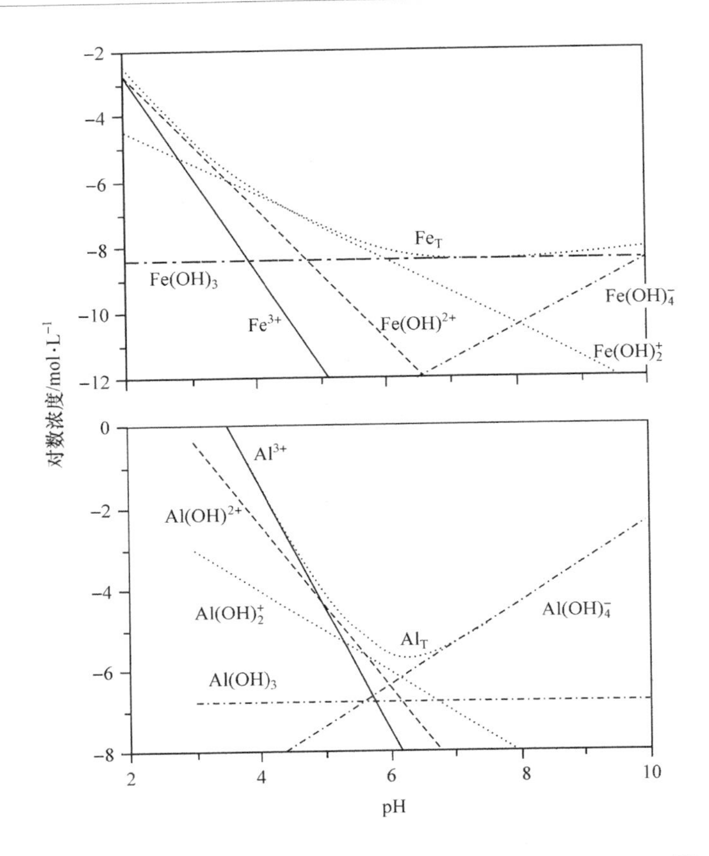


图 4-7　Al(Ⅲ)和 Fe(Ⅲ)的溶解度曲线(仅考虑单核配合物)[5]

通常在 6～7 之间。如前所述，电凝聚对水和废水的 pH 有一定的中和作用，其 pH 作用范围较宽，通常在 pH 4～9 的范围内均可取得较好的处理效果。

电絮凝过程中形成的絮体大而密实，电荷密度高。与化学混凝相比，电絮凝过程中 $Al^{3+}$ 的释放和 $OH^-$ 的生成同时进行，存在着金属离子和 $OH^-$ 的浓度梯度，是一个连续的非平衡过程，一般不会出现再稳定现象。对于化学混凝，$Al^{3+}$ 的加入是一个离散过程，体系平衡向酸性方向移动，并可能导致再稳定现象。因此，在较宽的 pH 范围内，电凝聚产生的 $Al^{3+}$ 的水解聚合产物可保持较高的反应活性，在很大程度上降低了所需 $Al^{3+}$ 剂量。通常，为了达到相同的处理效果，采用电絮凝方法所需金属离子的量只有化学混凝法的 1/3 左右。

化学混凝后续工艺通常采用沉淀分离出泥渣，而电絮凝处理后污泥既可采用沉淀分离，亦可采用气浮的方法，取决于电流密度的大小。电流密度较低时污泥会发生沉降，而电流密度较高时在电解过程中释放出的气泡的作用下上浮分离。

在化学混凝过程中，由于金属离子是以化合物的方式加入的，会使出水阴离子

($Cl^-$、$SO_4^{2-}$)含量增加,电絮凝过程中则不会发生这种现象。

较宽的pH适用范围和对废水酸碱性的中和作用,并且不会使水中阴离子含量增加,显示出电絮凝比化学混凝法具有不可比拟的优越性。

对于低温、低浊水的处理采用化学混凝法时,不仅处理难度大,处理成本较高,而且往往不能获得满意的处理效果,采用电絮凝时在较低的电流密度时即可取得优异的净化效果。

电絮凝可以有效去除水中溶解性有机物产生的色度和气味,采用化学混凝时却需要很大的投药量,处理效果较差。

电絮凝设备紧凑,操作简单,易于实现自动化,并且可以安装在移动设备上,适于野外流动作业。

虽然电絮凝处理废水具有许多优点,但同时也存在一些缺点,如由于生成氧化膜而使电极钝化,电能和金属的消耗都较大等。但是当没有其他方法净化水和废水时,或者与其他方法相比在技术经济上有明显优势时,采用电凝聚方法应是明智选择。

### 4.2.6 电絮凝在饮用水处理中的应用

在给水处理方面,电絮凝是为弥补化学混凝的不足而发展起来的水质净化技术。水中胶体粒子由于表面同性电荷的斥力作用或水化膜的阻碍而不能相互聚集,具有较高的稳定性。通常采用铝盐或铁盐对水中胶体进行混凝作用包括四种机理:压缩双电层,电性中和,吸附架桥和沉淀网捕。

电絮凝尤其适用于小规模水量的处理。它可以有效去除天然水中的胶体化合物,可以降低其浊度和色度,也可以除去水源水中的藻类和微生物。对于铁、硅、腐殖质和溶解氧等也有很好的去除效果。

#### 4.2.6.1 水的澄清和脱色

通常对于水的澄清和脱色大多采用混凝沉淀和活性炭吸附等方法。对各种不同色度、悬浮物含量和硬度的水进行电絮凝的研究表明,当1 $m^3$ 水消耗2.3 gAl和0.29 kW·h电能时,可将浊度由100 NTU降低到0.5 NTU,同时色度(铂钴比色法)由78°降至5°以下。对于去除水中浊度的研究表明,采用Fe阳极时,Fe的消耗量要比使用Al时的消耗量大3～10倍,而且经常发现有极化和钝化现象。此外,使用Fe阳极时要求水在电极之间停留的时间更长。

澄清水的最佳pH范围是4～7,在其他pH条件下澄清效果下降,这是由于黏土矿物表面—OH分解,ζ电位(在酸性介质内)增高,$Al(OH)_3$ 溶解及其在强碱和酸性介质中吸附能力降低的缘故。适当提高电流密度,由于发生了电气浮作用,澄清水所需的铝剂量会稍有下降。水的澄清效果随温度的升高而提高,水温的升高为混合物的形成及沉淀创造了良好的条件,因为温度升高时水的黏度下降,离子间和分子间的相互作用力减小。

电絮凝用于水的脱色的最佳 pH 范围是 3.5～7.2。提高 pH 将迅速增加水的余色。例如,当 pH=6 时,采用 $5mg \cdot L^{-1}$ $Al^{3+}$ 可使 120°(铂钴比色法)色度的水完全脱色,而当 pH=7.8 时,余色为 42°。当 pH 较低时,$Al^{3+}$ 可以和腐殖酸阴离子直接反应而生成少量溶解的化合物进入沉淀物。当原水色度从 110°降低到 20°时,电絮凝所需铝剂量为 $3.6\ mg \cdot L^{-1}$,加入 $Al_2(SO_4)_3$ 的铝耗量则为 $6\ mg \cdot L^{-1}$。因此当要处理水的 pH 为 3.5～7.2 时,电絮凝可用来脱色,铝的单位消耗量几乎要比 $Al_2(SO_4)_3$ 少 1 倍。

#### 4.2.6.2 去除水中的藻类

由于生活污水、工业废水的排放,农业径流以及畜牧、水产、旅游的影响,造成了 N、P、有机碳等营养元素大量进入水体,使得水中的藻类大量繁殖,水质恶化。与化学混凝相比,电絮凝是一种去除水中藻类更为有效的方法。例如[3],在含有 $5\times10^8$ 个藻细胞 $\cdot L^{-1}$ 的水中加入电化学获得的铝 $2\ mg \cdot L^{-1}$,便可去除 60%的藻,而加入同样剂量的硫酸铝,去除藻的效果就差 2 倍多。电絮凝方法提高去除藻的效果说明了电气浮和电场的影响,证实了电流密度对该过程具有重要影响。电流密度提高 20 倍,去除水藻的效果提高了 3.2 倍。

#### 4.2.6.3 去除水中的细菌

大多数水的消毒是采用氧化剂(包括 $Cl_2$、$O_3$、NaClO、$ClO_2$、$KMnO_4$ 等)、紫外线、煮沸和过滤等。对混凝去除水中细菌的研究表明(如表 4-4),电絮凝产生的新生态 $Al(OH)_3$ 比 $Al_2(SO_4)_3$ 的水解产物对去除水中的微生物具有更高的活性。

**表 4-4 不同 $Al^{3+}$ 剂量时 *E. coli* 去除情况**(初始 500 个 $\cdot mL^{-1}$)

| $Al^{3+}$ 含量/$mg \cdot L^{-1}$ | 0.1 | 0.2 | 0.5 | 0.8 | 1 | 2 | 5 | 10 | 20 | 30 | 40 | 50 |
|---|---|---|---|---|---|---|---|---|---|---|---|---|
| 电絮凝 | 67 | 60 | 55 | 53 | 42 | 35 | 32 | 25 | 12 | 4 | 1 | 0 |
| $Al_2(SO_4)_3$ | 420 | 201 | 180 | 160 | 140 | 112 | 102 | 83 | 65 | 54 | 40 | 25 |

#### 4.2.6.4 除氟[6]

氟是人体必需的微量元素之一,正常饮用水中氟含量在 $0.5～1.0\ mg \cdot L^{-1}$ 之间。氟含量超过 $1.0\ mg \cdot L^{-1}$,就会引起氟中毒,重患者可能引起氟骨症。

含氟饮用水的处理目前仍是我国和世界上许多国家尚未解决的问题,目前除氟方法有混凝沉淀法、吸附过滤法、电絮凝法、电渗析法和反渗透法等。电絮凝法具有构造简单、处理费用低、占地面积小、携带方便等优点，对处理小水量的饮用水很适用。

电絮凝除氟的实质是利用铝吸附剂对水中氟离子进行吸附，其作用机理是基于静电吸附和离子交换吸附，在诸如pH、含氟量、水温、接触时间、水流速度等众多的条件中，最根本也是影响最大的是pH，因为它直接关系到静电吸附和离子交换吸附能否进行。理论上电絮凝除氟时Al/F＝11.5～12(质量比)，实际上这一比值为16～17.5，出现这一现象的原因可能是Al电极发生了孔蚀。

$$nAl^{3+}+(3n-m)OH^{-}+mF^{-}\longrightarrow Al_nF_m(OH)_{3n-m}(s) \qquad (4-37)$$

$$Al_n(OH)_{3n}+mF^{-}\longrightarrow Al_nF_m(OH)_{3n-m}(s)+mOH^{-} \qquad (4-38)$$

大量的实验和运行实际证明，电絮凝除氟必须在溶液为酸性条件下才具有较强的除氟功能。从技术和经济的双重因素考虑，电絮凝除氟pH应控制在6.5左右。原水经电絮凝处理后pH会略有上升，大概在7.6左右，基本接近中性。在pH 5～7.6的范围内，可能形成了$AlF_3$、$AlOHF_3^-$和$Al(OH)_2F_2^-$，有利于形成配位化合物而除去水中氟。

温度升高时，除氟效果下降。例如，对于初始浓度为5 mg·L$^{-1}$的含氟水，17℃时出水氟含量为0.2 mg·L$^{-1}$，40℃时则为0.7 mg·L$^{-1}$。电絮凝除氟的原理为吸附，当温度升高时氟离子发生了脱附。

当水中不存在其他阴离子时，氟离子的去除主要发生在电极表面；而当溶液中有共存阴离子时，氟的去除主要是在本体溶液中进行。含氟地下水中通常还含有大量$Cl^-$、$HCO_3^-$、$SO_4^{2-}$、$HSiO_3^-$等阴离子，这些离子通常对氟离子吸附影响甚小。但当浓度过高时也会与$F^-$产生竞争吸附，明显影响除氟效果，尤其是交换顺序靠前的$SO_4^{2-}$等。

在电絮凝过程中，$F^-$的去除呈假一级动力学，这就进一步证明了氟的去除机理为电絮凝过程中形成的铝的水解聚合产物对$F^-$的吸附作用。

虽然电絮凝中电解出的铝离子活性较强，能在数十秒至数分钟内完成从扩散、水解到混合、反应、吸附的全过程，但若没有较高流速，上述过程的完成是很不充分的，从而影响氟离子的吸附和分离效果。但要注意不应使水流速度过高，否则会使已经形成的絮体破碎，也会影响除氟效果。水流速度以40～100 mm·s$^{-1}$效果最好，可采用流水道部分并联然后串联的方式来保证水流速度。

电絮凝除氟的应用开辟了一条新的途径，显示了其独特的性能。与其他除氟方法相比，具有设备简单、操作容易、运行稳定、无须再生、不排放化学污染物和可连续制水等特点。

#### 4.2.6.5　除铁

传统的自然氧化法除铁工艺一般由曝气、氧化、沉淀和过滤组成，除铁效果取

决于 $Fe^{2+}$ 氧化程度和 $Fe^{3+}$ 水解产物的絮凝效果。接触氧化除铁工艺是将催化技术用于地下水除铁的一种新工艺,除铁效果好。但上述两种除铁方式的不足之处是滤料成熟之前出水水质往往达不到要求。特别是当原水含铁量较低时,滤料成熟期更长。

电絮凝过程中,$Al^{3+}$ 水解产物的表面羟基对水中 $Fe^{2+}$ 产生强烈的吸附作用,其作用机理可归纳为共价键化学吸附、静电吸附和离子交换吸附 3 种。使用铝和铜作为电极,在电流密度为 120 $A \cdot m^{-2}$ 和电耗 140～180 $W \cdot h \cdot m^{-3}$ 时,含有 40 $mg \cdot L^{-1}$ 铁的水经过 60 min 处理后铁可被完全除去。采用电絮凝除铁时,铁浓度降低 60%～80%时的过程进行得最有效。此时铝和电能的耗量不大,水中的铁含量可大大降低。当处理水的流量不大时,电絮凝可进行深度除铁。例如,在电流密度为 20 $A \cdot m^{-2}$、pH=6.8 时将 25 $mg \cdot L^{-1}$ 的铁从水中完全去除时,铝的耗量为25 $mg \cdot L^{-1}$,电耗为 0.4 $kW \cdot h \cdot m^{-3}$。

Mills 的研究表明采用电絮凝可使饮用水中 Mo 含量从 9.95 $mg \cdot L^{-1}$ 降低到 0.006 $mg \cdot L^{-1}$,Fe 含量从 130 $mg \cdot L^{-1}$ 降低到 0.015 $mg \cdot L^{-1}$[7]。

#### 4.2.6.6 去除水中的 $NO_3^-$

近年来硝酸盐污染已经成为一个不容忽视的问题,采用电絮凝可以对水体中的 $NO_3^-$ 加以去除。其基本原理如下:

$$2Al + 3NO_3^- + 3H_2O \longrightarrow 2Al^{3+} + 3NO_2^- + 6OH^- \qquad E^0 = 1.72V \tag{4-39}$$

$$10Al + 6NO_3^- + 18H_2O \longrightarrow 10Al^{3+} + 3N_2 + 36OH^- \qquad E^0 = 1.97V \tag{4-40}$$

$$8Al + 3NO_3^- + 18H_2O \longrightarrow 8Al^{3+} + 3NH_3 + 27OH^- \qquad E^0 = 1.59V \tag{4-41}$$

采用铁电极,对于初始浓度为 300 $mg \cdot L^{-1}$ 的 $NO_3^-$ 溶液,在 pH=9～11 范围内 10 min 后硝酸盐浓度降低到 50 $mg \cdot L^{-1}$ 以下,能耗为 $0.5 \times 10^{-4}$ $kW \cdot h \cdot g^{-1}$[8]。

#### 4.2.6.7 除砷

饮用水砷污染是一个全球性的问题。砷具有致癌作用,对呼吸道、血管、心脏和中枢神经等具有危害。美国环保局(EPA)已经将饮用水砷含量标准由 50 $\mu g \cdot L^{-1}$ 降低到 10 $\mu g \cdot L^{-1}$。

砷在水中的化合形态有两种,即 As(Ⅲ)和 As(Ⅴ),取决于溶液的氧化还原电位和 pH。在较低的 pH 和温和的还原条件(>100 mV)下,As(Ⅲ)是热力学稳定形态;而在氧化条件下,As(Ⅴ)是主要的存在形态。As(Ⅲ)的毒性是 As(Ⅴ)的25～60 倍。

目前，砷的去除方法有混凝沉淀（铝盐、铁盐）、吸附（活性氧化铝、活性炭、铝土矿）、离子交换和反渗透等。采用化学混凝法对As(Ⅴ)的去除率可达99%，对As(Ⅲ)的去除率只有40%～50%。因此，采用混凝法和吸附法时经常预先采用氧化方法将As(Ⅲ)氧化为As(Ⅴ)，但两者均很难将As的浓度降低到10 $\mu g \cdot L^{-1}$以下。

采用电絮凝方法可有效去除饮用水中的砷[9]。采用Fe电极，砷去除率大于99%，残留值小于10$\mu g \cdot L^{-1}$。在电解开始5 min内即可去除50%～60%的砷，随后去除速率逐渐降低。在电絮凝过程中，As(Ⅲ)和As(Ⅴ)的去除率均可达到99%以上，可能是在电絮凝过程中As(Ⅲ)氧化成As(Ⅴ)后与$Fe(OH)_3$发生了表面络合。当采用Al电极时，砷的去除率仅有37%，可能是由于铝氧化物的吸附能力远远低于铁氧化物的缘故。

### 4.2.7　电絮凝在废水处理中的应用

目前常用的可溶性电极是铝和铁，虽然铝离子要比铁离子的凝聚效果好，但从实用和经济角度看，在废水处理中还是使用铁比铝更方便和适合。

$Fe^{2+}$进入水中与$OH^-$结合形成$Fe(OH)_2$。在空气中氧的参与下氢氧化亚铁氧化成氢氧化铁[$Fe(OH)_3$]：

$$4Fe(OH)_2 + 2H_2O + O_2 \longrightarrow 4Fe(OH)_3 \tag{4-42}$$

$Fe(OH)_2$和$Fe(OH)_3$絮状物吸附在污染物表面，并用沉淀和过滤方法从水中除去。在水中溶解1g的铁相当于加进2.904g的$FeCl_3$和7.16g的$Fe_2(SO_4)_3$。处理同样的废水到同一指标时所需要的金属量，电絮凝只需化学凝聚的1/3左右。

铁电极的电流效率为90%～98%，电絮凝中的凝聚剂99%以上分布在浮渣中，有很微量的铁离子残余在清液中，而且其残留量既不以$Fe^{2+}$的溶度积残留，也不以$Fe^{3+}$的溶度积残留，而是介于二者之间。

在电解中进行充氧搅拌不仅可以改善和加快净化过程，而且可以减少水中残留的铁离子。

#### 4.2.7.1　染料废水

染料废水的脱色包括混凝、吸附和化学氧化等方法。大部分染料难以进行好氧微生物降解。采用厌氧生物处理时染料分子中的偶氮键被还原成芳胺，具有潜在的致癌作用。采用电絮凝对染料废水可进行有效脱色，其作用机理有两种：沉淀和吸附。在pH较低时以沉淀为主，而当pH较高时（pH＞6.5）则以吸附为主。新生态的$Al(OH)_3$具有很大的表面积，对溶解性有机化合物有极强的吸附性能，对于胶体颗粒则发挥网捕作用。絮体可通过沉淀或阴极析出的$H_2$气浮分离。

沉淀：

$$Dye + Monomeric\ Al \longrightarrow [Dye\ Monomeric\ Al](s) \quad pH = 4.0 \sim 5.0 \tag{4-43}$$

$$Dye + Polymeric\ Al \longrightarrow [Dye\ Polymeric\ Al](s) \quad pH = 5.0 \sim 6.0 \tag{4-44}$$

吸附：

$$Dye + Al(OH)_3(s) \longrightarrow [particle] \tag{4-45}$$

$$[Dye\ Polymeric\ Al](s) + Al(OH)_3(s) \longrightarrow [particle] \tag{4-46}$$

当 $pH<6$ 时，采用铝电极电絮凝时 COD 和浊度的去除效果好于铁电极；在中性和碱性介质中，铁电极的效果要好些。对于 COD 或浊度的有效去除，采用铝阳极时所需最小电流密度要高于铁电极，前者为 150 $A \cdot m^{-2}$，后者只需 80～100 $A \cdot m^{-2}$。就去除单位质量 COD 的能耗而言，采用 Fe 阳极时能耗为较低，为 Al 阳极的 90%左右，但铝消耗量较铁少。提高电流密度和 $Cl^-$ 浓度可提高染料的脱色速率。

随着染料初始浓度的提高脱色率急剧下降。采用 Kaselco 复极式铁电极电絮凝反应器，加入 NaCl 作为电解质进行染料脱色。在电压为 40 V，电流密度 159.5 $A \cdot m^{-2}$ 的条件下，Orange Ⅱ 脱色率从 90.4%（初始浓度 10mg · $L^{-1}$）下降到 55%（初始浓度 50mg · $L^{-1}$）。残渣 XRD 分析结果表明酸性条件下以为 γ-$Fe_2O_3$ 为主，在碱性条件下则以 $Fe_3O_4$ 为主[10]。在弱碱性条件下生成 $Fe_3O_4$，在强碱性条件下生成了 α-FeOOH。

$$6Fe(OH)_2(s) + O_{2(aq)} \longrightarrow 2\ Fe_3O_4(s) + 6H_2O \tag{4-47}$$

$$4Fe(OH)_2(s) + O_{2(aq)} \longrightarrow 4\alpha\text{-}FeOOH(s) + 2H_2O \tag{4-48}$$

对 Acid Red 14 的电絮凝脱色的研究表明，在 $pH = 6 \sim 9$ 的范围内，电流密度为 80$A \cdot m^{-2}$，铁阳极电絮凝 4 min 后，脱色率可达 93%，COD 去除率为 85%。单极式脱色效果好于复极式，电路串联优于并联[11]。

染料的种类和电极材料对电絮凝脱色过程影响十分明显。对分散染料和活性染料的处理结果表明，电絮凝对分散染料的脱色效果较好，而对活性染料的 COD 去除效果较好。处理活性染料时，采用 Fe 阳极比较有利；对于分散染料，采用 Al 阳极时脱色效果要好于 Fe 阳极。处理初始浓度 500 mg · $L^{-1}$ 活性染料 R12S，采用 Fe 阳极时残余色度<10%，采用 Al 阳极则>25%。对于初始浓度 300 mg · $L^{-1}$ 以上的分散染料 DO5H，采用 Al 阳极时残余色度<5%，采用 Fe 阳极则>70%[12]。

有研究表明[13]，处理染料废水时采用 Fe 电极的操作费用约为 0.1 美元 · $(kgCOD)^{-1}$，其中电极成本占 50%；采用 Al 电极的操作费用约为 0.3 美元 · $(kgCOD)^{-1}$，其中电极成本占 80%。

#### 4.2.7.2 重金属离子的去除

重金属离子大多具有毒性，不能进行生物降解。目前去除水中重金属离子大多采用沉淀、吸附和离子交换等方法。当水中含有多种重金属离子时，这些方法存在药剂用量大、操作复杂、难以同时去除多种离子等缺点。采用电絮凝对重金属离子进行去除是一种十分有效的方法。与现有方法相比，电絮凝具有操作简单、去除效率高和去除速率快等特点，并且无需对进水 pH 进行调节。

以电镀废水的处理为例[14]。采用铝电极，在 pH＝4～8 的范围内 $Cu^{2+}$、$Zn^{2+}$ 和 Cr(Ⅵ)均可有效去除。$Cu^{2+}$、$Zn^{2+}$ 的去除速率是 Cr(Ⅵ)的 5 倍，原因在于去除机理不同，$Cu^{2+}$、$Zn^{2+}$ 的去除可能以生成 $Cu(OH)_2$ 和 $Zn(OH)_2$ 共沉淀为主，而 Cr(Ⅵ)的去除首先是在阴极还原为 $Cr^{3+}$，随后生成 $Cr(OH)_3$ 而除去。当 pH＞8 时，$Cu^{2+}$、$Zn^{2+}$ 的去除率基本不变，Cr(Ⅵ)去除率急剧下降。在 pH＝8～10 的范围内，$Cr_2O_7^{2-}$ 变为溶解性的 $CrO_4^{2-}$，导致去除率降低。

采用铁电极，在电解过程中阳极铁板溶解产生 $Fe^{2+}$。$Fe^{2+}$ 是强还原剂，在酸性条件下可将废水中的 Cr(Ⅵ)还原为 $Cr^{3+}$：

$$Fe \longrightarrow Fe^{2+} + 2e \tag{4-49}$$

$$Cr_2O_7^{2-} + 6Fe^{2+} + 14H^+ \longrightarrow 2Cr^{3+} + 6Fe^{3+} + 7H_2O \tag{4-50}$$

$$CrO_4^{2-} + 3Fe^{2+} + 8H^+ \longrightarrow Cr^{3+} + 3Fe^{3+} + 4H_2O \tag{4-51}$$

在阴极除 $H^+$ 获得电子生成 $H_2$ 外，废水中 Cr(Ⅵ)直接还原为 $Cr^{3+}$：

$$2H^+ + 2e \longrightarrow H_2 \tag{4-52}$$

$$Cr_2O_7^{2-} + 6e + 14H^+ \longrightarrow 2Cr^{3+} + 7H_2O \tag{4-53}$$

$$CrO_4^{2-} + 3e + 8H^+ \longrightarrow Cr^{3+} + 4H_2O \tag{4-54}$$

从上述反应可知，随着电解过程的进行，废水中 $H^+$ 逐渐减少，结果使废水碱性增强。在碱性条件下，可将上述反应得到的 $Cr^{3+}$ 和 $Fe^{3+}$ 以 $Cr(OH)_3$ 和 $Fe(OH)_3$ 的形式沉淀下来。

电解时阳极溶解产生的 $Fe^{2+}$ 是 Cr(Ⅵ)还原为 $Cr^{3+}$ 的主要因素，而阴极直接还原作用是次要的。因此，为了提高电流效率，采用铁阳极并在酸性条件下进行电解是有利的。

#### 4.2.7.3　电子加工业化学机械磨光(CMP)废水

CMP 废水通常含有大量细小的悬浮物和重金属，采用一般的物理化学和生物方法难以获得满意的处理效果。采用电絮凝处理 CMP 废水，在 30min 内可迅速去除 99％铜离子，浊度去除率为 96.5％，COD 去除率大于 85％，出水 COD 低于 $100mg \cdot L^{-1}$，清澈透明，优于直接排放标准[15]。

处理前 CMP 废水中氧化物颗粒粒径分布为 0.068～0.12 μm，电絮凝处理后这些细小的胶体颗粒迅速失去稳定性，相互发生聚集，粒径分布为 0.49～141 μm，平均粒径 16.8 μm，很容易沉淀下来。

#### 4.2.7.4 电絮凝除磷

生活污水和工业废水的除磷是防治水体富营养化极为重要的需求。电絮凝去除磷酸盐效果要优于化学混凝。当 Al/P＞1.6(摩尔比)时有很好的除磷效果。当水中磷酸盐的浓度超过可利用的 Al 的化学计量比时,磷酸盐浓度的下降呈线性;当磷酸盐浓度进一步降低时,其去除速率变缓,呈指数下降。

电絮凝产生的新生态铝盐具有极强的吸附活性,磷酸盐的去除主要是通过 $Al^{3+}$ 水解聚合产物的吸附作用来完成的,此外还可能通过形成 $AlPO_4$ 或羟基磷酸盐 $Al_x(OH)_y(PO_4)_z$ 沉淀而去除。

#### 4.2.7.5 餐饮废水

采用电絮凝处理餐饮废水时,采用 Al 作为阳极的效果要优于 Fe 阳极,主要影响参数为电解时通过的电量。Chen 等采用电絮凝处理中餐馆、西餐馆和学生餐厅餐饮废水,研究表明最佳电量为 1.67～9.95 F · $m^{-3}$ 废水,而电流密度宜在30～80 A · $m^{-2}$之间选择[16,17]。在以上条件下,油和脂肪的去除率＞94%,SS 去除率＞84%,COD 去除率＞68%,BOD 去除率＞59%。Al 电极的消耗为 17.7～106.4g · $m^{-3}$废水,电耗＜1.5 kW · h · $m^{-3}$废水。

#### 4.2.7.6 橄榄油加工废水

橄榄油加工废水中含有大量有机物(糖、丹宁、果胶、类脂和酚类等),COD(通常在 80～200 g · $L^{-1}$之间)和 BOD(通常在 12～63 g · $L^{-1}$之间)很高,颜色为深红色或黑色。由于多酚毒性较强,采用生物方法难以对其进行有效处理。Adhoum 等采用电絮凝方法处理该类废水[18],进水水质为:pH＝4.96,TS＝45.3 g · $L^{-1}$,COD＝57.8 g · $L^{-1}$,多酚 2.42 g · $L^{-1}$,电导率 11.4 mS · $cm^{-1}$。选取 Al 作为电极,电流密度 75mA · $cm^{-2}$,电解 25 min 后,COD 去除 76%,多酚去除 91%,脱色率为 95%,电极消耗为 2.11 kg 每 $m^3$ 废水。处理橄榄油加工废水时,Al 阳极对 COD、色度和 SS 的去除效果要好于 Fe 阳极,最佳 pH 为 6 左右,停留时间 10～15 min。在碱性条件下采用 Fe 阳极比较有利,而在弱酸性和中性条件下宜选取 Al 作为阳极材料。

## 4.3 电气浮水处理方法与应用

### 4.3.1 电气浮方法的主要特征

与其他气浮方法相比,电气浮有三个明显的特点:

(1) 电气浮过程中产生的气泡分布范围较窄,尺寸也较小,平均大小为 20 μm

左右,可以获得很高的分离效率。

(2) 通过改变电流密度即可调节气泡的数量,从而可提高气泡和污染物颗粒间的碰撞概率。

(3) 对于特定的分离过程,选择合适的电极材料和溶液条件即可获得最佳的分离效果。当气泡和颗粒物的 ζ 电位符号相反时,气浮分离效率最高。

### 4.3.2 电气浮过程的主要影响因素

电气浮的分离效果与电极表面释放出的 $H_2$ 和 $O_2$ 的气泡大小紧密相关。影响电气浮过程气泡大小的因素包括电流密度、温度和电极表面曲率。但最主要的影响因素有两个:溶液 pH 和电极材料。此外电解槽内的水力学条件和电极的布设方式均对气泡的运动轨迹有影响,从而影响到电气浮的分离效果。

#### 4.3.2.1 pH 的影响

pH 对电气浮的影响主要体现在其决定了电解过程中气泡的大小分布。如表 4-5 所示,在中性 pH 条件下,$H_2$ 气泡的尺寸最小,碱性介质中尺寸较小,而在酸性条件下甚大。但对于 $O_2$ 气泡来说,酸性介质中其尺寸较小,随着溶液 pH 的升高,$O_2$ 气泡急剧变大。

**表 4-5　不同电极材料和 pH 时气泡大小分布**[19]

| pH | $H_2$ 气泡粒径/μm | | $O_2$ 气泡粒径/μm | |
|---|---|---|---|---|
| | Pt 电极 | Fe 电极 | 石墨电极 | Pt 电极 |
| 2 | 45～90 | 20～80 | 18～60 | 15～30 |
| 7 | 5～30 | 5～45 | 5～80 | 17～50 |
| 12 | 17～45 | 17～60 | 17～60 | 30～70 |

#### 4.3.2.2 电流密度的影响

电气浮过程中电流密度的大小决定了产生气泡的数量和大小。电流密度越高,单位时间内电极上释放出的气体的量越多。按照 Faraday 电解定律,当电解过程中通入 1 F(26.8 A · h)电量时,可释放出 0.0224 $Nm^3$ $H_2$ 和 $O_2$。此外,随着电流密度的增加,气泡直径逐渐减小,但当电流密度增加到 200 $A \cdot m^{-2}$ 以上时这种现象就观察不到了。电极表面的粗糙程度亦对气泡的大小有着重要影响,电极表面粗糙度越大,气泡越大,镜面抛光的不锈钢电极表面上气泡最小。

#### 4.3.2.3 电极安装方式

通常,在电气浮反应器中阳极置于反应器底部,阴极位于阳极上部,极间距

10～50 mm。但是这种电极排列方式不利于阳极产生的 $O_2$ 的迅速扩散，从而影响气浮效果。产生这种现象有两个方面的原因，一是阳极产生的 $O_2$ 不能和水流直接接触而得到充分利用；二是 $O_2$ 气泡可能发生聚并而形成更大的气泡，破坏已经形成的絮体。因此可以考虑将阳极和阴极倾斜放置，这样二者均可与水直接接触，电解过程中产生的 $H_2$ 和 $O_2$ 迅速扩散到废水中并黏附在絮体上，提高了分离效率，亦可采用多组电极并列的方式。在这两种电极排列方式中，极间距可以缩小到 2 mm 而不会发生短路，从而大大降低了欧姆压降，减小了电气浮处理过程的能耗。

电气浮产生的气泡分布范围较窄，尺寸也较小，因此有很高的分离效率。在电气浮过程中，钛基 DSA 电极上气泡大小服从正态分布，90%以上的气泡大小为 15～45 μm；而在溶气气浮（DAF）过程中气泡的大小一般在 50～70 μm 之间。气泡越小，提供的表面积越大，气浮效率越高。以含油废水的气浮为例，电气浮（EF）与溶气气浮（DAF）的比较如表 4-6（表中 IC 表示无机混凝剂，OC 表示有机混凝剂，F 表示高分子絮凝剂）。

**表 4-6 电气浮与溶气气浮和沉淀方法处理含油废水的比较**[20]

| 处理方式 | EF | DAF | 沉淀 |
|---|---|---|---|
| 气泡大小/μm | 1～30 | 50～100 | |
| 能耗/$W \cdot h \cdot m^{-3}$ | 30～50 | 50～60 | 50～100 |
| 气量/$m^3 \cdot (m^3 水)^{-1}$ | | 0.02～0.06 | |
| 絮凝剂 | IC | OC+F | IC+F |
| 处理时间/min | 10～20 | 30～40 | 100～120 |
| 泥渣体积/%水 | 0.05～0.1 | 0.3～0.4 | 7～10 |
| 除油率/% | 99～99.5 | 85～95 | 50～70 |
| SS 去除率/% | 99～99.5 | 90～95 | 90～95 |

#### 4.3.2.4 电极材料

石墨和 $PbO_2$ 是电气浮中应用最广泛的阳极材料。虽然铁和铝电极价廉易得，同时具有电絮凝和电气浮功能，但作为阳极会迅速发生溶解。更为不利的是，粗糙的电极表面使得气泡尺寸变大，严重降低了电气浮的分离效果。石墨和 $PbO_2$ 虽然性能比较稳定，但二者析氧电位较高，寿命较短。应该注意到，$PbO_2$ 电极使用过程中可能会释放出 $Pb^{2+}$，容易造成二次污染。Pt 电极稳定性较石墨和 $PbO_2$ 要高，但价格昂贵，无法大规模推广应用。

在 1969 年以后，金属氧化物阳极（DSA）得到广泛的研究。大多数过渡金属氧化物在酸性和碱性介质中具有较好的稳定性，尤其是铂系金属氧化物电极导电性能好，表面多孔，具有很高的电催化性能。热分解方法是制作DSA中最常见的方法。DSA中的$TiO_2/RuO_2$电极具有较低的析氧和析氯过电位，对于氧的析出有很高的电催化活性。在阳极极化过程中，$RuO_2$部分分解生成$RuO_4^{2-}$或挥发性的$RuO_4$，导致电催化活性降低，通常需加入少量惰性金属氧化物以保持较高的电催化活性和稳定性。近年来$IrO_x$用作氧电极逐渐被重视，其寿命是$RuO_2$电极的20倍左右，但因价格昂贵，使其应用受到很大限制。研究发现[21]，$Ti/IrO_x$-$Sb_2O_5$-$SnO_2$电极具有很高的电化学稳定性，对氧的释放有极强的催化活性，含10%（摩尔分数）$IrO_x$电极在强酸性介质中的预期寿命在1000 $A \cdot m^{-2}$电流密度下达9年以上。在电气浮中电流密度通常较小，$IrO_x$含量为2.5%（摩尔分数）时即可具有较好的稳定性和催化活性。

电极寿命(SL)与电流密度($i$)之间的简单关系为

$$SL \propto 1/i^{\alpha} \qquad \alpha = 1.4 \sim 2.0 \tag{4-55}$$

### 4.3.3 电气浮在水和废水处理中的应用

电气浮除用于固液分离外，还有降低BOD、氧化、脱色和杀菌作用，对水力负荷变化适应性强，生成泥渣少，设备紧凑，没有噪声。

#### 4.3.3.1 含油污水

油类在水中的存在形式可分为浮油(>100μm)、分散油(10～100μm)、乳化油(0.1～2μm)和溶解油(<0.1μm)。由于油的密度较小，对含油污水的处理通常采用气浮方法。乳化油废水中含有大量表面活性剂，稳定性好，采用一般物理化学方法和生物方法难以进行有效处理。与混凝沉淀法相比，采用电气浮去除乳化油效率高、药剂量少、污泥含水率低而易于处置。

Mostefa等研究表明，对于含乳化油1%～2%的废水，可单独采用电气浮进行有效处理，最佳电流密度为11.5 $mA \cdot cm^{-2}$，此时COD和浊度的去除率均达95%以上，除油率可达99%。如果乳化油含量较高，宜预先加入硫酸铝或聚丙烯酰胺，电气浮的除油率可达99%。

Chen等[21]采用$Ti/IrO_x$-$Sb_2O_5$-$SnO_2$电极处理汽车和金属切削含油废水，进水油含量710 $mg \cdot L^{-1}$、SS为330 $mg \cdot L^{-1}$、COD为2120 $mg \cdot L^{-1}$、pH为6.78、电导率为705 $\mu S \cdot cm^{-1}$，当通过的电量为0.5 $F \cdot m^{-3}$时，油含量降低到10 $mg \cdot L^{-1}$，继续提高电量为1.5 $F \cdot m^{-3}$时出水含油量仅为4 $mg \cdot L^{-1}$。

#### 4.3.3.2 水和废水的杀菌与消毒

加入少量NaCl时，由于在电解过程中会生成活性氯，具有明显的杀菌与消毒作用。Hernlem研究了电气浮对大肠杆菌*Escherichia coli*的去除情况，当$Cl^-$含量为 5.6 $mg \cdot L^{-1}$、电流强度为 0.8 A 时，大肠杆菌即可有效去除[22]。

## 4.4 电凝聚-电气浮水处理方法及应用

电凝聚-电气浮水处理方法是将电絮凝和电气浮两种反应设制在一个反应器内，其原理已在 4.1.3 节中详细叙述，本节主要以作者近年来研究成功的复极式电凝聚-电气浮方法为基础，介绍其反应器的设计要点、反应器主要参数的变化与影响及其在饮用水和废水处理中的应用。

### 4.4.1 电凝聚-电气浮反应器的设计要点

反应器设计最基本的内容包括：选择合适的反应器型式；确定最佳的操作条件；针对选定的反应器型式，根据所确定的操作条件，计算完成规定的生产任务所需的反应体积。电凝聚-电气浮反应器作为整个系统的核心单元，其设计参数的选取必须十分慎重，通常需注意以下几点：

(1) 反应器型式。应尽量设计成推流式，这是因为推流式反应器比间歇式反应器具有更大的容积效率，理想的推流式反应器内不存在返混(backmix)现象，其作用相当于 $n(n\rightarrow\infty)$ 个连续搅拌式反应器。要达到相同的处理量和处理效果，前者所需容积远远小于后两者。

(2) 电流密度的选择。当电流密度很高时，电凝聚-电气浮反应器的容积和电极的工作表面可以得到充分的利用。然而随着电流密度的提高，电极的极化现象和钝化变得比较严重，导致所需电压的增加和次要过程电能的损耗，电流效率降低，还必须考虑热衡算。根据作者的试验和国内外其他学者的研究，电流密度选择在 3～10$mA \cdot cm^{-2}$ 比较合适。

(3) 电极的联结方式。按反应器内电极联结方式可分为单极式和复极式。电凝聚-电气浮反应器内电极的联结宜采用单极式和复极式混合结构，这样可以在满足所需电流的同时，槽压可控制在比较合适的范围内，直流电源比较容易满足要求，设备的安全性能提高，占地比较小，设备维修不太复杂，电流分布也比较均匀。既能满足设计要求，又比较经济。

(4) 液路联结方式。由于要求提高处理效率，电聚浮反应器内液路联结宜采用串联供液方式，可采用 S 型流道设计，此时反应器内产生比较大的温升，应予以考虑。

(5) 极间距的选取。缩小极间距，满足同样的电流强度时，所需外加电压比较低。但极间距不宜过小，综合考虑极间距选取在 15～20mm 范围内比较合适。

(6) 可溶性极板的选取。通常采用的材料有 Al 或 Fe。强化浮上要求时，比如对于油、脂及表面活性剂等，Al 要优于 Fe。

(7) 绝缘层。当电凝聚-电气浮反应器外壳采用金属材料时,应采用橡胶、塑料或玻璃钢绝缘衬里。

(8) 反应器内的停留时间。根据所处理的水质及出水要求,选取合适的停留时间,一般可在 5～20min 内选取。

### 4.4.2　复极式电凝聚-电气浮反应器的设计

根据复极式电凝聚-电气浮反应器的原理和以上设计原则,设计的小试反应器示意图如图 4-8 所示。

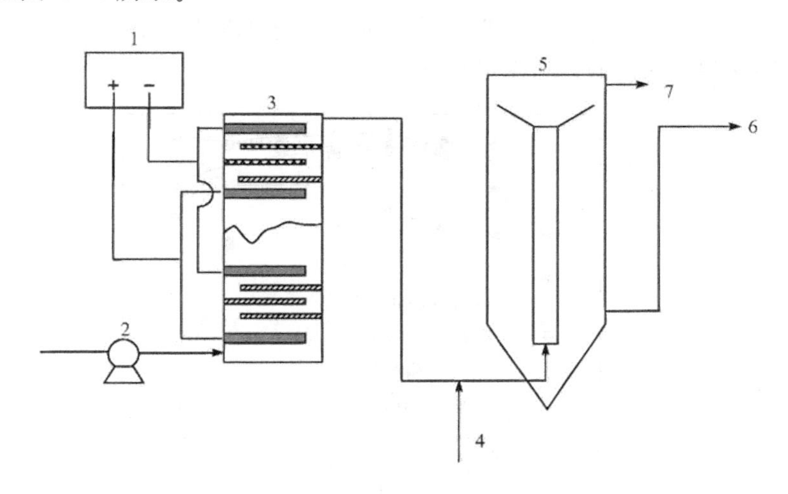


图 4-8　复极式电凝聚-电气浮反应装置示意图

1—直流电源;2—泵;3—反应器;4—PAM;5—分离器; 6—浮渣;7—出水

复极式电凝聚-电气浮反应器以 PVC 为外壳,容积 2.8 L。阳极为金属氧化物网状电极,阴极采用不锈钢网,反应器内装有 4 组电极,每块电极有效面积 50 $cm^2$,极间距 8 mm。分离器为同心圆柱,由混合区和分离区两部分组成,外圆柱直径 100 mm,内圆柱直径 20 mm,总容积 11.2 L。试验用洗衣废水取自清华大学华清洗衣房,pH 调节采用 $H_2SO_4$＋NaOH。废水由电化学反应器底部进入,在反应器中交错流动;然后由电化学反应器顶部流出,进入分离器混合区,此处需要时可加入适量高分子絮凝剂 PAM(试验中发现,单独采用 PAM 对洗衣废水几乎没有任何处理效果),随后进入分离区。最后,出水由分离器底部流出,浮渣由顶部排出。在现场试验过程中,浮渣流出后直接排入进水槽,处理完毕后收集起来进行集中处置。

### 4.4.3　主要参数的变化与影响

通过实验室小规模试验,研究了 pH、HRT 和电流密度对 BEP 过程的影响;通过处理量为 1.5 $m^3/h$ 的现场试验，研究了 BEP 的实际水处理效果。在实验室小规模试验和现场连续运行试验中，采用自动倒换电流极性（ACD）的方法减轻电极的钝化，倒极周期 15 min。

#### 4.4.3.1 废水 pH 影响及其处理前后的变化

在水和废水处理中，pH 对于许多物理化学过程均有着重要的影响，尤其是对于电化学反应和化学混凝过程。采用稀 $H_2SO_4$ + NaOH 调节废水 pH，试验结果见图 4-9。在 pH 4～9 的范围内，洗衣废水的浊度、COD、MBAS 和磷酸盐均得到了有效去除。但当废水 pH＜4 或＞9 时，浊度去除率明显下降。当 pH＞10 时，MBAS、COD 和磷酸盐的去除率也有所下降。

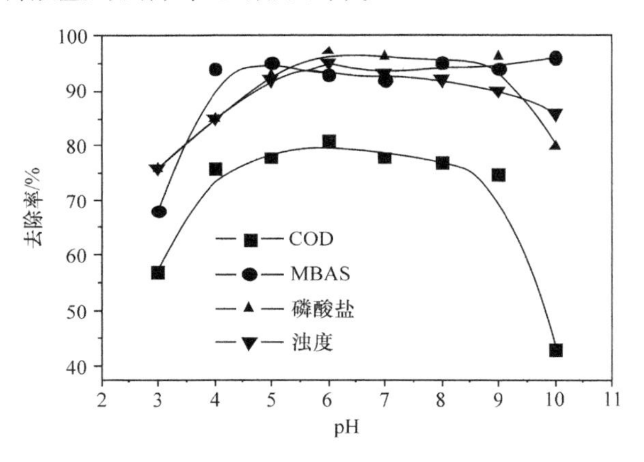


图 4-9　pH 对处理过程的影响

在 pH=4～9 的范围内，电化学产生的 $Al^{3+}$ 及其水解聚合产物包括 $Al(OH)^{2+}$、$Al_2(OH)_2^{4+}$、$Al(OH)_3$ 和多核配位化合物[如 $Al_{13}(OH)_{32}^{7+}$]等，表面均带有比较高的正电荷，可发挥吸附电中和及网捕作用。如上所述，与化学混凝相比，电凝聚过程中 $Al^{3+}$ 的释放和 $OH^-$ 的生成同时进行，是一个连续的非平衡过程，一般不会出现再稳定现象；对于化学混凝，$Al^{3+}$ 的加入是一个离散过程，体系平衡向酸性方向移动，并可能导致再稳定现象。因此，在较宽的 pH 范围内，电凝聚产生的 $Al^{3+}$ 的水解聚合产物可保持较高的反应活性，在很大程度上降低了所需 $Al^{3+}$ 剂量。

当 pH＞10 时，水中铝盐主要以 $Al(OH)_4^-$ 的形态存在，絮凝效果急剧下降。在极低的 pH 条件下，主要以 $Al^{3+}$ 存在，几乎没有吸附作用。

分析复极式电凝聚-电气浮反应器中各种污染物质的去除机理，我们认为表面活性剂主要去除机理可能是，首先表面活性剂发生脱稳，吸附在颗粒物表面，使颗粒物表面疏水性增加，形成了固体颗粒-表面活性剂-气泡复合体，随电极表面释放出的气泡上升而得到分离。在复极式电凝聚-电气浮处理过程中，COD 的去除主要是通过电凝聚、阳极表面催化氧化作用和 $Cl^-$ 的间接氧化来进行的。对于磷酸盐，电化学产生的新生态铝盐具有较高的吸附活性，磷酸盐的去除主要是通过 $Al^{3+}$ 水解聚合产物的吸附作用来完成的，此外还可能通过形成 $AlPO_4$ 沉淀或羟基磷酸盐 $Al_x(OH)_y(PO_4)_z$ 沉淀物而除去。

水经过复极式电凝聚-电气浮处理后，pH 的变化如图 4-10 所示。可以看出，复极式电凝聚-电气浮过程对于处理废水的 pH 具有一定的中和作用。

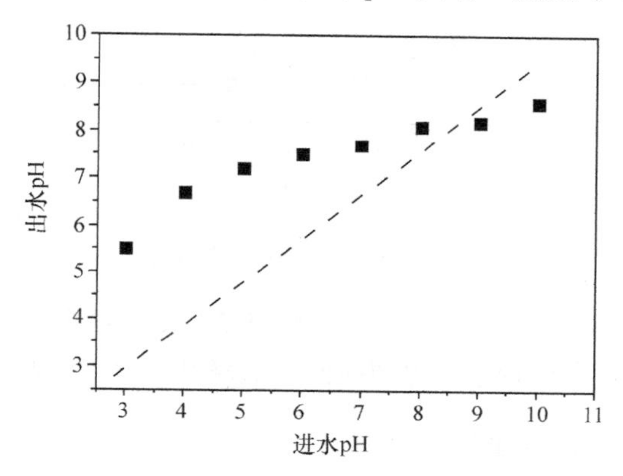


图 4-10　废水处理前后 pH 的变化

较宽的 pH 适用范围和对废水酸碱性的中和作用，并且不会使水中阴离子含量增加，显示出该法比传统的药剂絮凝法有不可比拟的优越性。后者对于溶液 pH 的变化十分敏感，通常最佳絮凝 pH＝6～7，且会使出水阴离子含量增加。

#### 4.4.3.2　停留时间(HRT)的影响

此处 HRT 定义为电化学反应器容积与废水流量之比。洗衣废水 COD 去除率与 HRT 的关系见图 4-11。随着 HRT 的增加，COD 去除率逐渐提高。当 HRT＞5 min时，COD 去除率基本趋于平稳，COD 去除率达到约 75%。结果表明，采用复极式电凝聚-电气浮在很短的作用时间即可获得较高的 COD 去除效果。

分析电化学反应器的构型和废水的流动方式，有助于加深对复极式电凝聚-电气浮过程的理解。整体上电化学反应器接近于活塞流反应器(PFR)，而相邻电极间流体构成数个完全混合式反应器(CSTR)。在 CSTR 内，由于流体的流动和气体的搅拌作用，大大增加了颗粒的碰撞机会。研究表明，电气浮产生的平均气泡粒径为 20～70 μm，小于电凝聚和传统溶气气浮(DAF)中的气泡，具有比较大的比表面积，从而可为絮体提供更多的吸附和黏结中心。此外，在气体的搅拌作用和气浮作用下，电凝聚产生的絮体快速长大，迅速上浮。因此，复极式电凝聚-电气浮可在较短时间内对废水具有较好的处理效果。

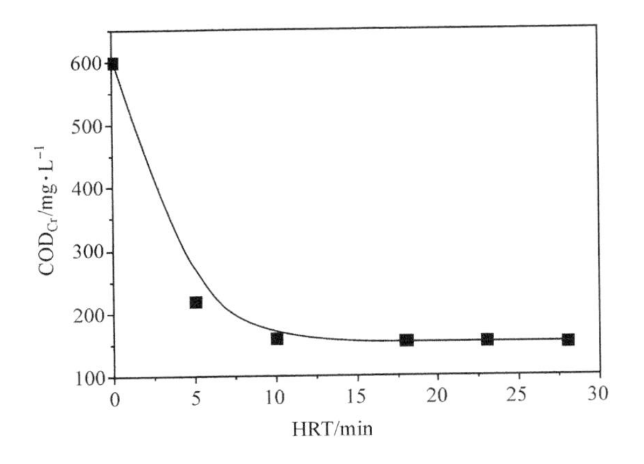


图 4-11 HRT 对 COD 去除率的影响

对于磷酸盐的去除来说，PFR 反应器比 CSTR 反应器更为有效。因此，复极式电凝聚-电气浮反应器在较短水力停留时间下对磷酸盐具有很高的去除率。

#### 4.4.3.3 电流强度的影响

图 4-12 表示了洗衣废水浊度、COD 和 MBAS 的去除率与电流强度的关系。随着电流强度的提高，这几种指标的去除率逐渐增加。

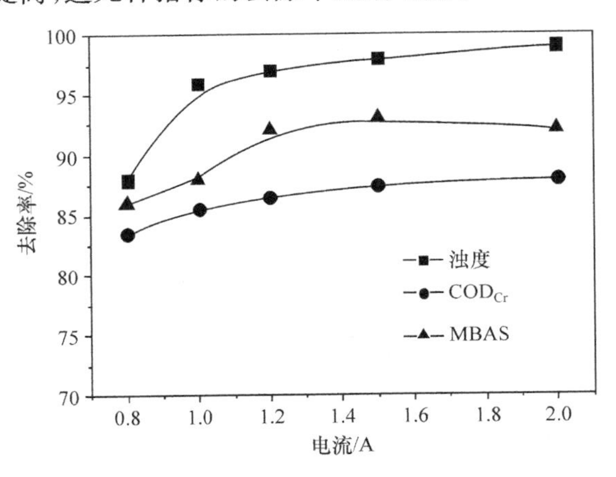


图 4-12 电流强度对处理过程的影响

电流强度的影响应该与废水在电化学反应器内的 HRT 同时加以考虑。按照 Faraday 电解定律，Al 的电化学溶解及水的电解与所提供的电量（$I \cdot t$）成正比。当通过 1 F(26.8 Ah)电量时，理论上可溶出 9 g $Al^{3+}$，同时可释放出 0.224 $m^3$ $H_2$ 和 $O_2$，这远远大于 DAF 中所释放的气量。因此，提高电流强度，可相应提高对污染物的去除效果。再者,提高电流强度可获得更小的气泡,对于气浮分离过程更加有利。

#### 4.4.3.4　最佳工作参数的确定

实验研究了 pH、HRT 和电流密度对复极式电凝聚-电气浮过程的影响,最佳工艺参数是采用正交实验的方法确定的。以 HRT、操作电压(V)、电导率($\mu S\cdot cm^{-1}$)、加药量($mg\cdot L^{-1}$)、进水 pH 作为电凝聚-电气浮反应器的操作控制的主要参数,由于因素水平的排列顺序会对实验产生影响,因此,采用抽签的方式排列水平顺序。具体因素和水平列表 4-7 所示。

**表 4-7　实验因素选取表**

| 因素 | HRT/min | 操作电压/V | 电导率/$\mu S\cdot cm^{-1}$ | 加药量/$mg\cdot L^{-1}$ | pH |
|---|---|---|---|---|---|
| 一水平 | 3 | 60 | 600 | 0.6 | 5 |
| 二水平 | 10 | 100 | 1200 | 1.4 | 7 |
| 三水平 | 8 | 30 | 1500 | 1.0 | 9 |
| 四水平 | 5 | 150 | 900 | 0.4 | 10 |

采用四水平 $L_{16}(4^5)$正交表安排实验(表 4-8),获得的实验结果如表 5 所示,计算结果如表 4-9 所示。

**表 4-8　正交实验安排表**

| 列号<br>试号 | HRT/min | | 操作电压/V | | 电导率/$\mu S\cdot cm^{-1}$ | | 加药量/$mg\cdot L^{-1}$ | | pH | |
|---|---|---|---|---|---|---|---|---|---|---|
| 1 | 1 | 3 | 1 | 60 | 1 | 600 | 1 | 0.6 | 1 | 5 |
| 2 | 1 | 3 | 2 | 100 | 2 | 1200 | 2 | 1.4 | 2 | 7 |
| 3 | 1 | 3 | 3 | 30 | 3 | 1500 | 3 | 1.0 | 3 | 9 |
| 4 | 1 | 3 | 4 | 150 | 4 | 900 | 4 | 0.4 | 4 | 10 |
| 5 | 2 | 10 | 1 | 60 | 2 | 1200 | 3 | 1.0 | 4 | 10 |
| 6 | 2 | 10 | 2 | 100 | 1 | 600 | 4 | 0.4 | 3 | 9 |
| 7 | 2 | 10 | 3 | 30 | 4 | 900 | 1 | 0.6 | 2 | 7 |
| 8 | 2 | 10 | 4 | 150 | 3 | 1500 | 2 | 1.4 | 1 | 5 |
| 9 | 3 | 8 | 1 | 60 | 3 | 1500 | 4 | 0.4 | 2 | 7 |
| 10 | 3 | 8 | 2 | 100 | 4 | 900 | 3 | 1.0 | 1 | 5 |
| 11 | 3 | 8 | 3 | 30 | 1 | 600 | 2 | 1.4 | 4 | 10 |
| 12 | 3 | 8 | 4 | 150 | 2 | 1200 | 1 | 0.6 | 3 | 9 |
| 13 | 4 | 5 | 1 | 60 | 4 | 900 | 2 | 1.4 | 3 | 9 |
| 14 | 4 | 5 | 2 | 100 | 3 | 1500 | 1 | 0.6 | 4 | 10 |
| 15 | 4 | 5 | 3 | 30 | 2 | 1200 | 4 | 0.4 | 1 | 5 |
| 16 | 4 | 5 | 4 | 150 | 1 | 600 | 3 | 1.0 | 2 | 7 |

**表 4-9　正交实验结果表**

| 列号<br>试号 | 实验结果 | | |
|---|---|---|---|
| | 浊度/NTU | 表面活性剂去除率/% | pH 趋中性 |
| 1 | 16 | 40.5 | 0.8 |
| 2 | 10.6 | 70.8 | 0.1 |
| 3 | 14.5 | 70.5 | 2.7 |
| 4 | 15.4 | 70.3 | 0.8 |
| 5 | 35 | 66.5 | 0.7 |
| 6 | 9.5 | 74.9 | 2.5 |
| 7 | 25.2 | 65 | 0.6 |
| 8 | 45.5 | 85.6 | 1.2 |
| 9 | 21.6 | 71 | 0.5 |
| 10 | 90.9 | 62 | 0.6 |
| 11 | 11 | 60 | 0.2 |
| 12 | 30.8 | 80.9 | 1.8 |
| 13 | 13.3 | 68.5 | 2.4 |
| 14 | 123 | 55.6 | 0.8 |
| 15 | 7.9 | 59.6 | 1.1 |
| 16 | 35 | 77.6 | 0.6 |

由表 4-10 可知,影响处理后出水浊度和表面活性剂去除率的主要因素是复极式电凝聚-电气浮反应器的工作电压,影响出水 pH 的主要因素是水力停留时间。经综合分析认为,HRT 5min,操作电压控制在 100V,进水 pH 8,加药量 5 $mg \cdot L^{-1}$是复极式电凝聚-电气浮反应器的最佳工作参数。不过,在实际应用中还需根据被处理水水质的差异,做相应的调整。

**表 4-10　正交实验计算表**

| | | | | | | |
|---|---|---|---|---|---|---|
| 浊度 | Ⅰ | 56.5 | 85.9 | 71.5 | 195 | 160.3 |
| | Ⅱ | 115.2 | 234 | 84.3 | 80.4 | 92.4 |
| | Ⅲ | 154.3 | 58.6 | 204.6 | 175.4 | 68.1 |
| | Ⅳ | 179 | 126.7 | 144.8 | 54.4 | 184.4 |
| | Ⅰ/4 | 14.1 | 21.5 | 17.9 | 48.8 | 40.1 |
| | Ⅱ/4 | 28.8 | 58.5 | 21.1 | 20.1 | 23.1 |
| | Ⅲ/4 | 38.6 | 14.6 | 51.2 | 43.9 | 17 |
| | Ⅳ/4 | 44.8 | 31.7 | 36.2 | 13.6 | 46.1 |

续表

| | | | | | | |
|---|---|---|---|---|---|---|
| 极差 | | 30.7 | 43.9 | 33.3 | 35.2 | 29.1 |
| 表面活性剂去除率 | Ⅰ | 252.1 | 246.5 | 253 | 242 | 247.7 |
| | Ⅱ | 292 | 263.3 | 284.9 | 284.9 | 284.4 |
| | Ⅲ | 273.9 | 255.1 | 282.7 | 276.6 | 294.8 |
| | Ⅳ | 261.3 | 314.4 | 265.8 | 275.8 | 267.4 |
| | Ⅰ/4 | 63 | 61.6 | 63.3 | 60.5 | 61.9 |
| | Ⅱ/4 | 73 | 65.8 | 71.2 | 71.2 | 71.1 |
| | Ⅲ/4 | 68.5 | 63.8 | 70.7 | 69.2 | 73.7 |
| | Ⅳ/4 | 65.3 | 78.6 | 66.5 | 69.0 | 66.9 |
| 极差 | | 10 | 17 | 7.9 | 10.7 | 9.2 |
| pH趋中性 | Ⅰ | 4.4 | 4.4 | 4.1 | 5.8 | 3.7 |
| | Ⅱ | 5 | 4 | 3.7 | 3.9 | 1.8 |
| | Ⅲ | 3.1 | 4.6 | 5.2 | 4.6 | 9.4 |
| | Ⅳ | 4.9 | 4.4 | 4.4 | 4.9 | 2.3 |
| | Ⅰ/4 | 1.1 | 1.1 | 1.0 | 1.5 | 0.9 |
| | Ⅱ/4 | 1.3 | 1 | 0.9 | 1.0 | 0.5 |
| | Ⅲ/4 | 0.8 | 1.2 | 1.3 | 1.2 | 2.4 |
| | Ⅳ/4 | 1.2 | 1.1 | 1.1 | 1.2 | 0.6 |
| 极差 | | 0.5 | 0.2 | 0.4 | 0.5 | 1.9 |

### 4.4.4 复极式电凝聚-电气浮方法在水处理中的应用

#### 4.4.4.1 在饮用水净化中的应用

采用电凝聚-电气浮技术和反应器系统直接将Ⅰ～Ⅲ类地表水净化为直接饮用水，由于利用复极式电凝聚-电气浮技术的简单、易操作、易与其他设备对接等优点，可为从事野外作业的团队等设计制作移动式直接饮用水设备。

随区域不同地表水中所含污染物不同，一般而言颗粒物、腐殖质、藻类、氮磷及由地表径流带来的残留微量农药等都是不可避免的。因而，将地表水处理为直接饮用水需要去除上述污染物并保证水质的毒理安全。

采用的主要流程为：复极式电凝聚-电气浮法去除水中大量颗粒物及部分有机有害物质和藻类、以活性炭过滤吸附去除地表水中有机和无机有害物质、以超滤＋紫外技术去除或杀灭水中细菌及其他微生物从而达到直饮的水平。

该设备控制参数少、工艺性能优良，对水质和水量的变化具有很强的适应性，对表面活性剂、COD、悬浮物(浊度)等具有很好的去除效果和优良的杀菌灭菌性能,其产水水质优于国家饮用水卫生标准—2001,表4-11是车载式直接饮用水设备对模拟Ⅲ类地表水的处理情况。

**表4-11　直接饮用水水车水处理系统试验情况**

| | 浊度/NTU | pH | 电导率/$\mu S \cdot cm^{-1}$ | TOC/$mg \cdot L^{-1}$ | 溶解氧/$mg \cdot L^{-1}$ | 菌落总数/$CFU \cdot mL^{-1}$ | 大肠杆菌/个·$(100mL)^{-1}$ |
|---|---|---|---|---|---|---|---|
| 原水 | 32.5 | 7.82 | 394 | 2.4 | 11.1 | $3.1 \times 10^2$ | 147 |
| 处理后水 | 0.054 | 8.06 | 233 | 1.3 | 10.3 | 2 | 未检出 |

注:1. 处理条件:$I=6A$, $V=22V$, $Q=720L \cdot h^{-1}$。

2. 细菌由北京市海淀区卫生防疫站检测。

表4-12是本设备系统用于某地实际地表水的处理效果的检测数据。经处理符合国家GB5749-85卫生标准,而处理前是不符合这一标准的非饮用水。

**表4-12　现场地表水处理效果**

| 分析项目 | 处理前 | | 处理后 | |
|---|---|---|---|---|
| | 数量 | 单位 | 数量 | 单位 |
| 色度 | 15 | 度 | 0.5 | 度 |
| 浑浊度 | 4 | 度 | 0.05 | 度 |
| 臭和味 | 无 | 等级 | 无 | 等级 |
| 肉眼可见物 | 小颗粒 | 描述 | 无 | 描述 |
| pH | 7.63 | | 7.91 | |
| 总硬度(以$CaCO_3$计) | 122.93 | $mg \cdot L^{-1}$ | 105.74 | $mg \cdot L^{-1}$ |
| 铝 | <0.2 | $mg \cdot L^{-1}$ | <0.2 | $mg \cdot L^{-1}$ |
| 铁 | 0.04 | $mg \cdot L^{-1}$ | 0.015 | $mg \cdot L^{-1}$ |
| 锰 | 0.02 | $mg \cdot L^{-1}$ | 0.018 | $mg \cdot L^{-1}$ |
| 铜 | 0.001 | $mg \cdot L^{-1}$ | <0.25 | $mg \cdot L^{-1}$ |
| 锌 | <0.05 | $mg \cdot L^{-1}$ | <0.05 | $mg \cdot L^{-1}$ |
| 挥发酚类(以苯酚计) | <0.002 | $mg \cdot L^{-1}$ | <0.002 | $mg \cdot L^{-1}$ |
| 阴离子合成洗涤剂 | <0.2 | $mg \cdot L^{-1}$ | <0.2 | $mg \cdot L^{-1}$ |
| 硫酸盐 | 24 | $mg \cdot L^{-1}$ | 5.0 | $mg \cdot L^{-1}$ |
| 氯化物 | 12.93 | $mg \cdot L^{-1}$ | 10.78 | $mg \cdot L^{-1}$ |
| 溶解性总固体 | 274 | $mg \cdot L^{-1}$ | 246 | $mg \cdot L^{-1}$ |
| 氟化物 | 0.15 | $mg \cdot L^{-1}$ | 0.15 | $mg \cdot L^{-1}$ |
| 氰化物 | <0.05 | $mg \cdot L^{-1}$ | <0.05 | $mg \cdot L^{-1}$ |
| 砷 | <0.01 | $mg \cdot L^{-1}$ | <0.01 | $mg \cdot L^{-1}$ |
| 硒 | <0.01 | $mg \cdot L^{-1}$ | <0.01 | $mg \cdot L^{-1}$ |

续表

| 分析项目 | 处理前 | | 处理后 | |
| --- | --- | --- | --- | --- |
| | 数量 | 单位 | 数量 | 单位 |
| 汞 | <0.001 | mg·L$^{-1}$ | <0.001 | mg·L$^{-1}$ |
| 镉 | <0.001 | mg·L$^{-1}$ | <0.001 | mg·L$^{-1}$ |
| 铬 | <0.004 | mg·L$^{-1}$ | <0.004 | mg·L$^{-1}$ |
| 铅 | <0.01 | mg·L$^{-1}$ | <0.01 | mg·L$^{-1}$ |
| 银 | <0.05 | mg·L$^{-1}$ | <0.05 | mg·L$^{-1}$ |
| 硝酸盐(以氮计) | 10.0 | mg·L$^{-1}$ | 0.5 | mg·L$^{-1}$ |
| 氯仿 | <60 | μg·L$^{-1}$ | <60 | μg·L$^{-1}$ |
| 四氯化碳 | <3 | μg·L$^{-1}$ | <3 | μg·L$^{-1}$ |
| 滴滴涕 | <1 | μg·L$^{-1}$ | <1 | μg·L$^{-1}$ |
| 六六六 | <5 | μg·L$^{-1}$ | <5 | μg·L$^{-1}$ |
| 游离余氯 | 未检出 | μg·L$^{-1}$ | 未检出 | μg·L$^{-1}$ |
| 细菌总数 | 无法计数 | CFU·mL$^{-1}$ | 无菌生长 | CFU·mL$^{-1}$ |
| 总大肠菌群 | 240 | 个·(1000mL)$^{-1}$ | 未检出 | 个·(1000mL)$^{-1}$ |

#### 4.4.4.2　在洗衣废水处理中的应用

将复极式电凝聚-电气浮技术用于车载式洗衣废水处理。处理系统主要由电化学反应器和分离装置两部分组成，二者均为圆筒型，尺寸分别为 $D450\text{mm} \times 1600\ \text{mm}$ 和 $D400\text{mm} \times 1600\ \text{mm}$，极间距 20 mm。

这种电凝聚-电气浮水处理系统具有以下特点：

(1) 用密封处理槽，使装置具有更为合理的设计和结构，对表面活性剂及难降解物质有很好的处理效果；

(2) 与其他方法相比，不会增加水中 $Cl^-$ 和 $SO_4^{2-}$ 等阴离子，污泥产量低；

(3) 反应时间短，设备紧凑；操作管理简单，易于实现自动化。

为了提高水处理效果，在电凝聚-分离系统后采用过滤处理。对于固定式反应器，可采用无烟煤、石英砂等常规过滤材料。而对于移动式处理系统，则尽可能选择效能好的轻质滤料，植物果壳滤料是可供选择的较理想材料之一。

植物果壳滤料包括山核桃壳、杏壳、桃壳、椰壳等，有净化、脱氯、除臭等功能，吸附性强，去油率高，除悬浮效能好，广泛应用于填充各种高速过滤罐和过滤器，是油田、炼油厂、石化工程中的常用滤料。它的优越性在于耐磨损，不腐烂，不结块，易再生。本节所介绍的水处理系统采用果壳为滤料，它以优质山核桃壳作原料，经过破碎，抛光，蒸洗，药物处理，多次筛选加工而成。滤料耐磨性好，抗压性好，抗压力约为230N,化学性能稳定,酸碱中不溶解,吸附截污能力强,吸附率为27%～50%,浸水性好,抗油浸,密度($1.25g \cdot cm^{-3}$)略大于水,充填密度为$0.85g \cdot cm^{-3}$。易反洗再生,运行成本低,管理方便,反冲洗强度低,滤速快,是理想的填充材料。

移动式复极式电凝聚-电气浮水处理系统经过现场实际应用检验,证明对洗衣废水、生活污水等具有优异处理效果。对水中悬浮物、有机质、表面活性剂等去除效果优良,特别是解决了表面活性剂不易去除的问题。当电压30～35 V,电流30A左右,自动倒极周期为15 min,电化学装置的运行费用大致为$0.6 kW \cdot h \cdot t^{-1}$废水。处理结果见表4-13。对于北京某高炮团冬训服洗衣废水,采用药剂混凝时,PAC(10% $Al_2O_3$)投加量为$120 mg \cdot L^{-1}$,污泥量约为处理水量的40%左右;大量的污泥,极大的增加了分离单元的负荷。采用复极式电凝聚-电气浮(32V/30A),消耗的$Al^{3+}$量为$6.72 mg \cdot L^{-1}$,对于PAC则为$63.5 mgAl \cdot L^{-1}$ $Al^{3+}$,大大降低了Al剂量。

**表4-13　现场试验结果**

| | 哈尔滨 | | 无锡 | | 北京 | |
|---|---|---|---|---|---|---|
| | 进水 | 出水 | 进水 | 出水 | 进水 | 出水 |
| 电导率/$\mu S \cdot cm^{-1}$ | 1904～786 | 956～675 | 830～712 | 719～655 | 1159～897 | 735～589 |
| pH | 9.56～7.83 | 8.15～7.24 | 10.68～9.77 | 8.73～7.92 | 9.35～8.45 | 8.09～7.77 |
| 浊度/NTU | 583～471 | 12.3～8.26 | 78.0～32.2 | 11.2～10.5 | 810～225 | 4.25～1.41 |
| COD/$mg \cdot L^{-1}$ | 1090～785 | 45.6～32.4 | 65.9～31.8 | 11.2～5.3 | 890～628 | 71.2～59.3 |
| MBAS/$mg \cdot L^{-1}$ | 72.3～64.5 | 11.2～9.6 | 14.6～8.3 | 2.9～1.7 | 72.5～57.6 | 8.9～5.8 |

洗衣废水经复极式电凝聚-电气浮处理后,pH趋于中性,电导率亦有所下降。这与传统的药剂混凝-气浮法有很大的区别,后者往往导致出水pH下降、阴离子含量增加。三地连续运行结果表明,该工艺设备紧凑,出水水质稳定,运行成本较低。在实际运行中,可将分离出来的浮渣排入进水调节槽中,这具有一定的助凝作用,处理结束后撇除浮渣。当然,这还需要在将来的工作中进行深入研究。

可见,电凝聚-电气浮方法将电凝聚、电气浮和电化学氧化有机结合,集成了电凝聚产生$Al^{3+}$及其水解聚合产物的高效絮凝作用、不溶性电极产生的极小气泡的浮选作用和电化学氧化作用,其对废水的综合净化功能,主要特点表现在以下5个方面:

(1) 在较宽的pH范围(4～9)内,废水的浊度、COD、MBAS和磷酸盐等污染物质均得到了有效去除,并且对于废水的pH具有一定的中和作用。

(2) 复极式电凝聚-电气浮系统,对废水处理所需时间比其他方法大为减少,仅需5～10min即可达到预定处理效果。

(3) 提高电流强度,可相应提高对污染物的去除效果。因此,可以通过改变电流强度来调节对水中污染物的去除能力。

(4) 不需额外加药和调节处理后水的pH,出水水质比较稳定。

(5) 适合固定式和移动式水处理需求,能满足不同目的和不同水质的水质净化条件。

### 4.4.5 电凝聚-电气浮在其他废水处理中的应用

由于电凝聚-电气浮法可在一系统中同时完成电凝聚、电气浮、氧化还原等过程,具有絮凝、吸附、氧化还原等作用,因此,对染料废水的去除有一定效果。刘增超等采用电凝聚-电气浮法处理模拟印染废水,考察废水pH、电解电流、电解时间对废水COD去除率的影响。实验结果表明,当废水pH=6.5、电解电流为1.0 A、电解时间为25 min时,废水COD去除率可达90%以上。该方法具有较宽的操作范围,电解电流为1.0~1.9 A,废水COD去除率相差不大;废水pH为3.45~11.46,废水COD去除率均可达80%以上。

张芳淑[①]研究了电聚浮对各种工业废水的处理效果以及各种强酸强碱废水的处理结果,如表4-14和表4-15所示。

**表4-14 各种不同电导率废水经电聚浮法处理结果**

| 废水种类 | 原水水质 | 操作条件 | 处理后水质 | COD去除率/% |
|---|---|---|---|---|
| 工业区废水 | pH=6.85<br>$E$=1353μS·cm$^{-1}$<br>COD=634mg·L$^{-1}$ | $V$=150V<br>$I$=0.25A | pH=9.16<br>COD=161mg·L$^{-1}$ | 71.29 |
| 工业区废水 | pH=6.97<br>$E$=2040μS·cm$^{-1}$<br>COD=101mg·L$^{-1}$<br>SS=129mg·L$^{-1}$<br>透视度=7.9cm | $V$=250V<br>$I$=0.52A | pH=8.51<br>COD=11mg·L$^{-1}$<br>透视度>30cm | 89.1 |
| 炼油废水B | pH=7.35<br>$E$=623μS·cm$^{-1}$<br>COD=820mg·L$^{-1}$<br>透视度<5cm | $V$=250V<br>$I$=0.53A | pH=9.87<br>COD=73mg·L$^{-1}$<br>透视度>30cm | 91.1 |
| 电子业 | pH=7.77<br>$E$=250μS·cm$^{-1}$<br>COD=135mg·L$^{-1}$<br>透视度=9.8cm | $V$=50V<br>$I$=11A | pH=8.62<br>COD=31.92mg·L$^{-1}$<br>SS=3 mg·L$^{-1}$<br>透视度>30cm | 76.4 |

① 张芳淑. EPN电聚浮除技术探讨,海峡两岸EPN电聚浮除技术研讨会论文集,北京,1999,8。

续表

| 废水种类 | 原水水质 | 操作条件 | 处理后水质 | COD 去除率/% |
| --- | --- | --- | --- | --- |
| 染料废水 | pH=8.88<br>$E$=21100μS·cm$^{-1}$<br>COD=2464mg·L$^{-1}$ | $V$=30～50V | pH=9.78<br>COD=400mg·L$^{-1}$ | 80 |
| 纸浆废水 | pH=6.68<br>$E$=1162μS·cm$^{-1}$<br>COD=1950mg·L$^{-1}$ | $V$=250V<br>$I$=0.5A | pH=8.52<br>COD=274mg·L$^{-1}$ | 86.0 |
| 皮革废水 | pH=8.17<br>$E$=19580μS·cm$^{-1}$<br>COD=6000mg·L$^{-1}$ | $V$=2150V | pH=5<br>COD=2460mg·L$^{-1}$ | 63.7 |
| 清洁剂废水 | pH=6.5<br>$E$=28400μS·cm$^{-1}$<br>COD=6855mg·L$^{-1}$ | $V$=200V<br>$I$=2.5A | pH=10.5<br>COD=2755mg·L$^{-1}$ | 60 |
| 医疗废水 | pH=7.68<br>$E$=1218μS·cm$^{-1}$<br>COD=832mg·L$^{-1}$ | $V$=50V | COD=191mg·L$^{-1}$ | 77.0 |
| 河川废水 | pH=7.64<br>$E$=1404μS·cm$^{-1}$<br>COD=67mg·L$^{-1}$<br>SS=78mg·L$^{-1}$ | $V$=250V<br>$I$=0.55A | pH=8.01<br>COD=24mg·L | 64.2 |

注：$E$ 表示电导率；$V$ 表示操作电压；$I$ 表示操作电流。下同。

**表 4-15 各种强酸强碱废水经电聚浮法处理结果**

| 废水种类 | 原水水质 | 操作条件 | 处理后水质 | COD 去除率/% |
| --- | --- | --- | --- | --- |
| 食用油废水 A | pH=0.19<br>$E$=112650μS·cm$^{-1}$<br>COD=6216mg·L$^{-1}$ | $V$=50V | pH=1.55<br>COD=4724mg·L$^{-1}$ | 24 |
| 食用油废水 B | pH=1.61<br>$E$=57600μS·cm$^{-1}$<br>COD=5679mg·L$^{-1}$<br>透视度<1cm | $V$=50V<br>$I$=1A | pH=9.02<br>COD=1042mg·L$^{-1}$<br>透视度>30cm | 80.1 |
| 电子业 A | pH=3.78<br>$E$=61300μS·cm$^{-1}$<br>水样混浊 | $V$=100～200V<br>$I$=5.8～10.5A | pH=9.07～9.35<br>透视度>30cm | |
| 电子业 B | pH=0.69<br>$E$=30400μS·cm$^{-1}$<br>COD=1008mg·L$^{-1}$<br>透视度<1cm，含重金属 | $V$=200V<br>$I$=4～5A | pH=6.02～6.8<br>COD=370mg·L$^{-1}$<br>透视度>30cm | 63.5 |

续表

| 废水种类 | 原水水质 | 操作条件 | 处理后水质 | COD 去除率/% |
| --- | --- | --- | --- | --- |
| 电子业 C | pH=10.59<br>$E$=11480μS · cm$^{-1}$<br>COD=12036mg · L$^{-1}$<br>透视度=9.8cm | $V$=200V<br>$I$=3.2A | pH=6.51<br>COD=2815mg · L$^{-1}$ | 76.2 |
| 电镀废水 | pH=10.3<br>$E$=7320μS · cm$^{-1}$<br>COD=5568mg · L$^{-1}$<br>SS=16000 mg · L$^{-1}$<br>油脂=50 mg · L$^{-1}$ | $V$=100～200V<br>$I$=0.9～2.6A | pH=12.16<br>COD=1278mg · L$^{-1}$<br>SS=200mg · L$^{-1}$<br>油脂=10 mg · L$^{-1}$<br>透视度>15cm | 77.1 |
| 酸洗废水 | pH<1<br>$E$=27100 μS · cm$^{-1}$<br>COD=662mg · L$^{-1}$<br>含重金属 | $V$=150V<br>$I$=1.5A | pH=10.85<br>COD=230mg · L$^{-1}$ | 65.3 |

## 4.5　展　　望

电絮凝技术具有许多传统水处理工艺所没有的优势而得以在水处理领域中广泛应用，能同时去除或降低水中的有机物、细菌、浊度、有毒重金属等物质。与化学混凝相比，其特有的优点是：电絮凝产生的氢氧化铝比化学混凝法所产生的氢氧化物具有更高的活性，具有更大的吸附去除污染物的能力；所需的铝剂量较少；产生的泥渣量较少，絮体密实，不会发生回溶；省却了药品的储存、混合和计量设施等。同时，电絮凝反应过程中还可产生微小的气泡，有利于污染物的上浮而发生电气浮反应。

电凝聚-电气浮技术将电絮凝、电气浮以及电氧化有机结合在一个反应器内，可减小占地面积，提高污染物的去除效率。具有设备装置简单、产泥量小、不产生二次污染、抗冲击负荷、易实现自动控制以及操作和维护较简单等优点。

电凝聚-电气浮用于废水处理与给水净化的潜能尚未完全显现，因为它还存在若干缺点：需要定期更换阳极；耗电量较大；极板易钝化；溶液要保持一定的电导率等。针对上述问题，今后的研究还需在以下几个方面进行：①需要对电絮凝过程中各种物理、化学过程的机理进行更深入的研究，以便为工程应用提供依据；②从电极材料、极化方式以及各种影响因素着手，寻找新的电极材料，深入研究其极化特征，并确定其最优化条件；③研究电化学过程、混凝过程、气浮过程以及电氧化过程之间的相互作用，将几种过程优化集成；④将电凝聚与后续处理工艺有机结合集成，实现与相关方法协同利用之目的。随着电凝聚技术的进一步完善，它在水处理领域中的应用必将越来越广泛。

## 参考文献


[1] Ge J T, Qu J H, Lei P J, Liu H J. New bipolar electrocoagulation-electroflotation process for the treatment of laundry wastewater. Sep. Purif. Technol., 2004, 36: 33～39

[2] Bottero J, Axelos M, Tchober D. Mechanism of formation of aluminum trihydroxide from Keggin $Al_{13}$ polymers. J. Colloid Interf. Sci., 1987, 117(1): 47

[3] [苏] 库里斯基著; 丘梅译. 电凝聚净水. 上海: 上海交通大学出版社, 1989

[4] Kovatchva V K, Parlapanski M D. Sono-electrocoagulation of iron hydroxides. Colloids Surf., 1999, 149: 603～608

[5] Duan J, Gregory J. Coagulation by hydrolysing metal salts. Advances in Colloid and Interface Science, 2003, 100-102: 475～502

[6] Hu C, Lo S, Kuan W. Effects of co-existing anions on fluoride removal in electrocoagulation (EC) process using aluminum electrodes. Water Res., 2003, 37 (18): 4513～4523

[7] Mills D. A new process for electrocoagulation. J. Am. Water Works Assoc., 2000, 92: 35～43

[8] Koparal A S, Ogutvere U B. Removal of nitrate from water by electroreduction and electrocoagulation. J. Hazard. Mater., 2002, B89: 83～94

[9] Kumar P R, Chaudhari S, Khilar K C, Mahajan S P. Removal of arsenic from water by electrocoagulation. Chemosphere. 2004, 55 (9): 1245～1252

[10] Mollah M, Pathak S, Patil P, Vayuvegula M. Treatment of orange II azo-dye by electrocoagulation (EC) technique in a continuous flow cell using sacrificial iron electrodes. J. Hazard. Mater. 2004, B109: 165～171

[11] Daneshvar N, Sorkhabi H A, Kasiri M. Decolorization of dye solution containing Acid Red 14 by electrocoagulation with a comparative investigation of different electrode connections. J. Hazard. Mater., 2004, B112 (1-2): 55～62

[12] Do J S, Chen M L. Decolourization of dye-containing solutions by electrocoagulation. J. Appl. Electrochem., 1994, 24: 785～790

[13] Bayramoglu M, Kobya M, Can O, Sozbir M. Operating cost analysis of electrocoagulation of textile dye wastewater. Sep. Purif. Technol., 2004, 37: 117～125

[14] Adhoum N, Monser L, Bellakhal N, Belgaied J. Treatment of electroplating wastewater containing $Cu^{2+}$, $Zn^{2+}$ and Cr(VI) by electrocoagulation. J. Hazard. Mater., 2004, B112 (3): 207～213

[15] Lai C, Lin S. Electrocoagulation of chemical mechanical polishing (CMP) wastewater from semiconductor fabrication. Chemical Engineering Journal, 2003, 95: 205～211

[16] Chen G, Chen X, Yue P L. Electrocoagulation and electroflotation of restaurant wastewater. J. Environ. Eng., 2000, 126 (9): 858～863

[17] Chen X, Chen G H, Yue P L. Separation of pollutants from restaurant wastewater by elec-

trocoagulation. Sep. Purif. Technol., 2000, 19: 65～76

[18] Adhoum N, Monse L. Decolourization and removal of phenolic compounds from olive mill wastewater by electrocoagulation. Chemical Engineering and Processing, 2004, 43: 1281～1287

[19] Glembotskii V A, Mamakov A A, Ramanov A M, Nenno V E. In: Proceedings of the 11th International Mineral Processing Congress. Caglairi, 1975, 562～581

[20] Chen X, Chen G, Yue P L. Novel Electrode System for Electroflotation of Wastewater. Environ. Sci. Technol., 2002, 36: 778～783

[21] Chen G, Chen X, Yue P L. Electrochemical behavior of stable Ti/$IrO_x$-$Sb_2O_5$-$SnO_2$ anodes for oxygen evolution. J. Phys. Chem. B, 2002, 106 (17): 4364～4369

[22] Wong H M, Shang C, Cheung Y K, Chen G. Chloride Assisted Electrochemical Disinfection. In: Proceedings of the Eighth Mainland-Taiwan Environmental Protection Conference, Tsin Chu, Taiwan, 2002

# 第5章　水处理电化学/生物原理和方法

## 5.1　电化学/生物水处理方法概述

### 5.1.1　方法的由来

电化学法处理难降解有机污染物在近年来得到长足的发展，具有反应条件温和、易于控制、无需添加药剂、设备占地面积小等优点。但是电化学水处理方法的高能耗一直是人们所关注和亟需解决的问题。

生物法是目前污水处理中的核心工艺，被广泛应用，同时也成功地应用于多种工业废水的处理中，具有成本低和易于操作等优点。生物法对易生物降解有机废水可达到较好的处理效果，但对难降解及具生物毒性的有机废水的处理效果却不理想。

电化学/生物法在20世纪80年代被提出，其主要思路是用电化学方法选择性地使难降解的有毒有害有机物降解到某一特定阶段，提高其可生化性，再与生物法相结合，从而可以彻底地去除污染物。电化学/生物法结合了电化学法的高效性和生物法反应彻底、成本低、易于操作的优点。电化学/生物法在研究初期主要针对难降解有毒有害有机废水的处理[1]。20世纪90年代，利用电化学方法在电解过程中产生的生物可利用营养源[2]，开发出了电化学/生物一体化的方法，在同一个反应器内实现电化学和生物法的耦合，可同时去除有机和无机污染物质[3]。目前该技术已在染料废水处理、脱氮、土壤修复和微生物发酵中得到了应用[4~7]。此外，电化学方法也可用于生物法的后处理，去除水中残留的污染物、微生物分泌物等，起到进一步净化水质的作用[8]。

### 5.1.2　电化学/生物水处理方法的主要原理

#### 5.1.2.1　去除水中有机物的主要原理

电化学作为预处理方法，在电极上发生氧化还原反应使大分子有机物降解成小分子有机物，其机理已在第2章和第3章详细描述。污染物经电化学反应发生形态转化后其可生物化性提高，再经生物处理可使污染物最终转化成$CO_2$、$H_2O$、$N_2$等物质，实现对污染物的彻底去除。如处理的污染物含有氮、磷等元素，经电化学预处理后，产生的氮、磷等物质还可以作为后续生物处理的营养源，从而使生物系统良好运行，提高对水中有机物的去除效率。

对于一些含多种有机物的复杂废水，当经过生物处理后，残留下来的是难生物降解的物质，而利用电化学反应的高氧化还原性，结合高效的催化电极，可以进一步将残留的难生物降解物质完全降解，提高处理后水质。

结合电化学法和生物法的优点，可以将两个过程耦合在一个反应器内。电化学反应不仅能使有机物降解提高其可生化性，而且其产生的某些副产物如氢气等也可被生物利用从而强化有机物的去除速率。在一体化的反应器内，要选择合适的电极，施加较低的电流密度，这样既可以利用电解过程中生成的次氯酸根、$\cdot OH$等氧化有机物，又可避免对微生物代谢活性的抑制，从而实现对水中污染物的高效协同去除。

#### 5.1.2.2　去除无机物的主要原理

电化学/生物法在无机污染物的处理方面应用较多的是去除饮用水中的硝酸盐，单独采用电化学法或生物法都能对饮用水中硝酸盐反硝化去除，并各有优缺点。

生物反硝化法指在缺氧的环境中，兼性厌氧菌以水中的 $NO_3^-$ 或 $NO_2^-$ 代替氧作为电子受体，将 $NO_3^-$ 或 $NO_2^-$ 通过异化过程还原为气态的氮氧化物 NO 和 $N_2O$，然后继续还原为 $N_2$ 的过程。

生物反硝化又分异养反硝化和自养反硝化。异养反硝化是利用外加有机物作为营养源，常用的有机物包括甲醇、乙醇和乙酸，可选择性地将硝酸盐转化为无害的氮气，无废液。但投加有机物易造成二次污染。自养反硝化菌可利用无机碳作为碳源，如 $CO_3^{2-}$、$HCO_3^-$、$CO_2$ 等，但它需额外的电子供体提供能量。电子供体可以是 $H_2$ 或硫及硫的化合物。但由外源提供氢易于爆炸，而且氢气成本较高。用硫作为自养源可选择性去除硝酸盐，而且成本较低，但处理后水中硫酸盐含量和酸度增加，使水产生二次污染。

电化学还原硝酸根是指利用特制的电极，在一定条件下，将硝酸根离子还原为氮气的过程。电化学还原硝酸根利用清洁、可灵活控制的电子(电能)作为还原剂，无需添加任何化学物质。在电化学还原硝酸根的过程中，虽然存在反应速率高、容易控制的优点，但是在硝酸根还原的同时还会发生水的电解反应，产生氢气，这样就会使电流效率降低，处理单位硝酸根污染水的能耗加大。电化学脱硝的另一个缺点是易造成 $NO_2^-$、$NH_4^+$ 等其他中间产物的积累。如果将电化学和生物还原硝酸根组合起来，利用电化学产生的氢气作为生物自养反硝化去除硝酸盐所必需的电子供体，则可实现电化学/生物自养反硝化脱硝。这种反硝化过程能有效去除 $NO_2^-$、$NH_4^+$ 等电化学脱硝的中间产物，不发生二次污染。

1. 电化学-生物酶脱硝原理

Mellor 等提出电化学-生物酶脱硝的方法，其基本原理如下：

$$NO_3^- + H_2 \xrightarrow{NADH\text{-}NO_3^- \text{还原酶}} NO_2^- + H_2O \qquad (5-1)$$

$$NO_2^- + \frac{3}{2}H_2 \xrightarrow{NO_2^-/N_2O \text{还原酶}} \frac{1}{2}N_2 + H_2O + OH^- \qquad (5-2)$$

式(5-1)中的酶是从 Zeamays 中提纯的 NADH-$NO_3^-$ 还原酶，式(5-2)中的酶是从 Rhodopseudomonas 中提取的粗制 $NO_2^-$ 还原酶及 $N_2O$ 还原酶。将两组酶分别与可携带电子的染料混合在一起固定在聚合物母体中，然后将它们以一薄层附着在阴极材料上。反应器也分为两段，在第一段反应器中硝酸盐氮还原为亚硝酸盐氮，在第二段反应器中亚硝酸盐氮还原为氮气。实验中发现，氢可能是以原子的形式被利用的。该脱硝方法的速度很快，水力停留时间以秒计，脱硝率接近100%，估算每立方米聚合物母体每天至少可脱除 560 kg$NO_3^-$。连续运行 3 个月后反应器中酶的活性下降了 50%。图 5-1 是固定酶-电化学反应硝化示意图。

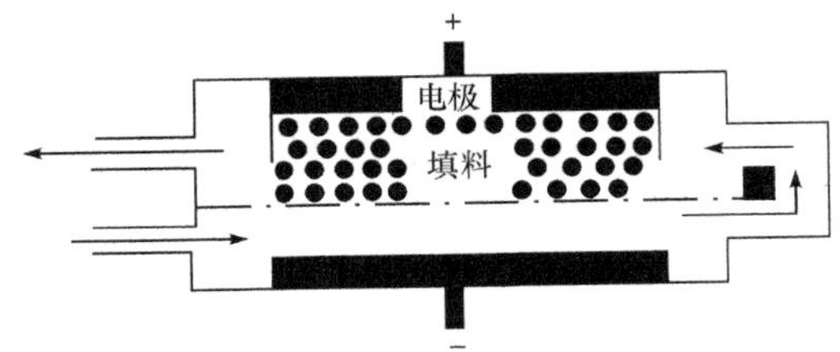


图 5-1　固定酶-电化学反硝化示意图

2. 电化学-生物膜反应器脱硝原理

Sakakibara 等提出采用电极-生物膜反应器脱除饮用水中的硝酸盐[9]。这一工艺的基本原理是通过电化学方法在阴极上产生氢气，供阴极上生长的生物膜或固定的反硝化菌作电子供体，在自养条件下进行生物反硝化[10]。

最初报道的反应器是阴极和阳极分室布置[9]，后来发展为以碳材料为阳极，阴阳两极置于同一容器中[10]。

通电后反应器的阴极产生氢：

$$2H_2O + 2e \rightleftharpoons H_2 + 2OH^- \qquad (\varphi^0 = -0.828\ V) \qquad (5-3)$$

在阳极上可能的电极反应有

$$C + 2H_2O \rightleftharpoons CO_2 + 4H^+ + 4e \qquad (\varphi^0 = 0.207\ V) \qquad (5-4)$$

$$H_2O \rightleftharpoons 1/2O_2 + 2H^+ + 2e \qquad (\varphi^0 = 1.229\ V) \qquad (5-5)$$

由于式(5-5)的标准电极电位比式(5-4)高很多，所以析氧副反应不可能发生，故阴阳两极可同室布置，产生的氢气可供反硝化菌作电子供体自养反硝化去除硝酸盐。

3. 复三维电极生物膜法原理

复三维电极生物膜法是在电极-生物膜方法的基础上发展而来,并且结合了三维电极的特性。该方法的原理是:在电极-生物膜反应器阴阳电极间填加碳介质的方式,每一粒介质相当于一个微小的电极-生物膜单元,使电极供氢反硝化不仅在主阴极(不锈钢板)发生,而且在介质的表面发生,提高了反应器的处理能力,对电流的利用率可达200%;产 $CO_2$ 的反应不仅在阳极(石墨)上发生,而且在碳介质的表面发生,可保证缺氧环境,并且使反应器的pH缓冲能力进一步提高[11],有利于反硝化能力的提高,生物载体的表面积增加,使反应器内能保留更多的生物量,而且电化学、介质和生物作用很好地协同起来。研究表明,对复三维电极-生物膜脱硝反应器,填充材料采用碳质颗粒如活性炭、无烟煤等可发挥介质的电化学-生物介电效应,其中无烟煤是效果最好的填充介质之一。电压、电流是影响复三维电极-生物膜脱硝反应器的关键电化学因素,而电极是核心要素[12]。复三维电极反应器中电极反应如式(5-6)～式(5-9)所示;电化学/生物反应介电原理如图5-2和图5-3所示。

阴极: $$2H_2O + 2e \longrightarrow H_2 + 2OH^- \quad (\varphi^0 = -0.828V) \tag{5-6}$$

阳极: $$C + 2H_2O \longrightarrow CO_2 + 4H^+ + 4e \quad (\varphi^0 = 0.207\ V) \tag{5-7}$$

$$H_2O \longrightarrow \frac{1}{2}O_2 + 2H^+ + 2e \quad (\varphi^0 = 1.229V) \tag{5-8}$$

总反应: $$2NO_3^- + 5H_2 + 5H^+ \longrightarrow N_2 + 6H_2O \tag{5-9}$$

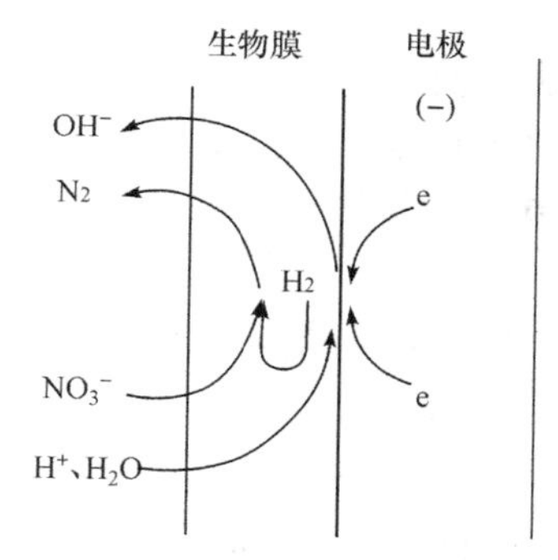


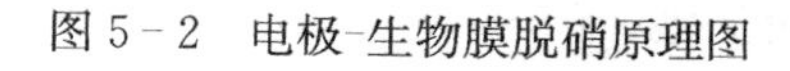
图5-2 电极-生物膜脱硝原理图

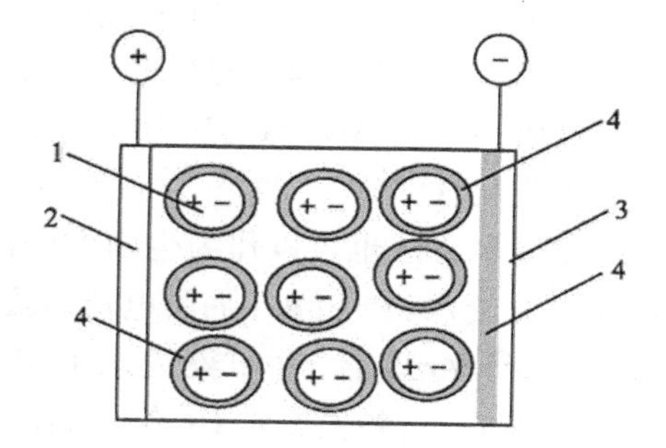


图5-3 生物电化学介电效应反应原理

1—碳介质颗粒;2—主阳极;3—主阴极;4—生物膜

### 5.1.3 电化学/生物水处理方法的几种组合形式

电化学/生物组合方法主要应用于有毒和难生物降解废水中有机污染物的协同降解,根据两种过程的组合原理,电化学方法可以作为生物预处理、生物后处理方法，以及电化学生物一体化反应器的组合单元技术。应用的对象包括：染料废水、印染废水、垃圾渗滤液、制药废水、造纸废水、电镀废水、制革废水等。以下分别进行介绍。

### 1. 电化学作为生物预处理方法

电化学作为预处理方法，可提高难降解有毒有机废水的可生化性，该方法在电化学/生物法处理有机污染物方面研究较多。曾有研究采用“混凝-电化学还原-厌氧-生物接触氧化-生物碳”组合工艺对含硝基苯类化合物废水进行处理，实验证明电化学反应可将硝基苯类化合物还原为生物降解性能好的苯胺类化合物，再经好氧菌降解，实现苯胺类化合物的高效去除[13]。1997 年 Vlyssides 等[14]采用电化学方法对制革废水进行预处理，COD 去除率达 52%，苯类化合物的去除率达 95.6%，$NH_3$-N 的去除率达 64.5%，硫化物的去除率达 100%，废水的可生化性大大增强。Li 等[15]用 $PbO_2$/Ti 作阳极，铁板作阴极，研究了木质素、丹宁酸、氯四环素和乙二胺四乙酸(EDTA)混合废水的电化学预处理，结果表明电化学方法可以有效地破坏这些大分子，使其毒性降低，处理后废水可生化降解性大大提高。

电化学作为生物法的预处理，应用较多的是电化学催化氧化法，该方法是近年来逐渐发展起来的一种颇具发展前景并已在生物难降解废水处理中得到应用的方法[16]。如对水中低浓度硝基苯进行电催化还原，采用锡-铜系、镍-磷系电极、稀土金属原料制作电极，均能将水中硝基苯高选择性地还原为苯胺，硝基苯转化率大于85%，苯胺产率大于 75%。生物降解实验表明，电解产物可以被某 AN3 菌有效降解[17]。

铁炭内电解法也可以作为预处理方法，该方法可使难生物降解有机物的可生化性大大提高，含对氟硝基苯的废水未经处理直接测出其 BOD/COD 的比值为 0，而铁炭内电解出水的 BOD/COD 为 0.27，表明铁炭内电解法可以提高含对氟硝基苯废水的可生化性[18]。

电化学凝聚方法也可以作为生物方法的预处理，采用电化学凝聚法处理某印染废水和餐饮废水，在 $28A \cdot m^{-2}$ 电流密度进行 20min 或 $18A \cdot m^{-2}$ 电流密度进行 28min 电凝聚处理后，对印染废水 $COD_{Cr}$，TP 和色度的去除率分别为 71%，78%和 67%左右，对餐饮废水 $COD_{Cr}$，$NH_3$-N 和 TP 的去除率分别为 62%，50%和79%左右。电化学凝聚法的出水再进入生物炭滤池，印染废水在生物炭滤池废水停留时间为 3h 时，最终处理出水 $COD_{Cr} < 100mg \cdot L^{-1}$，$TP < 0.5mg \cdot L^{-1}$，色度 <40 倍，$BOD_5 < 20mg \cdot L^{-1}$。若仅采用生物炭滤池法，需 12h 以上才能达到 $COD_{Cr} < 100mg \cdot L^{-1}$ 的效果。而餐饮废水先经电化学凝聚预处理后，在生物炭滤池停留 3.5h，出水 $COD_{Cr} < 90mg \cdot L^{-1}$；若仅用生物炭滤池法，需 6h 以上才能达到。采用电解凝聚预处理，大大改善了出水的水质[19]。

电化学预处理不仅可以改善废水的可生化性,提高生物处理效率,而且在电化学过程中产生的某些产物还可以作为后续生物处理的营养源。Skadberg 等以 2,6-二氯苯酚为目标有机物,在电解池中考察了 pH、电流以及重金属对生物降解含氯有机物的影响。结果表明,阴极产生的 $H_2$ 能促进 2,6-二氯苯酚的脱氯;重金属的去除与氯代有机物的生物降解可在生物-电化学反应体系中同时进行。Skadberg 等认为,电化学-生物反应体系作为一种很有潜力的替代方法,可应用于同时含有机污染物与无机污染物的废水处理,产生的 $H_2$ 能够促进此类特种有机物的降解,并使重金属抑制生物降解的作用减弱[20]。

2. 电化学作为生物后处理方法

电化学也可以作为生物方法的后处理,以去除经生物处理后水中的残留物。如经过 SBR 生物处理后的垃圾渗滤液中有机物浓度仍较高,而这些残存的有机物大多为难生物降解有机物,采用电化学法可有效处理。研究结果表明在电压为 3.5V,电流密度为 $7.0mA \cdot cm^{-2}$、氧化时间为 2.5h、氯离子浓度为 $2000mg \cdot L^{-1}$ 的条件下,垃圾渗滤液的 $COD_{Cr}$ 由 $464mg \cdot L^{-1}$ 降低到 $200mg \cdot L^{-1}$,$NH_3$-N 的去除率大于 95%[21]。曾有研究报道采用电化学氧化方法对经生物处理后的皮革废水进行后处理取得了较好的效果。研究中以 $Ti/TiRuO_2$ 作阳极,能够使废水中残留的难生物降解物质完全矿化,可以作为皮革废水的最终处理办法,能够完全去除 COD, $NH_4^+$-N、丹宁酸和实现脱色[22]。2006 年 Buzzini 等报道了用升流式厌氧污泥床(UASB)处理 Kraft 原色纸浆厂模拟废水,电化学絮凝可以作为 UASB 生物反应的后处理方法,采用不锈钢电极时能去除 82%的剩余 COD、98%的剩余色度,表明采用电化学后处理在技术上是可行的[23]。

电化学方法作为后处理手段,还可以对生物处理出水起到消毒作用[24],对二级处理、生物活性炭过滤后的生活污水进行电化学消毒试验表明,当水力停留时间为 20s,耗电量为 $0.3kW \cdot h \cdot m^{-3}$ 时,出水放置 1h 后就可达到生活杂用水的卫生学指标,总大肠菌群数 $<3$ 个 $\cdot L^{-1}$。

3. 电化学/生物一体化组合方法

电化学/生物一体化组合反应器在有机污水处理中也应用较多。采用电解氧化-生物耦合反应工艺处理浓度为 $74mg \cdot L^{-1}$ 的酸性红 A 有机废水(水力停留时间 7 h),考察电流、阳极材质、甲醇浓度和氯离子浓度等对反应过程的影响。结果发现,甲醇可以作为微生物代谢酸性红 A 的共代谢基质,当外加电流为 300mA 时,水中酸性红 A 和 $COD_{Cr}$ 的去除率分别可达到 79%和 84%,高于没有电流作用时的 59%和 76%。在电-生物耦合反应过程中,甲醇浓度越大,由微生物代谢去除的酸性红 A 和 $COD_{Cr}$ 所占比例越大，而且生物膜的耐电性也越强。当电流和氯离子浓度增大后，电化学氧化氯离子生成的次氯酸根浓度也相应升高，会造成微生物代谢的活性受到抑制。以铁为阳极可以提高酸性红 A 的去除速率，但会产生大量絮凝沉淀物。电化学-生物一体化组合反应器往往要求必须在常温、低电流密度条件下进行[17]，以保持微生物的活性。

### 5.1.4 电化学-生物法在有机废水处理中的应用研究进展

#### 1. 染料废水处理

染料废水成分复杂，生产的有机原料大部分为苯、萘、蒽等芳香类有机物，此类有机物大多难生物降解，并且 COD 值较高。在生产中往往产生副产物(如一些有机物的同分异构体)，进一步加剧了染料废水的复杂性。染料废水中往往含有硝基的芳香系有机物质，对微生物的毒性较大，进一步降低了废水的可生化性。废水的含盐量大、废水色度高。由于染料废水水质复杂，采用单一的水处理方法难于达到排放标准。而电化学/生物法是处理染料废水的有效手段之一。

将电化学作为生物预处理方法，处理含硝基、胺基和酚等染料和染料中间体的废水。经电化学预处理后水中硝基苯、苯胺、苯酚、$COD_{Cr}$、TOC 和氨氮的平均去除率为 79.7 %、37.2 %、37.2 %、38.5 %、31.4 %和 21.1 %。电化学处理后出水再经生物接触氧化法处理后，$COD_{Cr}$ 的平均去除率增大到 72.5 %，$BOD_5$ 的去除率为 76 %；生化处理后出水硝基苯含量小于 $25mg \cdot L^{-1}$，苯胺含量基本小于 $15mg \cdot L^{-1}$，苯酚含量小于 $7mg \cdot L^{-1}$[25]。

曾有研究报道，偶氮型分散染料生产废水经二次电化学处理后，$BOD_5/COD_{Cr}$ 从 0.2 提高到 0.5，可生化性有了较大幅度的提高，为后续生物处理提供了基础，可作为高浓度分散染料的有效预处理手段[26]。

内电解法也可以对染料废水的处理起到预处理作用。高旭光等采用“预处理-电化学还原-混凝沉淀-厌氧-接触氧化”工艺，对某生产活性艳红 KE-3B、活性艳红 KE-7B、活性艳蓝 KE-R、活性墨绿 KE-4BD 等染料的工厂废水进行处理，该废水色度高达 30～40 万、COD 为 $5000 \sim 8000mg \cdot L^{-1}$、废水中含有苯胺类 $10 \sim 60 mg \cdot L^{-1}$、硝基苯 $300 \sim 400mg \cdot L^{-1}$。采用上述工艺，处理能力为 $80m^3 \cdot d^{-1}$ 时，经运行检测各项指标均达到国家二级排放标准。电化学还原塔内装有一定比例的铁屑和活性炭，对该废水的生物降解起到很好的预处理作用[27]。

#### 2. 印染废水处理

印染废水具有组分复杂、难降解、生物毒性大、pH 变化大等特点。传统好氧生物工艺很难对其进行有效处理，还会引起污泥膨胀等问题[28]。2002 年 Kim 等采用“流化床生物膜反应器-化学絮凝-电化学氧化”工艺处理纺织印染废水，分离出两株能够有效降解纺织废水中有机污染物的微生物，并将其应用于有填料的生物膜系统。最佳化学絮凝条件是 pH 6，$FeCl_3 \cdot 6H_2O$ 投加量 $3.25\times10^{-3}$ mol · $L^{-1}$；最佳电化学条件是电解质溶液为 25 mmol · $L^{-1}$ NaCl，电流密度为 2.1 mA · $cm^{-2}$，流量 0.7L · $min^{-1}$。即使在较低的 MLSS 浓度和较短的 SRT 条件下，流化床生物膜反应器对 COD 的去除率为 68.8%，对色度的去除率为 54.5%。而整个集成工艺对 COD 和色度的去除率分别达到 95.4% 和 98.5%。流化床生物膜反应器中加入采用填料后，其对整个集成工艺的 COD 和色度去除贡献率分别增加了 25.7%和 20.5%，使后续处理的负荷大大减小。此联合工艺能够成功地应用于纺织废水的处理中[29]。

2005 年希腊的 Sakalis 等研究了电化学对印染废水的预处理，用电化学法降解含氮染料，同时对电流、pH 和温度进行在线监测。针对模拟废水和实际废水，用单独电解池进行了批式试验，用连续电解池(阶梯式系统)进行了连续试验。模拟废水选用了 4 种商业含氮染料，分别为活性橘黄 91、活性艳红 184、活性蓝 182 和活性黑 5，以 NaCl 和 $Na_2SO_4$ 为支持电解质。在最佳条件下，对实际废水染料去除率达到 94.4%，最终出水 pH 为中性，$BOD_5$ 和 COD 值分别降解了 35% 和 45%，$COD/BOD_5$ 从开始的 4.3 降低到 3.6，表明废水的生化性被提高。在不添加任何电解质和化学试剂条件下，处理水几乎能够完全脱色。结果表明，电化学法作为生物法的预处理是有效的[30]。

Lin 等采用混凝-电化学氧化-活性污泥法处理印染废水，比传统工艺可节省费用 24%[31]。

3. 垃圾渗滤液水处理

垃圾渗滤液是一种高有机物浓度、高氨氮含量、多组分、难处理的废水，其水质、水量随垃圾填埋龄和季节等因素的不同而发生很大变化。垃圾渗滤液中有机组分大多是难生物降解的有机化合物，如酚类、杂环类、杂环芳烃、多环芳烃类化合物，约占渗滤液中有机组分的 70%以上。采用电化学氧化和厌氧生物组合工艺对垃圾渗滤液中典型有机化合物的降解特性的研究表明，在电化学处理系统中，杂酚类、酰胺类、苯并噻唑、苯醌、喹啉、萘等有机化合物降解速率高于外-2-羟基桉树脑和异喹啉等化合物，但前者在厌氧生物处理系统中去除率低。渗滤液原水经过电化学氧化处理后，挥发性脂肪酸(VFA)含量从原水中的 0.68%增加到电化学出水中的 16.18%。此组合工艺能够显著降低因渗滤液复杂组分间的增效协同作用和拮抗作用而引起的毒性，系统出水可生化性增强[32]。

对垃圾渗滤液的处理，也可以采用生物-电化学的方式，王鹏等采用 UASB 与电化学氧化结合的方法，对含 COD 和 $NH_3$-N 的垃圾渗滤液进行处理，首先将渗滤液水进行 UASB 预处理，UASB 的出水再被引入电化学氧化反应器进行深度处理，最终出水的 COD 和 $NH_3$-N 的去除率分别达到了 87%和 100%[33]。

李庭刚等研究了电化学氧化法对垃圾渗滤液中部分难降解有机物的可生化性效果，结果表明，温度升高，COD 和 $NH_3$-N 的去除率均提高。极板间距 10mm 时处理效果较好，COD 和 $NH_3$-N 的去除率分别达到 86%和 100%，随着渗滤液中 $Cl^-$ 浓度的增加，COD 去除率明显提高。同时高浓度 $Cl^-$ 和较高的电流密度可明显提高垃圾渗滤液中难降解有机污染物的处理效果，在强酸和强碱条件下的电化学反应都不利于对 COD 和 $NH_3$-N 的去除。在添加 $Cl^-$ 浓度为 $4000mg \cdot L^{-1}$、极板间距为 10mm、电流密度为 $15A \cdot dm^{-2}$、pH 为 8、初始温度为 50℃的条件下，经 4h 的电化学氧化，COD、氨氮和色度的去除率分别达到 88%、100%和 98%，苯酚的去除率为 82%，电流效率可达 84%以上。电化学氧化法不仅可有效地去除 COD、$NH_3$-N 和色度，而且对有毒的难降解有机污染物(苯酚等)有很好的去除作用，可大大改善后续生物处理的效果[34]。

电化学方法可以对经过生物处理的垃圾渗滤液进行深度处理，电压、氧化时间、氯离子浓度及温度对有机物的降解影响较大。在电压为 35V，电流密度为 $7.0mA \cdot cm^{-2}$，氯化时间为 2.5h，氯离子的浓度为 $2000\ mg \cdot L^{-1}$ 的条件下，垃圾渗滤液的 $COD_{Cr}$ 由 $464\ mg \cdot L^{-1}$ 降低到 $200\ mg \cdot L^{-1}$，$NH_3$-N 的去除率大于 95%[21]。

4. 制药废水处理

生物制药废水中含有残留抗生素或其他有毒物质，采用生化处理时菌种难以培养和驯化，若企业具有多个产品，那么所排废水成分就非常复杂，而且水质水量变化也较大。常规生化处理方法很难适应，细菌的培养、驯化也很困难。电化学处理可以改善制药废水的可生化性，污染物中有机大分子在电极上发生氧化、还原反应，破坏分子稳定性，使环状分子开环、大分子断链，其中一部分与电极释放出的新生态亚铁离子形成络合物产生絮凝、沉淀或被电解过程中产生的大量微小氢、氧气泡吸附，分离上浮，达到废水净化脱色效果。该方法大幅度地改善了污水的可生化性，原水 $COD_{Cr}$ 为 $3194\ mg \cdot L^{-1}$，直接生化时 $COD_{Cr}$ 的去除率达 43%，原水经电化学预处理后 $COD_{Cr}$ 为 $1066\ mg \cdot L^{-1}$ 时，再采用生化处理可大大提高 $COD_{Cr}$ 的去除率[35]。

1997 年，Chiang 等用电化学氧化方法处理木质素、丹宁酸、氯四环素和 EDTA 4 种难降解有机物，以评价该方法作为工业废水前处理手段的适用性。考察了支持电解质、电流、电解质浓度对 COD 去除效率的影响。结果表明氯化物是最好的支持电解质，在电解过程中，电流密度和氯离子浓度的增加能使 COD 和色度的去除增加。凝胶色谱法分析表明，电化学氧化可以破坏高分子有机物，并且能够降低有机物的毒性。另外，发现总有机卤（TOX）浓度在反应开始时增加，随后在电解过程中逐渐降低。上述结果均表明，电化学氧化可破坏分解有机物结构、降低有机物毒性，是废水生物处理的有效前处理手段[36]。

5. 农药废水处理

农药废水的生物毒性也较大，在生物法处理前，需要采取适当的预处理措施来分解或去除废水中对生物有抑制作用或难生物降解的污染物[37,38]。刘福达等采用铁炭微电解法预处理某农药厂生产废水，该厂生产除草剂及其相关化工中间体产品，废水的 COD 值高、生物毒性大。处理结果表明，铁炭微电解法的预处理效果较好且操作简单，在 pH 为 8.3、铁炭比为 300∶200、停留时间为 132 h，采用较高的固水比并进行曝气的条件下，对 COD 的去除率可达 60.5%，为后续生物处理创造了有利条件，并实现了以废治废[39]。

6. 含苯酚废水处理

挥发酚是危害性极大的一类有机污染物，在印染、塑胶、医药、炼油和炼焦等工业废水中广泛存在。采用电化学氧化法可有效处理挥发酚类废水，阳极材料性能直接制约其电氧化效率。不锈钢、柔性石墨和 $SnO_2$/Ti 复合材料的析氧过电位顺序为 $SnO_2$/Ti 复合材料＞石墨＞不锈钢。采用不锈钢、柔性石墨为阳极材料，在 5～6V直流电压下，对合成苯酚废水进行了电化学氧化处理。结果表明，电化学处理苯酚废水均能达到较高的净化效果。尽管处理后的废水仍含有较高的 COD，但其中所含的挥发酚浓度都很低，并且废水的可生化性大大提高[40]。

7. 造纸废水处理

2002 年法国的 Van Ginkel 等为了提高造纸厂废水中螯合剂二乙烯三胺氯酚乙酸的可生化性，采用电化学方法进行预处理，结果证明能够有效地使 DTPA 碎片化，变为生物可降解物质，废水的 BOD/COD 提高。其他有机物的存在降低了 DTPA 的电化学降解速率，但不是成比例的下降，表明 DTPA 的降解是部分选择性的。将该方法应用于处理造纸厂废水的活性污泥，能够使 DTPA 中的氮去除超过 70%，采用电化学-生物集成工艺，DTPA 降解率超过 95%[41]。

Buzzini 等采用 UASB-电化学絮凝方法成功地处理了 Kraft 原色纸浆厂模拟废水，并且比较了电化学絮凝和化学絮凝作为后处理的效果。电化学采用铝电极时能去除 67%的剩余 COD、84%的剩余色度；采用不锈钢电极时能去除 82%的剩余 COD、98%的剩余色度。用 $FeCl_3$ 和 $Al_2(SO_4)_3$ 凝聚絮凝反应能够分别去除 87%、90%的 COD，色度去除率分别为 94% 和 98%；添加阴离子高分子絮凝剂能够提高 COD 和色度去除率。比较表明，采用电化学后处理在技术上是可行的，但该研究仅仅局限于实验室，电凝聚作为造纸厂废水 UASB 法的后处理，其经济性有待进一步研究评估[23]。

8. 其他难降解废水处理

炸药工业是重污染源之一，由于所排废水中含 TNT 等多种剧毒物质，污染物量虽不多，但若不采取适当措施可造成严重的局部环境污染。采用电化学法对该种废水进行预处理，结果表明这类难降解的芳香族硝基化合物由于硝基先在阴极被还原为胺基，而后者为极易氧化的基团，其电化学氧化指数远远大于硝基，故在阴极还原的产物苯胺类化合物在阳极能得到很好的降解，采用电化学法作为该类废水的预处理技术是可行有效的[42]。

Rajesh 用生物和电化学联合处理咖啡加工废水，原废水先在 ASP 反应器中驯化处理 15 天，停留时间为 6h，再采用电解氧化对其进行处理 30min 后，COD 去除率能达到 95%，取得了显著的去除效果[43]。

多层线路板废水中的铜离子和有机污染负荷较高，生物毒性强，主要污染物有废酸、$Cu^{2+}$、$COD_{Cr}$ 等，当进水 pH 3.50，$Cu^{2+}$ 80 $mg \cdot L^{-1}$，$BOD_5$ 200 $mg \cdot L^{-1}$，$COD_{Cr}$ 300 $mg \cdot L^{-1}$，SS<200 $mg \cdot L^{-1}$ 时，采用电化学-生物接触氧化法处理，工程运行结果表明，该工艺对 $Cu^{2+}$ 的去除率在 99%以上，$COD_{Cr}$ 的去除率在 87%以上。这种处理操作简单，运行稳定，出水稳定[44]。

2006 年意大利的 Marco 等将生物-电化学氧化的方法用于去除某被工业污染的土壤渗滤液，其中含有磺酸酯萘等的混合物，采用气升式生物膜悬浮反应器和阴阳极同室的电化学反应器联合工艺，电化学反应器采用硼掺杂金刚石(BDD)作阳极，不锈钢作阴极。电化学法主要用于氧化生物难降解物质。由于生物反应器内有高浓度的生物污泥和长的 SRT(污泥停留时间)，因而具有较高的处理能力。其处理能力可高达 6.8 kg $COD \cdot m^{-3} \cdot d^{-1}$，但由于渗滤液中芳香磺酸酯等难降解物质的存在，COD 去除率不超过 70%。所有的单萘和双磺酸酯萘(1,5-双磺酸酯萘除外)都能在气升式生物膜悬浮反应器内完全被降解，但更复杂的化合物如磺酸酯萘则无法去除，但它们却能被有 BDD 的电化学反应器完全矿化。采用直接电化学方法完全矿化该渗滤液所用的能量和时间分别为 80 $kW \cdot h \cdot m^{-3}$ 和 4h，而生物-电化学法分别为 61 $kW \cdot h \cdot m^{-3}$ 和 3h；大大降低了能耗，提高了运行的效率[45]。

2005 年 Kyriacou 等采用生物-电化学法处理绿色橄榄油废水，生物段采用选

定的菌株 *Aspergillus niger*,电化学段利用产生的 $H_2O_2$。进行了实验室小试和 4 $m^3 \cdot d^{-1}$ 的中试研究,在生物处理段,COD 去除率为 66%～86%,酚降解了 65%;电化学段的效率取决于 pH 及所消耗的 $H_2O_2$。在小试 500 mL 的电解池,2.5% $H_2O_2$ 的条件下,COD 和酚去除率均达到 96%;中试时在 1.6% $H_2O_2$ 条件下,COD 去除率达到 75%,经终端的 $Ca(OH)_2$ 絮凝反应后,最终出水中 COD 为 360 $mg \cdot L^{-1}$,整个集成处理系统的总 COD 去除率达到 98%[46]。

### 5.1.5　电化学-生物法去除水中无机污染物研究进展

电化学-生物法对水中无机污染物的去除,研究最多的是反硝化除氮。1988 年 Fuchs 等将生物处理方法与电化学方法结合起来,应用于反硝化除氮,这是采用电化学-生物法除氮的较早报道。他们将金属容器作为阴极,将不同形状的金属放置在阴极容器中作为阳极,电极之间施加一定的电压。废水中的 $NH_4^+$ 首先在亚硝化菌作用下转化为 $NO_2^-$,再经电解转化为 $N_2$。1990 年,Senda 将氧化还原酶修饰在电极上,应用于传感器和反应器中,其明显特征是能对酶反应进行电化学控制[47]。

1992 年,Mellor 等提出了电极-生物膜反应器除氮,他们将反硝化酶和电子传递体(染料)固定在阴极表面,通过电解水提供氢。染料能有效地捕获原子氢(阻止 $H_2$ 的生成)并将电子传递给反硝化酶,电子传递体和酶共固定能提高酶的活性约 30%。电极-生物膜反应器分两段,第一段的阴极上固定有硝酸盐还原酶和天青 A,将 $NO_3^-$ 还原为 $NO_2^-$;第二段的阴极上固定有亚硝酸盐还原酶、$N_2O$ 还原酶和藏红 T,将 $NO_2^-$ 还原为氮气。结果表明控制流速能使 $NO_3^-$ 完全转化为 $N_2$ 而无污泥产生,连续运行 3 个月仍具有最初活性的 50%。

在此研究基础上,1993 年日本的 Sakakibara 等将反硝化细菌固定在阴极(碳电极)上[9],阴极上的反硝化细菌利用电解水产生的氢气将硝酸盐转化为 $N_2$,反硝化效率和电流呈线性关系。结果显示 1mol 电子能将 0.2 mol $NO_3^-$ 还原为氮气,证明这项由电流控制的新工艺是可行的,尤其对于处理低浓度的硝酸盐污染水更加实用。该工艺的操作电压为 0～37V,电流为 0～40 mA,可稳定运行 3 个月,反应器由阴极反应器和阳极反应器两部分组成。

1994 年 Sakakibara 等采用阴阳极同室的方式,即将反应器阴极和阳极采用同心圆方式布置,阳极碳棒置于中央,不锈钢筒作为阴极[48],采用藻酸钠盐凝胶体将经过异养富集的反硝化细菌固定在反应器阴极,如图 5-4 所示。用直流电源供应电流,固定在阴极上的反硝化细菌利用阴极产生的 $H_2$ 来完成生物反硝化,解决了氢气溶解度低、存储和运输难的问题。反应器的阳极产生 $CO_2$,有缓冲 pH 的作用。试验结果表明,在电流作用下可实现完全反硝化,$CO_2$ 的产生有利于反硝化过程中缺氧条件的形成和碱度调节，维持中性条件。反应中所用最佳电压为 2.2 V，去除 10 mg N · $L^{-1}$ 的模拟地下水能量消耗为 0.22 kW · h · $m^{-3}$。

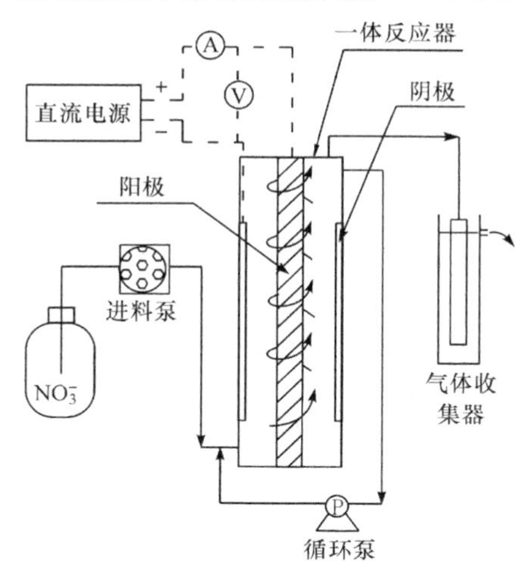


图 5-4　电极-生物膜反应器示意图

国内外对这类电极-生物膜反应器处理含硝酸盐水进行了大量理论和应用研究，在考虑物质迁移速率、生物反应速率、电化学反应速率、所采用的电解质等各种因素基础上，建立了稳定状态的生物膜模型，当电流为 0～20mA 时，该模型与实验结果吻合良好，并推测脱氮率主要受电流密度的影响[10]。这种反应器对水中硝酸盐能达到 100%的去除率。

据报道，图 5-4 所示的反应器能够成功地脱除硝酸盐，亦即至少在阴极表面的生物膜内可以保持生物反硝化所需的还原性环境。在电流强度不太高时，该工艺的电流效率可以达到 100%，即还原硝酸盐氮与所需的电量之比为 1∶5。当电流密度超过 0.029mA · $cm^{-2}$后，反应器的反硝化效果下降，据认为这是由于过量氢气对反硝化的抑制作用引起的[10]。阳极产生的 $CO_2$ 对反应器内的 pH 有足够的缓冲作用，故在不加任何 pH 缓冲剂时反应器内溶液也能保持中性左右的 pH[10,49]。该工艺适宜于低浓度硝酸盐的脱除，长期运行脱氮率在 80%以上[50]。与外源供氢的自养生物反硝化工艺相比，电极-生物膜脱硝工艺的氢气利用率高，主要控制参数是反应器的电流强度，故易于实现自动化控制。如按 $E_{mf}$ = 1.23V 计，处理 1$m^3$ 硝酸盐浓度为 10mg N · $L^{-1}$ 的水需要消耗 0.165kW · h 的电能。

1998 年 Feleke 等研究了地下水中常见的离子随电流的变化及对电极-生物膜反应器的影响[51]，结果表明 $Na^+$、$K^+$、$SO_4^{2-}$、$PO_4^{3-}$、和 $Cl^-$ 浓度几乎不随电流变化，对 $NO_3^-$ 去除没有影响。$NO_3^-$ 去除率为 0～100%，由电流的大小决定并和电流呈线性关系。硝酸盐完全反硝化到氮气很容易实现，并且没有 $NO_2^-$、$N_2O$ 和 $NH_4^+$ 的积累。$Ca^{2+}$ 和 $Mg^{2+}$ 的浓度在出水中有所下降，主要是因为它们部分沉积在阴极表面所致。但由 $CaCO_3$、$MgCO_3$ 和 $CaMg(CO_3)_2$ 溶解平衡方程的饱和系数计算表明，反应器电化学反应体系碱度中性化阻碍了它们的沉积作用，而且如果改变电极的极性，沉积的钙镁将会重新溶解。研究表明电极-生物膜反应器对 $NO_3^-$ 有很高的选择性，此工艺可用来处理多种被硝酸盐污染的饮用水。

考虑含硝酸盐地下水的电导率低，电流利用率低，通常需要较长的水力停留时间(10～96h)，为提高电极-生物膜的处理能力，Sakakibara 于 2001 年提出了多电极-生物膜反应器，阳极为镀铂圆棒，阴极为多孔金属钛板。用聚氨酯泡沫塑料将反硝化菌固定在阴极上，电流利用率高达 90%，水力停留时间显著降低至 2～6h，脱氮效率进一步提高[52]。进一步将该多电极-生物膜反应器与微滤膜工艺结合用于含硝酸盐地下水的处理，脱氮效率比一般电极生物膜反应器高出 3～60倍[53]。

在国内，作者所在的研究组较早地对电化学-生物反硝化去除硝酸盐的理论及应用进行了研究，研制了几种反硝化除氮的电化学-生物反应器。其中以无烟煤或颗粒活性炭为介质的复三维电极电化学-生物膜反应器具有较好的除氮效果。此反应器将复三维电极产氢过程与氢自养反硝化过程结合在同一反应槽中，其氢气利用率可达到 100 %，反应器的电流效率可达到 200 %以上，大大节约了能耗。在水力停留时间不小于 2.1～2.5h 时，反应器的脱硝率接近 100%。在水温为 34℃，槽压为 4.97 V、进水 $NO_3^-$-N 为 21.4 $mg \cdot L^{-1}$时，无烟煤介质反应器的反硝化负荷为 0.247 $mg(NO_3^-\text{-}N) \cdot (m^{-2} \cdot d^{-1})$，活性炭介质反应器的反硝化负荷为 0.213$mg(NO_3^-\text{-}N) \cdot (m^{-2} \cdot d^{-1})$[54]。在复三维电极电化学-生物膜反应器的研究基础上，本研究小组发明了电化学氢-硫自养集成反硝化工艺、硫碳混合复三维电极-生物膜自养反硝化工艺，并对其进行了深入的研究，本章将对其原理、反应器的开发、介电效应、最佳运行条件和脱硝效率等进行深入探讨。

2004 年，王五洲等采用类似复三维电极生物膜的电解-生物滤床进行微污染源水的反硝化脱氮预处理。研究表明，电解-生物滤床工艺相对于相同生物量的单纯生物滤床而言，具有更高的反硝化效率，能很好地控制中间产物亚硝酸盐氮的生成[55]。2004 年，谭佑铭等报道了采用挂膜培养以及 PVA 包埋的方法，将异养反硝化菌固定在 ACF 电极表面，制成 ACF 涂层电极。包埋了反硝化细菌的 PVA 凝胶能牢固地黏附在 ACF 表面，可制成 PVA 凝胶涂层电极。在生物电化学反应器中，涂层电极中的异养反硝化菌经过驯化培养后，能够利用氢作为电子供体进行反硝化作用，去除地下水中的 $NO_3^-$-N[56]。

### 5.1.6 电化学-生物法同时去除水中无机和有机污染物研究进展

电极-生物膜反应器也能用于有机物和无机物的同时去除。Kuroda 等于 1996～1997 年报道，用石墨作为阴阳极材料，以甲酸、乙酸作为外加碳源时，发现异养反硝化和电解产氢自养反硝化能在电化学-生物反应器内同时实现。当进水硝酸盐浓度为 35mg · $L^{-1}$，C/N 比小于 1，电流为 100mA 时，可同时去除有机物和硝酸盐[57,58]。2001 年范彬等采用异养-电极-生物膜联合反应器装置，以异养反硝化为主，电极-生物膜段能够脱除异养段出水中残留的甲醇或硝酸盐、亚硝酸盐。当进水碳氮比为 2.2～2.9 时，在一定 HRT 下，可保证 98%以上的反硝化率[59]。2002 年 Felekea 等用电极-生物膜反应器和活性炭吸附柱联用处理含硝酸盐和杀虫剂 IPT 的农药废水，结果表明，在 IPT 存在条件下，约 30%的 $NO_3^-$ 转化为 $N_2O$；若没有 IPT 干扰，95%$NO_3^-$ 转化为 $N_2O$。经吸附处理后，出水 IPT 可达标(40μg · $L^{-1}$)，而且避免了 $N_2O$ 的积累[60]。2002 年 Watanabe 等对含铜离子的高浓度硝酸盐酸洗废水进行处理，投加乙酸作为外加碳源，结果表明，阴极上能同时发生反硝化反应和铜离子的还原反应，反硝化过程可以提高废水的 pH。当进水 $Cu^{2+}$ 为 10mg · $L^{-1}$，$NO_3^-$ 为 200mg · $L^{-1}$ 时，pH 为 2，HRT 为 18h，C/N 比为 1 时，经驯化好的电极生物膜反应器处理，出水 $Cu^{2+}$ 小于 1mg · $L^{-1}$，$NO_3^-$ 小于 5mg · $L^{-1}$，几乎没有剩余的乙酸盐和 $NO_2^-$[61]。

加拿大的 Doan 等采用圆柱状好氧固定床生物反应器在上，电化学反应器在下的方式处理了含 $Zn^{2+}$，$Ni^{2+}$ 和丙二醇甲基醚的模拟废水，$BOD_5$ 的平均去除率达 65%；在缺乏支持电解质条件下，$Ni^{2+}$ 和 $Zn^{2+}$ 的去除率分别为 57%和 61%；添加电解质 KCl(100mg · $L^{-1}$)，金属的去除率能够提高 30%[62]。2006 年 Doan 等又采用好氧固定床生物反应-电化学反应耦合的柱状反应器处理上述模拟废水，采用网状不锈钢作阳极，网状铝泡膜电极作阴极，网状电极与平板电极相比，$Zn^{2+}$、$Ni^{2+}$ 的去除率分别增加了 17%和 60%[63]。

2005 年，张乐华等研究了电化学反应对城市污水生物滤池脱氮效果的影响，电极-生物滤池以活性炭生物滤池为主体，引入电化学系统，由于阳极和阴极的不同电化学反应，使反应器内造成微区域或局部区域氧化性(好氧)与还原性(厌氧)的交替，该反应器在作为普通生物反应器去除有机物的同时，还达到了作为电极-生物反应器所具有的高效反硝化效果，电极-生物滤池与对照反应器相比较，$COD_{Cr}$和氨氮去除率提高不明显，而总氮的去除率提高了 14.9%[64]。

## 5.2 电化学-生物法去除水中硝酸盐

在复三维电极-生物膜研究的基础上，发展出电化学氢-硫自养集成反硝化工艺、硫碳混合复三维电极-生物膜自养反硝化工艺,并对其进行了深入的研究。研究表明,对复三维电极-生物膜脱硝反应器、电化学氢-硫自养集成反硝化工艺、硫碳混合复三维电极-生物膜自养反硝化工艺,填充材料采用碳质颗粒和硫质颗粒,可发挥介质的电化学-生物效应。脱硝过程是在介质、电化学反应和微生物协同作用下完成的,即脱硝过程能充分发挥电化学生物介电效应,任何一种作用的优化都会提高反应器的脱硝效率和能力,本节将以上述三种反应器为基础,介绍电化学-生物法及利用介质的效应去除水中硝酸盐的原理与方法。

本节以下部分研究所有试验数据均为三个连续平行 HRT 下出水所测数值的平均值。在每个准稳态运行过程中测量进水和出水中的 $NO_3^-$-N、$NO_2^-$-N、pH、总有机碳(TOC)和总 COD(TCOD),生物量用生物膜的 COD、SS、VSS 表示[65,66]。

### 5.2.1 有效电流定义

反应器有效电流强度 $I_E$ 定义为脱除硝酸盐氮所用的电子数的等价电流;电流效率 $E_I$ 定义为有效电流 $I_E$ 与实际施加电流 $I$ 的比率。$I_E$ 和 $E_I$ 的计算公式分别为[42]

$$I_E = [(C_{in} - C_{eff}) \times 5 - C_{2eff} \times 3] \times V \times F / \mathrm{HRT} \tag{5-10}$$

$$E_I = I_E / I \times 100\% \tag{5-11}$$

式中,$C_{in}$为反应器进水 $NO_3^-$ 浓度(mol N · L$^{-1}$);$C_{eff}$为出水 $NO_3^-$ 浓度(mol N · L$^{-1}$);$C_{2eff}$为出水 $NO_2^-$ 浓度(mol N · L$^{-1}$);$F$ 为 Faraday 常量(C · mol$^{-1}$),$V$ 为反应器有效体积(L)。

### 5.2.2 复三维电极-生物膜方法

#### 5.2.2.1 电极-生物膜脱硝反应器

复三维电极-生物膜法去除硝酸盐的原理已在 5.1.2 节论述。研究证明,对复三维电极-生物膜脱硝反应器,填充材料采用碳质颗粒可发挥介质的电化学-生物效应,其中无烟煤是效果最好的填充介质之一[12]。介质材料确定后,填充于反应器内的介质粒径大小是影响复三维电极-生物膜反应器脱硝效率的主要介质因素。粒径不同的介质其比表面积不同,相应电流效率、生物量等也会有较大差异,进而影响电化学效应下的生物反硝化过程。电压、电流是影响复三维电极-生物膜脱硝反应器的关键电化学因素[12],而电极是核心。在电极材料和填充介质确定的条件下,反应器的电极间距不同时,相同电压下的电流和填充介质发挥的电生物效应也不同,影响到反应器内介质、电化学和生物的协同作用,因此影响复三维电极-生物膜脱硝反应器介电质效应的主要因素是介质粒径和电极间距。为研究该反应器的介电效应,王海燕等建立了如图 5-5 所示的实验装置。

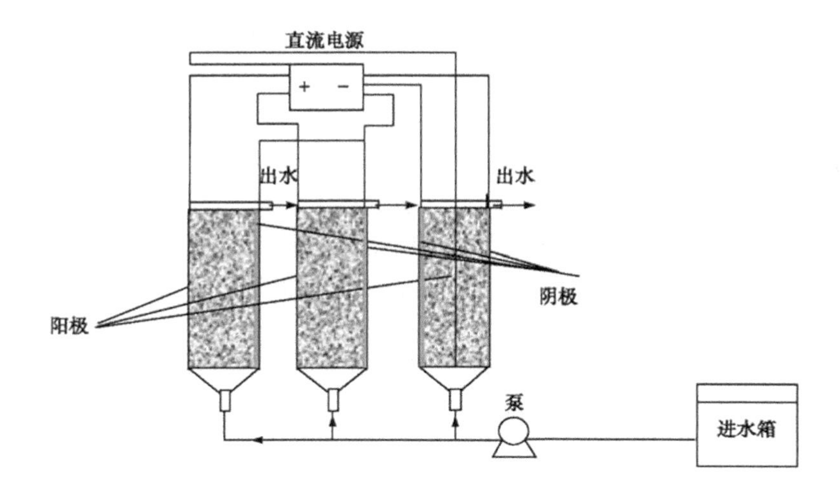


图 5-5　复三维电极-生物膜反应器装置图

该反应器为方柱状,长、宽、高分别为 6 cm、6 cm 和 35 cm。反应器均以石墨板为阳极,不锈钢板为阴极。阴、阳极均长 30 cm,宽 5 cm,厚度分别为 0.9 cm 和 0.1cm,以无烟煤颗粒作为反应器的填充介质。

介质粒径太小容易造成反应器堵塞,选择无烟煤平均粒径 1.9 mm 作为小粒径介质的代表,此反应器简称为 D 1.9 mm 反应器。介质粒径过大时,反应器的电流效率及介质比表面积小,所以选择平均粒径 4.0 mm 作为大粒径介质的代表,此反应器简称为 D 4.0 mm 反应器,将两反应器进行对比以确定介质粒径对反硝化效果的影响。

电极间距太小时容易造成反应器短路;电极间距太大时,需要施加的电压较高,易产生氢气抑制现象,对反硝化造成不利影响。本研究以 5 cm 作为大极间距模式,此反应器简称为 5 cm 极间距反应器(同时也是 D 4.0 mm 反应器)。以 2.5 cm 作为小极间距模式,此反应器简称为 2.5 cm 极间距反应器。以石墨板为阳极置于反应器中央,两块不锈钢阴极紧贴反应器的内侧放置,对反应器进行对比,以确定电极间距对反应器反硝化效果的影响。两反应器内填充的无烟煤介质粒径为 4mm。

如图 5-5 所示,取以上三个反应器从左至右依次为:1.9 mm 反应器、4.0 mm 反应器(5.0 cm 极间距反应器)和 2.5 cm 极间距反应器。用蠕动泵给三个反应器以升流式的方式进水。反应器置于恒温箱内,温度恒定在 30℃。直流电源为 GCA12/14 型硅整流器。

由图 5-6～图 5-8 可以看出,反应器的脱硝率、$I_E$、$E_I$ 及负荷随电流的增大而升高,与电流呈线性增加关系[4]。电流较小时,产生的电子供体 $H_2$ 较少,因此存在 $NO_2^-$-N 的积累。当电流增大到 11mA 时,D 1.9 mm 反应器的 $NO_3^-$-N 去除率达98%，此时有充足的电子供体 $H_2$，不存在 $NO_2^-$-N 的积累。继续增加电流，其脱硝率、$I_E$ 及处理负荷不再随电流的增大而升高[4]，$E_I$ 反而明显下降，可见 11 mA 为 D 1.9 mm 反应器的最佳电流。对于 D 4.0 mm 反应器，其最佳电流为 12 mA。

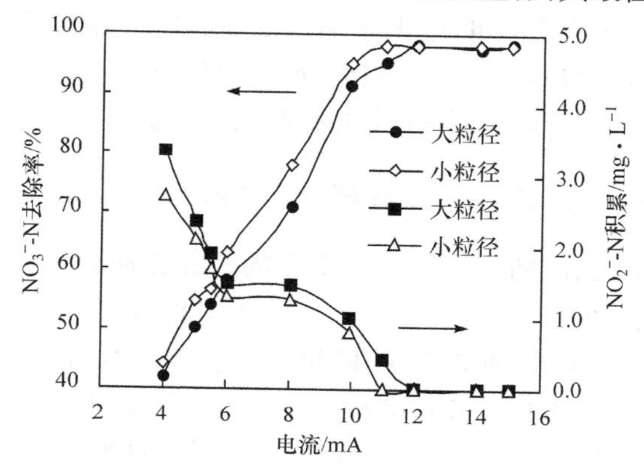


图 5-6　不同粒径反应器脱硝率随电流的变化

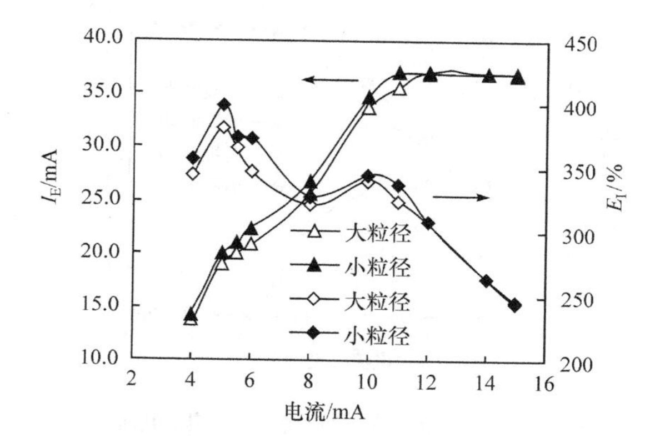


图 5-7　不同粒径反应器 $I_E$、$E_I$ 随电流的变化

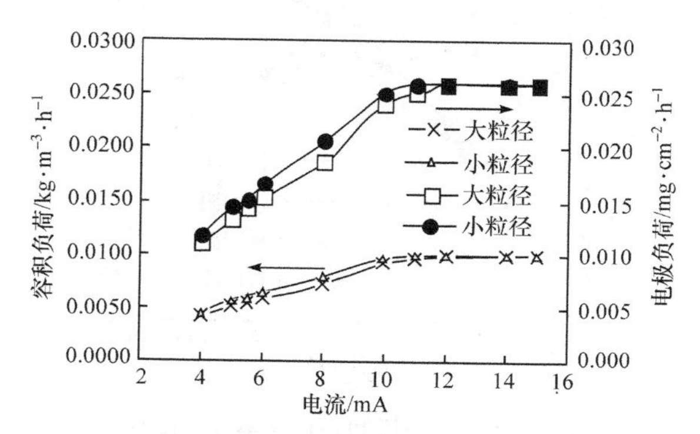


图 5-8　不同粒径反应器负荷随电流的变化

当电流低于反应器的最佳电流时,相同电流下,D 1.9 mm 反应器的脱硝率、$I_E$、$E_I$ 及负荷均优于 D 4.0 mm 反应器;D 1.9 mm 反应器的脱硝率比 D 4.0 mm 反应器高出约 10%左右,在其他 HRT 下,两反应器也有同样的变化规律,表明 D 1.9 mm 反应器的反硝化能力明显优于 D 4.0 mm 反应器。这是因为 D 1.9 mm 反应器的填充的介质粒径小,比表面积大,反应器的介电-生物效应发挥得好,能给生物附着提供更多的表面积,有利于反硝化能力的提高。

1. 两种典型电极间距下反应器脱硝效果对比

研究者选择 4.0 mm 的无烟煤为反应器的填充介质,考察特定介质存在下电极间距对反应器脱硝的影响。图 5-9～图 5-11 为 HRT=2.95h 时,5 cm 极间距反应器(D 4.0 mm 反应器)和 2.5 cm 极间距反应器在不同电流下的反硝化效果、$I_E$、$E_I$ 及处理负荷。由结果可以看出在一定的电流强度范围内,两反应器的脱硝率、$I_E$、$E_I$ 及负荷都随电流的增大而升高,与电流呈线性增加关系。

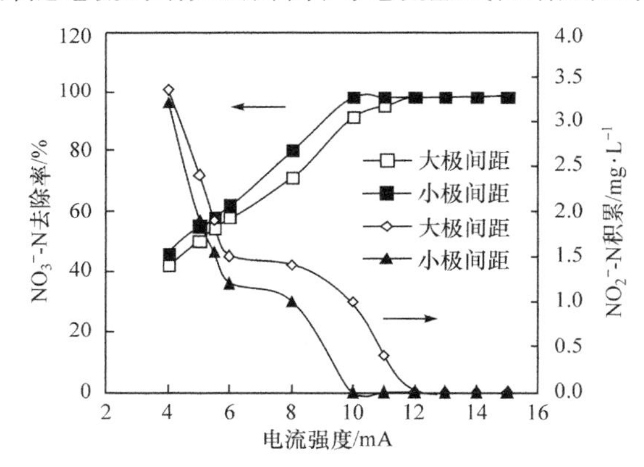


图 5-9 不同极间距反应器脱硝率随电流变化

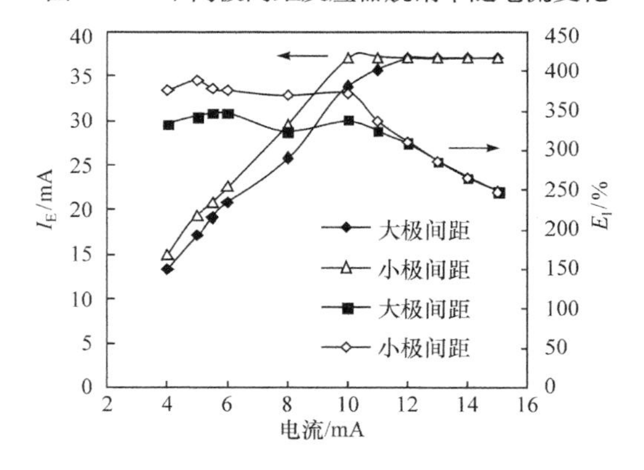


图 5-10 不同极间距反应器 $I_E$、$E_I$ 比较

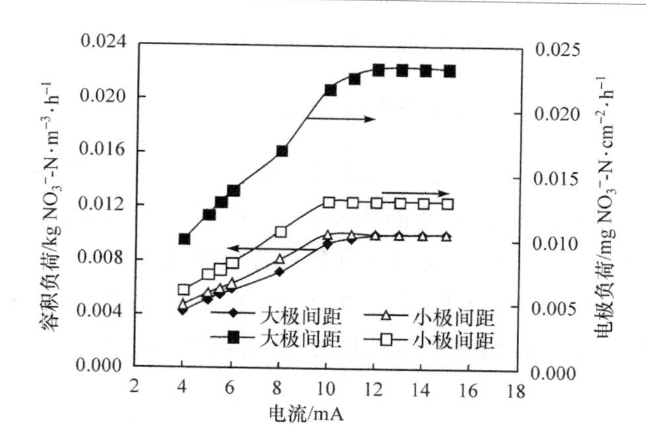


图5-11　不同极间距反应器反硝化负荷比较

图5-9和图5-10表明，10 mA为2.5 cm极间距反应器的最佳电流，而5.0 cm极间距反应器(D 4.0mm反应器)的最佳电流为12 mA。当电流增大到12 mA时，水中$NO_3^-$-N去除率达98%，并且无$NO_2^-$-N积累，接近2.5 cm极间距反应器10 mA电流时的脱硝率、$I_E$、$E_I$及负荷。

由图5-9～图5-11还可看出，当电流低于反应器的最佳电流时，2.5 cm极间距反应器的脱硝率、$I_E$、$E_I$及负荷均高于5.0 cm极间距反应器10%左右。在最佳电流时，两反应器的脱硝性能接近。相同HRT下，5.0 cm极间距反应器的最佳电流低于2.5 cm极间距反应器的最佳电流值。在达到最佳电流前，同样电流下，2.5 cm极间距反应器的有效电流高于大极间距1.7～3.7 mA。其他HRT下，两反应器有同样的变化规律，表明2.5 cm极间距反应器的反硝化能力优于5.0 cm极间距反应器。这是因为2.5 cm极间距反应器中所填加介质受电极间距的影响，小极间距时电感应强，介质的电效应提高，介质的电-生物作用环境改善，反硝化效果相应得到提高。

如果电流高于20 mA，三个反应器的$NO_3^-$-N去除率均低于90%，并开始有$NO_2^-$-N积累，改变HRT仍不能提高反硝化效果。因此，在电化学-生物反应器内电流不易过高。

对三个复三维电极-生物膜反应器而言，电流和反硝化去除率都呈现明显的三个阶段：随电流的上升阶段、平台阶段和下降阶段。此反硝化过程可由引入氢抑制常数的双Monod方程来解释[68]，当电流低于反应器一定条件下的最佳电流时，反硝化处于氢限制阶段(上升阶段)；当电流增加到最佳电流时，电化学产生的氢量正好被反硝化消耗掉；继续增加电流，氢气过量产生，但对整个反硝化过程没有影响，此时维持较高的反硝化效率(平台阶段)。然而当电流过高，且氢气的产生量超过一定值时，会对反硝化产生抑制作用，表现为$NO_3^-$-N去除率下降并有$NO_2^-$-N

的积累，此时即表现为电-生物处理效率下降阶段。

2. 介质的电效应对反应器运行条件的影响

由前所述，不同 HRT 对应不同的最佳电流，当反应器施加的电流高于最佳电流时，虽然反应器的硝酸盐去除率能维持在 98%不变，但其电流效率会下降。因此，研究不同 HRT 下最佳电流及相应负荷具有重要意义。

(1) 介质粒径对反应器运行条件的影响。在不同 HRT 下，添加了不同粒径介质的反应器达到 98%脱硝率所需的最佳电流及相应负荷如图 5－12 所示。

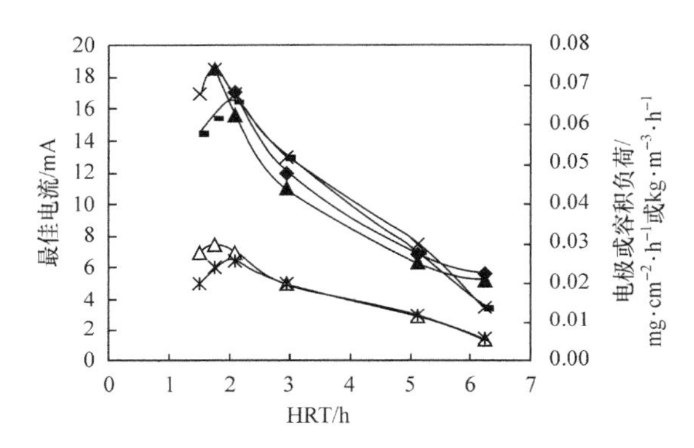


图 5－12　介质粒径对反应器运行条件和负荷影响

—◆—大粒径最佳电流；—▲—小粒径最佳电流；—△—小粒径容积负荷；—×—小粒径电极负荷；—✳—大粒径容积负荷；—■—大粒径电极负荷

可见，当 HRT 高于 2.08 h 时，相同 HRT 下，不同粒径反应器在相应的最佳电流下具有几乎相同的容积负荷及电极负荷。

同样 HRT 下，D 1.9 mm 反应器的最佳电流低于 D 4.0 mm 反应器。两反应器的最佳电流随 HRT 降低而升高，当 HRT 为 6.23 h 时，D 1.9 mm 和 D 4.0 mm 反应器的最佳电流分别为 5 mA 和 6 mA；当 HRT 为 2.08 h 时，D 1.9 mm 和 D 4.0 mm 反应器的最佳电流分别增加到 16 mA 和 17 mA，D 4.0 mm 反应器的相应硝酸盐氮容积负荷、电极负荷和电流效率分别为 0.013 kg N · $m^{-3}$ · $h^{-1}$、0.033 mg N · $cm^{-2}$ · $h^{-1}$ 和 335%。当 HRT 低于 2.08 h，D 4.0 mm 反应器无论如何增加电流，都达不到 98%的脱硝率，并有 $NO_2^-$-N 积累，这主要是由于 HRT 过低造成的，所以 D 4.0 mm 反应器在 2.08 h HRT 时的容积负荷、电极负荷和电流效率即为它的最大值。继续降低 HRT 到 1.75 h，D 1.9 mm 反应器此时的最佳电流为 19 mA，相应硝酸盐氮容积负荷、电极负荷和电流效率分别为 0.015 kg N · $m^{-3}$ · $h^{-1}$、0.037 mg N · $cm^{-2}$ · $h^{-1}$ 和 360 %。当 HRT 低于 1.75 h 时，因 HRT 过低，D 1.9 mm 反应器脱硝率在任何电流下均低于 90%，由此可知，D 1.9 mm 反应器的最大负荷及相应电流效率即为上述 1.75 h HRT 条件下的结果。

(2) 电极间距对反应器运行条件的影响。不同 HRT 下，不同大小极间距反应器达到 98%脱硝率所需的最佳电流如图 5-13 所示。同样 HRT 下，2.5 cm 极间距反应器的最佳电流比 5.0 cm 极间距反应器约小 2 mA。当 HRT 为 6.23 h 时，2.5 cm 和 5.0 cm 极间距反应器的最佳电流分别为 4 mA 和 6 mA；当 HRT 降低为 2.08 h 时，两反应器的最佳电流增加到 15 mA 和 17 mA，此条件下 5.0 cm 极间距反应器(D 4.0 mm 反应器)的硝酸盐氮容积负荷、电极负荷和电流效率为 5.0 cm 极间距反应器的最大值。继续降低 HRT 到 1.5 h，2.5 cm 极间距反应器的最佳电流为 19 mA，相应容积负荷、电极负荷、电流效率分别为 $0.017 kgN \cdot m^{-3} \cdot h^{-1}$、$0.01 mg \cdot cm^{-2} \cdot h^{-1}$、340 %；HRT 低于 1.5 h 时，因水在反应器中的水力停留时间过短，2.5 cm 极间距反应器的脱硝率在任何电流下均低于 90%，可知 2.5 cm 极间距反应器在使用时，其 HRT 不应少于 1.5 h、电流不能低于 19 mA 时的结果。

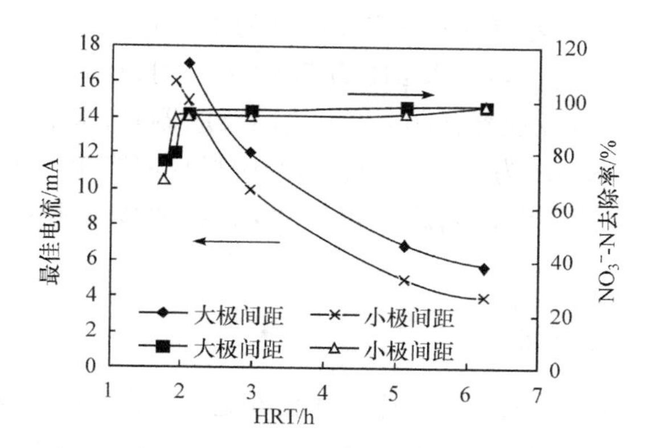


图 5-13 电极间距对反应器运行条件的影响

以上分析表明 D 1.9 mm 反应器、D 4.0 mm 反应器(5.0 cm 极间距反应器)和 2.5 cm 极间距反应器的 HRT 分别高于 1.75 h、2.08 h 和 1.5 h 时，在最佳电流下运行，反应器的 $NO_3^-$-N 去除率均能达到 98%，并且没有 $NO_2^-$-N 积累，表明介质电效应会影响反应器的运行条件及其范围。

### 3. 介质的电效应对反应器生物量的影响

运行以后的三个反应器的生物量与初始生物量相比，均有所增加。HRT 为 2.95 h 时，D 1.9 mm 反应器的生物量为 $4.7 mg VSS \cdot g^{-1}$；D 4.0 mm 反应器(5 cm 极间距反应器)的生物量为 $3.7 mg VSS \cdot g^{-1}$；2.5 cm 极间距反应器的生物量为 4.8 mg VSS · $g^{-1}$。

D 1.9 mm 反应器的生物量明显高于 D 4.0 mm 反应器的生物量，这与 D 1.9 mm 反应器在同样电流下的脱硝能力优于 D 4.0 mm 反应器相一致。造成这一现象的主要原因是：D 1.9 mm 反应器的无烟煤粒径小，可较好地发挥介质的电-生物协同效应，同时颗粒比表面积大，反应器的介质总表面积大于 D 4.0 mm 反应器，微生物附着量较大，使生物反硝化能力强。

2.5 cm 极间距反应器的生物量高于 5.0 cm 极间距反应器的生物量，这与 2.5 cm 极间距反应器在同样电流下的脱硝能力优于 5.0 cm 极间距反应器相一致。不同极间距时，反应器达到同样电流所需的电压不同，介质的电-生物协同效应的发挥也不同，小极间距更有利于介电-生物效应的发挥，所以小极间距时，微生物附着量较大，反硝化能力较强，表明对复三维-电极生物膜反应器来说，采用较小极间距有利于生物反硝化效果的改善。

4. 介质的电效应对 pH 的影响

在所进行的整个实验过程中，三个反应器的出水 pH 无差别，与进水相比稍有波动，但都维持在 7 左右。当进水 pH 为 7.4～8.0 时，D 1.9mm 反应器出水 pH 为 6.6～8.4；D 4.0mm 反应器(5.0 cm 极间距反应器)出水 pH 为 7.4～8.1；2.5 cm 极间距反应器出水 pH 为 6.9～7.7。这与阴极反应产生 $CO_2$ 对 pH 的中和稳定有关，表明介质粒径和电极间距对复三维电极-生物膜脱硝过程的 pH 影响不大。

#### 5.2.2.2 挂膜与驯化

挂膜和驯化方法如文献[67]所述。挂膜电流驯化成功后反应器进入完全自养化，D 1.9 mm 反应器、D 4.0 mm 反应器(5.0 cm 极间距反应器)和 2.5 cm 极间距反应器的生物量分别为 3.9 mg VSS · $g^{-1}$、3.0 mg VSS · $g^{-1}$ 和 4.1mg VSS · $g^{-1}$（以每克介质上的生物量 VSS 计）。试验运行中的进水用自来水配制，自来水中的无机碳为 8 mg C · $L^{-1}$，17.8℃时，自来水电导为 331μS · $cm^{-1}$，盐度为 0.2‰，TDS 为 155mg · $L^{-1}$，不存在悬浮物的干扰。整个运行过程中进水 $NO_3^-$-N 为30 mg · $L^{-1}$。

### 5.2.3 电化学氢-硫组合自养反硝化方法

#### 5.2.3.1 电化学氢-硫组合自养脱硝方法原理

将硫自养反硝化与电化学产氢自养反硝化进行组合，可以形成完全自养的反硝化脱 $NO_3^-$-N 过程。

这种组合反应器下部的硫自养段以硫单质为电子供体进行自养反硝化，将$NO_3^-$转化为$N_2$，并产生$H^+$[69]，如式(5－12)所示。

$$55S + 50NO_3^- + 38H_2O + 20CO_2 + 4NH_4^+ \longrightarrow 4C_5H_7O_2N + 25N_2 + 55SO_4^{2-} + 64H^+ \tag{5-12}$$

产生的$H^+$向上迁移到反应器上部的电化学产氢段，会在阴极被还原产生氢气，如式(5－13)所示。

$$2H^+ + 2e \longrightarrow H_2 \quad (\varphi^0 = 0.828V) \tag{5-13}$$

同时在反应器的阴极会发生电解水产生氢气的反应，如式(5－14)所示。

$$2H_2O + 2e \longrightarrow H_2 + 2OH^- \quad (\varphi^0 = 0.000V) \tag{5-14}$$

根据Nernst方程，式(5－13)和(5－14)的电极电势在pH＝7时几乎相等[70]，所以从能量消耗的角度来看，式(5－13)和(5－14)能同时在阴极发生，还原产生的氢气可作为阴极生物膜的电子供体进一步进行氢反硝化，如式(5－15)所示[71]，硫自养反硝化段式(5－12)产生的$H^+$也能被式(5－15)消耗：

$$2NO_3^- + 5H_2 + 2H^+ \longrightarrow N_2 + 6H_2O \tag{5-15}$$

在电化学氢段的阳极，因为电极电势的差异，由式(5－4)和式(5－5)可知，$CO_2$优先于$O_2$生成[72]。

阳极产生$CO_2$可以造成电化学氢段的缺氧反硝化环境，也可作为反硝化所需碳源的补充。此外，产生的$CO_2$也能溶解于水生成$HCO_3^-$和$CO_3^{2-}$，可对整个体系的pH产生缓冲作用。这样在整个反应器中就建立了有利于反硝化的综合环境条件。结合式(5－13)、(5－3)和(5－4)，得到式(5－16)：

$$C + 2H_2O \longrightarrow CO_2 + 2H_2 \tag{5-16}$$

可以认为硫自养反硝化产生的$H^+$可被氢自养反硝化利用。在电化学氢-硫集成自养反硝化过程中，可以通过调节反应器的运行参数，分配硫自养和电化学自养的处理负荷，能同时保证出水$SO_4^{2-}$不造成二次污染、pH稳定和能耗最低。

#### 5.2.3.2　电化学氢-硫集成自养脱硝反应器

电化学氢-硫集成自养脱硝反应装置的一种试验如图5－14所示。反应器上段为电化学产氢自养反硝化段(简称电化学氢段)，下段为硫自养反硝化段(简称硫段)。电化学氢段阳极采用碳棒，碳棒直径为2.5 cm，长14 cm；阴极为不锈钢筒，筒内径为7.28 cm，长16 cm；电极间距为2.4 cm；电化学氢段的有效容积为0.52 L；阴极总面积为321 $cm^2$。硫段用内径7.28 cm，长35 cm的有机玻璃筒制成，内部装填硫单质颗粒，粒径为3.0～4.0 mm(硫单质颗粒由块状硫单质粉碎后过筛网得到)。反应器的总有效容积为1.23 L，放入恒温箱内，温度恒定在30℃。

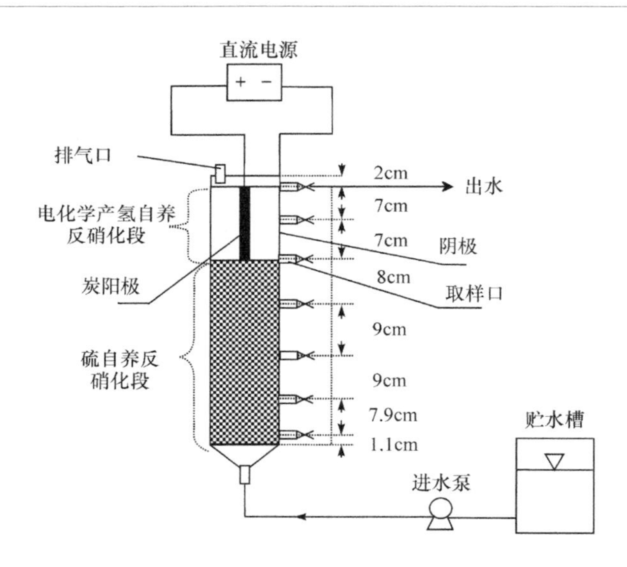


图 5-14　电化学氢-硫自养集成脱硝反应装置示意图

#### 5.2.3.3　挂膜与驯化

挂膜与驯化方法见文献[69]。一个月后生物膜在反应器电化学氢段的阴极和硫段的硫颗粒表面形成，在反应器挂膜成功后反应器开始通电，电流逐步由 2 mA 增加到 10 mA，对细菌进行通电条件下的驯化，逐渐减少甲醇的量至进水中完全为硝酸盐氮，整个反应器进入完全自养化。

#### 5.2.3.4　电化学反应对 TOC、TCOD、ORP、$NO_3^-$、$NO_2^-$ 和 pH 的影响

反应器没有挂膜前，用自来水加 $NaNO_3$ 配制 30 mg $NO_3^-$-N · $L^{-1}$ 作为模拟待处理水，在连续流进水、1～4V 电压、2～20 mA 电流的情况下运行两周，反应器的 HRT 为 0.5～14 h。结果表明，通电 90 min，反应器内的 ORP 即由＋200 mV 下降到－200 mV 左右，证明此系统能很好地建立反硝化所需的缺氧环境，这与以前的文献报道相一致[61]。

通电对水中 TOC、COD 、$NO_3^-$ 和 $NO_2^-$ 均无影响，进出水中 TOC、COD、$NO_3^-$ 和 $NO_2^-$ 基本没发生变化，TOC 约为 2 mg · $L^{-1}$，COD 约为 10 mg · $L^{-1}$，表明电化学反应过程中没有有机污染物产生，同时说明在没有反硝化细菌存在时，电流对 $NO_3^-$ 和 $NO_2^-$ 的变化没有影响。反应器的出水 pH 维持在 7 左右，这与阳极产生 $CO_2$ 对 pH 值的中和稳定有关。此 pH 条件有利于反硝化顺利进行，反硝化细菌最适宜的 pH 范围为 6.5～8.0[73]，这表明反应器电化学氢段自身具有缓冲 pH 的能力，有利于整个反应器反硝化的顺利进行。

### 5.2.3.5　反硝化过程中 pH 变化和 $H^+$ 平衡

由于硫自养反硝化所产生的 $H^+$ 被电化学脱硝反应消耗，整个反应器能保证良好的中性 pH 条件。假设式(5－15)的细菌产率系数为 0.08，则式(5－15)可表述为

$$2NO_3^- + 5H_2 + 5.04H^+ + 0.16NH_4^+ + 0.8CO_2 \longrightarrow 0.16C_5H_7O_2N + N_2 + 7.28H_2O \tag{5-17}$$

从式(5－17)可以看出，当 1 mol $NO_3^-$-N 被还原成氮气时会消耗掉 2.52 mol $H^+$，由于所消耗掉的 $H^+$ 由硫反硝化来提供，利用式(5－12)计算可以得到，相应地有 1.97 mol $NO_3^-$-N 被硫反硝化菌利用还原成氮气，所以当电化学氢段和硫段去除硝酸盐(还原成氮气)的比为 1∶1.97 时，硫自养反硝化产生的 $H^+$ 会被电化学氢自养反硝化完全消耗，所以该组合反应器的出水 pH 能维持在中性。此外，阳极产生的 $CO_2$ 也能作为 pH 缓冲剂。

Henze 等报道反硝化的最佳 pH 范围是 7～9[74]，另有报道为 6.5～8.0[73]。HRT 为 2.5 h 时，电流对硫段和电化学氢段出水的 pH 影响如图 5－15 所示。可以看出，随着电流的升高，两段出水的 pH 都稍有增加，当电流增加到12 mA时，两段出水 pH 都维持在 7 左右。

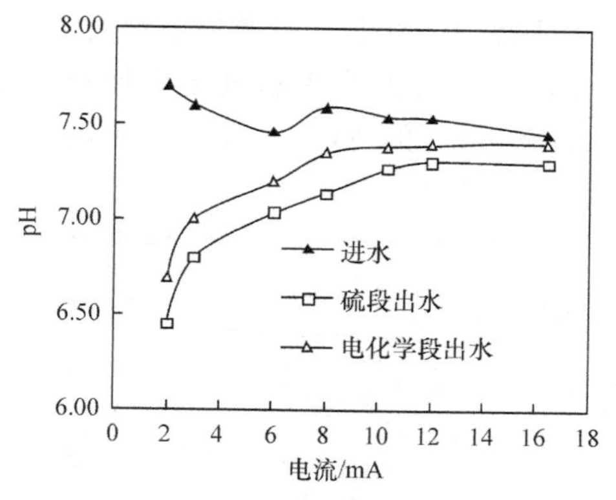


图 5－15　电化学氢段和硫段出水 pH 随电流变化情况

当电流低于 12 mA 时，硫自养反硝化产生的 $H^+$ 不能够被电化学氢自养反硝化完全消耗，造成出水的 pH 降低。随反应器中电流的升高，产生的 $H_2$ 量增加，由式(5－15)可知，有更多的硫自养反硝化产生的 $H^+$ 被消耗，所以电流低于 12 mA时出水的 pH 随电流的增加而增加。当电流增加到 12 mA 时，电化学氢段去除硝酸盐的量(124.3 mg N)和硫反硝化去除硝酸盐的量(244.7 mg N)的比为 1∶1.97，相应硫反硝化产生的 $H^+$(23.4 mmol)全部被电化学反硝化所消耗(23.4

mmol $H^+$),所以组合反应器出水 pH 为中性。单独采用硫自养反硝化时,常采用添加石灰石的办法调节出水 pH,即硫-石灰石系统(简称 SLAD 系统)。采用电化学-硫自养反硝化集成系统时,当施加的电流为 12 mA 时,硫段出水的 pH 几乎与硫-石灰石系统的出水 pH 相等[75]。当电流高于 12 mA 时,虽然电化学反硝化所需的 $H^+$ 高于硫反硝化产生的 $H^+$,由于阳极产生的 $CO_2$ 也能起到 pH 缓冲作用,所以两段出水 pH 仍维持在中性。

集成反应器出水 pH 表明,在没有石灰石调节的情况下,电化学-硫自养集成反应器仍能有效地调节体系 pH 使其维持在中性,同时避免了石灰石调节 pH 所引起的出水硬度增加的问题。因为硫段的 pH 调节需要由电化学氢段硝酸根还原反应来完成,而硫段产生的 $H^+$ 迁移到电化学氢段阴极需要一定的时间,所以在同样电流下,硫段出水 pH 比电化学氢段出水 pH 低约 0.2 个单位。

#### 5.2.3.6 不同电流时的反硝化效果

在电化学-硫自养集成反应器内,硝酸盐首先在硫段被还原,剩余的硝酸盐以及硫反硝化产生的 $H^+$ 向上迁移到电化学氢段继续进行反硝化,在 HRT 2.5 h 及进水 $NO_3^-$-N 浓度为 30 mg · $L^{-1}$时,电流对反硝化效率的影响如图 5-16 所示,此时施加于集成反应器的电压为 1.8~4.0 V,相应电流为 2~20 mA。

由图 5-16 可知,硫段硝酸盐去除率随电流增加稍有增加,从 70% 增加到 78.9%,同时约有 2.6 mg N · $L^{-1}$的 $NO_2^-$ 积累。剩余的 $NO_3^-$ 和积累的 $NO_2^-$ 向上流入电化学氢段继续进行反硝化。

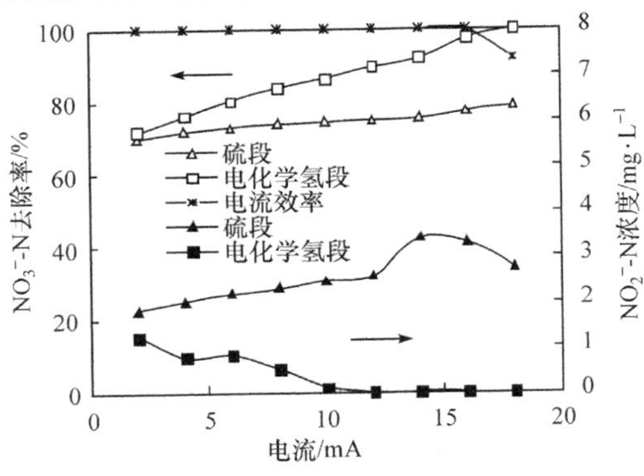


图 5-16 电化学氢段和硫段反硝化效率与电流的关系

由图 5-16 还可看出,电流对电化学氢段的反硝化有较大的影响,$NO_3^-$ 和 $NO_2^-$ 的去除率随电流的增加而稳定地上升,这与 Isam 等文献报道的结果一致[50]。当电流增加到 10 mA 时,约有 87% 的 $NO_3^-$ 被去除,出水中 $NO_3^-$ 浓度为

5.0 mg N·$L^{-1}$、$NO_2^-$ 浓度为 0.09 mg N·$L^{-1}$；当电流为 12 mA 时，出水中检测不到 $NO_2^-$，同时 $NO_3^-$ 去除率达到 90%；而当电流增加到 18 mA 时，$NO_3^-$ 去除率几乎达到 100%。反硝化结果表明，在电压为 1.8～4.0 V 时，电流的大小是影响电化学-硫自养反硝化效果的主要因素。

在氢自养反硝化过程中，$NO_2^-$ 与 $NO_3^-$ 同时在电化学氢段阴极上发生反硝化反应，如式(5-18)所示。

$$2NO_2^- + 4H_2 \longrightarrow N_2 + 4H_2O \tag{5-18}$$

由 $NO_3^-$ 和 $NO_2^-$ 在电极上的还原反应可知，还原 1mol $NO_3^-$ 到 $N_2$ 需要消耗 5 mol 电子；而还原 1mol $NO_2^-$ 到 $N_2$ 需要消耗 3 mol 电子。电化学氢段的电流效率 $E_I$ 定义为在电化学产氢自养段脱除 $NO_3^-$-N 和 $NO_2^-$-N 到 $N_2$ 所用的电子数的等价电流（$I_E$）与实际所加电流（$I$）的比值，$I_E$ 计算公式如式(5-19)所示。

$$I_E = [(C_{in} - C_{eff}) \times 5 + (C_{2in} - C_{2eff}) \times 3] \times V \times F / \text{HRT} \tag{5-19}$$

式中，$C_{in}$ 为电化学氢段进水 $NO_3^-$ 浓度（mol N·$L^{-1}$）；$C_{eff}$ 为电化学氢段出水 $NO_3^-$ 浓度（mol N·$L^{-1}$）；$C_{2in}$ 为电化学氢段进水 $NO_2^-$ 浓度（mol N·$L^{-1}$）；$C_{2eff}$ 为电化学氢段出水 $NO_2^-$ 浓度（mol N·$L^{-1}$）；$F$ 为 Faraday 常量（C·$mol^{-1}$）；$V$ 为电化学氢段有效体积（L）。

所以，电流效率 $E_I$ 可以通过式(5-20)求得。

$$E_I = \frac{I_E}{I} \times 100\% \tag{5-20}$$

从图 5-16 可知，当施加于反应器的电流不大于 16 mA 时，电化学氢段的电流效率 $E_I$ 均高达 100%。但当电流高于 16 mA 时，随着电流的增加，电流效率 $E_I$ 反而有所下降，当电流增加到 18 mA 时 $E_I$ 为 88%。这主要是因为电化学氢段阴极产生的 $H_2$ 没有被氢自养反硝化完全消耗，有多余的 $H_2$ 产生，电流效率也相应下降。由硫自养反硝化反应和氢自养反硝化反应的化学计量结果可以看出，整个反硝化过程所需的碳源均可由体系中产生的无机碳源来满足。

#### 5.2.3.7　反应器最佳运行条件

为了确定反应器的最佳运行条件，使其分别在不同 HRT 和电流下运行，以确定不同 HRT 时的最小电流，最小电流定义为当 $NO_3^-$-N 去除率达 90 %以上，$NO_3^-$-N、$SO_4^{2-}$ 浓度分别低于 3.0 mg·$L^{-1}$ 和 170 mg·$L^{-1}$，并且出水中未检出 $NO_2^-$-N 时，反应器电化学氢段所施加的最小电流。当进水 $NO_3^-$ 浓度为 30 mg N·$L^{-1}$时，不同 HRT 下的最小电流如图 5-17 所示。

由图 5-17 可见，随 HRT 的升高，所需的最小电流逐渐减小。当 HRT 为 1.9 h 时，最小电流为 16 mA 才能达到 90% 的反硝化率。随 HRT 的增加，硫段

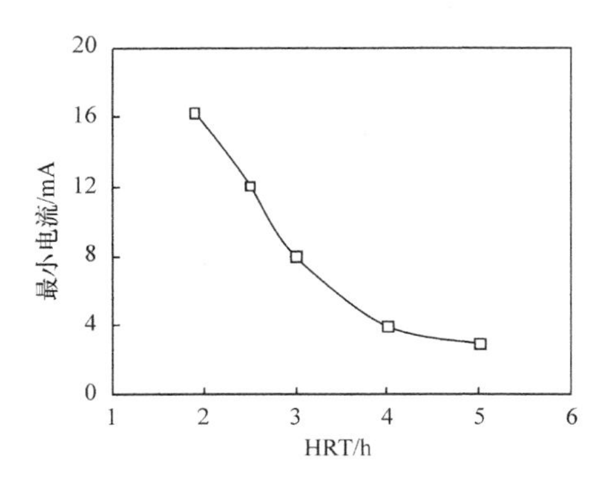


图 5-17 集成反应器在不同 HRT 下的最小电流

出水中的 $NO_3^-$ 和 $NO_2^-$ 浓度也降低，则在相应较低的最小电流情况下反应器就能达到 90%的 $NO_3^-$ 去除率。如果 HRT 增加到 5 h，3 mA 电流情况下就能达到 90% 的脱硝率。如果 HRT 高于 5 h，在 3 mA 电流情况下，硫段出水中的 $NO_3^-$ 去除率达到 90% 并且没有 $NO_2^-$ 的积累，但硫段出水中的 $SO_4^{2-}$ 浓度高于 170 mg·$L^{-1}$，此时电化学氢段在硝酸盐去除上已不能发挥作用，所以组合反应器的 HRT 不应超过 5 h。当电流低于 3 mA 时，硫段出水的 pH 低于 6.5(图 5-15)，此时在任何 HRT 下，反应器的脱硝率都达不到 90%，所以对组合反应器来讲 3 mA 是反应器有效运行的最小电流。在整个运行过程中，HRT 为 1.9 h 时，组合反应器最大体积反硝化负荷为 0.381 kg $NO_3^-$-N·$m^{-3}$·$d^{-1}$，最大电极反硝化负荷为 0.043 mg $NO_3^-$-N·$cm^{-2}$·$d^{-1}$。

#### 5.2.3.8 出水中 $SO_4^{2-}$ 变化

当进水 $NO_3^-$ 浓度维持在 30 mg N·$L^{-1}$，组合反应器两段出水中的 $SO_4^{2-}$ 浓度变化如图 5-18 所示，出水 $SO_4^{2-}$ 浓度可由反应器 HRT 和所施加的电流来调节控制。

由图 5-18 可知，在整个稳定运行阶段(400 天)，反应器出水 $SO_4^{2-}$ 浓度不超过 170 mg·$L^{-1}$，满足饮用水水质标准，不超过 250 mg·$L^{-1}$(GB 3838-83)的规定，同时该值也低于常规的硫自养反硝化反应器和 SLAD 系统出水的 $SO_4^{2-}$ 浓度(对于同样的进水 $NO_3^-$ 浓度)[75,76]。相应反应器的 $SO_4^{2-}$/$NO_3^-$-N(去除的) 比值也较低，为 5.20～5.80，低于报道值 6.4、7.89、9.9、11.1 和理论值 7.45[68,77～79]，这是因为部分 $NO_3^-$ 被电化学氢段去除，减轻了硫段的硝酸盐氮负荷，相应产生的 $SO_4^{2-}$ 也较少。

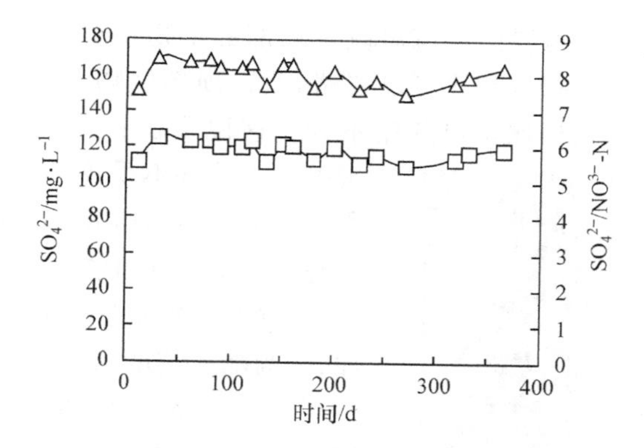


图5-18 反应器出水中$SO_4^{2-}$的变化

#### 5.2.3.9 反应器内微生物形态分析

集成反应器在HRT 2.5 h和相应12 mA最小电流下稳定运行时,硫单质颗粒上固定生物膜的COD、SS和VSS变化如图5-19所示。可见,生物量随反应器高度的增加有明显的下降趋势,在反应器1.1 cm高度处,COD、SS和VSS分别为319、17.8和17.1 mg·(g硫单质)$^{-1}$,当高度增加到硫段的顶部35 cm时,它们分别下降到164、4.6和3.1 mg·(g硫单质)$^{-1}$。此现象的产生是由于随反应器高度的增加,硝酸盐的浓度在降低,相应以硝酸盐为电子受体的反硝化细菌的量在减少,生物量值也随之降低。

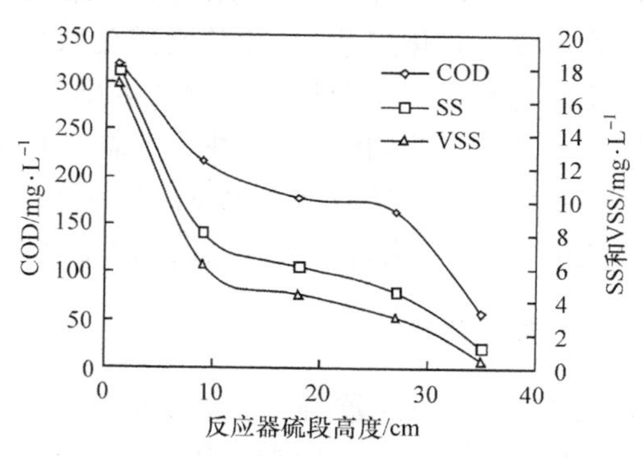


图5-19 硫段生物量沿反应器高度变化

组合的反应器稳定运行时,电化学氢段和硫段出水中的TCOD均低于10 mg·L$^{-1}$。

HRT为1.9 h,在准稳态运行条件下,电流为12 mA时,硫段顶部的生物量COD、SS和VSS分别为150、3.9和2.8 mg·(g硫单质)$^{-1}$;当电流降低到6 mA时,它们分别增加到200、6.1和4.2 mg·(g硫单质)$^{-1}$,其他HRT下也发现同样的现象。这表明电化学氢段的电流对硫段顶部的生物量有一定的影响，然而顶部生物量和整个硫段的生物量相比可以忽略，所以顶部生物量去除的硝酸盐量和整个硫段去除的硝酸盐量相比也可忽略不计。这说明在一定 HRT 下，整个硫段的硝酸盐去除并不受顶部生物量变化的影响，所以电流虽然影响顶部生物量的变化，但并不与 5.2.3.6 节中的结论矛盾。整个反应器硫段的硝酸盐去除随电流的增加稍有增加，因为随电流的增加 pH 稍有上升。

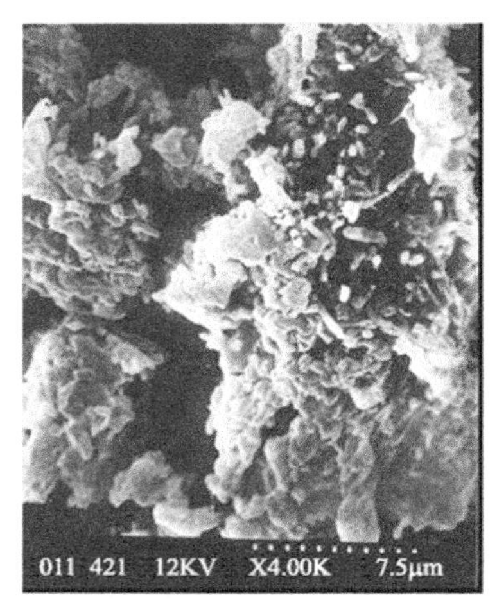

图 5-20 硫单质颗粒表面微生物形态

在 12 mA 电流和 2.5 h HRT 条件下，用 SEM 观察硫段 18 cm 处硫单质颗粒表面的微生物形态，如图 5-20 所示。由图可知，颗粒表面由复杂的微生物组成。根据形态分析，颗粒表面的优势菌种可能为脱氮硫杆菌（*Thiobacillus Denitrificans*）。脱氮硫杆菌（*Thiobacillus Denitrificans*）和其他反硝化细菌、无机物质及胞外物质共同作用，协同完成硫反硝化过程。

#### 5.2.3.10 石灰石填加的影响

如前所述，在常规硫自养反硝化过程中，常用石灰石来调节 pH[80,81]。为进一步优化电化学氢-硫自养集成反硝化工艺，提高其反硝化效率，建立了同样规模的两种电化学氢-硫集成反硝化系统。这两种反应器的区别是系统的硫段装填填料不同，一个系统的硫段只装填硫单质，我们称这种反应器为 Rs；另一系统的硫段混合装填硫单质和石灰石，我们称这种反应器为 Rsc。在同样条件下运行两反应器，对比其反硝化效果，优化电化学氢-硫自养集成反硝化工艺的基本条件。

1. 反硝化效果和运行条件的比较

图 5-21 为不同 HRT 下，两反应器所需的最小电流。可以看出，两反应器的最小电流均随 HRT 的增加而降低。但在同样 HRT 下，Rs 的最小电流高于 Rsc 的最小电流约 2 mA。当 HRT 为 1.9 h 时，Rsc 和 Rs 的最小电流分别为 14 mA 和 16 mA；而当 HRT 增加至 4.0 h 时，Rsc 和 Rs 的最小电流为 1.5 mA 和 3.5 mA，在此 HRT 下，Rsc 硫段出水 $NO_3^-$-N 浓度为 2.7 $mg \cdot L^{-1}$，电流为 1.5 mA时未检出 $NO_2^-$-N；继续增加 HRT，石灰石反应器电化学氢段失去作用，最小电流减少到零，所以建议对于同时添加了硫和石灰石的自养反应器 HRT 不要大于 4.0 h。对 Rs，当 HRT 为 5 h 时，最小电流为 3 mA；当电流小于 3 mA 时，在

任何 HRT 下这种反应器的脱硝效果均不理想,所以建议仅填加了单质硫的自氧反应器的操作电流不小于 3 mA；当 HRT 大于 5 h 时,在 3 mA 电流下,无石灰石反应器的反硝化效果与 5 h HRT 下相比几乎没有提高，所以建议 Rs 的 HRT 不要大于 5 h。HRT 小于 1.9 h 时，无论通入多大的电流两反应器均不能达到很好的反硝化效果,所以 Rs 和 Rsc 的 HRT 均小于 1.9 h。

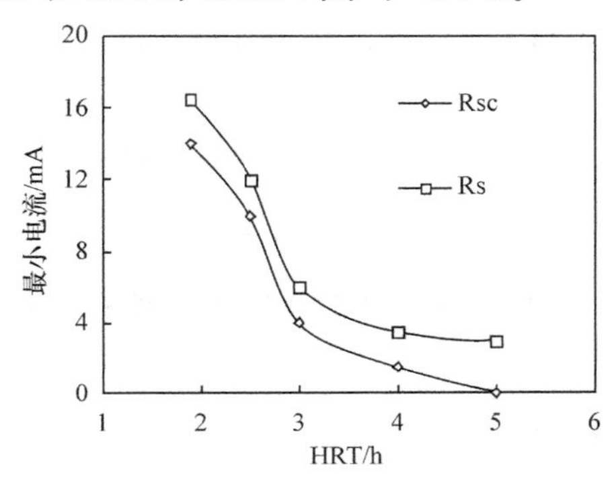


图 5-21 两种反应器的最小电流比较

Rsc 运行的 HRT 范围为 1.9～4 h,相应的最佳电流为 14～1.5 mA;无 Rsc 运行的 HRT 范围为 1.9～5 h,最佳电流相应为 16～3mA。

两种脱硝反应器出水中的 $SO_4^{2-}$ 浓度有所不同,无 Rs 终端出水中的 $SO_4^{2-}$ 浓度(低于 170 mg · $L^{-1}$)比 Rsc 出水中的 $SO_4^{2-}$ 浓度(低于 185 mg · $L^{-1}$) 低 8～15 mg · $L^{-1}$。

2. 水中 $Ca^{2+}$ 变化

当反应器进水中 $Ca^{2+}$ 为 30 mg · $L^{-1}$时,不同 HRT 和相应最小电流下两种反应器两段出水 $Ca^{2+}$ 浓度变化如表 5-1 所示,Rsc 的硫段出水中 $Ca^{2+}$ 浓度与进水相比有所增加,而无 Rsc 的硫段出水 $Ca^{2+}$ 浓度没有变化,Rsc 的硫段出水 $Ca^{2+}$ 浓度明显高于 Rs。两反应器电化学氢段出水 $Ca^{2+}$ 浓度均为 27 mg · $L^{-1}$左右,无 Rs 电化学氢段对 $Ca^{2+}$ 的去除约 10%,400 天时观察阴极没有结垢现象;而 Rsc 对 $Ca^{2+}$ 去除约 49%～60%左右,在 300 天时观察到阴极已有结垢现象;可见电化学氢段进水中 $Ca^{2+}$ 浓度越高,其去除效果越明显。由于 Rsc 的电化学氢段承担的 $Ca^{2+}$ 负荷要高于 Rs,从而造成电化学氢段较高的负担,不利于反硝化进行。可见反应器中添加石灰石会使硫段出水中 $Ca^{2+}$ 增加,造成电化学氢段结垢,不利于集成反应器反硝化的良好运行。据文献报道,电化学氢段结垢可能是由 $CaHPO_4$ 难溶盐的沉积造成的[51]。

表 5-1 电化学氢段对 $Ca^{2+}$ 的去除及 $Ca^{2+}$ 在两段出水中的变化

| HRT/h | 最小电流/mA | | 进水中 $Ca^{2+}$/($mg \cdot L^{-1}$) | 硫段出水 $Ca^{2+}$/($mg \cdot L^{-1}$) | | 电化学氢段出水 $Ca^{2+}$/($mg \cdot L^{-1}$) | | 电化学氢段对 $Ca^{2+}$ 的去除/% | |
|---|---|---|---|---|---|---|---|---|---|
| | Rsc | Rs | | Rsc | Rs | Rsc | Rs | Rsc | Rs |
| 1.9 | 14 | 16 | 30.0 | 53.6 | 30.2 | 27.1 | 27.1 | 49 | 10 |
| 2.5 | 10 | 12 | 30.5 | 55.9 | 30.4 | 27.4 | 27.3 | 50 | 10 |
| 3.0 | 4 | 16 | 30.4 | 59.8 | 30.0 | 27.0 | 27.2 | 55 | 9.3 |
| 4.0 | 1.5 | 3.5 | 30.2 | 68.5 | 30.3 | 27.5 | 27.4 | 60 | 9.5 |
| 5.0 | 0 | 3 | 30.3 | | 30.1 | 27.1 | 27.0 | | 10 |

从钙沉积的角度看，在集成反应器的硫段不装填石灰石的要优于硫段装填石灰石的集成方法。

3. 反应器内微生物比较

图 5-22 是 2.5 h HRT 下、Rsc 在最佳电流下稳定运行时，硫段 18 cm 处颗粒表面的微生物形态的 SEM 照片。与 Rs 内硫单质颗粒表面微生物(图 5-20)对比发现，两反应器硫单质颗粒表面主要反硝化细菌为 1～3 μm 左右的脱氮硫杆菌(*Thiobacillus Denitrificans*)。比较图 5-22(a)和(b)可以看出，硫单质颗粒表面的细菌量明显多于石灰石颗粒表面的细菌量。脱氮硫杆菌是严格的以硫为电子供体的自养反硝化菌，它们通过氧化硫单质的过程获取生长所必需的能量[82]。然而单质硫不溶于水，所以脱氮硫杆菌必须从硫单质颗粒上获取硫，所以硫颗粒上生长的脱氮硫杆菌的量也就较多。

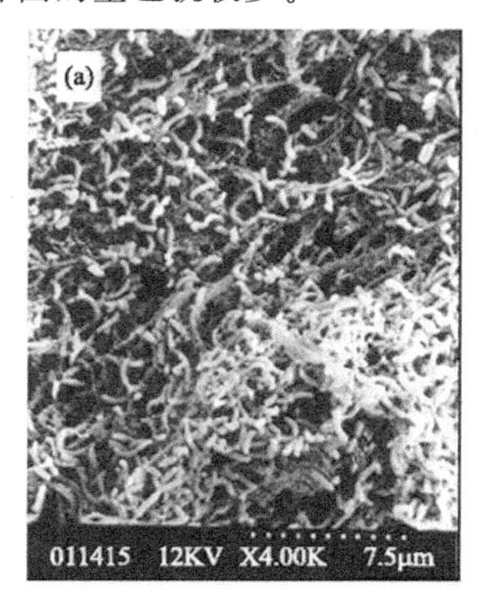

图 5-22 石灰石反应器 18 cm 处的(a)硫单质颗粒和(b)石灰石颗粒表面的细菌

如图5-22(a)和图5-20所示，两反应器硫单质颗粒表面的优势细菌均为脱氮硫杆菌，它们和一些胞外物质一起附着在颗粒表面，两反应器硫单质颗粒表面的细菌形态没有本质的区别，此现象表明填加石灰石和不填加石灰石的反应器一样能提供有利于反硝化的条件，所以Rs能达到同Rsc一样的反硝化去除率。

Rsc硫段18 cm高度处的生物量用COD、SS和VSS表示分别为176、6.0和4.3 $mg\cdot(g颗粒)^{-1}$，Rs硫段18 cm高度处的生物量用COD、SS和VSS表示分别为178、6.1和4.4 $mg\cdot(g颗粒)^{-1}$。两反应器同一高度处有几乎相同的生物量，这与SEM照片的结果一致。

对比两种集成反应器的出水水质，虽然两者都有很好的反硝化效果，但Rs出水水质优于Rsc，所以不装填石灰石的反硝化工艺是优先选择的，此电化学氢-硫集成自养反硝化系统可代替SLAD系统而有很好的应用前景。

#### 5.2.3.11 电化学-硫自养反硝化动力学

1. 电化学氢段

在所确定的运行条件下稳定运行时，生物膜厚度、电场使$NO_3^-$或$NO_2^-$远离阴极的趋势及电化学氢段内的传质过程对反硝化速度没有影响，反应器自身所具有的pH缓冲能力能够保证电化学氢段的反硝化在最佳pH范围内进行。

建立电化学氢段的动力学模型，在HRT不小于1.9 h、输入电压不大于4 V时，反硝化速度与电流密度成正比，如式(5-21)所示。

$$j_N = 0.2\frac{I}{AF} \tag{5-21}$$

$$\gamma = 0.104I \quad (mg\cdot h^{-1}) \tag{5-22}$$

式中，$j_N$为反应器的总反硝化率；$I$为反应器施加电流；$A$为反应器阴极表面积；$\gamma$为反应器电化学氢段的反硝化速度，$F=26.8C\cdot mol^{-1}$。

当进水硝酸盐氮负荷小于电化学氢段的最大反硝化能力时，反硝化速度近似等于电化学氢段的进水硝酸盐氮负荷，对进水的脱硝率近似为100%。电化学氢段反硝化速度[$mg\ NO_3^- -N\cdot(mL反应器)^{-1}\cdot h^{-1}$]：

$$\gamma_v = C_{in}/[1000\times HRT_E] \tag{5-23}$$

式中，$C_{in}$为电化学氢段进水硝酸盐氮的浓度($mg\cdot L^{-1}$)；$HRT_E$为电化学氢段的水力停留时间。模型预测与实验结果非常吻合。

2. 硫段

当硝酸盐浓度为30 $mg\ N\cdot L^{-1}$时，集成反应器的硫段遵循1/2级反应动力学。模型预测与实验结果相符。

### 5.2.4 硫碳混合复三维电极–生物膜自养反硝化方法

上述研究表明，将硫自养反硝化和电化学氢自养反硝化有机组合可有效去除硝酸盐氮，硫段不用填加石灰石就能达到98%左右的$NO_3^-$-N去除率，并且没有$NO_2^-$-N积累。电化学自养反硝化不仅可提高脱硝效率，还可以调节出水pH，且两种反应协同还可以有效防止出水$SO_4^{2-}$的超标。本节在复三维电极–生物膜反应器以及电化学–硫自养反硝化集成反应器的基础上，提出了将电化学氢反硝化和硫反硝化与复三维电场相结合的新方法，即硫碳混合复三维电极–生物膜自养反硝化方法。该方法采取复三维电极–生物膜反应器的形式，反应器内的介质填料采用导电性好的活性炭与没有导电性的硫单质混合，使氢自养反硝化菌和硫自养反硝化菌在适当电场作用下混合生长，两种反硝化协同以进一步提高反硝化效率。

#### 5.2.4.1 硫碳混合复三维电极–生物膜脱硝原理

硫碳混合复三维电极–生物膜方法的基本原理是：在硫电混合反应器内，硫颗粒上生长的是以硫为电子供体的反硝化细菌，无烟煤或活性炭颗粒上生长的是以氢为电子供体的反硝化细菌，当整个反应器驯化到完全自养化时，硫颗粒上生长的反硝化细菌，将$NO_3^-$转化为$N_2$，并产生$H^+$[69]，如反应式(5－12)所示。

硫电混合反应器中的无烟煤(或活性炭)介质填料相当于是复三维电极–生物膜反应器里的无烟煤(或活性炭)介质填料，所以电化学产氢反应不仅在主电极上发生，而且也在无烟煤(或活性炭)颗粒表面发生，附着在无烟煤(或活性炭)颗粒和主阴极上的氢反硝化细菌利用所产生的$H_2$进行反硝化，反应式如式(5－15)。从而消耗硫反硝化产生的$H^+$，使硫自养反硝化和电化学氢自养反硝化之间的$H^+$能够得以平衡，由于硫单质颗粒和无烟煤(或活性炭)颗粒是混合均匀装填在反应器里，缩短了两种反硝化之间的距离，硫反硝化过程产生的$H^+$能很快地被周围的电化学氢反硝化过程利用，避免了硫电集成反应器$H^+$迁移还需要一定时间的问题，有利于整个反应器的pH调节，使两种反硝化过程的协同作用更容易一些[67]。

#### 5.2.4.2 硫碳混合复三维电极–生物膜自养反硝化

本节所介绍的硫碳混合复三维电极–生物膜自养反硝化反应器由不锈钢材料制成，以不锈钢筒作为反应器的阴极，石墨碳棒作为阳极，阴阳极的主要参数如表5－2所示。

表 5-2　阴阳极的主要参数

| 电极高/cm | 阴极内径/cm | 阴极高径比 | 阴极面积/$cm^2$ | 阳极棒直径/cm | 极间距/cm |
|---|---|---|---|---|---|
| 30 | 11 | 2.7∶1 | 1036 | 3.5 | 3.75 |

所建立圆柱状反应器大小完全相同，反应器空柱体积为 2.9 L，有效体积分别为 1.40L 和 1.53L。其内壁紧贴阴极表面张贴孔径为 213μm 的不锈钢网，藉此可进一步提高反应器的生物附着量。硫碳混合复三维电极-生物膜反应器简称为硫碳混合反应器。采用固定床方式，一个反应器内装填无烟煤和硫单质混合颗粒（体积比 1∶1），此反应器简称无烟煤反应器，另一反应器内装填活性炭和硫单质混合颗粒（体积比 1∶1），此反应器简称活性炭反应器。三种填料的平均粒径均为 3.2～4.0 mm。两反应器的参数如表 5-3 所示。

表 5-3　反应器性能参数表

| 参数 / 反应器 | 填料 | 反应器锥体体积/mL | 带网空柱体积/mL | 所装填料体积/mL | 反应器有效容积/mL | 孔隙率/% | 填料粒径/mm |
|---|---|---|---|---|---|---|---|
| 无烟煤硫碳混合反应器 | 无烟煤与硫体积比（1∶1） | 205 | 2875 | 2500 | 1396 | 48.56 | 3.2～4.0 |
| 活性炭硫碳混合反应器 | 活性炭与硫体积比（1∶1） | 197 | 2890 | 2500 | 1530 | 52.94 | 3.2～4.0 |

两种反应器的电极阴极表面积均为 1036 $cm^2$，有效容积分别为 1396 mL 和 1530 mL，孔隙率分别为 49 %和 53 %。实验时，两反应器置于恒温箱内，温度恒定在 30℃。反应器构造及处理流程如图 5-23 所示。

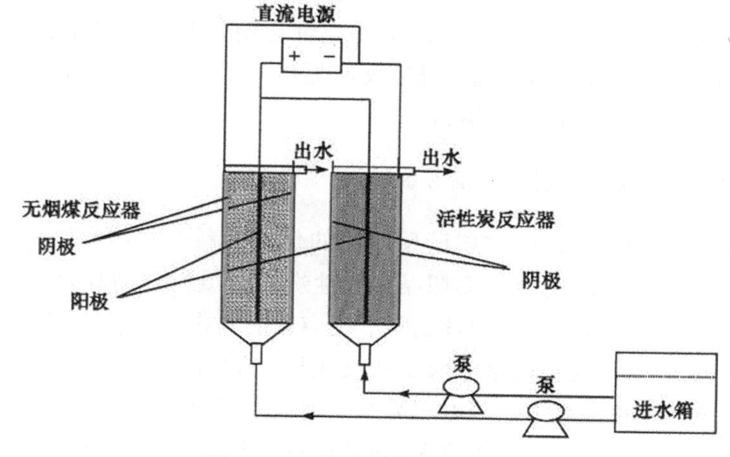


图 5-23　硫碳混合反应器装置

#### 5.2.4.3　填料优化

1. 混合填料与单种填料对比

反应器在挂膜前对其填料的导电性能进行了测试。对反应器内装填硫单质颗粒,无填料颗粒和体积比为 1∶1 的硫煤混合颗粒进行了对比,结果如图 5-24 所示。

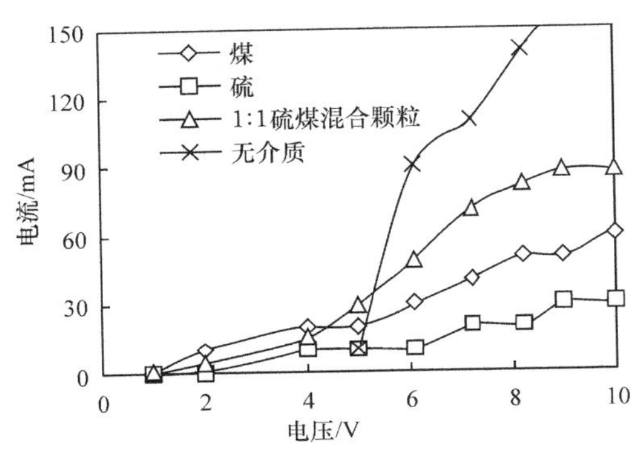


图 5-24　几种填料下电流随电压的变化

可以看出,当电压低于 4 V 时,只装填硫单质颗粒的反应器没有电流,装填无烟煤和硫单质混合颗粒的反应器电流低于 16 mA,装填无烟煤颗粒的电流低于 20 mA,混合填料的导电性几乎等同于无烟煤填料,但当电压高于 4 V 后,混合填料的导电性明显高于单纯的无烟煤填料。这一结果表明,在反应器中装填混合填料具有良好的导电性,能为反应器的反硝化提供充足的电流。对活性炭反应器,装有活性炭和硫(体积比 1∶1)混合填料时的导电性也明显高于单独活性炭填料或硫填料。这表明混合填料有利于硫电混合反应器电流的产生,可为反硝化提供电子供体氢,因此本研究均采用混合填料。

2. 无烟煤、活性炭分别与硫混合的比较

无烟煤是复三维电极-生物脱硝反应器的优质填料[12],而活性炭是三维电极里应用较广泛的介质填料,选择无烟煤和活性炭作为填料分别和硫均匀混合装入反应器,在反应器挂膜前,比较两种填料下反应器的电化学性质,如图 5-25 所示。相同电压下,无烟煤反应器的电流低于活性炭反应器的电流,并且随电压的增加,两反应器的电流差也在增大。当电压为 5 V 时,活性炭混合填料的电流(160 mA)是无烟煤混合填料(35 mA)的 4 倍多,表明活性炭反应器在导电性上优于无烟煤反应器。

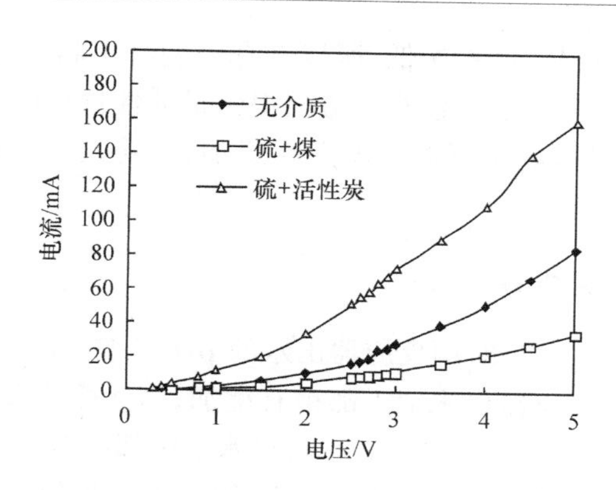


图 5-25 无烟煤与活性炭的对比

3. 醋酸纤维素膜对填料的影响

据文献报道,在三维电极反应器的填料上涂覆醋酸纤维素膜等惰性导电物质时,可提高电化学固定床反应器的电流效率[83]。试验时将无烟煤和活性炭颗粒用1%的醋酸纤维素溶液(1g 醋酸纤维素溶于 100 g 冰乙酸中制成)处理浸泡 1h,自然晾干后颗粒表面形成薄薄的一层醋酸纤维素膜,然后用自来水反复浸泡冲洗填料,当浸泡及冲洗水为中性时,再次自然晾干后和硫颗粒以 1∶1 的体积比均匀混合后装入反应器,对比两反应器处理前后的电流变化,如图 5-26 和图 5-27 所示。两种填料采用醋酸纤维素处理后,对两反应器的电流效率均有不同程度的提高作用。对比试验结果,可以看到活性炭反应器电流提高的幅度要比无烟煤反应器大。所以本节采用醋酸纤维素膜处理的填料作为反应器的填料,虽然说活性炭电学性质上优于无烟煤,但考虑到此装置的反硝化作用是介质电化学和生物作用

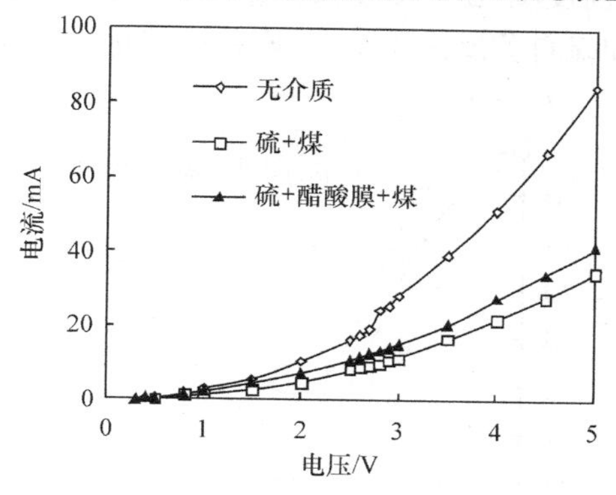


图 5-26 无烟煤醋酸纤维素膜处理前后电流比较

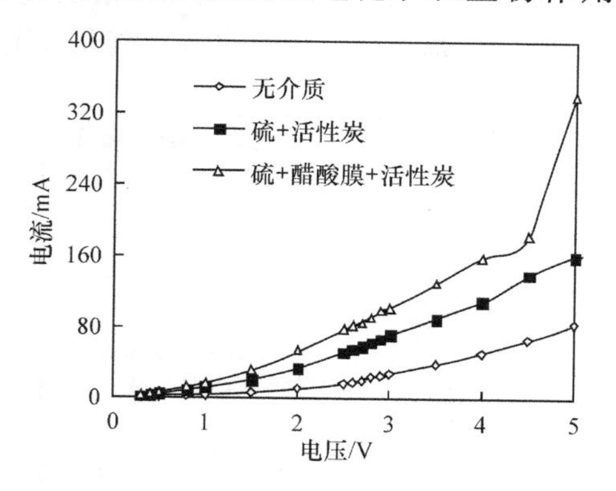


图 5-27 活性炭醋酸纤维素膜处理前后电流比较

的协同,而无烟煤的价格比活性炭低,所以选择这两种填料,以对比两种填料的反硝化效果及运行参数等,为硫电混合反应器提供最佳性价比的填料。挂膜后,随着时间增加,运行达到同样电流所需的电压在增加,表明反应器内的生物量在逐渐增加。

#### 5.2.4.4 pH变化和 $H^+$ 平衡

HRT为2.5 h时,电流对两反应器出水的pH影响如图5-28所示。可以看出,随电流的上升,两反应器出水pH都稍有增加,当无烟煤反应器和活性炭反应器的电流分别增加到25 mA和21 mA时,出水pH都维持在7左右,当两反应器的电流分别低于25 mA和21 mA时,由于不能产生充足的 $H_2$ 供无烟煤(或活性炭)介质及主阴极上的反硝化细菌利用,硫反硝化产生的 $H^+$ 不能够被电化学氢反硝化完全利用,造成较低的出水pH。随电流的增加,产生更多的 $H_2$ 供电化学反硝化,同时消耗由硫反硝化反应产生的 $H^+$,所以当无烟煤和活性炭反应器的电流分别低于25 mA和21 mA时,出水的pH随电流的增加而增加。但当电流增加到25 mA和21 mA时,电化学氢反硝化去除硝酸盐的量和硫反硝化去除硝酸盐的量的比接近1∶1.97,由硫反硝化反应产生的 $H^+$ 都被氢反硝化反应所消耗,所以两反应器出水pH表现为中性,此时两反应器出水的pH几乎和SLAD系统的出水接近[75]。当无烟煤和活性炭反应器的电流分别高于25 mA和21 mA时,氢反硝化充分反应,所需的 $H^+$ 高于由硫反硝化反应产生的 $H^+$ 的量,但由于阳极反应产生的 $CO_2$ 也能水解提供 $H^+$,从而起到缓冲pH的作用,所以两反应器出水pH仍维持在中性。这一结果说明,硫碳混合反应器也能有效调节体系的pH并使其维持在中性。

由图5-29可知,在16 mA电流下,无烟煤和活性炭反应器的HRT分别为4.5 h和4 h时,两反应器的pH沿反应器高度变化不大,这是因为在反应器的每一个高度,都有适量的氢自养反硝化细菌和硫自养反硝化细菌,两种反硝化过程都

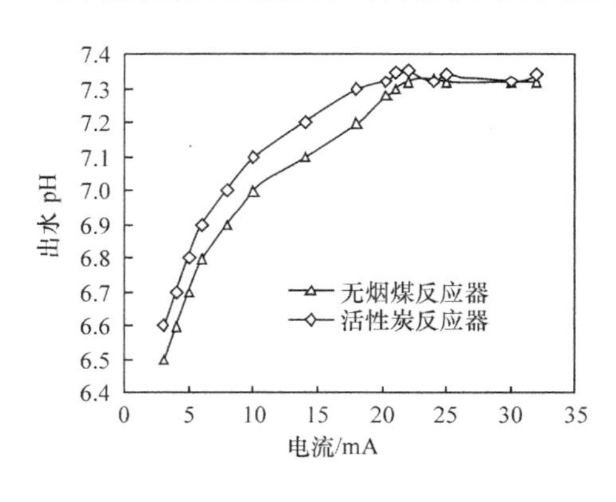


图5-28 出水pH随电流变化

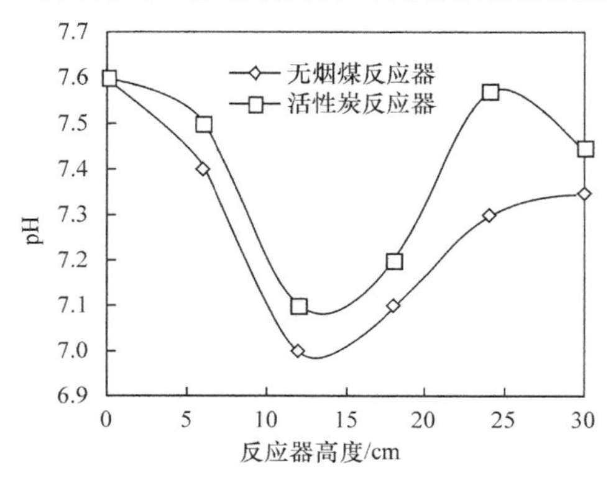


图5-29 出水pH沿反应器高度变化

能接近平衡，可维持 pH 为中性。但两反应器的 pH 都随柱高有先降低后升高的趋势，在接近出水口处，pH 又有少量的增加，这可能与反应器内不同反硝化过程所占的比例有关。

比较发现，活性炭反应器的出水 pH 稍高于无烟煤反应器，因为在相同电流时，活性炭反应器需要施加的电压总是低于无烟煤反应器。由于电流对脱氮硫杆菌有一定的影响，则电压也会影响介质的电-生物效应的发挥，硫反硝化细菌的介质电-生物活性在电压较低时活性较高，相应的硫反硝化承担的硝酸盐负荷也高，产生的 $H^+$ 也较多，不能被氢自养反硝化完全利用，即使同样条件下，活性炭反应器出水 pH 也稍高于无烟煤反应器。

### 5.2.4.5　电化学参数与反硝化效果的关系

1. 相同电流下 HRT 对脱硝率的影响

一定电流时，HRT 成为整个反硝化过程的控制因素，随 HRT 的增加，$NO_3^-$ 的去除率增加，$NO_2^-$ 的积累相应减少。在电流确定后，一定时间内产生的电子供体是确定的。当 HRT 增加时，单位体积的进水在反应器内获得的电子供体较多，相应去除的 $NO_3^-$-N 增加。如图 5-30 所示，在 20 mA 电流下，当无烟煤反应器和活性炭反应器的 HRT 分别延长到 3.3 h 和 2.75 h 时，$NO_3^-$-N 可被去除 90% 以上，同时没有 $NO_2^-$-N 的积累。

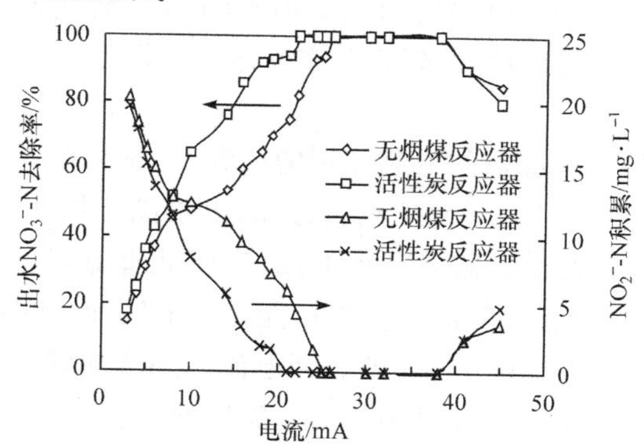


图 5-30　同电流下脱硝率随 HRT 的变化

2. 两反应器脱硝率随电流变化

在硫电混合反应器里，硫自养反硝化和氢自养反硝化同时发生，硫自养反硝化 pH 环境需要由氢自养反硝化来调节。在不同 HRT 时，氢反硝化和硫反硝化去除的 $NO_3^-$ 的摩尔比为 1∶1.97 或高于 1∶1.97 时，反应器能提供良好的 pH 环境使反硝化顺利进行。氢自养反硝化主要受电流控制，所以电流也是两种反硝化过程和硫碳混合反应器的影响因素之一。图 5－31 是在 2.5 h HRT 下，两反应器脱硝率随电流的变化情况。

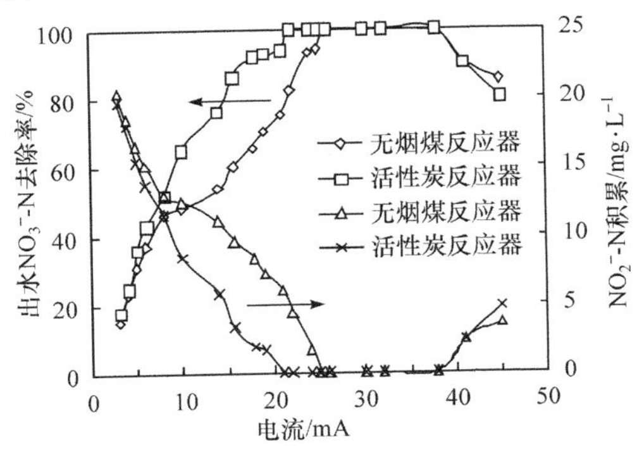


图 5－31　$NO_3^-$-N 去除率随电流的变化

由图 5－31 可以看出，两反应器的 $NO_3^-$-N 去除率随电流的增加而增加。随着反应的进行，$NO_2^-$-N 由最初的积累到逐渐被去除，类似于复三维-电极生物膜反应器的上升阶段。电流不同时，反应器内提供给氢、硫反硝化的 pH 环境不同。低电流时，$H_2$ 反硝化消耗的 $H^+$ 少，硫反硝化若产生过多的 $H^+$，则反硝化的 pH 下降，整个反硝化环境都将受到抑制，$NO_3^-$-N 去除率较低，并且有 $NO_2^-$-N 的积累现象。而较高的电流能提供更多的 $H_2$ 作为电子供体，消耗掉更多的 $H^+$，维持更好的反硝化 pH 环境，使硫自养反硝化更充分地发挥作用，承担更多的硝酸盐去除负荷。

当无烟煤和活性炭反应器的电流分别增加到 25 mA 和 21 mA 时，$NO_3^-$-N 去除率高于 90%，并且没有 $NO_2^-$-N 的积累，此时出水满足饮用水标准，所以定义此时的电流为此 HRT 下两反应器的最小电流，表明此电流已能提供反硝化所需的良好 pH 环境，两种反硝化之间的协同作用能充分地发挥，此时氢反硝化和硫反硝化去除的 $NO_3^-$ 的摩尔比接近 1∶1.97。当电流分别增加到 26 mA 和 22 mA 时，两反应器的 $NO_3^-$-N 去除率达到 100%，氢、硫反硝化去除的 $NO_3^-$ 的摩尔比高于 1∶1.97，仍能提供反硝化的良好 pH 环境。电流继续增加，反硝化效果没有改变。但当电流超过 41 mA 时，两反应器的 $NO_3^-$-N 去除率开始下降，并重新有 $NO_2^-$-N 的积累的发生，类似于复三维电极-生物膜反应器的下降阶段，这可能是由氢抑制现象造成的，氢反硝化不能顺利进行，进而影响到整个反应器的反硝化效果。

比较两反应器在同一电流下的 $NO_3^-$-N 去除率，发现同样电流下活性炭反应器的 $NO_3^-$-N 去除率高于无烟煤反应器，这是由于活性炭的比表面积大，有利于附着更多的反硝化细菌；达到同样电流时，活性炭反应器所需的电压较低，这都有利于活性炭反应器内介电-生物效应更好地发挥，使氢、硫自养反硝化过程更好地协同,表现为活性炭反应器的脱硝能力优于无烟煤反应器。

3. 几种主要离子随反应器高度变化

反应器进水采用升流式,随反应器高度的增加,进水中的 $NO_3^-$-N 逐步被去除。当 HRT 为 7.2 h,无烟煤和活性炭反应器的最小电流分别为 11 mA 和 10.5 mA 时,$NO_3^-$、$NO_2^-$ 和 $SO_4^{2-}$ 的浓度沿反应器高度的变化如图 5-32 所示。随反应器高度的增加,无烟煤和活性炭反应器的 $NO_3^-$-N 去除率和 $SO_4^{2-}$ 都在增加。$NO_2^-$ 浓度随高度的增加呈现先增加后减少的趋势,这是由于在反硝化过程中,由 $NO_3^-$-N 还原到 $NO_2^-$-N 是反硝化的限速步骤[84],在一定高度范围反硝化不完全,导致有 $NO_2^-$ 积累。但到达一定的高度后,由于 $NO_3^-$ 的减少,$NO_2^-$ 竞争到电子供体的机会增加,所以又逐步减少。由于对 $NO_3^-$-N 去除的增加,$SO_4^{2-}$ 的浓度沿反应器高度的增加。比较两反应器在同一高度的脱硝效果,活性炭反应器的 $NO_3^-$-N 去除率高于无烟煤反应器。

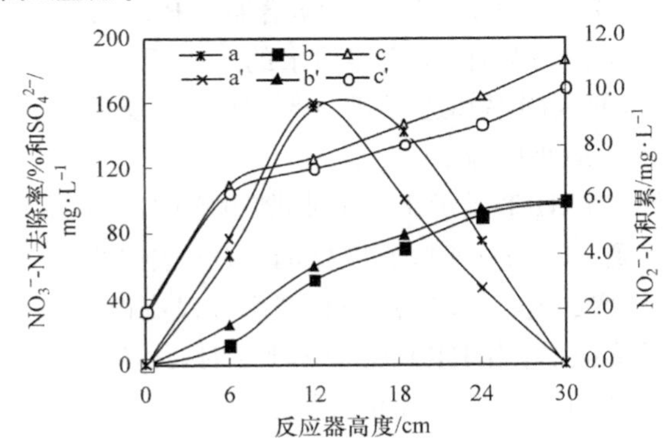


图 5-32 离子浓度随反应器高度变化

a—无烟煤反应器内 $NO_2^-$ 浓度;b—无烟煤反应器内 $NO_3^-$ 去除率;c—无烟煤反应器内 $SO_4^{2-}$;a′—活性炭反应器内 $NO_2^-$ 浓度;b′—活性炭反应器内 $NO_3^-$ 去除率;c′—活性炭反应器内 $SO_4^{2-}$

#### 5.2.4.6 反应器工艺条件优化

对应每个 HRT 条件,硫电混合反应器都有一个最小电流。在此最小电流下,$NO_3^-$-N 去除率高于 90%并且没有 $NO_2^-$-N 的积累。图 5-33 为两反应器在不同 HRT 下的最小电流比较。

随 HRT 的增加,两反应器所需的最小电流都在下降。当 HRT 为 2.1 h 时,为了保持 90%的脱硝率,无烟煤和活性炭反应器的最佳电流分别为 28 mA 和 23 mA。当 HRT 增加到 8.9 h 时,两反应器达到上述确定脱硝效果所需的最小电

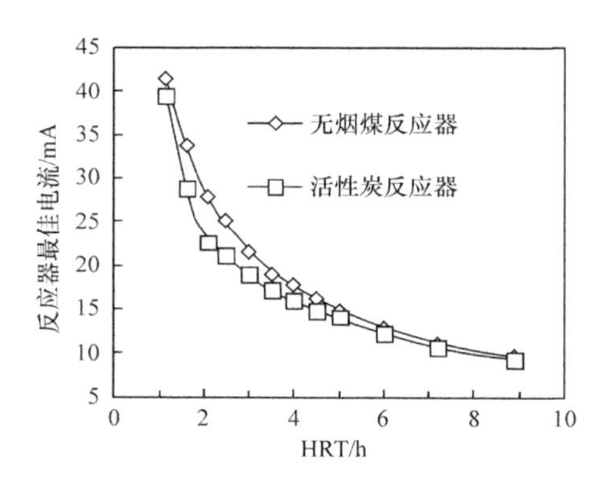


图 5-33 不同 HRT 下两反应器的最小电流

流分别减小到 9.6 mA 和 9.2 mA。这是因为随 HRT 的延长，单位体积反应器的硝酸盐负荷降低，氢反硝化去除的硝酸盐的量也在下降，在相应较低的电流下反应器就能达到 90%的 $NO_3^-$ 去除率。如果继续增加 HRT，两反应器所需的最小电流继续下降。当电流低于 5 mA 时，反应器出水的 pH 低于 6.6（图 5-28），此时在任何 HRT 下，反应器的脱硝率都达不到 90%，所以对硫碳混合反应器来讲 5 mA 是两反应器有效运行的最小电流。

对无烟煤反应器，当 HRT 低于 1.2 h 时，随电流的增加，反应器的 $NO_3^-$ 去除率也增加。当电流增加到 41.5 mA 时，反应器的 $NO_3^-$ 去除率为 85%，并且出水中有 $NO_2^-$-N 的积累。继续增加电流，反应器的脱硝率并没有改善，这可能是由氢抑制现象造成的。对活性炭反应器，当 HRT 低于 1.1 h 时，无论多大的电流，反应器都有 $NO_2^-$ 的积累，所以其 HRT 要高于 1.1 h。两反应器的运行条件范围如表 5-4 所示。

**表 5-4 两种不同反应器运行条件范围**

| | HRT/h | | | | | | | | | | | |
|---|---|---|---|---|---|---|---|---|---|---|---|---|
| | 1.1 | 1.2 | 1.6 | 2.1 | 3 | 4 | 5 | 6 | 7.2 | 8.9 | 18.4 | 20.7 |
| 无烟煤反应器最小电流/mA | — | 41 | 33.7 | 27.9 | 21.6 | 16 | 11 | 17.7 | 11.1 | 9.6 | 5.2 | 5 |
| 活性炭反应器最小电流/mA | 41 | 39.5 | 28.8 | 22.6 | 18.9 | 17 | 12 | 16 | 10.7 | 9.2 | 5 | — |

无烟煤反应器的 HRT 范围为：1.2～20.7 h，相应最小电流为 41～5 mA。活性炭反应器的 HRT 范围为：1.1～18.4 h，相应最小电流为 41～5 mA。

在整个运行过程中，无烟煤和活性炭反应器的最大体积负荷分别为 0.626 和 0.661 kg $NO_3^-$-N · $m^{-3}$ · $d^{-1}$，是电化学氢-硫集成反应器（0.381 kg $NO_3^-$-N · $m^{-3}$ · $d^{-1}$）的 2 倍左右，最大电极反硝化负荷为 0.843 和 0.976 mg $NO_3^-$-N · $cm^{-2}$ · $d^{-1}$。

表明硫碳混合反应器的反硝化能力高于硫电集成反应器的反硝化能力，同时活性炭反应器反硝化能力高于无烟煤反应器。

#### 5.2.4.7　出水中的$SO_4^{2-}$

对于进水$NO_3^-$浓度维持在30 mg N·$L^{-1}$的水样，硫碳混合反应器出水中的$SO_4^{2-}$浓度变化如图5-34所示。在整个稳定运行阶段(310天)，反应器出水$SO_4^{2-}$浓度不超过160 mg·$L^{-1}$，满足饮用水水质标准中不超过250 mg·$L^{-1}$(GB 3838-83)的要求，低于硫电集成反应器出水的$SO_4^{2-}$浓度(低于170 mg N·$L^{-1}$)，同时也低于常规的硫自养反硝化反应器和SLAD系统出水的$SO_4^{2-}$浓度(同样的进水$NO_3^-$浓度)[121,122]，相应反应器的$SO_4^{2-}$/$NO_3^-$-N(去除的)比值也较低，为5.0～6.3，低于报道值6.4，7.89，9.9，11.1[33,123～125]和理论值7.45。这是因为$NO_3^-$的去除很大一部分由电化学产氢自养反硝化完成，硫自养反硝化去除一部分的硝酸盐氮，相应产生的$SO_4^{2-}$也较少，$SO_4^{2-}$/$NO_3^-$-N(去除的)比值也较小。

由图5-34可知，活性炭反应器出水的$SO_4^{2-}$浓度和$SO_4^{2-}$/$NO_3^-$-N(去除的)比值均高于无烟煤反应器，这是因为活性炭反应器的反硝化能力高于无烟煤反应器，产生的$SO_4^{2-}$浓度高，$SO_4^{2-}$/$NO_3^-$-N(去除的)比值相应也高。活性炭反应器的$SO_4^{2-}$/$NO_3^-$-N(去除的)比值为5.0～6.6，无烟煤反应器的$SO_4^{2-}$/$NO_3^-$-N(去除的)比值为5.1～6.4。

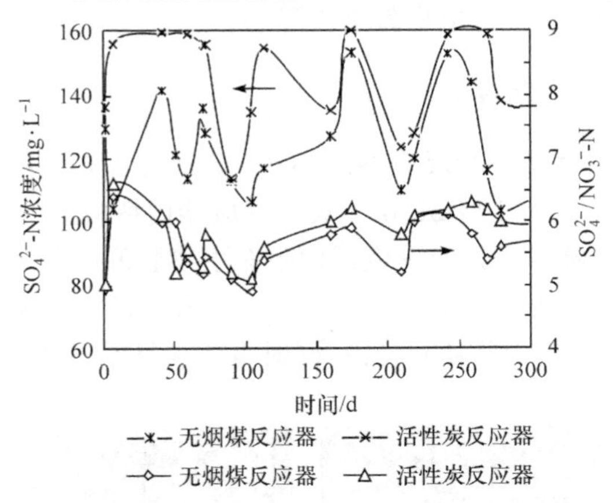


图5-34　两反应器出水$SO_4^{2-}$比较

#### 5.2.4.8　生物量及微生物形态分析

1. 生物量分析

在16 mA电流，无烟煤反应器和活性炭反应器的HRT分别为4.5 h和4 h的条件下，两反应器的生物量SS和VSS如图5-35所示。

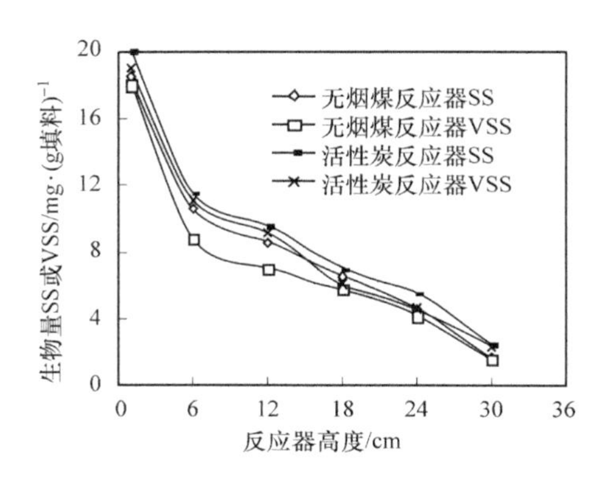


图 5-35 生物量沿反应器高度变化

可以看出，反应器的生物量 SS 和 VSS 沿反应器高度呈下降趋势，在反应器 1.0 cm 高度处，无烟煤反应器的 SS 和 VSS 分别为 18.5 和 18 mg·(g 填料)$^{-1}$，活性炭反应器的生物量 SS 和 VSS 分别为 20.2 和 19.1 mg·(g 填料)$^{-1}$。当高度距顶部 30 cm 时，两反应器的生物量 SS 分别下降到 1.7 和 2.51mg·(g 填料)$^{-1}$；两反应器的生物量 VSS 分别下降到 1.6 和 2.32 mg·(g 填料)$^{-1}$。此现象产生是由于随反应器高度的增加，硝酸盐的浓度在减少，相应以硝酸盐为电子受体的反硝化细菌的量也在降低，生物量值也就逐步降低。

2. 反应器内的微生物形态

当无烟煤反应器和活性炭反应器的 HRT 分别为 4.5 h 和 4 h，电流为 16 mA 时，在 HITACHI S-3500 N 型 SEM 下观察反应器内填料上的细菌形态。

(1) 活性炭反应器。活性炭反应器内附有生物膜的硫单质颗粒以及颗粒表面的细菌形态的 SEM 分别如图 5-36(a)和(b)所示。硫单质颗粒表面的主要细菌为短杆状，从形态上分析为脱氮硫杆菌，同时也有少量的丝状菌和极少的球形大孢子(也可能是脱氮球菌)存在。

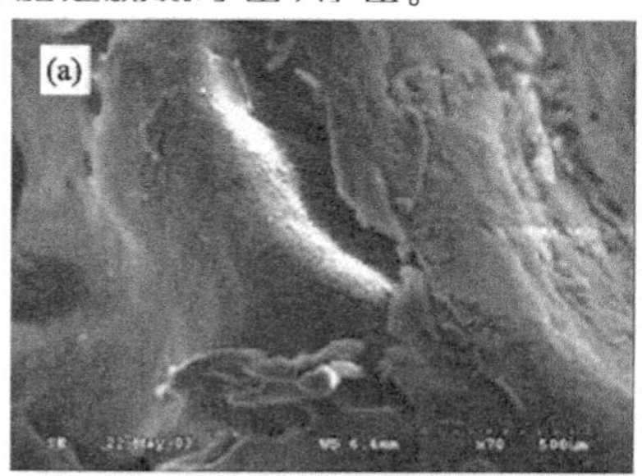


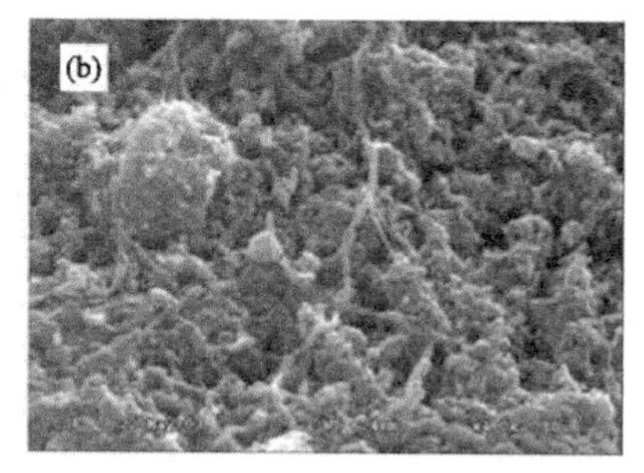


图 5-36 活性炭反应器内硫颗粒表面生物膜及其上细菌情况

(a)×70 倍；(b)×4000 倍

活性炭反应器内的活性炭颗粒表面生物膜的细菌形态如图 5－37 所示，可以看出，其生物膜厚度比硫颗粒上的生物膜薄，细菌总数相对要少。观察细菌的形态，是以短杆状的细菌和球状细菌为主，并有大量的球状菌胶团存在，如图 5－37(a)中的亮点所示，亮点(菌胶团)放大即为图 5－37(b)所示。

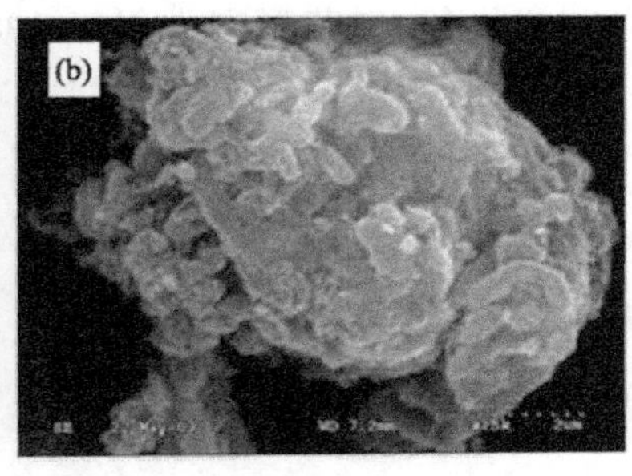

图 5－37　活性炭颗粒表面生物膜细菌形态

(a)×4 000 倍；(b)×15 000 倍

活性炭反应器取样时脱落的生物膜的细菌形态如图 5－38 所示。图 5－38(a)为脱落的生物膜放大 120 倍，图 5－38(b)是此膜的外表面形态，图 5－38(c)是图 5－37(a)中膜的内表面中的方框放大得到。从密集的细菌形态判断，此膜为硫颗粒上脱落的生物膜。

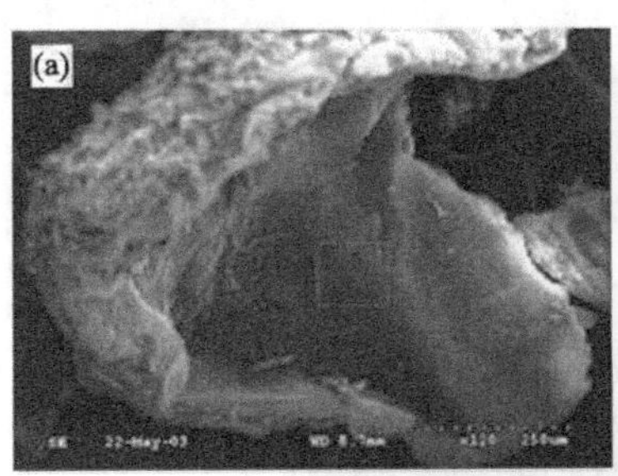
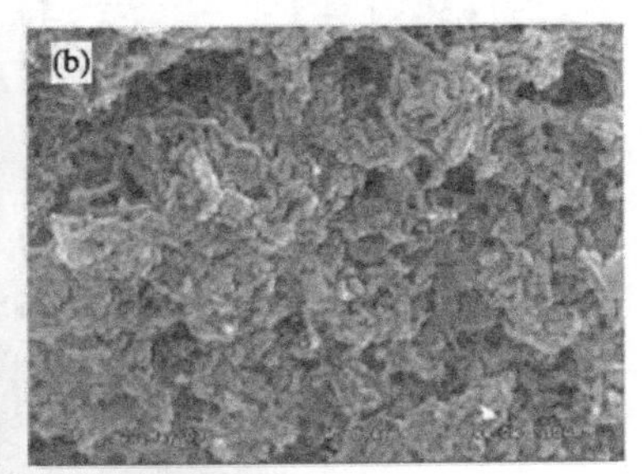
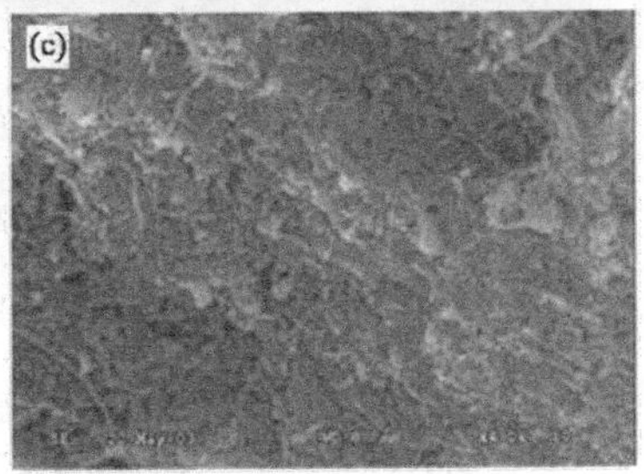

图 5－38　脱落生物膜细菌形态

(a)×120 倍；(b)×4000 倍；(c)×4000 倍

(2) 无烟煤反应器。无烟煤反应器内硫单质颗粒在不同倍数电镜下的表面细菌形态如图 5-39 所示。可以看出,短杆状的细菌密集地排列在硫单质颗粒的表面。据文献报道,微球反硝化菌是典型能利用氢气进行反硝化的自养菌[85]。图 5-40(a)、(b)和(c)为不同放大倍数下无烟煤颗粒表面的细菌形态,主要的细菌仍然是杆菌和球状菌,细菌形态类似于 1987 年 Kurt 等报道的氢自养反硝化细菌形态[76]。

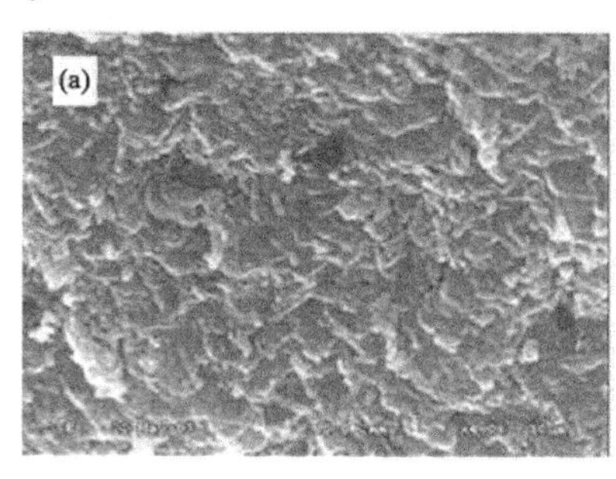
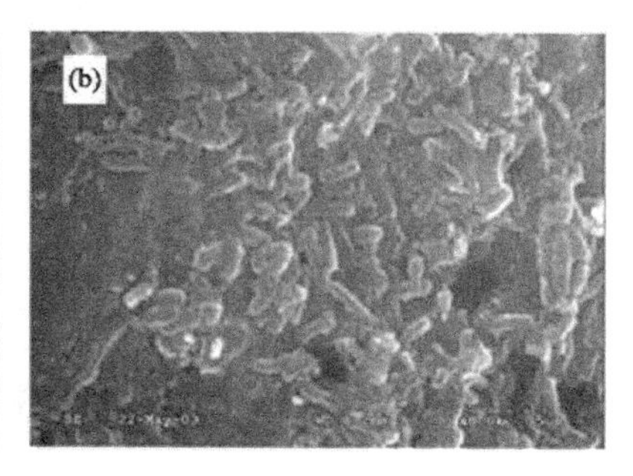

图 5-39　无烟煤反应器内硫单质颗粒表面细菌形态
(a)×4000 倍;(b)×8000 倍

图 5-40　无烟煤颗粒表面细菌形态
(a)×4000 倍;(b)×4000 倍;(c)×8000 倍

图 5-41(a)、(b)和(c)为不同的放大倍数下,无烟煤反应器内脱落的生物膜表面的细菌形态,大量的杆状菌聚集在一起,从形态上判断为脱氮硫杆菌,此生物

膜可能由硫颗粒脱落而成。

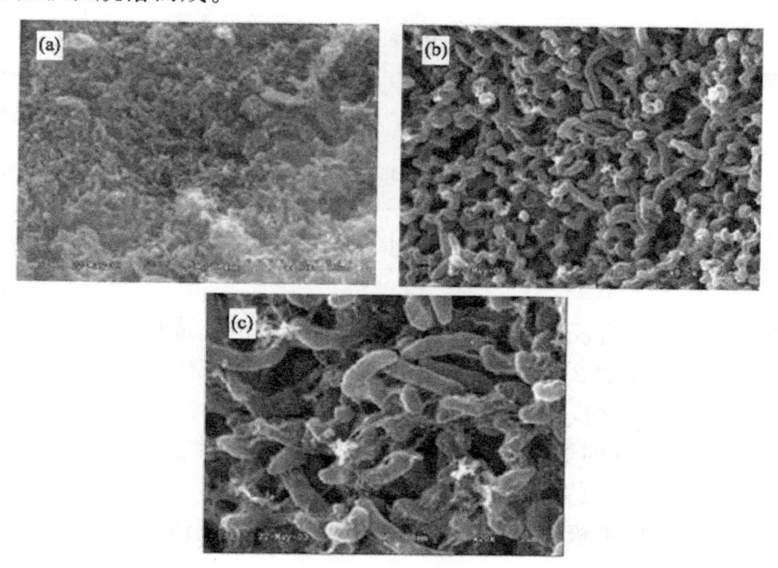

图 5-41　无烟煤反应器内脱落生物膜表面细菌形态

(a)×4000 倍；(b)×8000 倍；(c)×20 000 倍

比较活性炭反应器与无烟煤反应器内硫单质颗粒上的细菌形态，主要的细菌差别不大，从形态上判断为脱氮硫杆菌，表明两种类型的反应器均能提供良好的介电-生物环境来进行反硝化。

### 5.2.5　几种反应器比较

实验表明，无烟煤和活性炭反应器的反硝化效果并没有明显的差别，但从反应器的反硝化能力看，活性炭反应器的反硝化能力高于无烟煤反应器，所以建议工程运行中优选活性炭反应器。两反应器的运行条件和反硝化效果对比如表 5-5 所示，并和前几节介绍的其他反应器进行了比较。

表 5-5　各种反应器对比

| 反应器类型 | HRT 范围/h | 每一 HRT 相应的最小电流/mA | 最大体积负荷/kg $NO_3^-$-N · $m^{-3}$ · $d^{-1}$ | 最大电极负荷/mg $NO_3^-$-N · $cm^{-2}$ · $d^{-1}$ | 最高 $NO_3^-$-N 去除率/% | 平均生物量/mg VSS · (g 填料)$^{-1}$ |
|---|---|---|---|---|---|---|
| 硫碳混合无烟煤反应器 | 1.2～21 | 41～5 | 0.626 | 0.843 | 100 | 16.5～5.7 |
| 硫碳混合活性炭反应器 | 1.1～18.4 | 41～5 | 0.661 | 0.976 | 100 | 14.2～5.3 |

续表

| 反应器类型 | HRT范围/h | 每一HRT相应的最小电流/mA | 最大体积负荷/kg $NO_3^-$-N·$m^{-3}$·$d^{-1}$ | 最大电极负荷/mg $NO_3^-$-N·$cm^{-2}$·$d^{-1}$ | 最高$NO_3^-$-N去除率/% | 平均生物量/mg VSS·(g填料)$^{-1}$ |
|---|---|---|---|---|---|---|
| 硫电集成反应器 | 1.9～5 | 16～3 | 0.381 | 0.043 | 100 | 9.26～5.1 |
| 复三维电极-生物反应器 | ≥1.75 | 14～1.5 | 0.360 | 0.888 | 100 | 8.69～4.7 |

结果表明硫碳混合反应器的反硝化能力高于硫电集成反应器，最高反应器体积负荷是集成反应器的2倍左右，也是复三维电极生物膜反应器的2倍左右，初步表明硫碳混合反应器在反硝化能力上优于前两类反应器，这与硫碳混合反应器的生物量较高有关系，同时表明硫碳混合反应器结合了复三维电极反应器和集成反应器的优点，运行中有更宽的HRT和电流使用范围。

硫碳混合复三维电极-生物膜反应器与硫-氢集成反应器相比，具有更大的优势和应用潜力。

## 5.3 展　望

电化学-生物法在工业废水处理和饮用水净化方面都有着极其广阔的应用前景。但电化学-生物水处理方法的研究还很不深入，技术应用的科学基础较薄弱，为此有必要在以下几个方面继续开展研究：

(1) 深入研究电化学氧化还原反应与生物处理的耦合关系和交互作用机制，揭示电化学作用下的生物系统变化规律以及生物系统中电化学反应过程，从而为生物-电化学技术的开发提供科学依据。

(2) 研究开发电化学-生物组合技术和反应器，特别是要针对反应器效率提高、氧化还原条件改善等关键问题，解决两种过程协同作用的控制要素，建立高效集成反应器系统。

(3) 针对含有机物和无机物的高浓度工业废水处理、生活污水处理与资源化利用以及饮用水净化等实际问题，研究发展新型电化学-生物水处理组合工艺，解决工程应用中的关键技术，并进行有代表性的应用实践。

### 参考文献

[1] Daghetli A, Lodi G, Trasatli S. Materials Chemistry and Physics. Lausanune Elsevier Sequoia S. A., 1983, 90

[2] Comninellis C, Pulgarin C. Anodic Oxidation of Phenol for Wastewater Treatment using $SnO_2$ Anodes. J. Appl. Electrochem., 1993, 23(2): 108～111

[3] Murphy A. Chemical Removal of Nitrate from Water. Nature, 1991, 350: 223～229

[4] 曹宏斌,李玉平,陈艳丽等.电解—生物耦合技术处理酸性红A染料废水的研究.过程工程学报,2003,3(6):570～575

[5] Sakakibara Y, Kuroda M. Electric prompting and Control of Denitrification. Biotechnol. Bioeng., 1993, 42: 535～537

[6] Maini G, Sharman A K, Sunderland G et al. An interated method incorporating sulfur-oxidizing bacteria and electrokinetics to enhance removal of copper from contaminated soil. Environ. Sci. Technol., 2000, 34: 1081～1087

[7] Ishizaki A, Nomura Y, Iwahara M. Built-in electrodialysis batch culture-a new approach to release of end product inhibition. J. Ferment. Bioeng., 1990, 70: 108～113

[8] Qu J H, Fan B, Ge J T et al. Denitrification of drinking water by a combined process of heterotrophication and electrochemical autotrophication. J. Environ. Sci. Health, 2002, A37(4): 651～665

[9] Prosnansky M, Skakibara Y, Kuroda M. High-rate denitrification and SS rejection by biofilm-electrode reactor(BER) combined with microfiltration. Wat. Res., 2002, 36(19): 4801～4810

[10] Sakakibara Y, Flora J R V, Suidan M T et al. Modeling of electrochemically-activated denitrifying biofilms. Wat. Res., 1994, 28(5): 1077～1086

[11] Wu J, Taylor K E. Optimization of the reaction conditions for enzymatic removal of phenol from waste water in the presence of polyethylene glycol. Wat. Res., 1993, 27: 1701～1706

[12] 范彬.三维电极-生物膜及异养-电极-生物膜地下水脱硝反应器的研究[博士论文].北京:中国矿业大学(北京校区),2000

[13] 李海燕.含硝基苯类化合物废水处理技术研究[硕士论文].南京:南京理工大学,2001

[14] Vlyssides A G. Detoxification of tannery waste liquors with an electrolysis system. Environmental Pollution, 1997, (1-2): 147～152

[15] Li C. Electrochemical oxidation pretreatment of refractory organic pollutants. Water Science and Technology, 1997, 34(2-3): 123～130

[16] 周启光,周恭明.电催化氧化处理有机废水的应用现状和展望.福建环境,2003,20(3):35～36

[17] 李玉平,曹宏斌.硝基苯在温和条件下的电化学还原.环境科学,2005,26(1):117～121

[18] 赵德明,陈雨生,金鑫丽,童南时.电化学腐蚀法预处理对氟硝基苯废水的研究.浙江化工,2001,32(2):26～28

[19] 李勇.电化学凝聚-生物碳滤池联合法处理废水技术及应用研究[硕士论文].广州:广东工业大学,2003

[20] Skadberg B, Gedly-Horn S L, Sangamalli V. Influence of pH, current and copper on the biological dechlorination of 2,6-dichlorophenol in an electrochemical cell. Water Res., 1999,

33 (9):1997～2010

[21] 褚衍洋,徐迪民.垃圾渗滤液电化学催化氧化法深度处理研究.上海环境科学,2003,22(11):822～824

[22] Marco P, Giacomo C. Electrochemical oxidation as a final treatment of synthetic tannery wastewater. Environ. Sci. Technol.,2004,38(20):5470～5475

[23] Buzzini A P, Patrizzi L J, Motheo A J, Pires E C. preliminary evaluation of the electrochemical and chemical coagulation processes in the post-treatment of effluent from an upflow anaerobic sludge blanket (UASB) reactor. Journal of Environmental Management, Article in Press, Available online 28 November 2006

[24] 刁惠芳,施汉昌,李晓岩,杨政.回用生活污水的电化学消毒试验研究.环境污染治理技术与设备,2004,5(4):23～26

[25] 范建伟.含硝基、胺基、酚等染料及染料中间体废水处理工艺的研究[硕士论文].上海:同济大学,2003

[26] 王春芹.偶氮型分散染料生产废水治理预处理工艺研究.辽宁城乡环境科技,2005,19(6):48～50

[27] 高旭光,曾桁,李海燕,安立超.染料废水处理的有效工艺.重庆环境科学,2000,22(2):25～27

[28] Hsu T H, Chiang C S. Activated sludge treatment of dispersed dye factory wastewater. J Environ Sci Health,1997,32:1921～1932

[29] Kim T, Park C, Lee J, Shin E, Kim S. Pilot scale treatment of textile wastewater by combined process (fluidized biofilm process-chemical coagulation-electrochemical oxidation). Water Res.,2002,36(16):3979～3988

[30] Sakalis A, Konstantinos M, Ulrich N et al. Evaluation of a novel electrochemical pilot plant process for azodyes removal from textile wastewater. Chemical Engineering Journal,2005, 111(1):63～70

[31] Lin S H, Peng C F. Continuous treatment of textile waster by combined coagulation, electrochemical oxidation and activated sludge. Water Res.,1996,30(3):587～592

[32] 李庭刚,李秀芬,陈坚.渗滤液中有机化合物在电化学氧化和厌氧生物组合系统中的降解.2004,环境科学,25(5):172～176

[33] 王鹏,刘伟藻等.电化学氧化与厌氧技术联用渗滤水.环境化学,2001,22(5):70～73

[34] 李庭刚,陈坚,张国平.电化学氧化法处理高浓度垃圾渗滤液的研究.上海环境科学.2003,22(12):892～896

[35] 张道峰,陈晓梅.电化学方法处理高浓度生物制药废水研究.安徽化工,2003,29(5):42

[36] Chiang L C, Chang J E, Tseng S C. Electrochemical oxidation pretreatment of refractory organic pollutants. Water Science and Technology,1997,36(2-3 ):123～130

[37] 章非娟.工业废水污染防治.上海:同济大学出版社,2001.50～80

[38] 陈东海,操庆国.中国农药废水处理技术现状.北方环境,2004,29(6):43～46

[39] 刘福达,何延青,刘俊良,徐伟朴,马放,李彬.电化学法预处理高浓度农药废水的试验研

究.中国给水排水,2006,22(9):56～58
[40] 李天成,朱慎林.电催化氧化技术处理苯酚废水研究.电化学,2005,11(1):101～104
[41] Cornelis G, Tuin B J W, Aurich V G, Maassen W. Coupling of electrochemical and biological treatment to remove diethylenetriaminepentaacetic acid (DTPA) from pulp and paper effluents. Acta Hydrochim. Hydrobiol.,2002,30(2-3):94～100
[42] 车玲,孟凯中,周世星等.电化学法预处理 TNT 废水及机理研究.工业水处理,2005,25(4):26～28
[43] Bejankiwar S, Lokcsh K S, HalappaGowda T P. Colour and organic removal of biologically treated coffee curing wastewater by electrochemicall oxidation method. Journal of Environmental Science,2003,15(3):323～327
[44] 黄得兵,岳铁荣,赵永红.电化学—接触氧化法处理多层线路板废水工程实例.环境工程,2005,23(2):13～16
[45] Marco P, Marcello Z, Cristiano N. Biological and electrochemical oxidation of naphthalene-sulfonates. Journal of Chemical Technology and Biotechnology,2006,81(2):225～232
[46] Kyriacou A, LasaridiK E, Kotsou M, et al. Combined bioremedzation and advanced oxidation of green table olive processing wastewater. Process Biochemistry, 2005,40(3-4):1401～1408
[47] 张乐华,朱又春,李勇.电解法在废水处理中的应用及研究进展. 工业水处理,2001,21(10):5～8
[48] Sakakibara Y, Araki K, Tanaka T, Watanabe T, Kuroda M. Denitrification and neutralization with an electrochemical and biological reactor. Wat. Sci. Tech.,1994,30(6):151～155
[49] Sakakibara Y, Araki K, Watanabe T, Kuroda M. The denitrification and neutalization performance of an electrochemically activated biofilm reactor used to treat nitrate-contaminated groundwater. Wat. Sci. Tech.,1997,36(1):61～68
[50] Islam S, Suidan M T. Electrolytic denitrification: long term performance and effect of current intensity. Wat. Res.,1998,32(2):528～536
[51] Feleke Z, Arakf K, Sakakibara Y, Watanabe T, Kuroda M. Selective reduction of nitrate to nitrogen gas in a biofilm-electrode reactor. Wat. Res.,1998,32(9):2728～2734
[52] Sakakibara Y. A noval multi-electrode system for electrolytic and biological water treatments: electric charge transfer and application to denitrification. Wat Res.,2001,35(3):768～778
[53] Michal P. High-rate denitrification and ss rejection to biofilm electrode reactor(ber) combined with microfilmtration. Wat. Res.,2002,36:4801～4810
[54] 范彬,曲久辉.复三维电极-生物膜反应器脱除饮用水中的硝酸盐.环境科学学报,2001,21(1):39～43
[55] 王五洲,汤兵,蔡河山,张子间.电解-生物滤床反应器反硝化作用初探.环境科学与技术,2004,27(8):117～119
[56] 谭佑铭,王萌,罗启芳.固定化反硝化菌涂层电极及模拟脱氮装置的研制.卫生研究,

2004,33(4):407

[57] Kuroda M,Watanabe T,Umedu Y.Simultaneous oxidation and reduction treatment of polluted water by bio-electro reactor.Wat.Sci.Technol.,1996,34(9):101~108

[58] Kuroda M, Watanabe T, Umedu Y. Simultaneous COD removal and denitrification of wastewater by bio-electro reactor.Wat.Sci.Technol.,1997,35(8):161~168

[59] 范彬,曲久辉.异养—电极—生物膜联合反应器脱除地下水中硝酸盐的研究.环境科学学报,2001,21(3):257~262

[60] Felekea Z, Sakakibara Y. A bio-electrochemical reactor couple with adsorber for the removal of nitrate and inhibitory pesticide.Water Res.,2002,36:3092~3102

[61] Tomohide W, Hisashi M. Denitrification and neutralization treatment by direct feeding of an acidic wastewater containing copper ion and high-strength nitrate to a bio-electrochemical reactor process.Water Res.,2001,35(17):4012~4110

[62] Doan H D,Wu J,Boithi E,Storrar M.Treatment of wastewater using a combined biological and electrochemical technique. Journal of Chemical Technology and Biotechnology, 1986,78(6):632~641

[63] Doan H D,Wu J,Mitzakov R.Combined electrochemical and biological treatment of industrial wastewater using porous electrodes, Journal of Chemical Technology and Biotechnology,2006,81(8):1398~1408

[64] 张乐华,朱又春,王亚林等.电化学反应提高生物滤池的城市污水脱氮效果.环境污染与防治,2005,27(2):91~93

[65] Wirtz R A,Dague R R.Enhancement of granulation and start-up in the anaerobic sequencing batch reactor.Wat.Environ.Res.,1996,68(5):883~892

[66] Liu Y.Estimating minimum fixed biomass concentration and active thickness of nitrifying biofilm.J.Environ.Eng.,1997,123(2):198~202

[67] 王海燕.电化学集成自养反硝化去除饮用水中硝酸盐氮的研究[博士论文].北京:中国科学研究院生态环境研究中心,2003

[68] Schippers J C,Kruithof J C,et al.Removal of nitrate by slow sulphur/limestone filtration. Aqua.,1987,5:274~280

[69] 王海燕,曲久辉.电化学氢自养与硫自养集成去除饮用水中的硝酸盐.环境科学学报,2002,22(6):711~715

[70] Strukul G,Gavagnin R,Pinna F,Modaferri E,Perathgoner S,Centi G,Marelia M,Tomaselli M.Use of palladium based catalysts in the hydrogenation of nitrates in drinking water:from powders to membranes.Catal.Today,2000,55:139~148

[71] Ludtke K, Peinemann K, Kasche V, Behling R. Nitrate removal of drinking water by means of catalytically active membranes.J.Membrane Sci.,1998,151:3~11

[72] Il'initch O M, Nosova L V, Gribov E N. Catalytic membrane in reduction of aqueous nitrates:operational principles and catalytic performance. Catal. Today, 2000, 56(1-3): 137~145

[73] 王毓仁.提高废水生物反硝化效果的理论和实践.石油化工环境保护,1995,93:1～5

[74] Henze M, Harrë moes P, Jansen J L, Arvin E. Wastewater treatment biological and chemical processes (in Danish). Denmark: Polyteknisk Forlag, 1992, 78

[75] Flere J M, Zhang T C. Nitrate removal with sulfur-limestone autotrophic denitrification processes. J. of Environ. Enging., 1999, 8: 721～729

[76] Kurt M, Dunn I J, Bourne J R. biological denitrification of drinking water using autotrophic organisms with $h_2$ in a fluidized-bed biofilm reactor. Biotechnol. Bioeng., 1987, 29: 493～501

[77] Sikora L J, Keeney D R. Evaluation of a aulfur-thiobacillus denitrificans nitrate removal system. J. Environ. Quality, 1976, 5(3): 298～303

[78] Koenig A, Liu L H. Autotrophic denitrification of landfill leachate using elemental sulphur. Wat. Sci. Tech., 1996, 34(5-6): 469～476

[79] Hashimoto S, Furukawa K, Shioyama M. Autotrophic denitrification using elemental sulfur. J. Ferment Technol., 1987, 63(5): 683～692

[80] Flere J M, Zhang T C. Sulfur-based autotrophic denitrification pond systems for in-situ remediation of nitrate-contaminated surface water. Wat. Sci. Tech., 1998, 38(1): 15～22

[81] Zhang T C, David G L. Sulfur/limestone autotrophic denitrification processes for treatment of nitrate-contaminated water: batch experiments. Wat. Res., 1999, 33(3): 599～608

[82] Claus G, Kutzner H J. Physiology and kinetics of autotrophic denitrification by thiobacillus denitrificans. Appl. Microbiol. Biotechnol., 1985, 22: 283～288

[83] 朱宏丽,王书惠.三元电极电解在水处理中的应用.环境科学,1985,6(6):36～40

[84] Potter T G, Tseng C C, Koopman B. Nitrogen removal in partial nitrifycation/complete denitrification process. Wat. Envirn. Res., 1998, 70(3): 334～342

[85] Vogt M W. Untersuchungen an micrococcus denitrificans. Arch. Microbiol., 1965, 50: 256～281

# 第6章　水处理电磁技术原理与应用

## 6.1　概　　述

电磁水处理技术应用始于20世纪70年代末，美国国家航空和宇航局研制成功电子水处理器，利用磁场或电场作用来防止水的结垢和设备腐蚀[1,2]。其原理是在一定磁感应强度和电场强度下通过改变水垢的结晶类型，生成易于冲洗的沉淀而达到防止水结垢的目的[3,4]。使用的磁场类型有永久性磁铁形成的磁场和电磁场，磁场强度可以从几十高斯到几千高斯[5~7]。

电磁水处理设备不仅具有阻垢和防腐的作用，而且还具备一定的杀菌灭藻功能[8]。李建宏等用国内生产的电子水处理器进行蓝藻灭活的实验发现，藻液的浓度随时间的增加而降低，在24V电压下，12h就可以将藻全部杀死，杀藻率与电压成正相关关系[9]。加拿大York Energy Conservation公司设计并制造的离子棒静电水处理器利用高压静电作用原理，在实际中得到运用，并表现出很好的杀菌效果，杀菌率可以达到99.9%以上[10]。由电磁波作用的电子灭藻机对极大螺旋藻等8种藻体作用6～15min后，能使藻细胞全部失去活性，在5天的时间内藻都没有表现出正常的生长状态[11]。磁场和电场不仅可以直接达到杀藻和杀菌的目的，而且经它们处理后的水还具备一定的活化作用，这种活化水具有一定的杀菌作用[12]。

现行的电磁水处理器多是利用交变电流在固定频率下进行工作，由于其频率固定，主要用于过水管道的除垢和防垢，杀菌除藻效能较差。在此类技术产品的基础上，根据水中钙、镁、硅酸盐等无机物形成水垢以及细菌、藻类的杀灭原理，将直流脉冲变频技术应用于水处理过程，通过微电脑控制实现较宽范围的频率和功率变化，以同时满足防垢除垢、杀菌灭藻要求，可达到综合净水之效果。

## 6.2　变频式电磁净水反应器

### 6.2.1　基本原理

#### 6.2.1.1　设计原理

研究和应用表明，采用强大的直流脉冲变频电磁场，对水管除藻灭菌和去垢的效果相当明显。其基本原理是，强大直流脉冲电流在高电平转入低电平的瞬间，积聚在感应线圈的能量，由于电路的突然关闭在线圈两端产生反冲高压，使水管中感应的电压瞬间猛增，产生了一个很大的瞬间电流，大大提高了电磁场能量的传递效率。利用电磁场能量进行水处理是一个相当复杂的过程，在整个处理过程中，伴随着各种物理、化学和生物反应。实验证明，在水中的各种反应和作用都不是在同一频率的电场驱动下产生，而是分别对应于某种频率的电场力作用。采用直流脉冲电磁场，既具有交流感应性能，又具有直流电场阴阳极的电离作用，还具有脉冲波冲击功能。这样在水处理的复杂过程中，使电磁场能量能以多种形式有效地参与各种物理、化学和生物反应，提高了水处理效果。

变频式电磁净水反应器的工作原理简图如图6-1所示。

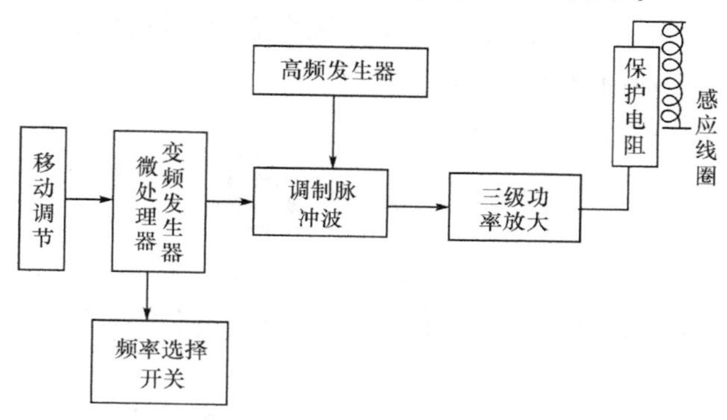


图6-1 变频式电磁净水反应器的工作原理简图

变频式电磁水处理器的核心是一种变频模糊控制的大功率直流脉冲发生器。它通过缠绕在水管外壁上的多股绕组，把发生器产生的电磁波感应到水管内的水中，为了使水中更有效地发生各种物理、化学和生物反应，除获得足够的能量外，还需要使发生的脉冲电磁波产生持续的频率变化，即变频。本章所介绍的反应器变频以如下三种形式实现：

(1) 扫频。在每一秒钟内，频率由低至高循环地自动发出一系列有规律的变化。频率的变化范围可以根据水处理需求来确定，可以从几十赫兹至几十千赫兹。

(2) 移频。变频范围可以进行调整，以适应各种水质特征需要，可以随机进行更改。

(3) 选频。根据被处理水的某些水质特征，可以随意调整到某一固定频率，以加强在此频率下的电磁场净化水效果。

为了获得这种可调节的扫频、移频、选频三种形式的变频直流脉冲波，可采用微电脑芯片进行精确智能控制，并辅以灵活的软件设计和应用，形成变频扫频电磁场水处理系统，具有优良的处理效果。

#### 6.2.1.2 控制原理

上述变频式电磁净水反应器利用微电脑芯片控制频率调整和变化。当把移频、选频信号通过外界电位器和拨动开关把选频或移频范围调整好后，微电脑的中央处理器通过识别、译码，产生一系列扫频频率信号或一种固定频率信号。扫频频率信号是可编程的，根据水质特点，可随时改变，这一切都是在微电脑软硬件的控制下进行的。显然采用智能化技术相当灵活，它可以根据客户需求，在硬件不变的情况下随时修改，使反应器的运行参数和工况始终处于理想状态。目前市场上的一些类似水处理器，由于单纯地采用硬件结构，不仅结构复杂、可靠性差，而且功能相当有限，很难适应水质及应用对象变化的各种要求。

由于采用扫频原理，扫频信号具有几百个频率特性，因此更能适应水中各种反应的复杂要求。我们经过大量试验，与单一频率进行比较，确定了具有最佳水质净化效果的频率控制方式和扫频范围。

扫频控制原理如图 6－2 所示。

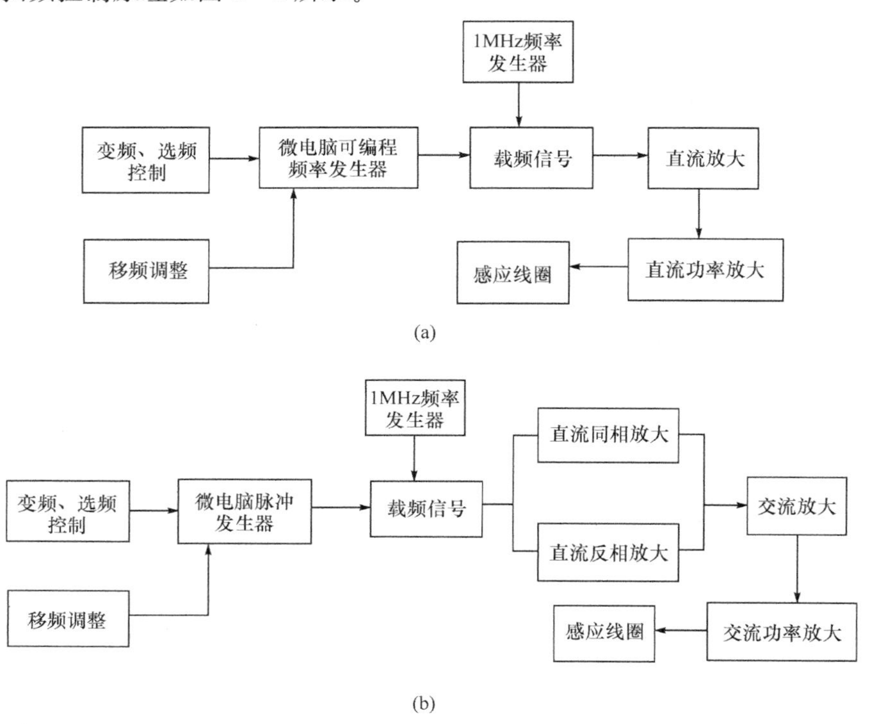


图 6－2　扫频控制原理图

(a)直流；(b)交流

#### 6.2.1.3　净水原理

变频式微电脑水处理器在运行时，自动地、周期性和规律性地产生各种频率的直流脉冲电磁场，其扫频波、载波和输出波形如图 6－3 所示。在这种脉动的电磁场作用下，水中产生各种极性离子。各种离子的微弱电能在反抗外加脉冲电场的过程中相互碰撞，从而得以消耗，各种离子的运动强度和运动方向因此被束缚。由于金属管壁接阴极，管内水为阳极，水中的各个质点与管壁形成一个脉冲电场。在这个脉冲电场作用下，水中各种离子分别组合成脉动的正负离子集团，使之产生电极反应，形成易排除物质。同时水的pH、二氧化碳、活性氧及˙OH等的含量也发生了变化。水在直流脉冲电场作用下，迅速发生微弱的氧化还原反应，在阳极区附近产生一定量的氧化性物质，这些氧化性物质与细菌及藻类作用，破坏其正常的生理功能，使细胞膜过氧化而死亡，达到杀藻灭菌的目的。

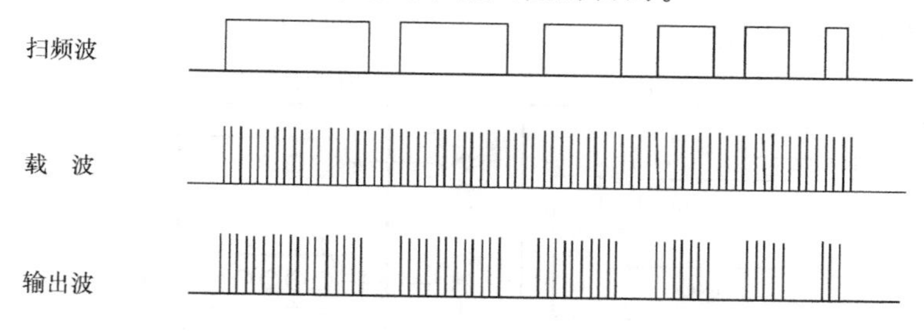


图6－3　扫频、载波和输出波波形图

在这种脉冲电磁场作用下，还会产生一系列微弱的化学变化，在阴极区附近产生大量的钙镁碳酸盐微晶核，改变了结晶物的结构形态。由于脉动的离子对水管管壁上的老垢和水中结晶物进行吸引，迫使结晶物和逐渐疏松分散成粉末状态的老垢随水带走，从而获得了除垢效果。直流脉冲式微电脑水处理器，通过传感线圈在水体中感应出一系列脉冲正电压。由于金属管壁施加负极，这样在水体和管壁间发生了电极效应，使管壁内壁表面形成氧化保护膜，防止了管道的腐蚀，延长了管道的使用寿命。

### 6.2.2　反应器构造与性能

#### 6.2.2.1　反应器的基本构造

变频式微电脑反应器的基本构造如图6－4所示。

一般反应器的内部构造由电源、电源控制、芯片、功能板四部分组成，另外还有两台风扇，作为仪器内部散热，它们都被固定在底板上。仪器外壳的面板上，安装直流电流表、启动按键以及关机按键。仪器的外壳背面装有一个电源插座，一个四端的输出接线柱。接线柱1、2为直流脉冲输出端，3、4为负极接点，它与外界水管外壳相连。

常用直流脉冲式电磁净水反应器的主要技术指标如下。

电源：交流 220V，50Hz

工作电压：直流 12V

输出功率：5～150W

扫频范围（除垢防垢）：20Hz～60kHz，扫描周期：1.2s

扫频范围（杀菌灭藻）：400Hz～60kHz，扫描周期：1.0s

载频频率：1MHz

适用温度：－10～55℃

有效距离：1000m

运行方式：连续工作

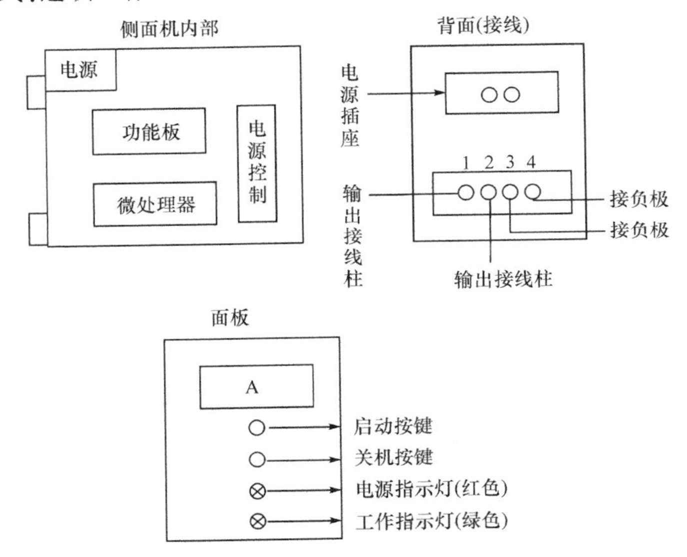


图 6－4 变频式微电脑反应器基本构造图

#### 6.2.2.2 交流变频式与直流脉冲变频式水处理器的性能比较

直流脉冲式变频水处理器由微电脑智能控制。在反应器的工作特性上，变频式直流脉冲水处理器与交流式水处理器相比较，具有如下特性：

(1) 交流式变频处理器的变频频率只有 40 多种，而目前定型的直流变频式设计的变频频率近 400 种，其频率密度要提高 10 倍左右，频率的覆盖度也相应地有所提高。

(2) 产生直流脉冲电磁场，传递效率高。

(3) 具有扫频、移频、选频功能。

(4) 在水中感应脉冲为正极，水管外壳接地，电场力定向，具有明显的对水中物质进行电离的作用。

(5) 具有强大的脉冲功能,对于除垢会产生更好的效果。

#### 6.2.2.3　与其他形式的水处理器比较

目前电磁水处理器形式分为两种:一种是采用非接触式传感器,即电极与水是通过绝缘层进行保护的,本章所介绍的处理器属于此种类型。此类水处理器如高静电压、高频交流电磁式、永磁式等水处理器由于结构受到束缚,传送到水体中的电压较小,同时接受能量的大小还与水流有关。而直流变频式水处理器,由于采用直流脉冲电磁场方式,产生瞬间反冲高压,提高了电磁场能量的传递效率;另一方面,采用周期变频模糊控制的脉冲电磁场在水中感应产生电流,即使水不流动,同样产生效果。另一种是采用接触式传感器,即电极与水直接接触。这种方法,除电极容易受腐蚀,寿命短外,安装也比较复杂。

### 6.2.3　反应器的工作特性

#### 6.2.3.1　电场传感器

缠绕在水管上的导线形成一个电感器,也就是该仪器把发生的直流脉冲电磁场通过该电感器传送到水管内的水中。一般是在水管外壳缠绕不低于30圈,平绕、导线为7芯,每根芯线截面积为0.08cm$^2$。

对特定的水处理对象,可直接通过一个外接的电场传感器实现电场传递。该传感器由三部分构成:金属内筒,具有较好的电场传递和电池形成特性;金属导线,缠绕于内筒;外筒,可为不锈钢材质,具有对外界干扰的屏蔽作用。其基本构造和产品如图6-5所示。

图6-5　电场传感器及其构造简图

### 6.2.3.2　影响反应器工作的主要因素

1. 反应器类型与应用对象的关系

交流型：一般用于非金属水管，也可用于金属水管。当设备运行时，水管中的水分子感应成极性分子。由于极性分子的形成，改变了水中的微生物生存环境，达到杀伤藻类和细菌的作用。同时，设备的电磁场感应源是周期性的极化，产生吸引管壁污垢的作用，从而达到除垢防垢的效果。

直流型：一般用于金属水管，管壁接地，也就是接阴极。当设备运行时，水管中的水分子感应成阳极，与管壁形成一个变频的脉冲电压。这种电压，一方面使水中的离子产生电离现象，对水中的藻类和菌类起到杀伤作用，另一方面对管壁的污垢进行冲击和吸引，达到除垢和防垢的目的。

如上所述，直流型变频方式的水处理效果在除藻杀菌方面要明显好于交流。因此，可根据水质要求确定反应器的电流类型。

2. 反应器扫频范围与作用功能的关系

交流型以除垢为主要目标，其扫频频率范围为由低频至高频，频率范围较宽，即 20Hz～60kHz，扫描周期 1.2s，载频频率为 1MHz。

直流型可分别用于除垢防垢和杀菌灭藻，根据其应用对象不同，所采用的扫频范围也不同。以杀菌灭藻为主除垢为辅的反应器，其扫频范围为由低频至高频，即 20Hz～60kHz，扫描周期 1.2s，载频频率为 1MHz；以除垢为主杀菌灭藻为辅的反应器，其扫频频率范围为中频至高频，即 400Hz～60kHz，扫描周期 1.0s，载频频率为 1MHz。

变频电磁反应器可以根据需要采用不同功率，功率最大的为 150W，一般为 20W，最小的为 5W。大中功率的设备一般用于工业系统，而小功率一般适于民用。

一般情况下，反应器的输入电源电压为 220V，输出电源电压为 12V，使用环境温度为－10～55℃。

3. 其他影响因素

除以上影响因素外，管材、绕线圈数、粗细以及组数、管道尺寸等也有一定的影响。管道材质对交直流反应器的影响不同。交流更适合于非金属材料的管道，而直流则更适合于金属材质的管道。绕线的粗细直径根据功率、电流而定，目前所使用的变频反应器一般最大功率 150W，相对应的绕线直径和股数为 $1\times7/0.2mm^2$，而 20W 的为 $1\times7/0.1mm^2$，小功率的 5W 为 $1\times7/0.02mm^2$。绕组线圈圈数最少为 30 圈，平绕。管道尺寸越大，则需采用的设备功率越大，一般来说，同一规格，即同一功率设备，管径小的处理效果比管径大的好。具体实验结果在以后几节内将详细叙述。

## 6.3　变频电磁反应器防垢与除垢

### 6.3.1　装置与使用方法

近年来，人们更加关注电磁场的除垢防垢功能及应用，因为这种方法无需加药，使用方便，成本低廉，维护容易。采用的变频电磁反应器除垢防垢装置示意图如图6－6所示。对变频扫频式电磁场技术而言，在某一特定的频率下能对藻类、水垢有特定的去除效果，并对防垢有不同的作用。为了解变频电磁水处理过程的除垢防垢功能，探明使用这些反应器的影响要素，近年人们开展了大量的研究工作。利用图6－6所示的试验系统，将配制的水溶液加入水槽中，经计量泵调节一定的流速在处理装置中循环。采用挂片法测定结垢量，并计算出抑垢率。具体方法如下：

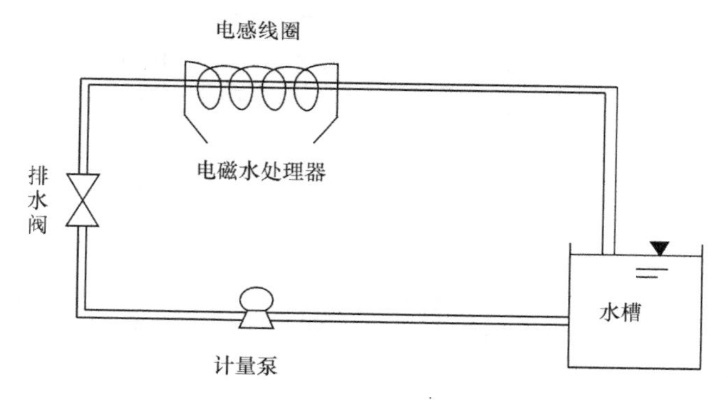


图6－6　电磁水处理反应器除垢与防垢试验系统

将处理后和未处理的对照组水溶液各250mL盛入烧杯中，将干燥称重并计算了表面积的试片垂直放入并浸没在溶液中，烧杯置于水浴锅内，调节到80℃，水蒸发到150mL以后，取出试片，干燥称重，计算出单位面积的结垢量：

$$P=(G-G_0)/f \tag{6-1}$$

式中，$P$为单位面积结垢量（$mg \cdot cm^{-2}$）；$G$为带垢的试片质量（mg）；$G_0$为试片净重（mg）；$f$为试片面积（$cm^2$）。

根据有电磁场和无电磁场时单位面积的结垢量，计算出抑垢率

$$y=(1-P/P_0)\times 100\% \tag{6-2}$$

式中，$y$为抑垢率（%）；$P$为有电磁场时试片上单位面积结垢量（$mg \cdot cm^{-2}$）；$P_0$为无电磁场时试片上单位面积结垢量（$mg \cdot cm^{-2}$）。

### 6.3.2 水质与电磁处理抑垢效果

电磁防垢效果与被处理的原水水质有很大的关系，实际上，水质对变频式电磁水处理器的作用效能会产生重要影响，特别是当水中含有较高浓度的无机离子和某些有机物时，将影响电磁场的除垢和抑垢效果。因此，应根据水质条件确定变频式电磁水处理器的工作参数，特别是扫频范围和扫频强度。

#### 6.3.2.1 $Ca^{2+}$、$Mg^{2+}$的总浓度对抑垢效果的影响

用无水 $CaCl_2$、$MgCl_2$、$NaHCO_3$、$Na_2SO_4$ 按表 6-1 配制成 8 种不同总浓度的 $Ca^{2+}$、$Mg^{2+}$ 溶液，分别进行抑垢试验。每种溶液中$[Ca^{2+}]/[Mg^{2+}]=3$，$Ca^{2+}$、$Mg^{2+}$ 总的物质的量与 $HCO_3^-$ 的物质的量之比为 4∶1，即硬度大于碱度，pH 为 7.5～8.5。溶液的碱度主要形式为 $HCO_3^-$，加热后部分硬度会消失。

表 6-1 不同 $Ca^{2+}$、$Mg^{2+}$ 总浓度的溶液配制表

| $Ca^{2+}$、$Mg^{2+}$总浓度 /mg·L$^{-1}$ | 离子浓度/mg·L$^{-1}$ | | | |
|---|---|---|---|---|
| | $Ca^{2+}$ | $Mg^{2+}$ | $HCO_3^-$ | $SO_4^{2-}$ |
| 60 | 45 | 15 | 15 | 20 |
| 120 | 90 | 30 | 30 | 20 |
| 180 | 135 | 45 | 45 | 20 |
| 240 | 180 | 60 | 60 | 20 |
| 300 | 225 | 75 | 75 | 20 |
| 360 | 270 | 90 | 90 | 20 |
| 400 | 315 | 105 | 105 | 20 |
| 460 | 360 | 120 | 120 | 20 |

电磁反应器的抑垢结果如图 6-7 和图 6-8 所示。结果表明，不同 $Ca^{2+}$、$Mg^{2+}$ 总浓度所对应的电磁处理后的单位面积结垢量都小于未经电磁场处理的单位面积结垢量，这说明电磁处理抑制了水垢的形成。随着 $Ca^{2+}$、$Mg^{2+}$ 总浓度的增大，单位面积结垢量增加较快，电磁处理的抑垢率下降，并随其浓度升高抑垢效率下降加速。当 $Ca^{2+}$、$Mg^{2+}$ 总质量浓度小于 400mg·L$^{-1}$时，抑垢效果较为明显，均大于 50%；而当其总质量浓度达到 460mg·L$^{-1}$时，抑垢率下降至 21%。总的来说，对于略含 $SO_4^{2-}$ 的碳酸盐型水(其硬度>碱度，碱度主要存在形式为 $HCO_3^-$)，脉冲电磁场的抑垢效果总体较好，但 $Ca^{2+}$、$Mg^{2+}$ 总浓度过高时也就是硬度过高时，抑垢率有所下降。这主要是由于电磁场能量不足，而 $Ca^{2+}$ 和 $Mg^{2+}$ 的沉积物晶体形成过程过快所致。实际上，在特定功率和一定范围的扫频工作条件下，能抑制

$Ca^{2+}$、$Mg^{2+}$成垢的最大能力是一定的。但当$Ca^{2+}$、$Mg^{2+}$过高时，将通过下列反应生成定型和无定型晶体，并以成为水垢为主：

$$Ca^{2+} + CO_3^{2-} \longrightarrow CaCO_3 \downarrow \quad (6-3)$$

$$Ca^{2+} + HCO_3^- \longrightarrow CaCO_3 \downarrow + H^+ \quad (6-4)$$

$$Mg^{2+} + 2H_2O \longrightarrow Mg(OH)_2 \downarrow + 2H^+ \quad (6-5)$$

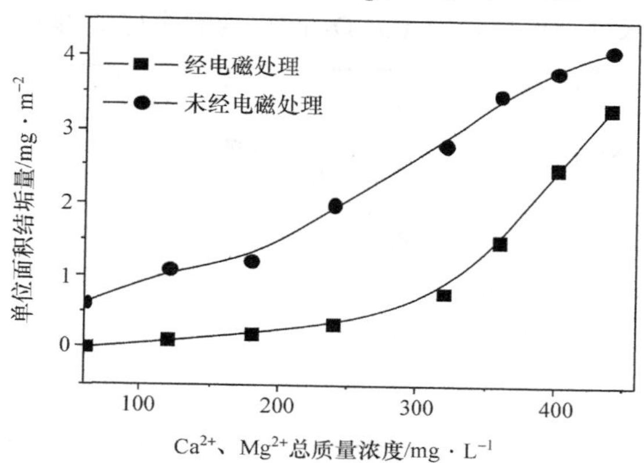


图 6-7 水中$Ca^{2+}$、$Mg^{2+}$总浓度对单位面积结垢量的影响

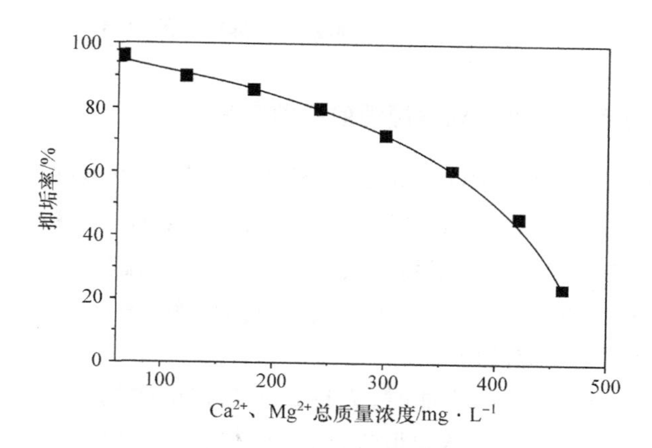


图 6-8 水中$Ca^{2+}$、$Mg^{2+}$总浓度对抑垢率的影响

在这种情况下，电磁反应不能有效阻止$CaCO_3$和$Mg(OH)_2$晶核的生成，进而导致在这种晶核的诱导下，加速水垢的生成。因此，如果要提高对高浓度$Ca^{2+}$、$Mg^{2+}$存在下的抑垢效果，需根据实际水质情况调整电磁反应器的相关参数。

#### 6.3.2.2 $Ca^{2+}$、$Mg^{2+}$浓度比值对抑垢效果的影响

配制$Ca^{2+}$、$Mg^{2+}$总浓度为$240mg \cdot L^{-1}$的溶液，研究不同$Ca^{2+}$、$Mg^{2+}$浓度比

值的水经电磁场处理后抑垢率的变化,结果见图 6－9。结果表明,当水中 $Ca^{2+}$、$Mg^{2+}$ 离子形成的总硬度一定时,抑垢效率与原水中钙、镁离子含量的比值有关。当$[Ca^{2+}]/[Mg^{2+}]=1$ 时,抑垢率为 17.8%;当$[Ca^{2+}]/[Mg^{2+}]=2.2$ 时,抑垢率为 72.9%;当$[Ca^{2+}]/[Mg^{2+}]=3.4$ 时,抑垢率为 91.4%。也就是说,在总硬度一定的条件下,电磁场处理对于含钙离子浓度较高的水,其抑垢效果较好。这种现象说明,变频式电磁水处理反应器对 $CaCO_3$ 的生成有更好的抑制作用。

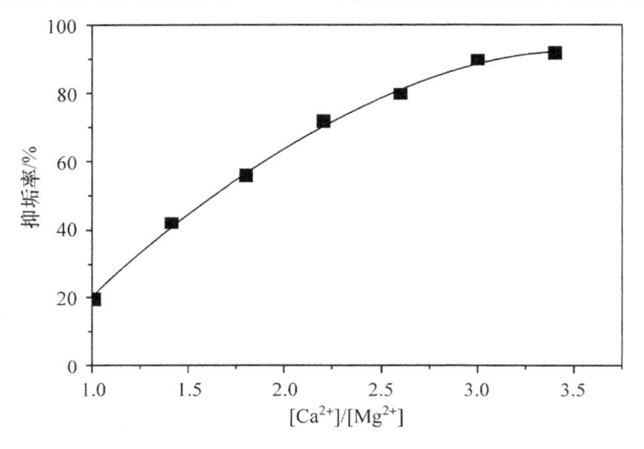


图 6－9　$[Ca^{2+}]/[Mg^{2+}]$对抑垢率的影响

### 6.3.2.3　碱度对电磁水处理抑垢效果的影响

水中的碱度为 $HCO_3^-$,$CO_3^{2-}$ 和 $OH^-$ 浓度的总和。碱度在水中有 5 种存在形式:$HCO_3^-$ 单独存在;$CO_3^{2-}$ 单独存在;$OH^-$ 单独存在;$HCO_3^-$ 和 $CO_3^{2-}$ 共存;$OH^-$ 和 $CO_3^{2-}$ 共存($HCO_3^-$ 和 $OH^-$ 不共存)。对于成垢而言,碱度和硬度是两项重要指标,是成垢反应的离子来源。因此,研究碱度对抑垢率的影响可以从另一个角度说明电磁反应器对成垢反应的影响。

由图 6－10 可知,当碱度增加时,无论是否存在电磁场,试片单位面积的结垢量都明显增加,开始时结垢量增加很快,随后变得较为平缓。由图 6－11 可知,随着碱度升高,抑垢率下降。从以上的结果可以看出,随着水中 $HCO_3^-$、$CO_3^{2-}$ 浓度的增加,与水中 $Ca^{2+}$ 的有效碰撞概率增大,加速了 $CaCO_3$ 的生成速度,碱度越高这种反应进行就越快。但当水中的 $HCO_3^-$ 或 $CO_3^{2-}$ 被消耗一部分后,反应速率就下降,同样,$OH^-$ 浓度升高对 $Mg^{2+}$ 的成垢趋势也遵循上述规律。毫无疑问,过高的碱度与过高的 $Ca^{2+}$、$Mg^{2+}$ 一样,都使有限的电磁场防垢能力不足,而导致抑垢效率下降。因此,在碱度较高的情况下,也应选择较大功率的变频电磁水处理反应器,以达到有效抑垢之效。

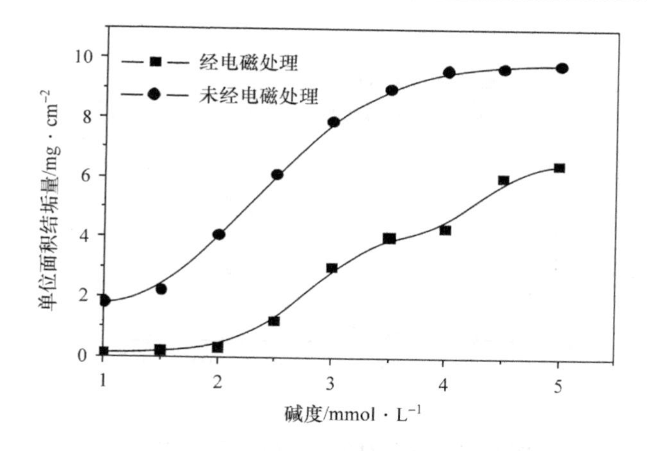


图 6-10　碱度与单位面积结垢量的关系

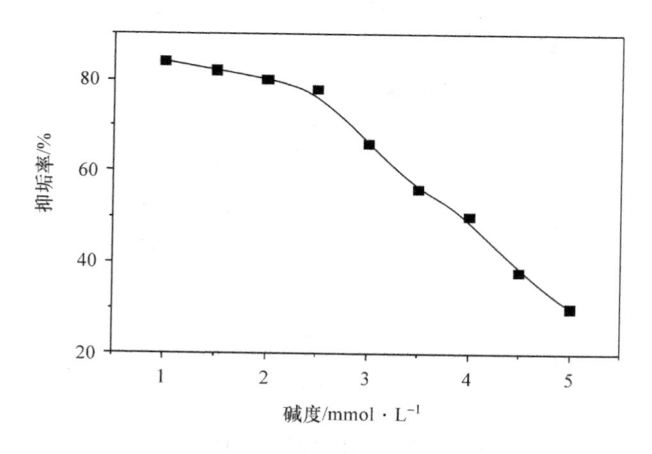


图 6-11　碱度与抑垢率的关系

#### 6.3.2.4　pH对电磁场抑垢效果的影响

pH与碱度既有区别又有联系，$pH=-lg[H^+]$。$CaCO_3$和$Mg(OH)_2$这两种钙镁垢的形成会消耗水中的碱度，因而使pH下降。将$Ca^{2+}$、$Mg^{2+}$总浓度为$200mg \cdot L^{-1}$的水溶液用盐酸和氢氧化钠调节，使其达到不同的pH，进行抑垢实验，结果见图6-12和图6-13。

由实验结果可以看出，pH对电磁场抑垢效果的影响规律与碱度对电磁场抑垢效果的影响规律类似。pH大于9时，无论经电磁场处理与否，试片单位面积结垢量随pH的提高而显著增加，抑垢率明显下降，当pH达到11时，抑垢率仅为28.9%。由此可见，对于碱性过高的水，电磁处理的抑垢效果不够理想。

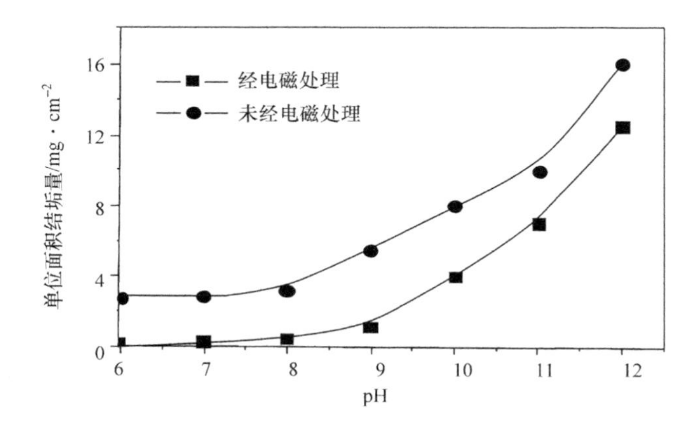


图 6 - 12　pH 对单位面积结垢量的影响

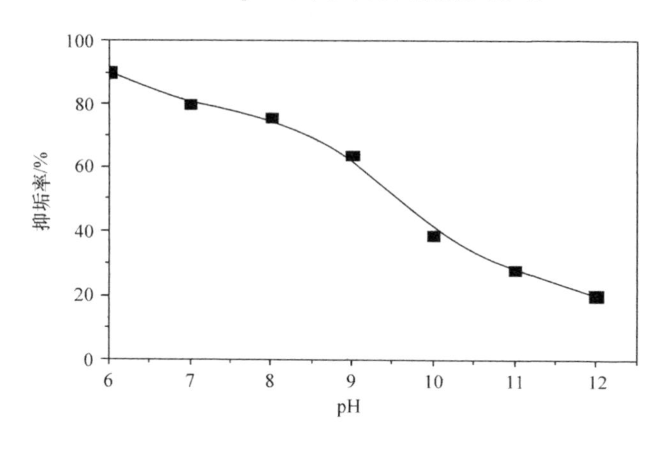


图 6 - 13　pH 对抑垢率的影响

#### 6.3.2.5　$SO_4^{2-}$ 对电磁场抑垢效果的影响

将 $Ca^{2+}$、$Mg^{2+}$ 总浓度为 200mg · $L^{-1}$ 的水溶液，其中 $HCO_3^-$ 的浓度为 30 mg · $L^{-1}$，在不同 $SO_4^{2-}$ 浓度下进行抑垢实验，通过 $SO_4^{2-}$ 对电磁场抑垢效果的影响来探讨其对含 $SO_4^{2-}$ 较多(永久硬度较大)的水的抑垢规律，结果见图 6 - 14 和图6 - 15。

由图 6 - 14 和图 6 - 15 可见，$SO_4^{2-}$ 的浓度对电磁场处理后的单位面积结垢量和电磁处理的抑垢率有很大的影响。当水中 $SO_4^{2-}$ 的浓度达到 55mg · $L^{-1}$时，处理后的单位面积结垢量与未经电磁处理的单位面积结垢量相等，抑垢率为零。继续增加 $SO_4^{2-}$ 的浓度，经电磁场处理的试片结垢量比未经处理的试片结垢量还要高，抑垢率出现了负值。这种含 $SO_4^{2-}$ 浓度较高的水样抑垢效果差，充分说明

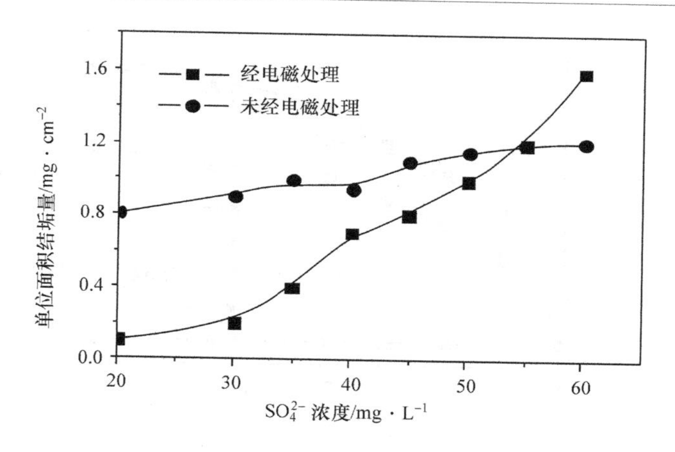


图 6-14　$SO_4^{2-}$ 浓度对单位面积结垢量的影响

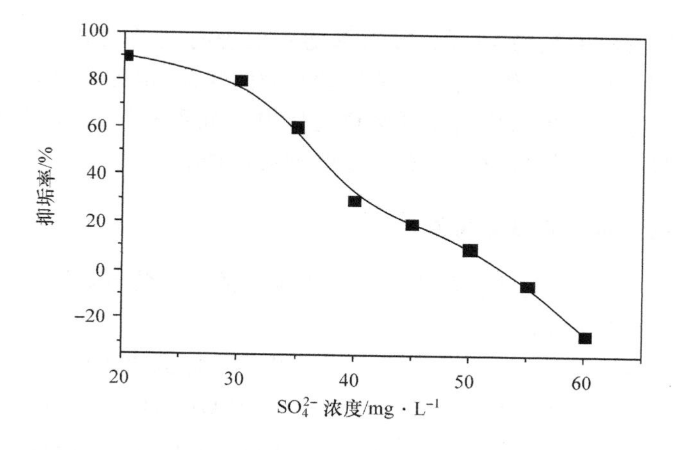


图 6-15　$SO_4^{2-}$ 浓度对抑垢率的影响

$SO_4^{2-}$ 对电磁防垢效应有较强的抑制作用，电磁处理对略含 $SO_4^{2-}$ 的以 $HCO_3^-$ 为主要碱度存在形式硬水的抑垢效果较好，但 $SO_4^{2-}$ 的浓度不能过高。在电磁防垢应用中必须对 $SO_4^{2-}$ 的浓度加以考虑，否则达不到理想的防垢效果。

#### 6.3.2.6　管材对抑垢效果的影响

针对不同管材，对抑垢效果的影响进行研究。图 6-16 给出了不同管材条件下，抑垢率随处理时间的变化曲线。除不锈钢外，试验中采用了多种导体和绝缘材料，包括铜管、两种 PVC 管（PVC1 及 PVC2）和一种 ABS 管。PVC1 为纯 PVC 材料制成的透明管体，硬度较差。PVC2 搀加了碳酸钙和氧化铝，制成的管体灰色、刚硬，是水泵系统常用的管材。

从图 6-16 可以看出，处理时间为 5min 时，对 PVC2 管，抑垢率为 18%；对铜

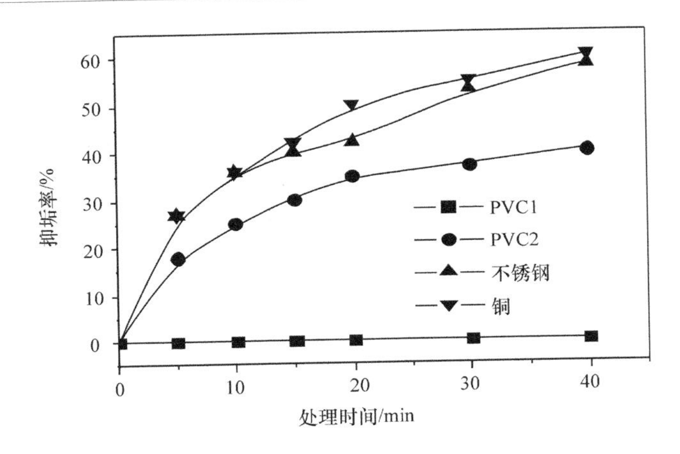


图 6-16　不同管材条件下抑垢率随处理时间的变化曲线

管和不锈钢管，抑垢率均为 28%。抑垢率随着处理时间的增加而增加，但这种趋势比较缓慢。对于 PVC1 管而言，无论处理时间的长短，电磁水处理设备都不具有防垢作用。上述结果表明，采用导电材料进行电磁处理防垢比采用绝缘材料时的抑垢效果要明显提高，尽管 PVC2 有一定的抑垢作用。

### 6.3.3　变频电磁水处理器除垢效果

以变频式电磁水处理器去除锅炉水管中水垢的实验装置如图 6-17 所示。所用的反应器主要参数如下：

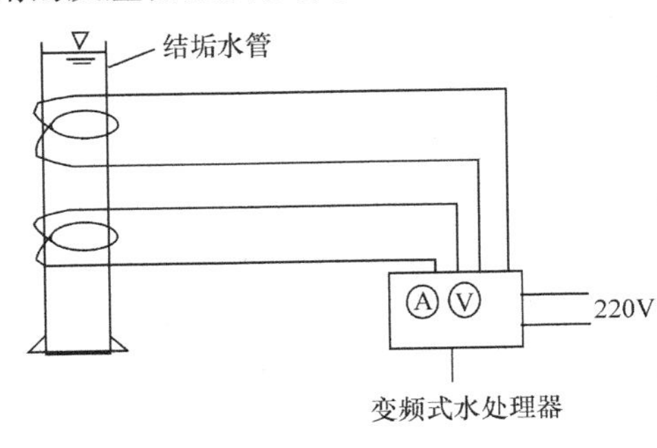


图 6-17　直流变频电磁水处理器除垢模拟实验装置

电源：交流 220V，50Hz；电流：1～6A；工作电压：直流 12V；输出功率：20W。

扫频范围（除垢防垢）：20Hz～60kHz；扫描周期：1.2s；载频频率：1MHz；温度：(25±5)℃。

运行方式：连续工作；线圈绕组：两组线圈并联。

内壁结垢的水管采用变频电磁水处理器进行除垢试验。选择一段垢厚约 1.5mm 的水管，处理前水管与水垢的总质量为 2150g，在水管内装入自来水 630mL，处理 90 天后水管中的水放出，则绝大部分水垢脱落，用清水冲洗水管，自然干燥后，称其质量为 2105g，共脱落水垢 45g。处理前后水管的结垢变化情况如图 6-18 所示。可以看出，结垢水管经 90 天的电磁处理后，绝大部分水管内壁露出了原体，水垢去除效果较为显著。

图6-18　处理前后结垢水管除垢情况对比

## 6.4　变频电磁反应器杀菌效能

### 6.4.1　变频方式对杀菌效果的影响

采用电磁水处理器杀菌的直流脉冲发生器采用变频模糊控制，由内置芯片控制可自动实现扫频、移频、选频3种变频形式，针对特定的水质可选择适当的工作频率。在杀菌实验中，选择杀菌的扫频工作范围为400Hz～60kHz，扫频周期1.0s，功率20W，电压12V，电流1～2A。

对功率20W、扫频范围400Hz～60kHz(载频1MHz)的交流变频式电磁水处理器和直流脉冲式水处理器进行比较。试验时，将金属导线分2组缠绕于原水管(试验水管直径500mm、水管材质为铸铁、水流速度500t·$h^{-1}$)外壁上，原水通过反应器的作用时间在1s以内。当利用上述两种类型反应器对原水细菌含量为1500～3000个·$mL^{-1}$的水进行处理时，两种处理器杀菌效果如图6-19所示。

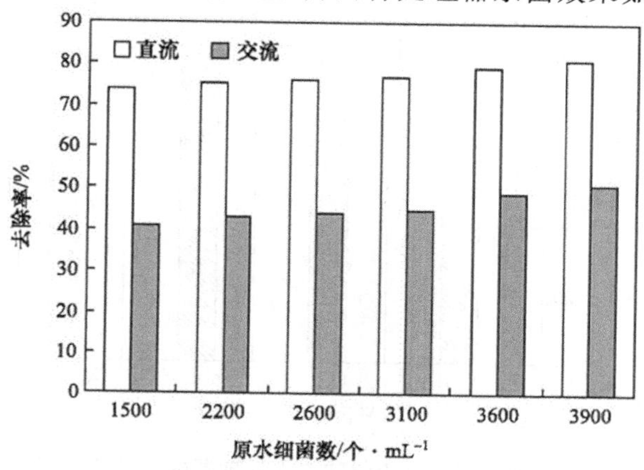


图6-19　交、直流两种水处理器对水中细菌的处理效果

可见，采用交流变频式水处理器，其杀菌率为 45%，而采用直流脉冲式水处理器，对细菌的最高去除率可达 76%。这说明，直流脉冲式要比交流变频式的能量传递效率高，对水中的细菌具有更为有效的灭活效应。

### 6.4.2 管材对杀菌效果的影响

如上所述，水流经的管道材质对交、直流反应器的影响不同。交流更适合于非金属材料的管道水处理，而直流则更适合于金属材质的管道。图 6-20 是直流脉冲式水处理器的除菌试验效果图。试验用水管为 ABS 管和铸铁管，管径为 2cm，水在管道中的流量为 $4L \cdot min^{-1}$，水由计量泵加入，水温为 21℃。

水样由自来水加生活污水(取自中国科学院生态环境研究中心家属区)配制，配制比例为 1∶100。在配制试验用水前，将自来水放置于水箱中，充分曝气 10h 或静止放置 3～4 天，去除水中的所有余氯，以保证不会有余氯将水中细菌灭活。生活污水取自试验当天，生活污水和配后水的主要水质指标如表 6-2 所示。

**表 6-2 实验用污水的主要水质指标**

| 水的种类 | 浑浊度/NTU | $COD/mg \cdot L^{-1}$ | $BOD/mg \cdot L^{-1}$ | 细菌总数/$个 \cdot mL^{-1}$ |
|---|---|---|---|---|
| 生活污水 | 259 | 278 | 141 | $10^9$ |
| 配后水 | 2.59 | 2.78 | 1.41 | $10^7$ |

图 6-20 的试验结果表明，对所用的直流脉冲式水处理器，采用金属管材取得了比 ABS 管材更好的除细菌效果。如当原水中细菌总数为 $2\times10^7$ $个 \cdot mL^{-1}$ 时，以铸铁为管材的细菌去除率达 87.3%，而以 ABS 为材质的细菌去除率为 68.2%。因此，本研究所设计的杀菌传感器为铸铁和不锈钢材质。对图 6-19 和图 6-20 的结果进一步比较发现，虽然都采用直流脉冲式变频电磁水处理方法，但对同样铸

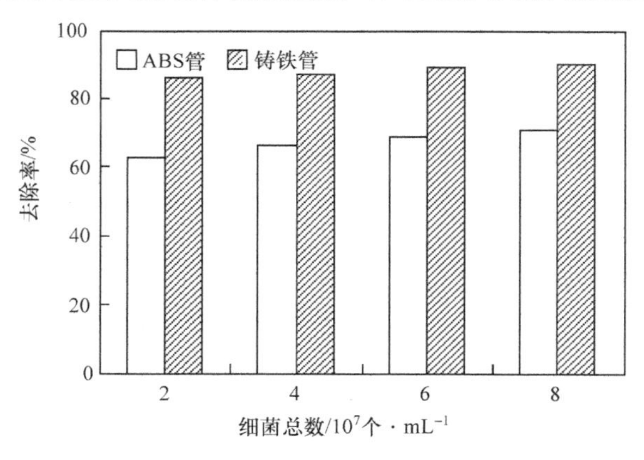


图 6-20 两种管材对直流脉冲式水处理器的除菌效果影响对比

铁管中细菌的去除效果有较大差别,这主要是由原水细菌总数的初始浓度、水管直径及水流速度不同所引起的。

### 6.4.3 绕线圈数、粗细、组数对杀菌效果的影响

如上所述,当采用变频式电磁水处理器对水进行净化时,一般要将水处理器通过导线缠绕于管道上对水进行电磁场作用。导线的物理性质、缠绕方式和圈数将对水处理效果产生重要影响。绕线的直径根据功率、电流而定,一般对最大功率150W 的设备,对应的绕线直径和股数为 $1\times7/0.2mm^2$,而 20W 的为 $1\times7/0.1mm^2$,小功率 5W 为 $1\times7/0.02mm^2$。绕组线圈圈数最少为 30 圈,采取平绕方式。图 6-21 是采用二组与采用一组绕线方式两种情况下,对水中细菌总数去除效果的比较。可见,当水力停留时间为 15min 时,二组线圈缠绕方式比一组方式杀菌率提高了 20%。

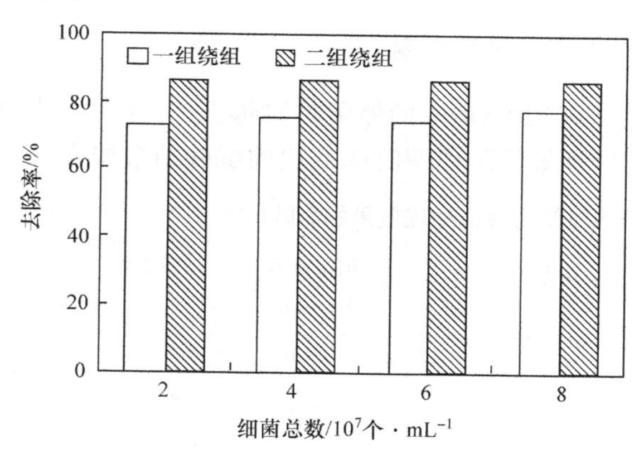


图 6-21 一组绕线和二组绕线的除菌效果

### 6.4.4 水质对杀菌效果的影响

在此主要介绍不同细菌浓度的影响,按图 6-6 所示的试验过程,研究了变频式电磁水处理器对不同条件下生活污水的杀菌效果。所研究的生活污水取自中国科学院生态环境研究中心家属区污水井,取水期间 pH 为 7.5~8.2;$COD_{Cr}$ 为 168~236.2 mg · $L^{-1}$,TOC 为 51.2~63.4 mg · $L^{-1}$,细菌总数为 $1.4\times10^5$~$2.9\times10^7$ 个 · $mL^{-1}$,大肠杆菌数为 $1.6\times10^4$~$2.2\times10^6$ 个 · $mL^{-1}$。上面所介绍的研究结果初步表明,当原水中细菌浓度不同时,电磁过程对水中细菌的杀灭率有所不同。表6-3所示的研究结果进一步证明,对于含菌较高的水样,电磁水处理器对其杀菌效率要明显高于含菌量低的水样。当水中细菌总数为 $1.4\times10^5$ 个 · $mL^{-1}$,大肠杆菌数为 $1.6\times10^4$ 个 · $mL^{-1}$时,经电磁处理 2h 后,其杀菌率分别为

77.1%及66.3%。随着水样含菌数的增加,杀菌数明显升高,如当原水细菌总数达到$2.9\times10^7$个·$mL^{-1}$,大肠杆菌数为$2.2\times10^6$个·$mL^{-1}$时,杀菌率分别为96.2%及95.0%。

**表6-3　不同水质对杀菌效果的影响**($T=25℃$, $v=0.2m\cdot s^{-1}$, $pH=7.5$, $t=2h$)

| 水样编号 | 原水细菌总数/个·$mL^{-1}$ | 处理后的细菌总数/个·$mL^{-1}$ | 杀菌率/% | 原水大肠杆菌数/个·$mL^{-1}$ | 处理后的大肠杆菌数/个·$mL^{-1}$ | 杀菌率/% |
|---|---|---|---|---|---|---|
| 1 | $1.4\times10^5$ | $3.2\times10^4$ | 77.1 | $1.6\times10^4$ | $5.4\times10^3$ | 66.3 |
| 2 | $5.5\times10^5$ | $7.5\times10^4$ | 86.4 | $3.5\times10^4$ | $7.9\times10^3$ | 77.4 |
| 3 | $2.5\times10^6$ | $1.9\times10^5$ | 92.4 | $1.1\times10^5$ | $2.5\times10^4$ | 85.3 |
| 4 | $7.2\times10^6$ | $3.9\times10^5$ | 94.6 | $1.7\times10^5$ | $2.6\times10^4$ | 84.7 |
| 5 | $2.9\times10^7$ | $1.1\times10^5$ | 96.2 | $2.2\times10^6$ | $1.1\times10^5$ | 95.0 |

### 6.4.5　作用时间对处理效果的影响

一般情况下,水样在电磁场中的停留时间越长,对水中细菌的杀灭效果也就越好。对生活污水的处理效果随停留时间变化的试验结果如表6-4所示。

**表6-4　电场作用时间对杀菌处理效果的影响**($T=25℃$, $v=0.2m\cdot s^{-1}$, $pH=7.47$)

| 时间/h | $COD_{Cr}$ /mg·$L^{-1}$ | TOC /mg·$L^{-1}$ | pH | 细菌总数 /个·$mL^{-1}$ | 细菌去除率/% | 大肠菌群数 /个·$mL^{-1}$ | 大肠菌群去除率/% |
|---|---|---|---|---|---|---|---|
| 0 | 236.2 | 51.2 | 7.47 | $7.2\times10^6$ | — | $9.2\times10^5$ | — |
| 0.25 | 224.7 | 47.9 | 7.43 | $2.4\times10^6$ | 66.7 | $6.3\times10^5$ | 31.5 |
| 0.5 | 235.2 | 50.3 | 7.35 | $1.2\times10^6$ | 83.3 | $2.8\times10^5$ | 69.5 |
| 1 | 228.6 | 48.8 | 7.23 | $5.5\times10^5$ | 92.4 | $2.1\times10^5$ | 77.2 |
| 2 | 218.9 | 43.1 | 7.16 | $3.9\times10^5$ | 94.6 | $1.2\times10^5$ | 87.0 |
| 3 | 223.6 | 49.3 | 7.12 | $1.1\times10^5$ | 98.5 | $7.9\times10^4$ | 91.4 |
| 4 | 225.7 | 48.6 | 7.11 | $2.2\times10^4$ | 99.7 | $3.5\times10^4$ | 96.2 |

从表6-4可看出,电磁水处理过程对水中有机物指标没有太大的影响,$COD_{Cr}$、TOC值并不随处理时间增加而改变,这说明所采用的直流式变频电磁水处理器,其作用能量还不足以使有机物得到矿化。但电磁处理对污水有明显的杀菌消毒作用,杀菌率随停留时间的增加而升高。处理1h后细菌数目急剧下降,总细菌去除率达到92.4%,大肠杆菌的去除率为77.2%,随作用时间的进一步延长,这种趋势变得平缓,作用4h时达到最大,此时总细菌杀菌率达到99.7%,大肠杆菌杀菌率为96.2%。值得注意的是处理过程中污水的pH值有微小的变化,这可能是由于水是极性分子,在电磁场的作用下,缔合状态发生变化,水中带电离子和

自由基团增多，水的物理化学性质也随之发生变化所致。从试验结果也可以一定程度地看出，细菌数量的减少是电磁场能量直接作用的结果，而不是由于电磁作用下异养微生物体外营养物质的减少而产生的间接作用所致。在脉冲电磁场作用下，激发感应电流使细胞破坏，或改变离子通过细胞膜的途径使蛋白质变性或酶的活性遭到破坏，造成大部分细菌不能适应而发生死亡现象[13]；同时在脉冲电场下电极反应产生的活性物质也可氧化细胞膜，破坏其正常的生理功能，起到灭菌作用。

### 6.4.6 pH 对杀菌效果的影响

pH 是影响细菌生长的重要因素之一，而在电磁水处理过程中，由于水的 pH 不同，也会由于 $H^+$ 和 $OH^-$ 等离子浓度不同而对电磁场的能量传递与作用产生影响。细菌最适宜的 pH 范围为 7.0～8.0，一般生活污水的 pH 在 6～9 之间。将不同 pH 条件下的生活污水采用电磁水处理器进行处理，研究 pH 对电磁场杀菌效果的影响。由图 6－22 可知，脉冲电磁场水处理器的杀菌率随 pH 上升而提高，当 pH 为 6.0 时，原水的细菌总数从 $7.5\times10^6$ 个 · $mL^{-1}$ 下降到 $1.0\times10^6$ 个 · $mL^{-1}$，杀菌率为 86.7％；大肠杆菌数从 $6.3\times10^5$ 个 · $mL^{-1}$ 降为 $1.4\times10^5$ 个 · $mL^{-1}$，杀菌率为 77.8％。当 pH 提高到 7.5 时，细菌总数的去除率为 94.6％，大肠杆菌去除率为 84.7％。进一步提高 pH 到 9.0 时，此时的杀菌效果达到最好，细菌总数降至 $9.5\times10^4$ 个 · $mL^{-1}$，杀菌率为 98.7％；大肠杆菌数降至 $3.4\times10^4$ 个 · $mL^{-1}$，杀菌率为 94.6％。

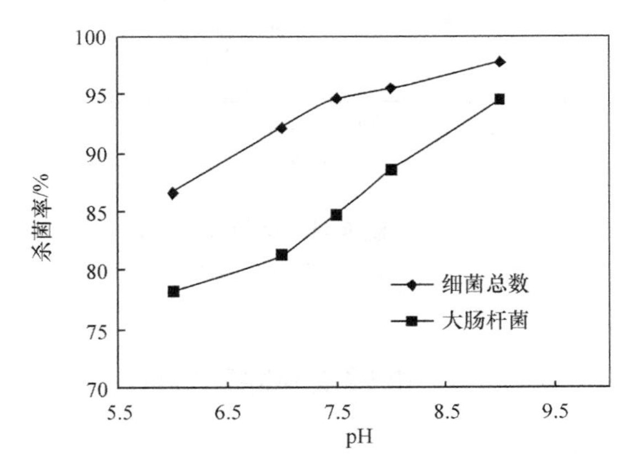


图 6－22　pH 对杀菌率的影响

$T=25℃$，$v=0.2\ m\cdot s^{-1}$，$t=2h$

### 6.4.7 水温对杀菌效果的影响

温度是影响细菌存活的主要环境因素之一，在一定的范围内升高温度可促进细菌的生长和代谢。同时，温度也可能对电磁场作用于水中细菌的能力产生一定影响。将不同温度下的水样经电磁水处理器处理，发现温度对杀菌率有一定影响。由图 6－23 可见，杀菌率随温度的升高而升高，当温度在 20℃时，细菌总数从 $2.4\times10^{6}$ 个·$mL^{-1}$ 下降为 $2.1\times10^{5}$ 个·$mL^{-1}$，杀菌率为 91.2%；大肠杆菌数从 $5.4\times10^{5}$ 个·$mL^{-1}$ 下降为 $9.2\times10^{4}$ 个·$mL^{-1}$，杀菌率为 82.9%。当温度上升至 35℃时，细菌总数的去除率为 96.5%，大肠杆菌的杀灭率为 90.2%。当温度继续升高，这种上升的趋势变缓，45℃时细菌总数的去除率为 96.9%，大肠杆菌的杀灭率为 91.5%，处理后细菌总数为 $7.4\times10^{4}$ 个·$mL^{-1}$，大肠杆菌数为 $4.6\times10^{4}$ 个·$mL^{-1}$。这表明，温度升高有利于电磁杀菌作用。电磁场的灭菌作用是物理、化学和生物反应等共同作用的结果。一般来说，升高温度会有利于各种反应的进行，所以在一定范围内升高温度将有利于电磁场对水中细菌的杀灭处理。

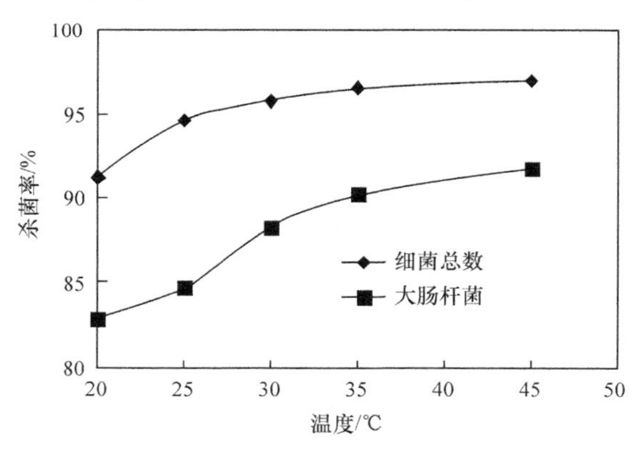


图 6－23　温度对杀菌效果的影响

pH＝7.5，$v=0.2\text{m}\cdot\text{s}^{-1}$，$t=2\text{h}$

## 6.5　电磁杀藻除藻效应

### 6.5.1 灭藻实验系统

如上所述，采用变频式电磁水处理器对水中细菌有良好杀灭效果。那么，对水中的藻类是否也有一定的杀灭功能呢？图 6－24 是采用脉冲电磁场进行灭藻研究的试验系统，将电磁处理器通过两根导线与铸铁管连接，导线连接方式为单组缠绕式，当水流经水管时，在电磁场的作用下进行灭藻循环处理。

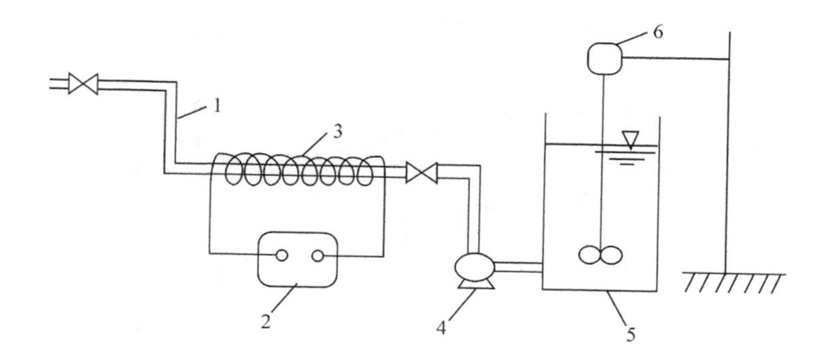


图 6-24 变频式微电脑水处理器灭藻试验系统

1—管道(铸铁);2—水处理器;3—线圈;4—计量泵;5—水槽;6—搅拌器

### 6.5.2 脉冲变频电磁场杀藻效能

为研究脉冲变频电磁场的频率变化范围对藻细胞活性的抑制情况,选择4个不同的变频范围,载频频率都是850Hz(见表6-5)。频率范围分别选择为25Hz～62kHz、50Hz～10kHz,80Hz～60kHz和400Hz～60kHz。对于4个扫频范围,磁感应强度最大达120G。

**表 6-5 高频磁场的脉冲频率范围**

| 档位 | 扫频范围 | 载频 | 特点 |
| --- | --- | --- | --- |
| A | 25Hz～62kHz | 850Hz | 25～27Hz为主 |
| B | 50Hz～10kHz | 850Hz | 50～100Hz为主 |
| C | 80Hz～60kHz | 850Hz | 1～60kHz为主 |
| D | 400Hz～60kHz | 850Hz | 频率较高 |

图6-25是循环水样在扫频处理过程中的光密度变化。从结果可以看出,处理前后,光密度值变化并不大,只是略有下降,其中以400Hz～60kHz频率范围的光密度下降的幅度稍大,达到0.007。而且所有处理后的藻样与处理前相比,溶液仍为蓝绿色,藻细胞没有出现变黄死亡的现象。为进一步了解藻细胞活性的变化,将处理后的藻样进行培养,以确定不同的频率与作用时间对藻活性的影响。

观察关闭磁场后所进行的对照样品,发现处理后的藻细胞在5天的时间内都生长正常,呈现很好的对数增长趋势。但细胞光密度的增长趋势与停留时间相关(见图6-26),停留时间越长,细胞增长趋势越缓,停留时间为10min的样品,增长速度最慢。由于水华鱼腥藻是丝状藻体,是由多个细胞组成的长链,藻体比较大,循环过程中在管道中易受到机械力对其活性的影响,为了避免这种影响对实验结

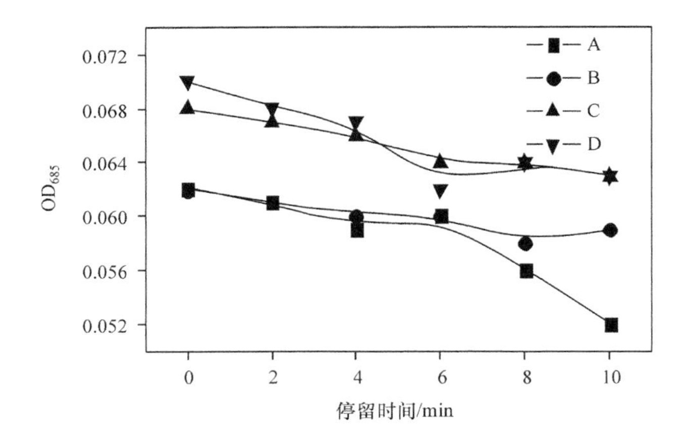


图 6－25　循环水样在不同频率处理过程中的光密度变化

果的判断，进行了该组对照样品的实验。实验结果表明在 10min 的停留时间内，藻细胞的活性稍受到影响，但仍能在 5 天的培养时间内表现出正常的生长状态。这说明，在变频电磁场作用下，水中藻的生长受到一定影响。

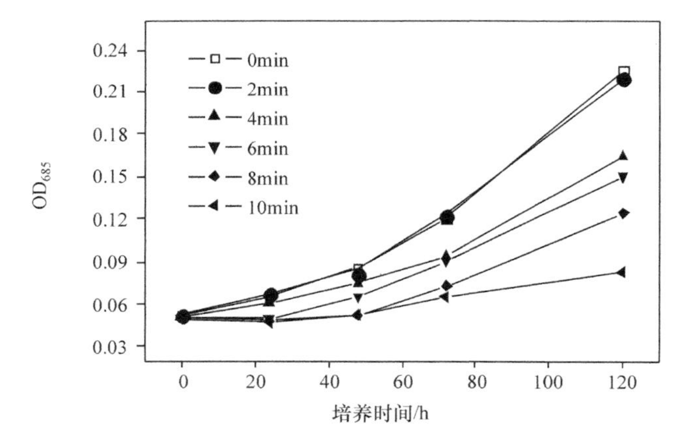


图 6－26　对照样品在培养过程中光密度的变化

#### 6.5.2.1　频率对藻生长的影响

当扫频范围为 25Hz～62kHz，并以 25～27Hz 为主时，在此频率范围下处理的水样，经过培养后表现出不同的生长趋势（见图 6－27）。在磁场中停留时间为 2min 的藻样，处理后表现出正常的生长状态，而且光密度值比没有进行处理的藻样大，生长状态非常好，说明藻细胞短时间暴露于磁场中，不仅没有使细胞生长受到抑制，反而刺激了细胞的生长，表现出更旺盛的生长态势。对于作用时间为

4min和6min的藻样，其光密度值在24h后有所下降，但48h后有所回升，藻细胞由于在磁场中受损，出现了部分死亡，死亡产生的碎屑导致吸光度有所上升。对于作用时间为8min和10min的水样，24h和48h后光密度值都在不断下降，这主要是由于在磁场中暴露时间较长，细胞活性状况表现很差，因此呈现光密度值一直下降的趋势。

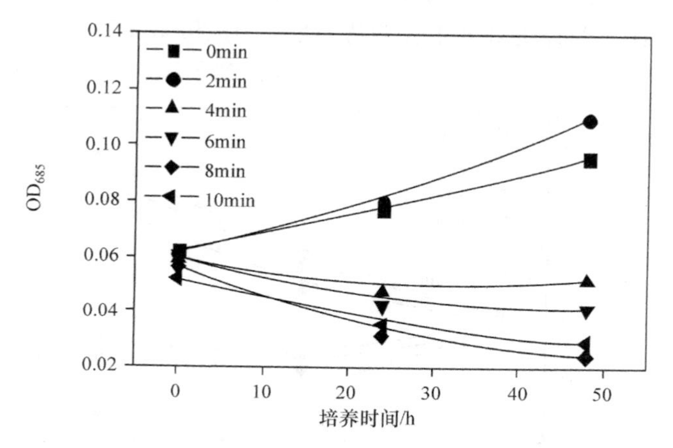


图6-27 扫频范围为25Hz～62kHz时处理藻样在培养过程中光密度变化

从图6-28可以更清楚地看到，电磁作用时间为2min时，细胞密度值比未处理藻样大，细胞密度达到$2.4\times10^{9}$个·$L^{-1}$，而作用时间大于4min，细胞密度值都呈现数量级的下降，从处理前的$9\times10^{8}$个·$L^{-1}$下降至$0.3\sim0.5\times10^{8}$个·$L^{-1}$，说明不同的作用时间可能产生完全不同的效果。这主要是由于磁场对生物机体的作用往往需要作用一段时间才能表现出来。只有积累足够的能量，机体才能发生

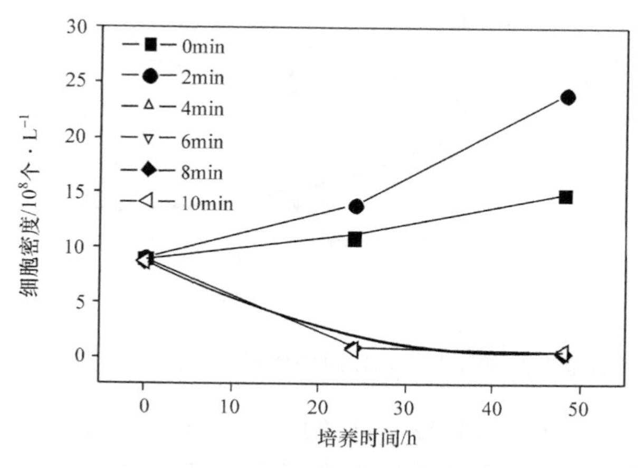


图6-28 扫频范围为25Hz～62kHz时处理藻样在培养过程中细胞密度的变化

明显的生物效应;此外,有时磁场产生的生物效应比较微小,这些微小效应也需要一段时间积累才能显示[14]。所以只有足够长时间的磁场作用,才能使鱼腥藻的生长受到抑制,进而使藻细胞受到损伤而死亡。

当扫频范围是 50Hz～10kHz 时,以 50～100Hz 为主,其处理结果如图6－29和图 6－30 所示。与图 6－26 所示处理结果相同的是,对于电磁作用时间为 2min 的藻样,都具有比对照样更好的生长趋势,经过 24h 和 48h 后,细胞密度比对照样大,与处理前 $9.6\times10^8$ 个·$L^{-1}$ 相比,细胞密度达到了 $3.3\times10^9$ 个·$L^{-1}$。

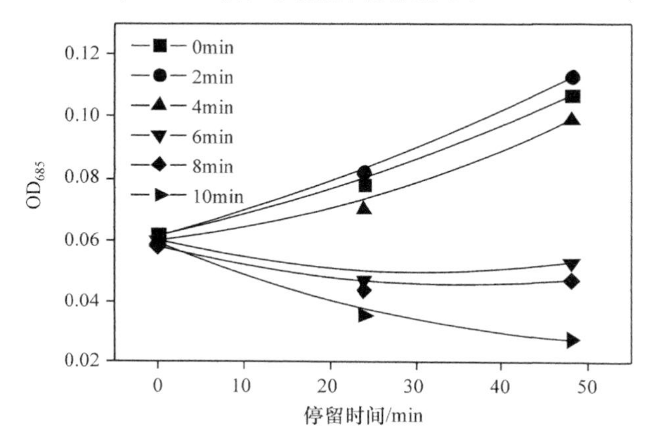


图 6－29　扫频范围为 50Hz～10kHz 时处理藻样在培养过程中光密度的变化

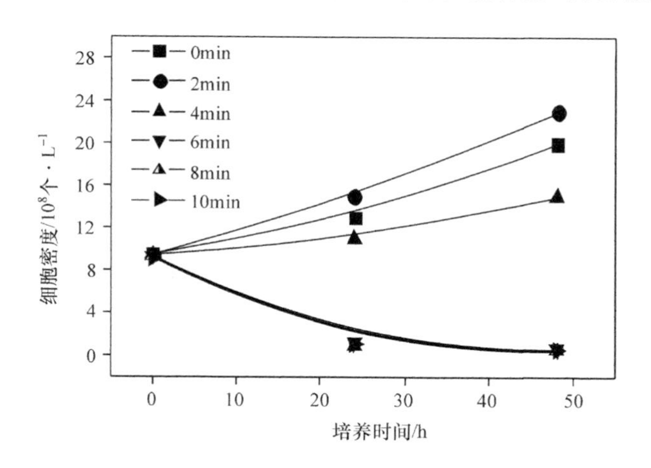


图 6－30　扫频范围为 50Hz～10kHz 时处理藻样在培养过程中细胞密度的变化

与扫频范围为 25Hz～62kHz 不同的是,对于作用时间为 4min 的藻样,藻细胞仍具有较好的活性,在培养过程中光密度和细胞密度都有所上升,而对于 25Hz～62kHz 的频率范围,停留时间为 4min 的水样藻细胞失去生长繁殖能力。

当作用时间为 6～10min 时，24h 和 48h 后的光密度都有所下降，从处理前的$9.6\times10^8$ 个·$L^{-1}$下降至 $0.4\sim0.5\times10^8$ 个·$L^{-1}$，仍呈现了数量级的下降。藻样的颜色也从绿色变为黄色，藻细胞受到损伤，丧失了活性，失去了繁殖生长能力。从细胞密度的变化可以看出，经过长时间的磁场处理与未处理的藻样相比，生长趋势完全不同，细胞密度比后者低近两个数量级，由此可以认为扫频范围为 50Hz～10kHz 的脉冲变频磁场对藻细胞的活性有更显著的影响。

当频率范围为 80Hz～60kHz，并以 1～60kHz 为主时，对水中藻生长的影响结果如图 6-31 和图 6-32 所示。可见，采用不同的扫频范围，经处理后水中藻的光密度变化有所不同。对作用时间为 2～4min 的水样，在培养 24h 和 48h 后表现出正常的生长状态，生长趋势与对照样一致。而作用时间为 6min 的水样培养 24h 后，由于部分受损细胞的死亡，使细胞密度和光密度都有所下降；在培养 48h 后，

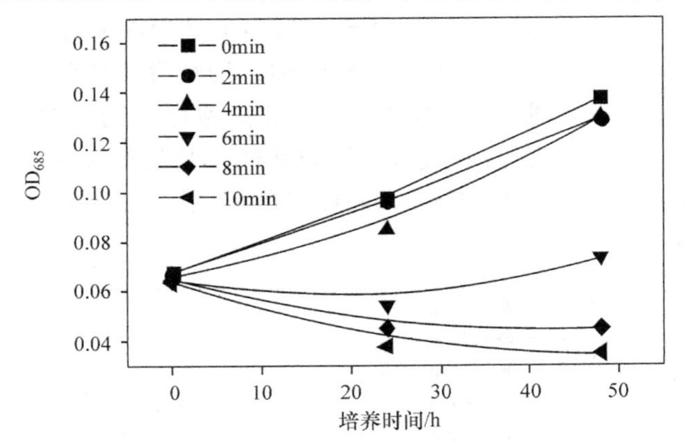


图 6-31　扫频范围为 80Hz～60kHz 时藻样在培养过程中光密度的变化

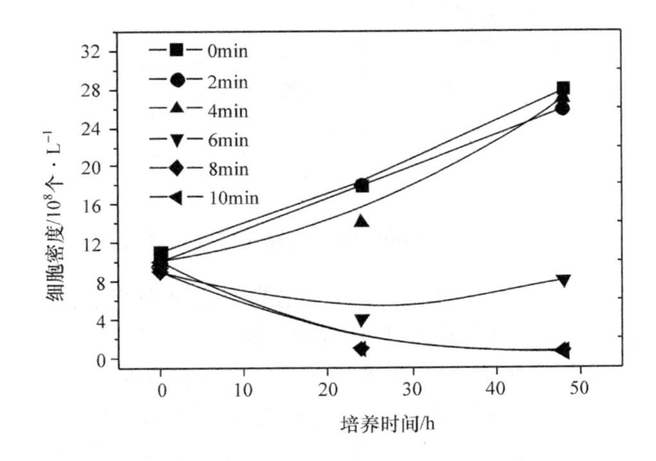


图 6-32　扫频范围为 80Hz～60kHz 时藻样在培养过程中细胞密度的变化

具有活性的细胞又开始生长繁殖，使光密度和细胞密度又开始上升，藻细胞的整体活性得以恢复。从实验结果可以看出，在 80Hz～60kHz 范围内，扫描频率的提高，反而降低了频率对细胞活性的影响。藻样需要更长时间的处理，即作用时间 8min 以上，才能达到灭活的目的。

当扫频范围是 400Hz～60kHz 时，起始频率相对较高。在此频率范围下处理的藻样，培养 24h 和 48h 后的光密度值和细胞密度值如图 6－33 和图 6－34 所示。与扫频范围为 25Hz～62kHz 及扫频范围为 80Hz～60kHz 处理结果明显不同的是，当作用时间为 2min 时，藻细胞增长速度低于对照样品，表现为光密度和细胞密度的增长趋势比对照样品小，说明 2min 的处理时间已使藻细胞的生长受到抑制。对于作用时间为 6～10min 的水样，藻细胞活性受到影响较大，光密度和细胞密度在培养时间内都呈现下降趋势，细胞密度从处理前的 $1.1\times10^9$ 个·$L^{-1}$ 下降至 $0.5\times10^8$～$0.7\times10^8$ 个·$L^{-1}$。对于停留时间为 4min 的水样，扫频范围为 25Hz～62kHz 及扫频范围为 80Hz～60kHz 的处理都没有达到灭活的目的，细胞还能正常生长，但扫频范围为 400Hz～60kHz 时，藻样的光密度和细胞密度都在不断下降，虽然藻样还呈现出浅绿色，但细胞活性已受到很大的影响，出现逐步死亡的态势。由此可见，对于 400Hz～60kHz 的频率范围，停留时间 4min 是灭活藻细胞的最佳时间。

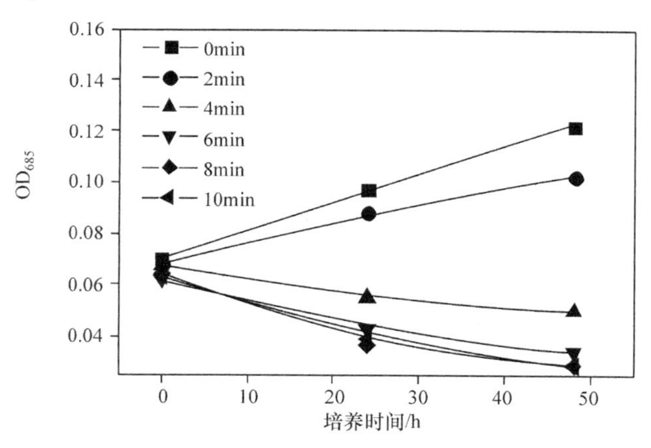


图 6－33 扫频范围为 400Hz～60kHz 时处理藻样在培养过程中光密度的变化

由以上实验结果可以看出，磁场频率变化范围对藻细胞活性存在不同的影响。目前对磁场和电场的杀藻机理还不十分清楚。Rai 等[15,16]对磁场作用下的藻活性进行了深入研究，发现藻暴露于 N 极和 S 极后，表现出不同的生长状况。经 N 极处理后，藻细胞中的蛋白质和类胡萝卜素含量都下降了，而经 S 极处理后的藻中类胡萝卜素含量却上升了，在 N 极和 S 极共同作用下，藻细胞的光密度值和蛋白质、类胡萝卜素含量也都有下降，细胞显示较差的活性和被抑制状态。较多研究

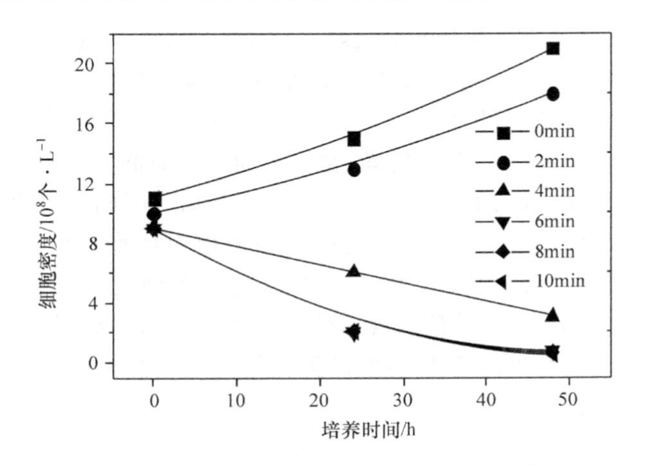


图 6-34　扫频范围为 400Hz～60kHz 时处理藻样在培养过程中细胞密度的变化

者[15～17]认为磁场对藻光合作用系统的电子传输产生了影响，尤其是光合系统的电子传输活动受到了抑制，导致藻细胞活性下降。

许多研究认为磁场对生物体的作用表现得非常矛盾，可能产生抑制作用，也可能产生刺激作用，或是根本没有影响[18]。这种作用不仅与磁场 N 极和 S 极、磁场强度有关，也与磁场的频率有很大关系。细胞膜内外两侧有大量的离子，主要是 $K^+$、$Na^+$、$Cl^-$ 和 $Ca^{2+}$ 等，这些离子控制细胞体积，传递信号，并在细胞膜两侧产生强烈的电场，细胞膜两边的浓度差和电压使离子通过细胞膜。交变电场将给细胞膜两侧的自由离子施加一个可变力，使这些离子可以穿过细胞膜，穿过细胞膜上的蛋白质。即使在很低的电场和磁场强度下，频率低于 $1.6\times10^4$ Hz 的交变电场或磁场都具有生物效应，而且脉冲磁场或电场比连续磁场或电场对生物的影响更大，但当频率大于 $1.6\times10^4$ Hz 时，生物效应却可能减弱[18]。Liboff 认为在静止磁场作用下，某些离子和酶会沿圆形或螺旋形轨道运动而进出细胞，在特定磁场中，磁场能将动能传递给通道中的离子，当变化磁场与这些离子回旋频率相同时，将加快离子运动，如在 0.38G 和 15Hz 磁场下，大量钙离子会从细胞膜内流出，导致细胞活性受到影响。最近的研究也证实，磁场频率和作用时间对藻细胞活性存在两种完全不同的作用，既可能刺激细胞生长得更快，也可能抑制细胞活性，使细胞死亡[19]。

#### 6.5.2.2　磁感应强度对藻细胞的影响

除了磁场频率对藻细胞活性影响外，作为磁场另一个重要指标的磁感应强度对藻细胞活性会有什么影响呢？以上所述的电磁水处理的各种扫频工作范围对循环水样的作用都是在 20～120G 下进行，磁感应强度比较大。为了解磁感应强度对藻细胞活性的影响，进一步的实验选择 400Hz～60kHz 扫频范围进行磁感应强度对藻细胞活性影响研究。通过调节电流大小，将磁感应强度调节为 0～5G，属于极弱的磁感应强度，实验结果如图 6－35 所示。与 20～120G 的实验结果相比，所有在磁感应强度 0～5G 下处理的藻样，在 5 天的培养时间内全部表现出生长正常状态。作用时间为 10min 的水样，虽然在 24～28h 培养时间内光密度值没有太大的变化，但到 96h 后，细胞活性已得到恢复，呈现出对数增长的趋势。而对 20～120G 下处理的藻样，除作用时间为 2min 的水样中藻细胞处于正常生长状态外，作用时间为 4～10min 的水样都表现出藻细胞活性降低的结果，尤其是电磁作用时间为 6～10min 的水样，48h 后溶液已失去绿色，细胞变黄，丧失了光合作用能力，失去生长繁殖的能力。

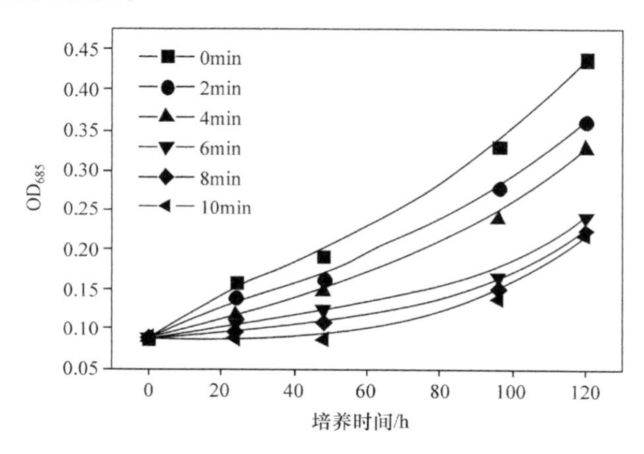


图 6－35 0～5G 磁场强度处理藻样在培养过程中光密度变化

Pazur 的研究也显示，磁场强度对藻活性影响非常明显，对于 0.2～2G 的极弱磁场，0.2G 对藻细胞表现出刺激生长作用，藻细胞生长加快，而当磁感应强度大于 1G 时，表现出对藻细胞的抑制作用，藻的生长减慢[17]。由此可以说明，磁感应强度对藻细胞活性影响很大。在 5～120G 的脉冲变频磁场作用下，随磁感应强度的增大，藻细胞活性降低。但磁感应强度对细胞活性影响非常复杂的，再继续增大磁感应强度，是否会使细胞活性进一步降低，还需要进行进一步的研究。

#### 6.5.2.3 藻细胞的荧光显微分析

由于藻细胞含有叶绿素等物质而具有自发荧光的特性，在荧光显微镜绿色光(激发波长为 546nm)下，活性细胞可以发出红色荧光，而当细胞受到损伤而流失这些物质时，细胞将不发荧光，胞内物质的损失使细胞失去活性，因此从藻细胞是否具有自发荧光的特性或所发现荧光的强弱可以间接地判断细胞活性的状态。含藻水样处理前,藻细胞发出非常明亮的红色,对于一条藻细胞,其发光均匀而连续(见图 6-36)。而经适当条件的变频电磁水处理器作用后,对于一条藻细胞,所发出的荧光表现出了不连续的状态。从图 6-37 中可以看出,有的细胞,在明场下还能观察到细胞的形态,但在荧光场下已观察不到该细胞所发出的荧光,由此说明这样的细胞已经彻底失去了活性。

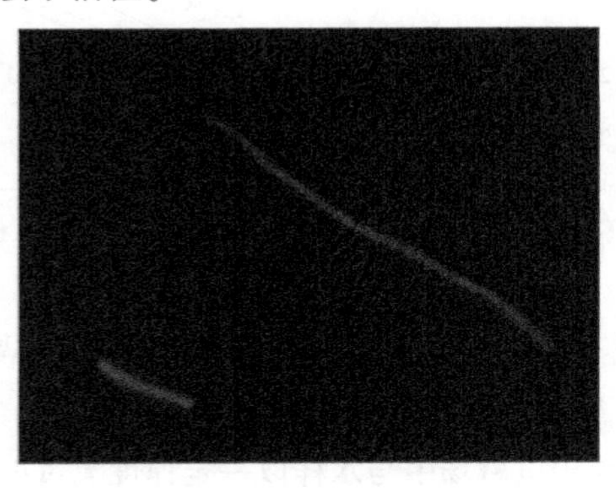

图 6-36　脉冲高频磁场处理前藻细胞在荧光显微镜下的图像

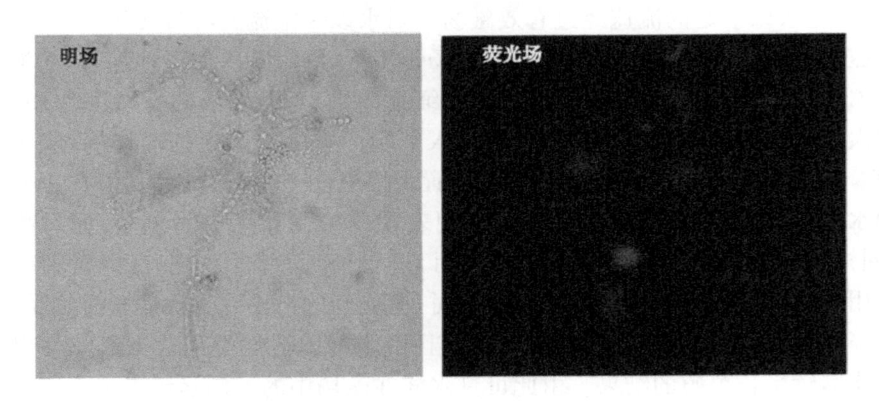


图 6-37　脉冲高频磁场处理后藻细胞在荧光显微镜下的图像

#### 6.5.2.4　电磁场对静置条件下藻的灭活效果

静置水样是指将水样直接静置于电磁场中进行处理,选择 400Hz～60kHz 的扫频范围,磁感应强度为 120G 进行实验。图 6-38 是电磁场对静置水样的处理结果。从图中可以看出,静置处理 10min 的水样,藻的生长速度比对照样快,从 0.068 上升至 120h 后的 0.318,而对照样的光密度培养 120h 时只有 0.219,该样品的光密度值超过对照样近 1/3。而处理 60min 和 180min 的水样,藻的生长受到一定抑制,培养 120h 后的光密度值比对照样低,但藻细胞仍表现出对数增长的

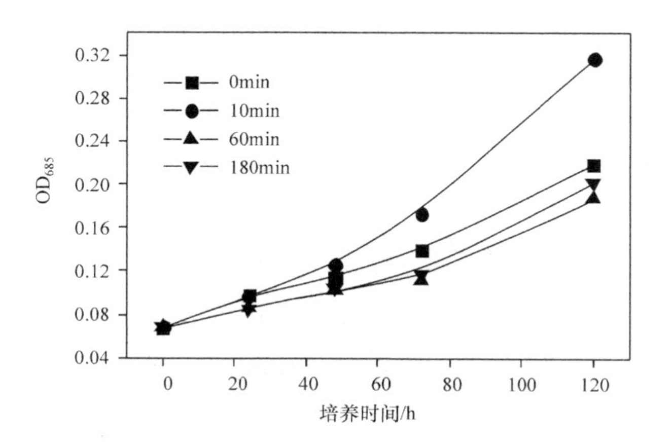


图 6－38　静置于磁场中处理的藻样在培养过程中光密度变化

趋势。

实验显示水样静置于电磁场中与水样以一定速度流过电磁场对藻细胞产生的影响明显不同。磁场除垢的研究表明，水的磁化必须具备两个条件：一是足够强的磁场；二是水以一定的流速经过有效磁场。当水以一定流速经过磁场时，所形成的洛仑兹力会对细胞结构产生影响。在磁场作用下，细胞壁的通透性加强，溶液中的少量 $Ca^{2+}$ 进入细胞内，刺激酶活性，加速细胞的生长，而磁场的长时间作用，使水中的大量离子和磁化产生的其他物质进入细胞而对细胞产生抑制作用，甚至杀死细胞[20]。交变磁场方向的不断改变对静置水样也能产生洛仑兹力，但作用效果与运动水样不同。对运动的水样，磁场作用表现的抑制作用更为显著；而对静置水样，同样 10min 的处理却产生了刺激作用，只有长时间作用才表现出对细胞的抑制作用。当水样以一定的速度通过磁场时，所受到的洛伦兹力比静置磁场受力大，所以藻细胞不仅表现出受抑制的现象，而且由于细胞活性受到较大影响而出现细胞不能继续生长繁殖的结果。由此可见水样在磁场中的不同运动方式会产生截然不同的效果，这也说明磁场对生物的刺激和抑制与作用方式有关。因此对于脉冲变频电磁场，水样以运动的形式通过磁场更有利于藻细胞灭活。

对于循环处理水样，处理时间是脉冲变频磁场灭活藻细胞的一个重要影响因素，只有作用时间充足的情况下，磁场才能表现出对细胞生长的抑制作用，短时间的处理可能反而刺激细胞的生长。频率对藻细胞活性的影响非常复杂，不同的频率对藻活性的影响不同，其结果与频率的高低不成比值关系，25Hz～62kHz 和 400Hz～60kHz 两个频率范围表现出较好的杀藻效果。

# 6.6 应用实例

## 6.6.1 除垢防垢

将变频水处理器应用于某电力公司的洗浴管道除垢,取得了很好的效果。

该公司的浴室多年来管道结垢严重,经常发生龙头流水不畅,管道阻塞,直接影响淋浴供水,不但每月要拆开阀门清通管道1～2次,而且严重时还要更换镀锌管,才能保证流水畅通。为此,从2000年1月4日起采用ZS-SPI直流脉冲电磁水处理器,情况大有改善。

所应用的变频电磁水处理器主要工作参数如下。

扫频范围:20Hz～60kHz;功率:20W;处理水量:$3m^3 \cdot h^{-1}$;水垢主要种类:碳酸钙+硅酸钙型;线圈绕组:三组线圈并联。

将水处理器安装在浴室水箱进口的管道上,管道除垢应用流程如图6-39所示。

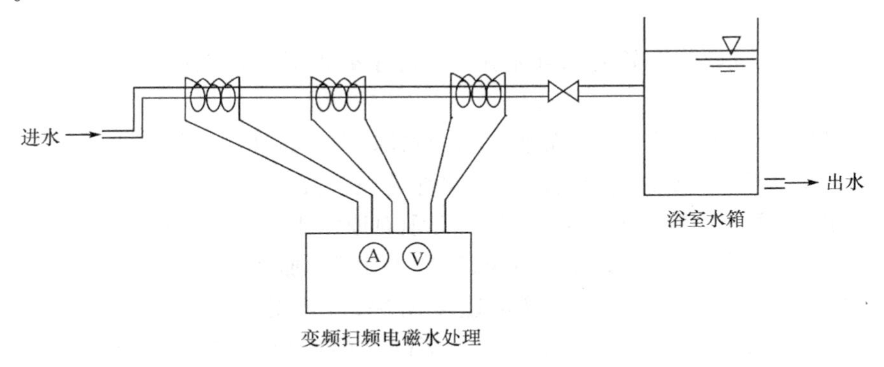


图6-39　管道除垢应用图示

图6-40显示了应用直流脉冲电磁水处理器时对浴室管路水量流通的作用效果。结果表明,在处理前,由于管道结垢严重,导致水流不畅,水流量为$1.5t \cdot h^{-1}$。采用直流脉冲电磁水处理器处理一个月后,由于被清下的水垢阻塞了管道的弯头和阀门,造成水量减小,水流量仅为$0.8t \cdot h^{-1}$。当拆开阀门清除掉剥落下来的水垢后,水流畅通无阻,水量达到了$3t \cdot h^{-1}$;连续使用三个月后,对管道阀门拆开,进行了全面检查,发现热水管道内壁光滑清洁无垢,原来热水管道内的水垢已经全部清除干净,冷水管内尚有少量剥落的余垢片,用水进行了彻底冲洗再投入使用,效果优异,无需拆阀门清洗管道。该仪器用于防止管道结垢及清除管壁内老垢的效果极为显著,能保证用水管道阀门的畅通。

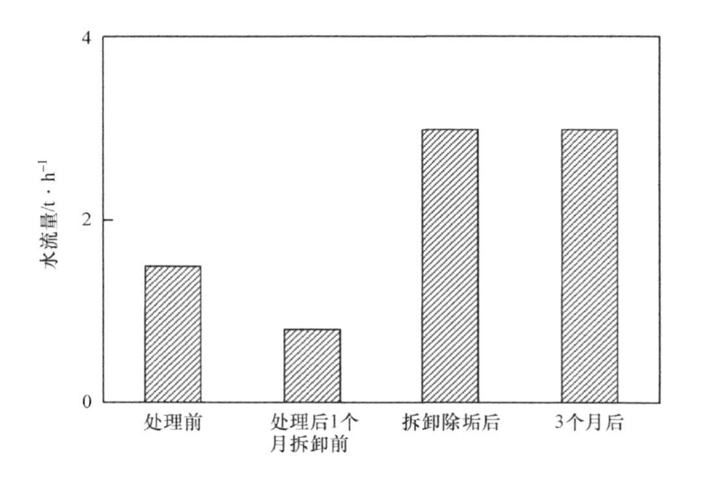


图 6－40　除垢前后水流通量变化

### 6.6.2　杀菌消毒

2000 年某发电厂开始使用直流脉冲电磁水处理器进行杀菌灭藻，取得了较好效果。

该发电厂水处理反应器以黄浦江水为水源，由于黄浦江水里有大量的微生物，不仅会污染水质，严重的还会腐蚀设备和管道，在混床树脂层表面形成菌胶团，恶化出水水质，降低设备处理能力。因此，必须对原水中的微生物进行杀菌处理。采用在原水进口滤网处加次氯酸钠药液，浓度为 10％，加药量为 $20L \cdot h^{-1}$。但到夏季，江水水温达 25～35℃，细菌繁殖速度加快，含量增高。据测定，菌落总数在 4000～5000 个 · $mL^{-1}$，因此需要加大次氯酸钠的加药量才能保证消毒效果。次氯酸钠具有很强的杀菌作用，也有很强的腐蚀性，药量过高会对除盐设备产生强烈的腐蚀损害作用。因此，该厂采用了 ZS-SPI 直流脉冲电磁水处理器对水进行处理。

电磁水处理器的主要工作参数如下：

扫频范围：400Hz～60kHz；扫描周期：1.0s；功率：100W；处理水量：$500m^3 \cdot h^{-1}$；绕线组数：一组、二组和三组。

该发电厂水质净化系统由三台机械搅拌加速澄清池、三台无阀滤池组成，处理能力为 $500t \cdot h^{-1}$ 左右，处理后的净化水一部分再进行化学除盐，供锅炉专用，另一部分输入全厂的自来水管供生产、生活用水。其生产流程如图6－41所示。

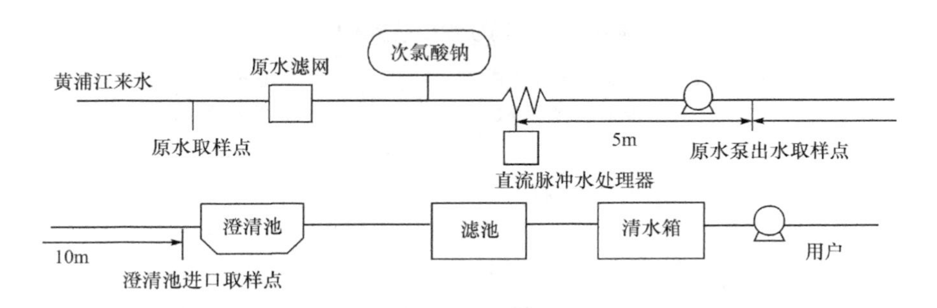


图 6－41　某发电厂水质净化流程图

原水首先经过滤网，在滤网后接入直流脉冲电磁水处理器，管径约 500mm，流量约 $500t \cdot h^{-1}$。仪器工作时，电压为 12V，电流在 1～2A。每次取样都是在次氯酸钠加药系统停止运行后，保证在没有次氯酸钠的影响下进行的，分别在原水滤网前、原水泵出口、澄清池进口取样测定。

应用过程分别在一组绕组，并联两组绕组，并联三组绕组三种情况下进行比较。每一工况情况 30 分钟取样，试验结果如表 6－6 所示。

**表 6－6　不同绕组情况下直流脉冲电磁水处理器的杀菌率**

| 序号 | 导线绕组 | 原水细菌总数/个·$mL^{-1}$ | 原水泵出口细菌总数/个·$mL^{-1}$ | 杀菌率/% |
|---|---|---|---|---|
| 1 | Ⅰ | 2200 | 1100 | 50.0 |
|  | Ⅱ | 2200 | 900 | 59.1 |
|  | Ⅲ | 2500 | 1400 | 44.0 |
| 2 | Ⅰ | 2200 | 1200 | 45.5 |
|  | Ⅱ | 2200 | 900 | 59.1 |
|  | Ⅲ | 2200 | 1000 | 54.6 |
| 3 | Ⅰ | 3900 | 2700 | 30.8 |
|  | Ⅱ | 3900 | 1500 | 61.5 |
|  | Ⅲ | 3600 | 2000 | 44.4 |
| 4 | Ⅰ | 3200 | 1900 | 40.6 |
|  | Ⅱ | 3200 | 1600 | 50.0 |
|  | Ⅲ | 3200 | 2000 | 37.5 |

从以上结果可以看出，在并联两组绕组的情况下，杀菌率较高；而且在原水细菌含量较高的情况下（2200～3900 个·$mL^{-1}$），杀菌率能维持在 50%以上。

在相同试验条件下，从原水泵出口与澄清池进口分别取样进行比较，结果如表 6－7 所示。

**表 6-7 不同取样口杀菌率比较**

| 序号 | 原水细菌总数/个·$mL^{-1}$ | 原水泵出口细菌总数/个·$mL^{-1}$ | 杀菌率/% | 澄清池进口细菌总数/个·$mL^{-1}$ | 杀菌率/% |
|---|---|---|---|---|---|
| 1 | 1500 | 850 | 43.3 | 380 | 74.7 |
| 2 | 3100 | 1700 | 45.2 | 1300 | 58.1 |
| 3 | 3000 | 1200 | 60.0 | 900 | 70.0 |

由表 6-7 可知，在距离水处理器安装位置较远的澄清池进口处，其杀菌率高于距离较近的原水泵出口的杀菌率，在原水细菌总数为 1500 个·$mL^{-1}$时，其杀菌率达到 74.7%，而在原水泵出口处仅为 43.3%。其原因可能是，在取样口较远的位置，电磁波与细菌接触反应的时间较长，而具有更高的杀菌率。

以上结果表明，直流脉冲电磁水处理器对原水中的细菌有较强的杀伤力，如与次氯酸钠加药同时进行，可减少次氯酸钠的用量，起到辅助杀菌效果。

## 6.7 展 望

电磁水处理技术经过几十年的发展，其研究和应用已取得长足进步，然而电磁水处理技术在许多方面还有待进一步研究与发展，主要有以下几个方面：

(1) 基础理论的研究还滞后于应用研究。电磁水处理防垢和灭菌的机理还没有真正被认识，对电磁水处理技术的最佳运行条件、影响因素还没有完全了解。

(2) 电磁水处理技术有一定的使用条件和范围，存在局限性，还必须与其他水处理技术联合使用，实现技术间的优化组合，达到更好的水处理效果。

(3) 研究开发新型合理的电磁水处理器，提高电磁反应器的综合水处理能力。

### 参 考 文 献

[1] Barrett R A, Parsons S A. The influence of magnetic fields on calcium carbonate precipitation. Water Res., 1998, 32(3): 609~612

[2] Wang Y, Babchin A J, Chernyi L T et al. Rapid onset of calcium carbonate crystallization under the influence of magnetic field. Water Res., 1997, 31(2): 346~350

[3] Kobe S, Drazic G, McGuiness P J, Strazisar J. The influence of the magnetic field on the crystallization form of calcium carbonate and the testing of a magnetic water-treatment device. J. Magnetism Magnetic Mater., 2001, 236: 71~76

[4] Szkatula A, Balanda M, Kopec M. Magnetic treatment of industrial water. Silica activation. Eur. Phys. J. AP. 2002, 18: 41~49

[5] Rocha N, González G, Carlos do C L. Marques & Delmo Santiago Vaitsman. Preliminary

study on the magnetic treatment of fluids. Petroleum Science and Technology, 2000, 18 (1&2):33～50

[6] Vedavyasan C V. Potential use of magnetic fields-a perspective. Desalination, 2001, 134: 105～108

[7] Parsons S A, Wang B L, Judd S J et al. Magnetic treatment of calcium carbonate scale-effect of pH control. Water Res., 1997, 31(2):339～342

[8] 吴星五,高廷耀,李国建.电化学法水处理新技术-杀菌灭藻.环境科学学报,2000,20(suppl):75～79

[9] 李建宏,翁永萍,陈正林,华菁.电子水处理器杀菌灭藻效果的研究.工业水处理,1998,18(1):26～27

[10] 黄竹,陆柱.离子棒静电水处理器性能研究.化学清洗,1998,14(1):1～5

[11] 刘敏,胡征宇,谢作明.电子灭藻机除藻效果试验.中国给水排水,1999,15(3):59～60

[12] Newman J R, Watson R C. Preliminary observations on the control of algal growth by magnetic treatment of water. Hydrobiologia, 1999, 415:319～322

[13] 崔凤磊.高频电场磁化水在防垢、杀菌方面的研究.工业水处理,1997,17(6):20～21

[14] 刘普和.物理因子的生物效应.北京:科学出版社,1992,148

[15] Rai S, Garg T K, Vashistha H C. Possible effect of magnetically induced water structure on photosynthetic electron transport chains of a green alga Chlorella vulgaris. Electro. and Magnetobiology, 1996, 15(1):49～55

[16] Rai S, Garg T K, Singh J B, Kumar D, Singh B N. Phusiologic effect of 50-Hz EMF-induced nutrient solution on a cyanobacterium, Nostoc. Muscorum. Electro. and Magnetobiology, 1999, 18(2):177～184

[17] Pazur A, Scheer H. The growth of freshwater green algae in weak alternating magnetic fields of 7.8 Hz frequency. Z. Naturforsch, 1992, 47c:690～694

[18] Panagupoulos D J, Karabarbounis A, Margaritis L H. Mechanism for action of electromagnetic fields on cells. Biochem. Biophy. Res. Commun., 2002, 298:95～102

[19] Liboff A R. Menagetic cyclotron resonance living cells. J. Bio. Phy. 1985, 13:99～102

[20] Goldsworthy A, Whitney H, Morris E. Biological effects of physically conditioned water. Water Res., 1999, 33(7):1618～1626

# 第7章　强化内电解水处理技术

## 7.1　内电解技术概述

### 7.1.1　内电解技术原理

内电解法又称腐蚀电池法、铁屑过滤法等，是废水处理中一种重要的预处理方法。其基本原理是，两种电位不同的物质在电解质溶液中接触浸泡就会形成原电池，并在周围空间形成电场。在电场力作用下，水中带电的污染物分子移向相反电荷的电极，并吸附在电极表面上发生氧化还原反应，降解成小分子物质。同时，电极反应生成的产物也能与溶液中的污染物发生氧化还原反应，产生吸附、絮凝沉淀等，达到进一步去除污染物的目的。内电解法常用的介质为铁屑，下面首先介绍一下铁的性质。

#### 7.1.1.1　铁的性质

铁，相对原子质量为55.847，为灰色或银白色硬而有延展性的金属。单质铁密度7.80 $g \cdot cm^{-3}$，熔点1535 ℃，沸点2750 ℃。工业的或普通的铁一定含有少量碳、磷等杂质，在潮湿空气中易生锈。

铁是活泼金属，电极电位 $E^0(Fe^{2+}/Fe) = -0.44V$，它具有还原能力，可将在金属活动顺序表中排于其后的金属置换出来而沉积在铁的表面，还可将氧化性较强的离子或化合物及某些有机物还原。$Fe^{2+}$ 也具有还原性，$E^0(Fe^{3+}/Fe^{2+}) = 0.771V$，因而当水中有强氧化剂存在时，$Fe^{2+}$ 可进一步氧化成 $Fe^{3+}$。

钢铁与电解质溶液相接触，由电化学作用而引起的腐蚀，称为电化学腐蚀。形成原电池是电化学腐蚀的特征。电化学腐蚀在常温下亦能发生，不仅在金属表面，甚至深入金属内部。钢铁中常含有石墨和碳化铁，它们的电极电位代数值比较大，不易失电子，但能导电。当钢铁暴露在潮湿空气中，表面吸附并覆盖了一层水膜，由于水电离出的氢离子，加上溶解于水的 $CO_2$ 或 $SO_2$ 所产生的氢离子，增加了电解质溶液中的 $H^+$ 浓度。

$$CO_2 + H_2O \rightleftharpoons H_2CO_3 \rightleftharpoons H^+ + HCO_3^- \qquad (7-1)$$

$$SO_2 + H_2O \rightleftharpoons H_2SO_3 \rightleftharpoons H^+ + HSO_3^- \qquad (7-2)$$

因此，铁和石墨或杂质，与周围的电解质溶液形成了微型原电池。在这里，铁为阳极，石墨(或杂质)为阴极，锈蚀情况如图7-1所示。

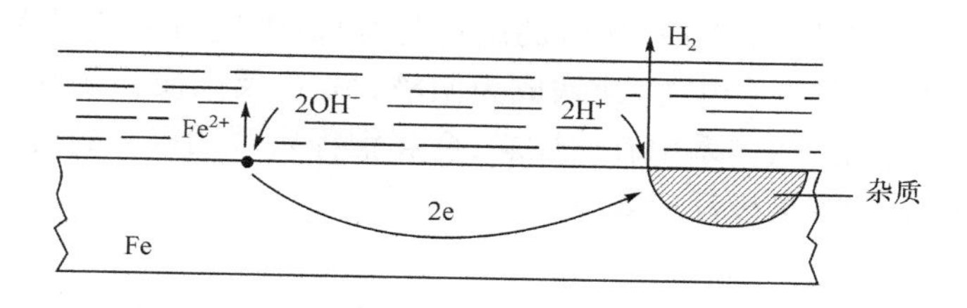


图7-1 铁的析氢腐蚀

其电极反应为

$$\text{阳极(铁)：}\quad Fe - 2e = Fe^{2+} \tag{7-3}$$

$$\text{阴极(石墨)：}\quad 2H^{+} + 2e = H_2 \uparrow \tag{7-4}$$

$Fe^{2+}$ 进入水膜与水膜中 $OH^-$ 结合成 $Fe(OH)_2$，附着在钢铁表面，$Fe(OH)_2$ 被空气氧化为 $Fe(OH)_3$。$Fe(OH)_3$ 及其脱水物 $Fe_2O_3$ 是红褐色铁锈的主要成分，铁锈的成分比较复杂，一般可简单地以 $Fe_2O_3 \cdot mH_2O$ 表示。

阳极的多余电子移向石墨阴极使 $H^+$ 还原成 $H_2$。氢气在石墨上析出，促进了铁的不断锈蚀。这种腐蚀过程中有氢气放出的称为析氢腐蚀。铁的析氢腐蚀一般只在酸性溶液中发生。

在一般情况下，由于水膜接近于中性，$H^+$ 浓度较小，则在阴极石墨上吸电子的不是 $H^+$ 而是溶解于水中的氧。因此，电极反应为

$$\text{阳极(铁)：}\quad 2Fe - 4e = 2Fe^{2+} \tag{7-5}$$

$$\text{阴极(石墨)：}\quad O_2 + 2H_2O + 4e = 4OH^- \tag{7-6}$$

两极上的反应产物 $2Fe^{2+}$ 和 $4OH^-$ 相互结合生成 $2Fe(OH)_2$，然后 $Fe(OH)_2$ 同样被空气中氧气氧化成 $Fe(OH)_3$，进而形成疏松的铁锈。因此金属在含有氧气的电解质溶液中也能引起腐蚀，这种腐蚀称为吸氧腐蚀，其过程如图7-2所示。

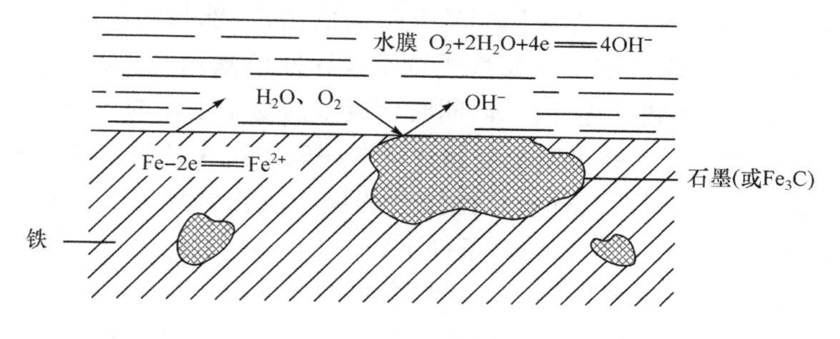


图7-2 铁的吸氧腐蚀

#### 7.1.1.2 内电解原理

铸铁是铁和碳的合金，即由纯铁和 $Fe_3C$ 及一些杂质组成。铸铁中的 $Fe_3C$ 为

极小的颗粒，分散在铁内。$Fe_3C$ 比铁的腐蚀趋势低，因此当铸铁浸入水中时就构成了成千上万个微小的原电池，纯铁成为阳极，$Fe_3C$ 及杂质为阴极，发生电极反应，这便是微观电池。当体系中有活性炭、金属铜等宏观阴极材料存在时，又可以组成宏观电池，其基本电极反应如下。

阳极反应：

$$Fe = Fe^{2+} + 2e \qquad E^0(Fe^{2+}/Fe) = -0.44V \tag{7-7}$$

阴极反应：

$$2H^+ + 2e = 2[H] = H_2 \qquad E^0(H^+/H_2) = 0.00V \tag{7-8}$$

$$M^{n+} + ne = M \qquad (\text{还原金属离子}) \tag{7-9}$$

当有 $O_2$ 时：

$$O_2 + 4H^+ + 4e = 2H_2O(\text{酸性溶液}) \qquad E^0(O_2/H_2O) = 1.23V \tag{7-10}$$

$$O_2 + 2H_2O + 4e = 4OH^-(\text{中性或碱性溶液}) \qquad E^0(O_2/OH^-) = 0.41V \tag{7-11}$$

由上述电极反应的电极电位可知，在酸性充氧情况下铁腐蚀最甚，而无氧时差得多。

当铸铁浸于电解质溶液时，发生内电解反应，通过以下几个过程实现对有机物的还原降解。

(1) 电场作用。废水中的胶体粒子和细小分散的污染物一般都带有电荷，在微电场的作用下产生电泳，向相反电荷的电极移动，并且在电极发生氧化还原等反应。

(2) 氢的还原作用。铁是活泼金属，有较强还原能力，因而在偏酸性水溶液中能够发生如下反应：

$$Fe + 2H^+ \longrightarrow Fe^{2+} + 2[H] \tag{7-12}$$

电极反应中得到的新生态氢[H]具有很高的活性，能与印染废水中的许多污染物发生氧化还原反应。如使偶氮基断裂而破坏发色基团、使大分子降解为小分子、硝基化合物还原为胺基化合物等，同时使废水向易于生化的方向转变。

(3) 铁的还原作用。铁可以把金属活动顺序表中排在其后的金属置换出来而沉积在铁的表面上。同样，其他氧化性较强的离子或化合物也会被铁还原成毒性较小的还原态。例如 Cr(Ⅵ)在酸性条件下，$E^0(Cr_2O_7^{2-}/Cr^{3+}) = 1.36V$，其氧化能力较强。因此，在酸性条件下铁与 Cr(Ⅵ)发生如下反应：

$$2Fe + Cr_2O_7^{2-} + 14H^+ \longrightarrow 2Fe^{3+} + 2Cr^{3+} + 7H_2O \tag{7-13}$$

铬由毒性较强的氧化态($Cr_2O_7^{2-}$)转化成毒性较弱的($Cr^{3+}$)还原态。

同样，在酸性条件下，铁也可以使某些有机物被还原为还原态。如可以使硝基苯还原成胺基物，反应式为

$$C_6H_5NO_2 + 3Fe + 6H^+ \longrightarrow C_6H_5NH_2 + 3Fe^{2+} + 2H_2O \tag{7-14}$$

还原后的苯胺颜色变淡，且易被微生物氧化分解。铁的还原作用还能使一些大分子有机物降解为小分子物质，不仅具有脱色的作用，同时也提高了废水的可生化性，为进一步生化处理创造了有利条件。

(4) $Fe^{2+}$的还原作用。铁被氧化生成的$Fe^{2+}$也具有较高还原性，可将氧化性较强的离子或化合物还原，对Cr(Ⅳ)的还原如式(7-15)所示。

$$6Fe^{2+} + Cr_2O_7^{2-} + 14H^+ = 6Fe^{3+} + 2Cr^{3+} + 7H_2O \quad (7-15)$$

$Fe^{2+}$对部分染料有还原降解作用，会将其发色基团破坏，如将偶氮基转化为胺基，使废水色度降低，反应式为

$$R—N=N—R' + 4Fe^{2+} + 4H_2O = RNH_2 + R'NH_2 + 4Fe^{3+} + 4OH^- \quad (7-16)$$

(5) 铁离子的混凝作用。在酸性条件下，用铁屑处理废水时，会产生$Fe^{2+}$和$Fe^{3+}$离子。新生成的$Fe^{2+}$和$Fe^{3+}$具有很好的絮凝作用，溶液在碱性且有$O_2$存在时，会形成$Fe(OH)_2$和$Fe(OH)_3$，反应式为

$$Fe^{2+} + 2OH^- = Fe(OH)_2 \quad (7-17)$$

$$4Fe^{2+} + 8OH^- + O_2 + 2H_2O = 4Fe(OH)_3 \quad (7-18)$$

生成的$Fe(OH)_2$和$Fe(OH)_3$的吸附能力高于一般药剂水解得到的$Fe(OH)_3$吸附能力。这样，废水中原有的悬浮物、胶体、通过内电解反应产生的不溶物和构成色度的不溶性染料均可被其吸附凝聚。

(6) 沉淀作用。电池反应产物$Fe^{2+}$和$Fe^{3+}$也能通过沉淀反应去除某些无机物，以减少其对后续生化工艺段的毒害，如与$S^{2-}$、$CN^-$等反应生成FeS、$Fe_3[Fe(CN)_6]_2$、$Fe_4[Fe(CN)_6]_3$等沉淀而被去除。对于含有重金属的废水，常通过投加二价和三价铁盐的方法，使重金属离子与铁离子形成稳定的铁氧共沉淀物而去除，内电解反应过程中生成的铁离子也能去除反应溶液中的重金属。

铁炭内电解法处理废水是通过以上有关过程共同作用的结果。

### 7.1.2 内电解水处理方法与应用

自20世纪70年代开始，铁屑腐蚀电池开始应用到水处理中。该方法应用效果好，使用寿命长，成本低廉及操作维护方便，并且使用的铁屑来自于切屑的工业垃圾，具有"以废治废"的意义。因此，目前铁屑内电解不仅在无机工业废水和有机废水的处理中普遍应用，而且在地下水污染的治理中也进行了有意义的尝试。

#### 7.1.2.1 在无机污染物处理中的应用

1. 处理含铬的电镀废水

多数电镀废水中的重金属严重超标，将含高价态铬的废液与铁屑接触，由于铁

屑腐蚀后可提供电子，就会使 Cr(Ⅵ)还原为 Cr(Ⅲ)。

以酸性溶液为例，反应式为

$$Cr_2O_7^{2-}+2H^++5H_2O+2Fe \longrightarrow 2Fe(OH)_3+2Cr(OH)_3 \quad (7-19)$$

铁屑在净化 Cr(Ⅵ)的过程中，不仅使其还原为毒性较小的 Cr(Ⅲ)，而且铁屑氧化后所形成的产物具有吸附作用，加速其絮凝沉淀。

据报道，内电解方法不仅节约能源而且不用或仅用极少量的化学药剂，费用低廉(通常只相当化学法的 1/10～1/5)。不仅可以处理单一的含 $Cr^{6+}$ 的废水，还可以处理含 $Cr^{6+}$、$Cu^{2+}$、$Ni^{2+}$、$Zn^{2+}$、$Pb^{2+}$ 等多种重金属离子的综合性电镀废水，无需分流，一次处理达标，大大地简化了处理流程，且处理后的水质稳定。高峰等[1]利用铁屑与粉煤灰处理含铬电镀废水，出水 Cr(Ⅵ) 浓度为 0.30 $mg \cdot L^{-1}$ 左右，去除率达到 99.4%，出水水质良好，达到国家污水综合排放标准(GB8978—1996)。

2. 处理含砷、氟废水

利用铁屑处理含 As、F 废水时，铁屑通过腐蚀形成 $Fe^{2+}$，在碱性条件下用絮凝共沉淀法去除废水中的 As、F。此法可以使废水中的 As、F 达到排放标准，而且处理费用比其他方法低。彭根槐等[2]利用此法去除废水中的 As、F，去除效果分别达到 93%和 99%。

#### 7.1.2.2　在有机污染物处理中的应用

1. 处理含卤代烃废水

利用铁屑处理卤代烃的原理主要是依据下列反应(卤代烃以 R—X 表示)

$$\text{阳极过程：}\quad Fe \longrightarrow Fe^{2+}+2e \quad (7-20)$$

$$\text{阴极过程：}\quad [R—X]+e+H_2O \longrightarrow [R—H]+X^-+OH^- \quad (7-21)$$

脱卤过程中会有大量 $OH^-$ 产生，使附近溶液 pH 上升，在阳极铁表面形成了 $Fe(OH)_2$、$Fe(OH)_3$、$Ca(OH)_2$ 等沉淀物，这对减少水中铁的二次污染很有好处，不过沉淀物也可能会堵塞孔隙而使其透水性降低。

Gillham 等[3]采用一定数量的铁屑与多种卤代烃的混合溶液分别放置在许多密封的小瓶中进行分批浸泡；而柱实验则是把卤代烃的混合液注入含铁屑 10%的砂柱中，通过检测不同过水断面水样的化学成分与浓度来考察铁屑对卤代烃的还原。

研究结果表明铁屑能与其中的 13 种卤代烃(12 种氯代烃)发生反应，其反应快慢顺序(以浓度减半的时间 $t_{50}$ 为准)为：六氯乙烷(HCA)＞四氯化碳(CT)＞三溴甲烷(TBM)＞1,1,1,2-四氯乙烷(1,1,1,2-TECA)＞1,1,2,2-四氯乙烷(1,1,2,2-TECA)＞1,1,1-三氯乙烷(1,1,1-TCA)＞四氯乙烯(PCE)＞三氯乙烯(TCE)

＞三氯甲烷(TCM)＞1,1-二氯乙烯(DCE)＞氯乙烯(VC)＞顺-1,2-二氯乙烯(c-DCE)＞反-1,2-二氯乙烯(t-DCE)。而二氯甲烷(DCM)在实验时间段(500 h)内与铁屑不起反应。

卤代烃在无氧情况下与金属铁反应时,溶液的 pH 由最初的 7.2 升至 9.2;而 Eh 值由初始的 400 mV 降到最后的－500 mV,变成了较强的还原性。Gillham 等分析认为,还原性逐渐增强主要是因为 $Fe^{2+}$ 产生的数量逐渐增多所致。研究发现,铁屑对氯代烃的降解速度要比氯代烃的天然降解速度快得多(约快 5～15 个数量级)[4]。

对于每一种氯代烃,其降解速度与铁屑含量和铁屑比表容积(单位体积的溶液所接触到的铁屑表面积)有关,即铁屑含量越多,比表容积越大,其降解速率就越快[5]。

2. 处理石油化工废水

石油废水中含有大量的芳香族硝基化合物,采用内电解处理石油废水时,铁屑被氧化,提供电子使水中的芳香族硝基化合物还原,达到降低毒性和提高其可生化性的效果。铁屑被氧化后生成的 $Fe(OH)_3$ 絮状胶体具有较强的吸附和絮凝作用,能沉淀去除废水中的油类[6]。韩洪军[7]采用铁屑法处理含油废水,微电解柱直径为 150 mm,铁屑和活性炭以 1∶1 的比例装入内电解柱,试验表明,利用油珠具有负的动电电位,可以在外电场作用下迁移的特性,使油珠很快完成电泳沉积和聚结,除油率为 70%～80%,高于其他除油方法。

### 7.1.2.3　在地下水污染修复中的应用

原位反应墙或原位反应带的方法目前已成为修复地下水污染的首选方案,国外有些学者已经在含水层中建立含铁屑的原位反应墙修复系统进行实验研究,原位修复被有机物或重金属污染的地下水。

1. 原位修复被卤代烃污染的含水层

O'Hannesin 和 Gillham[8] 在强透水层中建立了能长期运行的原位"铁墙"(iron wall)修复系统。这个位于加拿大安大略省的小型反应墙是用 22% 的铁屑和 78% 的粗砂构筑的,尺寸为 5.5 m × 1.6 m × 2.2 m(长×宽×高),含水介质为中细砂,其地下水被三氯乙烯(TCE)和四氯乙烯(PCE)所污染,浓度分别为 268 $mg \cdot L^{-1}$(TCE)和 58 $mg \cdot L^{-1}$(PCE)。反应墙设立后,流经反应墙污染水中的 TCE 和 PCE 分别被去除 90% 和 86%,经 5 年运行后去除率未见有明显降低。TCE、PCE 降解产物中有少量的二氯乙烯。被处理的地下水流入反应墙时,水中的 $Ca^{2+}$、$SO_4^{2-}$、$HSO_3^-$ 浓度及 Eh 值大幅度下降,表现出地下水遇到铁屑后由天然的氧化环境变为还原环境,水的 pH、总铁及 $Cl^-$ 浓度则有所上升。

根据分析,污染水流经反应墙时会出现大量沉淀物,然而利用斜孔取芯技术和 SEM 分析却发现,反应墙运行 2 年后未见有沉淀物出现,只是到第 4 年后才发现朝上游一侧几毫米范围内有极少量的铁氧化物和 $CaCO_3$、$FeCO_3$ 沉淀物存在。O'Hannesin 等认为,如果反应墙的厚度更大或其中的铁屑含量更高,则 TCE 和 PCE 的去除效果更好。据前人实验证实,DCE 异构体可被铁屑所降解,因此它们只是降解的中间产物而已,由此可知如果反应墙更厚或其中的铁屑含量足够高,它是不会出现在流出水中的。

2. 原位修复被铬污染的含水层

Pul 等[9]利用铁屑-粗砂-原地含水层介质组成的混合物填入预先在含水层中打好的小钻孔而形成的小型处理带,处理含铬及卤代烃污染的地下水。这个小型的原位处理带位于美国卡罗莱纳州北部海岸卫队后勤中心,该处的地下水污染是由于含铬酸盐电镀废水的长期排放(达 30 多年)入渗地下所致。反应圆柱直径为 20 cm,总数为 21 个,布置成 3 排。同时还在处理带中间和处理带以外布置观测井孔数十个。试验 3 个月后检测发现,处理后的地下水中总铬浓度低于检出限,但同时有 $Fe^{2+}$ 检出,且 pH 上升、Eh 下降、溶解氧也被损耗。

3. 利用铁屑处理含水层中的其他污染物

除了卤代烃外,国外还利用铁屑处理含水层中的其他污染物,如 Rahaman 等[10]利用铁屑处理含水层中的硝酸盐和亚硝酸盐,虽然还原产物主要是铵离子,但由于铵离子易被含水层吸附或变成氨气透出含水层,此法可使地下水水质得到一定程度的改善。Nikolaidi 等[11]试验表明,地下水中有 97%的砷被铁屑和砂填充物所降解,主要过程是铁先被氧化为二价铁,二价铁的氢氧化物对砷吸附并产生共沉淀作用所致。

### 7.1.3 新型内电解填料及反应器研究

铁屑及铁炭混合物是最常用的内电解填料,其适用的 pH 范围较窄,虽然其在处理酸性废水时脱色率较高,但铁溶出量大,污泥量亦大。因此要采取有效措施尽量减少污泥,减低污泥含水率以避免产生二次污染。近年来许多研究者通过筛选有效催化剂、助剂等,使内电解能在较广 pH 范围内发挥电化腐蚀及絮凝吸附最佳效果。国外学者[12]发现对零价铁进行改良,即在基底金属表面镀上第二种金属如钯、镍等形成的双金属系统可提高氯代烃脱氯速率。何小娟等[13]用镍/铁和铜/铁双金属对四氯乙烯进行脱氯试验,与零价铁系统相比,双金属系统对四氯乙烯的降解速率有明显的提高。高廷耀等[14]利用金属催化剂铜作阴极,强化铁屑内电解过程处理酸性橙Ⅱ废水,具有较好的去除能力。梁震等[15]制备了纳米铁粉,纳米级零价铁通过还原和吸附作用脱氯转化有机氮化物,将氯代烃逐步变为简单的碳氢化合物,达到无毒或低毒的目的,也可为生物降解创造条件。

最常用的铁屑内电解反应器为过滤床,这种滤床的缺点是:铁屑易结块,易出现沟流等现象,大大降低处理效果。且反应床较高时,底部的铁屑压实作用过大,易结块,在运行过程中表面沉积沉淀物使铁产生钝化,降低处理效果,需定期反冲洗。针对以上缺点,研究人员开发出了多种内电解反应器,以期解决上述问题。

据报道,将内电解法絮凝床做成滚筒状可解决上述内电解床存在问题。中山大学设计的ZSU絮凝床就是类似这种形式的絮凝床,沈滨[16]对这种絮凝床的结构形式及工艺特点进行了研究。圆柱形的滚筒水平放置,滚筒由可以旋转的滚轮托起,通过电机驱动其旋转,滚筒的一端为进口,废水及铁炭填料均通过此处输送到滚筒内。新型滚筒内电解法絮凝床可以克服填料更换、絮凝床堵塞及铁屑结块等问题,但目前尚需对如何减少驱动滚筒所需的电能做进一步深入研究。叶亚平等[17]制作了动态强化微电解装置,采用有机玻璃,其主体为一水平转筒:直径为300 mm,长为600 mm,总容积为28.3 L,装置内部装有隔板和惰性电极,并填充铸铁屑和炭粒,外加电场0～30 V直流电压,用于强化铁炭床的微电解过程。用酸性媒介红、活性艳红、阳离子蓝及阳离子红配制成不同浓度的模拟染料废水进行试验,对染料废水的COD及色度去除效果显著,可生化性得到了明显改善,BOD/COD值由0.01～0.24提高至0.06～0.6不等。但是需要将废水和铁炭一起转动,消耗电能过大。因此,研究能解决铁炭板结等缺陷的处理效果好、能耗少、运转费用低和操作简便的反应器是内电解研究的一个重要方向。

### 7.1.4 内电解方法与其他技术联用

内电解法与其他处理技术的联用具有广阔前景。现代研究已经表明光、声、磁对污染物去除都有一定效果,如何将内电解法与这些技术很好结合起来,将是一个极有前途的研究方向。程沧沧等[18]采用微电解-光催化法对印染废水的处理进行了研究,当进水COD为2000 $mg \cdot L^{-1}$左右,色度为800～1000倍时,处理后出水的COD去除率达92% ,脱色率接近100%,主要水质指标达到了GB8978-1996《污水综合排放标准》中染料工业的二级标准。王永广等[19]采用微电解-Fenton法处理2-羟基-3-萘甲酸生产废水,$COD_{Cr}$总去除率达到95%以上,是一种有效的工艺。张智宏等[20]采用铁屑过滤-光催化氧化法处理印染废水和合成染料废水,可充分利用二者的优点,印染废水、合成染料废水的脱色率分别达91%、85%,对COD的去除率也分别达83%和54%。宋勇等[21]研究了超声波/零价铁协同体系处理五氯苯酚,去除率比超声波体系和零价铁体系的去除率之和还要大,具有明显的协同效应,符合表观一级动力学反应。近年来,发展了一种微波强化内电解处理染料废水的新方法，活性炭与铸铁以一定比例混合，利用活性炭的吸附作用、炭与铸铁以及铸铁本身的内电解作用处理印染废水，然后利用微波再生铁炭混合物。这样不仅吸附饱和的活性炭被微波再生，吸附作用恢复并稍有提高；同时微波起到了强化铁炭混合物的内电解作用的效果。采用这种新方法对染料模拟废水进行处理，结果令人满意[22]。

郝瑞霞等[23]采用铁屑过滤预处理印染废水，提高了废水的可生化性，BOD/COD 值由 0.20～0.27 提高到 0.35 以上，使后续 SBR 单级去除率达到 80%。张焕侦等[24]充分利用经无烟煤和粉煤灰吸附处理后的废碱液酸化废水 pH 低的特点，使用加有焦炭末的铁屑柱辅以混凝技术处理该废水，COD 的去除率达到 60%，对进水 COD 和 pH 有良好的抗波动性，产生大量的 $Fe^{2+}$，使废水的 pH 升至 6.0～6.5，减少了混凝过程的加碱量和混凝剂用量，降低了处理费用。

### 7.1.5 内电解方法处理有机物机理研究

刘士姮等[25]采用纳秒级时间分辨脉冲辐解技术，考察了典型的萘酚型偶氮染料酸性橙 7(AO7)在水溶液中与 $\cdot OH$ 和水合电子($e_{eq}^{-}$)的微观反应，对反应瞬态吸收图谱作了归属，通过跟踪瞬态吸收的生成动力学求得了反应速率常数，并结合 AO7 水溶液 γ 辐解前后的 UV-Vis 吸收变化，提出了相应的反应机理：$\cdot OH$ 和 $e_{eq}^{-}$ 均能与 AO7 发生反应，$\cdot OH$ 主要加成到萘环上形成相应的羟基加成物；$e_{eq}^{-}$ 在 $H^{+}$ 催化下进攻 AO7 形成偕腙肼自由基。反应的速率常数分别为 $4.3\times10^{9}(mol\cdot L^{-1})^{-1}\cdot s^{-1}$ 和 $8.8\times10^{9}(mol\cdot L^{-1})^{-1}\cdot s^{-1}$。比较 $\cdot OH$ 和 $e_{eq}^{-}$ 与 AO7 的反应速率常数及 γ 辐照前后样品的 UV-Vis 吸收光谱变化，发现 $e_{eq}^{-}$ 的还原作用比 $\cdot OH$ 的氧化作用更能有效地破坏 AO7 的共轭体系导致其脱色。

高华[26]采用铁炭原电池电化学模型，通过对原电池自腐蚀电量与染料溶液浓度变化关系的研究，探讨铁屑法处理染料废水的电化学脱色机理。结果表明：铁屑法对偶氮类染料溶液的脱色主要表现为电化学作用，而对蒽醌类染料溶液的脱色并不是电化学作用，硫化染料溶液不需要铁屑法处理，在酸性条件下即可沉淀析出而脱色。

杨玉杰等[27]研究了铁屑法处理活性紫染料废水的脱色过程和铁屑溶解过程动力学模型，铁屑溶解符合零级反应动力学，$[Fe]=(1.38t+0.70)\ mg\cdot L^{-1}$ ($r=0.9959$)。反应速度常数的测定是在转速为 150 $r\cdot min^{-1}$ 的摇床上进行的，其体系接近于完全混合状态，扩散传质比较容易，铁屑表面反应过程为控速步骤，脱色反应为一级反应。

张晖等[28]认为，同零价铁处理其他污染物的研究一样，目前零价铁脱色动力学的研究均作准一级反应处理。然而已有研究表明，零价铁还原脱氯时，反应刚开始遵从准一级动力学，随后逐渐偏离准一级动力学。零价铁还原是一个表面反应过程，反应速率不仅与污染物浓度有关，还与零价铁活性表面有关。当活性表面视为不变时，反应动力学为准一级，但实际上由于反应过程中零价铁表面钝化失活，活性表面随反应时间延长而衰减。零价铁对活性黑脱色的动力学方程表示为：$\ln(c/c_0)=K[1-\exp(-k_a t)]/k_a$。$k_a$ 与铁粉投加量和 pH 无关，随染料初始浓度的增加而减小；$K$ 与铁粉投加量成正比，随 pH 的升高而减少，随染料初始浓度的增加而减少。

硝基苯类化合物中的—$NO_2$ 为钝化基团，硝基苯环具有强的吸电子诱导效应和共轭效应，使苯环更加稳定。经内电解法处理后，—$NO_2$ 转化为—$NH_2$，而—$NH_2$ 为推电子基团，具有推电子效应，可逆的诱导效应和超共扼效应使苯环电子云密度增加，降低了苯环的稳定性，大大提高了废水的可生化性，达到预处理的效果。在厌氧条件下，硝基苯类化合物在 $Fe^0$-$H_2O$ 体系中的转化归结为硝基官能团的还原反应。该反应的公认机理为[29]：硝基苯首先在阴极表面得到 2 个电子还原为亚硝基苯，亚硝基苯继续获得 2 个电子还原为羟基苯胺，羟基苯胺获得 2 个电子在电极表面还原成苯胺。Agrawal 等[30]还通过反应动力学的研究，证明了该表面反应的速率控制步骤为硝基苯向金属表面的传质过程。转化硝基苯类污染物的主要还原剂是 $Fe^0$、$Fe^{2+}$ 和 $H_2$。因此，硝基苯类化合物在 $Fe^0$-$H_2O$ 体系中的转化途径可能有 3 种[31]：第一是被吸附了的污染物在 $Fe^0$ 表面的得电子还原反应，这与 $Fe^0$ 的腐蚀溶解直接耦合，该反应在监测硝基物的含量中得到了应用[32]；第二，$Fe^0$ 腐蚀溶解所产生的溶解性 $Fe^{2+}$ 具有还原性，但 $Fe^{2+}$ 作为还原剂的还原反应的速率较慢，此转化途径的贡献相对较小；第三种途径涉及 $H_2$ 诱发的还原反应，但在缺乏有效催化剂时 $H_2$ 的还原性并不能很好的体现出来。然而，如果在水溶液中存在一些金属(例如 $Fe^0$ 等)，由 $H_2$ 诱发的快速还原反应还是可以实现的，因为 $Fe^0$ 的表面、缺陷以及水溶液中的其他固相的表面等都可以提供催化功能。一般认为，用铁屑法处理废水时所得到的处理效果，是以上诸项协同作用的结果。其中，$Fe^0$ 在污染物的还原中具有反应物和催化剂的双重作用。

### 7.1.6　内电解处理方法的优点及存在的问题

铁炭内电解工艺从开始应用到现在，已经被证明有许多优点，主要表现在：

(1) 所用的铁一般为刨花或废弃的铁屑(粉)，符合“以废治废”的理念。

(2) 可同时处理多种毒物，占地面积小，系统构造简单，整个装置易于定型化及设备制造工业化。

(3) 适用范围广，在多个行业的废水治理中都有应用，如印染废水、电镀废水、石油化工废水等，均取得了较好的效果。

(4) 使用寿命长，操作维护方便，内电解床只要定期地添加铁屑便可。

内电解方法在实际运行中也暴露了许多问题，如：

（1）铁屑处理废水通常是在酸性条件下进行的，但在此条件下溶出的铁量大，产生大量铁泥，给污泥脱水以及污泥处置带来很大问题。目前一般将废渣送至炼铁厂处置或掺合制作建筑材料，还有人考虑把铁泥用来制作磁性材料。

（2）铁屑处理废水通常是需要大量曝气，影响了对有机物的还原效果，且能耗高，造成铁的消耗量大，产生大量的污泥。

（3）铁屑处理装置经一段时间的运行后易结块，出现沟流等现象，大大降低处理效果。而且反应床较高时，底部的铁屑压实作用过大、易结块，在运行过程中表面沉积沉淀物使铁产生钝化，降低处理效果，需定期反冲洗。

针对以上问题，人们进行了大量的改进工作，目前主要研究热点集中在铁屑填料的改性、运行方式的优化和与其他处理方式的联合应用上。在实际应用中，如何提高内电解过程中电还原、混凝、吸附、电富集等协同作用，是改进这种方法的重点之一。内电解法比电解法的优越性在于不需外加电压，所用填料是废铁屑，因而投资少，处理费用低，如果要在废水处理中取得广泛应用，还需解决铁屑的改性、活化、再生、堵塞等问题。还需研制各种助剂、催化剂，以提高废水处理效果。选择合适的铁屑活化方法，设计合理的过滤床，解决铁屑易钝化、易结块从而出现沟流等弊端，提高处理效率。

## 7.2　转鼓式强化内电解反应器

由于铁屑中的炭比较少，微电池数目和作用还有待增加，为提高微电解效果，研究者尝试采用加入活性炭的方法，以形成无数微电池和宏观腐蚀电池，构成具有强化功能的铁炭内电解反应器。活性炭作为阴极不消耗，可长期使用。由于铁炭内电解不需外加电流，成本低廉，又具有“以废治废”的理念，近年来被广泛应用于废水处理领域。

铁炭内电解长期运行后会在铁屑表面沉积一些氧化、还原产物，阻碍铁阳极的进一步反应，而且使得铁屑之间相互结块，阻塞水的流动，处理效果下降。普通的铁屑微电解都存在反应柱堵塞、铁屑结块、填料更换困难的问题，因而在一定程度上影响了该技术的发展[17, 33]。人们一般采用通压缩空气反洗、酸再生等方法，但在实际操作中往往比较困难，效果改善不大。有人发明了滚筒内电解床，把铁炭混合后与废水一起装在滚筒内转动，但由于处理水量较多，对电能的消耗较大[16]。

转鼓式内电解方法的技术要点是：由反应池和转鼓组成处理装置，把铁屑、活性炭混合装入转鼓内，转鼓转动带动铁炭转动，使铁屑和活性炭之间的位置和铁炭之间形成的微电解电场发生双重位移，有效地防止铁炭床的阻塞结块。被处理的废水在反应池中和转动的铁炭反应，其中的有机污染物得到有效的降解。为了提高处理效果，可采用出水回流或二级、多级转鼓的方法。

## 7.2.1　半浸入式转鼓反应器

### 7.2.1.1　半浸入式转鼓反应器构造

为了防止铁屑在反应过程中结块，仿照生物转盘的结构，把铁屑和活性炭放入可转动的容器中，并将转鼓放入待处理的废水中，在反应过程中通过转鼓的转动使铁屑和活性炭之间发生相互位移，铁炭之间的内电解电场发生转换，有效地提高内电解效率，防止铁屑的板结结块，进而防止铁炭床的阻塞。

根据内电解的原理和以上设计原则，设计的半浸入式转鼓反应器示意图如图 7-3所示，制作的反应装置见图 7-4。

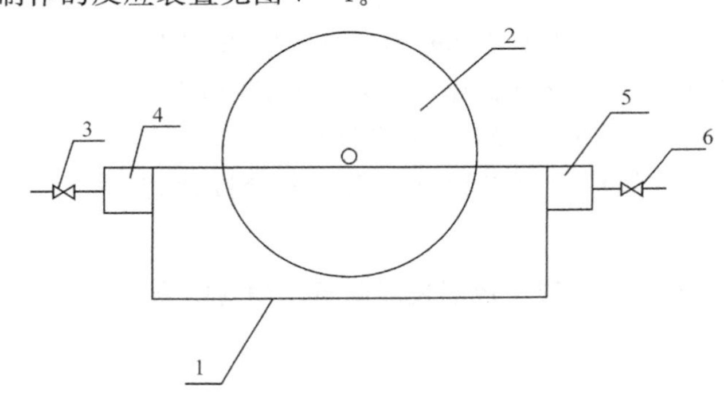


图 7-3　半浸入式转鼓反应器设计示意图

1—反应池；2—转鼓；3—进水阀；4—布水装置；5—出水装置；6—出水阀

试验用半浸入式转鼓内电解反应器由反应池和转鼓组成，反应器采用 $\delta=5$ mm 的 PVC 制成，反应池 290 mm × 290 mm × 85 mm，正中间设置一直径为 Φ125 mm 的转鼓。转鼓两头有带转轴的堵头，转轴一端支撑固定在反应池壁上，另一端通过联轴器与调速电机相连。转鼓内垂直轴向布有 5 块 Φ120 mm 隔板把转鼓均匀分隔，隔板上辐射状垂直焊接 6 条小隔板，转鼓和隔板如图 7-5 所示。

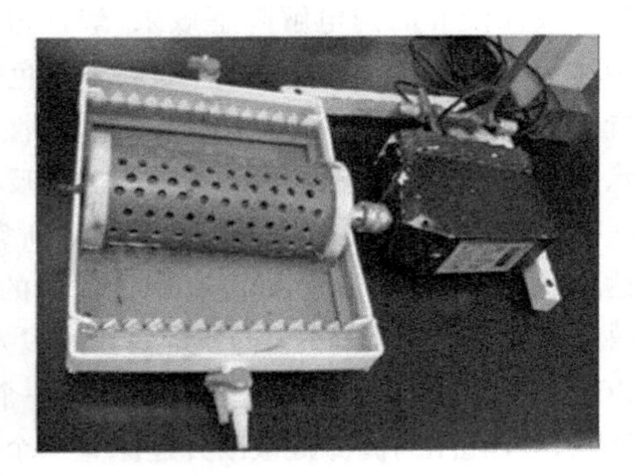

图 7-4　半浸入式转鼓反应装置

铁屑与活性炭按体积比 1∶1 混和均匀后装填在转鼓内被隔板与垂直小隔板分隔的空间内，装填体积为有效空间的 2/3 左右。铁屑采用铸铁屑，粒径范围 1.25～2 mm（10～16 目）。活性炭粒径范围

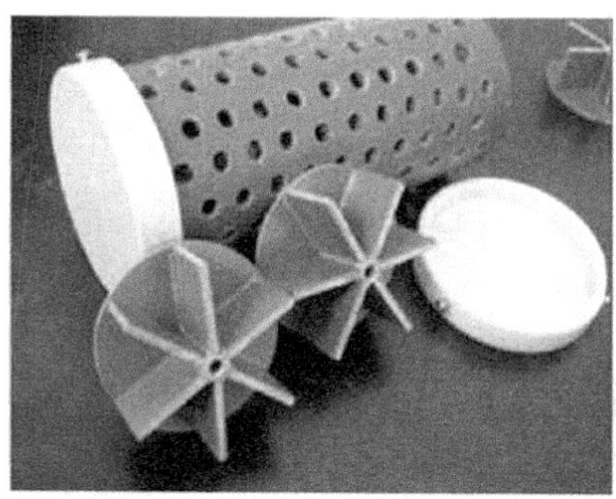

图 7-5 转鼓和隔板装置

1.25～2.5 mm(8～16 目),为消除活性炭的吸附影响,所用活性炭在使用前多次用 1000 mg·$L^{-1}$的酸性橙Ⅱ溶液在摇床中振荡浸泡,预饱和直至吸附平衡。转鼓本体上均匀开有 Φ10 mm 的孔眼,在转鼓内壁装有一层 40 目和一层 16 目的尼龙滤网,以保证转鼓内铁炭填料可以和染料废水充分接触,同时又可防止铁屑和活性炭泄露。

#### 7.2.1.2 半浸入式转鼓反应器还原降解水中有机物

1. pH 的影响

选择酸性橙Ⅱ为模拟污染物进行研究,其分子结构及性质参见第 3 章。

pH 对有机物的内电解降解过程有着重要的影响。图 7-6 所示为不同 pH 条件下酸性橙Ⅱ的内电解降解效果(酸性橙Ⅱ的初始浓度 $C_0$ = 1000 mg·$L^{-1}$、转鼓转速 $r$=15 r·$min^{-1}$),图 7-6(a)为脱色效率曲线,(b)为 COD 去除率曲线。可以看出,随着反应溶液初始 pH 的降低,酸性橙Ⅱ的降解速度加快。对 COD、TOC 的去除也有同样的结果。一般认为染料脱色反应是 Fe 和 $H^+$ 生成的新生态的[H]在 Fe 的催化作用下,使染料分子中的偶氮键断裂,破坏染料分子的发色或助色基团,从而达到脱色的目的。酸度提高有利于铁屑的腐蚀,因此可生成更多的新生态[H]与染料分子反应。由图 7-6(a)、(b)对比可以发现,内电解对酸性橙Ⅱ的脱色效果要好于 COD 的去除效果。这是因为内电解是一个包括电化学、还原、混凝吸附等多种作用过程,酸性橙Ⅱ的偶氮键被断开还原是一个比较容易的反应,而 COD 的去除则需要通过生成的 $Fe^{2+}$ 进一步的混凝作用去除。反应过程中可能有一些酸性橙Ⅱ降解后生成的小分子物质不易被混凝去除,因此 COD 的去除效率要比脱色效率低些。

试验结果表明酸性橙Ⅱ溶液的脱色速率符合准一级动力学方程

$$\ln(C/C_0) = -k_1 t \tag{7-22}$$

式中,$C$ 是在时间 $t$ 时的酸性橙Ⅱ溶液的浓度;$C_0$ 是染料溶液的初始浓度;$k_1$ 是准

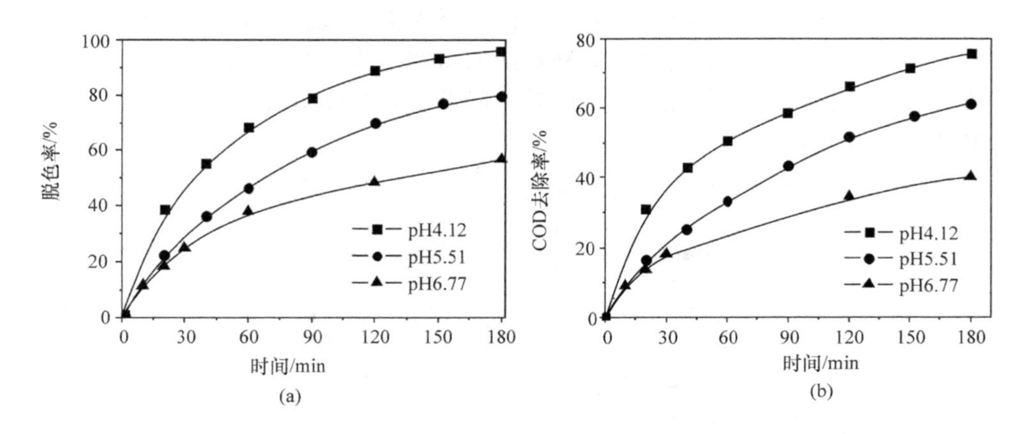


图 7-6 pH 对酸性橙Ⅱ降解的影响

(a)脱色率;(b)COD 去除率

一级降解速率常数。

表 7-1 列出了不同 pH 条件下酸性橙Ⅱ的降解速率常数,可以看出,随着酸度的增加,酸性橙Ⅱ的降解速率亦逐渐增加。准一级降解速率常数和 pH 呈线性关系($R$=0.9943),即 pH 每降低 1 个单位,降解速率常数就会增加大约 0.006 19 $min^{-1}$。当 pH 从 6.77 变化到 4.12 时,反应速率提高了 2.11 倍。

**表 7-1 不同 pH 条件下酸性橙Ⅱ的降解速率常数**

| pH | $k/min^{-1}$ | $R^2$ |
|---|---|---|
| 4.12 | 0.031 | 0.953 |
| 5.51 | 0.021 | 0.969 |
| 6.77 | 0.015 | 0.993 |

2. 转鼓转速的影响

不同转速下,酸性橙Ⅱ的降解效率随时间的变化如图 7-7 所示($C_0$=1700 $mg \cdot L^{-1}$、pH=3.56)。在转速为 $15r \cdot min^{-1}$ 时,色度及 COD 的去除效果均较好,随转速的提高,去除率逐渐下降。内电解还原降解有机物过程主要发生在铁屑表面,其过程可分为两个阶段——吸附阶段和还原阶段,吸附阶段是酸性橙Ⅱ分子转移到铁屑表面,还原阶段是酸性橙Ⅱ分子在铁屑表面的降解过程。因此,酸性橙Ⅱ的降解动力学分别是由传质速度控制和铁屑表面活性位点的饱和程度控制[34,35]。转速过慢则溶液中的染料分子向溶液从外扩散缓慢,不易达到铁屑表面进行还原反应,提高转速有利于酸性橙Ⅱ分子向铁屑表面迁移,并增加污染物与铁屑表面的碰撞概率，提高其在铁屑及炭表面的吸附机会，改善表面还原效果，因而提高了还原效率。同时，还有效防止铁炭床的阻塞结块。但转速过快则易使氧气带入反应器，铁屑表面被氧化而使降解效率降低。研究证明，在此实验条件下，转鼓转速为 15 r · min$^{-1}$时，处理效果最好。

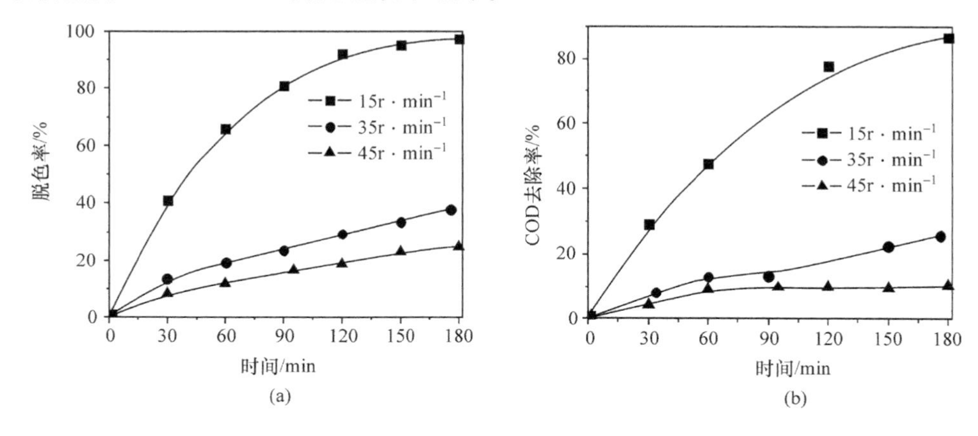


图 7－7　转速对酸性橙Ⅱ降解过程的影响

(a)脱色率；(b)COD 去除率

3．有机物初始浓度的影响

不同初始浓度下，酸性橙Ⅱ的降解(pH＝6.56、$r$＝15 r · min$^{-1}$)如图 7－8 所示，在所研究的浓度范围内(2600 mg · L$^{-1}$到 1000 mg · L$^{-1}$)，随着初始浓度的降低，水中酸性橙Ⅱ的降解速度增加，但与初始浓度并不具有线性关系。这可能是因为浓度越大时，内电解过程中铁屑表面活性点饱和程度对内电解影响越大[34]。同时浓度增加，将使溶液中酸性橙Ⅱ分子向铁屑表面的传质速度加快，铁阳极的氧化速度增加，氧化生成的 $Fe^{2+}$ 来不及进入溶液，很快沉积在铁屑表面。在酸性橙Ⅱ溶液浓度越大的情况下，这个反应越快。沉积在铁屑表面上的 $Fe^{2+}$ 继续被氧化为 $Fe^{3+}$，生成的铁锈覆盖在铁屑表面，使得铁屑表面的活性点逐渐减少，氧化物中 $Fe^{3+}/Fe^{2+}$ 的比例逐渐增加。从磁铁矿转变到磁赤铁矿，氧化层的传导性大大降低[36]，进而阻止了电子的迁移和还原反应，导致内电解还原反应对有机物降解效率降低。

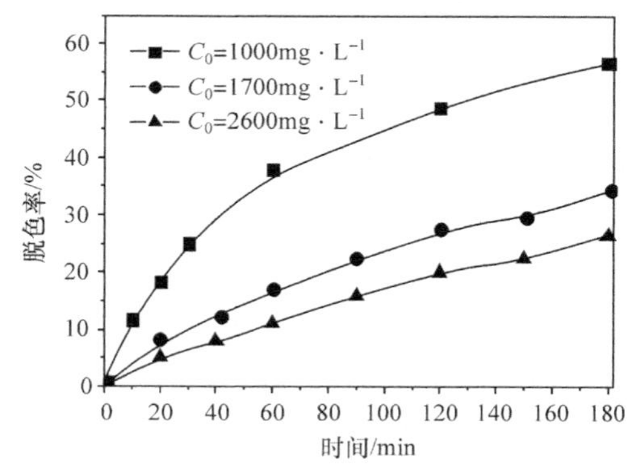


图 7－8　不同初始浓度下的脱色率比较

4. 降解过程中的UV-Vis光谱变化

酸性橙Ⅱ以偶氮和腙式两种结构存在，两种结构由于分子内质子的快速传递而平衡存在[37,38]。酸性橙Ⅱ在转鼓内电解降解过程中（$C_0$=1000 mg·$L^{-1}$、pH=4.0、$r$=15 r/$min^{-1}$）的UV-Vis扫描图如图7-9(a)所示，特征吸收峰的变化如图7-9(b)所示。酸性橙Ⅱ溶液有3个特征吸收峰，分别在230 nm、310 nm和484 nm，还有253 nm和430 nm的2个肩峰。230 nm和310 nm的特征峰，以及253 nm的肩峰为苯环和萘环共轭体系的$\pi$-$\pi^*$跃迁引起。可见光范围内的484 nm的最大吸收峰和430 nm的肩峰，分别是酸性橙Ⅱ的两个同分异构体腙式结构和偶氮结构的$n$-$\pi^*$跃迁引起[39]。

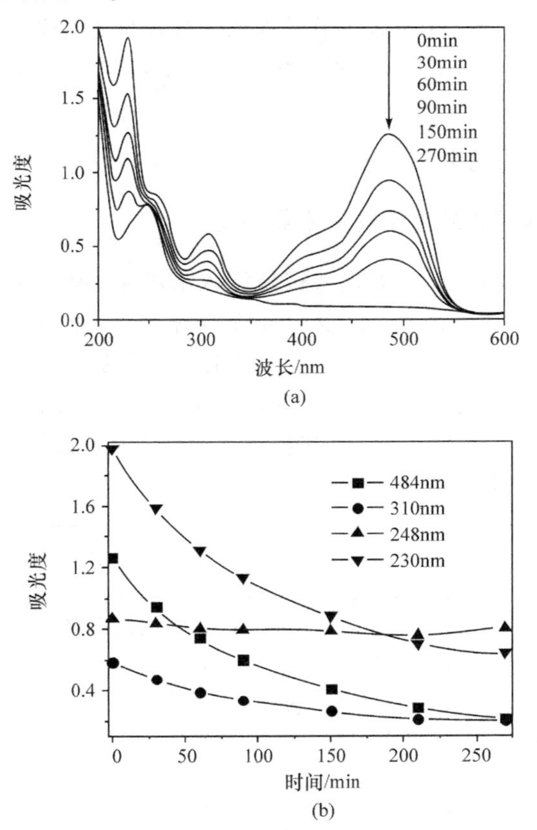


图7-9　内电解过程酸性橙Ⅱ的UV-Vis吸收光谱变化

(a)UV-Vis光谱；(b)特征吸收峰的去除率

由图7-9(a)可见，在铁炭转鼓式内电解反应过程中，染料溶液的特征吸收峰强度越来越低，表明染料被快速降解。随着内电解的继续，酸性橙Ⅱ在可见光区的吸收峰，以及在紫外区的苯环、萘环的吸收峰都逐渐降低，最后基本消失，并且在 248 nm 出现了一个新的吸收峰。这说明不仅是偶氮分子的偶氮键被打开，溶液中的苯环、萘环的共轭体系也遭到了破坏。最后(270 min)在 248 nm 出现的新吸收峰说明反应生成了新的苯胺类化合物[40]。图 7－9(b)可以看出，降解过程中 484 nm 的偶氮结构去除最快，230 nm 的苯环物质去除也较快，310 nm 的萘环物质则去除速度缓慢。

研究结果表明，半浸入式转鼓反应系统对酸性橙Ⅱ偶氮染料有很好的处理效果，色度去除率最高 97.3%，平均 60.9%；COD 去除率最高 86.5%，平均 35.5%。但在转速较快或偶尔停止运转时仍然会发生铁屑结块，分析原因可能是由于半浸入式反应器会将氧气带入反应体系，而氧气的存在会使铁屑活性炭表面生成的腐蚀产物，加速了铁炭结块。因此，在半浸入式转鼓反应器基础上，又进一步设计一种浸入式的转鼓反应器，以减少铁屑与氧气的接触，更好地解决铁炭结块问题，提高内电解水处理效率。

## 7.2.2　浸入式转鼓内电解反应器

### 7.2.2.1　浸入式转鼓内电解反应器构造

所设计的浸入式转鼓反应器是将转鼓浸入溶液中，隔绝铁炭颗粒与空气的接触，示意图如图 7－10 所示，制作的反应装置如图 7－11 所示。试验所用的浸入式转鼓内电解反应装置采用 δ=5 mm 的 PVC 制成，反应池 290 mm × 290 mm × 150 mm，正中间设置一直径为 Φ125 mm 的转鼓。与半浸入式反应装置相比只是把转鼓放到了溶液里，不再和空气直接接触，大大减少了铁屑与氧气的反应速度，使得铁屑的氧化速度大大降低。

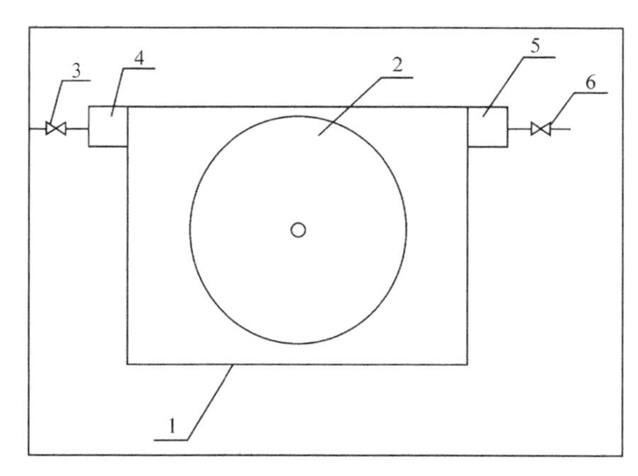


图 7－10　浸入式转鼓内电解反应装置示意图

1—反应池；2—转鼓；3—进水阀；4—布水装置；5—出水装置；6—出水阀

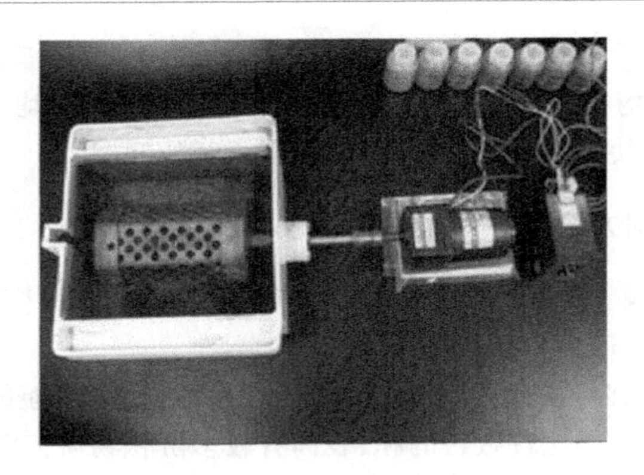

图 7－11　浸入式转鼓内电解反应装置

### 7.2.2.2　不同方式下处理效果的比较

分别采用浸入式和半浸入式反应器所进行的酸性橙Ⅱ的降解研究结果如图 7－12 所示（$C_0=1000\ mg \cdot L^{-1}$、$pH=4.0$、$r=15\ r \cdot min^{-1}$）。结果表明，浸入

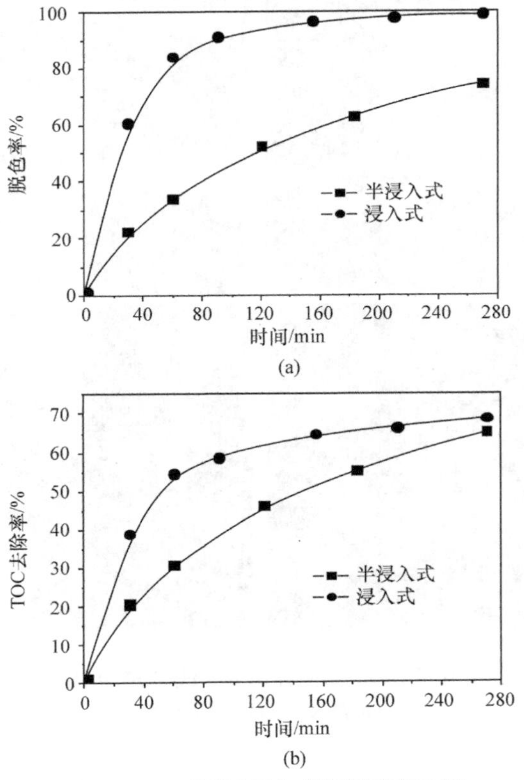


图 7－12　不同运行方式降解效率比较

(a)脱色率；(b)TOC 去除率

式比半浸入式转鼓反应装置有更好的处理效果。浸入式转鼓反应器对色度去除率最高为98.2%,平均63.5%;TOC去除率最高为91.7%,平均39.3%。而且长时间停置也未发生结块现象,进一步解决了铁屑板结的问题。

### 7.2.2.3　不同方式使用后铁屑表面变化

采用SEM以及EDS能谱对内电解反应器内铸铁屑表面变化分析如图7-13和图7-14所示。

图7-13(a)是在半浸入式转鼓反应器使用后的铁屑表面的SEM照片,可以看出铁屑表面覆盖一层比较致密的膜,表面有较多沉积物质。图7-13(b)是在浸入式转鼓反应装置内使用后的铁屑表面的SEM图,可以看出铁屑表面的覆盖物是不连续的,有很多局部孔洞。图7-13(c)和(d)分别是(a)和(b)的放大图,可以更清晰地看到,浸入式转鼓反应器使用后的铁屑表面的沉积物比较疏松,由此也可证明,在浸入式反应器中的铁屑表面未被致密氧化物膜覆盖,有利于长期使用。

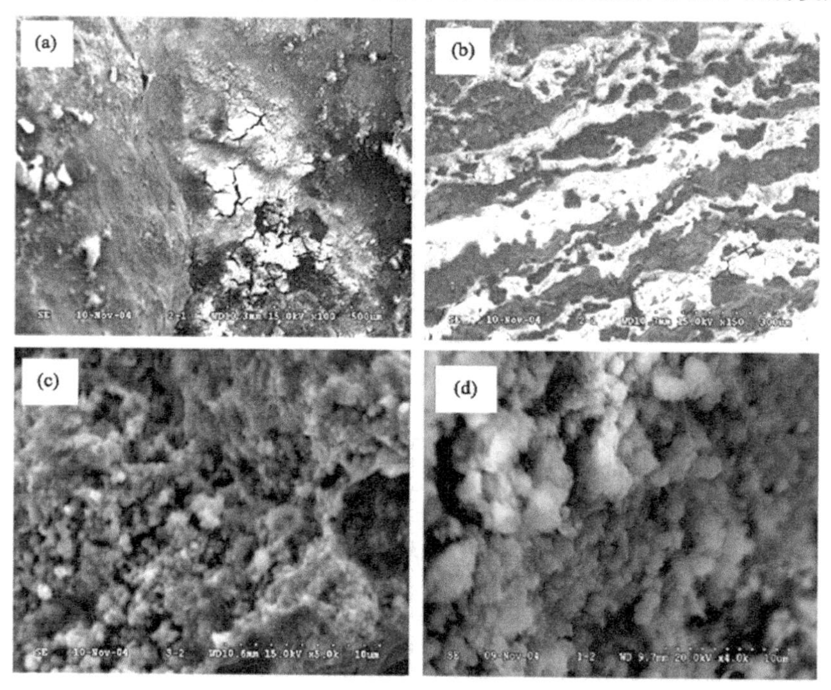


图7-13　不同方式下的铁屑SEM图

(a)半浸入式;(b)浸入式;(c)(a)图放大;(d)(c)图放大

图7-14为不同方式使用后铁屑的EDS能谱图，分析了铁屑表面的主要元素Fe、C、O、Si和S的质量百分比情况。可以看出，浸入式铁屑表面的碳元素质量比远远大于半浸入式(分别为36.7%和7.3%)，半浸入式铁屑表面的铁元素质量比远远大于浸入式(分别为62.6%和31.2%)。浸入式是在缺氧条件下进行反应，内电解进行的比较完全，由于铁元素的大量流失，其中的渗炭体显露出来，还有一些可能是吸附在表面的偶氮染料中的碳元素，以及部分活性炭颗粒碳元素的沉积，使得其碳元素质量比较高。半浸入式是在有氧条件下进行反应，内电解进行的不完全，铁单质由于反应新生成的铁屑表面活性很强，很容易被氧化，生成大量铁氧化物覆盖在金属铁表面，阻碍了内电解反应的继续，使得其铁元素质量比较高。

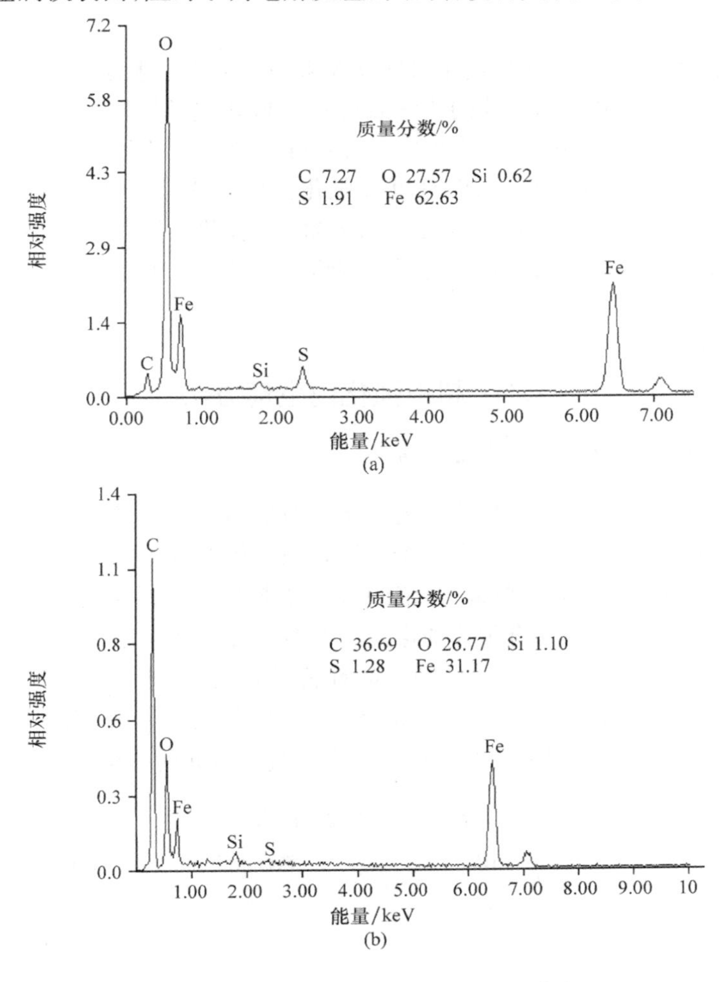


图7-14　不同方式下的铁屑EDS谱图

(a)半浸入式；(b)浸入式

已有研究表明,浸入式转鼓内电解反应器有效地解决了铁炭床的结块堵塞问题,酸性橙Ⅱ的降解效率随着溶液 pH 的升高、初始浓度的增加而降低,最佳转鼓转速的 $15r \cdot min^{-1}$。偶氮染料酸性橙Ⅱ的内电解降解过程符合准一级动力学模型,准一级降解速率常数和 pH 呈线性关系。酸性橙Ⅱ溶液在转鼓内电解的作用下得到有效降解,酸性橙Ⅱ分子的偶氮键被打开,生成了对氨基苯磺酸盐,增加了废水的可生化性,有利于后续生物处理。

内电解降解有机物是通过铁的还原作用、铁氢氧化物的吸附絮凝等共同作用的结果,虽然浸入式转鼓反应器能有效防止氧气与铁屑接触而生成氧化膜,但是铁的氢氧化物以及絮体等常沉积在铁屑表面,阻止了铁屑与有机物的反应。

超声波降解水中有机物是近年来发展起来的一种新型水处理技术。将超声与其他技术耦合,充分利用超声波的化学效应和机械效应的协同技术也具有很大的发展潜力。由于超声空化现象产生的冲击波可有效地对铁屑表面沉积物进行清除,不仅可以解决铁/炭的板结,而且可以强化内电解作用对水中有机物的降解。因此,近年来开发研究了一种超声强化内电解方法,并分别对超声强化铁屑内电解,超声强化铁炭内电解,超声强化铁粉/铜粉内电解进行了相关研究,取得了一些初步结果。

## 7.3　超声强化内电解方法

### 7.3.1　超声强化还原铁粉处理酸性橙Ⅱ

研究和实践已证明,采用铁粉可还原水中具有特定结构或官能团的染料分子等有机物。进一步研究表明,当在铁粉还原处理过程中施加超声进行强化时,可显著提高其对污染物还原脱色效果,溶液的 pH、铁粉质量和污染物浓度是三个最基本的影响因素,对处理效果有重要的影响。在溶液 pH 分别为:3、4、5、6、7、8、9;铁粉质量分别为 4、8、12、16、20、24、28g;酸性橙Ⅱ浓度分别为 100、250、400、550、700、850、1000 $mg \cdot L^{-1}$时,实验条件如表 7－2 所示,本节所介绍的是在 40 kHz、100 W 超声强化条件下所进行的铁粉还原降解酸性橙Ⅱ的一组实验结果。

**表 7－2　实验条件表**

| 序号 | pH | 铁粉质量/g | 污染物浓度/$mg \cdot L^{-1}$ |
|---|---|---|---|
| 1 | 3 | 20 | 550 |
| 2 | 4 | 8 | 250 |

续表

| 序号 | pH | 铁粉质量/g | 污染物浓度/mg·L$^{-1}$ |
|---|---|---|---|
| 3 | 5 | 28 | 850 |
| 4 | 6 | 12 | 1000 |
| 5 | 7 | 24 | 100 |
| 6 | 8 | 4 | 700 |
| 7 | 9 | 16 | 400 |

#### 7.3.1.1　一定条件下色度的去除

按照表 7-2 的实验设计，进行了不同条件下超声强化内电解实验，对 AOⅡ的色度去除效果如图 7-15 所示。可以看出，第一号实验对 AOⅡ色度去除效果为最好，实验条件是：$[Fe^0]_0=20.0$ g，pH=3.0，$C_0=550$ mg·L$^{-1}$。说明色度的去除效果和溶液的 pH 关系最大。溶液的酸性越强，铁粉腐蚀越快速，产生越多活性[H]和新生态的 $Fe^{2+}$ 等还原性物质，对 AOⅡ的还原反应速率就越快，对水中酸性橙Ⅱ的脱色率也越高。

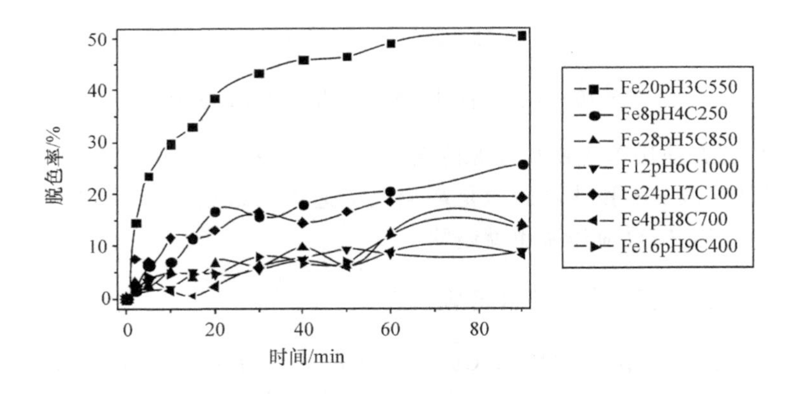


图 7-15　不同条件处理酸性橙Ⅱ的色度去除效果

微米级别的铁粉有很大的比表面积，在超声的空化作用下会使铁粉粉碎成更加细小的颗粒，比表面积增大，增加了其吸附位点。吸附的 AOⅡ分子被铁粉还原，再继续与新生成的活性[H]进一步反应，使内电解对 AOⅡ具有综合还原脱色作用。

#### 7.3.1.2　不同条件下 TOC 的去除

下面介绍的是按照表 7-2 的实验条件进行超声降解实验，对 AOⅡ的去除结果如图7-16所示。实验条件为：$[Fe^0]_0=24.0$ g，pH=7.0，$C_0=100\ mg\cdot L^{-1}$和$[Fe^0]_0=20.0$ g，pH=3.0，$C_0=550\ mg\cdot L^{-1}$。可以看出，第五号实验和第一号实验对AOⅡ的TOC去除效果较好。说明TOC的去除效果和铁粉的质量关系较大，只要铁粉质量足够多，在单位体积的溶液中就有足够多的铁粉表面积浓度，微米级别的还原铁粉就可以吸附溶液中AOⅡ分子，在铁粉表面直接对其进行还原降解，再加上反应产生的活性[H]的进一步还原，可能使AOⅡ的分子结构受到破坏，表现出一定程度的TOC浓度下降。而实际上，AOⅡ的TOC去除是通过铁粉的吸附、还原综合作用的结果。

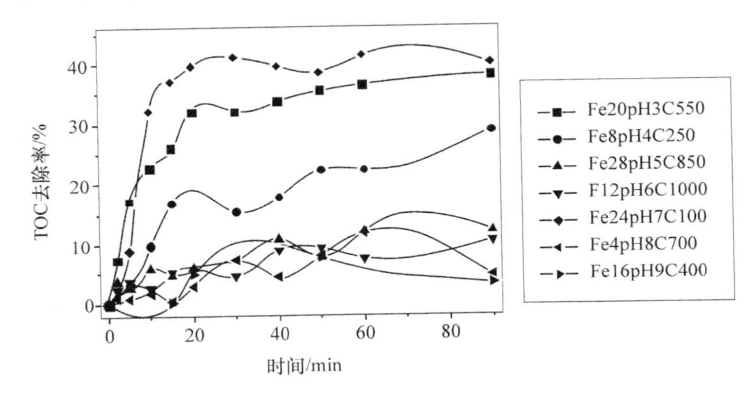


图7-16　不同条件处理酸性橙Ⅱ的TOC去除效果

Cao等[37]在使用单质铁粉还原降解酸性橙Ⅱ、酸性橙GG、酸性红3B等染料时，同样发现溶液pH和铁表面积是影响反应速率的最重要因素，溶液酸性越强、铁表面积浓度越高，反应速率也就越快。

### 7.3.2　超声强化铁粉-铜粉的内电解方法

已有研究表明，铁表面负载Cu或活性炭对还原脱氯反应有催化作用，Cu明显比活性炭的催化效果更好。在研究超声强化Fe/Cu处理酸性橙Ⅱ过程中，选取了(A)溶液pH、(B)Fe/Cu质量和(C)铁粉和铜粉质量比三个因素进行了正交实验，各取了3个水平：(A)溶液pH，分别为3，4，5；(B)Fe/Cu质量，分别为20，22，24 g；(C)Fe和Cu的质量比，分别为3∶7，5∶5，7∶3。根据因素和水平，设计采用最多可以安排4因素3水平的$L_9(3^4)$正交实验进行研究。所设计的3因素3水平的正交实验表，如表7-3所示(左表为$L_9(3^4)$正交设计表，右表为正交实验方案)。下面结合这组正交实验对超声对Fe/Cu降解酸性橙Ⅱ的影响进行介绍。

表 7-3　正交实验表

| $L_9(3^4)$ | | | |
|---|---|---|---|
| 序号 | pH | Fe/Cu 质量/g | Fe∶Cu |
| 1 | 3 | 20 | 3∶7 |
| 2 | 3 | 22 | 5∶5 |
| 3 | 3 | 24 | 7∶3 |
| 4 | 4 | 20 | 5∶5 |
| 5 | 4 | 22 | 7∶3 |
| 6 | 4 | 24 | 3∶7 |
| 7 | 5 | 20 | 7∶3 |
| 8 | 5 | 22 | 3∶7 |
| 9 | 5 | 24 | 5∶5 |

| $L_9(3^4)$ | | | | |
|---|---|---|---|---|
| 序号 | A | B | C | D |
| 1 | 1 | 1 | 1 | 1 |
| 2 | 1 | 2 | 2 | 2 |
| 3 | 1 | 3 | 3 | 3 |
| 4 | 2 | 1 | 2 | 3 |
| 5 | 2 | 2 | 3 | 1 |
| 6 | 2 | 3 | 1 | 2 |
| 7 | 3 | 1 | 3 | 2 |
| 8 | 3 | 2 | 1 | 3 |
| 9 | 3 | 3 | 2 | 1 |

#### 7.3.2.1　不同条件下色度的去除效果

按照正交实验表中设计的实验方案，进行各种不同条件下的超声降解实验，对 AOⅡ（$C_0$ = 500 mg · $L^{-1}$）的色度去除效果如图 7-17 所示。可以看出，在这 9 次正交实验中，第三号实验对 AOⅡ的色度去除效果较好，实验条件是 $A_1B_3C_3$：pH = 3.0，$[Fe^0]_0$ = 16.8 g，$[Cu^0]_0$ = 7.2 g，总质量为 24.0 g，质量比为 7∶3。而且 pH = 3.0 的一组实验效果要明显好于其他两组（pH = 4.0 和 pH = 5.0），说明溶液酸性越强对 AOⅡ的色度去除越有利，这与超声强化铁粉还原有机物所得结果一致。

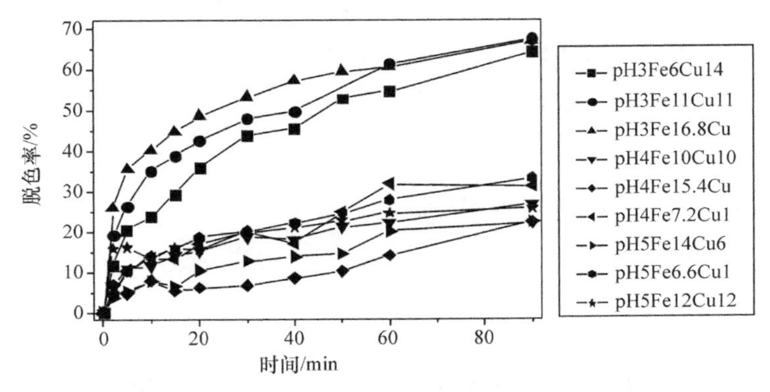


图 7-17　不同条件处理酸性橙Ⅱ的色度去除效果

对酸性橙Ⅱ色度去除的正交实验分析结果如表 7-4 所示。结果显示，对色度去除的最优条件是 $A_1B_2C_1$：pH = 3.0，铁粉和铜粉的总质量为 22.0 g，质量比为 3∶7，$[Fe^0]_0$ = 6.6 g，$[Cu^0]_0$ = 15.4 g。

在正交实验中，诸因素的影响的显著性差别较大，这种主次关系可用极差（*R*）来表达。由表 7－4 可见，三个因素的极差分别是 112.3，9.5，23.1，由此可将它们对色度去除的影响排序为：pH≫Fe 与 Cu 的质量比＞Fe/Cu 质量。

实验选中的因素，不一定对色度的去除都有显著的影响，进行方差分析和 *F* 检验，确定显著水平为 $\alpha=5\%$，查表可得 $F_{0.05}(2,2)=19$，只有 pH 的 *F* 值大于 19，可见溶液 pH 对色度去除率有显著影响，Fe/Cu 质量和 Fe/Cu 比对色度去除无显著影响。

**表 7－4　正交实验色度去除分析表**

| $L_9(3^4)$ | | | | | | | | | | |
|---|---|---|---|---|---|---|---|---|---|---|
| 序号 | pH | Fe/Cu 质量/g | Fe∶Cu | 脱色率/% | 平方 | 来源 | 离差 | 自由度 | 均方差 | *F* 值 |
| 1 | 3 | 20 | 3∶7 | 64.19 | 4120.0 | pH | 2779 | 2 | 1390 | 170 |
| 2 | 3 | 22 | 5∶5 | 67.29 | 4527.9 | Fe/Cu 质量 | 15 | 2 | 8 | 1 |
| 3 | 3 | 24 | 7∶3 | 60.72 | 3687.5 | Fe∶Cu | 91 | 2 | 45 | 6 |
| 4 | 4 | 20 | 5∶5 | 26.61 | 708.2 | 误差 | 16 | 2 | 8 | |
| 5 | 4 | 22 | 7∶3 | 22.21 | 493.1 | 总和 | 2901 | 8 | | |
| 6 | 4 | 24 | 3∶7 | 31.06 | 964.6 | | | | | |
| 7 | 5 | 20 | 7∶3 | 22.27 | 495.9 | | | | | |
| 8 | 5 | 22 | 3∶7 | 33.06 | 1093.3 | | | | | |
| 9 | 5 | 24 | 5∶5 | 25.54 | 652.2 | | | | | |
| *K*1 | 192.2 | 113.1 | 128.3 | 352.9 | 16 742.7 | | | | | |
| *K*2 | 79.9 | 122.6 | 119.4 | | | | | | | |
| *K*3 | 80.9 | 117.3 | 105.2 | | | | | | | |
| *U* | 16 620.6 | 13 856.5 | 13 932.1 | 13 841.4 | | | | | | |
| *Q* | 2779.2 | 15.1 | 90.6 | | | | | | | |
| *R* | 112.3 | 9.5 | 23.1 | | | | | | | |

按照正交实验分析得到的对色度去除的最优条件是 $A_1B_2C_1$：pH＝3.0，铁粉和铜粉的总质量为 22.0 g，质量比为 3∶7，$[Fe^0]_0=6.6$ g，$[Cu^0]_0=15.4$ g。由于在 9 次实验中没有包含这个水平组合，研究者又进行追加实验，并与正交实验表中的最好的 2 个实验结果进行对比，如图 7－18 所示。可以看出，得到的最优条件的去除效果要好于正交实验表中各组的效果。

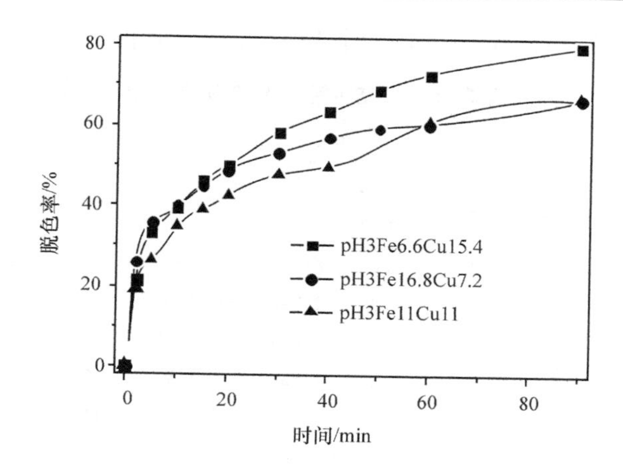


图7－18　最优色度去除条件实验结果

### 7.3.2.2　不同条件下TOC的去除效果

按照正交实验表设计的实验方案，进行几种不同条件下的超声降解研究，对AOⅡ($C_0$=500 mg·$L^{-1}$)的TOC去除效果如图7－19所示。可以看出，在9个正交实验中，pH=3.0时的还原降解效果要明显好于其他两组(pH=4.0和pH=5.0)，说明溶液酸性越强对AOⅡ的TOC去除越有利。

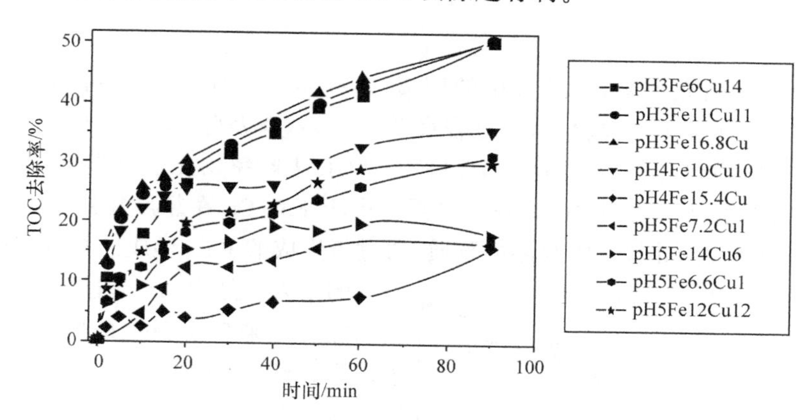


图7－19　不同条件处理酸性橙Ⅱ的TOC去除效果

对水中TOC的还原去除效果的正交实验分析结果如表7－5所示。从极差分析可以看出，对TOC去除影响较为主要的是溶液的pH($R$=73.4)和铁粉及铜粉的质量比($R$=42.3)，其次是铁粉和铜粉的质量($R$=17.5)，但是差异不是很大。得到的对TOC去除的最优条件是$A_1B_1C_2$：pH=3.0，铁粉和铜粉的总质量为

20.0 g,质量比为 5∶5,$[Fe^0]_0$=10.0 g,$[Cu^0]_0$=10.0 g。

**表 7-5　正交实验 TOC 去除分析表**

$L_9(3^4)$

| 序号 | pH | Fe/Cu 质量/g | Fe∶Cu | TOC 去除率/% | 平方 | 来源 | 离差 | 自由度 | 均方差 | *F* 值 |
|---|---|---|---|---|---|---|---|---|---|---|
| 1 | 3 | 20 | 3∶7 | 50.6 | 2555.5 | pH | 1044 | 2 | 522 | 13 |
| 2 | 3 | 22 | 5∶5 | 50.8 | 2579.0 | Fe/Cu 质量 | 52 | 2 | 26 | 13 |
| 3 | 3 | 24 | 7∶3 | 40.1 | 1608.0 | Fe∶Cu | 301 | 2 | 150 | 4 |
| 4 | 4 | 20 | 5∶5 | 35.5 | 1263.7 | 误差 | 78 | 2 | 39 | |
| 5 | 4 | 22 | 7∶3 | 15.9 | 253.8 | 总和 | 1476 | 8 | | |
| 6 | 4 | 24 | 3∶7 | 16.5 | 272.6 | | | | | |
| 7 | 5 | 20 | 7∶3 | 17.9 | 321.8 | | | | | |
| 8 | 5 | 22 | 3∶7 | 31.3 | 976.6 | | | | | |
| 9 | 5 | 24 | 5∶5 | 30.0 | 897.2 | | | | | |
| *K*1 | 141.4 | 104.0 | 98.3 | 288.6 | 10 728.2 | | | | | |
| *K*2 | 68.0 | 98.0 | 116.3 | | | | | | | |
| *K*3 | 79.1 | 86.6 | 74.0 | | | | | | | |
| *U* | 10296.8 | 9304.9 | 9553.1 | 9252.4 | | | | | | |
| *Q* | 1044.3 | 52.5 | 300.7 | | | | | | | |
| *R* | 73.4 | 17.5 | 42.3 | | | | | | | |

进一步的研究证明,实验选中的因素,不一定对 TOC 的去除都有显著的影响,进行方差分析和 *F* 检验,给定显著水平 α=5%,查表得 $F_{0.05}(2,2)=19$,可见溶液 pH、铁/铜质量和铁/铜比这三个因素对 TOC 去除率均无显著影响。这进一步说明,在内电解过程中,TOC 的去除主要是由于 $Fe^0$/Cu 在超声作用下,内电解反应把溶解态的 AOⅡ转化为难溶的物质,通过新生成的 $Fe^{2+}$ 形成的絮凝作用,沉降分离的结果。处理 AOⅡ过程中,TOC 的去除主要是来自于新生成的铁离子的絮凝作用,所以影响内电解的主要因素对其没有显著性影响。

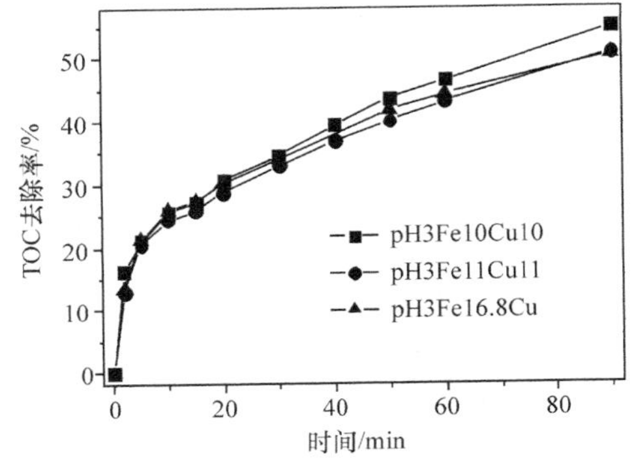

图 7-20　最优 TOC 去除条件实验结果

按照正交实验分析得到的对 TOC 去除的最优条件是 $A_1B_1C_2$:pH=3.0,铁粉和铜粉的总质量为 20.0 g,质量比为5∶5,$[Fe^0]_0$=10.0 g,$[Cu^0]_0$=10.0 g。由于在 9 次实验中没有包含这个水平组合,研究者进一步做了追加实验,并与正交实验表中最好的 2 个实验结果进行对比，如图 7－20 所示。可以看出，在得到的最优条件下，对 TOC 去除效果要好于正交实验表中其他各组。

### 7.3.3　超声强化铁/炭内电解方法

以上所介绍的研究结果可以证明，超声可以促进或提高铁粉还原水中 AOⅡ的效果，为此本节将在上一节的基础上，重点讨论将超声与铁/炭内电解结合，强化其还原水处理效能的方法。

#### 7.3.3.1　超声的强化还原作用

首先研究考察了超声作用对内电解还原效能的影响。选取酸性橙Ⅱ为模型污染物，对四种还原方式进行对比：①单独超声；②超声＋饱和活性炭；③铸铁屑＋活性炭；④超声存在下的铸铁屑＋活性炭，结果如图 7－21 所示。可以看出，单独超声和超声＋活性炭都对 1000 mg · $L^{-1}$ 的酸性橙Ⅱ的脱色与 TOC 去除不起作用；加入铸铁屑和预饱和后的活性炭颗粒后，酸性橙Ⅱ得到了降解；采用超声铁炭内电解方法，酸性橙Ⅱ的降解进一步大幅提高。

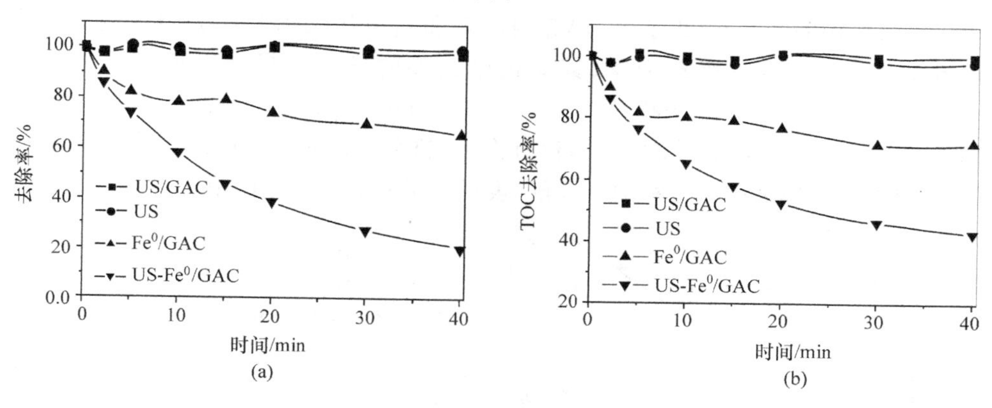


图 7－21　超声和内电解对酸性橙Ⅱ的降解

$C_0$＝1000 mg · $L^{-1}$，pH＝4.0，$[Fe^0]_0$＝12.0 g，$[GAC]_0$＝2.3 g，铁/炭体积比＝1:1

(a)色度去除率；(b)TOC 去除率

单独超声作用也可有效降解染料等有机物，主要是通过超声产生自由基的氧化作用。Astrid 等[41]将 100 μmol · $L^{-1}$ 的酸性橙 5、酸性橙 52、活性黑 5 等 6 种偶氮染料，通过 120 W 的超声作用 1～4 h 后，都可以实现其矿化。单独超声对较低浓度的有机物有很好的降解作用，当酸性橙Ⅱ的浓度＞1000 mg · $L^{-1}$ 时，超声降解的效率不高。

在超声波作用下，反应器中瞬时生成空化气泡，空化气泡生长、破裂、崩溃，产生剧烈的扰流作用，超声空化可连续扰动扩散层，降低了扩散层的厚度，有利于离子穿过双电层扩散传输,大大改善了反应器中的传质条件。超声空化产生的射流对金属表面产生强烈的清洗作用,不断净化金属表面,生成更多的表面活性区域,为进一步的表面反应提供了机会。因此,与单独 $Fe^0$/GAC 相比,超声存在下的 US-$Fe^0$/GAC 系统对有机物有着更高的还原降解效率,这是基于超声清洗、表面活性的恢复以及空化气泡扰流使得传质作用得到加强的间接化学作用的结果[29,42]。

一般说来,大多数有机污染物的降解反应都可以用 Langmuir-Hinshelwood 动力学模型来描述[43]:

$$r = \mathrm{d}C/\mathrm{d}t = kKC/(1+KC) \tag{7-23}$$

当底物浓度较低时,式(7-22)可简写为

$$\ln(C_0/C) = kKt = K_{obs}t \tag{7-24}$$

式中,$k$ 为反应物的降解速率($mg \cdot L^{-1} \cdot min^{-1}$);$K$ 为反应速率常数;$C$ 为反应物在 $t$ 时刻的浓度($mg \cdot L^{-1}$);$C_0$ 为反应物的初始浓度($mg \cdot L^{-1}$);$K_{obs}$ 为表观一级动力学速率常数($min^{-1}$)。

对铁炭内电解、超声强化方法降解酸性橙Ⅱ的反应进行拟合,结果如图7-22所示。由各相关系数可知,$Fe^0$/GAC 内电解和超声强化 US-$Fe^0$/GAC 内电解降解历程基本符合准一级动力学,其对色度去除的准一级反应速度常数分别为 $8.74\times10^{-3}\ min^{-1}$($R=0.9220$)和 $3.91\times10^{-2}\ min^{-1}$($R=0.9920$),单独超声对 $1000\ mg \cdot L^{-1}$ 的 AOⅡ的降解基本没有作用,超声强化的内电解降解速率是 $Fe^0$/GAC 内电解和单独超声之和的 3.5 倍,表现出了明显的强化作用。

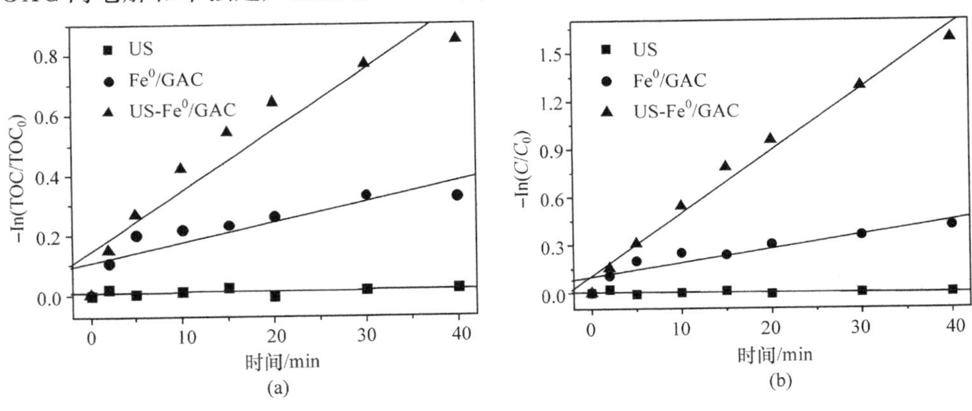


图 7-22 降解酸性橙Ⅱ的准一级动力学拟合

$C_0=1000mg \cdot L^{-1}$,pH=4.0,$[Fe^0]_0=12.0g$,$[GAC]_0=2.3g$,铁/炭体积比=1∶1,$[TOC]_0=340mg \cdot L^{-1}$

(a)TOC 去除的拟合;(b)色度去除的拟合

对 TOC 的去除也表现出同样的趋势[图 7-22(a)],$Fe^0$/GAC 内电解和超声

强化的 US-$Fe^0$/GAC 内电解对 TOC 去除的准一级反应速度常数分别为 $6.79\times10^{-3}\ min^{-1}$（$R$=0.8646）和 $2.02\times10^{-2}\ min^{-1}$（$R$=0.9530），单独超声对 1000 mg·$L^{-1}$ AOⅡ的矿化基本没有作用。超声强化的内电解矿化速率是 $Fe^0$/GAC 内电解和单独超声之和的 2.0 倍，同样具有明显的协同效应。

#### 7.3.3.2　降解效率随反应时间变化

超声强化铁炭内电解对酸性橙Ⅱ还原降解的色度去除和 TOC 去除随反应时间的变化如图 7－23 所示。反应开始后，水中色度、TOC 快速减少，随着内电解时间的延长，反应速度逐渐变慢，处理 40min 后，色度和 TOC 的去除率分别达到 52％和 73％。在降解过程刚开始的 10 min，由于铁屑表面新鲜干净，降解速度很快，随后则逐渐变慢，超声的强化清洗作用也不能完全阻止内电解效率的降低。

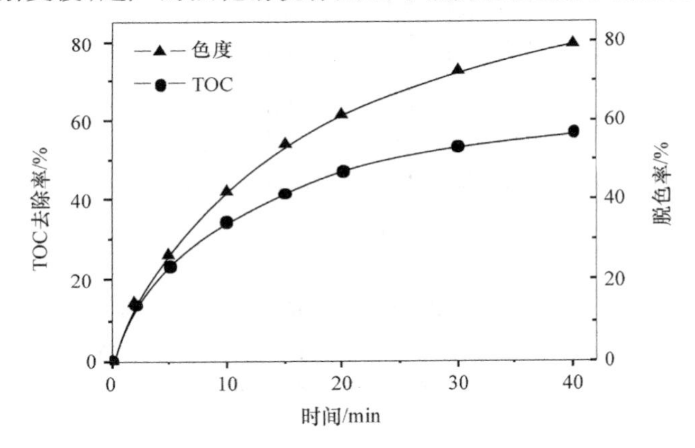


图 7－23　降解酸性橙Ⅱ过程 TOC 和色度去除率

$C_0$=1000 mg·$L^{-1}$，pH=4.0，$[Fe^0]_0$=12.0 g，$[GAC]_0$=2.3 g，铁/炭体积比=1∶1

#### 7.3.3.3　溶液初始 pH 的影响

溶液 pH 不仅会影响 Fe 的溶解、铁形态和 Fe/C 表面性质，而且也会影响微电池的电子传输效率。图 7－24 所示为不同 pH 条件下超声强化内电解的 TOC 去除情况，图 7－24(a)为反应过程中的 TOC 去除情况，图 7－24(b)为反应 40 min 时的 TOC 去除情况。

结果表明，TOC 的去除效果随着酸性橙Ⅱ溶液的 pH 的升高而降低。Cao 等[37]在超声零价铁降解偶氮染料的研究中也得到了一致的结果。酸性条件提高了质子化水平，有利于 AOⅡ和铁单质间的电子转移，降解能力明显提高。但是，随着酸度的增加，pH 从 4.0 降到 2.0，TOC 的去除并没有明显增加，尤其是反应 20 min 之后。所以，在研究中一般选择 pH=4.0 作为典型的溶液条件。

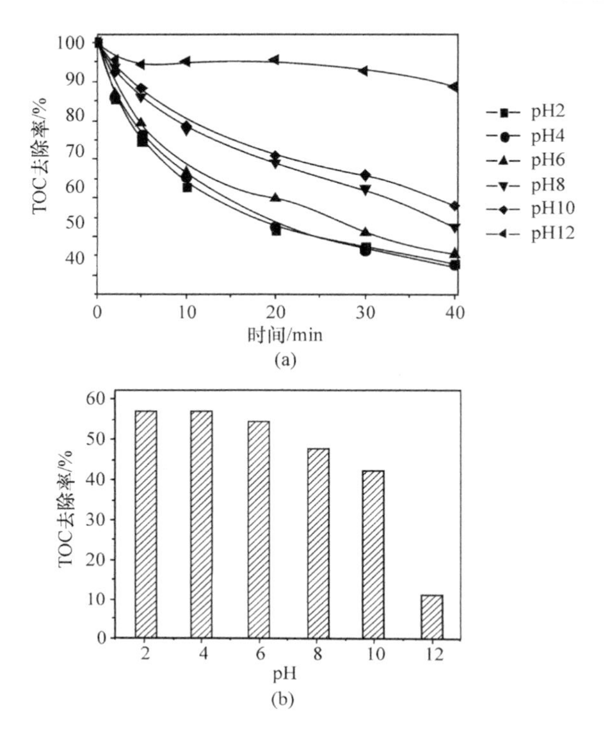


图 7-24　不同初始 pH 下的 TOC 去除率

$C_0=1000\ mg\cdot L^{-1}$，$[Fe^0]_0=12.0\ g$，$[GAC]_0=2.3\ g$，铁/炭体积比＝1∶1

(a)TOC 随时间变化情况；(b)反应 40 min 时 TOC 去除率

#### 7.3.3.4　铁炭比例的影响

当铁屑颗粒和活性炭颗粒浸于电解质溶液中时，铁炭之间就形成许多内电池。金属铁提供电子还原 AOⅡ，颗粒活性炭则充当阴极以增加内电解电池的数量，并且提高内电解的降解效率。图 7-25 显示了在超声强化条件下，不同铁/炭体积比时内电解反应降解 AOⅡ随时间的变化情况，其中(a)为色度的去除率，(b)为 TOC 的去除率。结果表明，色度和 TOC 的去除效率在 $Fe^0$/GAC＝1∶1(体积比)时为最高。铁屑和活性炭有着相似的粒径，相同的体积意味着他们有几乎相同的颗粒数目，进而在内电解反应中具有几乎相同的阳极和阴极数量。活性炭阴极数目比较少时，无法发挥最好的内电解作用；而活性炭阴极较多时，阴极会占用更多的空间，从而妨碍内电解的进行。因此，1∶1(体积比)为最佳的铁炭比例。

活性炭颗粒(进行了 AOⅡ的预饱和处理)的加入，不仅是增加阴极数目，提高内电解效率，而且由于活性炭具有很大的比表面积，有很强的吸附能力，在内电解过程中还起到了吸附富集 AOⅡ的作用。由于吸附富集作用，活性炭颗粒内部的 AOⅡ分子的浓度远远高于溶液中 AOⅡ的分子浓度，当活性炭颗粒与铁屑颗粒相

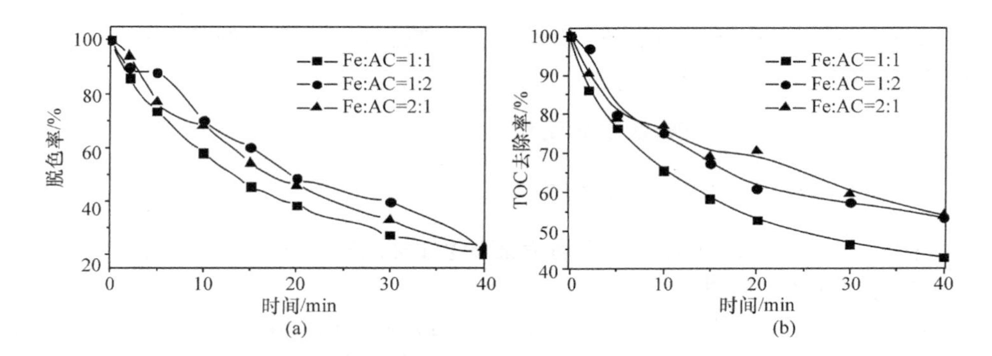


图 7-25 不同铁/炭体积比时还原降解酸性橙Ⅱ的效果

$C_0$=1000 mg·$L^{-1}$, pH=4.0, $[Fe^0]_0$=12.0 g

(a)脱色率;(b)TOC去除率

遇时,饱和活性炭吸附的AOⅡ在微电场的作用下,从活性炭孔道扩散迁移到带正电的铁屑表面,进行内电解还原。脱附后的活性炭又具有了吸附能力,继续进行吸附富集,大大提高了传质速度,进而提高了内电解的降解效率。

#### 7.3.3.5 重复使用对处理效果的影响

影响超声-铁/炭内电解方法是否可以稳定运行的主要因素是其中铁炭的表面特性的变化。利用同一组铁/炭颗粒进行的多次重复实验结果如图7-26所示。连续重复使用10次后,对AOⅡ的色度去除效果影响不大,而TOC的去除效果下降较多。这可能是由于AOⅡ的脱色只是其偶氮键的打开断裂,比较容易进行。而TOC的去除则需在铁屑表面还原后,$Fe^{2+}$进一步水解生成的氢氧化物的混凝作用,吸附网捕AOⅡ的降解产物,从水中分离使TOC得以去除。多次重复实验

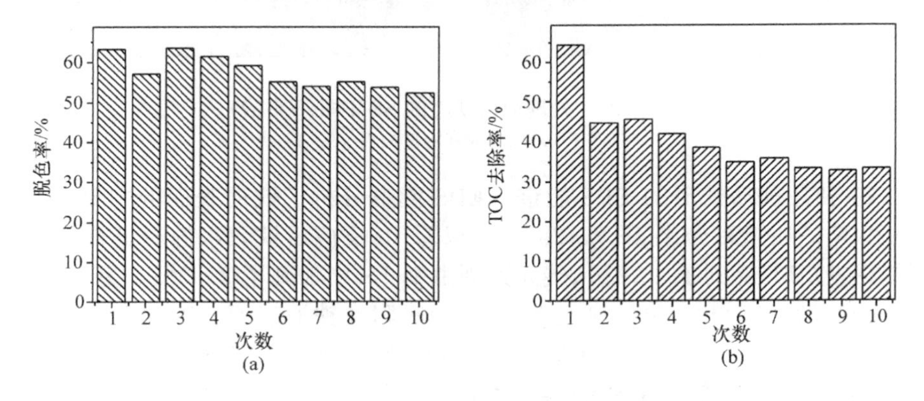


图 7-26 铁/炭系统重复使用10次对降解酸性橙Ⅱ 的影响

$C_0$=1000 mg·$L^{-1}$, pH=4.0, $[Fe^0]_0$=12.0 g, $[GAC]_0$=2.3 g,铁/炭体积比=1:1

(a)脱色率;(b)TOC去除率

后，铁屑不断的消耗，未进行补充，铁的溶出量减少，$Fe^{2+}$产生的絮凝沉降作用降低，造成 TOC 去除率的下降。

#### 7.3.3.6　反应前后铁、炭性质变化

1. 铁屑的形貌及 EDS 能谱变化

采用 SEM 对使用前后的铸铁屑表面形貌进行观察，如图 7-27；同时进行的 EDS 能谱分析结果如图 7-28 所示。

(1) 使用前后铁屑的表面形貌。由图 7-27(a)可以看出铁屑表面在反应前是清洁的，有很多的褶皱，像片状的鱼鳞结构，这些粗糙的表面具有较大比表面积，易于与有机物反应。反应后，在鱼鳞片的末端和缝隙处吸附了一些絮状物[图 7-27(b)]。铁屑表面铁的羟基氧化物增多是铁屑失活的重要原因[44]。经超声处理的铁屑表面明显比未经超声处理的清洁许多。超声作用清除了表面沉积物，使得金属铁表面恢复活性，活性表面对还原降解酸性橙Ⅱ非常重要。研究证明[45]，超声作用可以有效清除表面吸附比较弱的铁的氢氧化物，提高内电解效率，金属表面的活性恢复是有机金属化学的基本步骤。

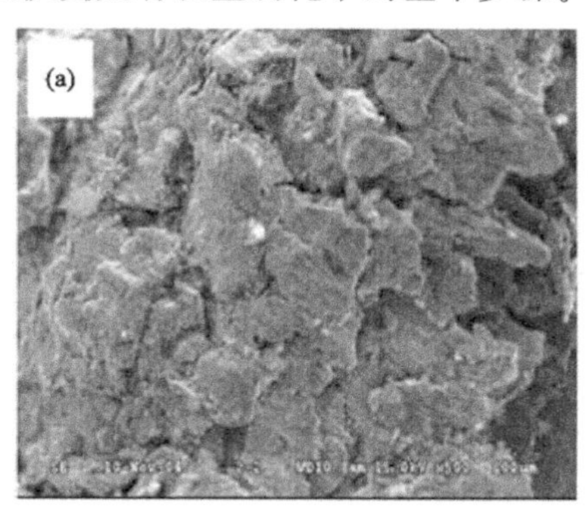


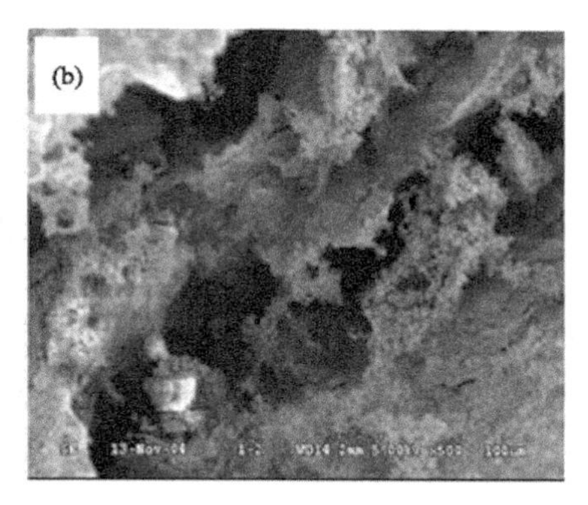


图 7-27　处理前后铁屑的 SEM 图(500 倍)

(a)反应前；(b)反应后

(2) 使用前后铁屑的 EDS 能谱。EDS 能谱分析了铁屑表面的主要元素 Fe、C、O 和 N 的质量百分比(图 7-28)。可以看出，反应后铁元素的质量百分比大大降低，由 90.1%降到了 40.4%；碳元素则由 9.1%增加到了 29.5%。另外，有大量的氧元素(27.0%)和少量的氮元素(3.0%)吸附在铁屑表面。铁的大量减少是由于铁屑的内电解反应消耗，铁单质腐蚀生成亚铁离子进入溶液中。碳的增加则是由于铁元素的大量流失，其中的渗炭体显露出来，还有一些可能是吸附在表面的偶氮染料中的碳元素，以及部分活性炭颗粒碳元素的沉积。大量的氧元素出现应该是沉积的铁氧化物和氢氧化物的结果，而少量的氮元素应该是吸附在表面的偶氮

染料中的氮元素。这表明铁屑表面的絮状物为铁的氧化物和吸附的含碳、氮的偶氮染料，显示酸性橙Ⅱ染料及其降解产物被吸附到了铁屑表面。

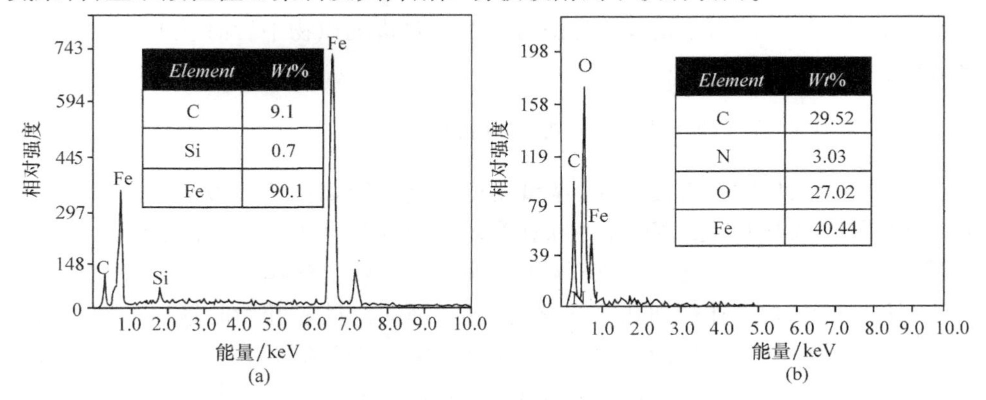


| Element | Wt% |
|---|---|
| C | 9.1 |
| Si | 0.7 |
| Fe | 90.1 |

| Element | Wt% |
|---|---|
| C | 29.52 |
| N | 3.03 |
| O | 27.02 |
| Fe | 40.44 |

图 7－28　反应前后铁屑的 EDS 能谱

(a)反应前；(b)反应后

(3) 铁屑及表面沉积物的 EDS 能谱。进行内电解降解还原后，在铁屑表面吸附沉积了一些絮状物质，EDS 能谱分析提供了铁屑表面及其上面絮状物的不同组成含量，如图 7－29 所示。

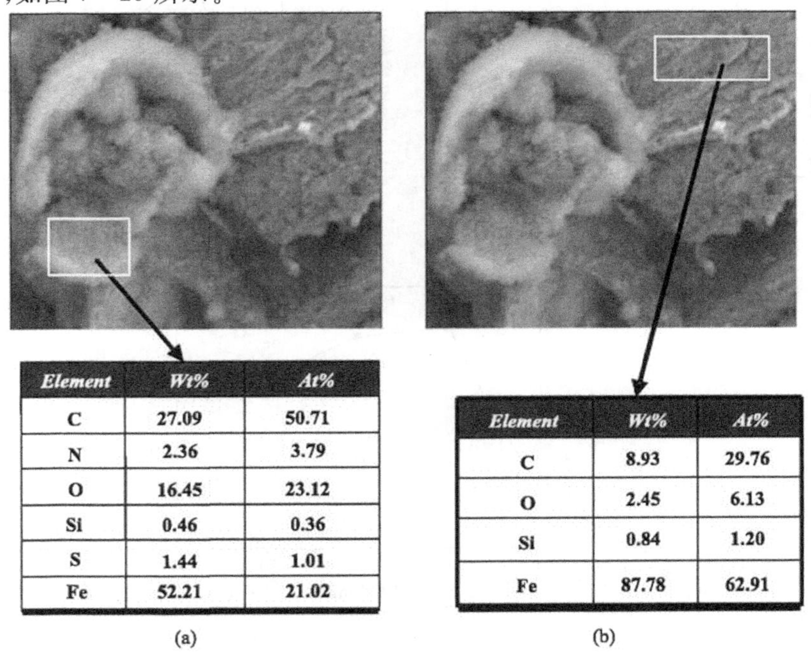

(a)

| Element | Wt% | At% |
|---|---|---|
| C | 27.09 | 50.71 |
| N | 2.36 | 3.79 |
| O | 16.45 | 23.12 |
| Si | 0.46 | 0.36 |
| S | 1.44 | 1.01 |
| Fe | 52.21 | 21.02 |

(b)

| Element | Wt% | At% |
|---|---|---|
| C | 8.93 | 29.76 |
| O | 2.45 | 6.13 |
| Si | 0.84 | 1.20 |
| Fe | 87.78 | 62.91 |

图 7－29　铁屑表面及其沉积物的 EDS 能谱

(a)表面沉积物；(b)铁屑表面

从 EDS 能谱分析看出，絮状物中铁元素的组成比铁屑表面减少了 35.57%，碳元素的组成则增加了 18.16%，氧元素的组成增加了 14%，同时增加了 2.36%的氮元素和 1.44%的硫元素，说明铁屑表面的絮状沉积物中含有铁的氧化物和偶氮染料。

2. 铁屑使用前后的比表面积、孔径和孔容

铁屑使用前后的比表面积、孔容和孔径变化分别如图 7－30(a)、(b)和(c)所示，可以看出，铁屑比表面积、孔径和孔容均在反应初期的 10 min 内不断增大，随后逐渐下降。这是因为在反应刚开始时，铁屑在超声空化作用下变为较细小的颗粒，铁屑的比表面积、孔径和孔容都有所增加。同时，反应开始时铁屑的腐蚀溶解也会一定程度上增加铁屑的比表积、孔容和孔径。在此阶段，溶液中的酸性橙Ⅱ分子被很快地吸附到了铁屑表面的孔隙中，吸附的 AOⅡ分子被还原降解，降解产物在超声清扫作用下大部分离开铁屑表面进入溶液当中，吸附的速度大于还原的速度。当吸附的 AOⅡ分子逐渐增多后，铁屑表面的活性位点就逐渐减少，这时金属

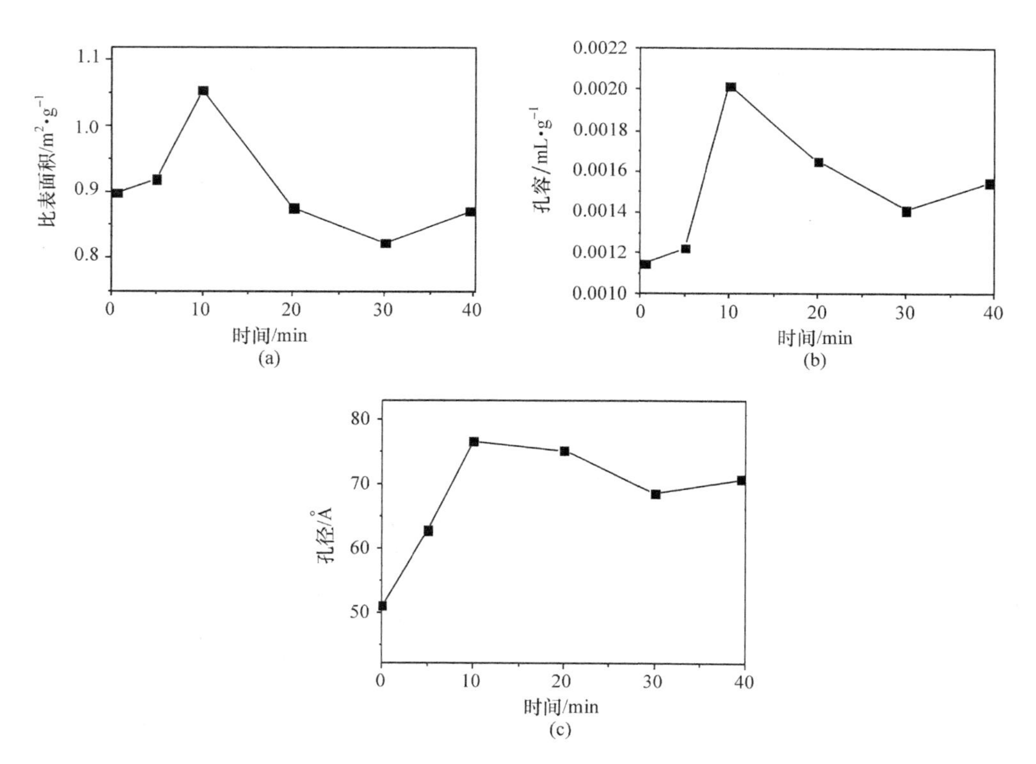


图 7－30　处理前后铁屑的性质变化

(a)比表面积；(b)孔容；(c)孔径

铁表面活性点的多少就决定了 AO Ⅱ 的降解速度，尽管有超声清扫作用也不能完全恢复铁屑表面的活性点。这就可以解释研究结果（图 7－23）表现出来的 AO Ⅱ 还原降解规律：在反应刚开始的 10 min 内，降解速度较快，随后逐渐变慢。

3. 使用前后活性炭的表面性质

SEM 观察活性炭的使用前后表面形貌如图 7－31 所示，活性炭经过预饱和吸附平衡；EDS 能谱分析结果如图 7－32 所示。

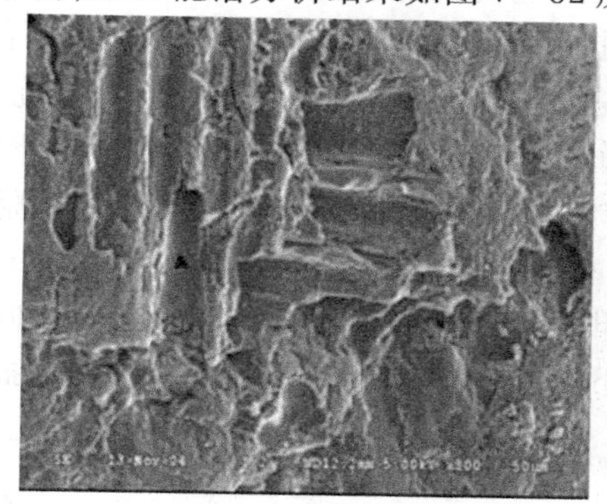

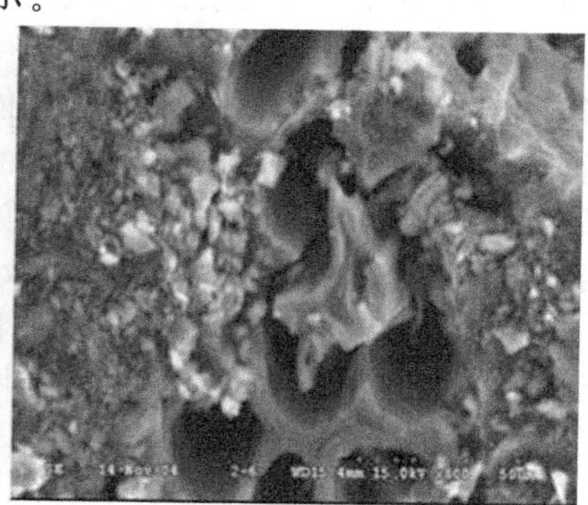

图 7－31　处理前后活性炭的 SEM 图（800 倍）

（a）反应前（预饱和）；（b）反应后

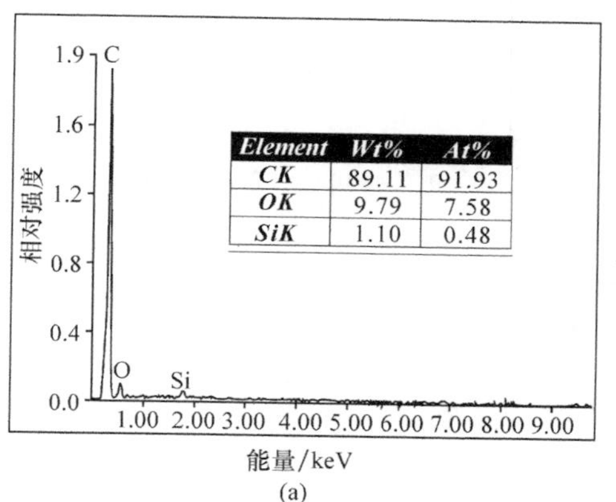



(a)

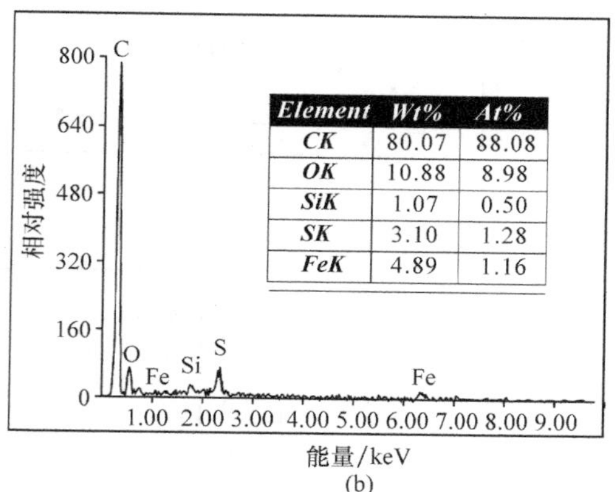



(b)

图 7－32　使用前后活性炭的 EDS 能谱

（a）反应前；（b）反应后

由图 7－31（a）可以看出，预饱和后的活性炭表面是比较清洁的，有很多纵横交错的孔道，这正是活性炭具有很大比表面积和很强吸附能力的原因。在参与超声强化铁屑内电解反应后［图 7－32（b）］，在活性炭表面和孔道的末端处吸附沉积了一些微粒状物质，这也说明超声能在一定程度上清扫铁屑和活性炭的表面，随着反应时间的延长，仍有一些絮凝沉淀物会沉积有活性炭上。

根据 EDS 能谱分析(图 7－32)结果，由活性炭颗粒表面的主要元素 C、O、Si、Fe 和 S 的质量百分比可以看出，反应前后碳元素的质量百分比有较大降低，由 89.1%降到了 80.1%；铁元素则相反，增加到了 4.9%；还有一些硫元素(3.1%)吸附在了活性炭表面；氧元素有少许增加，由 9.8%增加到了 10.9%；硅元素则基本没有变化。铁的增加是由于内电解反应过程中，碎铁屑和铁的氧化物等吸附沉积在了活性炭颗粒上。氧元素百分含量的增加，说明吸附沉积物中应该有铁的氧化物和氢氧化物沉积。硫元素的出现，则可能是染料中磺酸基团在活性炭上有了较多吸附的缘故。碳元素的相对减少，可能是由于铁元素、氧元素、硫元素吸附沉积的增加造成的。结果显示，活性炭表面的颗粒状物质可能是铁的氧化物和吸附的含磺酸基团的偶氮染料，说明酸性橙Ⅱ染料及其降解产物和铁的氧化物被吸附到了活性炭表面。这也造成内电解反应效果有所下降的原因所在。

使用前后活性炭的比表面积、孔径和孔容变化分别如图 7－33(a)、(b)和(c)所示。可以看出，在超声空化的冲击作用下，活性炭的孔径逐渐变大。在经过摇床

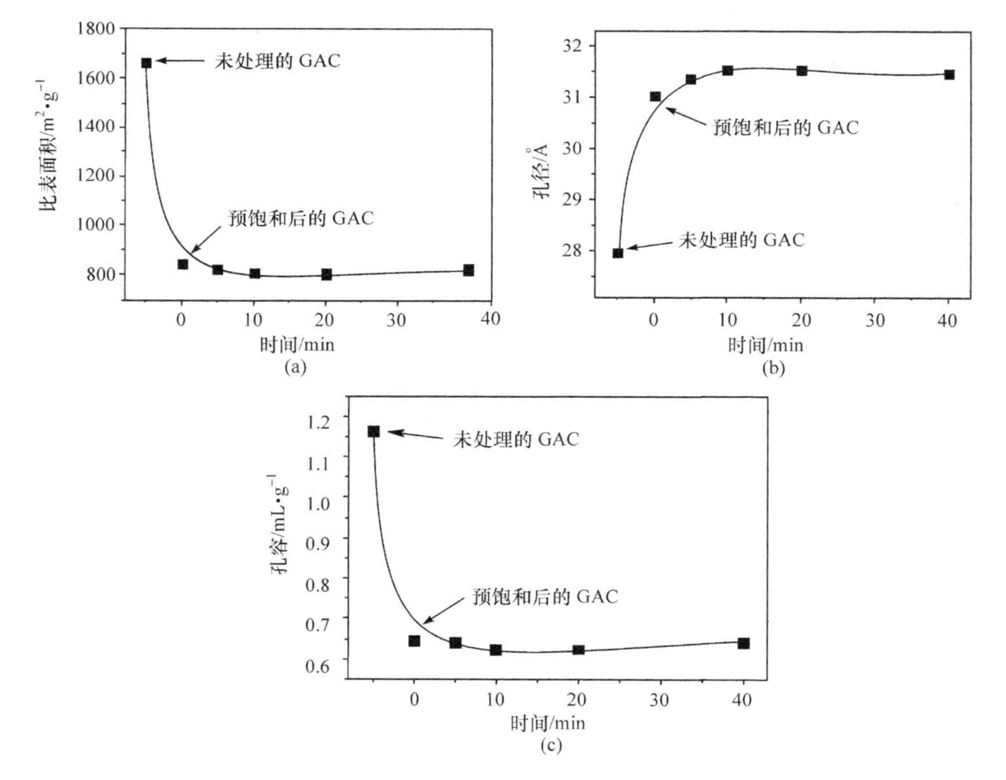


图 7－33 处理前后活性炭的比表面性质变化

(a)表面积；(b)孔径；(c)孔容

的振荡、超声清洗后,活性炭被酸性橙Ⅱ预饱和后,孔容和比表面积随之降低,在超声强化内电解过程中没有太大变化。

活性炭的孔径由 27.95Å(新活性炭)增大到 31.02Å(预饱和后),这是由超声空化作用所致。预饱和后的活性炭在反应过程中增大的孔径基本没有变化,最大 31.54Å,最小 31.02Å,变化了 1.65%。

活性炭的比表面积由 1665.52 $m^2 \cdot g^{-1}$(新活性炭)降到了 840.49 $m^2 \cdot g^{-1}$(预饱和后),这是因为预饱和过程吸附了大量的 AOⅡ。预饱和后的活性炭比表面积在反应过程中基本没有变化,最大为 840.49 $m^2 \cdot g^{-1}$,最小为 804.16 $m^2 \cdot g^{-1}$,变化了 4.32%。这可能是由于铁的氧化物或者絮凝物质的吸附沉积,使得其比表面积有所变化。

活性炭的孔容由 1.164 $mL \cdot g^{-1}$(新活性炭)降到了 0.646 $mL \cdot g^{-1}$(预饱和后);预饱和后的活性炭孔容在反应过程中基本没有变化,最大为 0.646 $mL \cdot g^{-1}$,最小为 0.634 $mL \cdot g^{-1}$,变化了 1.86%。

这些数据进一步说明预饱和后的活性炭引入,并没有对酸性橙Ⅱ造成吸附影响,进而证明加入活性炭具有阴极功能和富集作用。

### 7.3.3.7　反应前后水的一些参数变化

1. ζ电位变化

ζ电位是反映水中胶体粒子荷电状态的重要参数,染料分子在水中有些以胶体状态存在。1000 $mg \cdot L^{-1}$的酸性橙Ⅱ溶液的 ζ=1.6 mV,说明 AOⅡ分子在水溶液中很多以胶体状态稳定存在。ζ电位越负,则说明越容易被混凝、沉淀等作用去除掉。酸性橙Ⅱ降解过程的ζ电位变化如图 7－34 所示。可见,在最初的 5 min 水的 ζ电位急剧下降,随后缓慢下降,到 30 min 后又开始逐渐回升。这可能是因为反应开始时铁屑表面活性较大,吸附到其表面的 AOⅡ分子被快速还原,产生带负电的物质,随着反应的进行,铁屑表面的活性点逐渐减少,还原速度逐渐降低,此时吸附速度大于还原速度,溶液中一些带负电的物质在 $Fe^{2+}$ 形成的絮凝作用下得以沉降,溶液的 ζ电位又开始逐渐上升。这与图 7－23 所示的降解过程中 TOC 的去除趋势基本一致,进一步说明 TOC 的去除主要是通过 $Fe^{2+}$ 形成的絮凝沉降作用。

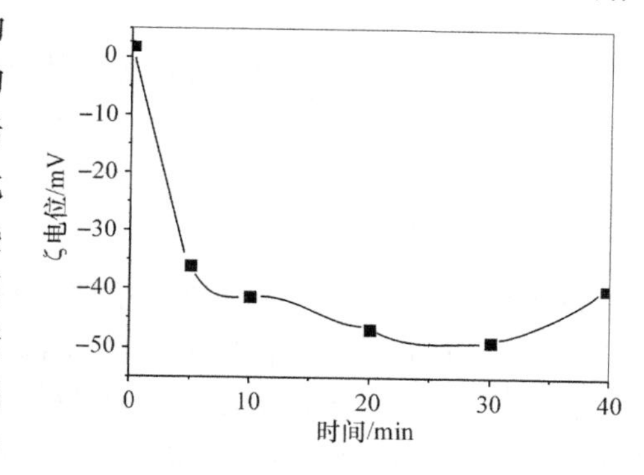


图 7－34　酸性橙Ⅱ降解过程中的 ζ电位变化

2. ORP 变化

氧化还原电位(ORP)是衡量参加氧化还原反应的电子活性大小的一个参数。检测出的氧化还原电位代表所有参加氧化还原反应的电子活性，是反映水中各种物质混合后所表现出的总的氧化能力(或还原能力)的一个状态参数。氧化还原电位的相对变化反映了溶液中氧化还原反应进行的程度。

酸性橙Ⅱ降解过程中溶液 ORP 变化如图 7-35 所示。可以看出，不同铁/炭体积比的降解反应中，酸性橙Ⅱ溶液本身的 ORP 是正的($ORP_0=193.7$ mV)，反应开始后(2 min)，溶液的 ORP 迅速下降到 −600 mV 左右。说明溶液内发生了剧烈的还原反应，产生了大量还原性物质，之后则 ORP 变化不大。图中的插图可以看出，炭阴极的数目在反应 30 min 后影响比较明显，阴极数目不足则还原反应减慢，处理效果变差，电位不再继续降低。由此进一步说明，饱和活性炭的加入起到了增加阴极数目、提高内电解效率的作用。

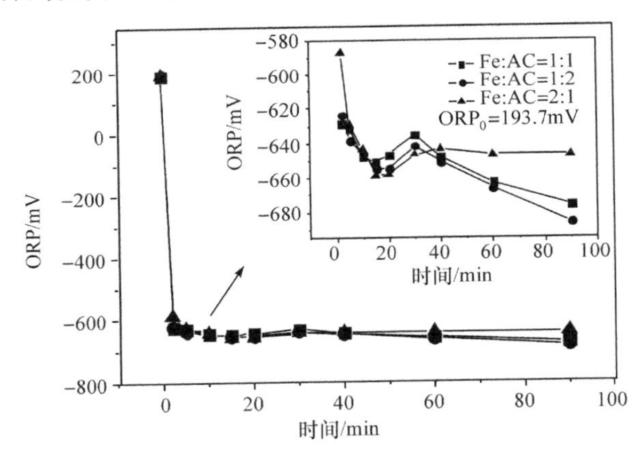


图 7-35　不同铁/炭体积比降解过程中 ORP 图

$C_0=1000$ mg · $L^{-1}$, pH=4.0, $[Fe^0]_0=12.0$ g

3. pH 变化

内电解过程是一个 $H^+$ 控制的过程，溶液的酸碱性会随着反应的进行发生改变，图 7-36 为不同初始 pH 时 AOⅡ溶液在 US-$Fe^0$/GAC 反应系统中 pH 随时间的变化。可以看出，无论酸性还是碱性的 AOⅡ溶液，在反应 10 min 后其 pH 都趋于中性。酸性溶液在反应后，由于 $H^+$ 的消耗，pH 升高，但由于反应生成的 $Fe^{2+}$ 进一步水解生成 $Fe(OH)_2$ 和 $Fe(OH)_3$ 等物质，得以中和并起到缓冲作用，使溶液的 pH 基本保持在中性。而在碱性条件下，溶液中的 $OH^-$ 和内电解生成的

$Fe^{2+}$ 反应，产生 $Fe(OH)_2$ 等物质后，发生絮凝沉降反应，使溶液的 pH 下降到中性并保持 pH 基本不变。

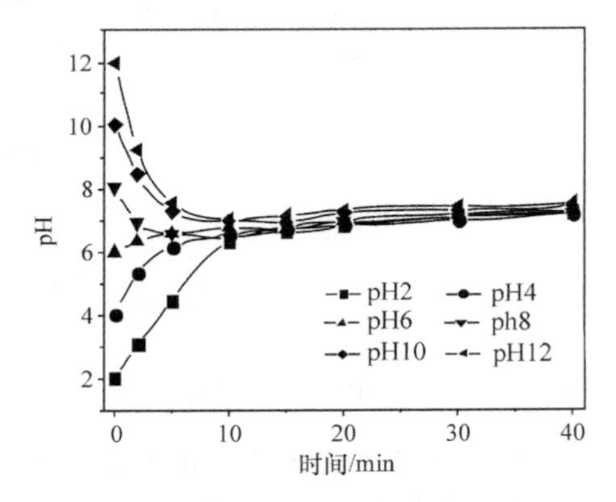


图 7－36　不同初始 pH 条件下酸性橙Ⅱ降解过程的 pH 变化

$C_0$＝1000 mg · $L^{-1}$，$[Fe^0]_0$＝12.0 g，$[GAC]_0$＝2.3 g（铁/炭体积比＝1∶1）

### 7.3.4　酸性橙Ⅱ的内电解过程与机理

#### 7.3.4.1　酸性橙Ⅱ降解过程分析

内电解过程中发生电化学反应产生的 $Fe^{2+}$ 和原子氢[H]有极强的还原能力，能破坏水中的有机物，可以使有机物的发色基团如—$NO_2$、—NO 还原成无色的—$NH_2$。同时，它可使某些不饱和发色基团如—COOH、—N═N— 的双键打开而使发色基团破坏。另外，原子态的氢还可以使某些环状和长链的有机物分解为小分子，使部分难降解有机物环裂解，生成相对易降解的开环有机物。

酸性橙Ⅱ分子中的偶氮键易于被活性电子和氢原子还原而打开，从而破坏染料的共扼结构，实现染料的脱色却不能达到染料的矿化。对氨基苯磺酸钠和 1-氨基-2-萘酚是酸性橙Ⅱ还原降解的主要产物，文献已对降解机理进行了深入研究[46,47]。一般认为内电解还原酸性橙Ⅱ分为两步反应[37,46]，反应式如图 7－37 所示。第一步反应是一个可逆过程，第二步反应使得连接在芳香环之间的偶氮键断开。在第一步，酸性橙Ⅱ被还原的不彻底，生成过渡态的氢化偶氮化合物（Ar—NH—NH—Ar′）。随着铁的催化还原反应的进行，酸性橙Ⅱ被进一步断开偶氮键而彻底还原。不稳定的氢化偶氮进一步还原为对氨基苯磺酸钠和 1-氨基-2-萘酚。酸性橙Ⅱ偶氮染料在铁屑电解反应产生的新生态氢的作用下，分解为对胺基苯磺酸钠和 1-胺基-2-萘酚。

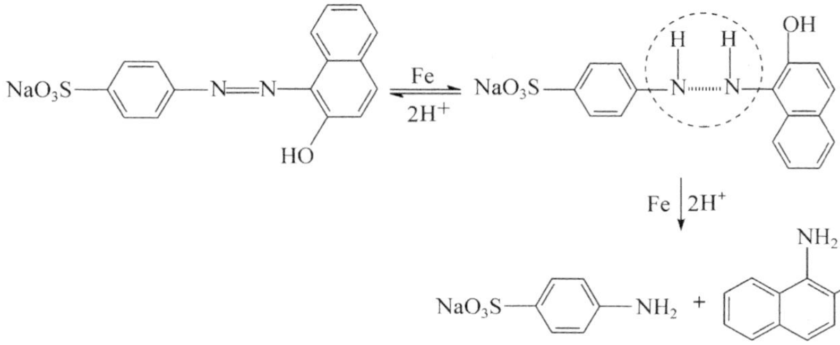

图 7－37　酸性橙Ⅱ内电解降解过程[37,46]

为了验证以上反应过程，研究者利用分析纯的对氨基苯磺酸钠和 1-氨基-2-萘酚作与降解产物的对比研究。实验发现，当反应了 270 min 时，酸性橙Ⅱ得到了完全降解，在 UV-Vis 扫描图上只有一个 248 nm 的吸收峰，如图 7－9 所示。考察它的二阶导数光谱，如图 7－38 所示。结果表明，降解产物与对氨基苯磺酸钠一致，最后的反应产物中含有氨基苯磺酸钠。研究证明[48]，对氨基苯磺酸钠可以在水中稳定存在，是一种很容易被生物降解的有机物。酸性橙Ⅱ由难生化降解的物质降解为易被生物降解的氨基苯磺酸钠，为后续的生物处理提供了有利的条件。

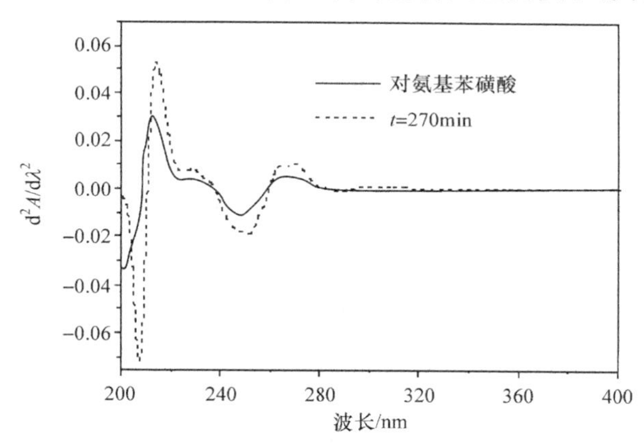


图 7－38　酸性橙Ⅱ降解产物与对氨基苯磺酸钠的二阶导数光谱

反应生成的另外一个产物 1-氨基-2-萘酚非常容易被氧化[49]。文献报道邻氨基羟基萘是对氧敏感的物种，在空气中易被氧化为含羰基的化合物。1-氨基-2-萘酚和邻氨基羟基萘都产生于偶氮染料的还原性降解，都含有像苯酚羟基一样的基团。在转鼓强化内电解体系中，新生态的[H]还原酸性橙Ⅱ，产物为氨基苯磺酸钠和 1-氨基-2-萘酚，1-氨基-2-萘酚在体系中氧化性物种的作用下快速氧化。UV-

Vis光谱中253 nm的肩峰和HPLC分析中保留时间在167 s的物种，都应该对应于1-氨基-2-萘酚氧化产生的物质。

#### 7.3.4.2　酸性橙Ⅱ产物的HPLC分析

酸性橙Ⅱ及其降解过程中的高效液相色谱图如图7－39所示。图7－39(a)中，由于AOⅡ在使用前未经纯化，而且染料本身易自分解生成胺类物质，在色谱图上有杂质峰出现。经过UV-Vis光谱对比，对应于保留时间$t_R$＝7.67 min的物质为AOⅡ本身，该色谱峰强度也最大。

对应$t_R$＝1.99min和2.77min的两个色谱峰可能是酸性橙Ⅱ自分解的产物。众所周知，对氨基苯磺酸钠和1-氨基-2-萘酚是酸性橙Ⅱ被零价铁内电解还原降解的两个主要的产物。内电解还原之后，保留时间$t_R$＝1.99min的色谱峰变成了最强峰，它和对氨基苯磺酸钠有着同样的的保留时间和紫外吸收光谱。研究表

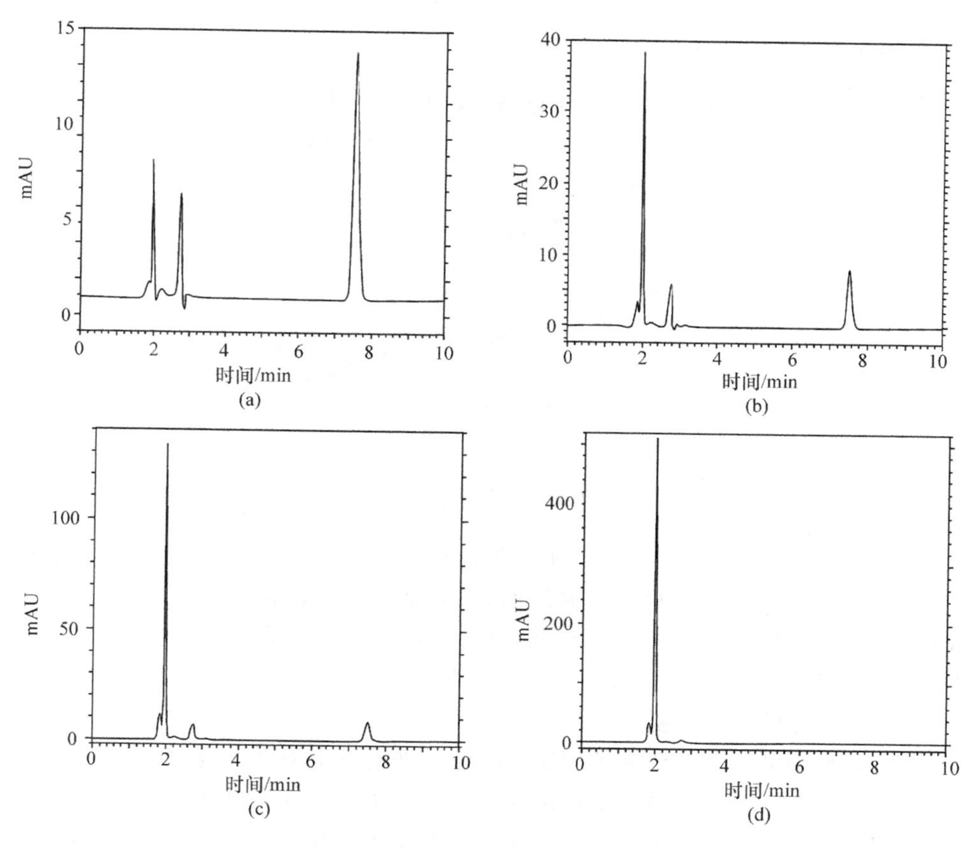


图7－39　酸性橙Ⅱ及其降解过程中的HPLC色谱峰

(a)酸性橙Ⅱ；(b)反应10 min；(c)反应20 min；(d)反应40 min

明[50]，偶氮键的还原断裂是金属铁降解过程的控制步骤，而且对氨基苯磺酸在酸性条件下非常稳定。保留时间 $t_R$ =2.77min 的色谱峰的紫外吸收光谱如图 7-18(c)所示，它与 1-氨基-2-萘酚的氧化产物有着相同的紫外吸收光谱，而 1-氨基-2-萘酚有很强的自氧化性，因此 $t_R$ =2.77min 的物质可能是 1-氨基-2-萘酚的自氧化产物，吸收光谱的强弱可代表 1-氨基-2-萘酚的含量。超声强化内电解降解过程中的色谱峰如图 7-39(b)、(c)、(d)所示，分别为反应 10 min、20 min 和 40 min 的降解产物。可以看出，在降解过程中并没有产生新的色谱峰，只是 3 个色谱峰面积相对大小的变化。随着反应的进行，保留时间 $t_R$ =7.67 min 的酸性橙Ⅱ峰面积逐渐减小，直至基本消失；保留时间 $t_R$ =1.99 min 的对氨基苯磺酸钠峰面积则逐渐增大，成为降解过程中的主要产物；保留时间 $t_R$ =2.77 min 的 1-氨基-2-萘酚由于其溶解度很小，在溶液中一直保持溶解饱和的状态，其色谱峰面积基本没有变化，超过溶解度的部分通过絮凝沉降作用得以去除。

### 7.3.4.3　降解机理

综合上述内容，分析认为超声强化铁/炭内电解过程的机理如图 7-40 所示：

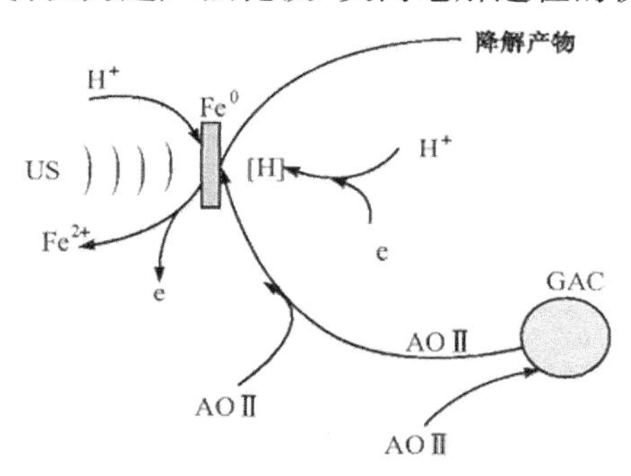


图 7-40　超声强化铁/炭降解 AOⅡ示意图

(1) 酸性橙Ⅱ分子吸附到铁表面。溶液中的 AOⅡ分子在铁/炭形成的微电场作用下从溶液本体扩散迁移到铁屑表面，饱和活性炭吸附的 AOⅡ在微电场的作用下，从活性炭孔道扩散迁移到带正电的铁屑表面。随着反应的不断进行，溶液中的 AOⅡ浓度不断降低，活性炭可以吸附富集溶液中的 AOⅡ，此时活性炭向铁屑表面输送 AOⅡ便成了主要途径。

(2) 酸性橙Ⅱ分子在到铁表面还原降解。铁屑发生阳极反应，释放电子，生成 $Fe^{2+}$ 和活性[H]。吸附到铁屑表面的 AOⅡ分子在单质铁和反应生成的活性[H]的还原作用下，偶氮键被打开，得到了还原降解。$Fe^0$ 在污染物的还原中扮演了反应物和催化剂的双重角色。

(3) 超声作用清洗铁屑表面。沉积在铁屑表面的 AOⅡ降解产物和铁的氧化物及絮凝物质,在超声的清扫作用下脱离铁屑表面,使得铁屑表面的活性得到恢复,可以继续进行内电解反应。

(4) 铁氢氧化物的絮凝作用。降解产生的溶解度较小的物质以及溶液中胶体性质的物质,在铁屑阳极反应新生成的 $Fe^{2+}$ 的絮凝作用下,絮凝沉降得到了分离。

## 7.4 超声-内电解反应器

在超声-内电解研究的基础上,最近初步试制出一种将超声-铁/炭内电解-絮凝沉淀组合的一体化动态反应器。

### 7.4.1 超声-铁/炭内电解组合反应器基本构造

超声-铁/炭内电解组合动态反应器的系统如图 7-41 所示。

反应器系统主要由四部分构成:超声系统、铁/炭内电解系统、管路系统和冷却系统。

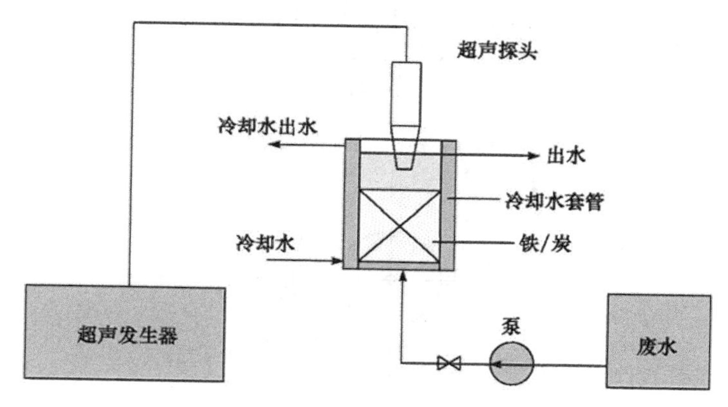


图 7-41 组合反应器试验系统图

(1) 超声系统。超声探头通过超声换能器连接,置于内电解反应装置顶部,输出功率 900 W。

(2) 铁/炭内电解系统。设计的反应器试验装置用玻璃制作,下部有不锈钢丝网支撑,铁屑和活性炭混匀后装入反应装置,废水由底部进入,流经铁/炭填料,从反应器中上部流出。采用铸铁屑的颗粒范围 1.25～2 mm。活性炭粒度为 1.25～2.5 mm,为消除活性炭吸附对实验的影响,所用活性炭在使用前经酸性橙Ⅱ溶液在摇床中振荡浸泡,及时更换 AOⅡ溶液,进行超声,反复多次直至预饱和吸附平衡。试验用组合反应装置设计示意图如图 7-42 所示。

(3) 管路系统。废水首先用柱塞泵由反应器底部泵入,通过动态组合反应器后出水。

(4) 冷却系统。在内电解反应器外部设有冷却套管,冷却水从套管底部进入,上部流出。对铁/炭及 AOⅡ溶液进行降温,去除温度对超声内电解的影响。

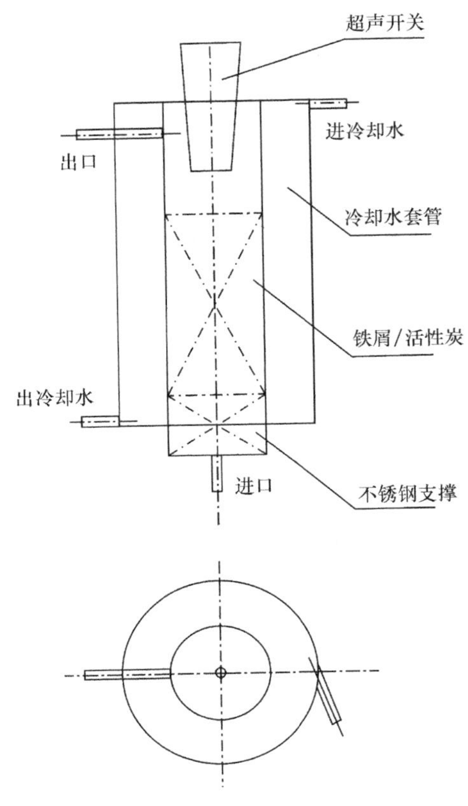


图 7-42 超声铁/炭内电解动态装置示意图

## 7.4.2 组合内电解反应器的水处理效果及主要影响因素

### 7.4.2.1 对酸性橙Ⅱ的降解效果

在组合反应器中进行酸性橙Ⅱ的降解实验($C_0$ =500 mg · $L^{-1}$、pH=3.86、$P$=80W、$Q$=386 mL · $h^{-1}$),对出水进行了简单的 UV-Vis 吸收变化分析,如图 7-43(a)所示,特征吸收峰的变化如图 7-43(b)所示。结果表明,在降解酸性橙Ⅱ的过程中,由于接触时间较短,反应不完全,但在 UV-Vis 图谱[图 7-43(a)]也可以看到在 248 nm 产生了新的吸收峰,说明生成了苯胺类物质。从特征峰的变化[图 7-43(b)]可以看出,各个特征峰在最初反应的 10 min 内下降很快,而后开始升高，这与静态超声实验的结果完全一致。降解过程中 484 nm 的偶氮结构去除最快，230 nm 的苯环物质去除也较快，310 nm 的萘环物质去除速度缓慢。

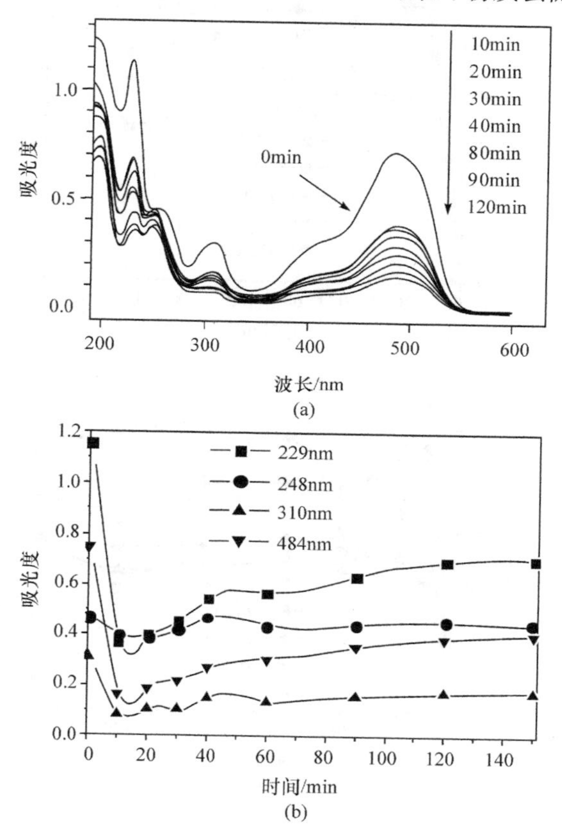


图 7－43　动态内电解过程 AOⅡ的 UV-Vis 吸收光谱变化

(a) UV-Vis 光谱；(b) 特征吸收峰

#### 7.4.2.2　超声功率的影响

在动态反应器中进行酸性橙Ⅱ的降解研究（$C_0$ = 500 mg · $L^{-1}$，pH = 3.86，$Q$ = 386 mL · $h^{-1}$），不同超声功率对酸性橙Ⅱ降解过程的影响如图 7－44 所示。超声功率越大对染料溶液的降解效果越好，但是功率越大则电能消耗增加，而且不同的反应容器、不同的超声方式以及溶液和转鼓的距离都会影响到超声功率的选择。所以确定超声功率需要综合考虑，以下所介绍的实验结果是采用 $P$ = 80 W 时所获得，是选择在较低功率条件下进行的。

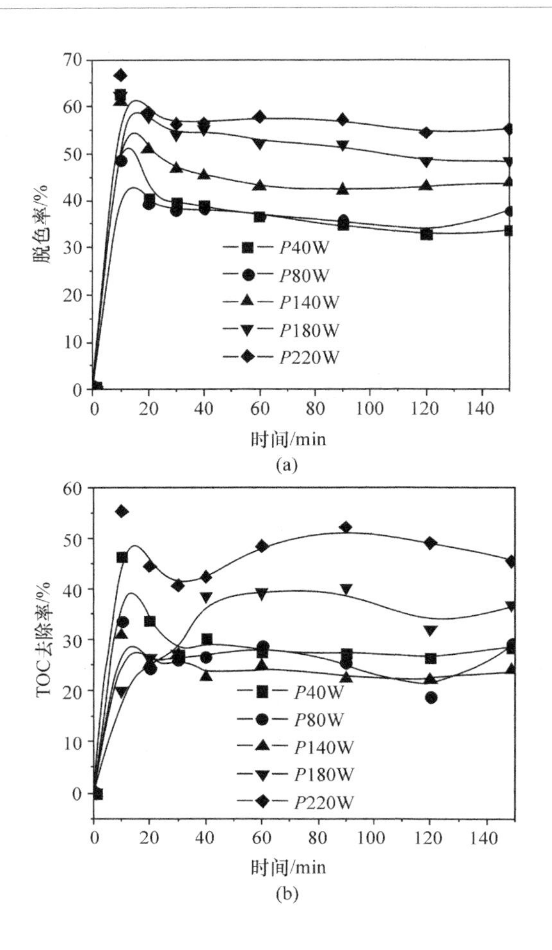


图 7-44 不同超声功率对酸性橙Ⅱ降解过程的影响

(a)脱色率;(b)TOC去除率

#### 7.4.2.3 连续超声和间歇超声的比较

采用连续超声和间歇超声两种不同的方式对 AOⅡ降解过程进行研究,结果如图 7-45 所示。试验参数为 $C_0=500\ mg\cdot L^{-1}$、$pH=3.86$、$P=80W$、$Q=386\ mL\cdot h^{-1}$;间歇超声采用超声 5 s,间歇 15 s 的作用方式。可见,不同的超声方式对 AOⅡ的降解效率和 TOC 的去除影响不大,说明超声的作用比较明显,用间歇超声就可以达到对铁屑表面的有效清洗,足以恢复铁屑的表面活性。对色度的去除效率分析[图 7-45(a)]可以看出,连续超声要稍稍好于间歇超声,尤其是在反应器运行一段时间以后。这说明反应时间越长,在铁屑表面覆盖的沉积物越多。而对于 TOC 的去除[图 7-45(b)],在连续超声 20 min 后的效果反而不如间歇超声，这是因为TOC的去除主要是由于絮凝沉降作用，连续超声更不利于絮凝沉降。

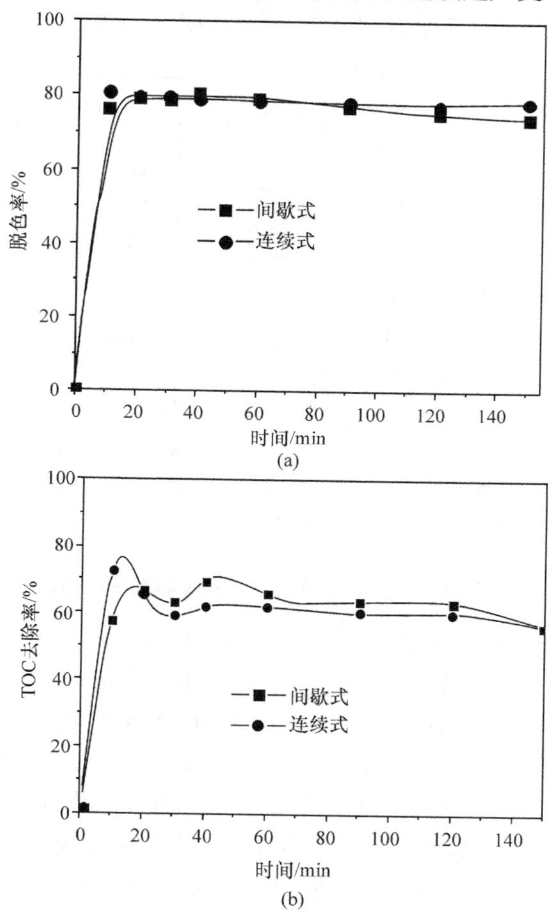


图7-45 不同超声方式对酸性橙Ⅱ降解的影响

(a)脱色率；(b)TOC去除率

## 7.4.3 超声-转鼓式内电解反应器

### 7.4.3.1 反应装置构造

超声-转鼓式内电解反应器将超声强化和转鼓方法相结合，铁/炭颗粒混匀装填在转鼓内，通过转鼓的定期转动使得铁/炭之间的位置和阳阴极之间的微电场发生双重位移，采用多级转鼓的运行方式，进一步提高处理效果。在转鼓的上部位置，转鼓内壁安装超声装置，定期对铁/炭表面进行清洗，同时产生超声强化作用。在转鼓内电解的下部设有污泥沉降和浓缩处理单元，进一步提高分离处理效果。

超声-转鼓反应器的系统构造如图 7-46 所示。对于小试水处理系统，主要设计参数为处理水量：9 L · $h^{-1}$；停留时间：3 h；超声功率：300 W。

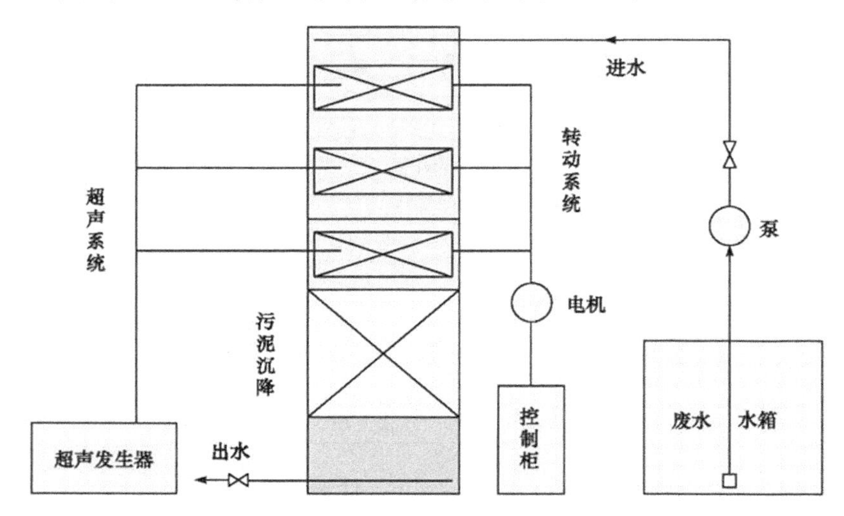


图 7-46 超声-转鼓内电解反应器系统构造图

超声-转鼓内电解反应器系统主要由五部分构成：铁/炭内电解转鼓系统、超声系统、转动系统、沉降系统、管路系统。反应器主体分为超声-转鼓段、污泥沉降段和污泥浓缩段三部分，可以很方便地进行组装、拆卸。反应装置 250 mm × 360 mm × 2100 mm，超声-转鼓段高 1300 mm，污泥沉降段高 800 mm，污泥浓缩段高 100 mm。

下面以上述试验用小型组合系统为例对各部分及工作性能简要介绍。

(1) 铁/炭内电解转鼓系统。转鼓为 PVC 材料制作，内装铁屑和活性炭。铁屑与活性炭按体积比 1∶1 混和均匀后，装填在转鼓内被隔板与垂直小隔板分隔的空间内，装填体积为有效空间的 2/3 左右。转鼓本体上均匀开有 Φ10 mm 的孔眼，在转鼓内壁装有一层 40 目和一层 16 目的不锈钢滤网，以保证转鼓内铁/炭填料可以和染料废水充分接触，并且不会泄漏。转鼓采用正六边形，直径为 Φ150 mm，方便加工制作。转鼓两头有带转轴的堵头，转轴两端支撑固定在反应装置壁上。转鼓内垂直轴向布有 8 块正六边形 Φ145 mm 的隔板把转鼓均匀分隔，隔板上辐射状垂直焊接 6 条小隔板。

(2) 超声系统。该设备为分体式结构，超声波发生器与超声波振板分开。振板采用 2 mm 厚的 304-2B 不锈钢(300 mm × 70 mm × 80 mm)，以长度方向安装在槽的侧面。超声波发生器设有时间控制、功率可调。时间控制为数字可调间歇式，可连续超声，也可间歇超声；功率为 0～100%可调，总功率为 300 W。

(3) 转动系统。由控制系统和传动系统组成，控制系统可以设定转鼓的转速、方向、转动时间，可连续转动，也可定期转动，可正向转动，也可反向转动。可以通过控制电动机来调节转鼓的转动方式。

(4) 沉降系统。在转鼓内电解反应段的下部设有沉降反应器，内装空心多面球。经过超声-内电解处理后的废水，产生的污泥在此沉降，起到沉降分离的作用。在沉降的反应器下部还设有污泥浓缩段，沉降分离后的污泥经过浓缩后，定期通过排泥管路排掉。

(5) 管路系统。由 PVC 管组成管路系统，模拟废水在水箱配制好后，用柱塞泵输入反应器上部发生反应，最大流量 12 L · $h^{-1}$。在反应器上部设有多孔管布水装置，使反应器内布水均匀；在内电解和污泥沉降段之间设有中间集水装置；在底部设有出水集水装置和排泥装置。

超声-转鼓内电解装置上部设有进水装置，进水依次从上而下通过 3 级转鼓。转鼓由电机带动，配有控制柜可以调节转鼓的转速和方向，可以进行定时转动和转向，超声装置设置于转鼓外侧同样高度的容器壁上。经过 3 级转鼓处理后的废水进入下部的污泥沉降及浓缩处理单元进行下一步的分离处理。

超声-转鼓内电解反应器的运行方式为：由柱塞泵将水箱内的溶液提升到反应器上部，流经 3 级转鼓发生超声强化内电解反应，反应生成的 $Fe^{2+}$ 的水解产物发生絮凝作用，在沉降区得以沉降分离，在底部进一步浓缩，浓缩污泥定期排出，处理后的水经过虹吸管流经上部从底部流出。

#### 7.4.3.2　超声-转鼓式内电解反应器的水处理效果

设定转鼓的转速为 15 r · $min^{-1}$，每隔 1 min 改变转动方向，超声采用间歇运行方式，超声作用 10 s、间歇 50 s，以降低能耗。处理结果如表 7-6 所示。可见经过超声-转鼓还原反应器还原处理之后，酸性橙Ⅱ得到了降解，中间排水处色度的平均去除率达到了 56.9%，TOC 的平均去除率达到了 40.8%。经过沉降段后，出水 AOⅡ色度的平均去除率达到了 61.7%，TOC 的平均去除率达到了 52.2%。

**表 7-6　反应装置对酸性橙Ⅱ的降解**

| 水样 | 色度 | 色度平均去除率 | TOC | TOC 平均去除率 |
|---|---|---|---|---|
| 酸性橙Ⅱ | 1.36 | — | 287.75 | — |
| 中间排水 | 0.59 | 56.9% | 170.25 | 40.8% |
| 出水 | 0.52 | 61.7% | 157.75 | 52.2% |

超声-转鼓式内电解反应器是为解决内电解结块堵塞、增强内电解效果而设计出来的水质净化技术，该设备具有以下特点：

(1) 在新型反应器中，同时发生了内电解、超声及二者的强化作用，还有污泥沉降浓缩处理单元。设备结构简单，占地面积小，一体化程度高。

(2) 由于转鼓的转动和超声波的清洗作用，铁/炭颗粒未发生板结结块现象。

增加铁/炭装填量，可相应提高对水中污染物的去除能力。

(3) 超声-转鼓式内电解反应器技术，可实现水处理电化学与物理化学过程的原理组合，具有一体化工艺集成特色。

## 7.5 展　望

本章对转鼓强化内电解、超声协同内电解处理有机污染物进行了研究，还有很多尚待完善之处。在此基础上，将来可以在以下方面开展工作：

(1) 转鼓式内电解处理的反应速率需要进一步优化，通过对反应过程中间产物进行检测分析，探明有机物在内电解反应的过程机制，为提高内电解效率提供科学依据。

(2) 超声化学引入到内电解过程起到了协同降解作用，在超声发生器的选择以及超声过程各种参数的选择等方面，尤其是超声功率、强度、频率还需要进行深入研究和探索。另外，超声对水中有机物降解过程的反应机理、作用机制等方面的研究对促进该技术的发展和应用至关重要。

(3) 对于转鼓-超声强化内电解方法的优化设计，需要作进一步的应用研究。针对实际应用，需要在优化工艺参数、提高处理效率、考察长期连续运行的基础上，发展可针对工业废水的处理的优化工艺。

(4) 可将转鼓-超声强化内电解方法与其他方法相结合，如混凝沉降、生物处理等，建立新的组合工艺，以推动强化内电解技术的应用。

### 参考文献

[1] 高峰，李凤仙，张杰．以铁屑-粉煤灰处理含铬电镀废水的研究．山东环境，1999，2：43～44

[2] 彭根槐．电石渣-铁屑法去除硫酸废水中的氟和砷．化工环保，1995，15(5)：280～284

[3] Gillham R W, O'Hannesin S F. Enhanced degradation of halogenated aliphatics by zero-valent iron. Ground Water, 1994, 32(6): 958～967

[4] Jeffers P M, Ward I M, Woytowitch L M et al. Homogeneous hydrolysIs rate constants for selected chlorinated methanes. ethanes. ethenes and propanes. Environ. Sci. Technol., 1989, 23(8): 965～969

[5] Matheson L J, Tratnyek P G. Reductive deha-logenation of chlorinated methanes by iron metal. Environ. Sci. Technol., 1994, 28(12): 2045～2053

[6] 汤心虎，甘复兴，乔淑玉．铁屑腐蚀电池在工业废水处理中的应用．工业水处理，1998，(6)：4～6

[7] 韩洪军．微电池滤床法处理含油废水．化工环保，2000，20(5)：19～21

[8] O'Hannesin S F, Gillham R W. Long-term Performance of a situ "iron wall" for remedia-

tion of VOCs. Ground Water, 1998, 36(1): 164～170

[9] Pul S R W, Paul C J, Clark P J. Remediation of Chromate-Contaminated ground water using an in situ permeable reactive. In 213th American Society National Meeting. Preprints of extended abstracts, 1997, 37(1): 241～243

[10] Rahaman A, Agrawal A. Reduction of nitrate and nitrite by iron metal: Implications for ground water remediation. In 21 3th American Society National Meeting. Preprints of extended abstracts, 1997, 37(1): 157～159

[11] Nikolaidi S N P, Lackovic J. Arsenic remediation tehnology-AsRT. Intemational conference on rsenic pollution of groundwater in Bangladesh Causes. Effecct and Remedies, Dhaka: 8～12

[12] Muftikian R, Fernaando Q, Korte N E. A method of the rapid dechlorination of low molecular weight chlorinated hydrocarbons in water. Water Res., 1995, 29(10): 2434～2439

[13] 何小娟,汤鸣皋,李旭东,等.镍/铁和铜/铁双金属降解四氯乙烯的研究.环境化学,2003,22(4):335～337

[14] 刘剑平,周荣丰,高廷耀.酸性橙Ⅱ废水催化铁内电解法脱色研究.化工环保,2004,25(6):391～395

[15] 梁震,王焰新.纳米级零价铁的制备及其用于污水处理的机理研究.环境保护,2002,4:14～16

[16] 沈滨.新型滚筒内电解法絮凝床.中国给水排水,2002,18(6):40～41

[17] 叶亚平,唐牧,王丽华等.动态强化微电解装置处理染料废水.中国给水排水,2004,20(6):50～52

[18] 程沧沧,胡德文,周菊香.微电解-光催化氧化法处理印染废水.水处理技术,2005,31(7):46～47

[19] 王永广,前元阳.微电解-Fenton 法处理 2-3 酸生产废水的研究.水资源保护,2004,1:18～20

[20] 张智宏.宋封琦.铁屑过滤-光催化氧化处理染料废水.江苏工业学院学报,2003,25(3):27～29

[21] 宋勇.戴友芝.超声波与零价铁联合降解五氯苯酚的初步研究.湖南工程学院学报,2005,15(2):78～79

[22] 杨良玉,曾庆福,杨俊等.微波强化内电解处理活性艳红染料废水.环境污染治理技术与设备,2005,6(8):57～60

[23] 郝瑞霞,赵英,罗人民等.铁屑过滤-SBR 工艺处理印染废水的研究.环境科学,1998,19(3):54～57

[24] 张焕侦,沈洪艳,李淑芳.铁屑还原-混凝法处理石油精制废碱液酸化废水试验.水处理技,2003,29(5):304～306

[25] 刘士姮,汪世龙,孙晓宇等.酸性橙 7 降解的微观反应机理及动力学研究.光谱学与光谱分析,2005,25(5):776～779

[26] 高华.铁屑法处理染料废水的电化学脱色机理.青岛大学学报,2001,16(4):29～33

[27] 杨玉杰,侯杰,陈飞.铁屑法处理活性紫废水动力学模型.水处理技术,1994,20(6):360～364
[28] 张晖,王正琪,吴峰.零价铁对活性黑 K-BR 脱色动力学.化工学,2004,55(2):313～316
[29] Hung H M. Kinetics and mechanism of the enhanced reductive degradation of nitrobenzene by elemental iron in the presence of ultrasound. Environ. Sci. Technol., 2000, 34: 1758～1763
[30] Agrawal A. Reduction of nitro Aromatic compounds by zero-valent iron metal. Environ. Sci. Technol., 1996, 30: 153～160
[31] Matheson L J. Reductive dehalogenation of chlorinated methanes by iron metal. Environ. Sci. Technol., 1994, 28: 2045～2053
[32] 国家环保局.水利废水监测分析方法(第三版).北京:中国环境科学出版社,1989
[33] 周家艳,陈金龙,李爱民.内电解法处理染料废水的研究进展.江苏环境科技,2005,18(2):43～45
[34] Nam S, Tratnyek P G. Reduction of azo dyes with zero-valent iron. Water Res., 2000, 34(6): 1837～1845
[35] Bigg T, Judd S J. Kinetics of reductive degradation of azo dye by zero-valent iron. Process Safety and Environmental Protection, 2001, 79(B5): 297～303
[36] Wust W F, Kober R, Schlicker O et al. Combined zero-and first-order kinetic model of the degradation of TCE and cis-DCE with commercial iron. Environ. Sci. Technol., 1999. 33(23): 4304～4309
[37] Cao J S, Wei L P, Huang Q G et al. Reducing degradation of azo dye by zero-valent iron in aqueous solution. Chemosphere, 1999, 38(3): 565～571
[38] Seshadri S, Bishop P L, Agha AM. Anaerobic/aerobic treatment of selected azo dyes in wastewater. Waste Management, 1994, 14(2): 127～137
[39] Hung H M, Hoffmann M R. Kinetics and mechanism of the enhanced reductive degradation of $CCl_4$ by elemental iron in the presence of ultrasound. Environ. Sci. Technol., 1998, 32: 3011～3016
[40] Daneshvar D, Salari A R K. Photocatalytic degradation of azo dye acid red 14 in water: investigation of the effect of operational parameters. J. Photochem Photobiol A, 2003, 157: 111～116
[41] Astrid R, Michael T, Georg G. Application of power ultrasound for azo dye degradation. Ultrasonics Sonochemistry, 2004, 11(3-4): 177～182
[42] Zhang H, Duan L, Zhang Y et al. The use of ultrasound to enhance the decolorization of the C.I. Acid Orange 7 by zero-valent iron. Dyes and Pigments, 2005, 64: 311～315
[43] Konstantinou I K, Albanis T A. $TiO_2$-assisted photocatalytic degradation of azo dyes in aqueous solution: kinetic and mechanistic investigations A review. Appl. Cata. B: Environ., 2004, 49(1): 1～14
[44] 陈灿,施汉昌.铁屑法处理含染料废水中铁屑表面化学研究.环境化学,2004,23(1):89～95

[45] Nancy R, Sudipta S, Debra R. Surface chemical reactivity in selected zero-valent iron samples used in groundwater remediation. Journal of Hazardous Materials, 2000, 80(1-3): 107～117

[46] Park H, Choi W. Visible light and Fe(III)-mediated degradation of Acid Orange 7 in the absence of $H_2O_2$. J. of Photochemistry and Photobiology A: Chemistry, 2003, 159: 241～247

[47] Peng X J, Yang J Z, Wang J T. Electrochemical behaviour of azo dyes in acid/ethanol media. Dyes and pigments, 1992, 20(2): 73～81

[48] Mielczarski J A, Atenas G M, Mielczarsk E. Role of iron surface oxidation layers in decomposition of azo-dye water pollutants in weak acidic solutions. Applied Catalysis B: Environmental, 2005, 56(4): 289～303

[49] Kudlich M, Hetheridge M J, Knackmuss H J. Autoxidation reactions of different aromatic o-aminohydroxynaphthalenes that are formed during the anaerobic reduction of sulfonated azo dyes. Environ. Sci. Technol., 1999. 33(6): 896～901

[50] Mielczarski J A, Atenas G M, Gonzalo M A, Mielczarski E. Role of iron surface oxidation layers in decomposition of azo-dye water pollutants in weak acidic solution. Applied Catalysis B: Environmental, 2004, 56: 291～305

# 第 8 章　水处理过程的电动特性与应用技术

## 8.1 概　述

第 1 章已经介绍，水中荷电胶体具有电动现象，除 ζ 电位以外，流动电流作为一种重要的"动电"现象，近年来受到关注。尤其是它在水处理混凝投药方面的研究与应用尝试，使其成为一门很有发展前途的重要技术。

### 8.1.1 流动电流理论的研究与发展

#### 8.1.1.1 流动电流概念的产生

1859 年，Quinck 在实验中发现[1]，如果使液体在一定压力下通过一个细管或微孔塞，将在液体流动过程中产生流动电流，或在管两端产生流动电位。Quinck 的实验装置包括一个 0.25 cm 直径的玻璃管，管中充满黏土胶泥。在管两端放置铂电极并连接安培表。Quinck 研究了许多微孔物质，在每一种情况下，随液体运动，流动电流按同一方向流动。在微孔物质存在时，没有发现加热对电位产生影响。因而 Quinck 证明，这种电流仅取决于多孔物的表面性质。Freundlich[2] 认为，所发现的现象是液体从一端流到另一端由电荷迁移所产生的结果，称为电动现象，或严格地讲为"动电"现象。

Helmholtz 和 Smoluekowski[3] 对这类电动过程，在平板电容器的理论基础上建立了经典模式。Bikerman[4] 又在此基础上建立了扩散双电层理论，Rutgers[5] 等也在这方面进行了研究。由于他们建立理论模型时做了相同的假设，因而得到了同样的推导结果。

在半径为 $a$，长度为 $l$ 的细管两端施加压强差 $\Delta p$ 时，距细管中心为 $r$ 处的流速 $V_r$ 可以由 Poiseuille 层流式计算出来：

$$V_r = \frac{\Delta p}{\Delta \eta l}(a^2 - r^2) \tag{8-1}$$

式中，$\eta$ 为黏滞系数。若管壁处的电荷密度为 $\rho$，那么每秒的电荷输入量 $I_{str}$ 为

$$I_{str} = -\int_0^S 2\pi r \cdot \rho V_r \mathrm{d}r \tag{8-2}$$

积分上限 $S$ 相当于切面半径，电荷密度 $\rho$ 与表面电位 $\varphi$ 的关系用 Poisson 方程表示，从而进一步推得流动电流表达式为

$$I_{str} = \frac{\pi \varepsilon a^2}{\eta L} \cdot \Delta p \cdot \zeta \qquad (8-3)$$

流动电位 $\Delta V$ 为

$$\Delta V = -\frac{\varepsilon \Delta p}{\eta L}\zeta \qquad (8-4)$$

式中，$\zeta$ 为 Zeta 电位；$L$ 为管内液体相对电导率。

对一给定系统，式(8－4)中 $\Delta V/\Delta p$ 为一常数，这与 Quinck 的实验结果一致。Briggs 进一步发现，管壁处的液体表面电导与体相电导相同的假定是错误的，因而在此假定下求得的流动电流值也不是其实际值。对于一稀溶液来说，表面电导增加，流动电流也随之改变。考虑到这一因素，利用 Sriggs 和 Rutgers 的方法[6]，可校正流动电流的测定值。

可见，流动电流是在液体沿固体表面做相对运动时，由两相界面间双电层电荷分离所产生的结果。它虽然不是固-液界面的固有现象，但却从根本上反映了两相的界面特征，因而具有重要的研究及应用意义。

#### 8.1.1.2　对流动电流理论的研究

1. 对管式流动电流模型的完善

在层流状态管式流动电流的研究基础上，Rutgers、Moyer 等从紊流时管内的电荷分布是均匀的假定出发，推导出了紊流状态下的流动电流模型：

$$I_{str} = \frac{\pi a \varepsilon v}{k}\zeta \qquad (8-5)$$

式中，$v$ 为液体在管中的平均流速；$k$ 为双电层厚度。

可见，同层流式一样，从式(8－5)可以得出流动电流绝对值与平均流速成正比的结论。

式(8－3)～(8－5)所讨论的流动电流(位)考虑的均为弛豫时间没有影响的情况。但实际上，流动电流与弛豫时间并非无关。为此，Schon、Hampel、Lutber 以及 Bustin 等分别在极为简单的假定下，求得流动电流与弛豫时间的关系。这些式子形式相同：

$$I_{str} = 2\pi a v \tau q\left(1 - e^{\frac{-z}{v\tau}}\right) \qquad (8-6)$$

式中，$\tau$ 为弛豫时间；$q$ 为电荷密度；$z$ 为轴向距离。

式(8－6)说明，流动电流按指数函数形式趋于最大值，接近于这个最大值的速度是由平均流速和弛豫时间决定的。由于溶液在管中的分布特性，式(8－6)只适用于刚进管中液体的不稳定分布的影响可以忽略的情况。

2. 在胶体及表面化学方面的研究进展

从胶体及表面化学角度对流动电流的研究还比较少,人们普遍关心的是对电动现象的探讨。这说明,流动电流在胶体及表面化学理论中,还没有形成一个比较完整的体系。在这方面的研究集中在流动电流与 ζ 电位的相关性,某些固体表面结构、化学特性以及根据特殊应用所建立的理论模式。

ζ 电位在研究胶体及表面化学中具有重要意义,但由于 ζ 电位测定的困难,人们试图寻找一种动态意义下与 ζ 电位具有相关性的因素。除了电泳淌度外,流动电流与 ζ 电位在代表胶体或固体表面特性方面,具有最本质的一致性。1967 年, Cliffifford 等[7]对流动电流与 ζ 电位的关系进行了系统实验,发现二者线性相关,得到了与 Potor 等理论式完全相同的结果。此后,许多研究工作都进一步证明,流动电流与 ζ 电位具有线性或近似的线性关系。比如,在研究两荷电固体在电解质溶液中作相对运动产生排斥力时,推导出流动电流与 ζ 电位的正比例关系[8]:

$$I_{str} = \frac{\varepsilon}{4\pi} \frac{v\Delta\zeta}{2h_0} \tag{8-7}$$

式中,$\Delta\zeta$ 为两固体表面 ζ 电位差;$v$ 为固体滑动速度;$h_0$ 为固体间缝隙。

在研究流动电流检测器(SCD)原理时,Dentel 等[9]也发现在 SCD 探头中,流动电流与胶体 ζ 电位有近似线性关系。Alexander[10]等也都在不同条件下,证明流动电流与 ζ 电位上述关系的成立。这是流动电流应用的重要证据。

在研究固体表面结构及溶液性质等方面,建立了流动电流与其相关因素的理论联系。Donath 和 Voigt[11]在研究表面涂层结构特性时,得到流动电流与表面电位 $\varphi_0$、涂层厚度 $\delta$ 和液体对涂层的穿透系数 $\varphi$ 具有如下关系:

$$I_{str} = \frac{A \cdot \Delta P}{\eta l}\left\{\varepsilon\varphi_0 + \sinh\left(\frac{z e_0 \varphi_0}{2kT}\right)\left[(8kTn_0\varepsilon)^{\frac{1}{2}} \frac{\tanh(a\delta)}{a} + \frac{4ze_0 n_0 \cosh(ze_0\varphi_0/2kT)}{a^2} \cdot \left(1 - \frac{1}{\cosh(a\delta)}\right)\right]\right\} \tag{8-8}$$

式中,$A$、$l$ 分别为测定装置的横截面积和长度;$e_0$ 为电荷电量;$k$ 为 Boltzmann 常量;$T$ 为热力学温度;$n_0$ 为离子个数;$z$ 为价电子数。并有

$$I_{str} = \Delta VL \tag{8-9}$$

式中,$\Delta V$ 为流动电位;$L$ 为液体电导。

通过实验证明,荷电涂层的表面结构具有异常高的表面电导。这一结论与 Doer、Barrer 及 Dobos 等[12]的研究结果一致。在溶液流经聚合电解质膜时,Tanry 和 Kedem[13]推导出流动电流与溶液化学势 $\Delta u_s^c$、液体对膜渗透系数 $L_p$、反渗透系数 $\beta$、体积流量 $J$、电泳淌度 $E$、组分离子个数 $\nu$、离子电荷数 $z$、Faraday 常量 $F$、组分电导 $L$ 以及弛豫时间 $\tau_1$ 的关系:

$$I_{str} = L\left(E + \frac{\beta J v}{L_p} + \frac{\tau}{\nu zF}\Delta u_s^c\right) \tag{8-10}$$

式(8-10)全面表达了电解质膜特性。

在研究非水混合物电动传动系数与浓度关系时，Alvarez 等[14]使液体通过一个石英细管，推导出此过程的流动电流为

$$I_{str} = \frac{n\pi r^2\lambda}{l}\left(1 - \frac{\zeta^2\varepsilon^2}{2\pi^2 r\eta\lambda}\right)\Delta\varphi + \frac{n\pi r^2\lambda}{l}\frac{pr^2\zeta\varepsilon}{32\pi\eta^2 l^2}\left(1 - \frac{\zeta^2\varepsilon^2}{2\pi^2 r^2\eta\lambda}\right)^2(\Delta\varphi)^2 \tag{8-11}$$

式中，$r$ 为管径；$l$ 为管长；$\lambda$ 为液体电导率；$\Delta\varphi$ 为电位差。

式(8-11)及实验结果一致证明，在石英表面，甲醇-乙醇溶液是一个具有很小负漂移的准理想体系。

围绕溶液及固体表面展开的其他研究，如 Adamczy 进行的液体结晶状态的特性研究，Wagenen 等所做的玻璃池表面流动电位的研究等，也都从不同角度发展了流动电流理论。

### 3. 在静电学中的研究

从静电学角度研究流动电流或流动电位，主要是将这种动电结果与液体或固体表面的静电现象相联系。管羲夫认为[15]流动电流是用力学的机械的方法使液体具有的静电现象。从这一观点出发，利用流动电流或流动电位研究静电过程，或用静电理论研究流动电流(位)被证明是可行的。

Christoforou 等[16]利用流动电位来研究多孔物质表面的静电问题。他们将流动电流与 Poisson-Boltzmann 和 Nerna-Planek 方程式建立联系，得到如下表达式：

$$\Delta V = -\frac{L_{13}}{L_{11}} \tag{8-12}$$

其中

$$L_{13} = \frac{\varepsilon kT}{zen}[\varphi(1) - \varphi] \tag{8-13a}$$

$$L_{11} = -\frac{2e^2 Coo}{KT}(D^{-e^4} + D^{e^{-4}}) - \frac{2\varepsilon Coo KT}{Z\eta}\{[\varphi(1) - \varphi]\sinh\varphi\} \tag{8-13b}$$

式中，$\varphi$ 为由表面电荷所产生的电位。

证明所研究的固体表面静电场越强，则流动电位也就越高，同时离子强度在广泛的意义上对固体表面电荷产生影响。

Donath 和 Voigt[11]利用静电原理，分别对影响流动电流的空间电荷密度和表面电位进行线性及非线性处理，得到了与涂层表面结构相关的流动电流表达式(8-14)和(8-8)：

$$I = \frac{A}{\eta K} \cdot \frac{LP}{l} \cdot \delta \qquad (8-14)$$

式中，$A$ 为测定装置横截面积；$\delta$ 为表面电荷密度。由于式(8－14)中流动电流与表面电荷密度的简单关系，使流动电流成为描述涂层表面电特性的有效参数。

虽然流动电流的理论研究涉及若干方面，但这些研究都还很不系统，而且关于研究结果的报道也很少。因而，开展对流动电流的理论研究仍然是很有价值的课题。

### 8.1.2 流动电流的检测

在对流动电流的研究中，首先遇到的问题就是如何对其进行准确检测。根据不同的应用目的，所采取的测定流动电流装置也不同，但最典型的测定方法有如下几种。

#### 1. 戈特纳法

在测定水溶液系统流动电位时，戈特纳设计了如图 8－1 所示的测定装置。此装置主要由液体容器 a、流量孔板 c、铂电极 d 等组成。在外压作用下，a 中的液体流经由纤维或氧化铝制成的流量孔板后，进入另一只溶液器，此过程中产生的流动电位(流)被铂电极所响应并由外接电位计检测。戈氏测定装置的缺点是，液体只是按一个方向流动，而不能往复运动，这样就容易造成一端电荷积累，从而产生极化现象。

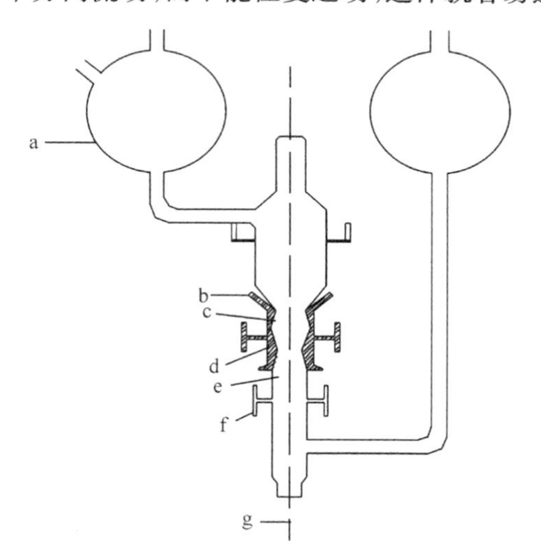


图 8－1 戈特纳流动电流测定装置

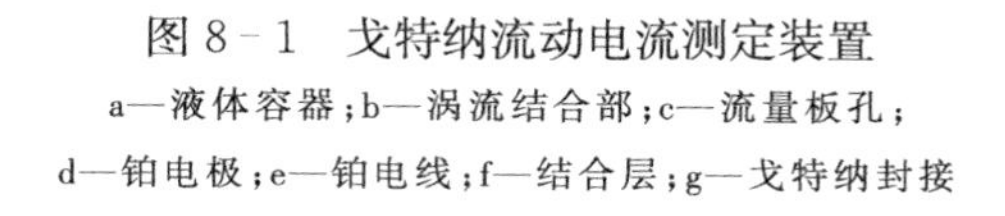
a—液体容器；b—涡流结合部；c—流量板孔；
d—铂电极；e—铂电线；f—结合层；g—戈特纳封接

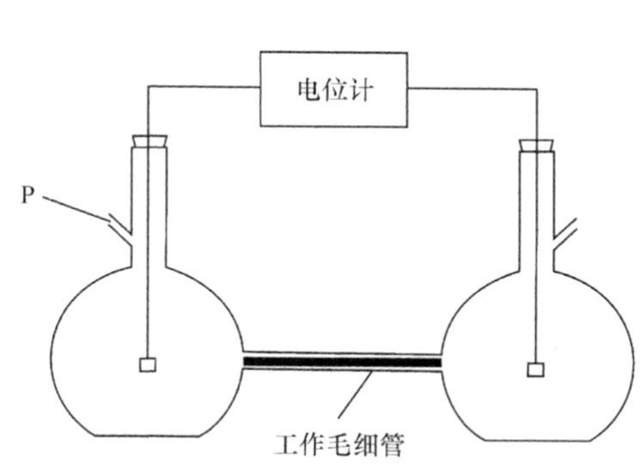


图 8－2 毛细管直流流动电流测定装置

2. 毛细管直流测定法

毛细管直流测定，是流动电流的最基本的测定方法，测定装置如图 8－2 所示[17]。两个溶液瓶用毛细管连通，在两瓶中的毛细管中部分别装有铂电极，并用铂丝连接到一个电位计上。当液体受到压力后，就由一个液瓶经毛细管流入到另一个液瓶。在此过程中产生流动电流，由铂电极响应并被电位计检出。理论和实验都已证明在毛细管中产生的流动电流大小，与外加力、毛细管半径成正比，而与液体黏度和管长成反比。此测定装置的最关键之处是两电极的关系，要求二者必须大小相同，材料一致，并绝对对称，否则将使测定结果出现偏差。

3. 毛细管交流测定法

Groves 等[18]在毛细管直流测定方法的基础上，设计了一种实验室用的交变流动电流测定装置，如图 8－3 所示。此装置主要是在原毛细管测定装置上加了一个同步电机，驱动连杆做往复式正弦运动，周期性的改变毛细管两端压力符号，使液体能在两液瓶中往复流动，从而在细管内产生相应的交变电流。此电流与液体流速大小成正比，而流速 $v$ 与电机转速 $\omega$、连杆行程 $X_m$、连杆截面积 $A_p$、毛细管断面积 $A_c$、时间 $t$ 有如下关系：

$$v = X_m \omega \frac{A_p}{A_c} \cos\omega t \tag{8-15}$$

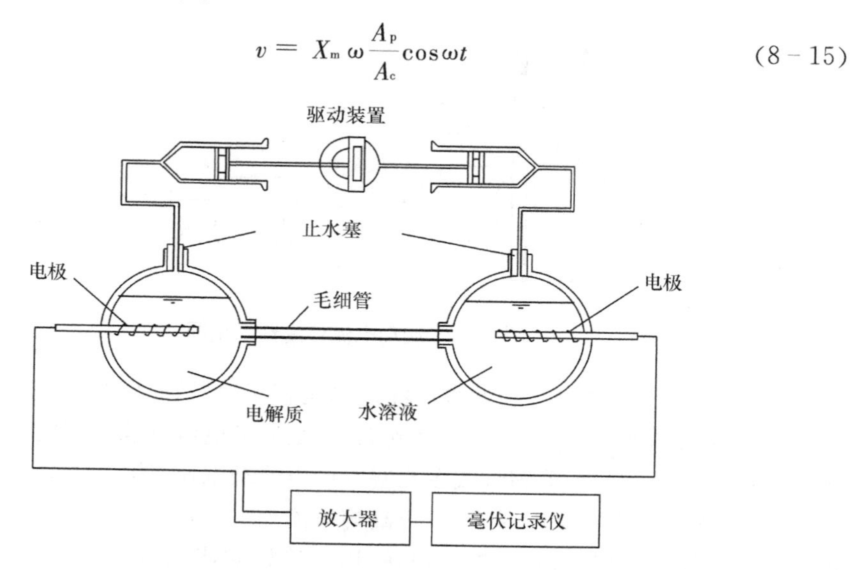


图 8－3　毛细管交变流动电流测定装置

这说明，测定装置的几何条件对流动电流有重要影响。此测定方法由于使用了往复运动装置，避免了流体单向运动所造成的在毛细管一端的电荷积累，避免了极化现象，因而克服了电流漂移，使流动电流的测定更加准确。但同上述两种测定方法一样,此方法也只能用于实验室测定。

4. 流动电流检测器法

1966 年,Gerdes 根据流动电流的产生原理而设计的流动电流检测器(streaming current detector,SCD)如图 8-4 所示。它是由传感器、整流放大电路、输出显示等部分组成。其中传感器(SCD 探头)部分乃 SCD 的检测中心,是流动电流的产生源。由图 8-4 可见,SCD 探头主要由套筒、活塞和电极组成。活塞和套筒之间有很窄的狭缝,相当于一个环形的毛细空间。活塞可以在电机驱动下做往复运动,流经的水被活塞吸入-挤出,使水在狭缝中快速流动。由于活塞及套筒表面可以瞬时吸附水中的特性离子或胶粒,并在固-液界面形成双电层结构,在水流动时就造成双电层扩散层相对于固定层的分离而产生流动电流,此电流由套筒两端的金属电极响应并经整流、放大、滤波等信号处理过程而输出。因此 SCD 检测到的流动电流实际上是一个经过放大的相对值或表观值。SCD 的研制成功,使利用流动电流对固体表面电性或溶液性质变化进行连续检测成为可能,为水处理投药过程自动控制提供了重要手段。

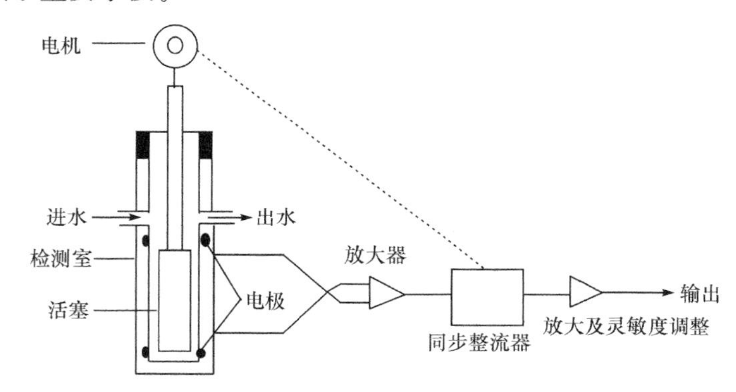


图 8-4　流动电流检测器示意图

以上四种检测方法中,前两种所测定的是直流信号,而后两种检测的是交流信号。不论采用哪种方法,有三点是共同的,也是流动电流准确测定的关键:第一,必须使液体快速流经一个毛细管或多孔塞以产生流动电流;第二,必须有低阻的惰性电极,并要求两个电极高度对称,以正确响应流动电流;第三,必须使用高内阻或低电阻的电流计或电位计,避免电流损耗,以准确检测流动电流。根据这三条原则,可设计不同的流动电流检测装置,适于特殊用途。

### 8.1.3　流动电流的应用

流动电流的应用主要与固体表面电特性和溶液性质有关,因而由固液两相相对运动中所表现出的动态规律，都可以通过流动电流得到有效反映。所以，流动电流的实际应用是多方面的。

#### 8.1.3.1　在胶体及表面化学中的应用

1. 利用流动电流测定 ζ 电位

如上所述，在一般条件下，流动电流与 ζ 电位具有线性相关性。而且由于流动电流检测比较准确和方便，使利用流动电流测定 ζ 电位成为可能。我们知道，在可以形成扩散双电层的固液界面均存在 ζ 电位，而 ζ 电位又是衡量固体表面电特性的重要参数，但除了可进行电泳测定的胶体粒子以外，对 ζ 电位的测定是难以办到的。然而，我们可以设计一套装置，使液体在压力下流经所要研究的固体表面(毛细管或多孔塞)，形成流动电流并进行检测。然后，再利用流动电流计算 ζ 电位。

Bickerman[19] 指出，利用流动电流可以准确测定 ζ 电位。如果电极可以对迁移电流准确响应，那么式(8－16)成立：

$$I_{str} = \frac{\zeta \varepsilon P r^2}{4 \eta l} \tag{8-16}$$

代入水的介电常数 ε，整理可以得到 ζ 电位表达式：

$$\zeta = 2.12 \times 10^2 \frac{l}{r^2} \cdot \frac{I_{str}}{P} \tag{8-17}$$

式(8－17)是液体流经多孔塞或毛细管 ζ 电位与流动电流的定量关系式，Eversde 和 Boardman[20] 就是用这个方法成功地测定了蒸馏水系统的 ζ 电位。他们使蒸馏水流经一个毛细管，在管两端装上电极并接通放大器和电位计，建立了一种测定电动电位的新方法。

Smith[21] 使水流经滤料，测定此过程中的流动电流，以求滤料表面的 ζ 电位。他所使用的装置如图 8－5 所示。在不同流速下，使流动电流经过电阻值为 5000Ω 至 500Ω 的电极，记录每一阻抗下的流动电流值，然后用式(8－17)计算 ζ 电位。比如当 $I_{str}$＝2.0mA 时，ζ＝27.5mA，结果落在 Glasstone 所预测相同表面下的电位值＋50～－50mV 范围以内。

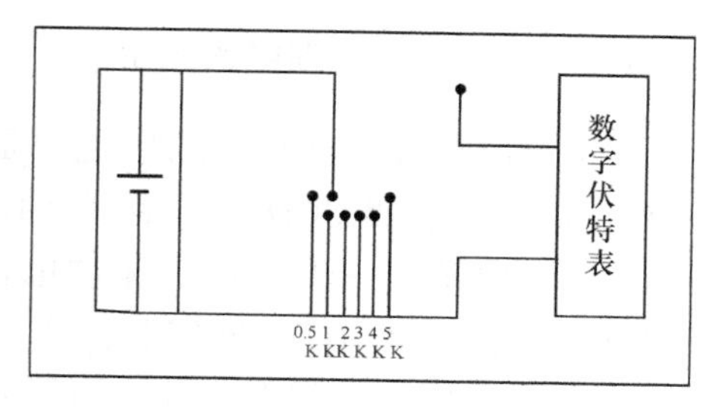


图 8－5　流动电流测定装置示意图

由于 ζ 电位在反映交替或固体表面特性方面的本质意义，有不少研究是通过流动电流求得 ζ 电位来进行的。

2. 在研究固体表面特性方面的应用

流动电流技术在固体表面结构和表面特性方面，具有重要的应用价值。在一定测定条件和溶液条件下，流动电流与表面结构有相应的关系。

Parreira 和 Schulman 测定粗石蜡表面特性。发现在稀溶液条件下，即在低离子强度时，石蜡表面具有很高的流动电流值因而证明粗石蜡具有高疏水性表面，且对大多数无机离子具有较低的吸附能力，这为工业生产提供了重要依据。Donath 等[11]利用流动电流研究涂层结构，指出具有较大摩擦力的表面层显示较高的流动电流值。但此时，表面电荷密度相应较低。这一结论与 Dukin 和 Doryaguin 的观点一致。研究单宁酸对界面电性质的影响在阳离子染色液中纤维表面性质时，Manuel[22]通过实验考察了在线性及非线性条件下纤维素多孔表面的流动电位，从而说明在不同的阳离子染料溶液浓度下具有不同的电动系数，而且随染料离子浓度增加，在纤维素微孔中吸附量增大。Christopoulos 和 Diamandis[23]利用流动电位考察离子选择性电极的表面特性。研究者在固体状态、液体状态和 PVC 膜三种情况下，讨论了由流动电位变化而标志的离子选择性电极的测定漂移，从而找到了该离子选择性电极检测的适宜液体流速。Lovrecek 等利用流动电位研究一水软铝石的表面性能。他们将氧化的一水软铝石经过沸水处理，测定在不同条件下，在含有 $10^{-4}$ mol · $L^{-1}$ KCl 和 $5\times10^{-4}$ mol · $L^{-1}$ $K_2SO_4$ 溶液中的流动电流值，用求得的流动电流值计算 ζ 电位和表面电荷密度。结果证明，这种软铝石的固体表面可与硫酸根离子发生反应。Diez 等利用流动电位来研究在不同水溶液条件下，聚碳酸脂的表面化学性质。

在利用流动电流研究固体表面特性时，最重要的是根据实际问题确定相应的测定手段，使所检测的流动电流值确能反映固体表面的性质。

#### 8.1.3.2 在水处理中的应用

流动电流在水处理中的应用，主要是将该技术用于混凝过程的投药控制。自 1966 年 Gerdes 指出 SCD 用于混凝剂投量控制的可能性以后，1968 年 Somerset 在他的论文中又进一步论述了流动电流对混凝投药最佳控制的可行性。接着 1969 年 Smith 等通过实验室实验证明了这种可行性。此后一些研究工作者对流动电流在基础理论、实验和实际应用等方面做了大量工作。经历了十几年的探索与完善，直到 20 世纪 80 年代中期才将 SCD 真正用于投药控制。这一技术使混凝自控控制获得成功，反过来又大大促进了流动电流技术的发展。

利用流动电流控制混凝投药具有明显的经济效益。Bryant[24]报道，对日供水量为 100 万 gal 的水厂，以铝盐和聚合物配合使用处理河水，原水浊度变化范围为 5～1500NTU，色度变化在 5～60 度之间。采用硫酸铝降低原水浊度，投加

$KMnO_4$和活性炭除色。水厂采用流动电流技术对铝盐、聚合物及硫酸的投量进行最佳控制，可节约药剂量 15%，仅用 6 个月就收回成本。Robert、Steven、Charler 等也都报导了流动电流成功控制混凝剂投量的类似结果。

流动电流控制混凝投药可以明显提高出水水质。Dentel 和 Kingery 比较了使用 SCD 前后的沉淀水和滤后水浊度，证明绝大部分水厂使用 SCD 后沉淀水和滤后水浊度明显降低。如某水厂使用 SCD 后，沉淀池出水浊度由 0.8NTU 降至 0.59NTU，滤池出水浊度由 0.45NTU 降至 0.16NTU，出水水质大大提高。

流动电流技术具有比较宽的应用范围，可用于水厂的投药控制。Dentel 等[25,26]的研究结果证明，盐的浓度等对流动电流有一定影响但并不影响 SCD 对投药量的控制，混凝剂仍可反映胶体电中和脱稳的程度。SCD 可以对 $2\times10^{-3}$ $mol\cdot L^{-1}$的铁和铝进行响应，所以该技术可使用于较宽范围的混凝剂投量，同时也适于较宽范围的浊度变化。

流动电流技术对污水处理的混凝剂投量也是有效的。美国纽约州的一个污水处理厂进行试验，控制规模为每日 2500 万 gal。此处理采用常规物化处理流程，投加阳离子聚电解质混凝剂，用一台流动电流检测器控制混凝水中的残余电荷，调节聚电解质投量。试验证明，这种控制方式可以节省投药量，提高处理效果。Bryant 等将流动电流技术应用于污泥脱水过程。在水处理厂将污泥脱水机后的滤液通过流动电流检测器，测定残余电荷。投加的聚合剂量、污泥浓度及污泥流量的微小改变，都由流动电流得到反应，由此调节聚合物量，药耗降低 25% 仍可使此污泥脱水机正常工作，另外的一些研究工作也取得类似结果。有人还通过测定滤柱上端的流动电流值，反映滤料的表面荷电性质，从而也测得滤料的过滤性能。

总之，将流动电流技术用于水处理过程，节省药剂，改善处理效果，使用方便，具有明显的社会及经济效益。

#### 8.1.3.3　在其他方面的应用

对一固定表面和测定方法，溶液性质是影响流动电流的决定因素，所以利用流动电流来研究溶液状态下的问题是行之有效的。在进行电动影响的非平衡热力学过程实验时，研究人员发现，使 40%的水和 60%的二噁烷混合物，在外压作用下流经一根毛细管，测定流动电位大小，并将其与过程的化学位相联系，确定了非平衡过程电动影响的热力学关系。

Caldwell 等[27]在研究流体力学性质时，提出了使用流动电流来测定流体流量的新方法。他发现当流体在管道壁上流动时，产生流动电位 $E$，它与管流平均速度 $v$ 成正比：

$$E = \frac{\varepsilon C v}{\kappa} \tag{8-18}$$

式中，$\kappa$为电导率；$C$为常数。

据此他设计了一套装置，与流量测定进行比较，证明式(8-18)的关系确实成立，为某些特殊情况下的流量测定开辟了新途径。Varga 和 Dunne[28]在研究由于液体流动所引起的冲刷腐蚀现象时，设计了一套流动电位测定池，如图 8-6 所示。试验证明，当管道阻塞比较严重，或有良好电荷传递、或金属管壁短路时，锈蚀所表现出的流动电流都随之增加。有研究者[29]用流动电流考察在高、低两种离子强度下，搅拌过程对 pH 的影响效应。

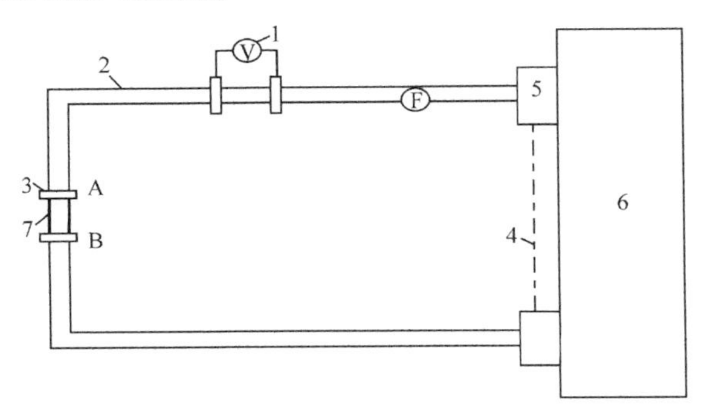


图 8-6　研究冲刷腐蚀的流动电流测定装置示意图

1—水阻抗测定表；2—PVC 管；3—金属固定；4—短路装置；

5—金属固定帽；6—水循环器；7—流动电流实验槽

在有些情况下，利用流动电流还可以研究表面离子化问题等。另外应用流动电流也可以控制高压液相色谱的流动相流量，检测多孔产品质量，非离子型聚合物分馏等。

总之，流动电流技术在多领域有重要用途，具有广泛的应用前景。

## 8.2　流动电流的基本特性

尽管目前已对流动电流进行了不少研究，但仍未建立起一套完整的概念和理论对流动电流进行系统描述。不论是在静电理论中，将“冲流电流”作为固液之间相对运动而产生的静电现象，还是在胶体化学中，将流动电流作为胶体最基本的动电(电动)性质，都将流动电流简单地描述为固液界面双电层分离的结果。对流动电流具有的基本特性，也没有进行详细和深入的阐述和归纳。为此，本章将对如下几个问题进行探讨：第一，提出流动电流的产生机理；第二，推导得出水中胶体粒子的理想流动电流模型，以及流动电流与其最主要影响因素之间的关系；第三，比较完整和系统地给出流动电流的性质。

## 8.2.1 流动电流的产生机理

### 8.2.1.1 固体表面的带电机理

既然认为流动电流是在液体流经固体表面时所产生的一种动电现象,那么固体表面的荷电性质将是影响流动电流的最主要因素。静电理论认为,凡是与极性介质相接触的界面总是带电的。按照表面化学理论,这种带电是由于:固体表面具有比体相高的能量,即其表面自由能 $\Delta G>0$。为使表面能降低,从而达到稳定的平衡状态,固体表面要有选择地吸附溶液中的某些荷电质点,从而获得电荷由于这种吸附的不等量性质,它受到两个因素的影响:一是水化能力越弱的离子越容易被吸附到固体表面,而水化能力强的离子则往往留于溶液中。由于这种原因,正离子的浓度和离子价数越高,离子半径越大,水化半径越小,则越易吸附到固体表面,因而具有此特性的离子将决定吸附后的固体表面电性质。另外,由于负离子的水化能力远比正离子弱,固体表面荷负电的可能性就远比荷正电的可能性大。比如,在使自来水和天然浑浊水流经 SCD 探头时,流动电流值均为负值,说明固体(探头)表面带负电荷,见表 8-1。二是与固体表面具有相同组成的离子最易被吸附。如有 $Al^{3+}$ 过量的氢氧化铝溶胶优先吸附 $Al^{3+}$,形成胶团:

$$\left\{[Al(OH)_3]_m . nAl^{3+} \cdot \frac{3}{2}(n-x)SO_4^{2-}\right\}^{3x+} \cdot \frac{3}{2}xSO_4^{2-}$$

有 $OH^-$ 过量的氢氧化铁溶胶则优先吸附 $OH^-$,形成胶团:

$$\{[Fe(CN)_3]_m \cdot nOH^- \cdot (n-x)Na^+\}^{x-} \cdot xNa^+$$

可见,固体表面的带电性质主要取决于固体表面特性和溶液组成。

**表 8-1　不同浊度时水的流动电流值**

| 浊度/NTU | 0 | 60 | 150 | 300 | 1000 | 2000 |
|---|---|---|---|---|---|---|
| 流动电流值 | −2.75 | −2.90 | −3.01 | −3.21 | −3.96 | −4.31 |

### 8.2.1.2 双电层形成

界面电荷的存在影响到溶液中离子在介质中心的分布:被吸附的离子与固体表面形成固定层,并产生了性质与吸附前完全不同的固液界面。带相反电荷的离子被吸附到界面附近,而带相同电荷的离子则从界面上被排斥。由于离子的热运动,由离子在界面上建立起具有一定分布规律的扩散双电层结构,如图 8-7 所示。双电层形成是产生流动电流及其他电动现象的必要条件。

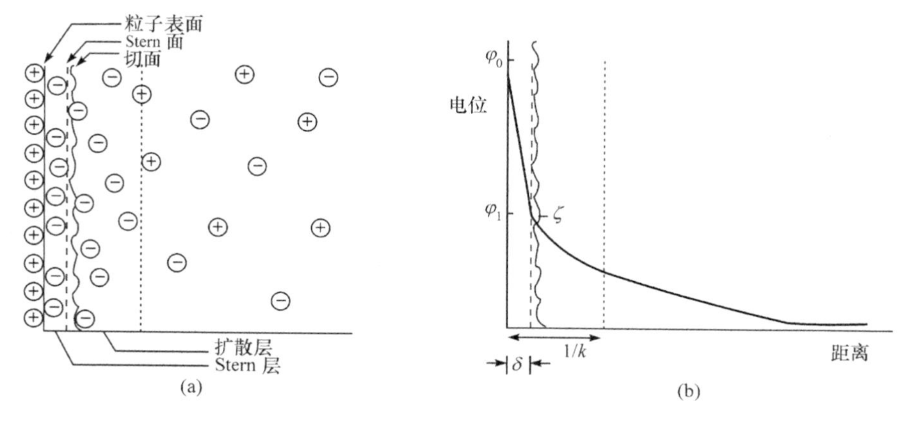


图 8-7 Stern 理论的双电层结构

#### 8.2.1.3 固体表面双电层的分离

在固体表面与液体接触平衡过程中所产生的电荷正负相等，所以在液体静止情况下，从外部是看不出带电的。但液体在固体表面流动时，双电层扩散层中的离子随液体移动，从而产生了固液界面上双电层的电荷分离，并产生流动电流。另一方面，双电层中固定层的离子或荷电胶体，由于与它对应的扩散层中的离子完全消失，因而它从被束缚中解放出来，并在复合中被中和。随着液体的流动，固体表面又会与新流经的液体接触，从而吸附新的离子或胶粒，随之形成新的双电层，并又很快分离。由于连续传递电荷的过程，所以产生的流动电流同样是连续的，并具有流动电流最基本的性质。

综上所述，流动电流的产生机理可以归纳为：固体表面与液体接触带电→形成扩散双电层→双电层电荷分离→流动电流产生。

### 8.2.2 水中胶体粒子的理想流动电流模型及其动电相关因素

了解水中胶体粒子的流动电流性质，首先要确定与流动电流相关的最主要因素，因而必须建立其数学表达式。但在以往的流动电流研究中多以毛细管或多孔塞作为研究对象，而对胶体粒子自身的流动电流性质往往忽视。在此利用毛细管流动电流的研究方法来建立水中胶体粒子的流动电流的数学模式并探讨其相关因素。

#### 8.2.2.1 水中胶体粒子的流动电流模型

首先作如下假设：

(1) 设有一长为 $l$、半径为 $r$ 的毛细管，在溶胶通过它时，被一层粒径为 $R$，所带净电量为 $Q_e$ 的球形粒子所覆盖，且覆盖率为 100%；

(2) 毛细管半径与所吸附的胶体粒径之差远远大于双电层厚度 $k^{-1}$，即 $r-R \gg k^{-1}$，则胶体覆盖后的毛细管壁可看作平面，且相对应的两个平面不会重叠；

(3) 毛细管长度远大于液体的特性流动长度；

(4) 扩散层流动为层流。

若沿轴线(如图8-8)施加压力 $p$ 使管内液体发生流动，而被吸附的胶体粒子瞬时不动。液体在管中的流速如式(8-19)所示。

$$v = \frac{p}{4\pi\eta}[(r-R)^2 - y^2] \tag{8-19}$$

由于 $y = r-R-x$，则式(8-19)又可写成：

$$v = \frac{p}{4\pi\eta}[(r-R)^2 - (r-R-x)^2] \tag{8-20}$$

式中，$x$ 为液层与被吸附于毛细管壁的胶体表面距离；$\eta$ 为液体黏度。

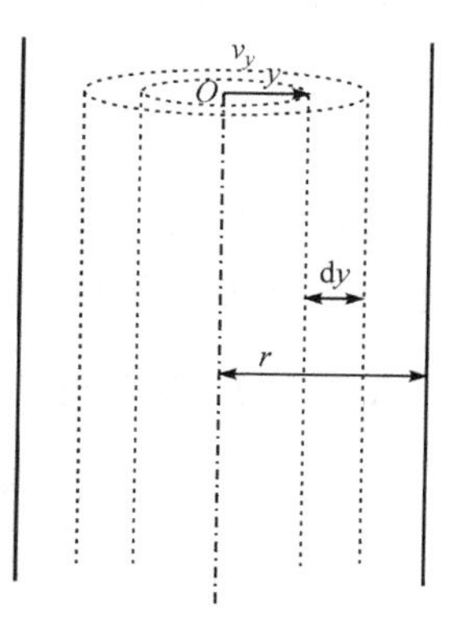


图8-8　管式流动模型

如以体积流量代替电渗流的线速度，则在单位时间内流过半径为 $r-R-x$，厚度为 $\mathrm{d}y$ 的空心圆柱体的液体体积为 $\mathrm{d}V$，它等于环的面积乘以电渗流的线速度。环的面积为

$$A = \pi(y+\mathrm{d}y)^2 - \pi y^2 = 2\pi(r-R-x)\mathrm{d}y \tag{8-21}$$

体积流量则为

$$\frac{\mathrm{d}V}{\mathrm{d}t} = 2\pi(r-R-x)\mathrm{d}y \cdot v \tag{8-22}$$

由于 $\mathrm{d}y = -\mathrm{d}x$，并将式(8-20)代入式(8-22)有

$$\frac{\mathrm{d}V}{\mathrm{d}t} = \frac{\pi p[2(r-R)x - x^2](r-R-x)}{2\eta l}\mathrm{d}x \tag{8-23}$$

$$I_{\mathrm{str}} = \int \rho \frac{\mathrm{d}V}{\mathrm{d}t} \tag{8-24}$$

式中，$\rho$ 为电荷密度。在空心圆柱体中相应的流动电流为其电荷密度与体积流量之积。

由于双电层距固体表面很近，流动电流仅局限于靠近吸附于毛细管的胶体粒子表面处，故有 $r-R-x$ 近似等于 $r-R$。考虑到这一点并将式(8-20)代入式(8-24)，则

$$I_{\mathrm{str}} = -\int \frac{\pi p(r-R)^2}{\eta l} x\rho \mathrm{d}x \tag{8-25}$$

根据 Poisson 方程：

$$\frac{\mathrm{d}^2\varphi}{\mathrm{d}x^2} = -\frac{\rho}{\varepsilon} \tag{8-26}$$

式中，$\varphi$为电位；$\varepsilon$为介电常数。将 $x$ 从 $r-R\to0$ 范围内积分：

$$I_{str}=\int_{r-R}^{0}\frac{\pi p(r-R)^2\varepsilon}{\eta l}\frac{d^2\varphi}{dx^2}x dx \tag{8-27}$$

利用边界条件：$x=0$ 时，$\varphi=\zeta$以及 $x=r-R$ 时，$\varphi=0$，则$\frac{d\varphi}{dx}=0$，可得

$$I_{str}=\frac{\pi p(r-R)^2\varepsilon}{\eta l}\zeta \tag{8-28}$$

式(8－28)即为所假定条件(理想状态)下水中胶体粒子的流动电流模型。虽然它是在理想状态下推出的，但它却反映了最主要因素之间的关系。

#### 8.2.2.2 流动电流的动电相关因素

影响流动电流的因素是复杂的，在此只能从几个最主要的方面进行讨论。

1．与粒子所带电量的关系

设有一个球体胶体粒子，其完整的双电层结构可表示为

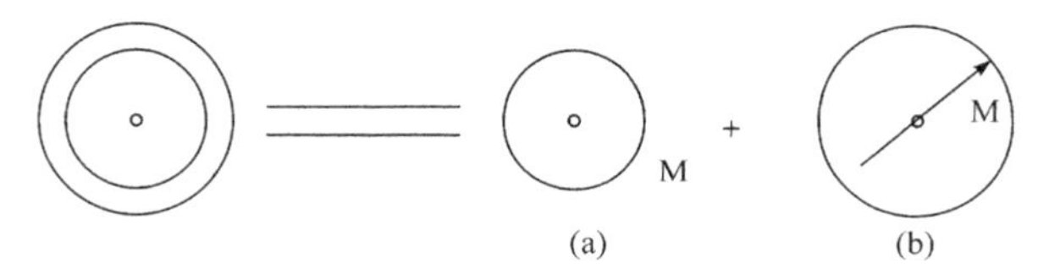


在滑动面 M 点上电位即 $\zeta$电位。M 点在电动单元所产生的电位 $\varphi_a$ 为

$$\varphi_a=\frac{Q_e}{4\pi\varepsilon R} \tag{8-29}$$

而在扩散层中所产生的电位 $\varphi_e$ 为

$$\varphi_e=-\frac{Q_e}{4\pi\varepsilon(R+k^{-1})} \tag{8-30}$$

因此，对所讨论的球形粒子，在扩散双电层中所产生的电位 $\zeta$为

$$\zeta=\frac{Q_e}{4\pi\varepsilon R(1+Rk)} \tag{8-31}$$

将式(8－31)代入流动电流表达式(8－28)可得流动电流与吸附的胶体粒子所带电量关系为

$$I_{str}=\frac{Q_e p(r-R)^2}{4\eta lR(1+kR)} \tag{8-32}$$

式(8－32)表明，流动电流与胶体粒子所带静电量成正比。因式(8－32)中除 $Q_e$ 外各项均为正值，所以水中胶体粒子的流动电流等号应与其荷电符号相同。由此可以设想，向增液溶胶中加入与其反号离子的电解质时，随着对胶体的双电压缩

及电中和，其流动电流的绝对值应呈下降趋势，胶体稳定性亦应减小。

2. 与双电层厚度及粒径的关系

由式(8－32)所反映出的流动电流与胶粒大小的关系是一种正比例关系，这不仅是由于胶体粒子的增大影响了液体在毛细管中的流速，更主要是使固体总比表面减小，总电荷量下降，从而影响了扩散双电层结构，因而粒子大小和双电层厚度往往被当作两个联系在一起的特征参数来研究胶体的动电(或电动)性质。

球形粒子很小，双电层较厚即 $kR \ll 1$，同时 $r \gg R$，则

$$I_{str} = \frac{Q_e p r^2}{4\eta l} \tag{8-33}$$

此时，流动电流与胶体粒径和双电层厚度无关。这说明，小粒径的胶体粒子同时具有较厚双电层时，所产生的流动电流值在双电层厚度变化不太大时，不会有明显变化。但当 $k^{-1}$ 增大到一定程度，将对流动电流表现出一定影响。

当胶体粒子较大、双电层较厚时，$kR$ 较大，则式(8－32)可简化为

$$I_{str} = \frac{Q_e p (r - R)^2}{4\eta k R l} \tag{8-34}$$

此时，粒径和双电层厚度的微小变化均会使流动电流值受到明显影响，而且对特定的胶体粒子来说，双电层厚度的变化是影响流动电流的决定因素。

在中等 $kR$ 时，胶粒大小和双电层厚度对流动电流的影响如式(8－32)所示。

3. 流动电流与溶液离子强度的关系

双电层厚度的意义为

$$k^{-1} = \left[\frac{\varepsilon K T}{2e^2 N_A \sum_i c_i z_i^2}\right]^{\frac{1}{2}} \tag{8-35}$$

式中，$N_A$ 为 Avogadro 常量；$c_i$ 为 $i$ 离子在 $\varphi$ 电位处的浓度；$z_i$ 为第 $i$ 个离子的价电子数；$T$ 为热力学温度；$K$ 为 Boltzmann 常量；$e$ 为电荷量。将式(8－35)代入式(8－34)，得

$$I_{str} = \frac{Q_e p (r - R)^2}{4\eta l R}\left[\frac{\varepsilon K T}{2e^2 N_A \sum_i c_i z_i^2}\right]^{\frac{1}{2}} \tag{8-36}$$

又将离子强度定义为 $I = \frac{1}{2}\sum_i c_i z_i^2$，得

$$I_{str} = \frac{Q_e p (r - R)^2}{8\eta l R}\left[\frac{\varepsilon K T}{e^2 N_A I}\right]^{\frac{1}{2}} \tag{8-37}$$

式(8－37)表明，随溶液离子强度升高，流动电流绝对值减小。但如果对产生

流动电流的本质因素进行分析就会发现,离子强度的增加实际上是增加了溶液中正、负离子浓度或空间电荷密度,这就必然引起胶粒表面对特性离子的吸附量增加,至于吸附何种离子,不仅取决于离子自身性质,而且还取决于胶体表面特性。如果提高离子强度所引起的胶体表面对正、负离子的吸附增多,则 $Q_e$ 增大,流动电流值升高,相反则使之减小。所以离子强度改变只是一个表面的影响因素,而由此所引起的流动电流值的改变主要取决于对 $Q_e$ 符号或绝对量的影响上。

4. 流动电流与表面电导的关系

在双电层扩散层中,由于离子分布而导致这一区域的电导率超过溶液体相的电导率,即产生所谓的表面电导 $L_s$。当 $kR$ 很小时,表面电导对流动电流的影响可以忽略;但当 $kR$ 较大时,表面电导将对流动电流产生重要影响。

如前述,在平衡时流动电流与电导电流相等,而电导电流 $I_c$ 由体相电流 $I_0$ 和表面电流 $I_s$ 共同贡献:

$$I_c = I_0 + I_s \tag{8-38}$$

根据欧姆定律有

$$I_0 = \frac{\pi(r-R)^2 E_s L_0}{l} \tag{8-39}$$

$$I_s = \frac{2\pi(r-R) E_s L_s}{l} \tag{8-40}$$

则流动电流可表达为

$$I_{str} = \frac{\pi(r-R)^2 E_s}{l}\left(L_0 + \frac{2L_s}{r-R}\right) \tag{8-41}$$

式(8-41)即为流动电流与表面电导的关系。由此可见,毛细管中所出现的电导的不均匀性将直接影响到流动电流的大小。影响表面电导的主要因素是扩散层中反号离子的浓度和价态。所以因扩散层中的离子种类及价态不同,将有不同表面电导和流动电流。从另一意义上来讲,扩散层越厚,表面电导就越高,流动电流也就越大。这进一步说明,影响双电层的所有因素均将对流动电流产生影响。

综上所述,各种因素都是通过对固体表面电荷性质的改变,即通过固-液界面双电层性质的改变来影响流动电流的。根据这一原则,可以建立起流动电流与其相关的各种过程的联系。

### 8.2.3 流动电流的基本性质

由以上讨论,可以归纳出流动电流具有如下性质:

1. 动电特性

流动电流最主要的性质就是其动电特性。其意义如上所述,只有在固-液界面具有不等量的正、负电荷分布才能产生扩散双电层结构，同时必须有液体流动才能使双电层分离，“动”和“电”同为必要条件。所以，流动电流具有受水流（或液体）和固体表面电性质双重影响的物理特征。水（或液体）在固体表面流动要受到液体黏度、外界压力、表面阻力等诸多因素影响。因此影响流动电流的因素除了与固-液界面双电层自身的本质特征有关以外，它还要受到与水的流动模型相关的若干因素制约，由此使得流动电流的物化参数变得比 ζ 电位更为复杂。正因为如此，一个相对（或表观）的流动电流值比其绝对值更具有实际意义。

但是，流动电流与液体电位一样具有描述固-液界面双电层性质的本质意义，所不同的是前者要通过对双电层的“电动”作用得到反映，而后者所代表的则是其“动电”作用的结果。

2. 连续特性

液体沿固体表面运动使得固-液界面双电层不断分离又不断形成，构成了一个“分”与“合”的连续过程，因而产生的流动电流同样具有连续性。

在外力作用下，在固-液界面已经建立了的电荷平衡由于双电层的分离而被破坏，但为维持双电层的总体电中性和稳定性，已破坏了的双电层结构就有力图恢复或重新建立的趋势。在水连续流动的状况下，双电层结构也在连续更新，固-液界面也在连续建立新的电荷平衡。其结果是，对于水质均匀稳定、固体表面特性均一的情况，双电层结构也应该是一定的，流动电流值不变。但对于瞬时水质不稳定或固体表面不均一的情况，固-液界面双电层就有瞬时或不同表面处的差异，因而也会产生影响流动电流的表观结果。正是利用了这种变化，实现了对水质的连续监测及固体表面的特性分析。

3. 弛豫效应

由于双电层结构的连续形成过程，使得流动中的某些与固体表面具有相反电荷的离子受到静电吸引而使其在固定表面的更换受到限制，同时也会影响到与这些离子构成“离子氛”的其他离子的运动，我们把这种现象叫作弛豫效应。弛豫效应的结果是降低了双电层的分离及更换速度，因而将减小流动电流的绝对数值。这种现象，对于那些固体表面荷电性强，液体离子强度较大，液体流速较慢的情况来说应表现得比较明显。而对那些固体表面荷电性弱，液体的离子强度较小，液体流速较快的情形，应可忽略。

4. 流动电位

假如液体是在管中沿一个方向流动，将在管的一端的液体中出现电荷积累现象而产生电导电流。但由于电荷分布的连续性，积累的电荷将在复合中不断被中和,剩余部分则通过管壁移向大地,限制了最大密度的电荷积累,最终达到电荷平衡。此时,电导电流与流动电流相等,并在管的两端产生流动电位,同时出现了流动电流与其逆过程——电渗的动态平衡。

5. 与测定装置几何形状的相关特性

如果是以所研究的液体流经毛细管来检测所产生的流动电流,那么,毛细管的几何形状将对所测得的流动电流值产生重要影响。从毛细管半径 $R$ 和长度 $l$ 与流动电流的相反关系可以看出,毛细管的几何形状是通过它对液体流动速度模型而对流动电流发生影响的。毛细管长度的减小,尤其是其半径的增大将使液体在毛细管中流速加快,因而使流动电流值升高。采用 SCD 法测定的流动电流,与探头的活塞、套筒等几何尺寸有重要关系。这说明,不论采用何种方式对流动电流进行检测,所得到的只能是一个对测定所涉及诸因素综合反映的相对值。当然,对同一测定装置和测定条件,流动电流反映的是研究液体的性质。

综上所述,动电特性是流动电流的根本特性,液体在固体表面流动和固-液界面的双电层形成是流动电流产生的两个缺一不可的条件。

### 8.2.4 SCD 中流动电流模型及其与 ζ 电位的关系

对 SCD 来说,有两点是极为重要的:一是流动电流与 ζ 电位的相关意义,二是影响流动电流的探头特征。前者代表了“动电”及“电动”性质之间的必然联系,是流动电流理论及应用研究的最直观和最本质的依据。而后者则决定流动电流的性质和数值,是 SCD 的核心内容。本章将通过对 SCD 中流动电流的数学模型的建立,对此进行系统研究和全面的实验验证。

#### 8.2.4.1 对现有流动电流模型的评价

关于流动电流的数学表达,最典型的有两类:一是毛细管流动电流模型,如式(8-34)所示。此式只适用于毛细管或多孔塞法测定下的流动电流情况,而对 SCD 流动电流检测模式并无实际意义。二是由 Dentel 等[9]在 1989 年推导得到的简化的流动电流模型,它是在 SCD 探头状态作了若干简化假定的情况下,所推导得出的流动电流的粗略表达式:

$$I_{str} = -4\varepsilon\omega SR^2\zeta/C^2 \qquad (8-42)$$

式中,$I_{str}$ 为流动电流;$\varepsilon$ 为液体界电常数;$\omega$ 为电机转速;$S$ 为活塞行程;$C$ 为套筒与活塞之间缝隙。

这是目前所见到的唯一 SCD 检测原理的比较深入的探讨。但此式在以下几个方面与实际结果具有偏差。

### 1. 探头表面的吸附模式

对于 SCD 探头产生流动电流的机理，Dentel 等认为是由于水中胶体粒子在探头表面吸附并产生双层结构。他们只强调了胶体粒子在探头表面吸附对产生流动电流的必要性，而忽略了探头自身表面对液体当中特性离子吸附并产生流动电流的因素。事实上，在液体当中完全没有胶粒的情况下，流动电流依然存在，并因溶液离子组成不同而具有不同的数值，如表 8－2 所示。这是一种极端情况，另一种极端情况是，探头表面的活性质点 100％被胶体粒子所覆盖，符合 Dentel 等对流动电流产生机理的假定，但实验证明，此时 SCD 探头已对胶粒饱和吸附，流动电流值将不再随浊质浓度而改变。如表 8－3 所示。

**表 8－2　在水中无胶体状况下由 SCD 检测的流动电流值**

| 溶液组成 | 自来水 | 自来水＋50 $mg \cdot L^{-1}$ 硫酸铝 | 自来水＋50 $mg \cdot L^{-1}$ 三氯化铁 | 自来水＋50 $mg \cdot L^{-1}$ $Mg^{2+}$ | 自来水＋50 $mg \cdot L^{-1}$ $I^-$ |
|---|---|---|---|---|---|
| SCD 值 | －2.75 | －1.05 | －1.21 | －2.47 | －3.65 |

**表 8－3　对浊度极限检测状况下的 SCD 值①**

| 浊度/$mg \cdot L^{-1}$ | 8000 | 8500 | 9000 | 9500 | 10 000 | 15 000 |
|---|---|---|---|---|---|---|
| SCD 值 | －4.35 | －4.35 | －4.36 | －4.36 | －4.37 | －4.38 |

① 浊度以水中松花江底泥的浓度 $mg \cdot L^{-1}$ 表示。

更多的情况是 SCD 探头被胶体粒子部分占据。此时，由 SCD 检测的流动电流应由两部分贡献，并假定：第一部分为“背景电流”（$I_{strB}$），它是由无胶体粒子吸附的探头表面的双电层发生分离的结果；第二部分为“非背景电流”（$I_{strC}$），它是由吸附于探头表面的胶体粒子与溶液相对运动时产生的。所以

$$I_{str} = I_{strB} + I_{strC} \tag{8-43}$$

背景电流反映的是 SCD 探头表面所吸附的离子与其他离子所构成的扩散双电层的分离结果，而非背景电流反映的则是吸附于探头表面的胶体粒子所构成的电荷特性。所以，随浊质增多探头表面吸附的负电性粒子增多，流动电流值下降。背景电流是造成流动电流与 ζ 电位等电点偏差的重要原因。

### 2. 电荷密度的近似式

作者在公式推导过程中，进行了简化处理，对电荷密度使用近似表达式：

$$\sigma_0 = \varepsilon\varphi_0 / 4\pi k^{-1} \tag{8-44}$$

而没有采用其精确式：

$$\sigma'_0 = (\varepsilon KT/2\pi zek^{-1})\sinh(ze\varphi_0/2KT) \tag{8-45}$$

式中，$K$ 为 Planck 常量；$z$ 为离子价数；$k^{-1}$ 为双电层厚度；$\varphi_0$ 为表面电位。这样，最终所得到的是如式(8－42)所示的流动电流与 $\zeta$ 电位的线性关系。而实际上二者应精确地呈现双曲线正弦关系，只是在一般实验条件下，SCD 探头表面电位较低。所以流动电流与 $\zeta$ 电位的线性关系是近似的。

3. 探头表面荷电特性的差别

一般的 SCD 探头，活塞与套筒都使用不同材料，因而它们对荷电质点的吸附特性不同，其表面所形成的双电层性质也各不相同。这种不同将决定由活塞和套筒所产生的流动电流对总体流动电流值(或 SCD 值)贡献大小的区别。所以，对由不同材料所构成的 SCD 探头来说，活塞和套筒应具有各自的流动电流的数学表达式，而总流动电流为由活塞和套筒所产生的流动电流的共同贡献，即

$$I_{str} = I_{str1} + I_{str2} \tag{8-46}$$

但式(8－42)的推导，没有将套筒和活塞表面电性质加以区别，而将二者看作是具有完全相同电性质的表面。

另外，式(8－42)的推导还近似地假定液体在探头中流动服从三角速度分布，但实际上并非如此。可见，由式(8－42)所表达的流动电流模型不够精确。本节在对 SCD 探头特性进行全面考虑的基础上，按照双电层的理论原则，对 SCD 探头流动电流模型进行的精确分析和推导，将更能准确和真实地反映流动电流及其本质因素。

### 8.2.4.2 一般条件下的流动电流模型

1. 基本假定

(1) 在 SCD 探头中，套筒的半径为 $R_1$，活塞的半径为 $R_2$，电荷间距离为 $l$，水在套筒与活塞的环形空间流动，缝隙大小为 $R_1 - R_2$；

(2) 水在环形空间的流动为层流，且在此环形空间的中心处流速最大，其半径为 $R=\dfrac{R_1+R_2}{2}$；

(3) 环形空间的中心轴线处两个相反方向的空间中的任一点距离 $r_1$ 和 $r_2$ 远大于双电层厚度 $k_1^{-1}$ 和 $k_2^{-1}$($k_1^{-1}$ 和 $k_2^{-1}$ 分别为套筒及活塞表面的双电层厚度)，则活塞和套筒的表面可看作平面，且相对应的两个平面不会相交。水在套筒及活塞间的流动模型如图 8－9 所示。

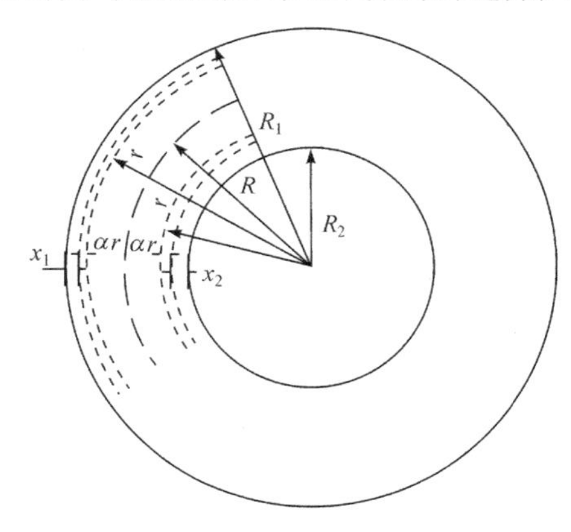

图 8－9 探头中液体流动模型

2. 在 SCD 探头中的水流速度模型

由于水是在 SCD 探头的环形空间中流动，受两边壁影响，若活塞运动时，则沿环形空间施加一向上(或向下)的压力 $P$，水在环形空间中向上(或向下)流动。液体在环形空间中流速 $v(r)$是与中心线距离$|r-R|$的函数，由于套筒和活塞的侧面积大小不同，表面性质不同。因此它们距中心轴线处的速度模型也不同。现考察当 $R<r<R_1$ 和 $R_2<r<R$ 两种情况下的水流速度模型。

(1) 当 $R<r<R_1$ 的情况。若由于活塞运动造成的环形空间中的两端压力差为 $P$，则驱使部分液体流动的力应为$\pi(r^2-R^2)P$，水可以润湿筒壁，则水与筒壁间无滑动，即 $v(R_1)=0$；在环形空间中，如水以匀速流动，则任一层的黏滞阻力应为$2\pi rl\eta\frac{dv_1}{dr}$，于是水流动应服从式(8－47)：

$$\pi(r^2-R^2)P+2\pi rl\eta\frac{dv_1}{dr}=0 \tag{8－47}$$

即

$$\frac{dv_1}{dr}=\frac{P}{2l\eta}\left(\frac{R^2}{r}-r\right) \tag{8－48}$$

在此部分环形空间中的水流速度为

$$v_1(r)=\int_{R_1}^{r}\frac{dv_1}{dr}dr \tag{8－49}$$

对(8－49)式积分得

$$v_1(r)=\frac{P}{2\eta l}\left[\frac{1}{2}(R_1+r)(R_1-r)+R^2\ln\frac{r}{R_1}\right] \tag{8－50}$$

记 $r=R_1-x_1$，则式(8－50)可写成

$$v_1(R_1-x_1)=\frac{P}{2\eta l}\left[\frac{1}{2}(2R_1-x_1)x_1+R^2\ln\frac{R_1-x_1}{R_1}\right] \tag{8－51}$$

(2) 当 $R_2<r<R$ 的情况。在此部分环形空间中，水的流动服从式(8－52)：

$$\pi(R^2-r^2)P+2\pi rl\eta\frac{dv_2}{dr}=0 \tag{8－52}$$

即

$$\frac{dv_2}{dr}=\frac{P}{2l\eta}\left(r-\frac{R^2}{r}\right) \tag{8－53}$$

$$v_2(r)=\int_{R_2}^{r}\frac{dv}{dr}dr \tag{8－54}$$

对式(8－54)积分得此部分环形空间中的水流速度为

$$v_2(r)=-\frac{P}{2\eta l}\left[\frac{1}{2}(R_2^2-r^2)+R^2\ln\frac{r}{R_2}\right] \tag{8-55}$$

记 $r=R_2+x_2$,则式(8-55)可写成

$$v_2(R_2+x_2)=\frac{P}{2\eta l}\left[\frac{1}{2}(2R_2+x_2)x_2-R^2\ln\left(\frac{R_2+x_2}{R_2}\right)\right] \tag{8-56}$$

3. SCD探头中水的体积流量模型

现以体积流量代替电渗流的线速度,仍按两种情况讨论。

(1) 当 $R<r<R_1$ 的情况。在单位时间内,流过 $R_1-R$ 的环形空间,厚度为 $\mathrm{d}r$ 的液体体积为$\frac{\mathrm{d}Q_1}{\mathrm{d}t}$,它等于此部分环的面积乘以电渗流的线速度。

环的面积为

$$A_1=\pi(r+\mathrm{d}r)^2-\pi r^2 \tag{8-57}$$

由于 $\mathrm{d}r=-\mathrm{d}x_1$,所以

$$A_1=2\pi(x_1-R_1)\mathrm{d}x_1 \tag{8-58}$$

$$\frac{\mathrm{d}Q_1}{\mathrm{d}t}=\frac{P\pi(x_1-R_1)}{2\eta l}\left[(2R_1-x_1)x_1+2R^2\ln\left(\frac{R_1-x_1}{R_1}\right)\right]\mathrm{d}x_1 \tag{8-59}$$

式(8-59)即为体积速度方程。

(2) 当 $R_2<r<R$ 的情况。在单位时间内,流过半径为 $R_2+x_2$,厚度为 $\mathrm{d}r$ 的液体体积为$\frac{\mathrm{d}Q_2}{\mathrm{d}t}$,则

$$\frac{\mathrm{d}Q_2}{\mathrm{d}t}=A_2v_2(r) \tag{8-60}$$

圆环面积为

$$A_2=\pi(r+\mathrm{d}r)^2-\pi r^2 \tag{8-61}$$

由于 $\mathrm{d}r=\mathrm{d}x_2$,并将 $r=R_2+x_2$ 代入式(8-61),有

$$A_2=2\pi(x_2+R_2)\mathrm{d}x_2 \tag{8-62}$$

所以

$$\frac{\mathrm{d}Q_2}{\mathrm{d}t}=\frac{P\pi(x_2+R_2)}{2\eta l}\left[R_2^2-(R_2+x_2)^2+2R^2\ln\left(\frac{R_2+x_2}{R_2}\right)\right]\mathrm{d}x_2 \tag{8-63}$$

4. SCD的流动电流模型

在空心圆柱体中,相应的流动电流为

$$I_{\mathrm{str}}=\int\sigma\frac{\mathrm{d}Q}{\mathrm{d}t} \tag{8-64}$$

式中，$\sigma$为体积电荷密度。

由于双电层距固体表面很近，流动电流仅局限于紧靠吸附于筒和火塞的表面处，故 $x_1$ 和 $x_2$ 比起 $R_1$、$R_2$、$R$ 来可以忽略。

当 $R<r<R_1$ 时，将式(8-59)代入式(8-64)并作简化处理得

$$I_{str1}=-\int \sigma_1 \frac{P\pi R_1^2}{\eta l}x_1\,\mathrm{d}x_1 \tag{8-65}$$

根据 Poisson 方程：

$$\frac{\mathrm{d}^2\varphi_1}{\mathrm{d}x_1^2}=-\frac{\sigma_1}{\varepsilon} \tag{8-66}$$

式中，$\varphi$为电位；$\varepsilon$为介电常数。

将式(8-66)代入式(8-65)，并将 $x_1$ 从 $0\rightarrow R_1-R$ 积分得

$$I_{str1}=\frac{P\pi R_1^2\varepsilon}{\eta l}\int_0^{R_1-R}x_1\frac{\mathrm{d}^2\varphi_1}{\mathrm{d}x_1^2}\mathrm{d}x_1 \tag{8-67}$$

利用边界条件，当 $x_1=0$ 时，$\varphi_1=\zeta_1$，当 $x=R_1-R$ 时，$\varphi_1=0$ 和$\frac{\mathrm{d}\varphi_1}{\mathrm{d}x_1}=0$，于是

$$I_{str1}=\frac{P\pi R_1^2\varepsilon}{\eta l}\cdot\zeta_1 \tag{8-68}$$

$$I_{str1}=G_1\zeta_1 \tag{8-69}$$

此即为当 $R<r<R_1$ 时的流动电流模型，式中，$G_1=\frac{P\pi R_1^2\varepsilon}{\eta l}$。

当 $R_2<r<R$ 时，将式(8-63)代入式(8-64)并化简得

$$I_{str2}=\int \sigma_2 \frac{P\pi R_2^2}{\eta l}x_2\,\mathrm{d}x_2 \tag{8-70}$$

利用 Poisson 方程，将式(8-70)从 $0\rightarrow R-R_2$ 积分，并根据边界条件当 $x_2=0$，$\varphi_2=\zeta_2$，并当 $x_2=R-R_2$、$\varphi_2=0$ 和$\frac{\mathrm{d}\varphi_2}{\mathrm{d}x}=0$ 时，求得此部分流动电流模型为

$$I_{str2}=-\frac{P\pi R_2^2\varepsilon}{\eta l}\zeta_2 \tag{8-71}$$

$$I_{str2}=G_2\zeta_2 \tag{8-72}$$

式(8-71)即为 $R_2<r<R$ 部分的流动电流模型，式中，$G_2=-\frac{P\pi R_2^2\varepsilon}{\eta l}$。

在 SCD 探头中，总流动电流为

$$I_{str}=I_{str1}+I_{str2}=G_1\zeta_1+G_2\zeta_2 \tag{8-73}$$

式(8-73)即为 SCD 探头精确的流动电流模型。

如果探头材料相同，其表面荷电性质相同，则 $\zeta_1=\zeta_2$，那么式(8-73)可简化为

$$I_{str} = G\zeta \tag{8-74}$$

式中，$G = G_1 + G_2$。

这样，流动电流就简单地与 ζ 电位以及主要代表探头几何形状和尺寸的常数 $G$ 呈线性关系。此式进一步说明，由 SCD 所检测到的流动电流值，决定于探头的几何尺寸和它的表面电特性两个因素。

### 8.2.4.3 简化条件下的流动电流模型

以上所推导得出的一般条件下的流动模型，虽然精确地表达了流动电流与各主要因素的关系，但与 SCD 控头传动部分等物理因素的关系不甚明确。为得到流动电流与电机转速等物理因素之间的简单关系，而又能反应其本质特性的关系，对流动电流的推导条件作进一步假定：①SCD 探头套筒与活塞之间的环形空间中，层流边界层大小可以忽略；②在整个环形空间具有均匀分布的空间电荷密度 ρ；而具有与它符号相反的表面电荷密度 σ，是存在于双电层的被固定于活塞和套筒壁的部分中。由此可得在环形空间断面上的电荷量

$$q_1 = \pi(R_1^2 - R_2^2)\rho \tag{8-75}$$

在套筒周边上的电荷量为

$$q_2 = 2\pi R_1 \sigma_1 \tag{8-76}$$

在活塞周边上的电荷量为

$$q_3 = 2\pi R_2 \sigma_2 \tag{8-77}$$

由假定有：$-q_1 = q_2 + q_3$，即

$$-\pi(R_1^2 - R_2^2)\rho = 2\pi(R_1\sigma_1 + R_2\sigma_2) \tag{8-78}$$

式中，$\sigma_1$，$\sigma_2$ 分别为固定于套筒及活塞表面上的表面电荷密度。

由公式 $\zeta = \frac{\sigma k^{-1}}{\varepsilon}$ 有

$$-(R_1^2 - R_2^2)\rho = 2\varepsilon\left(\frac{\zeta_1 R_1}{k_1^{-1}} + \frac{\zeta_2 R_2}{k_2^{-1}}\right) \tag{8-79}$$

式中，$\zeta_1$，$\zeta_2$ 分别为套筒及活塞表面上的 ζ 电位；$k_1^{-1}$、$k_2^{-1}$ 分别为套筒和活塞表面的双电层厚度。由式(8－79)可求得空间电荷密度

$$\rho = -\frac{2\varepsilon(\zeta_1 R_1 k_1 + \zeta_2 R_2 k_2)}{R_1^2 - R_2^2} \tag{8-80}$$

因为流动电流是空间电荷密度和单位时间的流量的乘积，所以

$$I_{str} = \pi\rho(R_1^2 - R_2^2)\bar{v} \tag{8-81}$$

式中，$\bar{v}$ 为环形空间中水流的平均速度。

将式(8－80)代入式(8－81)得

$$I_{str} = -2\varepsilon(\zeta_1 R_1 k_1 + \zeta_2 R_2 k_2)\pi \cdot \bar{v} \tag{8-82}$$

可见，由 SCD 探头中产生的流动电流与水在环形空间的平均流速成正比。同时，由探头表面特性所决定的 ζ 单位和双电层厚度也与流动电流具有正线性相关性质。由于双电层厚度对 ζ 电位的决定性意义，在水流速度不变的情况下，它是影响流动电流的决定性因素。

在单位时间内环形空间的体积流量应等于活塞运动而引起水的体积的变化：

$$\bar{v}_{活塞} A_{活塞} = \bar{v} A_{环} \tag{8-83}$$

活塞的平均运动速度 $\bar{v}_{活塞}$ 与电机转速度(ω)及活塞行程 $S$ 有关：

$$\bar{v}_{活塞} = 2\omega S \tag{8-84}$$

因此有

$$\pi(R_1 - R_2)^2 \bar{v} = 2\omega S R_2^2 \tag{8-85}$$

综合以上推导结果可得

$$I_{str} = -\frac{4\omega S R_2^2 \varepsilon(\zeta_1 R_1 k_1 + \zeta_2 R_2 k_2)}{(R_1 - R_2)^2} \tag{8-86}$$

式(8-86)是包含了探头几何尺寸、探头表面电性层、电机转速及活塞行程在内的流动电流简化表达式。可以看出，探头几何尺寸是影响 SCD 检测值的极为重要的因素。活塞半径 $R_2$ 增大，一方面使 $R_2^2$ 增大，同时亦使 $(R_1 - R_2)^2$ 减小，结果将使 $I_{str}$ 绝对值显著增加。所以，活塞尺寸的大小对 SCD 检测效果及灵敏度来说是十分重要的。

由式(8-78)可以看出，流动电流实际上是套筒和活塞的双电层的相对位移所产生的电流的共同贡献。因此，式(8-86)可以分解为

$$I_{str_1} = -\frac{4\omega S R_2^2 \varepsilon R_1}{(R_1 - R_2)^2} \zeta_1 k_1 \tag{8-87}$$

$$I_{str_2} = -\frac{4\omega S R_2^2 \varepsilon R_2}{(R_1 - R_2)^2} \zeta_2 k_2 \tag{8-88}$$

式中，$I_{str_1}$ 和 $I_{str_2}$ 分别是由探头的套筒和活塞表面双电层分离所产生的流动电流，它们均与其各自的 ζ 电位和双电层厚度成线性关系。

如果活塞和套筒使用同种材料，则其表面电性质相同。于是 $\zeta_1 = \zeta_2 = \zeta$，$k_1 = k_2 = k$，此时式(8-86)可以简化为

$$I_{str} = \frac{4\omega R_2^2 \varepsilon S(R_1 + R_2) k\zeta}{(R_1 - R_2)^2} \tag{8-89}$$

对于特定仪器来说，探头尺寸、电机转速、行程都是一定的，所以将式(8-89)简写成

$$I_{str} = G_s k\zeta \tag{8-90}$$

式中，$G_s = -\frac{4\omega R_2^2 \varepsilon S(R_1 + R_2)}{(R_1 - R_2)^2}$

即流动电流与双电层厚度及 ζ 电位呈简单的线性关系。

需要指出，第一，流动电流的精确式(8－73)与其简化条件下的表达式(8－86)在表达式上差了一个负号，其原因是由于前者系数与后者不同，而二者实质上是一致的；第二，式(8－86)比式(8－73)较为简化，而且系数的物理意义更为明确，所以在假定条件成立的情况下用式(8－86)讨论问题更为方便。

## 8.3 影响流动电流的相关因素及其过程

### 8.3.1 浊质、混凝剂及其相关作用过程的流动电流特征

#### 8.3.1.1 检出极限原则

SCD 对水的浊度、混凝剂投加量都有比较敏感的反应。但是，只有当它们达到一定的量时，SCD 才能对其作出响应，而在其达某一浓度以后，再增加它们的量，流动电流不再发生变化(或不能作出正确响应)，我们把这种现象当作极限响应，把 SCD 能作出响应的物质最低量称作检出下限，而将其最高量称作检出上限，把检出上限和下限之间的量称为可检出范围。如在自来水中投加硫酸铝，其检出下限为 0.3mg · $L^{-1}$，上限为 590mg · $L^{-1}$，因此其可检出范围是在 0.3mg · $L^{-1}$ 和 590mg · $L^{-1}$ 之间。

SCD 为什么会存在一个检出极限呢？我们从以下两个方面讨论。

(1) 双电层改变原理。由 SCD 对流动电流的检测机理可知，检出下限实质上应是某一物质对探头表面荷电性质发生影响的最小量。当物质浓度相对较小时，它们对探头表面双电层的微小扰动将会被双电层自身的平衡趋势所克服。同时，少量离子对双电层的压缩或电中和所引起的流动电流值改变太小时。也难以从 SCD 检测值上得到反映。当物质达到一定量时，它们对双电层的影响将使其自身无法缓冲或恢复，SCD 检测的流动电流值将表现出较大的变化，由于各种因素对探头表面的电荷作用能力不同，它们对双电层结构所产生影响的最低量也就不同，因而 SCD 对其可检出的下限亦应不同。

(2) 饱和吸附原理。SCD 对被测液体的电性质的特征检出，是以其中的特性质点(离子或粒子)在探头表面上进行特殊性吸附为前提的。吸附质点的性质、数量以及吸附和脱附的动态平衡过程，都将对 SCD 探头表面的双电层结构产生不同程度的影响，因而会引起流动电流值的相应变化，质点在 SCD 探头上的吸附平衡可以用 Langmuir 吸附等温式表示：

$$Q = \frac{bc}{a + bc} \tag{8-91}$$

式中,$Q$ 为覆盖度,表示已吸附的质点占全部可吸附的质点的百分数;$c$ 为液体浓度;$b$ 为常数。

由式(8－91)可见,固体表面对溶质的吸附数量与溶质浓度成正比,因而液体中可被固体吸附溶质浓度越高,SCD 探头表面对这些特征质点吸附就越多,流动电流绝对值就越大。所以,流动电流值是特性质点在探头表面吸附率的函数。但是当固体表面的可吸附位置全部被占据,即 $Q=1$,则达到饱和吸附。此后,再增加溶液中溶质浓度,也不可能再被固体表面吸附。在这种情况下,探头表面的荷电量也已经达到饱和,由 SCD 所检测的流动电流绝对值也相应地达到最大。因此,SCD 的检出上限可以看作是探头表面达饱和吸附时的质点浓度。如果维持探头表面饱和吸附的最低量并限制不致使饱和吸附状态被破坏的质点最大量,则此时的流动电流值应保持恒定值。

最低检出极限以下,溶液中可被探头表面吸附的溶质浓度很低。由于吸附-脱附的动态平衡,此时只有极小部分或完全没有溶质被吸附,由 SCD 所反映的完全是探头表面对溶液本底的离子(或粒子)的电荷作用性质,所以对加入质点没有反应。只有加入质点浓度达到一定值,能够使得由加入质点被探头表面吸附而改变了双电层结构(或探头表面电特性)时,才会得到 SCD 的响应,这就是 SCD 对某种物质的检出下限。

#### 8.3.1.2　对浊度的检出极限

所有研究均已表明,水中含负电荷的浑浊物质的增加将引起流动电流值的负增长,这是流动电流与浊度的基本的相关关系。研究进一步证明,这种相关性是有条件的,即必须是在 SCD 对浊度的可检出范围以内。

分别以 240 目高岭土和 240 目松花江底泥作为浑浊物质向被检测水样中连续投加,水中致浊物含量以 $mg \cdot L^{-1}$ 为计量单位。在所进行的实验和特定 SCD 条件下,对水中浑浊物质的检出极限确实存在。在向水中加入高岭土母液浓度很低时,SCD 检测值没有改变,而在加入至 $9mg \cdot L^{-1}$ 左右,SCD 值开始下降,此后随水中高岭土浓度升高,流动电流值变得更低。当加入的高岭土达到 $7000\ mg \cdot L^{-1}$ 左右时,再增加其浓度,SCD 值不再改变,处于一恒定值。此时可认为探头表面对荷负电高岭土胶粒已达到饱和吸附,即吸附与脱附速度相等。此时,高岭土胶粒在探头表面的吸附只是补充了等量脱附胶粒。而探头表面没有电荷数量和性质的变化,如果水质稳定,这种平衡状态将一直存在。对水中松花江底泥的检出极限量实验基本与高岭土的情况相同。图 8－10 中,SCD 对水中浑浊物质检出极限实验曲线 1 和 2 分别表示了上述结果。由于检出上、下限之间浓度相差颇大,无法在一条曲线上表示。而在检出极限之间,SCD 值又一直与高岭土浓度成正比。所以数据处理采取在检出下限和上限附近分别点绘图的方法。其直线斜率开始变化的点 $A$

和 $A'$，即分别为 SCD 对水中高岭土浓度的检出上限与检出下限值。

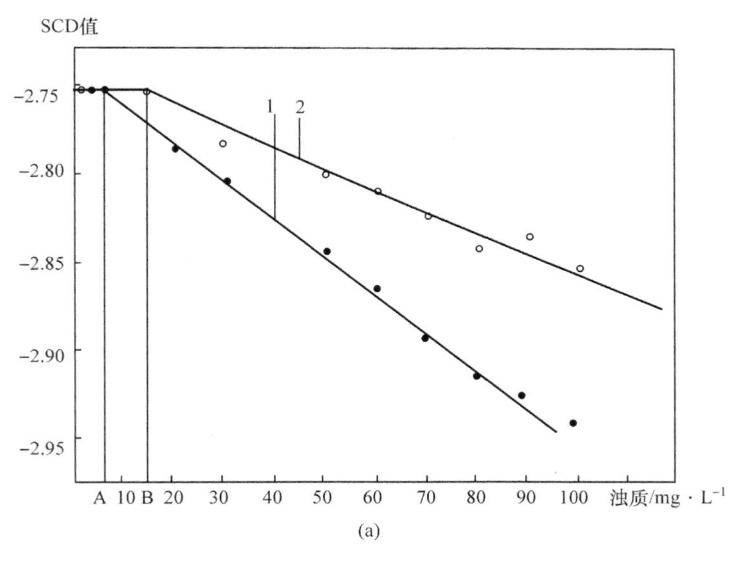


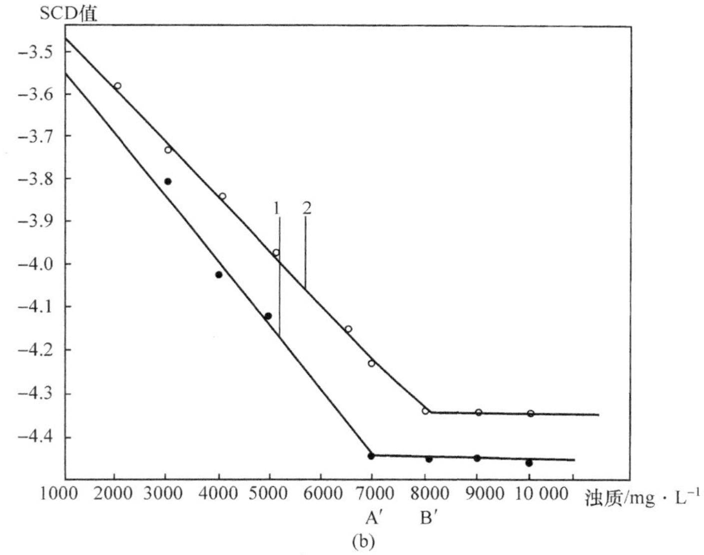


图 8－10　SCD 对水中浊质的检出极限

(a)检出下限；(b)检出上限

1—高岭土为致浊物；2—松花江底泥为致浊物；pH＝6.87；$t_{水}$＝14℃

实验结果表明，尽管 SCD 对水中松花江底泥和高岭土的检出限量的实验规律基本相同，但对前者的检出下限和检出上限均高于后者。而在检出限量的全部范围内，SCD 值的前者比后者低，二者之间的这种差别恰好是其表面荷电性能不同的表现。对相同浓度下的高岭土和松花江底泥的电泳测定结果(如表8－4表示)表明,水中同浓度下的松花江底泥胶粒的电泳速度均比高岭土的低。按照电泳现象的原理,可以认为:第一,高岭土和松花江底泥胶粒表面均荷负电;第二,松花江底泥胶粒要比高岭土胶粒表面所含负电荷少,负电性弱。流动电流作为胶体荷电性质的具体反映,必然表现出与胶粒荷电容量相一致的变化。

**表8－4　不同浊质浓度下的电泳淌度**

| 浊度/NTU<br>浊质 | 0 | 100 | 500 | 1000 | 8000 | 5000 | 7000 | 10 000 |
|---|---|---|---|---|---|---|---|---|
| 松花江底泥 | 0 | －5.17 | －5.38 | －5.15 | －5.34 | －5.50 | －5.63 | －5.81 |
| 高岭土 | 0 | －9.38 | －9.50 | －9.96 | －10.65 | －11.05 | －11.46 | －11.80 |

注:$t_水$＝14℃,pH＝6.87。

应当指出,SCD对水中浑浊物质的检出极限除与致浊物自身性质有关外,还受多种因素影响,如水中含无机离子及有机物种类和性质等。因此,对一特定的水质,将存在SCD对浊度特定的检出极限。

#### 8.3.1.3　对混凝剂的检出极限

在被处理水中投加无机混凝剂,直接引入了正离子,它与水中的致浊物质具有相反的电荷,对SCD探头及水中胶体的表面电荷及双电层进行电中和压缩。当所加入电介质浓度足够高时,它对探头表面的这种作用即表现为流动电流值的升高。随混凝剂浓度增加,会有越来越多的正离子进入双电层的吸附层,甚至会改变SCD探头表面电荷符号。此时的流动电流所表现的将主要是电解质离子在探头表面的吸附行为,流动电流也随之变为正值。以后继续增加混凝剂投加量,流动电流值将继续升高,直至所投加的混凝剂在水中的各种存在形式在探头表面达到饱和吸附时,SCD检测值则不再上升。因此,SCD对混凝剂的检出下限为较高的负值,而其检出上限则为较大的正值。图8－11和图8－12即分别是SCD对硫酸铝和三氯化铁检出极限的实验曲线。

从实验结果可以看出,影响SCD对混凝剂检出极限的主要因素是:

(1) 混凝剂的性质。使用三氯化铁和硫酸铝作为混凝剂,在SCD检出限上表现出的重大差异,说明混凝剂的性质是影响SCD响应的重要方面,同时也是影响混凝效果的重要方面。SCD对硫酸铝和三氯化铁在不同浊度条件下的检出下限的结果说明,SCD对铁盐比对铝盐响应的下限低。如在自来水中三氯化铁的检出下限为0.1mg·$L^{-1}$(如以水中所含的铁和铝为计量单位,则在自来水中SCD对三氯化铁和硫酸铝的检出下限分别为Fe 0.02mg·$L^{-1}$和铝0.025mg·$L^{-1}$)。在有浊度的条件下,二者检出下限的差别更为明显。如当浊度为500 NTU时,SCD对

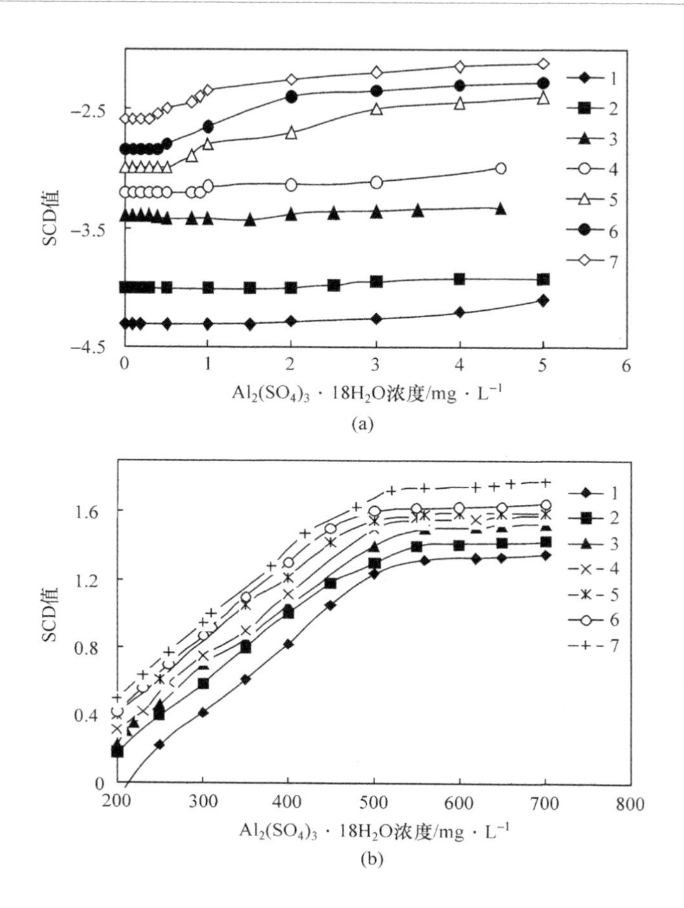


图 8-11 SCD 对 $Al_2(SO_4)_3 \cdot 18H_2O$ 浓度的检出极限

(a)检出下限;(b)检出上限

1—2000 NTU;2—1000 NTU;3—500 NTU;4—150 NTU;5—100 NTU;6—60 NTU;7—清水

三氯化铁和硫酸铝的检出下限分别 0.5mg · $L^{-1}$(Fe 0.1mg · $L^{-1}$)和 2.0 mg · $L^{-1}$(Al 0.16mg · $L^{-1}$)。这说明向水中投加无机三价铁盐比三价铝盐混凝剂更易被 SCD 所响应。

从实验结果可以看出,在检出上限时,铁、铝混凝剂之间所表现出的对 SCD 的响应差异更加显著。SCD 对三氯化铁的检出极限量大大超过了对硫酸铝的检出,而且由此引起的流动电流值的变化,二者也相差很大。如同样在 500 NTU 的水中投加混凝剂,当三氯化铁的投加浓度至 1500 mg · $L^{-1}$ 时,SCD 仍有良好响应,其检出上限为 1950 mg · $L^{-1}$,SCD 值达+5.9。而仅投加硫酸铝 570 mg · $L^{-1}$,却已达到检出上限,SCD 值仅为+1.59。在其他水质条件下也是如此。

关于 SCD 对水中三氯化铁、硫酸铝检出极限的上述差异,可作如下解释:

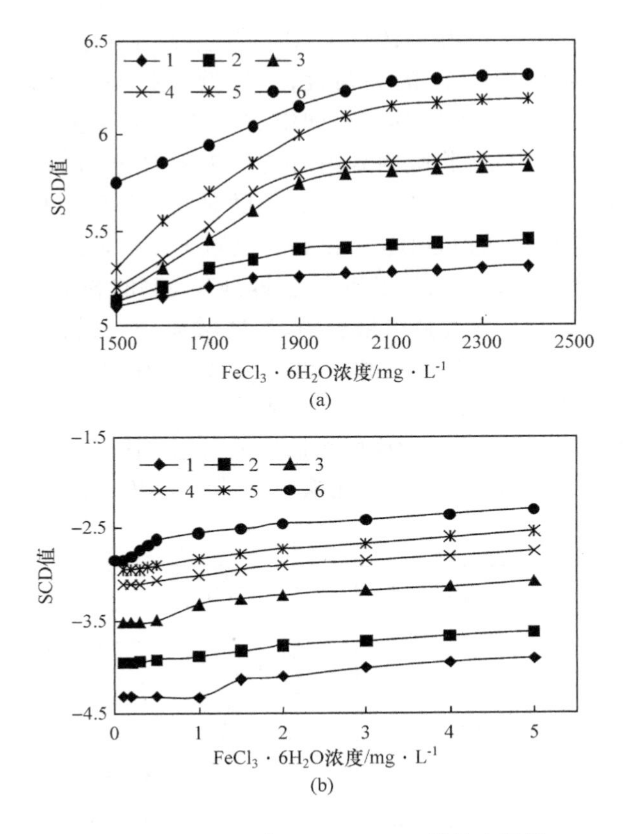


图 8-12　SCD 对 $FeCl_3 \cdot 6H_2O$ 的检出极限

(a)检出上限;(b)检出下限

1—1500 NTU; 2—1000 NTU;3—500 NTU;4—250 NTU;5—100 NTU;6—清水

① 在 SCD 对混凝剂的检出下限时,流动电流的改变主要是由于混凝剂的阳离子对水中胶体或探头表面的电中和作用以及压缩双电层的作用,这两种作用的大小取决于阳离子在胶体或探头表面吸附能力的大小,吸附能力越大,作用就越强。$Al^{3+}$ 的离子半径为 51pm,$Fe^{3+}$ 的离子半径为 64pm, 而且,尽管 $Al^{3+}$ 和 $Fe^{3+}$ 在水中均可成含 6 个水分子的水合离子$[M(H_2O)_6]^{3+}$, 但 $Fe^{3+}$ 水化程度明显比 $Al^{3+}$ 的水化程度低。由于离子大小及其水化程度对表面吸附的决定性作用,在同样浓度下,$Fe^{3+}$ 比 $Al^{3+}$ 更易被吸附到胶体或探头的表面上,相应地能引起流动电流值改变的最小浓度也就低于 $Al^{3+}$ 。

② 在 SCD 对混凝剂的检出上限时,氢氧化铁或氢氧化铝已大部分地吸附于探头表面,所以流动电流值的继续增大主要取决于混凝剂的阳离子或带正电荷的混凝剂溶胶在探头表面的继续吸附能力和容量的大小。吸附能力越大,吸附容量越高,则表面正电性就越强,流动电流值变化就越大,检出上限就越高。由于 $Fe^{3+}$

比 $Al^{3+}$ 水解更快、更彻底，在相同浓度下，吸附于探头表面上的 $Fe(OH)_3$ 要高于 $Al(OH)_3$，而且因为 $Fe(OH)_3$ 的黏附性，它继续在探头表面滞留的能力远比 $Al(OH)_3$ 强。同时，由于与胶体具有相同组成的离子更易吸附到胶体表面的缘故，则有比 $Al^{3+}$ 更多的 $Fe^{3+}$ 将吸附到附着与探头表面的 $Fe(OH)_3$。另外，虽然 $Al(OH)_3$ 的开始吸附能力比 $Fe(OH)_3$ 高，但随时间而下降，最后仍比 $Fe(OH)_3$ 低[30]。这样就允许有更多的 $Fe(OH)_3$ 和 $Fe^{3+}$ 吸附于探头表面上，因而也就允许有更高浓度的三氯化铁使流动电流值发生变化，即具有更高的 SCD 检出的极限量。

(2) 浊度。图 8－13 的实验结果表明，浊度增加，使三氯化铁的检出下限升高、检出上限下降。比如，在自来水和 1500NTU 浑浊水中，对三氯化铁的检出下限分别为 0.1mg · $L^{-1}$ 和 1.0mg · $L^{-1}$，二者竟有 10 倍之差。检出上限分别为 2250mg · $L^{-1}$ 和 1950mg · $L^{-1}$，浊度的增加使最大检出限量降低了 300mg · $L^{-1}$。浊度对硫酸铝检出下限的影响与三氯化铁一致，但如浊度超过 500NTU，则对检出上限不再产生影响。

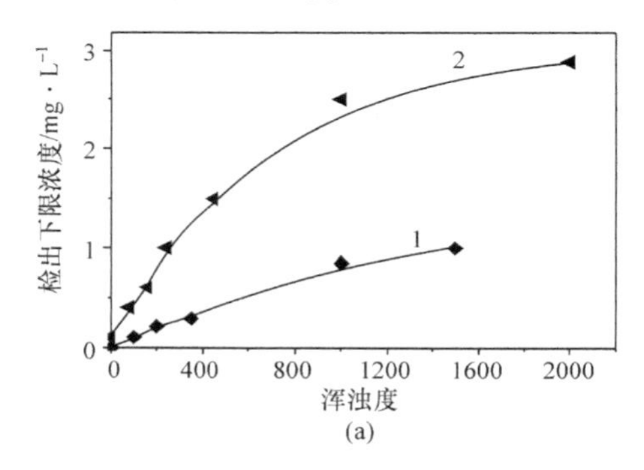


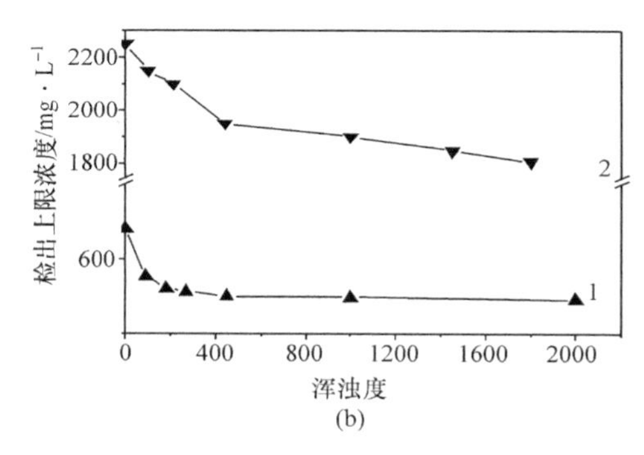


图 8－13　混凝剂的检出极限与水浊度的关系

(a)检出下限与浊度的关系；(b)检出上限与浊度的关系

1—以 $FeCl_3 \cdot 6H_2O$ 作混凝剂；2—以 $Al_2(SO_4)_3 \cdot 18H_2O$ 作混凝剂

浊度影响 SCD 的检出极限可以认为是由于浊质粒子在探头表面的竞争吸附和它自身表面电荷对混凝剂离子的电中和消耗所引起的。随着水的浊度升高，一方面当混凝剂投入水中时，首先与浊质相接触，由于天然水胶体表面荷负电，因而要与所加入的混凝剂进行电中和。浊度越高，这种作用越强，消耗混凝剂的电荷也就越多。另一方面，按照动态吸附理论，随浊度升高，浊质胶粒在探头表面的吸附量就会相应增加，因而存在着浊质与混凝剂胶体或离子在探头表面竞争吸附的问题。结果是，浊度增高，混凝剂在探头表面吸附降低，从而亦导致检出下限提高、上限下降。

### 8.3.2 协同平衡过程中流动电流的变化

水处理过程所涉及的平衡是复杂的，如酸碱中和、碳酸盐形态的转变、混凝剂的水解、絮体的聚沉、钙镁等常见离子的化学变化、氧化还原以及固体表面吸附等若干平衡过程都将对胶体及探头表面的荷电特性产生影响。为系统探讨这些平衡及其协同过程与流动电流的相关规律，采取静态实验方法，模拟、放大并拓宽了重要的相关平衡过程，以进一步阐明和完善流动电流的基本性质，SCD 的检测特性，并为流动电流的应用提供进一步的理论及实验依据。

#### 8.3.2.1 酸碱中和过程中流动电流的变化

1. pH 对流动电流的影响

Dentel[25]在 pH＝5.0～8.5 范围内考察了对流动电流的影响，实验结果证明，pH 升高，流动电流下降。那么，如果在更宽的条件下或在有较强的酸碱中和反应发生时，流动电流将有怎样的变化规律呢？对此，作者按如下方法进行了实验研究：

(1) 在 640r · $min^{-1}$的快速搅拌下，向 8 L 300 NTU 的浑浊水中逐渐加入浓 HCl，将 pH 逐渐调至不同的酸性条件，以了解酸化过程中流动电流的变化规律。

(2) 在与(1)同样条件下，用 5 mol · $L^{-1}$ 的 NaOH 逐渐将水调至不同的碱性条件，观察水样碱化过程中流动电流的变化。

(3) 一次性将水调至酸性或碱性，然后再以 5 mol · $L^{-1}$的 NaOH 或 HCl 进行中和反应，考察酸碱反应过程的流动电流值的改变。

上述实验结果绘于图 8－14。

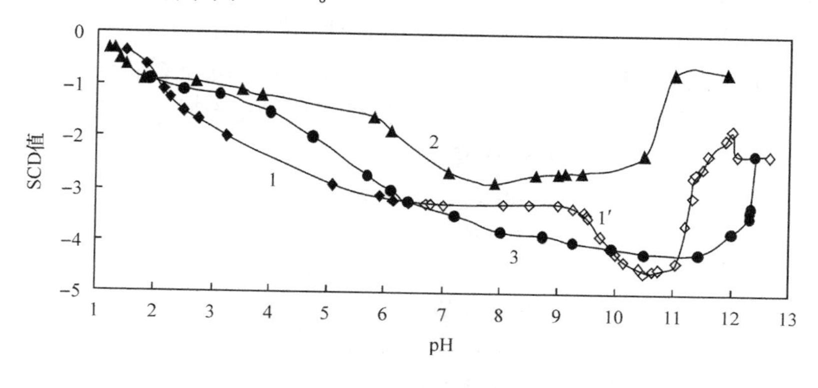


图 8－14　pH 变化及酸碱中和过程中流动电流的变化规律

1—由中性向酸性调节；1′—由中性向碱性调节；2—由酸性向碱性调节；3—由碱性向酸性调节

由图 8－14 曲线 1 可见，在中性条件下，当将水样酸化使 pH 逐渐减少时，流动电流值逐渐增加。其特点之一是,在开始的酸化阶段(pH=7.25→6.25),pH变化对流动电流基本没有影响。但当pH降至某一数值时(pH=6.25)时,它的继续下降对流动电流影响表现得就越来越明显。大约在pH降至5以后,这种影响变得更大。如由2.16降至2.06,仅有0.1个pH单位的改变,SCD值却从-1.02升至-0.90,发生了0.12个单位的变化。另一特点是,在pH<1.50时,继续增加水中的$H^+$浓度对流动电流已无大的影响,如在pH为1.50和1.40时,SCD值分别为-1.42和-1.40。这种规律与Dentel等的实验结果完全一致。如用SCD值随pH的变化率$\left[\frac{d(SCD_{值})}{dpH}\right]$表示酸化过程的流动电流变化,则在不同的阶段

$$\left[\frac{d(SCD\text{值})}{dpH}\right]_{pH=6.25\sim7.25}=0$$

$$\left[\frac{d(SCD\text{值})}{dpH}\right]_{pH=6.25\sim5.00}>0$$

$$\left[\frac{d(SCD\text{值})}{dpH}\right]_{pH=5.00\sim1.50}>0$$

$$\left[\frac{d(SCD\text{值})}{dpH}\right]_{pH<1.50}\approx0$$

所以,

$$\left[\frac{d(SCD\text{值})}{dpH}\right]_{pH=6.25\sim7.25}<\left[\frac{d(SCD\text{值})}{dpH}\right]_{pH<1.50}<\left[\frac{d(SCD\text{值})}{dpH}\right]_{pH=6.25\sim5.00}<\left[\frac{d(SCD\text{值})}{dpH}\right]_{pH=5.00\sim1.50}$$

在中性条件下,如以NaOH将水样调节成不同的碱性条件,则碱化过程中流动电流的变化正如图8-14曲线1′所示。在碱化初期(pH=7.25~9.00),流动电流基本上没有变化,当升至9以后,继续增加pH,流动电流缓慢下降,使pH为11.50以后,流动电流反而有所上升。各不同阶段流动电流随pH的变化分别为

$$\left[\frac{d(SCD\text{值})}{dpH}\right]_{pH=7.00\sim9.00}=0$$

$$\left[\frac{d(SCD\text{值})}{dpH}\right]_{pH=9.00\sim10.50}<0$$

$$\left[\frac{d(SCD\text{值})}{dpH}\right]_{pH>10.50}>0$$

则碱化过程中流动电流随pH的变化规律为

$$\left|\left[\frac{d(SCD\text{值})}{dpH}\right]_{pH>10.50}\right|>\left|\left[\frac{d(SCD\text{值})}{dpH}\right]_{pH=9.00\sim10.50}\right|>\left|\left[\frac{d(SCD\text{值})}{dpH}\right]_{pH=7.00\sim9.00}\right|$$

在整个讨论的范围内,流动电流的变化规律为

$$\xrightarrow[\text{pH 升高}]{\text{SCD 值:下降}\rightarrow\text{稳定}\rightarrow\text{下降}\rightarrow\text{上升}}$$

流动电流随 pH 改变表现出的这种比较复杂的变化,恰好也说明了 SCD 响应值随水质变化的敏感性和复杂性。

2. 酸碱中和过程中流动电流的变化规律

实验证明,酸碱中和过程对流动电流的影响具有一定的特殊性,它主要表现在经酸碱中和反应以后,在与未作酸碱中和具有相同值时,流动电流值明显不同,而且以酸中和碱和以碱中和酸过程所表现出的流动电流在同一 pH 也具有不同的数值。图 8-14 曲线 2、3 分别是以酸性为起点以及以碱性条件为起点用酸中和过程中,流动电流值的变化情况。将图 8-14 的曲线 1-1′与曲线 2、3 比较可以发现:

(1) 流动电流随 pH 变化具有一致性。不论有无中和反应发生,流动电流随 pH 变化总体上可分为两个阶段,即随 pH 增加,流动电流下降;当降至某一最低点时,又呈上升趋势。

(2) 在中性左右,流动电流随 pH 变化具有明显差异,无中和反应时,在中性左右有一个较宽的区域对流动电流影响不大。但有中和反应发生的过程中,流动电流则表现出了随 pH 的明显变化。另外,在整个 pH 范围内以酸性为起点的中和过程的流动电流却比无中和过程的相应 SCD 数值要高。

(3) 最小流动电流值及其对应的 pH 不同。无中和反应时最低,以酸性为起点所进行的中和过程最高,以碱性为起点的中和过程介于两者之间,与其相对应的 pH 分别为 10.50、7.90 和 11.00。可见,以碱性为起点的中和过程使 SCD 值最低点的 pH 滞后,而以酸性为起点的中和过程使其最低点的 pH 大大提前。这说明,不同反应过程的流动电流的变化具有重要差别。

酸碱中和过程对流动电流的影响还表现在加入酸或碱进行调节的瞬间,流动电流值所发生的大幅度变化,图 8-15 是此变化过程的记录仪记录的结果。曲线 1 是在自来水加入 HCl 一次调至酸性后,再以碱调节的 SCD 值变化。在 B 点以后逐渐加入 NaOH,在每加入的瞬间,SCD 值都有一个峰值改变,然后稳定。在 300NTU 浑浊水中,由碱性(pH=12.12)以 HCl 向酸性调节过程中也出现了加入药剂瞬间的流动电流峰(曲线 2)。这说明,酸碱中和反应所引起的流动变化是巨大的。

综上所述,酸性中和反应过程对流动电流的影响并不是表现在其变化趋势上(因规律性一致),而主要是表现在最低流动电流值及其对应的 pH 的不同,以及同样 pH 时流动电流值的差异。总的来说,酸碱中和反应的发生,使得流动电流在一定范围内(除以碱性为起点的 SCD 值在中性范围内高于无中和反应的 SCD 值的特殊情况)明显上升。这种现象说明,在考虑 pH 对流动电流的影响时,不仅要考虑自身的因素,而且要考虑到实现这一影响所必须经历的过程。

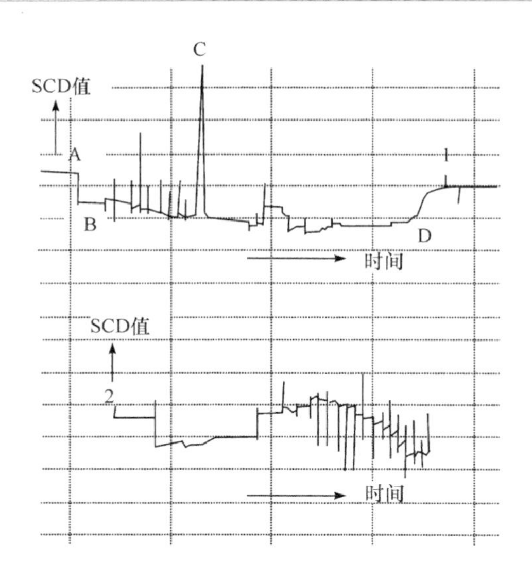


图 8－15 酸碱中和过程的流动电流变化

1—清水中加入 HCl 调至 pH＝2.5 后加入 NaOH；

2—300NTU 浑浊水中加入 NaOH 调至碱性后再加入 HCl 调节

### 8.3.2.2 碳酸平衡过程中流动电流的变化规律

碳酸及其盐的平衡是水处理过程可能存在的重要平衡之一。它不仅对水的 pH 改变发生作用，而且与混凝过程密切相关，对水处理效果具有重要影响。在此主要从碳酸及其盐的存在形式入手，讨论各种形态及转化过程中流动电流的变化规律。

*1. 碳酸及其盐的存在形态与流动电流的关系*

重碳酸根 $HCO_3^-$ 是水中常见的阴离子，依 pH 条件不同，它的存在形态也不同

$$HCO_3^- + H^+ \rightleftharpoons H_2CO_3 \longrightarrow CO_2\uparrow + H_2O \tag{8-92}$$

$$HCO_3^- \rightleftharpoons H^+ + CO_3^{2-} \tag{8-93}$$

可见，$HCO_3^-$、$CO_3^{2-}$ 和 $H_2CO_3$ 是三种可能存在的形态。在不同 pH 条件下，各形态存在的比例不同，因而其所含电荷量也不同。为了研究各形态对流动电流的影响，分别控制不同的 pH 条件，使溶液中主要有两种碳酸及其盐的离子存在，考察控制条件下流动电流的变化规律。图 8－16 中的三条实验曲线，是在浊度为 300 NTU 时，当水的 pH 分别为中性(曲线 1)、酸性(曲线 2、pH＝3.63)和碱性(曲线 3，pH＝11.57)条件下，水中 $H_2CO_3$、$HCO_3^-$ 和 $CO_3^{2-}$ 的存在浓度与 SCD 值改变量的关系。结果表明：碳酸平衡过程的三种存在形态对流动电流影响大小的顺

序是：$CO_3^{2-}$ ＞ $HCO_3^-$ ＞ $H_2CO_3$。

水中 $CO_3^{2-}$ 和 $HCO_3^-$ 浓度的增加均使 SCD 值呈下降趋势，但在同样浓度下，前者所造成的 SCD 值下降比后者更为明显，而 $H_2CO_3$（在酸性条件下加入 $HCO_3^-$）对流动电流基本无影响。这进一步证明，粒子的荷电与否、荷电多少是影响流动电流的决定因素。

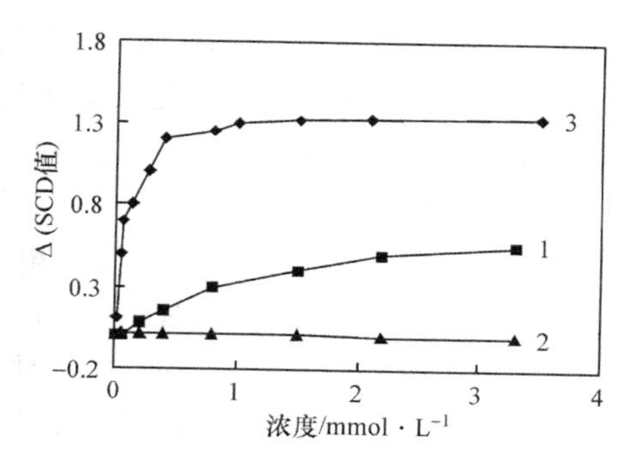


图 8-16　$H_2CO_3$、$HCO_3^-$ 和 $CO_3^{2-}$ 浓度对流动电流的影响

1—pH＝7.15；2—pH＝3.63；3—pH＝11.57

实验水为 300NTU 浑浊水

2. 分布系数与流动电流的关系

以上所讨论的是碳酸及其盐三种形态单独存在时对流动电流的影响。但实际上，在不同的 pH 阶段，往往只有两种形态并存，如 $H_2CO_3$ 与 $HCO_3^-$ 并存、或 $HCO_3^-$ 与 $CO_3^{2-}$ 并存。此时它们对流动电流的影响所反映的是其不同的平衡过程对水中胶体或 SCD 探头表面作用的结果。分布系数 δ 与 SCD 值的关系恰好能反映出这种影响的特点。

若水中碳酸总浓度（含 $H_2CO_3$、$HCO_3^-$ 和 $CO_3^{2-}$）为 $c$，则 $c=[H_2CO_3]+[HCO_3^-]+[CO_3^{2-}]$。如以 $\delta_0$、$\delta_1$、$\delta_2$ 分别表示 $H_2CO_3$、$HCO_3^-$ 和 $CO_3^{2-}$ 的分布系数，则根据酸碱平衡规律推导得出

$$\delta_0=\frac{[H^+]^2}{[H^+]^2+K_{a_1}[H^+]+K_{a_1}K_{a_2}} \tag{8-94}$$

$$\delta_1=\frac{K_{a_1}[H^+]}{[H^+]^2+K_{a_1}[H^+]+K_{a_1}K_{a_2}} \tag{8-95}$$

$$\delta_2=\frac{K_{a_1}K_{a_2}}{[H^+]^2+K_{a_1}[H^+]+K_{a_1}K_{a_2}} \tag{8-96}$$

式中，$K_{a_1}$、$K_{a_2}$ 分别为 $H_2CO_3$ 的一级和二级电离常数。

按分布系数表达式计算不同 pH 条件下 δ～pH 关系，结果如图 8-17(a)所示。可见，$H_2CO_3$、$HCO_3^-$ 和 $CO_3^{2-}$ 在不同 pH 时，它们的浓度所占的比例各不相同：在酸性条件（pH＜4）下，主要以 $H_2CO_3$ 形式存在，在 pH 6.5～10 之间主要以 $HCO_3^-$ 存在，而在 pH＝11 以后，$CO_3^{2-}$ 则成为主要的存在形式。因此，δ 实际代表了不同 pH 下，碳酸及其盐的不同平衡状态。

在 300 NTU 浑浊水中含 0.15mol · $L^{-1}$ $HCO_3^-$ 的情况下，以 HCl 或 NaOH 调节 pH，以使 $HCO_3^-$ 逐渐转化成不同的存在形态，考察平衡过程中流动电流的变化，结果如图 8-17(b)所示。图中三条曲线分别代表了 $H_2CO_3$、$HCO_3^-$ 和 $CO_3^{2-}$ 的分布系数与 SCD 值的关系以及它们的存在量对流动电流的影响。可见，在 pH

=4～8,即水中 $H_2CO_3$ 和 $HCO_3^-$ 共存时,随 pH 下降,$HCO_3^-$ 减少,$H_2CO_3$ 增加,即 $\delta_{H_2CO_3}$ 上升,此过程流动电流值略有上升。这与 pH 对流动电流的影响相一致,但其影响程度却远较 pH 为低。这种现象是由于 $HCO_3^- + H^+ \rightleftharpoons H_2CO_3 \rightleftharpoons CO_2\uparrow + H_2O$ 的平衡所致。

$HCO_3^-$ 的分布系数 $\delta_{HCO_3^-}$ 对流动电流的影响分为两个不同的阶段:在 AB 段,即水中主要存在 $H_2CO_3$ 和 $HCO_3^-$ 时,流动电流随 $\delta_{HCO_3^-}$ 升高而降低。但在 AC 段,即水中主要存在 $HCO_3^-$ 和 $CO_3^{2-}$ 时,随 $\delta_{HCO_3^-}$ 升高或 $\delta_{CO_3^{2-}}$ 的降低,流动电流明显上升。这恰好说明高价负离子的增多将使流动电流值下降,而由高价负离子向低价负离子的转化过程也正好是流动电流值上升的过程。从图 8-17(b)还可以发现一种特殊现象:随 $\delta_{HCO_3^-}$ 增加流动电流并不单调减小,而在 $\delta_{CO_3^{2-}}>0.5$ 以后 SCD 值反而随 $\delta_{CO_3^{2-}}$ 增加而略有上升。这种现象表明了 $CO_3^{2-}$ 与 pH 对流动电流的综合影响:在 $\delta_{CO_3^{2-}}=0.5$ 时,pH 大约等于 10,在此值以后(即 $\delta_{CO_3^{2-}}>0.5$),随 pH 升高,流动电流上升。$CO_3^{2-}$ 浓度与 pH 大小对流动电流的影响所不同的是,前者表现效果缓慢而后者明显。这说明,在有 $CO_3^{2-}$ 存在时,酸化过程与碳酸平衡过程对流动电流的影响是二者相互协同的结果。

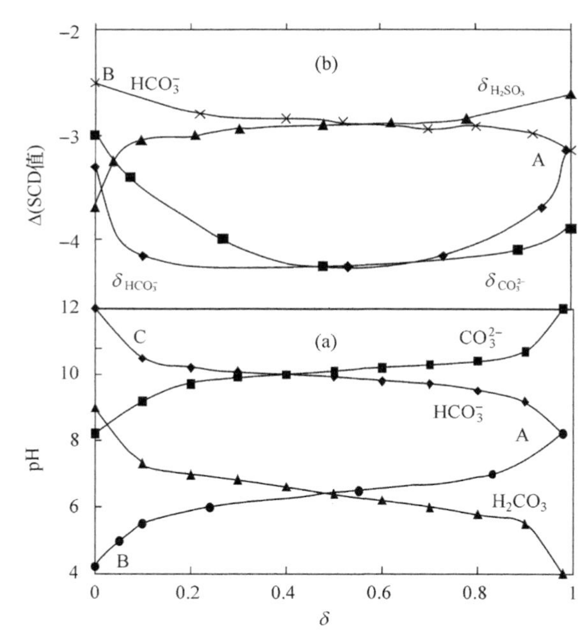


图 8-17 碳酸及其盐的分布系数关系图

(a)碳酸及其盐与分布系数的关系;(b)流动电流与分布系数的关系

综上所述,碳酸及其盐的平衡过程与流动电流的相关规律是:随平衡向生成 $CO_3^{2-}$ 方向移动,流动电流变得更负(下降):

$$I_{str}\uparrow \xrightarrow{H_2CO_3 \underset{}{\overset{-H^+}{\rightleftharpoons}} HCO_3^- \overset{-H^+}{\rightleftharpoons} CO_3^{2-}} I_{str}\downarrow (\delta_{CO_3^{2-}} > 0.5 \text{ 时}, I_{str}\text{略升})$$

### 8.3.2.3　混凝剂水溶液的平衡过程中对流动电流的影响

目前已见报道的在不同 pH 条件下 SCD 值随铝盐浓度的变化规律,实质所反映的恰好是流动电流与铝盐水解程度的关系。从这一关系出发,系统地探讨了铝盐的整个水解平衡过程与流动电流变化之相关规律。

1. 混凝剂的水溶液平衡

以 $Al_2(SO_4)_3 \cdot 18H_2O$ 和 $FeCl_3 \cdot 7H_2O$ 为对象。

$Al_2(SO_4)_3 \cdot 18H_2O$ 在水中的水解反应十分复杂,在不同 pH 下有多种不同的铝盐形式并存。在硫酸铝溶于水以后,立即离解出 $Al^{3+}$,它在水中以水和离子 $[Al(H_2O)_6]^{3+}$ 形式存在并因 pH 不同经历一系列的水解过程:

$$[Al(H_2O)_6]^{3+} + H_2O \rightleftharpoons [AlOH(H_2O)_5]^{2+} + H_3O^+ \tag{8-97}$$

$$[AlOH(H_2O)_5]^{2+} + H_2O \rightleftharpoons [Al(OH)_2(H_2O)_4]^+ + H_3O^+ \tag{8-98}$$

$$[Al(OH)_2(H_2O)_4]^+ + H_2O \rightleftharpoons [Al(OH)_3(H_2O)_3]\downarrow + H_3O^+ \tag{8-99}$$

由于氢氧化铝是典型的两性化合物,在 pH>8.5 时,沉淀的 $Al(OH)_3(H_2O)_3$ 又重新溶解:

$$[Al(OH)_3(H_2O)_3] + H_2O \rightleftharpoons [Al(OH)_4(H_2O)_2]^- + H_3O^+ \tag{8-100}$$

由 $[Al(H_2O)_6]^{3+}$ 至 $[Al(OH)_3(H_2O)_3]$ 的整个水解过程中,又可通过羟基桥键作用生成多核络合物:

$$[Al(H_2O)_6]^{3+} + [AlOH(H_2O)_5]^{2+} \rightleftharpoons [(H_2O)_5Al-OH-Al(H_2O)_5]^{5+} + H_2O \tag{8-101}$$

双羟基络合物还可继续缩聚成多核络合物:

$$2[Al(OH)(H_2O)_5]^{2+} \rightleftharpoons \left[(H_2O)_4\,Al\begin{matrix}\diagup OH \diagdown \\ \diagdown OH \diagup\end{matrix}Al\,(H_2O)_4\right]^{4+} + H_2O \tag{8-102}$$

聚合反应的结果使聚合物电荷逐渐升高,聚合度逐渐增大。但在聚合反应的同时,聚合物的水解过程仍在继续进行,因而又降低了聚合物的电荷,同时为缩聚反应提供了更多的羟基。

三价铁盐的水解过程与铝盐相似,水解生成 $[Fe(OH)(H_2O)_5]^{2+}$、$[Fe(OH)_2(H_2O)_4]^-$、$[Fe(OH)_3(H_2O)_3]$ 三个主要产物。与铝盐相似,在整个水解过程中,还包含一些靠羟基聚合的反应。但二者不同的是,三价铁盐水解强烈,生成的氢氧铁沉淀溶解度较小,而且它又不是典型的两性化合物,只有在强碱性时，才有可能重新溶解。

2. 混凝剂的不同溶液形态对流动电流的影响

从以上混凝剂的水解平衡过程可见，在不同的水解阶段，对应着不同的离子形态，而且因水解程度不同，所对应的主要反应物和产物在溶液中的分配比例也不同。其特点是：随 pH 升高，水解程度增强，混凝剂离子的正电荷逐渐减小，而且铝盐在较高 pH 时还产生了荷负电的偏铝酸根离子。不同 pH 下铝盐的水解规律如图 8－18 所示。

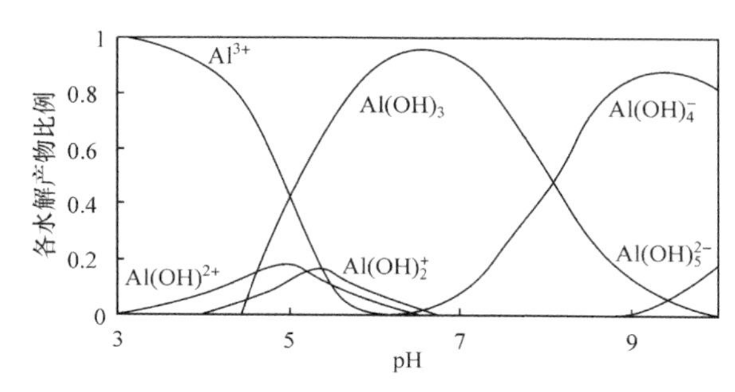


图 8－18 不同 pH 下 $Al_2(SO_4)_3 \cdot 18H_2O$ 的水解规律

混凝剂各种形态的离子对流动电流的影响程度取决于各离子的荷电特性，正离子的电荷数越高，对流动电流的正影响就越强。与之相反，负离子的价数越高，则对流动电流的负影响也就越大。所以，就混凝剂在水中的各种形态而言，三价阳离子（$Al^{3+}$、$Fe^{3+}$）对流动电流影响最大，其次是正二价和正一价离子。在高 pH 时所产生的［$Al(OH)_4(H_2O)$］$^-$ 则有可能使流动电流负向变化。以上分析通过下述两个实验得到证实。

实验一，取浊度为 300 NTU 和 500 NTU 的水样各 8 L，在快速（640 $r \cdot min^{-1}$）搅拌下，分别加入 100mg · $L^{-1}$ 硫酸铝和三氯化铁，记录混凝剂加入前后的 SCD 值。然后在上述条件下，分别用浓 HCl 和 5mol · $L^{-1}$ 的 NaOH 调节水样呈不同 pH，观察不同 pH 条件即混凝剂的不同水解阶段流动电流的变化情况。以同样方法进行清水中的实验。实验结果如图 8－19 所示。

实验二，取浊度为 300 NTU 和 500 NTU 的水样各 8 L，用浓 HCl 和 5 mol · $L^{-1}$ NaOH 调节并维持 pH 为所设定值，记录 pH 调节前后的 SCD 值。然后，逐渐加入混凝剂，考察其各离子形态的存在量对流动电流的影响。实验结果分别如图 8－20和图 8－21 所示。

实验一的结果表明，不论是铁盐还是铝盐，随 pH 升高，它们使流动电流的改变均大体呈下降趋势。这是因为水解过程使混凝剂及其复合离子的正电性减弱，从而降低了正离子对探头及胶体表面双电层及其负电性的影响程度。在 pH＝

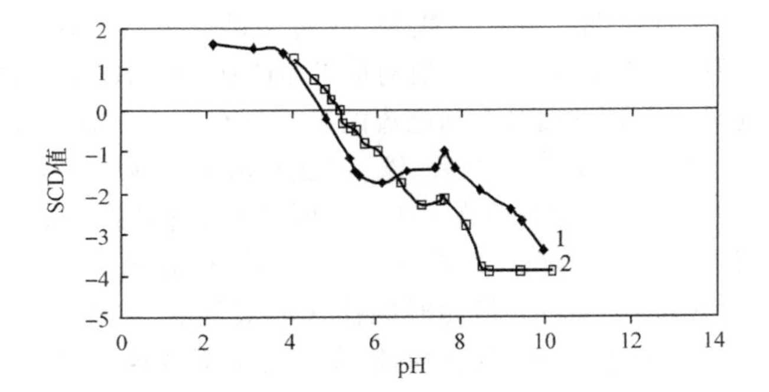


图 8-19　混凝剂存在形态与流动电流关系

1—在 500 NTU 水中加入 $100mg \cdot L^{-1}$ $FeCl_3 \cdot 7H_2O$；

2—在 300 NTU 水中加入 $100mg \cdot L^{-1}$ $AlCl_3 \cdot 18H_2O$

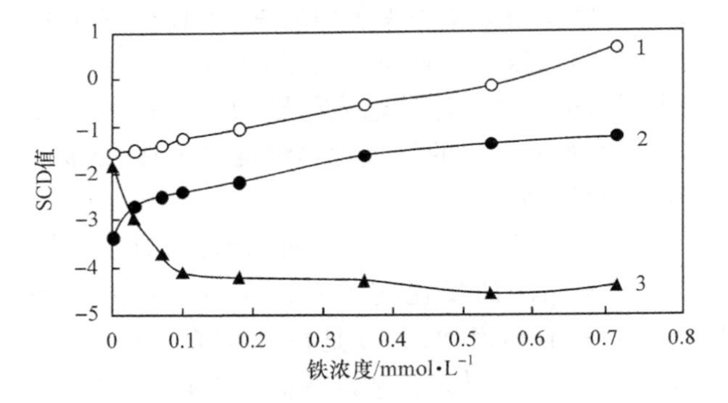


图 8-20　铁盐存在形态与流动电流的关系

1—pH=2.41；2—pH=7.12；3—pH=11.93；实验水浊度为 500 NTU

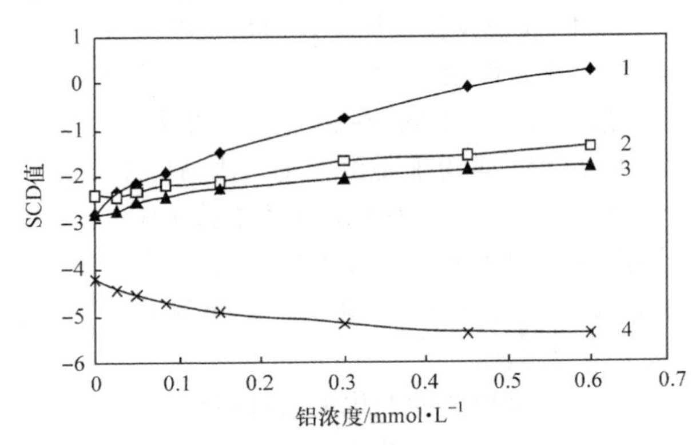


图 8-21　铝盐存在形态与流动电流的关系

1—pH=7.12；2—pH=3.82；3—pH=8.40；4—pH=9.50；实验水浊度为 300 NTU

8～9之间，SCD 值出现了明显的回升现象，此后又迅速下降。在这种现象中，铁、铝混凝剂表现类似，且 SCD 最大回升值对应的 pH 相同(pH＝8.85)。这说明，含三价阳离子混凝剂的水解过程对流动电流的影响具有基本一致的规律性。但比较图8－19又可以发现，在 pH＞10 以后，铁、铝盐对流动电流的影响程度有明显差别。以硫酸铝作混凝剂时，SCD 值在 pH＞10 时已不随 pH 改变。但对于铁盐，随 pH 升高 SCD 值仍大幅度下降。如在 pH＝9.80 时，SCD 值为－1.95，而在 pH＝11.60 时，SCD 值下降到－3.42，但此时铝盐作混凝剂的 SCD 值已经平稳。这是因为在 pH＝10 以后，所加入到溶液中的铝离子已全部变成了 $AlO_2^-$，它成为影响 SCD 值的主要因素。此时，已完全无 $Al(OH)_3$ 胶体沉积于探头表面，因而继续加入的 $OH^-$ 无法在探头表面获得响应。而且，pH 的升高也已对 $AlO_2^-$ 的生成无多大影响，以致此时以受 $AlO_2^-$ 影响为主要特征的 SCD 值将不再改变。但铁盐情况则不同，继续加入 $OH^-$ 将使溶液及探头表面的 $Fe(OH)_3$ 沉淀不断增多。它们又不断吸附溶液中的 $OH^-$，以致探头表面负电性增强，SCD 值下降。

综上所述，混凝剂水解过程对流动电流的影响主要是由于水解后离子存在形态的转变。同时，由于水解而产生的氢氧化物沉淀对 $OH^-$ 的进一步吸附，加强了水解过程对流动电流的影响效果。

图 8－20 和图 8－21 是实验二的结果。可以看出，对于三氯化铁投量相同的情况，流动电流表现出与 pH 的反比例关系。在中性和酸性条件下，随投加的 $FeCl_3 \cdot 7H_2O$浓度升高，SCD 值增加，尤其是在酸性条件下，这种上升的趋势表现得尤为明显。但在碱性条件下，随铝盐浓度升高，SCD 却呈下降趋势，这种趋势在较低硫酸铝投量时较为明显、在较高投量下变得缓慢。这与实验一的规律完全相同。出现此现象的原因也可能是由于加入铁盐后，新生成的 $Fe(OH)_3$ 对水中大量存在的 $OH^-$ 选择性吸附而使胶粒或探头表面荷负电所致。对于硫酸铝，在碱性条件下，由于随铝盐浓度升高而使 $AlO_2^-$ 增多、负电离子对探头表面影响增大、SCD 值下降。但与实验一的结果不同，在相同铝盐投量下，SCD 值的最高点不是在 pH3.82，而是在 pH 7.12。这可能是由于 $H^+$ 对$[Al(H_2O)_6]^{3+}$ 对探头的“对抗效应”所引起，因为实验二是先加入 HCl 调节并维持 pH＝3.82，这时 $H^+$ 已优先对 SCD 探头发生作用，而后引入的$[Al(H_2O)_6]^{3+}$ 对探头的影响受到 $H^+$ 的抑制，从而降低了被 SCD 的响应水平。可见，影响流动电流的不仅是混凝剂的存在形态，共存离子的作用也不容忽视。

混凝剂的水解过程与流动电流的变化关系可归纳为

$$[Fe(H_2O)_6]^{3+} + H_2O \xrightleftharpoons{-H_3O^+} [FeOH(H_2O)_5]^{2+} \xrightleftharpoons{-H^+}$$

$$[Fe(OH)_2(H_2O)_4]^+ \xrightleftharpoons{-H^+} [Fe(OH)_3(H_2O)_3]\downarrow \xrightleftharpoons{+OH^-} [Fe(OH)_4(H_2O)_3]^-$$

$$I_{str}(\text{上升}) \rightleftharpoons I_{str}(\text{上升})$$

$$[Al(H_2O)_6]^{3+} + H_2O \xrightleftharpoons{-H_3O^+} [AlOH(H_2O)_5]^{2+}$$
$$\xrightleftharpoons{-H^+} [Al(OH)_2(H_2O)_4]^+ \xrightleftharpoons{-H^+} [Al(OH)_3(H_2O)_3]$$
$$\xrightleftharpoons{-H^+} [Al(OH)_4(H_2O)_2]^-$$
$$I_{str}(上升) \rightleftharpoons I_{str}(下降)$$

#### 8.3.2.4　氧化还原过程对流动电流的影响

以去除水中污染物质为目的，往往向水中投加某些氧化剂进行处理。采用高锰酸钾去除水中有机污染物的方法已被证明是有效的。在水处理条件下，高锰酸钾的氧化反应既可以改变水中某些还原性物质的存在形态，同时自身又被还原生成二氧化锰：

$$MnO_4^- + 2H_2O + 3e = MnO_2 + 4OH^- \qquad (8-103)$$

高锰酸钾处理水的过程，既有氧化还原反应发生，又伴随有新相（$MnO_2$ 固体）生成。所以，实验以 $KMnO_4$ 为代表性氧化剂，研究氧化还原反应过程中流动电流的变化规律。

1. 高锰酸钾的几种主要氧化还原形态对流动电流的影响

当不投加混凝剂时，在快速搅拌下（$640r \cdot min^{-1}$）分别与自来水（清水）和浊度为 300 NTU 水中投加 $KMnO_4$，考察水中 $KMnO_4$ 浓度对流动电流的影响。由图 8-22 所示的实验结果可见，不论在清水还是 300 NTU 的浑浊水中，$KMnO_4$ 对流动电流的影响均表现为：在 $KMnO_4$ 投量较低时，流动电流随 $KMnO_4$ 增加明显上升。当 $KMnO_4$ 浓度大约超过了 $0.7\ mg \cdot L^{-1}$ 以后，流动电流值又开始缓慢下降，而在其超过 $1.5\ mg \cdot L^{-1}$ 以后，流动电流不再改变，此时的 SCD 值仍高于原水的相应数值。这说明，投加 $KMnO_4$ 的结果是使流动电流值升高。

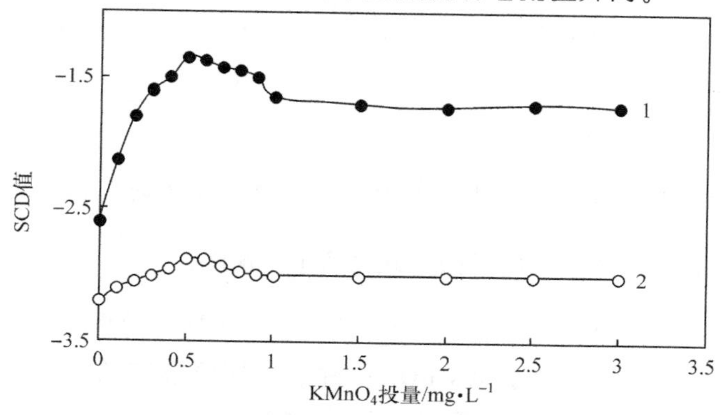


图 8-22　$KMnO_4$ 投量与流动电流的关系

1—清水中；2—300 NTU 浑浊水中

另外，由清水和 300 NTU 浑浊水的 SCD 值的变化可以发现，$KMnO_4$ 加入对清水流动电流值的改变要比浑浊水大。比如，在清水中，未加 $KMnO_4$ 的 SCD 值与加入 $KMnO_4$ 的最高 SCD 值之差为 1.40 个单位，而在 300 NTU 浑浊水中相应的 SCD 差值仅为 0.14。

实验表明，在 $MnO_2$ 投加量大约 10 mg · $L^{-1}$（以 Mn 计）时，清水（自来水）的 SCD 值无变化，而 300 度浑浊水的 SCD 值略有上升，如图 8－23 所示。水合 $MnO_2$ 投量达 100 mg · $L^{-1}$ 时对流动电流仍无影响（见表 8－5）。

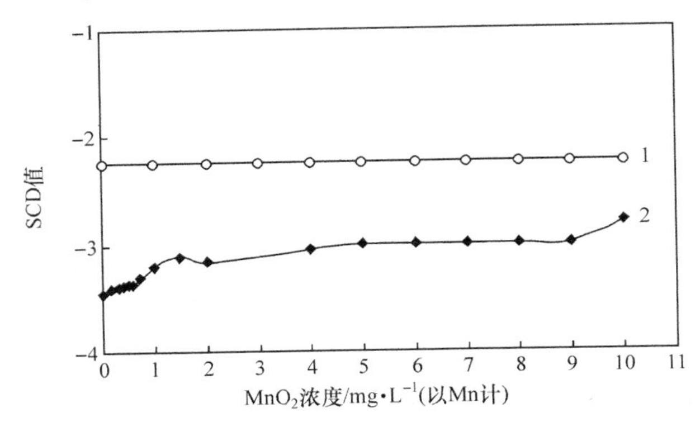


图 8－23　$MnO_2$ 与流动电流的关系

1—300 NTU 浑浊水中；2—清水中

**表 8－5　水合 $MnO_2$ 对流动电流的影响①**

| 水合二氧化锰投加量/mg · $L^{-1}$ | 5.0 | 10.0 | 15.0 | 20.0 |
|---|---|---|---|---|
| 在 300 NTU 浊水中 SCD 值 | −3.18 | −3.18 | −3.19 | −3.20 |
| 在清水中 SCD 值 | −2.74 | −2.75 | −2.73 | −2.76 |
| 水合二氧化锰投加量/mg · $L^{-1}$ | 30.0 | 50.0 | 80.0 | 100.0 |
| 在 300 NTU 浊水中 SCD 值 | −3.17 | −3.18 | −3.16 | −3.15 |
| 在清水中 SCD 值 | −2.75 | −2.74 | −2.73 | −2.71 |

① 实验水温 16 ℃，pH＝6.85。

2. 高锰酸钾自身氧化还原形态演变过程中流动电流的变化

在水处理条件下，$KMnO_4$ 可按下式将 $Mn^{2+}$ 氧化：

$$2MnO_4^- + 3Mn^{2+} + 2H_2O \longrightarrow 5MnO_2 + 4H^+ \qquad (8-104)$$

这一氧化还原平衡代表了 $KMnO_4$ 三种氧化还原形态的演变过程。如上述，三种形态中只有 $KMnO_4$ 在所考察的范围内对流动电流有影响。那么，各形态的相互转变过程会使流动电流发生怎样的变化呢？为此进行了如下实验：

① 在快速搅拌下，首先向8L清水和300 NTU浑浊水中分别加入4.0 mg · $L^{-1}$ $KMnO_4$，记录加入前后SCD值变化。然后，在同样条件下，投加不同浓度的$Mn^{2+}$，考察SCD值变化情况。结果绘于图8-24。

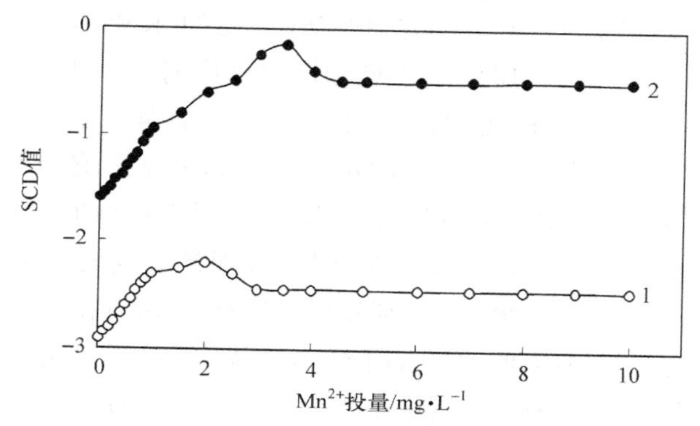


图8-24　$KMnO_4$氧化还原形态对流动电流的影响：先加4 mg · $L^{-1}$ $KMnO_4$后加$Mn^{2+}$
1—300 NTU浑浊水中；2—清水中

② 在快速搅拌下，在8L清水和300 NTU浑浊水值首先加入10.0 mg · $L^{-1}$ $Mn^{2+}$，然后再加入不同浓度的$KMnO_4$，观察氧化过程中流动电流的改变。实验如图8-25所示。

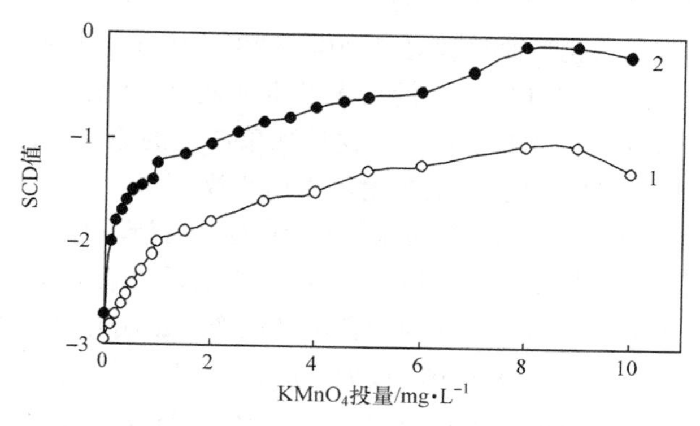


图8-25　$KMnO_4$氧化还原形态对流动电流的影响：先加10 mg · $L^{-1}$ $Mn^{2+}$后加$KMnO_4$
1—300 NTU浊水中；2—清水中

尽管$Mn^{2+}$和$MnO_2$在所考察的范围内对流动电流影响很小或没有影响，但在$KMnO_4$对$Mn^{2+}$氧化向$MnO_2$转变的过程中，流动电流发生了显著变化。如在实验1的条件下，$Mn^{2+}$的投加量仅为0.1 mg · $L^{-1}$，即可使清水（加$KMnO_4$）的SCD值改变了0.10个单位，使300 NTU浊水的相应SCD值改变了0.12个单位。在实验2的条件下，投加不同浓度的$KMnO_4$对水中已有的10 mg · $L^{-1}$ $Mn^{2+}$进行氧化,SCD 值变化也十分明显:仅加入 0.1 mg·$L^{-1}$ $KMnO_4$,SCD 值改变了 0.12 个单位。这一事实说明,影响流动电流的主要因素不仅是锰化合物的氧化还原形态,各形态之间的相互转化过程有着更为重要的作用。

从实验结果还可以看出,不论是以 $Mn^{2+}$ 还原 $KMnO_4$(实验 1),还是以 $KMnO_4$ 氧化 $Mn^{2+}$(实验 2),所发生的氧化还原反应对流动电流的影响有一个共同的规律:随反应物($KMnO_4$ 或 $Mn^{2+}$)浓度升高,SCD 值开始明显上升,至一最大值后又略有回落。但上述两种氧化还原过程对流动电流影响的不同之处在于:前者是逐渐减少了 $KMnO_4$ 对流动电流的贡献,而至反应结束时,再增加 $Mn^{2+}$ 的投量,则表现为 $Mn^{2+}$ 对流动电流的净影响,但后者则是继续增加 $KMnO_4$ 对流动电流的影响。所以,图 8-24 和图 8-25 所示的结果有别,后者在达到一极大值后又继续下降,而前者则在达到极大值后略有回落,并很快稳定。这种情况也恰好是由氧化还原反应过程发生与否所决定。当水中含 10 mg·$L^{-1}$ $Mn^{2+}$ 时,需 19.2 mg·$L^{-1}$ $KMnO_4$ 方可将其氧化完毕,也就是说,当向含 10mg·$L^{-1}$ $Mn^{2+}$ 水中投加 10.0 mg·$L^{-1}$ $KMnO_4$ 以后,仍有约 5 mg·$L^{-1}$ $Mn^{2+}$ 存于水中,再继续加入 $KMnO_4$ 反应仍可进行,因此,SCD 的相应值也随反应发生在不断变化。事实也证明,当 $KMnO_4$ 浓度至 22 mg·$L^{-1}$左右时,继续向水中加入 $KMnO_4$,SCD 值便不再有明显改变。但在实验 1 条件下,水中所加约 4 mg·$L^{-1}$ $KMnO_4$ 仅需 2.1 mg·$L^{-1}$ $Mn^{2+}$ 即可将其还原完毕。因此,在 $Mn^{2+}$ 投量至 2.0 mg·$L^{-1}$以后,氧化还原反应业已终止。按照氧化还原过程对流动电流影响的分析,此时 SCD 值不应再随 $Mn^{2+}$ 浓度变化。在 300 NTU 水中的情况基本如此,但在清水中当 $Mn^{2+}$ 浓度达 4.5mg·$L^{-1}$以后,SCD 值才趋于稳定。这种现象产生的原因,可能是由于水中新生成的 $MnO_2$ 对加入 $Mn^{2+}$ 的氧化、吸附等作用所致。

那么,为什么 $KMnO_4$ 与 $Mn^{2+}$ 反应生成 $MnO_2$ 的过程中流动电流会有如此的变化规律呢?从实验结果上看,这可能与反应最终结果关系不大,而却与氧化还原过程中所生成的中间产物对探头表面的荷电特性产生影响有重要关系。

根据 Tompkins 的假设,$KMnO_4$ 按如下历程将 $Mn^{2+}$ 氧化[31]:

$$Mn^{2+} + MnO_4^- + H_2O \rightleftharpoons Mn^{3+} + HMnO_4^- + OH^- \tag{8-105}$$

$$HMnO_4^- + Mn^{2+} + OH^- \xrightleftharpoons{慢} 2MnO_2 + H_2O \tag{8-106}$$

$$2Mn^{3+} \rightleftharpoons Mn^{4+} + Mn^{2+} \tag{8-107}$$

$$Mn^{4+} + 2H_2O \rightleftharpoons Mn^{2+} + 2\cdot OH + 2H^+ \tag{8-108}$$

$$Mn^{2+} + \cdot OH \rightleftharpoons Mn^{3+} + OH^- \tag{8-109}$$

$$Mn^{4+} + OH^- \rightleftharpoons Mn(OH)^{3+} \dashrightarrow MnO_2 \tag{8-110}$$

在上述反应历程中,有高价的锰离子如 $Mn^{3+}$、$Mn^{4+}$ 等作为中间产物生成。由于这些过程是在 SCD 检测过程中发生的,生成的高价离子一方面可以对胶体及探头表面的负电荷进行中和，另一方面可压缩其双电层结构，从而降低了影响 SCD 检测特性的负电荷密度和双电层厚度，因而使流动电流上升。但在 $KMnO_4$ 与 $Mn^{2+}$ 的反应过程中，过多的 $KMnO_4$ 和 $Mn^{2+}$ 往往又会引起流动电流的下降，这可能是由于反应过程中各物质的存在形态对流动电流表现出不同的影响所致。

3. 共存物质氧化还原形态及其转化过程的流动电流变化

在水处理条件下，$KMnO_4$ 可以对许多有机或无机污染物进行降解，这不仅改变了 $KMnO_4$ 自身的氧化还原形态，而且使某些共存物质的存在形态发生改变。因此，这个过程的流动电流值也可能受到相应影响。为此，实验研究了常用的二价铁盐为还原剂，考察两个方面的问题：一是，比较同一物质在其氧化态和还原态时对流动电流的影响差异；二是，氧化还原过程中，流动电流的变化规律。

(1) $Fe^{3+}$ 和 $Fe^{2+}$ 与流动电流的相关性比较。铁盐是重要的混凝剂，铁离子在水中的两种重要形态是 $Fe^{3+}$ 和 $Fe^{2+}$。但在一般地表水中，多以 $Fe^{3+}$ 形式存在。还原态的 $Fe^{2+}$ 与氧化态的 $Fe^{3+}$ 之间对流动电流影响的最主要差别，将由其各自的价电子数决定。为比较 $Fe^{2+}$ 与 $Fe^{3+}$ 对流动电流的影响，选择 $FeCl_3 \cdot 6H_2O$ 和 $FeSO_4 \cdot H_2O$ 作为 $Fe^{3+}$ 和 $Fe^{2+}$ 的提供试剂，由于其中的 $Cl^-$ 和 $SO_4^{2-}$ 在所投加的范围内对流动电流均无影响，所以二者在同样浓度下对流动电流的影响结果，将代表它们之间对水中胶体或探头表面作用效果的异同。

从图 8-26 SCD 对同样条件下同浓度的 $Fe^{3+}$ 和 $Fe^{2+}$ 影响值的比较可以看出，铁离子的氧化还原形态对流动电流有重要影响。在相同浓度下，氧化态离子比还原态离子可使流动电流的上升幅度更大、响应更灵敏。这进一步说明，影响流动电流的确是离子的荷电数量和浓度。同时也说明，混凝效果最好的离子价态，同时也是可使流动电流值增加最大、SCD 检测灵敏度最高的离子价态。这一点恰好与 SCD 在投药控制上的应用目的相一致。

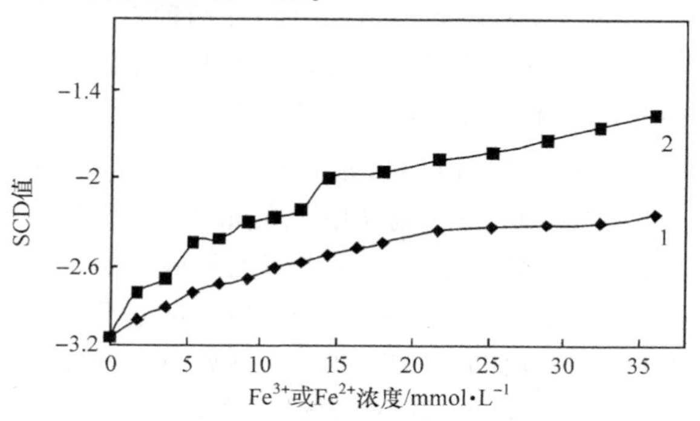


图 8-26　$Fe^{2+}$ 和 $Fe^{3+}$ 与流动电流相关性比较

1—$Fe^{2+}$；2—$Fe^{3+}$；实验水为 300 NTU 浑浊水

(2) 高锰酸钾氧化亚铁离子过程中流动电流的变化。在水处理条件下,$Fe^{2+}$作为强还原性离子极易被 $KMnO_4$ 所氧化:

$$MnO_4^- + 3Fe^{2+} + 2H_2O \rightleftharpoons MnO_2 + 3Fe^{3+} + 4OH^- \quad (8-111)$$

为探讨这一氧化过程中流动电流所遵循的规律,按 $KMnO_4$ 与 $Fe^{2+}$ 的不同投加顺序在浊度为 300 NTU 的条件下进行不同实验:①先在水中加入 $10mg \cdot L^{-1}$ $KMnO_4$,然后逐渐加入 $FeSO_4 \cdot 7H_2O$ 还原;②先加入 $50mg \cdot L^{-1}$ $FeSO_4 \cdot 7H_2O$,后渐加入 $KMnO_4$ 氧化;③ $FeSO_4 \cdot 7H_2O$ 与 $KMnO_4$ 同时投加。实验结果如图 8-27所示。

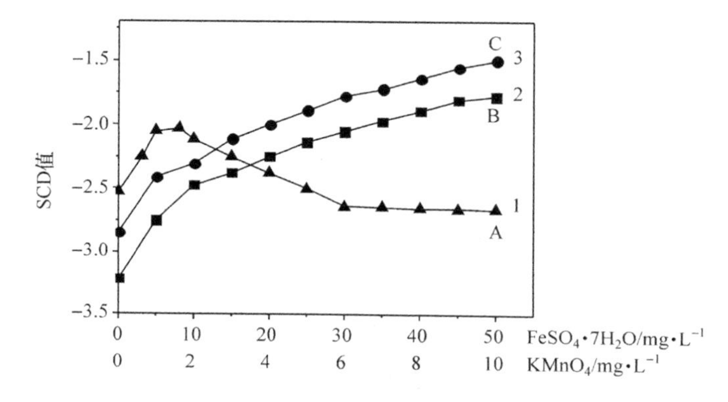


图 8-27 $KMnO_4$ 氧化 $Fe^{2+}$ 过程中流动电流变化

1—$Fe^{2+}$还原 $KMnO_4$;2—$Fe^{2+}$和 $KMnO_4$ 同加;3—$KMnO_4$ 对 $50mg \cdot L^{-1}$ $FeSO_4$ 氧化

按照 $KMnO_4$ 与 $FeSO_4 \cdot 7H_2O$ 反应的化学计量关系,$50mg \cdot L^{-1}$ $FeSO_4 \cdot 7H_2O$ 恰好被 $10mg \cdot L^{-1}$ $KMnO_4$ 氧化完毕,此点的 SCD 值即为氧化还原终点的相对流动电流值,即图中的 A、B、C 三点。可以看出,由于反应的氧化剂或还原剂的投加顺序不同,各浓度点直至终点的流动电流值有很大差异。图 8-27 曲线 2、3 说明,采取以 $Fe^{2+}$ 还原 $KMnO_4$ 和二者同时投加两种方式,流动电流变化规律基本相同,即随氧化剂或还原剂浓度升高流动电流值增大,而且二者相对于零点时的被 SCD 的响应灵敏度也基本一致。但值得注意的是,采取 $KMnO_4$ 先于 $Fe^{2+}$ 的投加方式,投入 $KMnO_4$ 以后,SCD 值即从原水的$-3.20$ 升至$-2.86$,此后在向水中加入 $Fe^{2+}$ 还原时 SCD 值继续上升,流动电流的最终值明显高于二者同时投加的相应值。这说明,$KMnO_4$ 事先对水中或探头表面所吸附的某些物质的氧化,对流动电流的影响是重要的。采取以 $KMnO_4$ 氧化 $Fe^{2+}$ 的过程,流动电流的变化规律完全不同于上述两种方式。由图 8-27 曲线 1 可见,在 $KMnO_4$ 投量较低时,SCD 值随水中 $KMnO_4$ 浓度增加迅速上升,待达到一最高点以后,SCD 值随 $KMnO_4$ 增加逐渐回落。在至理论上的反应终点时,SCD 值反而低于未加入 $KMnO_4$ 时的数值。从流动电流与混凝剂的相关变化的角度来说,采取过量 $KMnO_4$ 预氧化然后投入二价铁盐处理的方法可能是有效的。

分析以上实验结果可知，各过程的区别在于氧化剂与还原剂投加顺序不同，而导致氧化剂或还原剂对水中浊质或探头表面的不同影响。如果预先投加 $KMnO_4$，氧化剂首先对水中或探头表面吸附的某些还原性物质进行氧化，而 $KMnO_4$ 自身反应的中间产物亦将对胶体产生作用。在二价铁盐加入以后，它又立即被氧化成 $Fe^{3+}$，因而实际上起混凝作用的可能是新生成的 $Fe^{3+}$。这种影响的结果会导致 SCD 值明显上升，混凝效果得到有效改善。而采取 $KMnO_4$ 与二价铁盐等当量同时投加时，由于 $Fe^{2+}$ 的强还原性，加入的 $KMnO_4$ 立即全部与 $Fe^{2+}$ 发生反应，而没有机会作用于其他物质，因而不具有如前所述的对流动电流有所贡献的双重效果，所以此过程的流动电流值要比 $KMnO_4$ 预先投加时低。在第三种情况下，首先加入的 $Fe^{2+}$ 立即与胶粒或探头表面发生作用，SCD 值增加。在加入 $KMnO_4$ 计量较低时，部分游离的 $Fe^{2+}$ 被氧化成 $Fe^{3+}$，使其对胶粒及探头表面的电中和及双电层压缩作用大大增强，因而表现为流动电流值大幅度上升。总之，$KMnO_4$ 对 $Fe^{2+}$ 的氧化过程对流动电流的影响是复杂的，也是重要的。

#### 4. 高锰酸钾与混凝剂同时使用对流动电流的影响

在混凝剂投加之前以 $KMnO_4$ 预氧化处理，不仅可以有效去除水中某些有机物，而且还可以起到良好的助凝作用。如前所述，$KMnO_4$ 及其氧化反应历程与流动电流具有重要的相关性。那么，在将 $KMnO_4$ 与混凝剂同时使用时会对流动电流产生怎样的影响呢？

(1) 当 $KMnO_4$ 与混凝剂同时投加时，$KMnO_4$ 投量对 SCD 响应混凝剂的变化没有影响。如分别在快速搅拌下，向清水和 300 NTU 浑浊水中首先加入 $50mg \cdot L^{-1}$ 的硫酸铝，待 SCD 值稳定后，逐渐加入 $KMnO_4$ 至 $10mg \cdot L^{-1}$，$KMnO_4$ 的加入对投入铝盐后已稳定的 SCD 值的没有任何影响。所以，在此情况下，以 SCD 控制混凝剂投加也是完全可行的。

(2)高锰酸钾预氧化对 SCD 响应混凝剂投加量的协同作用。分别在 8L 清水和 300 NTU 浑浊水中加入 $4mg \cdot L^{-1}$ $KMnO_4$，在搅拌下进行 30min 预氧化，然后逐渐向此处理水中加入不同浓度的硫酸铝进行混合。由图 8-28 所示的实验结果可以看出，经 $KMnO_4$ 预氧化后，流动电流值在一定程度上有所升高，这是 $KMnO_4$ 的氧化与 SCD 对混凝剂的响应的协同作用的结果。

$KMnO_4$ 预氧化对 SCD 响应的升值作用，可以认为是混凝效果得到改善的一个标志。所以，$KMnO_4$ 助凝作用的机理，一方面可能是预氧化过程中生成的锰中间态的正离子参与了混凝过程，同时预氧化也破坏了防碍混凝作用的某些还原性物质。$KMnO_4$ 对 SCD 响应铝盐混凝剂的协同作用是与 $KMnO_4$ 的助凝作用相一致的。

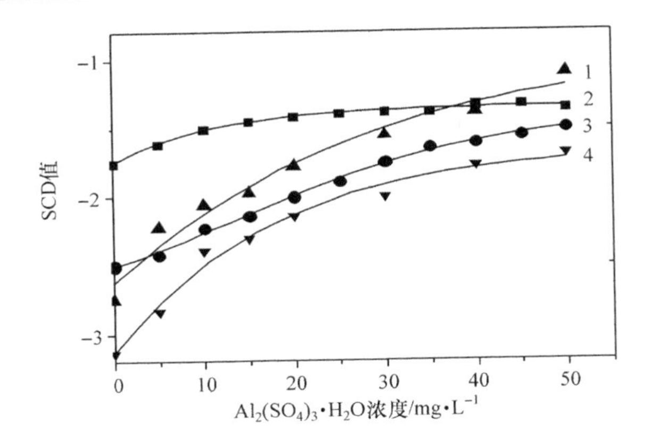


图 8-28　$KMnO_4$ 预氧化对 SCD 响应混凝剂投量的影响

1—清水中加铝盐；2—先在清水加 $KMnO_4$ 预氧化再加铝盐；

3—在 300 NTU 浑浊水中加铝盐；4—在 300 NTU 浑浊水中加 $KMnO_4$ 后再加铝盐

### 8.3.2.5　聚沉平衡过程中流动电流的变化

用松花江底泥配制的不同浓度的水样，各取 8L，将 SCD 探头直接放入其中，然后再快速搅拌下($640r \cdot min^{-1}$)，加入硫酸铝，快速混合 2min，反应 15min，沉淀 20min，分别记录不同阶段流动电流的变化值。结果如图 8-29 所示。

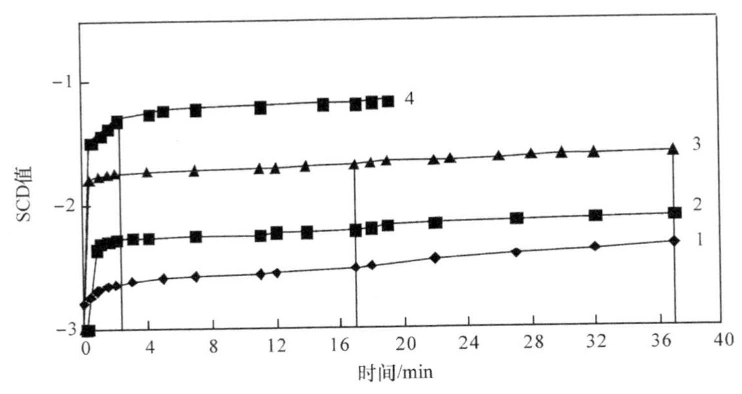


图 8-29　聚沉平衡过程中流动电流的变化

1—60 NTU 浑浊水＋$10mg \cdot L^{-1}$ $Al_2(SO_4)_3 \cdot 18H_2O$；

2—1000 NTU 浑浊水＋$100mg \cdot L^{-1}$ $Al_2(SO_4)_3 \cdot 18H_2O$；

3—100 NTU 浑浊水＋$200mg \cdot L^{-1}$ $Al_2(SO_4)_3 \cdot 18H_2O$；

4—300 NTU 浑浊水＋$50mg \cdot L^{-1}$ $Al_2(SO_4)_3 \cdot 18H_2O$

实验证明，在上述处理过程中，混合阶段对流动电流影响最大。加入铝盐后，流动电流的变化几乎是在瞬间完成。在反应阶段，SCD 缓慢、微弱地上升。在沉淀的刚开始阶段，SCD 值也有类似变化，但最后的 10min SCD 值已无明显变化，可见流动电流的变化主要发生在这样两个平衡过程：

(1) 电中和平衡。如投加混凝剂后引入的正电荷为 $Aq^+$，水中胶体含有总的负电荷为 $Bq^-$，则电中和达平衡后，水中胶体表面的总剩余负电荷为 $(B-A)q^-$，其平衡过程为

$$Aq^+ + Bq^- \rightleftharpoons (B-A)q^- \text{ 或 } (A-B)q^+ \tag{8-112}$$

此过程将使水中原有负电荷密度迅速减小，水中影响流动电流绝对电荷量下降，因而此阶段流动电流绝对值大大降低(相对值上升)。

(2) 混凝剂的水解平衡。

$$M^{3+} + 3H_2O \rightleftharpoons M(OH)_3 \downarrow + 3H_3O^+ \tag{8-113}$$

式中，$M^{3+}$ 代表 $Al^{3+}$ 或 $Fe^{3+}$。

水解反应的结果是减少了水中游离的阳离子量，但生成的沉淀物又可通过—OH桥联使胶体脱稳，亦使胶体负电性下降，使流动电流值上升。

这些事实说明，在混凝、沉淀的全部过程中，流动电流的改变是完全符合过程中胶体及探头表面电荷的变化规律，而混合阶段是影响流动电流的主要过程。这恰好符合 SCD 对投药量迅速反馈的要求。

#### 8.3.2.6　协同平衡过程与流动电流的关系

协同平衡系指各平衡系统相互影响，相互作用后所建立的平衡状态。在水处理过程中，对流动电流值的改变应是各相关平衡协同作用的结果，只不过是某一平衡在某一状态下起主导作用，其他平衡没有影响或影响较小而已。在此，我们仅考虑与混凝过程密切相关的、并对流动电流影响较大的几个平衡的协同及其对流动电流的影响。

1. 几个主要平衡的协同关系

碳酸及其盐的平衡是水处理所涉及的重要平衡之一，它不仅影响被处理水的条件，而且对流动电流有重要影响。它的主要平衡关系式为

$$\frac{[H^+][HCO_3^-]}{[H_2CO_3]} = K_{a_1} \tag{8-114}$$

和

$$\frac{[H^+][CO_3^{2-}]}{[HCO_3^-]} = K_{a_2} \tag{8-115}$$

式中，$K_{a_1}$ 和 $K_{a_2}$ 分别为 $H_2CO_3$ 的一级、二级电离常数。

混凝剂的水解平衡是影响混凝过程的决定因素。如以 $Al_2(SO_4)_3 \cdot 18H_2O$ 为混凝剂，并假定其水解反应的最终结果是生成 $Al(OH)_3$ 沉淀，则其平衡关系可以

表达为

$$\frac{[H^+]^3}{[Al^{3+}]}=K_h \tag{8-116}$$

式中，$K_h$ 为 $Al^{3+}$ 的水解平衡常数。

$Ca^{2+}$、$Mg^{2+}$ 是水中常见的杂质，实验证明，它们作为二价阳离子对流动电流具有重要影响。$Ca^{2+}$ 和 $Mg^{2+}$ 分别可生成 $CaCO_3$ 沉淀和进行水解反应建立相应平衡：

$$Ca^{2+}+HCO_3^-(\text{或 }CO_3^{2-})\rightleftharpoons CaCO_3\downarrow+H^+ \tag{8-117}$$

其平衡表达式为

$$[Ca^{2+}][CO_3^{2-}]=K_{sp} \tag{8-118}$$

$$Mg^{2+}+2H_2O\rightleftharpoons Mg(OH)_2\downarrow+2H^+ \tag{8-119}$$

其平衡表达式为

$$\frac{[H^+]^2}{[Mg^{2+}]}=K_h' \tag{8-120}$$

式中，$K_h'$ 为 $Mg^{2+}$ 的水解平衡常数。

按照荷电粒子在 SCD 探头表面的吸附使其带电而产生流动电流的假设，带电粒子在探头表面的吸附是产生流动电流的关键。假定其吸附满足 Freundlich 吸附等温式，则此吸附的平衡关系为

$$Q=\frac{X}{A}=BC^n \tag{8-121}$$

式中，$Q$ 为吸附度；$C$ 为溶质在溶液中的浓度。

上述各平衡相互影响，如碳酸盐的平衡过程引起变化，因而影响混凝剂及 $Mg^{2+}$ 水解：

$$Al^{3+}+3CO_3^{2-}+3H_2O\rightleftharpoons Al(OH)_3\downarrow+3HCO_3^- \tag{8-122}$$

$$Mg^{2+}+2CO_3^{2-}+2H_2O\rightleftharpoons Mg(OH)_2\downarrow+2HCO_3^- \tag{8-123}$$

反过来，$Al^{3+}$ 和 $Mg^{2+}$ 的水解又促进了 $H_2CO_3$ 及 $HCO_3^-$ 的生成。同时 $CaCO_3$ 的生成又促进了 $HCO_3^-$ 的转化等等。如不采用氧化处理，则上述各平衡的相互关系可得出

$$\frac{[Al^{3+}]}{[HCO_3^-][Ca^{2+}][Mg^{2+}]}=K_1 \tag{8-124}$$

式中，$K_1=\dfrac{K_{a_1}K_h'}{K_h\,K_{sp}}$。

2. 协同平衡与流动电流的关系

现作两点假定：①在混凝处理中，以混凝剂的水解平衡为各协同平衡关系中的

主导平衡；②以探头或胶粒表面瞬时吸附 $Al^{3+}$ 的多少为影响流动电流大小的决定因素，即

$$I_{str} = KQ \tag{8-125}$$

式中，$K$ 为常数。将式(8-124)代入式(8-121)，并取 $n=1$，有

$$Q = B(K_1[HCO_3^-][Ca^{2+}][Mg^{2+}]) \tag{8-126}$$

再根据式(8-125)、式(8-126)得

$$I_{str} = KB'([HCO_3^-][Ca^{2+}][Mg^{2+}]) \tag{8-127}$$

式中，$B'=BK_1$。

可见，在混凝处理时，流动电流值与水中混凝剂共存的 $HCO_3^-$、$Ca^{2+}$、$Mg^{2+}$ 等杂质量成正比。实验证明，这一结论是正确的。从表 8-6 可见，在同剂量混凝剂时，如 $HCO_3^-$、$Ca^{2+}$、$Mg^{2+}$ 存在，SCD 值比无这些离子时要大。这说明，协同平衡过程对流动电流的改变是重要的。

**表 8-6　协同平衡过程对 SCD 值影响比较**

| 背景离子浓度/mg · L⁻¹ | 硫酸铝浓度/mg · L⁻¹ | | | | | | | | | |
|---|---|---|---|---|---|---|---|---|---|---|
| | 10 | 20 | 30 | 40 | 50 | 60 | 70 | 80 | 90 | 100 |
| 300 NTU 浑浊水 | −2.38 | −2.12 | −1.96 | −1.71 | −1.59 | −1.36 | −1.14 | −0.93 | −0.84 | −0.75 |
| 300 NTU 浑浊水＋20mg · L⁻¹ $NaHCO_3$ | −2.06 | −1.84 | −1.68 | −1.51 | −1.42 | −1.35 | −1.12 | −0.89 | −0.81 | −0.70 |
| 300 NTU 浑浊水＋50mg · L⁻¹ $Ca^{2+}$ | −2.13 | −1.97 | −1.80 | −1.64 | −1.44 | −1.20 | −1.00 | −0.81 | −0.73 | −0.60 |
| 300 NTU 浑浊水＋50mg · L⁻¹ $Mg^{2+}$ | −2.04 | −1.80 | −1.62 | −1.39 | −1.25 | −1.01 | −0.80 | −0.59 | −0.50 | −0.41 |

#### 8.3.2.7　协同平衡中流动电流的某些特殊现象

在某些特殊条件下，协同平衡的作用结果，往往使流动电流发生某些特殊变化。这种现象主要表现在强酸性条件下的对抗效应，以及在碱性条件下的逆变效应。

1. 对抗效应

实验中发现，已有的大量 $H^+$ 强烈地对抗加入硫酸铝对流动电流值的改变。我们称这种现象为 $H^+$ 对硫酸铝的对抗效应。

在 300 NTU 浑浊水中，用浓 HCl 将 pH 调至 3.83，此时 SCD 值由 −3.20 升至 −2.40。在此后连续向水中投加硫酸铝，记录不同投加浓度下的 SCD 值（$[SCD]_i$），并求出对于初始 SCD 值[$(SCD)_0=-2.40$]的变化之差[$\Delta SCD_i$ 值 $=(SCD)_0-(SCD)_i$]。将这些数据与在中性时(pH=7.2)同样浊度和混凝剂投量下

的 ΔSCD 值相比较(如表 8－7 所示)发现,水中存在的 $10^{-3.83}$ mol·$L^{-1}$ 的 $H^+$,对 SCD 对铝盐的响应构成了显著影响。例如,投加 300mg·$L^{-1}$硫酸铝,SCD 值仅从 －2.40 变到－1.29,与中性条件下 SCD 对铝盐的检测值相比,$H^+$ 的大量存在,不仅减慢了 SCD 对混凝剂的响应速度,而且大大降低了响应值的变化梯度。这种情况在清水(自来水)中也有同样表现。如在 pH＝7.2 时,投加 10mg·$L^{-1}$硫酸铝,SCD 值由－2.75 增至－2.05,变化差值为 0.70,而在 pH＝3.80 时,投加同量混凝剂,SCD 的变化差值却为 0。浊度对 $H^+$ 对抗效应的影响只表现为:加入同量 $H^+$,浊度越低,SCD 值变化越大(如 pH＝3.83 时,300 NTU 浑浊水的 SCD 值由 －3.20变至－2.40,而在清水中由－2.75 变至－1.70)。这说明浑浊物质的存在,可以在一定程度上缓冲对抗效应的影响。

**表 8－7　$H^+$ 对抗效应比较①**

| $Al_2(SO_4)_3 \cdot 18H_2O$ 浓度 /mg·$L^{-1}$ | | 0 | 10 | 20 | 30 | 50 | 100 | 150 | 200 | 300 |
|---|---|---|---|---|---|---|---|---|---|---|
| SCD 值 | pH＝7.18 | －3.20 | －2.38 | －2.12 | －1.96 | －1.59 | －0.75 | －0.18 | ＋0.24 | ＋0.76 |
| | pH＝3.83 | －2.40 | －2.37 | －2.33 | －2.26 | －2.09 | －1.69 | －1.63 | －1.43 | －1.29 |
| Δ(SCD 值)$_i$＝(SCD 值)$_0$－(SCD 值)$_i$ | pH＝7.2 | | 0.82 | 1.08 | 1,24 | 1.61 | 2.45 | 3.02 | 3.44 | 3.96 |
| | pH＝3.8 | | 0.03 | 0.07 | 0.14 | 0.31 | 0.71 | 0.77 | 0.97 | 1.11 |

① 浊度＝300 NTU。

对抗效应说明,在水中 $H^+$ 浓度达到一定值以后,当它与 $Al^{3+}$ 共存时,$H^+$ 将对 SCD 值的变化起主导作用。这种作用主要来自于 $H^+$ 在胶体及探头表面的优先吸附。如果后面加入的混凝剂阳离子要吸附到固体表面,就必须取代吸附于其上的 $H^+$ 或被吸附到未被 $H^+$ 占据的空白表面:

$$As \cdot 3H^+ + M^{3+} \rightleftharpoons As \cdot M^{3+} + 3H^+ \tag{8-128}$$

或

$$As + M^{3+} \rightleftharpoons As \cdot M^{3+} \tag{8-129}$$

式中,As 代表胶体或探头表面;$M^{3+}$ 代表混凝剂三价阳离子。

但按照离子在固体表面吸附能力所构成的感胶离子序:

$$Na^+ < K^+ < Mg^{2+} < Ca^{2+} < Ba^{2+} < Al^{3+} < Fe^{3+} < \cdots < H^+$$

可知 $H^+$ 在胶体表面的吸附能力要比 $Al^{3+}$ 或 $Fe^{3+}$ 强。这样,$Al^{3+}$、$Fe^{3+}$ 就不容易在固体表面上与 $H^+$ 发生取代吸附,因此式(8－128)中的平衡过程实际上就是不利于向右进行的。另外,如果水中 $H^+$ 浓度较大,在探头或胶体表面已吸附了很多,且由于正离子的排斥作用,则后加入的 $Al^{3+}$(或 $Fe^{3+}$)也不易去占据适宜的空白表面。这样,在 pH 较低的情况下,加入的混凝剂阳离子很难吸附到胶体或探头表面,从而使其对流动电流的影响也就相应减弱。尤其是 $H^+$ 的加入使流动电流的固体表面已发生电性改变时，即固体表面电性由负变正，混凝剂对流动电流则表现出更弱的影响。

$H^+$ 产生的对抗效应实际上是降低了 SCD 对加入混凝剂的响应灵敏度，这对 SCD 对混凝剂投量的响应是不利的。

2. 逆变效应

在中性条件下向水中加入无机铁、铝混凝剂，随混凝剂投量增加，SCD 值会逐渐上升，甚至可以变为正值。但是，若维持为某一碱性条件，向水中投加铁或铝盐混凝剂时，在其剂量达到某一浓度之前，随水中混凝剂量的增加，SCD 值反而下降。我们称这种流动电流值的变化方向与正常情况相反的现象为 SCD 的逆变现象，由此而产生的结果叫逆变效应。

如图 8－29 所示，在由 5 mol · $L^{-1}$ NaOH 将 500 NTU 浑浊水调至并维持 pH＝11.98时，SCD 值由－3.41 变至－2.84。此时，连续向水中投加三氯化铁 10～150mg · $L^{-1}$，SCD 值反而明显下降。在铁盐浓度为 150mg · $L^{-1}$时，SCD 值降到最低点－4.55，我们称此点为逆变终点。在逆变终点以后，继续投加三氯化铁，SCD 值又略呈上升趋势。上述逆变效应，对硫酸铝也有类似现象。不同的是铝盐加入以后，开始使 SCD 值大幅度上升，然后继续投加则使 SCD 值略呈下降趋势。例如，在 300 NTU 水中投加硫酸铝 10mg · $L^{-1}$ 并维持 pH＝8,14，SCD 值由－3.18上升至－2.42。然而继续投加硫酸铝，SCD 值却开始下降，硫酸铝为 50 mg · $L^{-1}$时达到逆变终点，此时 SCD 值为－2.98；此后继续加入铝盐，SCD 值又有所回升(见图 8－30)。可见，在碱性条件下 SCD 对铁、铝混凝剂的响应均有逆变效应存在，而铝盐的逆变效应表现得更为复杂。

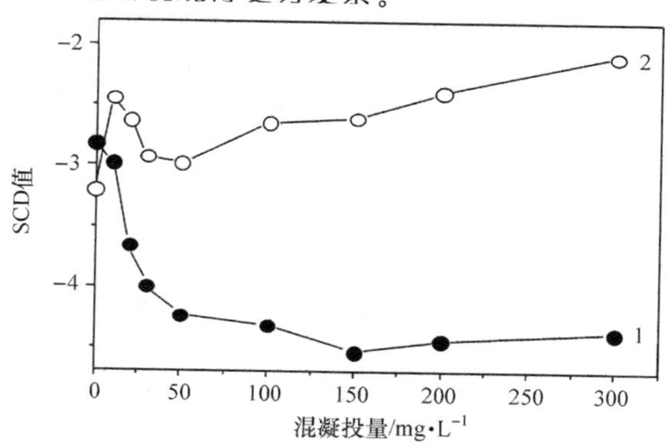


图 8－30　碱性条件下 SCD 对混凝剂相应的逆变效应

1—500 NTU 浑浊水中，pH＝11.98 时，投加 $FeCl_3 \cdot 6H_2O$；

2—300 NTU 浑浊水中，pH＝8.42 时，投加 $Al_2(SO_4)_3 \cdot 18\ H_2O$

从实验中观察到，pH 是影响逆变效应的重要因素。pH 升高，逆变效应也就更加显著，但不论是对铁盐还是铝盐，在 pH＜8.0 时，逆变效应基本上不出现。而水中浊质的存在，对逆变效应的影响不大。如图 8－30 所表明的，在清水和浊水中 SCD 对铁、铝盐的逆变响应规律相同。这说明是否产生 SCD 对混凝剂响应的逆变效应主要与溶剂的酸碱特性相关。

对抗效应和逆变效应，都是较极端条件下发生的。这两种情况，综合反映了协同平衡过程中酸碱与混凝剂的相互作用，探头表面及胶体粒子的吸附行为等对流动电流值所产生的影响。这进一步说明，酸碱条件是各相关平衡过程的协同要素。

### 8.3.3 水中共存物质对流动电流的影响

受污染地表水中所含物质成分是复杂的，其中某些物质对混凝过程具有重要影响。为探讨在各种条件下流动电流的变化规律及 SCD 的应用可行性，我们重点考察了水中比较常见的电离子或分子对流动电流的影响。

#### 8.3.3.1 常见阳离子对流动电流的影响

选择常见的 11 种阳离子 $Al^{3+}$、$Fe^{3+}$、$Fe^{2+}$、$Ca^{2+}$、$Mg^{2+}$、$Mn^{2+}$、$Cu^{2+}$、$Zn^{2+}$、$Pb^{2+}$、$NH_4^+$、$Na^+$ 进行影响分析。前面研究表明，前 6 种离子的存在都使流动电流有不同程度的增加，而三价离子比二价离子对流动电流影响更大。对后 4 种离子，采取同样的实验方法对各自的影响情况进行考察。

图 8－31 是所得到的在不同水质条件下 $Zn^{2+}$ 对流动电流影响的实验结果。可见，$Zn^{2+}$ 的加入对清水的流动电流值影响最大，对浑水影响较小，而对加入铝盐混凝剂 SCD 值已稳定的水样影响更小。

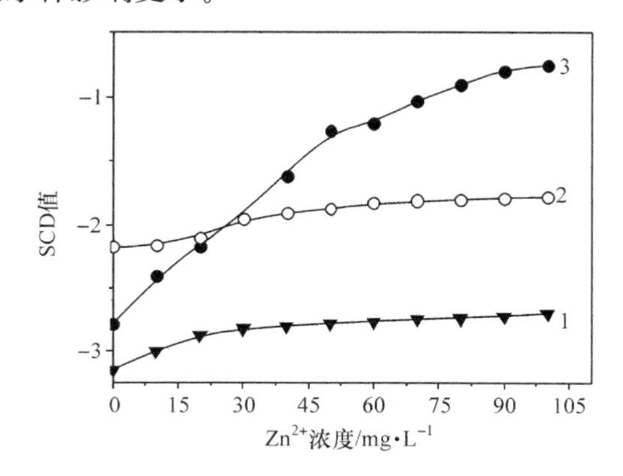


图 8－31 $Zn^{2+}$ 浓度对流动电流影响

1—300 NTU 浑浊水中；2—300 NTU 浑浊水＋50mg·$L^{-1}$ $Al_2(SO_4)_3 \cdot 18H_2O$；3—清水中

在清水、300 NTU 浑浊水和有混凝剂存在的状况下,流动电流随 $Cu^{2+}$ 浓度的变化示于图 8-32。结果表明,$Cu^{2+}$ 对清水流动电流影响最大,对浑水次之,而对加铝混凝处理的影响又次之,这一规律与 $Zn^{2+}$ 对流动电流的影响情况相同。但从结果看,$Cu^{2+}$ 比 $Zn^{2+}$ 对流动电流的影响大得多。

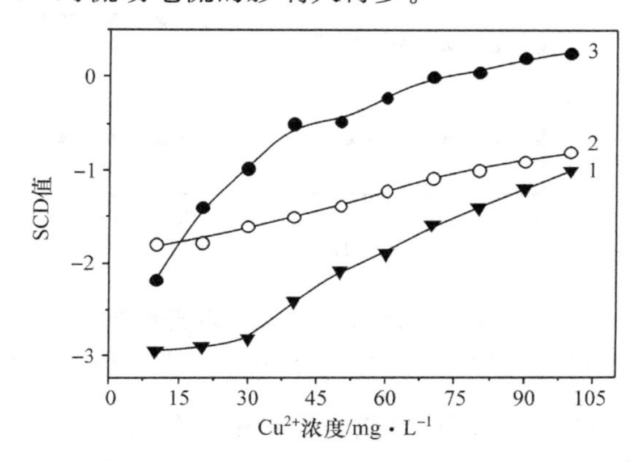


图 8-32 $Cu^{2+}$ 浓度对流动电流影响

1—300 NTU 浑浊水;2—300 NTU 浑浊水+50mg · $L^{-1}$ $Al_2(SO_4)_3 \cdot 18H_2O$;3—清水

图 8-33 为水中 $Pb^{2+}$ 浓度与流动电流的相关曲线。与 $Zn^{2+}$、$Cu^{2+}$ 比较,$Pb^{2+}$ 加入所引起的流动电流值的改变较小,尤其在加硫酸铝后的水中加入 $Pb^{2+}$ 使流动电流变化甚微。

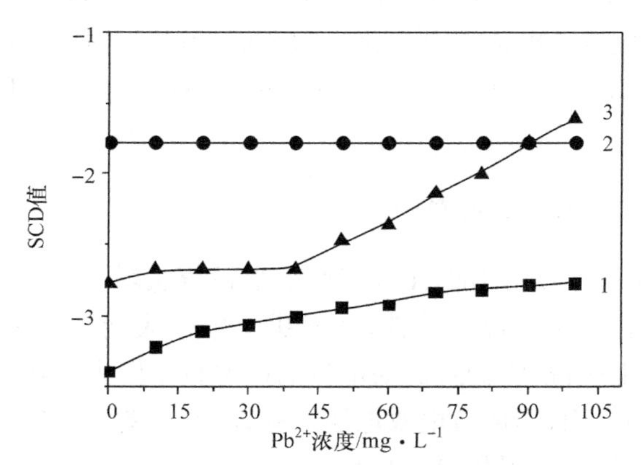


图 8-33 $Pb^{2+}$ 浓度对流动电流的影响

1—300 NTU 浑浊水;2—300 NTU 浑浊水+50mg · $L^{-1}$ $Al_2(SO_4)_3 \cdot 18H_2O$;3—清水

$NH_4^+$ 和 $Na^+$ 都是水中常见一价阳离子。实验证明,$Na^+$ 对流动电流没有影响。$NH_4^+$ 的影响主要表现在其量足够时,对清水(自来水)流动电流的作用。对于浑浊水及其混凝处理水则无影响。实验结果如图 8-34 所示。

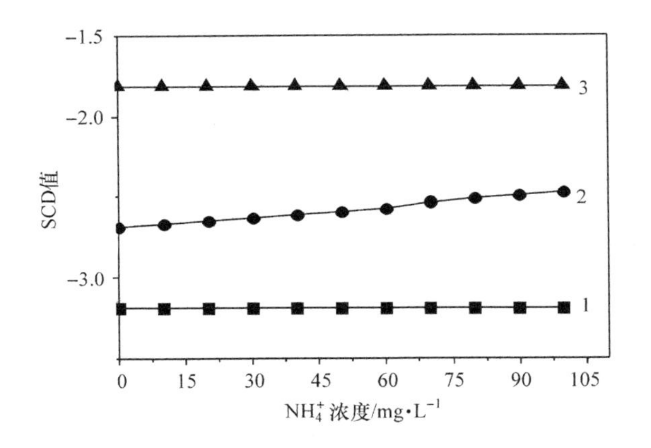


图 8-34　$NH_4^+$ 浓度对流动电流的影响

1—300 NTU 浑浊水；2—300 NTU 浑浊水＋50mg·$L^{-1}$ $Al_2(SO_4)_3 \cdot 18H_2O$；3—清水

纵观研究中所涉及的阳离子，它们与流动电流的关系主要取决于各离子的电荷数量。另外，也与各离子的其他物理化学特性密切相关。共存离子可协同混凝剂对流动电流发生影响，这种影响是与它们协同混凝剂对混凝效果的改善相一致的。

#### 8.3.3.2　常见阴离子对流动电流的影响

地表水中常见阴离子十分复杂，而且某些阴离子往往直接对胶体及探头的荷电特性发生影响，使流动电流相应变化。为全面探讨常见阴离子对流动电流的影响，我们选取 $F^-$、$Cl^-$、$Br^-$、$I^-$、$NO_3^-$、$NO_2^-$、$S^{2-}$、$SO_4^{2-}$ 等 8 种阴离子进行了实验研究。

1. 卤族离子对流动电流的影响

卤族离子包括 $F^-$、$Cl^-$、$Br^-$、$I^-$，其离子半径依次增大，被探头表面的吸附能力依次增强。同时，由于其离子特性，使探头上电极表面的沉积可能性也依次增大。因此，从理论上来说，它们对流动电流的影响将主要表现在两个方面：第一，负离子被吸附于探头表面，形成负电双电层结构，而使流动电流值负增长；第二，由于它们易于在探头电极表面沉积，从而影响了 SCD 的检测性质。前者主要取决于探头表面性质，而后者主要取决于电极材料性质。至于哪一方面起主导作用，则取决于各卤离子的性质及其浓度。

然而，从图 8-34 的实验结果可以看出，各卤离子表现出了与流动电流并不一致的相关规律：$F^-$ 浓度增加使流动电流明显上升，而且与其他三种离子比较，在所考察的投加剂量的范围内，$F^-$ 不能使电极表面性质发生变化，但从固体表面选择性吸附的角度来说，$F^-$ 为卤离子中最易被探头表面吸附的一种。$F^-$ 在水中极易形成 HF，彼此间又可靠氢键进行聚合并附于探头表面，这可能是 $F^-$ 使流动电流值升高的重要原因。$Cl^-$ 浓度在 $100mg \cdot L^{-1}$ 以内对流动电流没有影响。$Br^-$、$I^-$ 对流动电流的影响规律基本一致。如图 8－35 所示在 $Br^-$ 和 $I^-$ 浓度较低时，SCD 值随其浓度升高而迅速下降，至一最低点后，继续加入之，SCD 值反而升高，在达到一最高点后趋于稳定。但在 $Br^-$、$I^-$ 浓度较低（$<10mg \cdot L^{-1}$）时，$I^-$ 比 $Br^-$ 使流动电流值发生的变化要大。可见，$Cl^-$、$Br^-$、$I^-$ 对流动电流的影响大小表现出与其元素周期律的一致性。

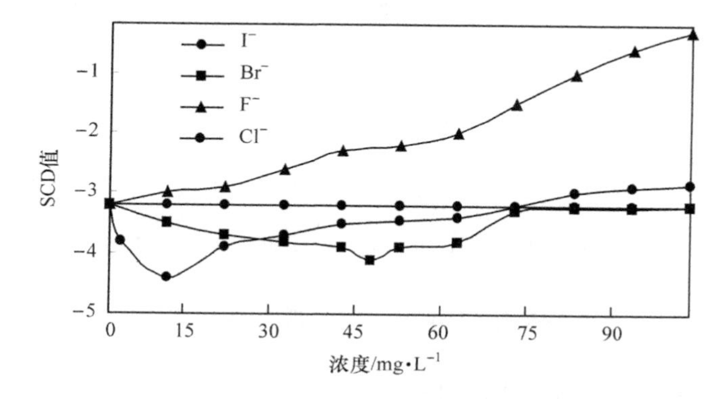


图 8－35　卤离子浓度与流动电流的关系

实验水为 300 NTU 浑浊水

在有混凝剂存在的情况下，$F^-$、$Cl^-$ 对流动电流的影响情况与原水（指未加混凝剂的水，以下同）相同，而 $Br^-$、$I^-$ 则与之有所区别。从图 8－36 可以看出，在加入硫酸铝 $80mg \cdot L^{-1}$ 以后，随 $Br^-$、$I^-$ 浓度升高，SCD 值单调下降，但其变化幅度明显比同浓度下原水 Δ(SCD 值)要低。

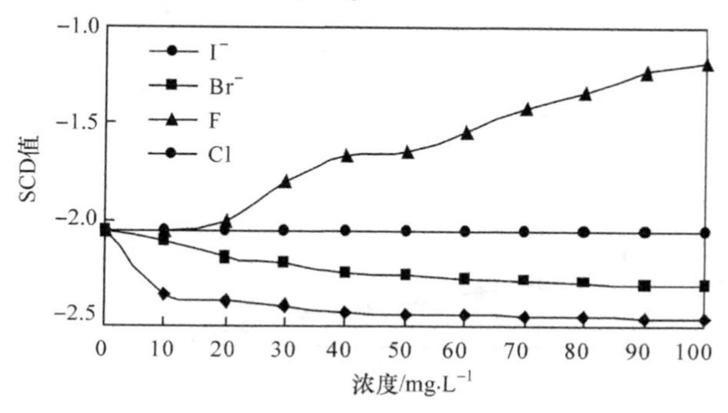


图 8－36　离子浓度与流动电流的关系

实验水为 300 NTU 浑浊水＋$80mg \cdot L^{-1}$ $Al_2(SO_4)_3 \cdot 18H_2O$

2. 含氮阴离子对流动电流的影响

如表 8－8 所示，$NO_3^-$ 和 $NO_2^-$ 浓度对流动电流均无影响，不论是在 300NTU 浑浊水，还是在加混凝剂的处理水中，即使 $NO_3^-$ 和 $NO_2^-$ 浓度达到 2000mg·$L^{-1}$，SCD 值也无任何变化。这说明，$NO_3^-$ 和 $NO_2^-$ 的存在不会干扰 SCD 的使用。

**表 8－8 $NO_3^-$、$NO_2^-$ 对 SCD 值的影响①**

| | | $NO_3^-$ 或 $NO_2^-$ 浓度/mg·$L^{-1}$ | | | | | | | | | |
|---|---|---|---|---|---|---|---|---|---|---|---|
| | | 10 | 50 | 100 | 200 | 300 | 500 | 1000 | 1200 | 1500 | 2000 |
| $NO_3^-$ | 原水 | －3.20 | －3.20 | －3.18 | －3.20 | －3.21 | －3.20 | －3.20 | －3.20 | －3.20 | －3.20 |
| | 原水＋50mg·$L^{-1}$ 硫酸铝 | －1.57 | －1.60 | －1.58 | －1.58 | －1.60 | －1.61 | －1.59 | －1.58 | －1.58 | －1.58 |
| $NO_2^-$ | 原水 | －3.19 | －3.20 | －3.20 | －3.20 | －3.19 | －3.20 | －3.19 | －3.20 | －3.21 | －3.20 |
| | 原水＋50mg·$L^{-1}$ 硫酸铝 | －1.58 | －1.58 | －1.58 | －1.59 | －1.56 | －1.57 | －1.57 | －1.58 | －1.59 | －1.60 |

① 原水为 300 NTU 浑浊水、水温为 14℃，pH＝7.15，浓度以 mg·$L^{-1}$计。

3. 含硫阴离子对流动电流的影响

选择常见的 $SO_4^{2-}$ 和 $S^{2-}$ 进行考察。实验结果表明，$SO_4^{2-}$ 浓度对流动电流影响很小，当含量达 100mg·$L^{-1}$时，才表现出对 SCD 值的微小改变。即使其浓度达 800mg·$L^{-1}$时，也仅使 SCD 值发生了 0.36 个单位的变化，而且再增加 $SO_4^{2-}$ 浓度，SCD 值不再改变。由图 8－37 可见，对未加混凝剂的清水、300 NTU 浑浊水和加入混凝剂的处理水，$SO_4^{2-}$ 对流动电流的影响规律基本相同。

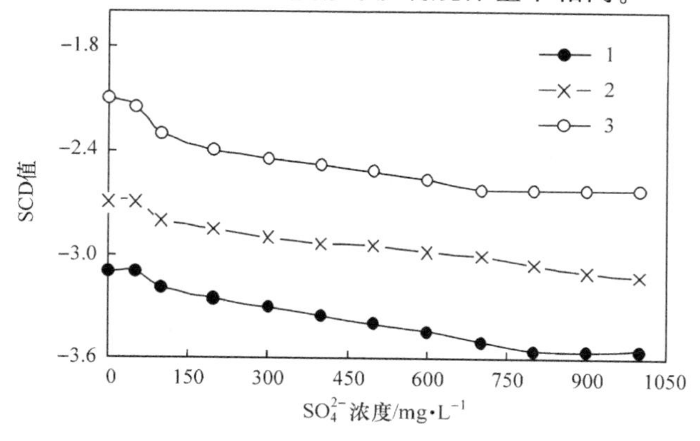


图 8－37 $SO_4^{2-}$ 浓度对流动电流的影响

1—300 NTU 浑浊水中；2—清水中；3—300 NTU 浑浊水＋50mg·$L^{-1}$ $Al_2(SO_4)_3$·$18H_2O$

采用同样实验方法，分别在清水、300 NTU 浑浊水及其加硫酸铝的处理水（300NTU 水）中加入 $S^{2-}$（$Na_2S$），即使 $S^{2-}$ 的量很小（1.0mg · $L^{-1}$）SCD 值也会发生巨大变化。这种变化不仅表现出其检测结果的大幅度下降，而且还表现出检测值的剧烈波动，甚至很难读到一个稳定值，如 $S^{2-}$ 加至 5.0mg · $L^{-1}$，SCD 值开始从 －4.02变至－3.52，然后又迅速降至－7.31，此后又缓慢升至－2.77，变化毫无规律可言。这说明，在水中含 $S^{2-}$ 浓度＞1.0mg · $L^{-1}$时，SCD 将无法使用。

$S^{2-}$ 对流动电流的特殊影响可能主要由于它与电极之间的化学反应以及 $S^{2-}$ 水解产生 $H_2S$ 的干扰。

$$Ag_2O + S^{2-} + H_2O \rightleftharpoons Ag_2S\downarrow + 2OH^- \tag{8-130}$$

$$S^{2-} + 2H_2O \rightleftharpoons H_2S\uparrow + 2OH^- \tag{8-131}$$

生成的 $Ag_2S$ 固体沉积于电极表面，使电极对流动电流的响应受到严重干扰。同时，$H_2S$ 的不断生成也可能造成探头表面对 $S^{2-}$ 吸附的无序性变化，并对 SCD 值也表现出相应的影响。

#### 8.3.3.3　天然有机物对流动电流的影响

腐殖酸和单宁是常见的天然有机物，这些物质的存在对铝盐的混凝过程具有重要影响。研究表明，腐殖质在天然水中往往构成负电胶体，而这些胶体又是高度分散的。腐殖质可以靠范德华力，氢键疏水键合，配位键合，阴离子交换及偶极反应等附着于固体表面，因此腐殖质的被吸附是其与固相接触的主要特征。由此可以预测，以吸附为主要电荷来源的 SCD 探头表面，将因腐殖质的存在而改变其表面荷电性质。同时，由于它与 $Al^{3+}$ 和 $Al(OH)_3$ 的相互作用，腐殖质的存在量将与流动电流之间存在重要关系。为此，实验选择单宁和腐殖酸，考察它们在不同水质条件下对流动电流的影响。

1. 单宁对流动电流的影响

使用市售单宁（HD），配成 10g · $L^{-1}$ 使用液，分别在清水（自来水）、300 NTU 浑浊水及加 $Al_2(SO_4)_3 \cdot 18H_2O$ 处理水获得稳定 SCD 值后，逐次向水中加入 HD 溶液，记录不同浓度时的检测值，实验结果如图 8－38 所示。从 SCD 值的变化幅度及变化趋势可见，在清水和浑浊水中，HD 的加入使流动电流发生了有趣的变化：在 HD 浓度较低时，SCD 值随 HD 增加而升高，但当 HD 加入到一定量时，SCD 值反随其浓度增加而下降。这种现象可能是由于两种因素引起：第一，当 HD 浓度较低时，由于其分子中所含有酚羟基[32]，将主要表现为 HD 与其他含氢（或其他电负性较强物质）化合物的键合，生成含有羟基表面的大分子并附着于固体表面，形成了以羟基为主的表面结构；第二，随浓度升高，HD 与水中某些影响探头表面荷电性质的阳离子如 $Ca^{2+}$、$Mg^{2+}$ 等发生沉淀性络合，从而使游离阳离子减少

$$M^{n+} + mHD \rightleftharpoons [MD_m]^{n-m} \downarrow + mH^+ \quad (8-132)$$

在加入 100mg · $L^{-1}$ HD 时，水中明显出现了白色悬浮物，进一步说明式(8－132)反应的发生。

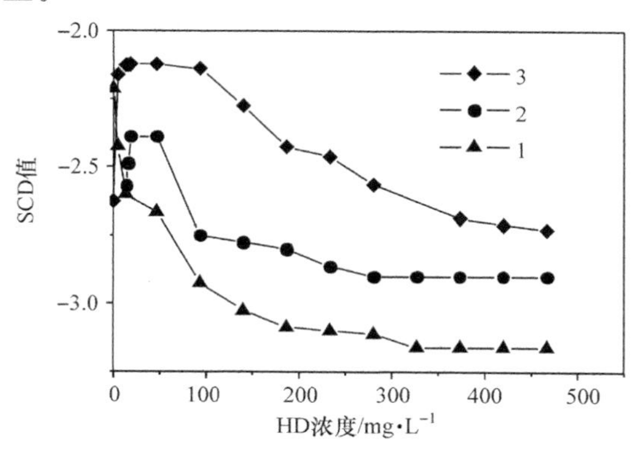


图 8－38 HD浓度对流动电流的影响

1—清水中；2—300 NTU 浑浊水中；3—300 NTU 浑浊水＋500mg · $L^{-1}$ $Al_2(SO_4)_3 \cdot 18H_2O$

与上述情形不同，在投入硫酸铝的水中，随 HD 加入剂量增大，SCD 值单调下降。这说明，HD 的加入的确降低了铝盐作为一种阳离子混凝剂反应发挥的作用。

为进一步探讨 HD 对硫酸铝混凝作用的影响，实验分别考察了在含有不同量单宁的水中加入不同剂量的硫酸铝后 SCD 值得变化。如图 8－39 所示，铝盐加入后 HD 的存在对 SCD 值的改变具有相当影响，但其影响程度和影响趋势都与 HD 的存在量有关。与未加 HD 的 300 NTU 浑浊水的 SCD 的的变化曲线对比可知，

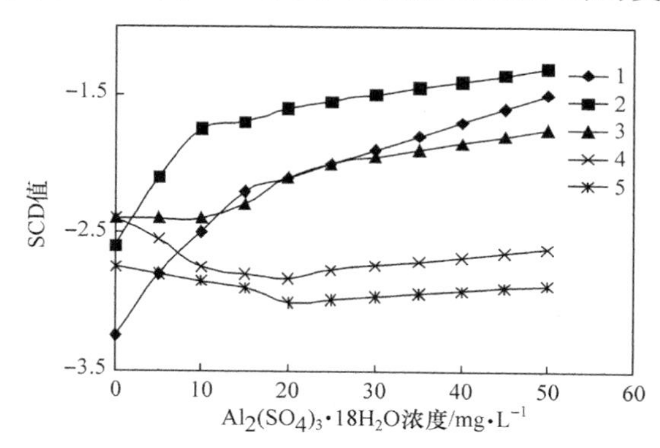


图 8－39 在含 HD 水中加入 $Al_2(SO_4)_3 \cdot 18H_2O$ 时流动电流的变化

1—无 HD；2—加入 HD 5mg · $L^{-1}$；3—加入 HD 20mg · $L^{-1}$；

4—加入 HD 50mg · $L^{-1}$；5—加入 HD 100mg · $L^{-1}$；实验水为 300 NTU 浑浊水

在 HD 浓度为 5mg · $L^{-1}$ 时，看不出这种影响的差别；当原水中 HD 浓度为 20mg · $L^{-1}$时，SCD 值发生了明显变化，而且 SCD 值的改变幅值比无 HD 的情况显著减小。当 HD 浓度为 50mg · $L^{-1}$和 100mg · $L^{-1}$时，它的存在使铝盐与流动电流之间的对应关系发生了相反的变化：在铝盐投加量较低时（<20mg · $L^{-1}$），非但未使 SCD 值上升，反而使其明显下降；此后，随硫酸铝浓度增加，SCD 值才略有上升，但即使铝盐量达 50mg · $L^{-1}$，也仍未能恢复至原水 SCD 值（－3.18）。这说明，HD 的存在对硫酸铝的混凝具有强烈影响。

2. 腐殖酸对流动电流的影响

实验所用为市售腐殖酸钠，用 0.1 mol · $L^{-1}$ NaOH 溶解后，配成 5.0mg · $L^{-1}$使用液。

实验证明，在未加混凝剂的情况下，腐殖酸（FA）对流动电流影响较小，只有其浓度达到 30mg · $L^{-1}$以后，才使 SCD 值略有下降，比相同条件 HD 对流动电流的影响小得多。在投加硫酸铝的情况下，这种影响则变得十分明显，这从图 8 - 40 和图 8 - 41均可看到。一方面，在加入铝盐的水中投入不同浓度的 FA 后，流动电流值明显下降，而且这种下降幅度与 FA 加入量呈正比。这说明，FA 加入对 $Al^{3+}$ 或以其他形态存在的铝盐都有强烈的络合作用；另一方面，在含不同浓度的 FA 的原水中逐次加入硫酸铝后，同样由于 FA 的存在而使流动电流随铝盐浓度的幅度明显降低，且 FA 越多，规律越明显。比如在 300 NTU 浑浊水中加入 75mg · $L^{-1}$ FA 时，硫酸铝投加至 20mg · $L^{-1}$仍未能改变 SCD 值。

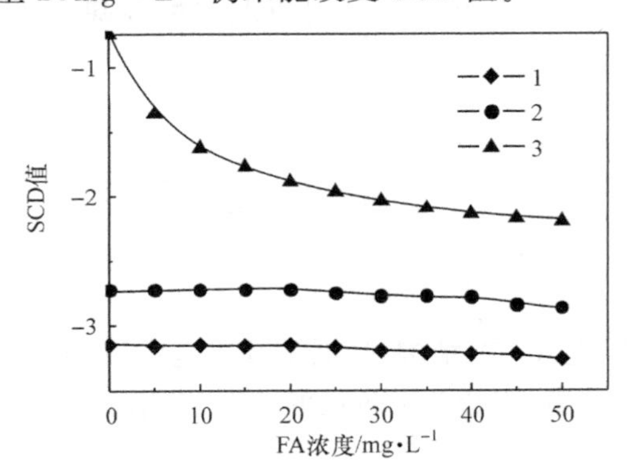


图 8 - 40　FA 浓度对流动电流的影响

1—300 NTU 浑浊水中；2—清水中；3—300 NTU 浑浊水＋500mg · $L^{-1}$ $Al_2(SO_4)_3 \cdot 18H_2O$

比较 HD 与 FA 对流动电流的影响可以发现，在投加硫酸铝情况下，二者的重要区别在于：当它们的浓度趋于某一数值时（>20mg · $L^{-1}$），前者在所考察的整个铝盐投加范围内，SCD 值变化幅度很小，而后者相应较大。这不仅反映了 HD 比

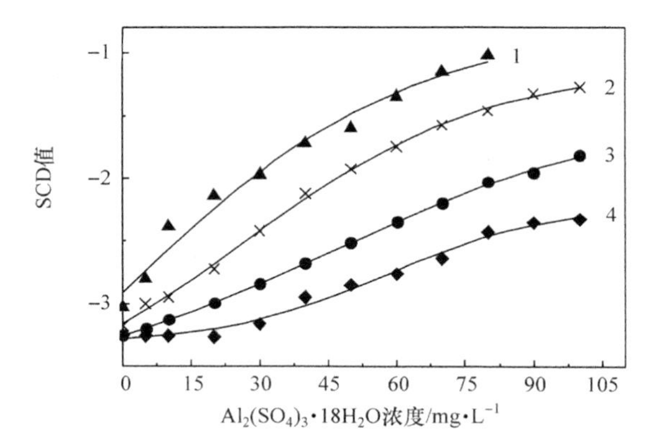


图 8－41　在含 FA 的水中加入 $Al_2(SO_4)_3 \cdot 18H_2O$ 时流动电流的变化

1—无 FA；2—加入 FA 10mg · $L^{-1}$；3—加入 FA 30mg · $L^{-1}$；4—加入 FA 75mg · $L^{-1}$

FA 阴离子更易吸附于探头表面，而且反映了前者与铝盐的络合作用比后者强，同时也说明，水中天然有机物因其分子形态不同，对混凝过程的影响程度不同。

3. 天然有机物的影响机理

以 FA 对 $Al_2(SO_4)_3 \cdot 18H_2O$ 的影响进行说明。FA 中含有酚羟基、羧基及较低数量的脂肪羟基，由于它的这种结构特点，笔者认为腐殖质对铝盐改变流动电流作用效能可能有如下三种机理。

(1) FA 与 $Al^{3+}$ 的络合作用。$Al^{3+}$ 可以取代酚羟基上的某一个氢，生成腐殖酸铝络合物：

$$Al^{3+} + \text{R(—C(=O)—O}^-\text{)(—OH)} + H_2O \rightleftharpoons \text{R(—C(=O)—O—Al(—OH)—O—)} + 2H^+ \qquad (8-133)$$

这种络合使 $Al^{3+}$ 进入 FA 结构，降低了其正电作用，但未能使 FA 电性明显变化，所以，在 FA 浓度较高、铝盐剂量较低的情况下，铝盐的投入对流动电流将不产生影响。

(2) 吸附作用。主要表现如下方面。

① 配位体的交换反应。

$$\text{R(—C(=O)—O}^-\text{)(—OH)} + \text{AlO—OH} \rightleftharpoons \text{R(—C(=O)—OAl=O)(—OH)} + OH^- \qquad (8-134)$$

式中，AlO—OH 为水和氢氧化铝的表面羟基。由此可以认为，这种配位反应还可以发生在腐殖酸铝络合物与腐殖酸之间的二次反应：

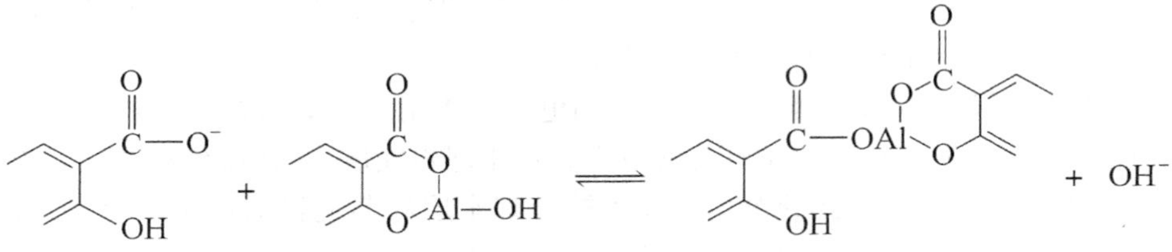

(8 - 135)

二次反应通过 Al 使 FA 进一步络合并使 $Al^{3+}$ 完全进入络合状态，从而再次降低了铝盐对流动电流的影响。

② 氢键作用。FA 可以与水中胶体或探头表面某些含有强电性的物质或基团靠氢键结合，增加了胶体表面的负电性。但从实验中发现，这种氢键缔合似乎很弱，因为 FA 使 SCD 值下降幅值很小。

另外，表面吸附还有疏水键合，离子搅浑等。总的结果是降低了 $Al^{3+}$ 或 $Al(OH)_3$ 对胶体或 SCD 探头表面的正影响，从而弱化对流动电流的贡献。

(3) 电中和作用。如上所述，腐殖酸盐在水中为负电性分散胶体，铝盐加入以后，它除了与 FA 进行络合并降低自身电荷以外，还将对其负电胶体表面进行电中和，从而使腐殖酸盐胶体发生聚沉。在此过程中，将减小铝盐作为混凝剂对水中黏土类胶粒及探头表面的电中和作用，因而也影响流动电流的改变。

综上所述，天然有机物对混凝剂混凝效果的影响，直接反映到它们与流动电流的相关特性上，这对 SCD 在含天然有机物条件下的水处理过程中的应用，又是一个有利的因素。

## 8.4　流动电流的应用问题

### 8.4.1　流动电流控制水处理药剂投加量原理

本节主要对自来水混凝投药的控制机理进行讨论。

如上所述，当一般条件下的自来水或天然浑浊水流经 SCD 探头时，流动电流呈负值。当无混凝剂(硫酸铝、三氯化铁)加到水中以后，流动电流值增加，其增加幅度与混凝剂加入量成正比。这是由于混凝剂阳离子的引入，在对 SCD 探头表面或胶体粒子的双电层进行压缩的同时，发生了对其所荷负电性具有电中和作用，这种作用来自于两个方面。

(1) 混凝剂阳离子对探头表面的直接作用。这种作用表现在混凝剂可以直接进入 SCD 探头的情况。一方面在活塞和套筒未被胶粒所占据的剩余表面上，原有的负电荷被阳离子一定程度的中和，使其负电性减弱；另一方面已吸附于探头表面的胶体粒子的负电性同时被混凝剂中和。这样使整个探头表面在混凝剂到达的瞬间即发生了明显的电荷变化，由于流入探头水样的连续、均一，这种变化很快达到平衡，并不断建立了相应的探头表面的荷电结构。

(2) 混凝剂阳离子对水中胶体粒子的电中和作用。混凝剂在水中被均匀混合的瞬间，电解质阳离子或含正电荷的电中和作用即告完成，这就使得被处理水中所有胶体粒子表面负电性迅速减弱。如果被处理水质和药剂投加情况不变，那么在不同时刻流入 SCD 探头的胶体粒子的表面电性也应该是相同的，因而由于吸附于 SCD 探头表面的胶粒和剩余表面所构成的探头的电特性亦应是不变的。

由于我们所研究的胶体及 SCD 探头表面均为荷弱电，混凝剂投入对双电层的压缩的同时，由于电中和作用，使得扩散层电位由原来的 $\varphi_1$ 降至 $\varphi_1'$(如图 8－42 所示)。发生这些过程的结果，直接导致胶体 ζ 电位上升，因而流动电流值将随之增加。如投加混凝剂过多，则会有大量正离子涌入吸附层乃至扩散层完全消失时，双电层厚度即 $K^{-1}=0$，此时由胶体粒子所产生的流动电流亦为零，则胶体应完全脱稳。如继续增加混凝剂投量，将使胶体粒子表面电性由负变正，从而建立起与原来电性质完全相反的双电层结构，相应的流动电流也随之而改变符号。所以，单就水中胶体粒子而言，在其等电点即流动电流为零时，将是理论上混凝剂的最佳投量。但由于背景电流的存在，实际上的最佳投药量与等电点有较大偏离。

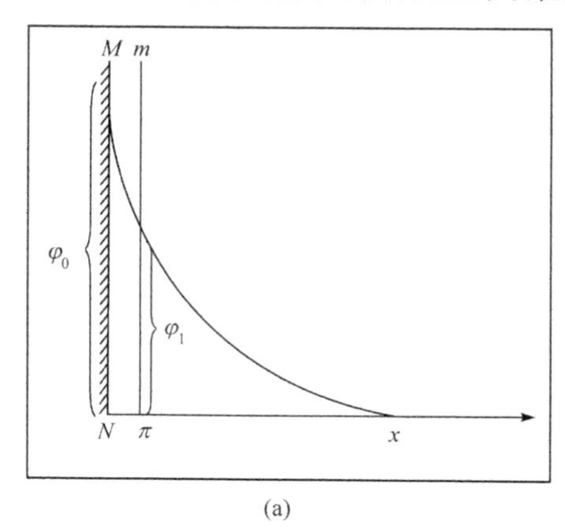

(a)

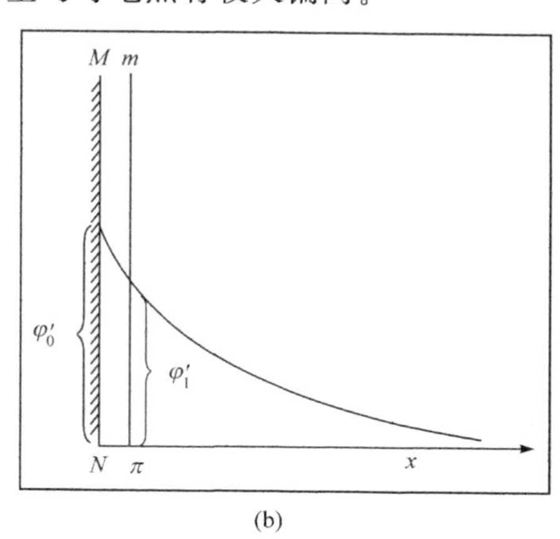

(b)

图 8－42　投加混凝剂前后的双电层情况

(a)投加混凝剂前；(b)投加混凝剂后

可见，混凝剂和水中荷电胶体综合作用的结果，具体反映在流动电流这个单一因子的变化上。这两种物质的任一浓度发生相对变化时，流动电流即会做出相应的反映。因为水的浊度升高和混凝剂投加量降低的结果都使单位质量的胶体粒子占有的混凝剂减少，胶粒和探头表面的电性及双电层结构将发生有利于 ζ 电位下降的变化,流动电流的相对值即会降低(变得更负)。相反,浊度降低和混凝剂投量升高的结果却是使单位质量的胶粒所占有的混凝剂的量增加,因而会增加 $\zeta$ 电位值,流动电流值则相应升高。所以,流动电流可以十分直观和准确地表征出在某种水质条件下混凝剂的适宜投加浓度。

综上所述,流动电流作为一个对胶体和探头表面荷电特性的衡量指标,可以对混凝剂的投加量进行本质表征。这样通过微机、投药等执行机构就可以对混凝过程中混凝剂的投加量进行有效的自动控制。

就目前研究结果看,不论采取何种处理方式,SCD 对处理过程中药剂投加量的控制,均以 SCD 探头表面的电荷量改变为本质因素。所以,电荷响应乃控制之本。

### 8.4.2 SCD 应用的一般范围和条件

由以上讨论可知,在给水或污水处理过程中,流动电流对药剂投加量的控制,是有一定范围和条件的,可初步归纳如下。

#### 1. 流动电流的响应范围

只有在流动电流的响应范围以内,使用 SCD 控制投药量才是有效的。因此,不论是将 SCD 用于自来水或污水处理,必须是在此范围以内。

(1) 在药剂的可检出范围以内。实验结果证明 SCD 对混凝剂投加量均存在检出上限和下限,由此而确定的 SCD 的可检出范围,规定了流动电流对相应药剂的最基本的控制界限。在此界限以外的控制都将是无效的。如在给水处理条件下,300 NTU 浑浊水中硫酸铝的可检出范围为 1.0～570mg · $L^{-1}$,三氯化铁的可检出范围 0.8～20000mg · $L^{-1}$,pH 的检出范围为 1.42～11.98。

(2) 在 SCD 比较灵敏的相应范围内。有时,尽管 SCD 对某物质响应的流动电流值处于其检出范围以内,但由于流动电流随药剂改变的灵敏性较差,也将给控制造成偏差。如在 300 NTU 浑浊水中,当加入硫酸铝剂量达到 450mg · $L^{-1}$,三氯化铁达 1300mg · $L^{-1}$,pH 达 1.40 或 11.95 时,SCD 检出灵敏度很低,因而对药剂改变量反应迟钝,将使控制效果大大降低,甚至可能导致控制失灵。所以,相应灵敏度是影响流动电流对药剂投加量控制的重要因素。

(3) 在允许的后滞效应范围内。后滞效应不仅使流动电流的绝对数值明显降低,而且使 SCD 检测灵敏度下降。所以,后滞效应对投药控制具有不良影响。如在 300 NTU 浑浊水中,当投药量达到 170mg · $L^{-1}$时,后滞效应所引起的 SCD 值与正常相应值的偏差为 0.82。此时,应用流动电流作为混凝剂量的当前控制因子,将使混凝剂的控制投量与实际应投量发生偏差。实践证明,一般应控制在后滞效应所造成的影响在 5min 内得以恢复,且当前 SCD 值与实际偏差应小于 0.1。

(4) 在无明显对抗效应的 $H^+$ 浓度范围内。在酸度较高时，$H^+$ 主要对抗 SCD 对铝盐混凝剂的响应，直接导致检测灵敏度下降。如果对抗效应果大，如 pH＝3.80 时，当前 SCD 检测值与正常(pH＝7.10)值有 0.70 个单位偏差，这将导致投药控制准确度下降，尽管在自来水处理中不会遇到这样的条件，但对污水处理时，pH 过低所引起的对抗效应必须考虑。

由于实际过程可能更为复杂，应根据具体情况来确定对药剂有效控制的应用范围。

2. 流动电流的稳定状态

SCD 对特定水质条件具有稳定的响应值，是流动电流对投药量进行有效控制的必要条件之一。由以上研究结果，作者认为至少有两点稳定因素是重要的：

第一，SCD 初值稳定条件。这主要包括：①SCD 自身应具有较好的稳定性。在流动电流检测器关机再启动或 SCD 探头经清洗重新工作以后，检测值处于非稳定状态。据经验，这种非稳定或漂移，大约要持续 10～30min。在非稳定状态下，控制是无效的。SCD 数值稳定程度，应在其检测值波动于 0.1 单位以内。②SCD 对水质变化所引起的数值波动，应能尽快达到稳定状态。这种变化一般在线进行。因此，为获得有效、正确的控制，对变化初值稳定就要求比较严格。实践证明，如水中无致使流动电流非常变化的因素，在线初值稳定(水质变化后相对变化前而言)很快，不会影响 SCD 应用。

第二，化学变化引起的流动电流值改变后的稳定状态。在自来水中投药控制中，涉及的化学变化通常是混凝剂投加和调节所产生的。如前述，投加无机混凝剂后引起“初值效应”，如果投量较大，初值效应使流动电流值大大增加，然后又回落至稳定。这样一个过程必须迅速完成。一般要求在 2min 以内，否则会导致错误控制。而在调节时发生的中和反应，也往往使流动电流较大幅度的波动，这种波动也应在短时间达到稳定。

总之，SCD 的稳定工作是整个在线有效控制的重要因素。有时因某些物质在探头表面滞留而引起流动电流值波动，应马上对探头进行清洗，在清洗后的 SCD 值达到稳定以后，才能将其用于投药控制，这是经常遇到的问题之一。

3. 流动电流有效控制的溶液条件

虽然 SCD 应用的水质条件较宽，但在某些特殊情况下的溶液性质，将严重干扰和妨碍 SCD 的应用。在实验中，以下两种情况必须注意。

(1) 水中严重干扰物浓度过高，将使 SCD 非正常检测。比如，$S^{2-}$ 浓度达到 $8.0mg \cdot L^{-1}$，十二烷基苯磺酸钠浓度达 $20mg \cdot L^{-1}$ 时，流动电流值无规律波动。在此情况下，流动电流与 $\zeta$ 电位已经处于无序相关状态。因此，依靠流动电流无法对投药量进行有效控制。所以,流动电流对投药量有效控制的溶液条件之一,就是这些干扰物质浓度要低于能引起 SCD 非正常工作的浓度。

(2) 水中影响 SCD 探头对电荷响应的物质量过大,将使 SCD 检测灵敏度降低。水中所含油质可黏附于探头表面,一般不经清洗不会脱落。这些物质使 SCD 无法对水中电荷改变进行有效响应,因而 SCD 无法适用。如果探头表面被油类污染,可用丙酮等有机溶剂进行清洗,但使探头表面失去电荷响应特性的溶液条件,流动电流不能被应用于投药控制。

实际水质十分复杂,因而 SCD 应用的溶液条件也是非常复杂的。所以,应根据具体情况,确定 SCD 的控制及应用条件。

## 参考文献

[1] Abramson H A. Electrokinetic phenomena and their application to biology and medicine. New York: The chemical catalog Company, Inc., 1934, 51

[2] Freundlich H. Colloid and capillary chemistry. New York: E. P. Dutton and Company, 1922, 242

[3] Smoluckowski M S. Handbook of electricity and Magnetism(Vol. III). Germany: Leipzig, 1921, 366

[4] Bikerman J J. Iomentheorie der electrosmose. Berlin: Zeitschrift fur Physik, Chem 163A, 1993: 378

[5] Wood L A. An analysis of the strteaming potential method of measuring the potential of the interface between solids and liquids. Journal of American Chemical Society, 1946, 68: 432～437

[6] Rutgers A J. Electromeosis, streaming potentials and surface conductance. Transactions of the Faraday Society. 1947, 43: 102～111

[7] Smith C J, Asce M. Determination of filter media zeta potential. Journal of the Sanitary Engineering Dirision, 1967, 93

[8] Dennis C. Prieve, Stacy G B. Electrokinetic repulsion between tow charged bodies undergoingd sliding motion. Chem. Eng comm. 1987, 55: 149～164

[9] Dentel S K, Kingery K M. Theoretical principles of streaming current detector. Wat. Sci. Tech., 1989, 21: 443～453

[10] Prieve D C, Alexander B M. Hydrodynamic measurement of double-layer repulsion between colloidal particle and flatplate. Science, 1986, 241: 1269

[11] Donath E, Voigt A. Streaming current and streaming potential on structured surfaces. J. Colloid and Interface Science. 1986, 109(1): 122

[12] Doer J H. The dynamical character of adsorption. London: Univ. Oxford Clarendon press, 1953, 112～115

[13] Tanry G, Kedem O. The hyperfication streaming potential as a tool in the characterization of polyelectrolyte metranes. J. Colloid and Interface Science, 1975, 51(1): 101～105

[14] Roque H A, Francisco J D L N, Gerardv P. Concentration dependence of electrokinetic transport coefficients of non-aqueous binary mixtures through weakly charged porous plugs. J. Chem. Soc. 1985, 1

[15] 管羲夫. 日本:静电气ハニドブック株式会社人书馆, 1972

[16] Christoforou C C, Wastermann-Clark G B. The streaming potential and indequacies of helmholz equation. J. Colloid and Interface Science, 1985, 106(1): 1～11

[17] Matthew W K, James D. Electrokinetics of concentrated suspensions and porous media. J. Colloid and Interface Sci. 1989, 129(1): 166～174

[18] Groves J N, Seak A R. Alternating streaming current measurements. J. of Colloid and Interface Science, 1975, 53(1): 83～89

[19] Bickerman J J. Electrokinetic equations and surface coneluctarce. Transaction of the Faraday Society, 1947, 43: 102～111

[20] Eversde W G, Boardman W W. A new method for the determination of electrokinetic potential in a flow of semiconducting liquid through a single capillary. J. of Physical Chemistry, 1942, 46

[21] Smith C V J. Electrokinetic phenomena in particulate removal by rapid sand filtration. J. of New England Water Works Association, 1967, 81

[22] Manuel E J. The effect of tannic acid on the electrical properties of the interface and nonlinear streaming potential of cellulose in a cationic dye solution. J. Chem., Faraday Trans. L, 1986

[23] Christopoulos T C, Diamandis E P. Flow-through units for solid-state, liquid and pvc matrix memberaneion selective electroeles to minimise streaming potential. Analyst, 1987, 112

[24] Bryant R L. On-line control of coagulant dosage using the streaming current detector. International Water Engineering, 1983, 20 (5): 16～36

[25] Dentel S K, Thomas A V, Kingery K M. Evaluation of the streaming current detector-I. use in jar test. Water Res., 1989, 23(4): 413～421

[26] Dentel S K, Thomas A V , Kingery K M. Evaluation of the streaming current detector-I. use in jar test. Water Res., 1989, 23(4): 423～430

[27] Caldwell K D, Myers M N. Flowmeter based on mesurement of streaming potentials. Anal Chem., 1986, 58: 1583～1585

[28] Varga I K, Dunne L J. Streaming current cell for the study of erosion-corrosion caused by liquid flow. J. Phys. D: Appl Pkys., 1985, 18: 211～220

[29] Levien S, Marriott J R, Neale G, Epstein N. Thoery of electrokinetic flow in fine cylindrial capillaries at high zeta-potentials. J. of Colloid and Surface Science, 1975, 52 (1): 137～149

[30] 巴宾科夫著,郭连起译.论水的混凝.北京:中国建筑工业出版社,1980

[31] Ladbury J W, Cullis C F. Kinetics and mechanism of oxidation by permanganate. Chem, Kev,1958,58:403

[32] Christman R F, Masood G. Chemical nature of organic color in water. J. Am. Water works Assoc. 1966,58(6):723～741